面向21世纪课程教材
普通高等教育农业农村部"十三五"规划教材
普通高等教育农业农村部"十四五"规划教材
全国高等农林院校教材名家系列

园艺学总论 第二版

YUANYIXUE ZONGLUN

张绍铃　郝玉金　主编

中国农业出版社
北　京

内 容 提 要

本教材总结凝练了园艺业的基础理论知识、现代生产模式和技术以及产业发展趋势等，对我国园艺产业的可持续发展有重要的指导意义。教材共十二章，主要内容包括：园艺业的历史、现状与发展趋势，园艺植物的分类，园艺植物生长发育规律，环境条件对园艺植物的影响，园艺植物繁殖，园地选择与建园，园地土肥水管理，园艺作物生长发育的调控，园艺产品的品质与质量控制，园艺作物现代化生产装备与应用，园艺作物设施栽培，以及园艺产品采后商品化处理及市场营销等。本教材系统全面，图文并茂，数据翔实，逻辑清晰，层次鲜明。

本教材既可作为高等院校农林专业、植物生产类专业师生的适用教材，又可作为园艺作物生产、科研、推广工作者和农业相关部门技术、管理人员的实用参考书，还可作为园艺专业硕士、博士研究生的参考读物。

第二版编写人员

园艺学总论

主　　编　张绍铃　郝玉金
副 主 编　陈昆松　陈清西　郭文武　张小兰　房伟民
编写人员（按单位名称笔画排序）

上海交通大学	陈火英
山东农业大学	郝玉金　杨凤娟　马方放　姚玉新
中国农业大学	张小兰　李天忠　何雄奎　李天红
扬州大学	陈学好　王春雷　谢兆森
西北农林科技大学	徐　炎　逯明辉
西南大学	曾　明
华中农业大学	郭文武
华南农业大学	陆旺金
江西农业大学	刘　勇　范淑英
安徽农业大学	方从兵
沈阳农业大学	齐红岩
青岛农业大学	王　然
河南农业大学	宋尚伟
南京农业大学	张绍铃　房伟民　汪良驹　陶书田　吴巨友　吴　俊　翁忙玲　陈素梅　黄小三　蒋甲福　蒋芳玲　殷　豪
浙江大学	陈昆松　师　恺　石艳娜
浙江农林大学	徐　凯　高永彬　赵宏波
湖南农业大学	戴雄泽
福建农林大学	陈清西　陈发兴　郝志龙　潘腾飞

第一版编审人员

园艺学总论

主　　编　章　镇　王秀峰

副 主 编　潘东明　张绍铃

编写人员（按单位名称笔画排序）

　　　　　　上海交通大学　　陈火英
　　　　　　山东农业大学　　王秀峰　李宪利
　　　　　　扬州大学　　　　韦　军　何小弟　陈学好
　　　　　　江西农业大学　　刘　勇　范淑英
　　　　　　安徽农业大学　　徐　凯
　　　　　　河南农业大学　　宋尚伟
　　　　　　南京农业大学　　吴　震　汪良驹　张绍铃
　　　　　　　　　　　　　　房伟民　翁忙玲　章　镇
　　　　　　福建农林大学　　潘东明

审　　稿　山东农业大学　束怀瑞

第二版前言

《园艺学总论》于 2003 年出版，是全国高等农业院校"十五"规划教材，并被教育部列入"面向 21 世纪课程教材"，2005 年被评为全国高等农业院校优秀教材。《园艺学总论》教材出版 10 多年来，一直被全国相关院校选用，受到广大师生的好评。

改革开放 40 余年，我国农业现代化实现了长足发展，园艺产业也取得了巨大进步，目前我国园艺作物种植总面积及总产量均稳居世界第一，园艺科学理论及技术逐步赶超世界一流水平，正从园艺大国向园艺强国迈进。在这一背景下，为积极贯彻落实党的二十大精神，统筹教育、科技、人才的协同发展，更好地服务于科教兴国、农业强国、乡村振兴、生态文明等国家重大战略，适应我国园艺科技及产业快速发展和我国高校教学改革的需要，不断完善经典理论、前沿进展、实践案例和课程思政四位一体的园艺学知识图谱，培养具有爱国情怀、创新创业精神和社会责任感的拔尖型复合型人才，亟须对《园艺学总论》教材内容进行必要的补充修订。按照普通高等教育农业农村部"十三五"规划教材修订计划，中国农业出版社组织成立了《园艺学总论》第二版编委会，并召开了教材修订研讨会，来自南京农业大学、山东农业大学、浙江大学、福建农林大学、华中农业大学、中国农业大学、上海交通大学、扬州大学、江西农业大学、安徽农业大学、河南农业大学、沈阳农业大学、华南农业大学、湖南农业大学、西北农林科技大学、浙江农林大学、青岛农业大学、西南大学等 18 所院校的 40 多位长期从事园艺教学科研工作的一线骨干教师参会，对教材内容的修订进行了讨论，确定了本教材的修订原则、总体思路及编写大纲。

本次修订以提高园艺学理论的系统性、结构的合理性、产业技术的实用性为基本原则。总体思路是在保持初版原有结构体系和基本内容的基础上，充分呈现最近 10 多年来国内外园艺学研究的新理论、新技术，以确保教材内容的新颖性，凸显园艺学及园艺产业的时代进步。结合教材使用过程中广大师生提出的宝贵建议，我们主要在以下几方面进行了修订：首先，在教材体系及内容结构上，根据消费者对园艺产品质量安全的关注以及生产者对生产过程机械化的迫切需求，分别新增了第九章"园艺产品的品质与质量控制"和第十章"园艺作物现代化生产装备与应用"。其次，为了便于教学和引导学生深入思考与复习，在各章后增加了思考题。最后，对教材各章节内容进行了全面细致的修订，增加了各章节内容的最新研究进展，替代了部分过时的内容。例如，第一章更新了园艺产业现状的最新数据等；第三章增加了园艺作物生长发育特点等；第四章增加了环境因子对园艺植物表型的影响等；第五章增加了无性繁殖的生物学基础和嫁接繁殖等；第六章增加了农业观光园的规划设计等；第七章增加了土壤耕作与增肥、连作障碍与克服、水肥一体化技术等；第八章增加了果树及观赏植物的整形修剪、矮化的分子机制等；第十一章增加了植物工厂等；第十二章增加了园艺产品采后预冷、商品化处理、流通市场营销等。第二版不仅在初版的基础上增补了园艺领域新成果，并在结构与文字上做了认真的调整优化。因此，第二版比初版的结构更加完善，内容更加新颖，更加符合新时代教学科研发展的需求。

本教材编写分工如下：第一章由张绍铃编写；第二章由陈学好、房伟民、吴俊、王春雷、谢兆森编写；第三章由郝玉金、吴巨友、方从兵、杨凤娟、马方放、张绍铃编写；第四章由徐凯、师恺、高永彬、逯明辉、黄小三编写；第五章由郭文武、陈火英、汪良驹、戴雄泽编写；第六章由刘勇、范淑英、王然、陈清西编写；第七章由陈清西、宋尚伟、曾明、殷豪编写；第八章由房伟民、李天忠、徐炎、蒋芳玲、张绍铃编写；第九章由张小兰、蒋甲福、姚玉新、陈发兴编写；第十章由陶书田、何雄奎、郝志龙编写；第十一章由齐红岩、翁忙玲、蒋芳玲、师恺、赵宏波编写；第十二章由陈昆松、陆旺金、陈素梅、李天红、潘腾飞、石艳娜编写。全书由张绍铃统稿。

本教材在修订与出版过程中，得到了南京农业大学教务处的大力支持。本次修订各章增补了不少新内容，特别是新增的第九章和第十章，工作量很大。各章参编老师积极配合，花费了很多时间和精力反复推敲修改。在各位编写老师的共同努力和辛勤工作下，本教材修订工作得以顺利完成；南京农业大学谢智华、乔鑫、孙逊老师为本教材的编写付出了辛勤劳动。在此一并表示衷心的感谢。

由于时间仓促，水平有限，本教材从形式到内容难免存在缺点和不足，恳请广大师生读者批评、指正，以便再版修订。

编　者

2021 年 1 月

（2024 年 6 月重印更新）

第一版前言

我国是世界园艺业发展历史最悠久的国家之一，历代文献中都记载了园艺科学发展的历史和成就，其中不少有关园艺的文献至今仍具有很高的理论和应用价值。但是我国园艺高等教育起步较晚，其发展与我国高等教育的发展同步，始终与我国社会和经济的变革息息相通。1998年国家教育部将全国高等教育本科专业目录进行了全面的调整，按照培养"厚基础、宽口径、强能力、高素质、广适应"人才的教育改革方向，将原有的果树专业、蔬菜专业和观赏园艺专业合并为大口径的园艺专业。为了适应这一新的形势，我们在参加教育部新世纪高等农业教育教学改革工程项目"植物生产类人才培养方案研究与实践"（编号1291B0112）和江苏省教改项目"21世纪高等农业本科培养目标、培养规格、培养模式的研究与实践"（编号0023）研究的基础上，在制定了园艺专业人才培养方案、教学计划和课程设置之后，立即将融果树、蔬菜和观赏园艺于一体的新的园艺专业教材的编写任务提到议事日程上来。2001年4月由南京农业大学牵头，联合山东农业大学、福建农林大学、浙江大学、扬州大学、上海交通大学、河南农业大学、江西农业大学和安徽农业大学共商《园艺学》教材的编写事宜。大家一致同意共同编写一套《园艺学》教材。同年，经专家评审，全国高等农业院校教学指导委员会和中国农业出版社共同商定，将这套教材确定为全国高等农业院校"十五"规划教材。同时，这套教材被教育部列入"面向21世纪课程教材"。

《园艺学》是园艺专业的必修课程和主干课程。1949年以来，由于园艺类专业划分过细，我国园艺学科的专业教材一直按果树、蔬菜和观赏园艺三个专业单独编写，现在这一教材体系已不能满足新的园艺专业的教学需要。在《园艺学》编写过程中，我们努力改变原果树栽培学、蔬菜栽培学和观赏植物栽培学各自分割的教材体系，将此三类园艺作物通用的栽培管理技术的基本理论、基本原理和基本技能有机地融合起来，加强横向综合，减少纵向交叉，形成一个新的教材体系。园艺学既是一门古老的学科，又是一门新兴的学科。在本教材中，我们除了介绍园艺学的传统理论和技术外，注重介绍近年来国内外园艺学的新理论、新技术，强调当前园艺业发展的新趋势、新热点，以保证本书内容的新颖性和技术的实用性，使教材具有鲜明的时代特色。同时由于园艺业是一个地域性很强的产业，其生产技术与生产地区的生态条件是密不可分的，而我国地域辽阔，南、北生态条件差异明显。因此,为了加强本教材的实用性,我们除了编写《园艺学总论》外,还编写了《园艺学各论》(南方本和北方本),供各地院校自行选用。

《园艺学总论》共分十章,各章编写人员分别为:第一章 章镇;第二章 韦军、陈学好、何小弟;第三章 王秀峰、李宪利、张绍铃;第四章 徐凯;第五章 陈火英、汪良驹;第六章 范淑英、刘勇;第七章 宋尚伟;第八章 张绍铃、房伟民、吴震;第九章 王秀峰、吴震、翁忙玲;第十章 潘东明。全书由章镇和王秀峰统稿,最后由中国工程院院士、山东农业大学束怀瑞教授审定。

本教材在编写与出版过程中,得到了中国农业出版社和南京农业大学教务处的大力支持;扬州大学曹碚生教授、浙江大学寿森炎教授、上海交通大学黄丹枫教授、河南农业大学夏国海教授和何松林副教授、江西农业大学刘勇副教授、安徽农业大学杨军副教授为本书的编写做了大量的组织、联系工作;西南农业大学李育农教授、南京农业大学叶静渊教授和郁志芳副教授对本教材部分章节的内容提出了很好的意见;南京农业大学韩键、乔玉山、蔡斌华老师和沈志军、刘丹同学为本教材的编写付出了辛勤的劳动。在此一并表示衷心的感谢。

本教材的编写虽然是根据参编者各自的专业特长和学术优势安排的,但是由于时间紧促,缺点和不足在所难免,恳请读者批评、指正。

章 镇 王秀峰
2003 年 5 月

目 录

第二版前言
第一版前言

1 第一章 绪论 /1

第一节 园艺学的范畴和特点 /1
第二节 园艺业的起源与发展简史 /2
第三节 园艺业现状与发展趋势 /7
　　一、世界园艺业现状与发展趋势 /7
　　二、我国园艺业发展现状与趋势 /10
思考题 /13
主要参考文献 /13

2 第二章 园艺植物的分类 /15

第一节 果树植物分类 /15
　　一、植物学分类法 /15
　　二、生态适应性分类法 /24
　　三、栽培学分类法 /24
　　四、我国果树植物的地理分布 /25
第二节 蔬菜植物分类 /26
　　一、植物学分类法 /26
　　二、食用器官分类法 /31
　　三、农业生物学分类法 /31
　　四、我国蔬菜植物的地理分布 /32
第三节 观赏植物分类 /33
　　一、花卉分类 /34
　　二、观赏树木分类 /37

思考题 / 42

主要参考文献 / 42

3 第三章 园艺植物生长发育规律 / 43

第一节 营养器官的生长发育 / 43
一、根的生长发育 / 43
二、茎的生长发育 / 47
三、叶的生长发育 / 52

第二节 花芽分化 / 56
一、花芽分化的形态与解剖结构 / 56
二、园艺植物花芽分化的类型 / 57
三、影响花芽分化的因素 / 57

第三节 生殖器官的生长发育 / 60
一、花的发育与开花 / 60
二、授粉受精与坐果 / 62
三、果实的生长发育 / 67
四、种子的生长发育 / 72

第四节 各器官生长发育的相互关系 / 75
一、地上部与地下部生长的关系 / 76
二、营养生长与生殖生长的关系 / 76
三、同化器官与贮藏器官生长的关系 / 78

第五节 园艺植物的生长发育特点 / 79
一、木本园艺植物的生长发育特点 / 79
二、草本园艺植物的生长发育特点 / 82

思考题 / 84

主要参考文献 / 84

4 第四章 环境条件对园艺植物的影响 / 85

第一节 温度 / 85
一、温度三基点 / 85
二、有效积温 / 89
三、温周期和春化作用 / 90
四、高温和低温对园艺植物生长发育的影响 / 91

第二节 水分 / 93
一、园艺植物对水分的生态反应 / 93
二、水分对园艺植物生长发育的影响 / 93
三、影响水分吸收与散失的因素 / 94
四、园艺植物的干旱和水涝胁迫 / 95

第三节 光照 / 96
　一、光照强度 / 96
　二、光质 / 99
　三、光周期 / 101
第四节 土壤 / 103
　一、土壤质地 / 103
　二、土壤理化特性 / 104
　三、土壤状态 / 105
第五节 气体 / 106
　一、二氧化碳 / 106
　二、风 / 107
　三、空气污染 / 107
第六节 环境因子对园艺植物表型的影响 / 110
　一、园艺植物表型的监测 / 110
　二、环境因子与园艺植物表型的关系 / 111
思考题 / 112
主要参考文献 / 112

第五章 园艺植物繁殖 / 114

第一节 有性繁殖 / 114
　一、种子采集 / 114
　二、种子寿命与种子贮藏 / 116
　三、种子休眠与破眠 / 119
　四、种子处理 / 124
　五、种子静止与萌发 / 128
　六、播种与育苗 / 130
　七、现代工厂化育苗 / 134
第二节 无性繁殖 / 138
　一、扦插繁殖 / 138
　二、压条繁殖 / 143
　三、分株繁殖 / 146
　四、特殊营养器官繁殖幼苗 / 146
第三节 嫁接繁殖 / 147
　一、嫁接及其意义 / 147
　二、影响嫁接成活的因素 / 148
　三、嫁接方法 / 150
　四、嫁接苗管理 / 153
第四节 组织培养繁殖 / 154
　一、组织培养繁殖的一般技术 / 155
　二、脱病毒苗木培育 / 156
思考题 / 158

主要参考文献 / 159

6 第六章 园地选择与建园 / 160

第一节 园地选择 / 160
一、自然条件 / 160
二、社会经济条件 / 162
三、有害因素 / 163

第二节 园地规划与设计 / 163
一、土地利用规划 / 164
二、种植园小区规划 / 164
三、防护林规划 / 166
四、道路系统规划 / 167
五、排灌系统规划 / 168
六、种植园建筑物规划 / 170
七、水土保持规划 / 171

第三节 园艺作物的选择与种植 / 174
一、园艺作物的选择 / 174
二、园艺作物的种植 / 176

第四节 农业观光园的规划设计 / 182
一、观光园艺的定义与类型 / 182
二、观光园艺园的规划设计 / 185

思考题 / 193

主要参考文献 / 193

7 第七章 园地土肥水管理 / 194

第一节 土壤管理 / 194
一、土壤耕作 / 194
二、土壤改良与增肥 / 195
三、盆土的配制 / 198
四、园地土壤管理制度 / 199

第二节 营养与施肥 / 202
一、园艺作物的营养和需肥特点 / 202
二、营养诊断 / 205
三、施肥技术 / 209

第三节 水分管理 / 214
一、园艺作物对水分的需求特点 / 214
二、灌溉技术 / 215
三、排水技术 / 222
四、水肥一体化技术 / 223

思考题 / 226

主要参考文献 / 226

第八章 园艺作物生长发育的调控 / 228

第一节 整形修剪 / 228
一、整形修剪的目的与依据 / 228
二、整形修剪的生理效应及调节作用 / 231
三、主要树形及树体结构 / 233
四、整形修剪技术 / 238
五、果树的整形修剪 / 241
六、观赏植物的整形修剪 / 243
七、蔬菜作物的植株调整 / 245

第二节 矮化栽培 / 250
一、矮化栽培的意义 / 251
二、矮化栽培的途径 / 251
三、矮化的生理与分子机制 / 253
四、果树矮化栽培技术 / 256
五、花卉矮化栽培技术 / 258

第三节 花果调控 / 259
一、花果数量的调控 / 259
二、花质量及性别的调控 / 262
三、果实品质的调节 / 264

第四节 产期调控 / 267
一、产期调控的意义 / 267
二、技术途径及依据 / 268
三、产期调控的措施 / 269

思考题 / 275
主要参考文献 / 275

第九章 园艺产品的品质与质量控制 / 277

第一节 园艺产品品质与质量标准 / 277
一、品质与质量的概念 / 277
二、品质与质量评价 / 277
三、园艺产品的质量标准 / 279

第二节 园艺产品品质的调控 / 282
一、水果品质构成要素与调控 / 282
二、蔬菜品质与调控 / 285
三、花卉品质与调控 / 289

第三节 园艺产品的检验及质量安全控制 / 291
一、园艺产品的检验方法及内容 / 292
二、园艺产品的质量安全评估 / 293

三、园艺产品质量安全市场准入 / 294
四、园艺产品质量安全追溯制度 / 294
思考题 / 296
主要参考文献 / 296

第十章 园艺作物现代化生产装备与应用 / 299

第一节 园艺机械化生产的意义及应用 / 299
一、机械化生产的意义及对生产模式的要求 / 299
二、园艺作物生产的机械类型与应用 / 302

第二节 园艺生产机械的智能化控制 / 325
一、机械智能化控制的主要技术 / 325
二、智能化技术的主要应用 / 329

思考题 / 333
主要参考文献 / 333

第十一章 园艺作物设施栽培 / 335

第一节 园艺设施的主要种类及其应用 / 335
一、简易保护设施 / 335
二、塑料拱棚 / 338
三、温室 / 343
四、夏季保护设施 / 354

第二节 园艺作物设施栽培技术 / 356
一、蔬菜设施栽培技术 / 356
二、花卉设施栽培技术 / 361
三、果树设施栽培技术 / 364

第三节 无土栽培 / 374
一、无土栽培的概念和意义 / 374
二、营养液 / 375
三、固体基质 / 378
四、无土栽培的主要形式 / 380
五、园艺作物无土栽培技术 / 385

第四节 植物工厂 / 390
一、工厂化生产技术 / 390
二、工厂化生产的环境控制 / 390
三、植物工厂未来发展方向 / 392

思考题 / 392
主要参考文献 / 392

12 第十二章 园艺产品采后商品化处理及市场营销 / 394

第一节 采收 / 394
一、采收成熟度的确定 / 394
二、采收方法 / 398

第二节 采后预冷 / 400
一、预冷的作用 / 400
二、预冷方式 / 400

第三节 采后商品化处理 / 402
一、挑选 / 403
二、清洗 / 403
三、分级 / 404
四、打蜡与干燥 / 407
五、包装 / 408
六、脱绿、脱涩、催熟 / 410
七、切花保鲜预处理 / 412

第四节 物流 / 412
一、物流方式与装备 / 413
二、物流微环境监控 / 414
三、冷链物流信息化 / 415
四、电子商务 / 418
五、配送 / 419

第五节 园艺产品市场营销 / 420
一、市场与目标市场选择 / 420
二、园艺产品市场营销组合与营销模式 / 423
三、园艺产品市场营销新趋向 / 427

思考题 / 428
主要参考文献 / 428

CHAPTER 1 第一章 绪 论

改革开放以来，我国园艺产业发展突飞猛进，在农业种植业中占据着重要地位。园艺业的发展促进了我国乃至世界农业的进步，丰富了人类精神文明、生态文明，提高了人民的生活质量。园艺学是一门研究园艺作物生长发育和遗传规律的学科。本章从园艺学的范畴和特点、起源与发展简史、产业现状与发展趋势等3个方面系统介绍了园艺学。通过本章的学习，可以全面了解园艺学的基本概况，打开学习园艺学知识的大门，增强相关专业学生对园艺学的兴趣。

第一节 园艺学的范畴和特点

园艺，是指种植果树、蔬菜、观赏植物及茶树等的生产技艺，是农业生产和城乡绿化的一个重要组成部分。园艺一词包括"園"和"藝"二字，《辞源》中称"植蔬果花木之地，而有藩者"为園，《论语》中称"学问技术皆谓之藝"，因此栽植蔬果花木之技艺谓之园艺。但是我国历代文献均无"园艺"一词，最早见于文字的是1869年英国人Lobscheid所著的《英华字典》。园艺的英文名horticulture一词最早出现于Peter Laurenberg 1631年所著的《字的世界》一书。Horticulture一词是由拉丁文hortus和culture合并而成的，hortus为垣篱、墙壁等围绕物之意，culture为栽培管理之意。可见，园艺一词的含义中外是一致的。当然，在现代社会中，园艺已不一定局限于垣篱之内了。

园艺植物包括果树、蔬菜、观赏植物和茶树，从广义上讲还包括药用植物和香料植物。园艺植物的分类主要是根据其生产用途（或实用性）而定的。果树是指能生产供人们食用的水果、干果、种子及其衍生物的木本或多年生草本植物的总称。蔬菜是可供人们佐餐的草本植物的总称，也包括少数木本植物的嫩茎、嫩芽，还有部分真菌和藻类植物等。观赏植物是指具有一定的观赏价值，适用于室内外布置、美化环境并丰富人们生活的植物的总称，主要包括可供观赏的适合布置园林绿地、风景名胜区和室内装饰用的观花、观叶、观果、观形的木本和草本植物。茶是供人们饮用的一类植物饮品的总称。园艺植物不仅种类繁多，而且利用部位和用途多样。有些园艺植物能满足人们的多种需要，如荷，其花和叶用于观赏，属于观赏植物，地下茎可食用，又属于蔬菜，种子既可食用又可入药。再如玫瑰，花可用于观赏，属于观赏植物，花又可用于提取玫瑰油，属于香料植物。此外，一些园艺植物具有一定的药用价值，都可归属于药用植物，当然，其可供利用的部位是不一样的。

园艺学，是研究园艺植物的种质资源、育种、苗木繁殖、生长发育规律、栽培管理、采后贮藏加工、病虫害防控以及造园等理论和技术的科学。随着科学技术的发展，园艺学的研究内容与分工也更加具体。园艺学一般包括果树学、蔬菜学、观赏园艺学、茶学及设施园艺学（范金凤等，2019），也有学者将造园学、苗圃学（Halfacer et al.，1979）归入园艺学的范畴。果树学是研究果树的品种、生长与结果习性、栽培管理及产品采后处理的科学；蔬菜学是研究蔬菜的品种、生长习性、栽培管理及产品采后处理的科学；观赏园艺学是研究观赏植物的种类、生长习性、栽培管理及生产应用的科学；茶学是研究茶树资源、生长习性、栽培管理、制茶工艺及茶文化的科学；设施园艺学是研究设施园艺作物的生长特性及其对生态环境条件的要求，设施内的环境特性，设施结构性能的优化，以及对设施栽培作物进行科学合理环境调控与栽培管理的科学；造园学又称园林规划设计学，是研究园林绿地的设计、规划、施工和养护管理的科学；苗圃学是一门研究园林苗木的培育理论和生产应用技术的科学。

园艺学虽然起源于古代的园艺技艺，但现代园艺学已逐步发展为一门独立的学科。首先它是一门应用科学，与植物学、植物生理学、生物化学和分子生物学、土壤学、气象学、农业化学、植物保护学、遗传育种学、系统生物学等学科有非常密切的关系，园艺学正是在这些学科的基础上，应用这些学科的理论和技术发展起来的。同时园艺学研究的是园艺作物生物学特性和集约栽培技术，它可以以相同的土地面积，通过大量生产资料、劳力和技术的投入，获得几倍甚至十几倍于其他农作物的经济效益。我国民间广泛流传的"一亩*园，十亩田"这句话就是这个意思。更重要的是园艺学也是一门形象艺术，将植物应用于美学是园艺学独一无二的特点，使之有别于其他农业活动。所以，可以说园艺学是科学、技术与美学有机结合的学科。

园艺业即园艺生产，是农业生产的一个重要组成部分，在国民经济中占有重要地位，也是农业产业结构调整和农民增收的热点产业领域，它既不同于以生产粮油作物为主的大田作物种植业，也不同于以生产树木等林产品为主的林业，它是从事果品、蔬菜、观赏植物、茶的生产和园林规划、营建、养护的行业。园艺产品既是人们日常生活所需要的食品、营养品，也是重要的工业原料，同时具有绿化美化环境、修身养性及医疗作用。因此，园艺业是技术与艺术、科学与文化的结合，同时也将在乡村振兴、生态文明建设、美丽中国建设中发挥重要作用。

第二节　园艺业的起源与发展简史

根据古人类学家的研究，人类的历史大约可以追溯到 300 万年以前，而农耕的历史大约只有 1 万年。在出现农耕以前数百万年的漫长岁月里，人类的祖先依赖采集和渔猎为生，在采集和渔猎时期已经产生了萌芽状态的原始农业。在原始农业的早期，园艺就已开始出现。据考古发现，在石器时代，人类就已经开始种植无花果、葡萄、枣和洋葱等。例如，处于旧石器时代晚期马来半岛的塞芒人和赛诺依人懂得砍除与野生果树生长在一起的灌木，并剪去野生果树的顶梢，使野生果树结出更多的果实。同样，处于旧石器时代晚期的安第斯高原的印第安人已经了解到野生马铃薯有 60 多个不同的类型。进入原始农业阶段，人们开始驯养繁殖动物和种植作物。根据考古学研究，公元前 9000—前 8000 年，在西亚的新月形地带（现约旦和叙利亚的西部和北部）最早开始了原始农业的发展期，公元前 7000—前 5000 年，中国长江、黄河流域开始种植水稻、谷子，并饲养猪、狗、羊等家畜，葫芦、白菜、芹菜、蚕豆、甜瓜等也已经开始栽培。可见，当时园艺作物的栽培已成为原始农业的一个组成部分。

西亚地区是世界原始农业最早发展地区之一，其原始农业的发展也先后带动了周边地区农业（包括园艺业）的发展。在原始农业诞生之初，人们食用采集的野生果实、种子及植物的根茎，然后将剩下的种子和根茎扔到周围，人们注意到被扔掉的部分种子或根茎重新生长为植株时，人类对植物的驯化便开始了。在黎凡特遗迹中发现，当时已有谷类和豆类等被人们种植。公元前 3000 年枣、无花果、油橄榄、洋葱及葡萄已在埃及为人栽种。至埃及文明极盛时期，园艺业已有很大的发展。埃及人栽种许多果树、蔬菜，包括枣、葡萄、油橄榄、无花果、香蕉、柠檬、石榴、朝鲜蓟、扁豆、大蒜、莴苣、薄荷、萝卜及各种甜菜等（图 1-1）。公元前 15 世纪，埃及人建立了世界上第一个植物园。当时

---

* 亩：非中国法定计量单位，1 [市] 亩 = 666.6 m^2。

图 1-1　古埃及园艺农业古墓壁画
a. 采收无花果　b. 圆形葡萄架　c. 菜园灌溉　d. 耕锄图

埃及人栽花种菜，不但供自用，还供应给市民。古巴比伦的庭院园艺也在此时期出现。公元前 700 年的《亚述植物志》记载有 900 多种植物，其中包括 250 种蔬菜、果树、药用植物及油料植物。

公元前 500—公元 500 年，罗马人使用的园艺技术包括嫁接、多种果树和蔬菜的利用，以及豆类轮栽、肥力鉴定、果品贮藏等，在当时的文献中还发现以云母片盖的原始温室，用于黄瓜的促成栽培。同时这一时期观赏园艺在罗马也发展迅速。罗马人的田园里，不仅种有多种果树，还栽有各类花草，如百合、玫瑰、紫罗兰、三色堇、罂粟、鸢尾、金鱼草、万寿菊和翠菊等。罗马全盛时期，都市花卉园艺甚为发达，并盛行插花和撒花。罗马衰亡后，中世纪欧洲进入黑暗时代，一些园艺技能只在修道院花园内幸存，僧侣成为当时唯一的园艺家，园艺工作变成修道生活中不可缺少的部分，园艺产品供给食物、装饰品及医药，许多果树及蔬菜的品系均因此而被保存下来，有些甚至经过了改良。十字军东征时将亚洲的蔷薇、郁金香、无花果及亚洲种葡萄带回欧洲，对欧洲花卉和果树种类的增加起到了一定的促进作用。

欧洲园艺业复苏始于文艺复兴时期的意大利，后经法国传入英国。到 15—16 世纪，果园和菜园在修道院外已经很普遍，菜园成为香料和调味品的重要来源，Charles Estienne 与 John Liebault 所著的《乡村农场》一书是当时重要的园艺著作，书中记载了有关苹果的栽培技术，包括施肥、嫁接、修剪、育种、矮化、移植、害虫防治、环状剥皮、采收、加工、烹饪及药用。造园术也随之兴起，庭院变得规范化，庭院设计变得与建筑设计同等重要，由勒诺特（Andre Le Notre）设计的巴黎凡尔赛宫中的华丽庭院就是其中的优秀代表作。

1492 年发现新大陆后，许多园艺作物被传入欧洲大陆，包括蔬菜（如马铃薯、番茄、辣椒、南瓜、花生、四季豆和菜豆等）、果树（如蔓越橘、鳄梨、巴西栗、腰果、黑核桃、薄壳山核桃和凤梨等），还有其他重要的作物（如香草、可可、烟草等）。同时，不少园艺作物也被传入美洲大陆。后来贸易和交通的发展进一步促进了园艺作物种类的大量交流，极大地推动了世界园艺业的发展，当今荷兰的球根花卉业、非洲的可可业及中南美洲的香蕉和咖啡业，均源于这次植物种类的交流。园艺设施栽培技术也同时得到了发展和完善。16世纪末法国人利用温水灌溉，促进樱桃提早成熟。法国路易十四时期（1638—1715）创建了玻璃温室，用于多种园艺作物的促成栽培，推动了设施园艺的普及和发展。

19世纪中叶，随着科学技术的发展，世界进入了近代农业阶段。1838年德国植物学家施莱登细胞学说的提出，1859年达尔文的巨著《物种起源》的出版，以及1865年孟德尔遗传定律的提出，促进了近代育种技术的发展。1871年美洲野葡萄的引进和利用使欧洲葡萄生产免于灭顶之灾。1885年波尔多液的发明，为园艺作物病害的防治提供了一种应用至今的重要的杀菌剂。19世纪末，拖拉机出现、化学肥料工业产生、化学农药被人工合成，都极大地提高了农业劳动生产率，同时也明显地促进了近代园艺业的发展。而与此同时，能源浪费严重、环境污染加剧等近代农业的主要缺陷也日益显现。

中国作为人类起源地之一，拥有悠久的农业发展史，旧石器时代（距今300万～1万年前）农业尚未出现，原始人类已经懂得依靠采集和渔猎为生，人口增长带来的饥饿威胁为农业的出现提供了动力，于新石器时代（距今10 000～4 000年前）原始农业在我国黄河流域和长江流域最早出现，神农传说反映了当时的情况。园艺业作为农业的一部分也最早出现在我国，在七八千年前的新石器时代，我国的先民已有了种植蔬菜的石制农具，开始栽种葫芦、白菜、芹菜、蚕豆等。其中在陕西西安半坡村新石器时代仰韶文化（前5000—前3000）遗址中，就有榛子、朴树子、栗子、松子和菜子出土。根据《山海经》《诗经》和《庄子》等古代文献记载，起源于我国的果树有桃、李、梨、龙眼、榛、荔枝、杨梅、枇杷、橄榄等，并且有3 000多年的历史。

从河南省安阳市小屯村发掘出的商代都城殷墟中，有大量用以占卜的甲骨刻辞，已认出的字中就有园、圃、囿，其中园是栽培果树的场所，圃是栽培蔬菜的场所，囿则是人为圈定的园林。这说明在公元前13世纪的商代，园圃已开始从大田分化出来。西周时期，周文王修建有灵囿，周边圈围饲养珍禽奇兽，供当时的权贵赏玩。随着中原人口的增加，作物种类日趋多样化，除谷、豆、麻之外，蔬、果种植得到迅速发展。蔬菜种类有根菜类、薯芋类、叶菜类及香辛菜多种，果树有落叶果树带和落叶常绿果树混交带的种类达40余种。我国现存最早的诗歌总集《诗经》就是在此时期编辑而成的，其中涉及132种植物，包括多种园艺植物，蔬菜有葵、葫芦、芹、韭、笋和菽等，果树有枣、郁李、山葡萄、桃、李、梅、榛和杜梨等，观赏植物有梅和芍药等。以上反映出在3 000年前园艺产品在人们的生活中已占有一定的地位。

到了春秋战国时期，我国步入铁器时代，铁质农具的出现使农业生产力得到极大的解放，有了突破性的发展，进一步对园艺业的发展产生了革命性的影响，同时伴随着农圃的进一步分工，出现了专门栽植果树的园和专门种植蔬菜的圃，园艺业已不再作为大田种植业的补充部分，独立的园艺业初步形成。战国时期的《山海经》记载了观赏树木14处、花卉5处、蔬菜5处和果树14处，同时扦插技术在当时的文献中也有记载。

秦、汉时期，我国精耕细作的优良传统逐渐形成，园林在继承囿的传统特点的同时逐渐由囿向苑转变发展，当时果树和蔬菜生产已从园圃扩大至山野，出现了一些具有相当规模的果园和菜圃，成为农业的重要组成部分，而且品种开始出现。汉代已有利用火室火炕于冬季种植葱韭菜茹的记载。汉代我国农民创造了葫芦靠接技术。汉武帝时期（前140—前88）利用旧时秦代的上林苑加以扩建，"周袤数百里"，南北各地竞献名果异树，移植其中，植物多达2 000余种，有名称记载的约有100种，建成了中国历史上第一个大规模的植物园，并设钩盾一职，作为专门管理上林苑果木的官吏。西汉张骞通西域，开辟丝绸之路，沟通了我国与阿富汗、伊朗及欧洲和非洲的经济交往，从西方引进葡萄、无花果、石榴、扁桃和槟桲等果树以及黄瓜、西瓜、甜瓜、胡萝卜、菠菜和豌豆等蔬菜，同时也给西亚和欧洲带去了中国的桃、杏、核桃、茶、芥菜、萝卜、蚕豆、白菜和百合等，大大丰富了那些地区园艺植物的种质资源。西汉时期的《史记》记载："安邑千树枣，燕秦千树栗，蜀汉江陵千树橘，此其人皆与千户侯等"，说明当时不仅帝王御园的园艺发达，民间园艺也很繁荣，商业栽培已很普遍，园艺业生产规模已很大。河北望都一号东汉墓中发现墓室内壁有盆栽花的壁画，表明盆栽花至迟在东汉已出现。新疆汉代楼兰和尼雅遗址出土的壁画，反映了丝绸之路果树栽培的情况（图1-2）。

图1-2　新疆汉代楼兰和尼雅遗址出土壁画反映丝绸之路果树栽培情况

南北朝时期，我国南方栽培果树明显增多，如柚、枇杷、苹婆、韶子等，出现了一些面积较大的果园。栽培的蔬菜种类也从东汉时期的20多种增加到30多种。蔬菜栽培技术发展了本母子瓜留种法、大蒜"条中子"作种法及促使莲子早发芽的方法等，窖藏鲜菜的技术较汉代进一步完善。插花艺术始见于此期的佛前供花。北魏贾思勰于6世纪30—40年代所著的《齐民要术》，是我国完整保存下来的古农书中最早的一部，也是我国最有价值的一部农书。全书约11万字，分为10卷92篇，其中卷三为蔬菜卷，卷四为植树和果树卷，记载了31种蔬菜和17种果树的品种、繁殖、栽培技术和贮藏加工等，表明当时我国园艺技术已达到相当高的水平。《齐民要术》中首次记载的"嫁枣""嫁李"等促进果树多结果的技术一直沿用至今。

唐代由于海陆交通的开辟，相互引种更加频繁，我国从国外引进了不少果树和蔬菜种类。例如，产于西亚的海枣引种到广东、四川栽培。嫁接技术更加完善。促成栽培技术有了新的发展，可使黄瓜在2月采收。创造了蜡封果蒂的果品保鲜技术和促进花朵提早开放的"堂花技术"，使牡丹、桃等在冬季开花。同时，花卉业大兴，长安城郊出现专业的花农，长安成为"四邻花竞发"的城市。在这一时期，猕猴桃已驯化栽培，柑橘也比较兴盛。《酉阳杂俎》中记载："有新罗种者，色稍白，形如鸡卵""只有西明寺僧造玄院中，有其种"，反映出我国的茄子来源于越南、泰国等东南亚地区。

宋、元时期，我国园艺植物种类增多，原来主要在岭南种植的橙、橘、香蕉、荔枝、龙眼等果树分别向闽、浙、赣、川、苏等地推移，扩大了种植区域。对花卉的观赏已从上层人士向民间普及，除了专业花农，还出现了中间商"花客"。北宋蔡襄编著了我国第一部果树专著《荔枝谱》，记载了32个荔枝品种。南宋韩彦直编著了我国第一部柑橘专著《橘录》，也是世界上第一部完整的柑橘栽培学专著，记载了27个柑橘种或品种，并全面地总结了当时橘农的栽培经验。元代王祯撰写的《王祯农书》中的百谷篇列出蔬菜30余种，果树70余种。同期，还出现了多部花卉专著，如欧阳修的《洛阳牡丹记》、王观的《扬州芍药谱》和刘蒙的《菊谱》等。从西汉丝绸之路的开辟到元朝末年，此阶段为我国的陆路引种时期。

明、清时期（1368—1911），郑和下西洋与国外海运交流，使我国通过海路或陆路从欧洲和美洲引进了芒果、菠萝、番木瓜、苹果、西洋梨、西洋李、西洋樱桃等果树和番茄、结球甘蓝、花椰菜、洋葱、南瓜（包括西葫芦、笋瓜等）、马铃薯、食荚豌豆、菊芋等蔬菜，极大丰富了我国园艺作物的种质资源，促进了我国园艺业的发展。同时我国的宽皮橘、甜橙和牡丹、菊花、山茶等也传向世界其他国家。清代陈淏子所著的《花镜》（1688年成书）一书记载了300多种观赏植物，并采用了实用分类法，书中还逐一阐述了嫁接技术、微量元素的施用及观赏植物的园林配置技术。《花镜》的问世，标志着我国观赏园艺植物学的诞生。1708年汪灏等编著的《广群芳谱》中记载了100多种栽培及野生的蔬菜，并归纳为辛香、园蔬、野蔬、水蔬、食根、食实、菌属、奇蔬、杂蔬等9类，为后世蔬菜植物的分类打下了基础，其中以食用部位及生长环境的分类法至今仍被采用。我国现代栽培蔬菜的种类基本上是明清时期逐步形成的，这一时期是我国引种驯化成效显著的时期，同时花卉和园林也得到迅速发展。

从人类历史发展历程看，在原始农业阶段，我们的祖先主要靠食用植物生存，因此蔬菜和谷类植物的栽培最早出现，果树的驯化和栽培由于耗时长，且难于集体控制，出现相对较晚。初始的园艺是功能性的，主要是生产供人们食用和药用的植物。观赏园艺由于当时对人们的生存并非必需品，出现的时间比蔬菜园艺、果树园艺要迟得多。但是园艺业一旦出现，便与人类文化密切地融合在一起。园艺的影响涉及思想、情感、文学、绘画、哲学、宗教、社会习俗以及人类文化的其他方面，形成了可称为"园艺文化"的独特体系。我国周朝形成的最早的诗歌总集《诗经》，就有以园艺植物为题材的，那时的人们已将花木用于社交礼仪，以梅、芍药等园艺植物来传达爱情了。历代文人创作出大量关于园艺植物的诗歌、散文、戏剧和绘画。如唐代花鸟画已摆脱了人物画附属的地位，成为宫廷和民间普遍的独立的画种。在我国的古典小说《红楼梦》中，有38种园艺植物被用以命名人物，比喻人物性格，以此来表述作者的思想情感。花卉被国内外广泛地应用于社会民俗之中。花卉因其人类所赋予的不同的象征意义，已成为某些社会民俗的有机组成部分。如我国春节的水仙、中秋节的桂花和重阳节的菊花，以及西方国家圣诞节的圣诞树、复活节的百合、情人节的玫瑰和母亲节的康乃馨（香石竹），这一传统影响至今。在西方，园艺甚至被认为是"仅次于宗教的传播博爱思想者"。可见，在人类文化发展历程中，园艺植物发挥了很大的作用，至今影响着人们的生活（图1-3）。

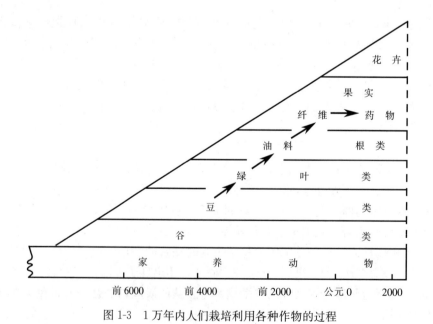

图1-3　1万年内人们栽培利用各种作物的过程

(Burkill, 1954)

第三节 园艺业现状与发展趋势

一、世界园艺业现状与发展趋势

第二次世界大战以后，世界进入了相对平稳时期，受战争影响的经济开始复苏，园艺业也随之渐渐崛起。据联合国粮食及农业组织（FAO）统计，近60年来园艺业发展迅速。2018年与1961年相比，世界水果栽培面积、年产量分别增长了1.67倍和3.16倍，坚果分别增长了4.62倍和7.19倍。2000—2018年，世界水果栽培面积和年产量分别增长26.3%和50.6%，坚果栽培面积和年产量分别增长72.8%和141.0%，蔬菜栽培面积和年产量分别增长37.8%和59.0%。2018年世界水果栽培面积为6 804.98万hm²，年产量为86 806.54万t；坚果栽培面积为1 263.67万hm²，年产量为1 844.12万t；蔬菜栽培面积为5 788.78万hm²，年产量为108 890.12万t；茶生产面积为419.32万hm²，年产量为633.80万t（表1-1、表1-2）。其中栽培面积最大的水果、坚果和蔬菜分别为柑橘、腰果和番茄，年产量最高的水果、坚果和蔬菜也分别为柑橘、腰果和番茄。从单一果树的世界区域栽培面积看，亚洲是世界水果、坚果的最大产区，分别占世界栽培总面积的52.1%和57.5%，是宽皮橘、草莓、李、阿月浑子、菠萝、柿、梨、桃、木瓜、甜橙、芒果、柠檬、酸橙、猕猴桃、榛子、葡萄柚、枣、栗子、香蕉、杏、苹果的最大产区；欧洲是树莓、葡萄、醋栗、樱桃、杏仁的最大产区；非洲是腰果、无花果、大蕉的最大产区；美洲是蔓越莓、蓝莓、牛油果的最大产区。从平均单位面积产量看，美洲是草莓、树莓、李、阿月浑子、菠萝、柿、梨、木瓜、芒果、榛子、无花果、樱桃、牛油果、杏、苹果、杏仁单产最高的地区，亚洲是核桃、大蕉、蔓越莓、栗子、腰果、蓝莓单产最高的地区，非洲是橘子、葡萄、醋栗单产最高的地区，欧洲是桃、甜橙、柠檬、酸橙、葡萄柚、枣、香蕉单产最高的地区，大洋洲是宽皮橘、猕猴桃单产最高的地区。从世界果树生产的主要国家看，水果栽培面积排名前5位的国家分别是中国、印度、马拉维、巴西、尼日利亚，水果年产量排名前5位的国家分别是中国、印度、巴西、美国、土耳其；坚果栽培面积排名前5位的国家分别是科特迪瓦、印度、中国、美国、印度尼西亚，坚果年产量排名前5位的国家分别是中国、美国、越南、土耳其、伊朗。中国是世界苹果、梨、柑橘、猕猴桃栽培面积最大的国家，分别占全世界的42.4%、67.5%、24.5%和68.0%，同时中国也是世界苹果、梨、葡萄、柑橘、猕猴桃、坚果年产量最高的国家，分别占全世界的45.5%、67.7%、16.9%、27.1%、50.6%、20.9%。印度是香蕉栽培面积和年产量最大的国家，科特迪瓦是坚果栽培面积最大的国家，西班牙是葡萄栽培面积最大的国家，越南是腰果年产量最高的国家。中国是茶栽培面积和年产量最大的国家。

表1-1 世界主要果树、蔬菜生产洲际分布情况（2018年）

种类		非洲	美洲	亚洲	欧洲	大洋洲
水果	面积（万hm²）	1 531.26	922.73	3 541.06	748.17	61.76
	产量（万t）	11 061.06	16 308.97	49 874.10	8 757.44	804.97
苹果	面积（万hm²）	22.04	32.91	335.26	100.28	2.82
	产量（万t）	286.92	1 058.58	5 352.36	1 959.36	78.37
梨	面积（万hm²）	4.87	6.31	109.77	16.62	0.62
	产量（万t）	73.32	168.48	1 814.36	304.52	12.70
葡萄	面积（万hm²）	34.63	97.66	202.32	363.15	17.47
	产量（万t）	484.71	1 496.97	2 743.34	2 984.50	209.03

(续)

种类		非洲	美洲	亚洲	欧洲	大洋洲
柑橘类	面积（万 hm²）	180.11	230.80	502.04	51.05	3.29
	产量（万 t）	2 024.06	4 413.39	7 646.21	1 107.23	59.04
香蕉	面积（万 hm²）	212.48	119.96	228.90	1.02	10.50
	产量（万 t）	2 041.80	3 043.78	6 264.82	41.12	182.26
猕猴桃	面积（万 hm²）	0.000 7	1.03	18.26	4.25	1.17
	产量（万 t）	0.003 5	26.46	240.10	93.99	41.71
坚果	面积（万 hm²）	428.67	166.53	541.01	119.15	8.30
	产量（万 t）	234.32	396.16	1075.71	125.48	12.45
腰果	面积（万 hm²）	364.68	46.44	186.15	—	—
	产量（万 t）	182.60	20.65	390.03	—	—
蔬菜	面积（万 hm²）	895.19	358.87	4 157.39	359.52	17.82
	产量（万 t）	8 146.54	8 037.06	83 304.70	9 061.24	340.56
番茄	面积（万 hm²）	129.20	42.21	259.41	44.82	0.58
	产量（万 t）	2 077.55	2 604.17	11 168.51	2 329.11	46.46
甘蓝	面积（万 hm²）	25.00	7.12	175.85	32.84	0.41
	产量（万 t）	333.30	213.75	5 400.77	974.93	15.39
黄瓜	面积（万 hm²）	32.30	8.94	141.01	16.08	0.12
	产量（万 t）	145.32	217.91	6 561.96	594.68	2.08
西瓜	面积（万 hm²）	34.68	27.85	233.51	27.83	0.50
	产量（万 t）	635.63	696.70	8 425.26	620.40	19.48
秋葵	面积（万 hm²）	144.52	0.77	56.68	0.07	0.01
	产量（万 t）	327.71	7.61	650.93	0.88	0.15
茶	面积（万 hm²）	38.48	4.39	375.98	0.074	0.39
	产量（万 t）	81.03	8.70	543.44	0.069	0.56

资料来源：联合国粮食及农业组织（FAO）统计。

表 1-2 世界主要果树、蔬菜和茶生产排名前 5 位国家情况（2018 年）

种类		世界	1	2	3	4	5
水果	面积（万 hm²）	6 804.98	中国 1 533.81	印度 720.80	马拉维 285.39	巴西 226.83	尼日利亚 196.38
	产量（万 t）	86 806.54	中国 24 075.01	印度 9 872.23	巴西 4 004.73	美国 2 601.51	土耳其 2 359.86
苹果	面积（万 hm²）	493.31	中国 207.15	印度 30.10	俄罗斯 20.73	土耳其 17.47	波兰 16.18
	产量（万 t）	8 735.59	中国 3 923.34	美国 465.25	波兰 399.95	土耳其 362.60	伊朗 251.92
梨	面积（万 hm²）	138.19	中国 93.24	印度 4.40	意大利 2.96	阿尔及利亚 2.64	土耳其 2.46
	产量（万 t）	2 373.38	中国 1 607.80	美国 73.07	意大利 71.68	阿根廷 56.57	土耳其 51.95
葡萄	面积（万 hm²）	715.23	西班牙 93.93	中国 77.60	法国 74.39	意大利 67.01	土耳其 41.69
	产量（万 t）	7 918.57	中国 1 339.70	意大利 851.36	美国 689.10	西班牙 667.35	法国 619.83
柑橘	面积（万 hm²）	967.30	中国 272.43	马拉维 160.51	印度 97.06	尼日 81.88	巴西 59.88
	产量（万 t）	15 249.92	中国 4 138.14	巴西 1 927.37	印度 1 254.60	墨西哥 843.76	美国 703.83

(续)

种类	世界	1	2	3	4	5
香蕉 面积（万 hm²）	572.87	印度 88.40	坦桑尼亚 49.07	菲律宾 48.42	卢旺达 46.43	巴西 44.93
产量（万 t）	11 573.79	印度 3 080.80	中国 1 122.17	印度尼西亚 726.44	巴西 675.221	厄瓜多尔 650.56
猕猴桃 面积（万 hm²）	24.71	中国 16.80	意大利 2.49	新西兰 1.16	希腊 0.96	伊朗 0.91
产量（万 t）	402.27	中国 203.52	意大利 56.22	新西兰 41.43	伊朗 26.63	希腊 26.53
坚果 面积（万 hm²）	1 263.67	科特迪瓦 168.80	印度 100.90	中国 91.26	美国 81.56	印度尼西亚 73.22
产量（万 t）	1 844.12	中国 384.55	美国 310.59	越南 266.99	土耳其 113.64	伊朗 11.85
腰果 面积（万 hm²）	297.27	科特迪瓦 164.59	印度 100.36	贝宁 62.25	坦桑尼亚 57.45	印度尼西亚 50.43
产量（万 t）	593.25	越南 266.39	印度 78.59	科特迪瓦 68.80	菲律宾 22.86	贝宁 21.52
蔬菜 面积（万 hm²）	5 788.79	中国 2 405.07	印度 874.60	尼日利亚 322.05	印度尼西亚 112.60	越南 101.15
产量（万 t）	108 890.12	中国 54 899.30	印度 12 823.32	美国 3 174.09	土耳其 2 413.76	尼日利亚 1 638.63
番茄 面积（万 hm²）	484.84	中国 102.85	印度 79.70	尼日利亚 58.93	土耳其 18.71	埃及 18.24
产量（万 t）	18 225.80	中国 6 152.35	印度 1 937.70	美国 1 261.21	土耳其 1 215.00	埃及 662.47
西瓜 面积（万 hm²）	347.73	中国 184.87	伊朗 13.62	俄罗斯 13.36	巴西 10.51	土耳其 9.55
产量（万 t）	10 397.47	中国 6 280.38	伊朗 411.37	土耳其 403.12	印度 252.00	巴西 224.08
甘蓝 面积（万 hm²）	241.22	中国 96.63	印度 40.20	安哥拉 10.25	俄罗斯 7.24	印度尼西亚 6.61
产量（万 t）	6 938.16	中国 3 318.87	印度 903.50	韩国 253.67	俄罗斯 249.57	乌克兰 167.20
黄瓜 面积（万 hm²）	227.13	中国 123.52	喀麦隆 32.73	伊朗 7.78	俄罗斯 6.45	乌克兰 5.04
产量（万 t）	7 521.94	中国 5 624.04	伊朗 228.38	土耳其 184.83	俄罗斯 160.43	墨西哥 107.20
秋葵 面积（万 hm²）	202.05	尼日利亚 111.63	印度 51.40	尼日尔 15.16	科特迪瓦 5.74	喀麦隆 3.3
产量（万 t）	987.28	印度 612.60	尼日利亚 203.31	苏丹 30.47	马里 27.77	科特迪瓦 16.03
茶 面积（万 hm²）	419.32	中国 233.61	印度 62.82	肯尼亚 23.62	塞拉利昂 20.25	越南 11.66
产量（万 t）	633.80	中国 261.04	印度 134.48	肯尼亚 49.30	塞拉利昂 30.38	土耳其 27.00

资料来源：联合国粮食及农业组织（FAO）统计。

最近的十多年是世界蔬菜生产的快速增长期。2018 年世界蔬菜栽种面积为 5 788.79 万 hm²，年产量为 108 890.12 万 t，比 2000 年分别增长 37.8% 和 59.0%，栽培面积前 5 位的蔬菜种类为番茄、西瓜、甘蓝、黄瓜和秋葵，其中番茄种植面积 484.84 万 hm²，占蔬菜总面积的 8.38%，年产量为 18 225.8 万 t，占世界年产量的 16.74%。从蔬菜生产的地理分布看，亚洲是世界蔬菜最大的生产地区，其蔬菜种植面积和产量分别为 4 157.39 万 hm² 和 83 304.70 万 t，分别占世界总量的 71.82% 和 76.50%。同时，亚洲也是番茄、菠菜、南瓜、洋葱、叶用莴苣（生菜）、大蒜等蔬菜的最大产区。值得注意的是，近年来，秋葵的种植面积已经接近黄瓜，种植面积和年产量分别达到 202.05 万 hm² 和 987.28 万 t，秋葵种植面积最大的地区是非洲，年产量最大的地区是亚洲。从主要生产国来看，番茄、甘蓝和黄瓜最大的种植面积与产量国家均为中国，秋葵种植面积最大的国家为尼日利亚，秋葵产量最大的国家为印度。

二、我国园艺业发展现状与趋势

我国园艺业发展与农业同步，也始终与我国社会和经济变革息息相通，中华人民共和国成立之前，由于社会、经济等原因，园艺业发展极其缓慢，甚至因战乱而遭到极其严重的破坏，直至中华人民共和国成立后才得以恢复和发展。改革开放以来，园艺基础研究、产业技术研发及产业化水平都呈现稳步提高的发展态势。近十多年是我国园艺产业发展较快的年份。据国家统计局统计（表1-3），2018年我国果树栽种面积为1 187.45万hm^2，比2000年增长33.0%，产量为25 688.35万t，比2000年增长413%，产量的增速远超过面积的增速。我国种植面积及总产量最大的果树为柑橘，其栽培面积占果树总栽培面积的20.94%，产量占果树总产量的16.1%。我国果树种植面积最大的省份是广西，其次为陕西，果树总面积均超110万hm^2。2000—2018年，果树栽培面积增长最快的省份是新疆，增长了近4.82倍；年产量增长最快的省份是宁夏，增长了10.2倍。2018年，我国苹果栽培面积最大的省份为陕西，为59.76万hm^2，占全国苹果总面积的30.8%；我国柑橘栽培面积最大的省份为广西，为38.81万hm^2，占全国柑橘总面积的15.6%；我国梨栽培面积最大的省份为河北，为12.03万hm^2，占全国梨总面积的12.8%；我国葡萄栽培面积最大的省份为新疆，为14.29万hm^2，占全国葡萄总面积的19.7%。从产量上看，我国苹果产量最大的省份为陕西，达1 008.69万t，占全国苹果总产量的25.7%；我国柑橘产量最大的省份为广西，达836.49万t，占全国柑橘总产量的20.2%；我国梨产量最大的省份为河北，达329.68万t，占全国梨总产量的20.5%；我国葡萄产量最大的省份为新疆，达293.45万t，占全国葡萄总产量的21.5%。

表1-3　全国各地区果树、蔬菜和茶生产面积和产量情况（2018年）

地区	果树		蔬菜		茶	
	面积（万hm^2）	产量（万t）	面积（万hm^2）	产量（万t）	面积（万hm^2）	产量（万t）
全国总计	1 187.45	25 688.35	2 043.92	70 346.74	298.58	261.02
北京	4.64	61.46	3.60	130.55	—	0.00
天津	2.86	62.47	4.98	253.98	—	0.00
河北	52.97	1 347.93	78.76	5 154.50	—	0.00
山西	36.33	750.55	17.69	821.87	—	0.00
内蒙古	8.32	264.18	18.98	1 006.52	—	0.00
辽宁	35.21	788.87	31.34	1 852.33	—	0.00
吉林	2.47	148.14	11.09	438.15	—	0.00
黑龙江	2.04	170.82	16.15	634.40	—	0.00
上海	1.45	54.31	9.43	294.49	0.01	0.00
江苏	20.45	934.13	142.50	5 625.88	3.37	1.40
浙江	32.35	743.62	63.90	1 888.37	20.05	17.52
安徽	14.20	643.83	65.22	2 118.21	17.63	11.24
福建	33.18	683.11	55.83	1 493.00	21.09	41.83
江西	41.17	684.37	63.29	1 537.00	10.36	6.54
山东	57.47	2 788.79	147.96	8 192.04	2.31	2.22
河南	43.41	2 492.76	172.11	7 260.67	11.57	6.34
湖北	36.62	997.99	122.43	3 963.94	32.15	32.98
湖南	51.70	1 016.82	126.49	3 822.04	16.50	21.47
广东	98.23	1 669.16	127.22	3 330.24	6.34	9.99
广西	126.36	2 116.56	143.97	3 432.16	7.17	7.52
海南	17.07	430.41	25.77	566.77	0.20	0.11
重庆	30.74	431.27	73.92	1 932.73	4.24	4.20
四川	74.45	1 080.67	136.92	4 438.02	37.54	30.07
贵州	58.03	369.53	140.10	2 613.40	46.59	18.03

(续)

地区	果树		蔬菜		茶	
	面积（万 hm²）	产量（万 t）	面积（万 hm²）	产量（万 t）	面积（万 hm²）	产量（万 t）
云南	59.98	813.35	113.19	2 205.71	46.66	42.33
西藏	0.00	0.32	2.4	72.57	—	0.00
陕西	111.39	1 835.08	49.51	1 808.44	13.59	7.10
甘肃	31.37	609.28	35.26	1 292.57	1.21	0.13
青海	0.74	3.51	4.40	150.26	—	0.00
宁夏	9.24	197.21	12.18	550.81	—	0.00
新疆	93.01	1 497.85	27.33	1 465.12	—	0.00

资料来源：国家统计局统计。

注：统计数据中不含港、澳、台地区。

我国是世界蔬菜生产第一大国。据国家统计局数据，2018 年蔬菜生产面积为 2 043.92 万 hm²，总产量为 70 346.74 万 t，分别占世界总量的 35.3% 和 64.6%。2000 年以来，蔬菜作物的播种面积和年产量分别增长 34.1% 和 55.7%。我国蔬菜播种面积增长最快的省份为西藏，增长了 3.2 倍；年产量增长最快的省份也是西藏，增长了 4.2 倍。从产区分布来看，全国蔬菜作物播种面积前 5 位的省份分别为河南、山东、广西、江苏和贵州，这 5 个省份的播种面积占全国的 35.4%；年产量前 5 位的省份分别为山东、河南、江苏、河北和四川，这 5 个省份的年产量占全国的 43.60%。

我国是世界上茶生产第一大国。据国家统计局数据，2018 年茶生产面积为 298.58 万 hm²，产量为 261.02 万 t，分别占世界总量的 71.2% 和 41.1%。与 2000 年相比，茶生产面积和年产量分别增长 2.74 倍和 3.82 倍。我国茶生产面积增长最快的省份为甘肃，增长了 9.3 倍；茶产量增长最快的省份为陕西，增长了 11.64 倍。从产区分布看，全国茶生产面积前 5 位的省份分别为云南、贵州、四川、湖北和福建，全国年产量前 5 位的省份分别为云南、福建、湖北、四川和湖南。

表 1-4 全国花卉产销情况（2016 年）

类型	种植面积（万 hm²）	销售数量		销售额（万元）	出口额（万美元）
		单位	数量		
合计	133.02			13 896 979	61 701
一、鲜切花类	6.46	万枝	2 114 555.2	1 435 139.5	35 194.8
鲜切花	5.05	万枝	1 844 987.3	1 277 295	31 948.2
鲜切叶	0.75	万枝	125 477.8	69 304	3 221.5
鲜切枝	0.66	万枝	144 090.1	88 540.5	25.1
二、盆栽植物	10.58	万盆	708 363.1	3 415 805.2	12 600
盆栽植物	6.14	万盆	308 131.7	2 307 673	8 443.5
盆景	1.84	万盆	23 117.7	577 739.7	4 156.2
花坛植物	2.60	万盆	377 113.7	530 392.5	0.3
三、观赏苗木	76.96	万株	1 229 190.4	6 513 455	3 387.1
四、食用与药用花卉	26.55	kg	212 200 736	1 589 906	1 412.5
五、工业级其他用途花卉	2.90	t	83 922 913	290 928.8	5 273.5
六、草坪	4.94	万 m²	123 637.2	356 452.9	3.2
七、种子用花卉	0.53	kg	1 446 313.8	45 793.3	225
八、种苗用花卉	0.83	万株	518 168.9	202 412.5	3 137
九、种球用花卉	0.26	万粒	66 958.9	38 878	
十、干燥花				9 744.2	280.9

资料来源：国家统计局统计。

2016年全国花卉种植面积达133.02万hm²，销售量达30 042万枝（盆），销售额达13 896 979万元（表1-4）。与2001年相比，我国花卉种植面积增加了4.41倍，销售额增长了5.44倍。2016年我国观赏苗木种植面积为76.96万hm²，销售额为6 513 455万元，居第一位。种植面积居第二位的是食用与药用花卉，26.55万hm²，销售额居第二位的为盆栽植物，达3 415 805.2万元。同年我国花卉出口额为61 701万美元，主要为鲜切花与盆栽类植物出口，与2001年相比，出口结构发生了很大改变。同时，我国花卉的销售数量也有了大幅度增长，2016年鲜切花类销售量较2001年增长了15.85倍，盆栽植物较2001年增长了6.77倍。

中国园艺产品虽然产量较高，但是单产水平低，土地产出率低，中国园艺产品的出口依赖度较低，出口以鲜食园艺产品为主，园艺产品加工品占比较低，出口市场多为周边邻国。装备水平不高，园艺设施抗灾生产性能不佳，机械化率低，附加值不高。产品冷链物流仍然存在自动化水平低、物流成本较高、冷链流通率低、政策环境不够宽松、尚未形成完善的冷链物流体系等问题。因此，中国园艺产业大体有以下发展趋势：

1. 转向适度规模化经营 区域化规模生产是发挥地区优势和品种优势的捷径。园艺生产经营将从以个体户经营方式为主逐步转向适度规模化经营，扩大园艺产业的规模需要多方面的配合，既要充分利用企业的力量，同时也需要发挥政府的作用，在进行产业化生产之前，生产商还需要示范生产，这样才能减轻规模生产的风险。规模化的园艺产业需要采取各种措施来优化生产结构，通过加强各环节的合作来实现一体化经营，这些环节主要包括种植、加工和销售，不同环节需要重点开展不同的工作，如在种植之前，园艺经纪人要搜集相关的市场资料，从而引导农民种植一些有较大市场潜力的品种。产品的销售不仅需要把握市场的动态，同时还对物流和信息渠道提出了更高的要求。

2. 发展园艺产业品牌 不同地区的园艺产业各有其优势与特色，充分发挥这些优势需要政府的大力支持，每个产区都可以结合其独特的地理位置来打造特色品牌。现在我国很多地方在建立自己的品牌产业方面已经取得比较好的成效，例如，新疆的瓜果就有一些具有地方特色的标志性品牌，对产业发展具有良性推动意义。随着社会的发展，人们对园艺产品的需求也有了新的要求，这种需求不仅在消费量方面有所体现，而且在园艺产品的生产环节上也逐渐凸显出来，比如，有机园艺业的出现就体现了这种产业的发展方向。

3. 发展观光园艺 观光园艺能够提供多样化的服务，这种服务不仅体现在产品的质量上，而且在消费的过程上也有所改变。现代园艺业的发展在不断融入其他行业的概念，如建筑学和生态学，这些理念的结合对于生态农业功能的转变有很大的促进作用。现在开始出现的都市农业主要是打造有特色的生态餐厅来吸引顾客，这是合理配置不同种类植物的突出表现，顾客在这种优美的环境中消费可以满足精神层次的需求。都市农业的出现和发展在整个社会中起着很大的作用，对于消费者而言，他们的身心都能够得到满足，而且这也是一种新型的城市发展道路，农民在这个产业中也是受益的一方。因此，园艺产业要保持这种发展趋势，不断丰富消费的形式，这样才能提高园艺产业在整个社会中的地位。

4. 轻简化和标准化生产是现代园艺产业的发展趋势 随着农村劳动力向城镇的转移，农村劳动力老龄化加剧，园艺生产向轻简化方向转变是发展的趋势。受传统一家一户的经营方式制约，目前我国轻简化栽培技术的推广普及率有限，技术水平也不高。园艺产品轻简化技术应包含更多的新技术与新理念，如农机要与育种相配套，改良品种特性与当地气候条件适应，根据土壤与品种特性合理应用水肥一体化灌溉施肥、轻简化树形培养等技术，以上都有利于降低成本，可以加快轻简化园艺产业的发展。

推行园艺生产标准化，可优化园艺产品生产结构、完善园艺产品生产体系、促进科学合理使用农药和化肥、规范农业生产和农产品加工，从而不断提升农产品质量，提高农产品的竞争力。园艺产品标准化是农业现代化的重要标志，其在整个可持续发展战略中有着重要的地位，对促进园艺产业结构调整、推动园艺业发展的作用显著，是现代农业发展的主要"利器"。园艺产业标准化涉及农业生产过程的多个环节，实施标准化生产，可有效运用新技术、新成果，推广普及新产品，促进传统优势产业升级，使生产结构从低质型向优质型转变，从而实现优质高效生产，推动园艺产业的可持续健康发展。

5. 节能环保和绿色安全生产成为园艺发展的主流方向　当前，我国园艺生产高产出是以高投入、高耗能为前提的，大量化学农药和肥料的使用，不仅导致环境恶化，而且对产品的安全造成严重威胁。因此，将环保技术应用于园艺生产，实现园艺产品的全程绿色生产，将会是未来园艺发展的主流。在园艺产业低碳、节能技术方面开展研究与实践，探索适合我国国情的环境友好型和资源节约型并重的可持续园艺发展道路，重点应该在清洁能源开发利用、安全绿色生物药剂等方面形成具有我国特色的园艺节能环保技术体系，全面建立节地、低耗能型园艺产业。

6. 普及机械化、信息化和智能化　未来园艺产业将与先进的工业技术融合，园艺作物生产各个环节引入先进的工业技术，实现园艺生产过程的机械化，将大幅度降低劳动强度，节约生产成本，提高劳动效率。随着互联网对园艺领域的逐步渗入，园艺产品生产全过程的信息化及智能化管理、园艺产品的网络电商销售将越来越普及。

思考题

1. 何谓园艺学？其内涵与范畴是什么？
2. 何谓园艺？园艺与人类生产、生活有何关系？
3. 我国园艺产业的发展历程及其特点是什么？
4. 园艺产业的现状与发展趋势是什么？

主要参考文献

陈文华，2007. 中国农业通史：夏商西周春秋卷. 北京：中国农业出版社.
范金凤，邓秀新，2019. 中国园艺学科科学研究热点与趋势分析——基于近20年园艺学科研究生学位论文的文献计量分析. 园艺学报，46（6）：1201-1214.
简尼克，李世平，1989. 世界古代园艺史图说. 农业考古（2）：262-269.
简尼克，李世平，1990. 世界古代园艺史图说（续）. 农业考古（1）：274-282.
黎孔清，包平，2018. 明清时期梨种植区域分布与栽培种类研究——基于《方志物产》的分析. 中国农史，37（5）：21-29.
李光晨，范双喜，2001. 园艺植物栽培学. 北京：中国农业出版社.
李瑞云，张华，2010. 我国园艺业发展现状、趋势及对策. 中国农业资源与区划，31（2）：67-70.
罗桂环，2014. 梨史源流. 古今农业（3）：49-58.
束胜，康云艳，王玉，等，2018. 世界设施园艺发展概况、特点及趋势分析. 中国蔬菜（7）：1-13.
孙云蔚，1983. 中国果树史与果树资源. 上海：上海科学技术出版社.
王利华，2007. 中国农业通史：魏晋南北朝卷. 北京：中国农业出版社.
吴粉蓉，2012. 我国园艺产业的现状和发展前景. 现代园艺（6）：24.
曾雄生，2008. 中国农学史. 福州：福建人民出版社.
张绍铃，2013. 梨学. 北京：中国农业出版社.
张宇和，1982. 果树引种驯化. 上海：上海科学技术出版社.
章镇，王秀峰，2003. 园艺学总论. 北京：中国农业出版社.

赵志军，2005. 有关农业起源和文明起源的植物考古学研究. 社会科学管理与评论（2）：82-91.
赵志军，2019. 中国农业起源概述. 遗产与保护研究，4（1）：1-7.
中国农业科学院果树研究所，1963. 中国果树志：第三卷　梨. 上海：上海科学技术出版社.
朱慧，2013. 园艺业的前景和可持续发展探讨. 现代商业（30）：283.
Burkill，1954. 人的习惯与旧世界栽培植物的起源. 胡先骕，译. 北京：科学出版社.
Halfacre R G，Barden J A，1979. Horticulture. New York：McGraw-Hill.

第二章 园艺植物的分类

园艺植物种类繁多，对其进行科学分类有助于更好地认识和利用园艺植物。园艺植物主要分类法包括：①植物学分类法：依据植物的系统发生和形态特点，确定其在植物分类系统中的位置，该分类法的主要特点是可以明确各种园艺植物在系统发生中的地位以及相互间的亲缘关系，从而能对杂交、嫁接、轮作制度设计等提供科学依据。②生态适应性分类法：依据园艺植物对温、光、水分和土壤的适应性，对其分布区域进行分类，该分类法的主要特点是可以明确不同园艺植物的栽培临界纬度、土壤和温光适应性，对合理引种和推广具有指导作用。③栽培学分类法：依据园艺植物生态适应性和果实特征进行分类，该分类法的主要依据是同类园艺植物的栽培管理具有明显的相似性，故对生产应用具有指导性。④食用器官分类法：依据食用器官的植物学属性进行分类，对于掌握植物的生物学特征和调控器官形成有指导意义。⑤农业生物学分类法：依据园艺植物的农业生物学特性（产品器官形成特性和繁殖特性）进行分类，同类植物在栽培管理上具有相似性。本章还对我国园艺植物的地理分布进行了概述。

第一节 果树植物分类

果树植物的分类方法通常分为植物学分类法和实用分类法两大类。植物学分类法是应用植物分类学的原理，确定其所属门、纲、目、科、属、种、变种和变型的方法。实用分类法是从人类对果树植物进行栽培和利用的需要出发提出的各种分类方法，国内外目前常用的果树植物实用分类法有生态适应性分类法和栽培学分类法两种。由于分类依据不同，以及分类方法的局限性，实用分类法的结果在严谨性和一致性等方面存在着一些不足之处，需要有一个逐步完善的过程。

一、植物学分类法

植物学分类就是依据植物的系统发生和形态特点，确定植物在分类系统中的位置。根据植物学分类的结果，可以明确各种果树在系统发生中的地位，以及相互间的亲缘关系，从而能对杂交或嫁接的亲和性做出推断。同样，植物学分类系统也有一个不断完善的过程，如在果树植物中，对芸香科和葡萄科内的分类，国内外尚存在争议。近年来，随着植物研究方法和手段的迅速发展，染色体分类、同工酶分类、孢粉学分类，特别是基因组 DNA 分析等已广泛用于植物分类的研究，将有助于建立一个更加科学和完善的植物分类系统。

根据植物学分类的结果，全世界果树植物的种达到 2 792 种，分属于 40 目 134 科 659 属，主要的果树约 300 多种。我国利用或分布的重要果树资源的植物学分类系统如下：

裸子植物门　　　　　　Gymnospermae
　银杏纲　　　　　　　Ginkgopsida
　　银杏科　　　　　　Ginkgoaceae

	银杏属	*Ginkgo*
	银杏	*G. biloba* L.
松柏纲		Coniferopsida
	紫杉科	Taxaceae
	榧属	*Torreya*
	香榧	*T. grandis* Fort.
	篦子榧	*T. fargesii* Franch.
	松科	Pinaceae
	松属	*Pinus*
	果松	*P. koraiensis* Sieb. et Zucc.
	华山松	*P. armandii* Franch.
	云南松	*P. yunnanensis* Franch.
被子植物门		Angiospermae
双子叶植物纲		Dicotyledoneae
	木兰目	Magnoliales
	番荔枝科	Annonaceae
	番荔枝属	*Annona*
	番荔枝	*A. squamosa* L.
	牛心番荔枝	*A. reticulata* L.
	秘鲁番荔枝	*A. cherimolia* Lamarck.
	刺番荔枝	*A. muricata* L.
	樟目	Laurales
	樟科	Lauraceae
	鳄梨属	*Persea*
	油梨（鳄梨）	*P. americana* Mill.
	得柏油梨	*P. leiogyan* Blake.
	古山油梨	*P. kusanoi* H. L. Li
	毛茛目	Ranunculales
	木通科	Lardizabalaceae
	木通属	*Akebia*
	三叶木通	*A. trifoliata* Koidz.
	木通	*A. quinata* Decne.
	牻牛儿苗目	Geraniales
	酢浆草科	Averrhoaceae
	阳桃属	*Averrhoa*
	阳桃	*A. carambola* L.
	木胡瓜	*A. bilimbi* L.
	山龙眼目	Proteales
	山龙眼科	Proteaceae
	澳洲坚果属	*Macadamia*
	澳洲坚果	*M. ternifolia* F. V. Muell.
	粗壳澳洲坚果	*M. tetraphylla* L. A. Johnson

山茶目	Theales	
五桠果科	Dilleniaceae	
第伦桃属	*Dillenia*	
第伦桃	*D. indica* L.	
海南五桠果	*D. hainanensis* Merr.	
猕猴桃科	Actinidiaceae	
猕猴桃属	*Actinidia*	
中华猕猴桃	*A. chinensis* Planch	
软枣猕猴桃	*A. arguta* Miq.	
硬齿猕猴桃	*A. callosa* Lindl.	
金花猕猴桃	*A. chrysantha* C. F. Liang	
毛花猕猴桃	*A. eriantha* Benth.	
华南猕猴桃	*A. glaucophylla* F. Chun	
狗枣猕猴桃	*A. kolomikta* Maxim.	
阔叶猕猴桃	*A. latifolia* Merr.	
西番莲科	Passifloraceae	
西番莲属	*Passiflora*	
西番莲	*P. edulis* Sims.	
黄色西番莲	*P. edulis* var. *flavicarpa* Deg.	
大西番莲	*P. quadrangularis* L.	
番木瓜科	Caricaceae	
番木瓜属	*Carica*	
番木瓜	*C. papaya* L.	
堇菜目	Viololes	
大风子科	Flacourtiaceae	
刺篱木属	*Flacourtia*	
大叶刺篱木	*F. rukam* Zoll. et Mor.	
罗比梅	*F. inermis* Roxb.	
罗旦梅	*F. jangomas* Raeusch	
桃金娘目	Myrtales	
桃金娘科	Myrtaceae	
番石榴属	*Psidium*	
番石榴	*P. guajava* L.	
草莓番石榴	*P. littorale* Raddi	
千屈菜科	Lythraceae	
石榴属	*Punica*	
石榴	*P. granatum* L.	
锦葵目	Malvales	
梧桐科	Sterculiaceae	
可可属	*Theobroma*	
可可	*T. cacao* L.	
木棉科	Bombacaceae	

榴莲属	*Durio*
榴莲	*D. zibethirus* L.
虎耳草目	Saxifragales
茶藨子科	Grossulowiaceae
茶藨子属	*Ribes*
醋栗	*R. grossularia* L.
长序茶藨	*R. longirecemosum* Franch
东北茶藨	*R. mandshuricum* Kom.
欧洲黑穗醋栗	*R. nigrum* L.
欧洲红穗醋栗	*R. rubrum* L.
蔷薇目	Rosales
蔷薇科	Rosaceae
苹果属	*Malus*
苹果	*M. pumila* Mill.
道生苹果	*M. pumila* var. *praecox* Pall.
乐园苹果	*M. pumila* var. *paradisica* Schneid.
红肉苹果	*M. pumila* var. *niedzwetzkyana* Dieck
新疆野苹果	*M. sieversii*（Ledeb.）Roem.
沙果	*M. asiatica* Nakai
海棠果	*M. prunifolia* Borkh.
山定子	*M. baccata* Borkh.
三叶海棠	*M. sieboldii* Rehd.
湖北海棠	*M. hupehensis* Rehd.
河南海棠	*M. honanensis* Rehd.
甘肃海棠	*M. kansuensis* Schneid.
西府海棠	*M. micromalus* Mak.
花叶海棠	*M. transitoria* Schneid.
变叶海棠	*M. toringoides* Hughes
沧江海棠	*M. ombrophila* Hand.
锡金海棠	*M. sikkimensis* Koehne
垂丝海棠	*M. halliana* Koehne
川滇海棠	*M. prattii* Schneid.
滇池海棠	*M. yunnanensis* Schneid.
台湾林檎	*M. doumeri*（Bois）Chev
海棠花	*M. spectabilis*（Ait.）Borkh.
丽江山定子	*M. rockii* Rehd.
梨属	*Pyrus*
秋子梨	*P. ussuriensis* Maxim.
白梨	*P. bretschneideri* Rehd.
砂梨	*P. pyrifolia* Nakai
西洋梨	*P. communis* L.
豆梨	*P. calleryana* Decne.

杜梨	*P. betulaefolia* Bunge
褐梨	*P. phaeocarpa* Rehd.
川梨	*P. pashia* Buch-Ham.
滇梨	*P. pseudopashia* Yü
麻梨	*P. serrulata* Rehd.
新疆梨	*P. sinkiangensis* Yü
木梨	*P. xerophila* Yü
杏叶梨	*P. armeniacifolia* Yü
李属	*Prunus*
桃	*P. persica* (L.) Batsch.
油桃	*P. persica* var. *nucipersica* Schneid.
蟠桃	*P. persica* var. *compressa* Bean.
寿星桃	*P. persica* var. *densa* Mak.
山桃	*P. davidiana* Franch.
甘肃桃	*P. kansuensis* Rehd.
西藏桃	*P. mira* Koehne
新疆桃	*P. ferganensis* (Kost. et Riab)
中国李	*P. salicina* Lindl.
杏李	*P. simonii* Carr.
美洲李	*P. americana* Marsh.
欧洲李	*P. domestica* L.
郁李	*P. japonica* Thunb.
加拿大李	*P. nigra* Ait.
樱桃李	*P. cerasifera* Ehrh.
梅	*P. mume* Sieb. et Zucc.
杏	*P. armeniaca* L.
辽杏	*P. mandshurica* Koehne
山杏	*P. sibirica* L.
藏杏	*P. holosericea* Batal.
扁桃	*P. dulcis* Mill. D. A. Webb
矮扁桃	*P. nana* Stokes
西康扁桃	*P. tangutica* Batal.
蒙古扁桃	*P. mongolica* Maxim.
中国樱桃	*P. pseudocerasus* Lindl.
欧洲甜樱桃	*P. avium* L.
欧洲酸樱桃	*P. cerasus* Ledeb.
毛樱桃	*P. tomentosa* Thunb.
山楂属	*Crataegus*
野山楂	*C. cuneata* Sieb. et Zucc.
湖北山楂	*C. hupehensis* Sarg.
山楂	*C. pinnatifida* Bge.
榅桲属	*Cydonia*

  榅桲   *C. oblonga* Mill.
 枇杷属   *Eriobotrya*
  枇杷   *E. japonica* Lindl.
  台湾枇杷   *E. deflexa* Nakai
  山枇杷   *E. fragrans* Champ.
  狭叶枇杷   *E. henryi* Nakai
  小叶枇杷   *E. seguinii* Cardot
 草莓属   *Fragaria*
  智利草莓   *F. chiloensis* Duch.
  大果草莓   *F. grandiflora* Ehrh.
 悬钩子属   *Rubus*
  树莓   *R. idaeus* L.
  黄藨   *R. ichangensis*
  黑树莓   *R. occidentalis* L.
  托盘   *R. crataegifolius* Bunge
  茅莓   *R. parvifolius* L.
  悬钩子   *R. corchorifolius* L. f.
  川莓   *R. setchuenensis* Bur. et Fr.
  秀丽莓   *R. amabilis* Focke
  二花莓   *R. biflorus* Buch-Ham.
 蔷薇属   *Rosa*
  金樱子   *R. laevigata* Michx.
  刺梨   *R. roxburghii* Tratt.
杨梅目   Myricales
 杨梅科   Myricaceae
  杨梅属   *Myrica*
   杨梅   *M. rubra* Sieb. et Zucc.
   细叶杨梅   *M. adenophora* Hance.
   矮杨梅   *M. nana* Cheval.
山毛榉目   Fagales
 榛科   Corylaceae
  榛属   *Corylus*
   中国榛   *C. heterophylla* Fisch.
   东北榛   *C. mandshurica* Batal.
   欧洲榛   *C. avellana* L.
   华榛   *C. chinensis* Franch.
   藏榛   *C. thibetica* Batal.
 山毛榉科   Fagaceae
  栗属   *Castanea*
   板栗   *C. mollissima* Bl.
   锥栗   *C. henryi* Rehd. et Wils.
   茅栗   *C. seguinii* Dode.

	日本栗	*C. crenata* Sieb. et Zucc.
	栲栗	*C. hystrix* A. DC.
荨麻目		Urticales
桑科		Moraceae
	木菠萝属	*Artocarpus*
	菠萝蜜	*A. heterophyllus* Lam.
	榴莲蜜	*A. integre* Merr.
	面包果	*A. incisa* Linn.
	榕属	*Ficus*
	无花果	*F. carica* Linn.
鼠李目		Rhamnales
鼠李科		Rhamnaceae
	枣属	*Zizyphus*
	枣	*Z. jujuba* Mill.
	滇刺枣	*Z. mauritiana* Lam.
	酸枣	*Z. spinosus* Hü
葡萄目		Vitales
葡萄科		Vitaceae
	葡萄属	*Vitis*
	美洲葡萄	*V. labrusca* L.
	欧洲葡萄	*V. vinifera* L.
	山葡萄	*V. amurensis* Rupr.
	毛葡萄	*V. pentagona* Diels. et Gilg.
	刺葡萄	*V. thunbergii* Regel.
无患子目		Sapindales
芸香科		Rutaceae
	金柑属	*Fortunella*
	罗浮	*F. margarita* Swing.
	金弹	*F. crassifolia* Swing.
	山金柑	*F. hindsii* Swing.
	罗纹	*F. japonica* Swing.
	长寿金柑	*F. obovata* Tanaka
	柑橘属	*Citrus*
	柚	*C. maxima* Merr.
	柠檬	*C. limon* Osbeck
	黎檬	*C. limonia* Osbeck
	香橼	*C. medica* L.
	佛手	*C. medica* var. *sarcodactylis* Swing.
	四季橘	*C. mitis* Blanco
	枳壳	*C. trifoliata* Raf.
	葡萄柚	*C. paradisi* Macf.
	柑橘	*C. reticulata* Blanco

甜橙		*C. sinensis* Osbeck
酸橙		*C. aurantium* L.
香橙		*C. junos* Tanaka
酸橘		*C. sunki* Hort. et Tanaka
宜昌橙		*C. ichangensis* Swing.
温州蜜柑		*C. unshiu* Marc.
红河橙		*C. hongheensis* E. L. D. L.
黄皮属		*Clausena*
黄皮		*C. lansium* Skeels.
齿叶黄皮		*C. dunniana* Levl.
无患子科	Sapindaceae	
龙眼属		*Dimocarpus*
龙眼		*D. longna* Lour.
荔枝属		*Litchi*
荔枝		*L. chinensis* Sonn.
韶子属		*Nephelium*
红毛丹		*N. lappaceum* L.
文冠果属		*Xanthoceras*
文冠果		*X. sorbifolia* Bunge.
漆树科	Anacardiaceae	
腰果属		*Anacardium*
腰果		*A. occidentale* L.
芒果属		*Mangifera*
芒果		*M. indica* L.
天桃木		*M. persiciforma* C. Y. Wu et T. L. Ming
黄连木属		*Pistacia*
阿月浑子		*P. vera* L.
胡桃目	Juglandales	
胡桃科	Juglandaceae	
山核桃属		*Carya*
山核桃		*C. cathayensis* Sarg.
薄壳山核桃		*C. illinoensis* K. Koch.
胡桃属		*Juglans*
核桃		*J. regia* Linn.
野核桃		*J. cathayensis* Dode
麻核桃		*J. hopeiensis* Hu
核桃楸		*J. mandshurica* Maxim.
铁核桃		*J. sigillata* Dode
杜鹃花目	Ericales	
杜鹃花科	Ericaceae	
越橘属		*Vaccinium*
越橘		*V. vitis-idaea* L.

	蔓越橘	*V. oxycoccus* L.
	乌饭树	*V. bracteatum* Thunb.
柿目		Ebenales
柿科		Ebenaceae
	柿属	*Diospyros*
	柿	*D. kaki* Thunb
	君迁子	*D. lotus* L.
	油柿	*D. oleifera* Cheng
	香柿	*D. discolor* Willd.
山榄科		Sapotaceae
	铁线子属	*Manikara*
	人心果	*M. zapota* L.
龙胆目		Gentianales
木樨科		Oleaceae
	齐墩果属	*Olea*
	油橄榄	*O. europaea* L.
茜草目		Rubiales
茜草科		Rubiaceae
	咖啡属	*Coffea*
	小果咖啡	*C. arabica* L.
	中果咖啡	*C. canephora* Pierre ex A. Froehner
	大果咖啡	*C. liberica* W. Bull. ex Hien
玄参目		Scrophulariales
茄科		Solanaceae
	树番茄属	*Cyphomandra*
	树番茄	*C. betacea* Sendt.
	酸浆属	*Physalis*
	灯笼果	*P. peruviana* L.
	枸杞属	*Lycium*
	枸杞	*L. chinense* Mill.
单子叶植物纲		Monocotyledones
谷精草目		Eriocaulales
凤梨科		Bromeliaceae
	凤梨属	*Ananas*
	凤梨	*A. comosus* Merr.
姜目		Zingiberales
芭蕉科		Musaceae
	芭蕉属	*Musa*
	大蕉	*M. paradisiacal* L.
棕榈目		Palmales
棕榈科		Palmae
	椰子属	*Cocos*

椰子	*C. nucifera* L.
槟榔属	*Areca*
槟榔	*A. catechu* L.
海枣属	*Phoenix*
椰枣	*P. dactylifera* L.

二、生态适应性分类法

不同种类的果树植物由于系统发生和人类活动（引种、栽培等）的差异，逐渐形成了对气候、土壤和地形等生态因子的不同适应能力。果树均为多年生植物，通过长期的自然和人工选择过程，对光照、土壤、地形等生态因子变化的适应性一般较强。而温度和水分是影响大多数果树植物生态适应性的主要限制因子。为了引种和栽培利用的方便，我国主要果树种类的生态适应性分类如表 2-1 所示。

表 2-1 我国主要果树种类的生态适应性分类

类　别	生态适应特点	代表树种
寒带果树	耐寒性强，能抗 −40～−50℃ 的绝对最低气温	山葡萄、山定子、秋子梨、榛、醋栗、树莓、越橘
温带果树	耐涝性较弱，喜冷凉干燥的气候条件	苹果、桃*、李*、杏、梅、梨*、葡萄*、山楂、板栗*、柿*、樱桃、核桃*、枣、银杏*、蓝莓
亚热带果树	具有一定的抗寒性，对水分、温度变化的适应能力较强	柑橘类、杨梅、枇杷、油橄榄、荔枝、龙眼、桃*、李*、无花果、核桃*、板栗*、葡萄*、柿*、扁桃、梨*、大青枣
热带果树	对短期低温有较好的适应能力，喜温暖湿润的气候条件	香蕉、菠萝、树菠萝、番木瓜、椰子、椰枣、番石榴、人心果、番荔枝、芒果、火龙果、百香果
纯热带果树	喜高温高湿气候条件	榴莲、腰果、巴西坚果、面包果、可可、槟榔、柠檬

注：*指该树种的生态适应性随种、品种群、品种的不同而不同。

三、栽培学分类法

为便于果树植物的栽培和利用，20 世纪 40 年代，Schilletter 和 Richey 率先提出了较为完整的果树栽培学分类体系。随着新的果树种类不断被推广利用，以及植物分类学研究的进展，果树栽培学分类体系也在逐步完善。表 2-2 是综合考虑了果树植物的生态适应性、树体特性和果实特征，以及许多学者多年来在果树栽培分类上的研究成果，形成的一种目前在国内外应用较多的果树栽培学分类体系。

表 2-2 果树植物的栽培学分类

Ⅰ. 温带果树（落叶）
　1. 仁果类：苹果、梨、山楂、榅桲、沙果、海棠果
　2. 核果类：桃、梅、李、杏、樱桃
　3. 浆果类：葡萄、猕猴桃、草莓、无花果、石榴、蓝莓、树莓
　4. 坚果类：栗、核桃、扁桃、银杏、阿月浑子、榛
　5. 柿枣类：柿、枣
Ⅱ. 亚热带果树（常绿）：柑橘、枇杷、龙眼、荔枝、杨梅、大青枣
Ⅲ. 热带果树（常绿）：芒果、荔枝、鳄梨、香蕉、番木瓜、椰枣、椰子、腰果、菠萝、柠檬、面包果、可可、槟榔、火龙果、百香果

四、我国果树植物的地理分布

我国气候类型多样，地形、地貌复杂，植物种类繁多，果树植物是分布地域最为广泛的植物类群之一。生态环境和人类利用的历史对果树植物的分布有着重要的影响，但气候因子在其中起着主导作用。由于我国气候类型的变化与纬度的变化有密切的关系，因此，大多数果树种类的分布表现出较明显的地带性。

果树自然分布的地带性，不仅反映了果树种类对自然环境条件的适应能力，同时也为人类对果树资源的合理、高效利用提供了充分的依据。但是，生态环境和果树的生态适应性是一个相互影响和相互依存的动态变化过程，特别是人类的活动，如新品种选育、保护地栽培技术的推广，以及小气候的利用，使得果树带的划分仅仅是相对的，而不是绝对的。随着今后人类对果树资源的开发利用水平的逐步提高和生态环境的变化，果树分布带也将发生相应变化。

根据我国的气候类型和地形、地貌分布特点，果树植物一般被划分为8个分布带。

1. 热带常绿果树带 本带主要位于广东、福建、广西、香港、澳门和台湾南部地区，是我国热量和降水量最丰富的地区，年平均气温21℃以上，绝对最低温度-1℃以上，终年无霜。

主要栽培的热带果树有香蕉、菠萝、椰子和芒果等，亚热带果树有柑橘、荔枝和龙眼，还栽培有少量桃、李、梨、柿和板栗等落叶果树。本带是我国热带和亚热带果树的主要产区，著名水果有海南椰子、新会甜橙、广西沙田柚、福建龙眼、台湾菠萝、景洪芒果和增城荔枝等。

2. 亚热带常绿果树带 本带主要包括江西全省，福建、广东和广西北部，以及浙江和湖北南部，台湾、香港、澳门等地，属于我国的暖热湿润地带，年平均气温16~21℃，绝对最低温度-1~-8℃，年降水量1 500mm左右，无霜期240~330d。

主要栽培的亚热带果树有柑橘、枇杷、杨梅、阳桃和黄皮等，此外，还栽培部分落叶果树，主要种类有柿、板栗、葡萄、梨、桃、梅、无花果、中国樱桃等。该地区是我国亚热带果树的主要产区，名产水果有浙江黄岩温州蜜橘、本地早橘，江西南丰蜜橘，福建枇杷等。

3. 云贵高原常绿落叶果树混交带 本带主要位于贵州、云南大部，以及四川、重庆、湖南、陕西和甘肃等省份的部分地区，以山地为主，年平均温度12~20℃，绝对最低温度0~-10℃，无霜期200~340d。

本地区由于具有山区垂直地带性气候特点，果树种类繁多，常绿、落叶果树常混交分布。海拔较低地区常栽培荔枝、龙眼、香蕉、柑橘、枇杷、油橄榄等常绿果树，海拔较高地区栽培有梨、苹果、桃、核桃、板栗、柿、葡萄和杏等落叶果树。该地区的特色水果有重庆江津的锦橙、奉节的脐橙，云南昭通的苹果，贵州威宁的黄梨等。

4. 温带落叶果树带 本带包括江苏、山东、安徽、河南大部，河北、北京、天津、山西、辽宁的南部，以及上海、湖北、浙江等省份的部分地区。年平均温度8~17℃，绝对最低温度-10~-30℃，无霜期160~260d。

主要栽培的落叶果树种类有苹果、梨、桃、葡萄、板栗、柿、枣、核桃、李、油桃、银杏、梅和山楂等。本地区落叶果树种类多，栽培面积大，是我国落叶果树，尤其是苹果和梨的最大生产基地。特色水果有山东红富士苹果、肥城桃、莱阳茌梨、河北鸭梨、河南灵宝圆枣、安徽砀山酥梨、江苏无锡水蜜桃等。在小气候条件较好的地方，如上海崇明岛、江苏的太湖和沿江，以及安徽桐城等地，还有枇杷、杨梅和柑橘等常绿果树的栽培。

5. 旱温落叶果树带 本带主要指陕西、山西、甘肃和宁夏的大部，以及四川、西藏和新疆的部分地区。年平均温度7~12℃，绝对最低温度-12~-28℃，无霜期120~230d。

主要栽培的果树有苹果、梨、葡萄、桃、核桃、柿、杏、枣、阿月浑子等。由于该地区是我国果树栽培的高海拔地区，气候干燥冷凉，日照充足，昼夜温差较大，是我国优质苹果的主产区之一。新疆塔里木盆地因日照更充足，温差更大，气候更干燥，成为我国优质葡萄生产的最大基地，也是世界著名的葡萄干产区。

6. 干寒落叶果树带 本带主要包括内蒙古、新疆、辽宁、河北、甘肃和宁夏北部，以及黑龙江和吉林的部分地区。年平均温度5~9℃，绝对最低温度-22~-32℃，无霜期130~180d。

本地区海拔较高，气候干燥，较为寒冷，仅栽培有小苹果、葡萄、秋子梨、新疆梨、桃、李、山楂和树莓等耐干燥寒冷的落叶果树，栽培普通苹果和桃时需采取防寒措施，如匍匐栽培等。

7. 耐寒落叶果树带 本带位于辽宁的辽阳以北，内蒙古的通辽和黑龙江的齐齐哈尔以东地区。年平均温度3~8℃，绝对最低温度-30~-40℃，无霜期130~150d。

该地区是我国果树栽培纬度最高、气候最寒冷的地带。虽然生长期内的温度和降水量能满足许多落叶果树的栽培要求，但生长期过短，而且休眠期的低温和干燥不利于大多数果树的安全越冬。目前，栽培有小苹果、海棠果、秋子梨、山楂、杏、李、葡萄、树莓、醋栗和越橘等抗寒、耐旱性强的果树种类。在该地区某些小气候条件好的地方仍有普通苹果的商业栽培。

8. 青藏高寒落叶果树带 本带包括青海大部，西藏拉萨以北，新疆最南端，以及甘肃和四川的部分地区。年平均温度0~5℃，绝对最低温度可达-40℃左右。

该地区海拔3 000~5 000m，属于高原的寒冷气候，空气稀薄，气温低，蒸发弱，尽管地面水分充足，但因寒冷不能被果树吸收利用。目前，仅发现有少量杏和李的野生分布，少有果树的商业栽培。

第二节　蔬菜植物分类

蔬菜种类繁多，特性各异。蔬菜分类的意义就在于更好地认识和利用各种种质资源，通过种质资源的研究寻找共性，发现差异，直接或间接地为栽培和育种服务。例如，蔬菜生产中耕作制度的制定、杂交制种中亲本隔离方式的选择和除草剂的使用等都与蔬菜分类密不可分。蔬菜植物的分类方法有多种，但最主要的是以下3种，即植物学分类法、食用器官分类法和农业生物学分类法。

一、植物学分类法

植物学分类法是根据植物学的形态特征，按照科、属、种、变种进行分类，它包括对低等植物和高等植物的系统分类。比较而言，植物学分类法更系统、更全面、更严谨。植物学分类法将蔬菜分为两大类。

（一）真菌门

伞菌科　　　Agricaceae
　蘑菇　　　*Agaricus bisporus* Sing.
　香菇　　　*Lentinus edodes* Sing.
　平菇　　　*Pleurotus ostreatus* Quel.
　草菇　　　*Voluariella volvacea* Sing.
木耳科　　　Auriculariaceae
　木耳　　　*Auricularia auricula* Underw.
　银耳　　　*Tremella fuciformis* Berk.

(二) 种子植物门

双子叶植物

  蓼科   Polygonaceae

    食用大黄 *Rheum rhaponticum* L.

  藜科 Chenopodiaceae

    根用恭菜（红菜头） *Beta vulgaris* var. *rapacea* Koch.

    叶用恭菜（牛皮菜） *B. vulgaris*. var. *cicla* L.

    菠菜 *Spinacia oleracea* L.

  番杏科 Aizoaceae

    番杏 *Tetragonia expensa* Murray.

  落葵科 Basellaceae

    红花落葵 *Basella rubra* L.

    白花落葵 *B. alba* L.

  苋科 Amaranthaceae

    苋菜 *Amaranthus tricolor* Linn.

    千穗谷（粒用苋） *A. hypochondriacus* L.

  睡莲科 Nymphaeaceae

    莲藕 *Nelumbium nelumbo* Druce（*N. nucifera* Gaertn.）

    芡实 *Euryale ferox* Salisb.

    莼菜 *Brasenia schreberi* Gmel.

  十字花科 Crucirerea

    萝卜 *Raphanus sativus* L.

    芜菁 *Brassica rapa* L.（*B. campertris* var. *rapa*）

    芜菁甘蓝 *B. napobrassica* DC.

    芥蓝 *B. alboglabra* Bailey（*B. oleracea* var. *alboglabra*）

    甘蓝类 *B. oleracea* L.

      绿叶甘蓝（羽衣甘蓝） *B. oleracea* var. *acephala* DC.

      结球甘蓝 *B. oleracea* var. *capitata* L.

      抱子甘蓝 *B. oleracea* var. *gemmifera* Zenk.

      花椰菜 *B. oleracea* var. *botrytis* L.

      青花菜（木立花椰菜） *B. oleracea* var. *italica* Planch.

      球茎甘蓝（茎蓝） *B. oleracea* var. *caulorapa* DC.

    小白菜（不结球白菜） *B. campestris* ssp. *chinensis*（L.）Makino（*B. chinensis* L.）

    大白菜（结球白菜） *B. campestris* ssp. *pekinensis*（Lour.）Olsson（*B. pekinensis* Rupredht.）

    芥菜 *B. juncea* Coss.

      皱叶芥（花叶芥） *B. juncea* var. *crispifolia* Bailey.

      大叶芥 *B. juncea* var. *foliosa* Bailey.

      包心芥菜 *B. juncea* var. *capitata* Hort. ex Li

      雪里蕻 *B. juncea* var. *multiceps* Tsen et Lee.

      大头菜（根用芥菜） *B. juncea* var. *megarrhiza* Tsen et Lee.

      榨菜（茎用芥菜） *B. juncea* var. *tsatsai* Mao.

辣根　*Armoracia rusticana* Gaertn.

豆瓣菜（西洋菜）　*Nasturtium officinale* R. Br.

荠菜　*Capsella bursa-pastoris*（L.）Medic.

豆科　Laguminosae

豆薯（凉薯）　*Pachyrrhizus erosus* Urban.

菜豆　*Phaseolus vulgaris* L.

　矮菜豆　*P. vulgaris* var. *humilis* Alef.

红花菜豆　*P. coccineus* L.

　白花菜豆　*P. coccineus* var. *albus* Alef.

葛　*Pueraria hirsuta* Schnid

绿豆　*Phaseolus aureus* Roxb.

莱豆　*P. limensis* Macf.

小莱豆　*P. lunatus* L.

豌豆　*Pisum sativum* L.

蚕豆　*Vicia faba* L.

豇豆（长豇豆、带豆）　*Vigna sesquipedalis* Wight.

矮豇豆　*V. sinensis* Endb.

大豆（毛豆）　*Glycine max* Merr.

扁豆　*Dolichos lablab* L.

刀豆（高刀豆）　*Canavalia gladiata* DC.

矮刀豆（直立刀豆）　*C. ensiformis* DC.

黎豆　*Mucuna pruriens*（L.）DC.

金花菜（苜蓿）　*Medicago hispida* Gaertn.

楝科　Meliaceae

香椿　*Cedrela sinensis* Juss.

锦葵科　Malvaceae

黄秋葵　*Hibiscus esculentus* L.

冬寒菜　*Malva crispa* L.（*Malva verticillata* L.）

菱科　Trapaceae

乌菱　*Trapa bicornis* Osbeck

二角菱　*T. bispinosa* Roxb.

四角菱　*T. quadrispinosa* Roxb.

无角菱　*T. acornis* Nakai.

伞形科　Umbelliferae

旱芹　*Apium graveolens* L.

　根芹菜　*A. graveolens* var. *rapaceum* DC.

水芹　*Oenanthe javanica* DC.

芫荽（香菜）　*Coriandrum sativum* L.

胡萝卜　*Daucus carota* L.

茴香　*Foeniculum vulgare* Mill.

美国防风　*Pastinaca sativa* L.

欧芹　*Petroselinum crispum*（*P. hortense* Hoffm.）

旋花科　Convolvulaceae
　　蕹菜　*Ipomoea aquatica* Forsk.
　　甘薯　*I. Batatas* Lam.

唇形科　Labiatae
　　草石蚕　*Stachys sieboldii* Miq.

茄科　Solanaceae
　　马铃薯　*Solanum tuberosum* L.
　　茄子　*S. melongena* L.
　　番茄　*Lycopersicon esculentum* Mill.
　　辣椒　*Capsicum annuum* L.（*C. frutescens* L.）
　　枸杞　*Lycium chinense* Mill.
　　酸浆　*Physalis alkekengi* L.

葫芦科　Cucurbitaceae
　　黄瓜　*Cucumis sativus* L.
　　甜瓜　*C. melo* L.
　　　普通甜瓜　*C. melo* var. *makuwa* Makino
　　　网纹甜瓜　*C. melo* var. *reticulatus* Naud.
　　　菜瓜　*C. melo* var. *flexuosus* Nand.
　　　越瓜　*C. melo* var. *conomon* Nand.
　　　哈密甜瓜　*C. melo* var. *saccharinus* Naud.
　　南瓜（中国南瓜）　*Cucurbita moschata* Duch. Poir.
　　笋瓜（印度南瓜）　*C. maxima* Duch.
　　西葫芦（美国南瓜）　*C. pepo* L.
　　西瓜　*Citrullus lanatus* Mansfeld.
　　冬瓜　*Benincasa hispida* Cogn.
　　瓠瓜（葫芦）　*Lagenaria leucantha* Rusby.
　　丝瓜　*Luffa cylindrica* Roem.
　　棱角丝瓜　*L. acutangula* Roxb.
　　苦瓜　*Momordica charantia* L.
　　佛手瓜（菜苦瓜）　*Sechium edule* Sw.
　　长栝楼（蛇瓜）　*Trichosanthes anguina* L.

菊科　Compositae
　　莴苣　*Lactuca sativa* L.
　　　莴苣笋　*L. sativa* var. *angustana* Irish.
　　　直筒莴苣　*L. sativa* var. *longifolia* Lam.
　　　皱叶莴苣　*L. sativa* var. *crispa* L.
　　　结球莴苣　*L. sativa* var. *capitata* L.
　　茼蒿　*Chrysanthemum coronarium* var. *spatium* Bailey
　　菊芋　*Helianthus tuberosus* L.
　　苦苣　*Cichorium endivia* L.
　　牛蒡　*Arctium lappa* L.
　　朝鲜蓟　*Cynara scolymus* L.

婆罗门参　*Tragopogon pratensis* L.

菊花脑　*Chrysanthemum nankingense* H. M.

单子叶植物

 禾本科　Gramineae

  毛竹笋（毛竹）　*Phyllostachys pubescens* Mazel.

  刚竹　*P. bambusoides* f. *tanakae* Makino.

  淡竹　*P. nigra* var. *henomis* Stanf ex Rendle

  麻竹　*Sinocalamus latiflorus* McClure

  绿竹　*S. oldhami* McClure

  甜玉米　*Zea mays* var. *rugosa* Bomaf.

  茭白（茭笋）　*Zizania caduciflura* Hand-Mozz（*Z. latifolia* Turcz.）

 泽泻科　Alismataceae

  慈姑　*Sagittaria sagittifolia* L.（*S. trifolia* var. *sinensis* Makino）

 莎草科　Cyperaceae

  荸荠（马蹄）　*Eleocharis tuberosa* Schult.（*Heleocharis dulcis* var. *tuberosa* Schult.）

 天南星科　Araceae

  芋　*Colocasia esculenta* Schott.

  蒟蒻（魔芋）　*Amorphophalus rivieri* var. *konjac* Engl.（*Hydrosme konjac* Hu.）

 香蒲科　Typhaceae

  蒲菜　*Typha latifolia* L.

 百合科　Liliaceae

  金针菜（黄花菜）　*Hemerocallis flava* L.

  石刁柏（芦笋）　*Asparcgus officinalis* L.

  卷丹百合　*Lilium tigrinum* Ker-Gawl.

  兰州百合　*L. davidii* Duchartre

  白花百合　*L. brownii* var. *colchesteri* Wils.

  洋葱（圆葱）　*Allium cepa* L.

  韭葱　*A. porrum* L.

  大蒜　*A. sativum* L.

  南欧蒜（大头蒜）　*A. ampeloprasum* L.

  大葱　*A. fistulosum* L.

  细香葱　*A. schoenoprasum* L.

  韭菜　*A. tuberosum* Rottler ex Sprengle

  薤（藠头）　*A. chinense* G. Don.（*A. bakeri* Ragel.）

 薯蓣科　Dioscoreaceae

  山药　*Dioscorea batatas* Decne.

  大薯　*D. alata* L.

 蘘荷科　Zingiberaceae

  姜　*Zingiber officinale* Roscoe.

  蘘荷　*Z. mioga* Roscoe.

二、食用器官分类法

对于种子植物而言,形态上有根、茎、叶、花、果、种子之分,而不同的蔬菜食用器官相差很大,有的蔬菜有两种以上的器官供食,如大蒜(鳞茎、嫩叶、蒜薹),有的蔬菜则只有一种器官可食,如番茄(果实)。按食用器官不同,可将蔬菜分为6大类。

1. 根菜类

肉质根类:如萝卜、胡萝卜、大头菜、芜菁、芜菁甘蓝、根用甜菜、牛蒡、辣根等。

块根类:如豆薯、葛等。

2. 茎菜类

地下茎类

块茎类:如马铃薯、菊芋等。

根茎类:如藕、姜等。

球茎类:如荸荠、慈姑、芋头等。

地上茎类

嫩茎类:如莴苣、菜薹、茭白、石刁柏、竹笋等。

肉质茎类:如茎用芥菜、球茎甘蓝等。

3. 叶菜类

不结球叶菜:如小白菜、菠菜、芹菜、苋菜、落葵、蕹菜等。

结球叶菜:如甘蓝、大白菜、结球莴苣等。

香辛叶菜:如韭菜、葱、芫荽、茴香等。

鳞茎类(由叶鞘基部膨大而形成):如洋葱、大蒜、百合等。

4. 花菜类 如花椰菜、青花菜、金针菜、朝鲜蓟等。

5. 果菜类

瓠果类:如西瓜、黄瓜、南瓜、瓠瓜、苦瓜、佛手瓜、丝瓜、冬瓜等。

浆果类:如番茄、茄子、辣椒等。

荚果类:如菜豆、豇豆、刀豆、豌豆、黄秋葵等。

6. 种子类 如籽用西瓜、莲子、芡实等。

三、农业生物学分类法

这一分类法以蔬菜的农业生物学特性作为分类的依据。所谓农业生物学特性主要是指产品器官的形成特性和繁殖特性,不同科、属的蔬菜可以因具有相似甚至近乎相同的产品器官形成特性和繁殖特性而在农业生物学分类中属于同一类蔬菜。这一分类法将蔬菜分为11类。

1. 根菜类 根菜类包括萝卜、胡萝卜、大头菜、芜菁甘蓝、芜菁、根用莙荙菜等。根菜类以其膨大的直根为食用部分,生长期中喜冷凉的气候。在生长的第1年形成肉质根,贮藏大量的水分和养分,为二年生植物。均用种子繁殖。

2. 白菜类 白菜类包括白菜、芥菜及甘蓝等,均用种子繁殖,以柔嫩的叶丛或叶球为食用器官。生长期间需要湿润及冷凉的气候,为二年生植物。在生长的第1年形成叶丛或叶球,到第2年才抽薹开花。

3. 绿叶蔬菜 绿叶蔬菜是以其幼嫩的绿叶或嫩茎为食用器官的蔬菜,如莴苣、芹菜、菠菜、茼蒿、苋菜、蕹菜等。这类蔬菜大都生长迅速。其中蕹菜、落葵等能耐炎热,而莴苣、芹菜则好冷凉。

均用种子繁殖。

4. 葱蒜类 葱蒜类包括洋葱、大蒜、大葱、韭菜等，叶鞘基部能膨大而形成鳞茎，所以也称为鳞茎类。其中洋葱及大蒜的叶鞘基部可以发育成为膨大的鳞茎，而韭菜、大葱、分葱等则不特别膨大。性耐寒，除韭菜、大葱、细香葱以外，其他葱蒜类到了炎热的夏天地上部都会枯萎。在长光照下形成鳞茎。可用种子繁殖（如洋葱、大葱、韭菜等），亦可采用营养繁殖（如大蒜、分葱及韭菜）。

5. 茄果类 茄果类包括茄子、番茄及辣椒。这3种蔬菜同属茄科，不论在生物学特性上还是栽培技术上都很相似。不耐寒冷，对日照长短的要求不严格。均用种子繁殖。

6. 瓜类 瓜类包括南瓜、黄瓜、西瓜、甜瓜、瓠瓜、冬瓜、丝瓜、苦瓜等。茎为蔓性，雌雄同株异花，开花结果要求较高的温度及充足的阳光，尤其是西瓜和甜瓜。适于昼热夜凉的大陆性气候及排水好的土壤。均用种子繁殖。

7. 豆类 豆类包括菜豆、豇豆、毛豆、刀豆、扁豆、豌豆及蚕豆。除豌豆及蚕豆要求冷凉气候以外，其他都要求温暖的环境。为夏季主要蔬菜之一，大都食用其新鲜的种子及豆荚。豆类的根有根瘤菌，可以固定空气中的氮素。均用种子繁殖。

8. 薯芋类 薯芋类包括一些地下根及地下茎的蔬菜，如马铃薯、山药、芋、姜等。富含淀粉，能耐贮藏。均采用营养繁殖。除马铃薯生长期较短，不耐过高的温度外，其他薯芋类都能耐热，生长期亦较长。

9. 水生蔬菜 水生蔬菜是指一些生长在沼泽或浅水地区的蔬菜。主要有藕、茭白、慈姑、荸荠、菱、芡实和水芹等。除菱和芡实以外，都采用营养繁殖。

10. 多年生蔬菜 多年生蔬菜如香椿、竹笋、金针菜、石刁柏、食用大黄、佛手瓜、百合等。一次繁殖以后，可以连续采收数年。除香椿、竹笋以外，其他多年生蔬菜地上部每年冬季枯死，以地下根或茎越冬。

11. 食用菌类 食用菌类包括双孢蘑菇、草菇、香菇、木耳等，其中有的是人工栽培，有的是野生或半野生状态。

四、我国蔬菜植物的地理分布

我国是世界上最大最古老的蔬菜起源中心之一，如萝卜、白菜、大葱、韭菜、丝瓜、山药、莲藕、茭白、百合、竹笋等均为我国原产。从秦汉时期开始直到今天，我国又不断从国外引进新的蔬菜种类，如黄瓜、西瓜、番茄、甘蓝、洋葱、青花菜、西洋芹、胡萝卜、朝鲜蓟等。

不同的蔬菜种类经过长期的自然选择和人工选择，在不同的生态和环境条件下繁衍和栽培。由于我国地域辽阔，地形地貌差异极大，气候变化复杂，既有华北阳光充足、空气干燥、昼夜温差大的典型大陆性气候，又有东南沿海一带空气潮湿、雨水较多、昼夜温差较小的典型海洋性气候，使各种蔬菜的地理分布呈现较明显的区域性。当然，随着现代科学技术的进步和生产力的发展，各种保护设施将在一定程度上淡化蔬菜植物的地理分布，蔬菜生产的区域性将逐步缩小。

根据自然地理环境及栽培特点，可以将我国蔬菜划分为7个区域。

1. 华南区 华南区主要包括广东、广西、福建、海南、台湾。这一地区雨量充沛，气温高，冬季基本无霜雪。一些喜温和耐热的蔬菜，如西瓜、番茄等可以在冬季生长；而在夏季，由于高温、多雨，加之有台风袭击，许多蔬菜如番茄、黄瓜、菜豆及一些叶菜类的生长受到严重影响。

2. 华中区（长江流域区） 华中区包括湖北、湖南、江西、浙江以及安徽、江苏的南部及四川盆地，这个地区的年平均降水量为750mm以上。夏季温度高，但冬季有霜雪，1月平均温度为0~12℃，7月最高温度为24℃以上，无霜期在240~340d。一年中可以露地栽培3茬（造）蔬菜。耐寒的豆类如豌豆、蚕豆，耐寒的白菜类如紫菜薹、小白菜、乌塌菜等，都可以露地越冬。但不耐寒的叶菜及根菜，仍不能露地越冬。番茄、黄瓜、菜豆及马铃薯在这个地区一年可以栽培两次，即春茬和秋茬。同时这一地区的湖泊多，如鄱阳湖、洞庭湖、太湖及其支流、江苏里下河地区是水生蔬菜较集中的地方。四川盆地冬季不冷，适于叶菜及根菜的生长，芥菜尤为发达。

3. 华北区　华北区指山东、河南、河北、山西、陕西的长城以南地区以及江苏、安徽的淮河以北的干旱地区，辽东半岛也类似于这个地区。这一地区雨量较小，年降水量平均在 750mm 以下，冬季寒冷，1月平均温度可降到 12℃ 以下，全年无霜期在 200~240d。耐寒的叶菜及根菜可以在风障的保护下越冬。在这个地区一年内主要栽培两大季，即春夏季（茄果类、瓜类及豆类）及秋冬季（大白菜及根菜）。因为这一区域的雨水较少，阳光充足，空气温度较低，而夏季的昼夜温差较大，适合于瓜果类中的西瓜及甜瓜，鳞茎类中的大蒜、大葱、韭菜的生长。又由于秋季有较长时间的冷凉气候，大白菜及根菜生长很好。

4. 东北寒冷区　东北寒冷区包括黑龙江、吉林、辽宁北部及内蒙古东部。本区气候寒冷，每年有 4~5 个月月平均温度在 0℃ 以下，生长期短，无霜期只有 90~165d，年降水量均在 500mm 左右。但土壤肥沃，富含有机质。每年仅种 1 茬，只有生长期短的绿叶蔬菜可以栽培几次。喜温蔬菜和好冷凉蔬菜可以同时生长。甘蓝、白菜、马铃薯、洋葱、胡萝卜等大都在 4~5 月播种，9~10 月收获。即使是耐寒的蔬菜亦不能在露地越冬。日光温室的兴起和发展，使得喜温或耐热的番茄、黄瓜等可以在冬季生长并开花结果。

5. 西北干燥区　西北干燥区包括甘肃、内蒙古、新疆等地。本区具有大陆性气候，空气干燥，阳光充足，雨量极少，年降水量在 100mm 以下。冬冷而夏热，昼夜温差很大，特别适于西瓜、甜瓜的生长，全国闻名的新疆哈密瓜就是鄯善的东湖区利用渠沟灌溉栽培的。兰州的甜瓜也是这一区域的特产。在有渠道灌溉的地区，甘蓝、球茎甘蓝、茄果类及根菜类生长得很好，产量很高。每年栽培蔬菜 1 茬。喜温和耐寒的蔬菜均在同一季节生长。

6. 西南高原区　西南高原区包括四川的西南部及贵州、云南的高原地带。地势多在海拔 1 000m 以上，所以气候较为凉爽。一年中的温度变化不大，河谷中的 1 月平均温度为 6~16℃，7 月平均温度亦低于 22℃。冬暖夏凉，四季如春。一般根菜及叶菜周年均可生长。

7. 青藏高原区　青藏高原区主要包括青海及西藏两地以及四川的西北部。地势均在海拔 3 000m 以上。这一地区的空气稀薄，夏季温度低，降水量很少，蔬菜栽培不多。因温度低，不能露地栽培喜温蔬菜。由于夏季的夜温很低，白菜、萝卜的大多数品种在播种当年会先期抽薹。

就全国范围来讲，秦岭以南雨水充足，蔬菜的生长季节亦长，如广州几乎终年无霜，上海、杭州等地平均无霜期 250d。秦岭、淮河以北，由于气候寒冷且干燥，生长季节较短，蔬菜的供应没有长江以南地区长，一般从秋季到翌年春季最低温度小于 −8℃ 均不宜露地栽培；再因降水量较少，需有灌溉条件才能栽培。西北地区如柴达木盆地的无霜期仅有 1~2 个月，有些年份，全年每日最低温度常在 0℃ 以下，在这样的气候环境下，露地生产蔬菜的时期很短。

第三节　观赏植物分类

人们通常把以观赏为目的而栽培的植物统称为观赏植物。其中传统上习惯于把有观赏价值的草本植物称为花卉（广义上的花卉还包括观花、果的木本植物），可供观赏的木本植物（包含乔木、灌木、藤木和竹类）称为观赏树木。花卉的植物学分类，即以界、门、纲、目、科、属、种进行的形态分类，是分类学中科学性最严谨、权威性最强的分类法，这在植物学课程中已有详述。本节主要从栽培学角度出发，介绍以栽培实用性为主要依据的分类方法。花卉分类应用较为广泛的有气候生态型分类法、栽培习性分类法及按用途分类的方法。观赏树木分类应用较为广泛的是生态习性分类法、观赏特性分类法及按栽培用途分类的方法。

一、花卉分类

(一) 气候生态型分类法

世界各地的花卉,广泛分布于热带、温带,极少部分分布于寒带。由于原产地自然环境条件差异很大,产生了生长发育及生态习性各异的热带植物、温带植物、寒带植物及高山植物。了解花卉种类在世界上的分布及原产地的气候条件,给予相应的栽培环境和技术措施,以满足生长发育的要求,这是栽培成功的关键。决定环境条件的因素很复杂,其主要因素是气候条件。对花卉原产地气候型分区如下:

1. 中国气候型 中国气候型又称大陆东岸气候型,中国的华北及华东地区属于这一气候型。此气候型的气候特点是冬寒夏热,年温差较大。属于这一气候型的地区还有日本、北美洲东部、巴西南部、大洋洲东部、非洲东南部等。中国与日本受季风的影响,夏季降水量较多,这一点与美洲东部不同。这一气候型又因冬季气温高低不同,分为温暖型和冷凉型。

(1) 温暖型(低纬度地区)。温暖型包括中国长江以南(华东、华中及华南)、日本西南部、北美洲东南部、巴西南部、大洋洲东部、非洲东南角附近等地区,气候也有一些差异。原产于这一气候型地区的著名花卉有:

中国:中国水仙、百合、中国石竹、报春花、凤仙、南天竹等。

中国、日本:石蒜、山茶、杜鹃等。

巴西:矮牵牛、美女樱、半支莲等。

北美洲:福禄考、天人菊、马利筋、堆心菊等。

南美洲:花烟草、一串红、猩猩草、银边翠等。

非洲:非洲菊、松叶菊、马蹄莲、唐菖蒲等。

大洋洲:麦秆菊等。

(2) 冷凉型(高纬度地区)。冷凉型包括中国华北及东北南部、日本东北部、北美洲东北部等地区。主要原产花卉有:

中国:菊花、芍药、翠菊、荷包牡丹等。

北美洲:荷兰菊、随意草、吊钟柳、金光菊、翠雀、紫菀、蛇鞭菊等。

2. 欧洲气候型 欧洲气候型又称大陆西岸气候型。冬季气候温暖,夏季温度不高,一般不超过17℃。雨水四季均有,而西海岸地区降水量较少。属这一气候型的地区有欧洲大部分、北美洲西海岸中部、南美洲西南角及新西兰南部。原产于这些地区的著名花卉有:三色堇、雏菊、矢车菊、霞草、喇叭水仙、勿忘草、紫罗兰、羽衣甘蓝、宿根亚麻、毛地黄、剪秋罗、铃兰等。

3. 地中海气候型 地中海气候型以地中海沿岸气候为代表。自秋季至翌年春末为降水期,夏季极少降水,为干燥期。冬季最低温度为6~7℃,夏季温度为20~25℃。因夏季气候干燥,多年生花卉常呈球根形态。与地中海气候相似的地区有南非好望角附近、大洋洲东南部和西南部、南美洲智利中部、北美洲加利福尼亚等地。原产于这些地区的花卉有:

地中海地区:风信子、郁金香、水仙、鸢尾、仙客来、花毛茛、番红花、唐菖蒲、石竹、香豌豆、金鱼草、金盏菊、虎眼万年青等。

南非:小苍兰、小鸢尾、龙面花、天竺葵、君子兰、鹤望兰、网球花、酢浆草等。

北美洲:花菱草、羽扇豆、晚春锦、钓钟柳等。

南美洲:猴面花、赛亚麻、智利喇叭花、蒲包花、蛾蝶花等。

4. 墨西哥气候型 墨西哥气候型又称热带高原气候型,见于热带及亚热带高山地区。周年温度近于14~17℃,温差小,降水量因地区不同,有降水量充沛均匀的,也有集中在夏季的。原产于这一气候型的花卉耐寒性较弱，喜夏季冷凉。此气候型除墨西哥高原之外，尚有南美洲的安第斯山脉、非洲中部高山地区、中国云南省等地。主要花卉有：

墨西哥：大丽花、晚香玉、百日草、波斯菊、一品红、万寿菊、藿香蓟等。

南美洲：球根秋海棠、旱金莲等。

中国：报春花、云南山茶、云锦杜鹃、月月红、香水月季等。

5. 热带气候型 该气候型周年高温，温差小，有的地方年温差不到 1℃，降水量大，分为雨季和旱季。热带气候型又可区分为两个地区，即亚洲、非洲、大洋洲及中美洲、南美洲。主要花卉种类有：

亚洲、非洲和大洋洲：鸡冠花、虎尾兰、蟆叶秋海棠、彩叶草、蝙蝠蕨、非洲紫罗兰、猪笼草、红桑、万代兰、凤仙花等。

中美洲和南美洲：紫茉莉、花烛、长春花、大岩桐、胡椒草、美人蕉、竹芋、牵牛花、秋海棠、水塔花、卡特兰、朱顶红等。

6. 沙漠气候型 该气候型周年降水量很少，气候干旱，多为不毛之地。这些地区只有多浆类植物分布。属这一气候型的地区有非洲、西亚、黑海东北部、大洋洲中部、墨西哥西北部、秘鲁与阿根廷部分地区及我国海南岛西南部。仙人掌科多浆植物主产于墨西哥东部及南美洲东部，其他科多浆植物主要原产于南非，如芦荟、十二卷、伽蓝菜等，我国海南岛所产多浆植物主要有仙人掌、光棍树、龙舌兰、霸王鞭等。

7. 寒带气候型 该气候型冬季漫长而严寒，夏季短促而凉爽，植物生长期只有 2～3 个月。夏季白天长，风大。植物低矮，生长缓慢，常呈垫状。此气候型地区包括阿拉斯加、西伯利亚、斯堪的纳维亚等寒带地区及高山地区，主要花卉有细叶百合、绿绒蒿、龙胆、雪莲、点地梅等。

（二）栽培习性分类法

栽培习性分类法以花卉植物的生长栽培类型为分类依据，应用最为广泛。

1. 露地花卉 露地花卉是能在自然露地条件下完成全部生长过程，不需设施栽培措施。如需提前开花，可在早春用温床或冷床育苗。露地花卉可根据生活史分为 3 类。

（1）一年生草本花卉。在一个生长季内完成生活史的花卉植物。从播种到开花、结实、枯死均在一个生长季内完成。一般在春天播种，秋季开花结实，然后枯死，故一年生花卉又称春播花卉。一年生花卉的多数种类原产于热带、亚热带地区，不耐 0℃ 以下低温，遇霜即枯死。萌芽感温阶段要求 5～12℃ 温度，5～15d 完成。感光阶段在每天 8～12h 光照的短日条件下完成，通常秋季开花，若需在春日长日照条件下开花，可作遮光处理，以提早开花。如翠菊、波斯菊、百日菊、麦秆菊、万寿菊、凤仙花、鸡冠花、绒缨菊、银边翠、雁来红、长春花、千日红、重瓣向日葵、矮牵牛、半支莲、五色椒、紫茉莉、一串红、牵牛花、茑萝、旱金莲等。

花卉栽培学分类中的一年生花卉，其中一部分种类按其生物学特性应为二年生花卉，但在北方寒冷地区不能露地越冬，只能作一年生花卉栽培，如金盏菊、矢车菊、蛇目菊等。另外一些种类如五色椒、长春花、一串红、美女樱、紫茉莉、藿香蓟等，在温暖地区可作多年生花卉栽培。因此，一年生花卉的确切界定，主要根据其耐寒力的强弱，视不同地区而异。

（2）二年生草本花卉。在两个生长季内完成生活史的花卉植物。当年只生长营养器官，越年后开花、结实、死亡。二年生花卉一般在秋季播种，次年春夏开花，故又称秋播花卉。如须苞石竹、紫罗兰、桂竹香、羽衣甘蓝、雏菊、矢车菊、福禄考、矮雪轮等。二年生花卉均原产于温带或寒冷地区，耐寒力较强。秋播后在 0～10℃ 低温下 60～70d 完成感温阶段，感光阶段在每天 14～16h 光照的长日照条件下完成，春季开花。二年生花卉如作为一年生花卉栽培，应在早春解冻后及早播种，或在播种前作低温处理，可当年开花，但效果欠佳。

(3) 多年生草本花卉。多年生草本花卉的多数种类原产于温带的冷冻地区，耐寒力较强，其根或茎能多年宿存于土中，年年萌芽开花，达数年甚至十数年之久，习称宿根花卉。其中有些种类的地下器官变态呈块状、球状、鳞球状，故又称为球根类。此类花卉在冬季有完全休眠的习性，地上部茎叶全部枯死，地下部器官进入休眠状态，翌年春季转暖时再度萌芽开花。其中，春季开花种类，感温阶段要求低温，感光阶段要求长日照；夏秋开花种类，感温阶段要求高温，感光阶段要求短日照。

①宿根花卉：地下器官形态正常，不发生变态。如萱草、芍药、玉簪、菊花、蜀葵、楼斗菜、荷兰菊、射干、菊苣、金鸡菊、香石竹、中国石竹、羽扇豆、锦葵、金光菊、野决明、美女樱等。

②球根花卉：依其地下器官的变异形态，又可分为以下几类：

鳞茎类：如百合、水仙、风信子、绵枣儿、石蒜、贝母、球根鸢尾、葱兰等。

球茎类：如唐菖蒲、小苍兰、番红花、酢浆草等。

块茎类：如白及、球根秋海棠、花叶芋、马蹄莲等。

根茎类：如美人蕉、鸢尾、铃兰等。

块根类：如大丽花、花毛茛、乌头等。

③水生花卉：在水中或沼泽地生长的花卉。如荷花、睡莲、金鱼藻、慈姑、旱伞草、凤眼莲、花菖蒲、荇菜、芡实等。

④岩生花卉：耐旱性强，适合在岩石园栽培的花卉。如虎耳草、樱草、龙胆、矮麦冬、荷包牡丹、庭芥等。

(4) 多年生木本花卉。

①灌木类：如迎春、黄馨、杜鹃、锦带花、绣球花、琼花、紫薇、贴梗海棠、木槿、紫荆、蔷薇、月季、结香、连翘、栀子、绣线菊、六月雪、珍珠梅、金丝桃、棣棠、南天竹、夹竹桃、石榴、枸杞、火棘、荚蒾、桂花、梅花、丁香、蜡梅、夏蜡梅等。

②乔木类：如梨花、郁李、白兰花、红玉兰、二乔玉兰、黄玉兰、栾树、合欢、珙桐等。

③色叶类：如红枫、三角枫、五角枫、羽毛枫、赤枫、鸡爪槭、元宝槭、黄栌、红栌、花叶锦带、银杏、水杉、金叶黄杨、斑叶黄杨、金叶女贞、小檗、醉鱼草、红叶李、紫叶桃等。

④藤木类：如凌霄、紫藤、木香、油麻藤、金银花、扶芳藤、藤蔷薇、常春藤、洛石等。

⑤观赏竹类：如慈孝竹、凤尾竹、紫竹、箬竹、方竹、金镶玉竹、湘妃竹、黄皮刚竹、菲黄竹等。

2. 温室花卉　温室花卉即原产于热带、亚热带及南方温暖地区的花卉。在北方寒冷地区栽培必须在温室内培养，或冬季需要在温室内保护越冬。通常可分为下面几类：

(1) 一二年生草本花卉。如瓜叶菊、蒲包花、香豌豆、金莲花等。

(2) 多年生草本花卉。

①宿根花卉：如万年青、非洲菊、君子兰、龙舌兰、松竹草、天门冬、文竹、一叶兰、秋海棠、金粟兰、吊兰、彩叶草、石莲花、虎耳草、雪叶莲、四季樱草、报春花、紫锦兰、非洲紫罗兰、鹤望兰、网球花，及春兰、蕙兰、建兰、墨兰、石斛、万代兰、兜兰、蝴蝶兰、大花蕙兰、跳舞兰等兰科植物和水塔花、筒凤梨、姬凤梨等凤梨科植物。

②球根花卉：如仙客来、朱顶红、大岩桐、马蹄莲、花叶芋、文殊兰、小苍兰、孤挺花、晚香玉等。

③仙人掌及多浆植物：多原产于热带、亚热带干燥地区，是一类形态特殊的花卉，其茎叶肥厚、多浆，具发达的贮水组织。其中，仙人掌科多原产于美洲，而其他各科则多原产于南非，仅少数原产于美洲及其他地区。常见的仙人掌科有仙人掌、鼠尾掌、天轮柱、银毛球、金琥、仙人球、昙花、蟹爪兰、令箭荷花等。

其他科多浆植物有番杏科的露草，百合科的芦荟、虎皮掌、十二卷、鲨鱼掌、翠花掌等，萝摩科的水牛掌等，大戟科的松球掌、霸王鞭、光棍树、龙凤木等，景天科的莲花掌、青锁龙、石莲花、落地生根、伽蓝菜、金钱掌、燕子掌等，菊科的千里光、仙人笔、银垂掌等，龙舌兰科的金边龙舌兰、金心龙舌兰等。

（3）木本花卉。

①观花植物：如虾衣花、三角花、山茶、夜来香、吊钟花、扶桑、含笑、茉莉、杜鹃、瑞香、爆仗花、南非凌霄等。还包括亚灌木类的香石竹、倒挂金钟、天竺葵、一品红等。

②观叶植物：如椰子、榕树、巴西铁、变叶木、苏铁、朱蕉、佛肚树、竹芋、龟背竹、红桑、南洋杉、鸭脚木、孔雀木、龙血树、橡皮树、花叶木薯、棕竹、蒲葵、鱼尾葵、散尾葵、帝王葵等。

③观赏竹类：如佛肚竹、观音竹、龟甲竹等。

（4）蕨类植物。如铁线蕨、水龙骨、肾蕨、鹿角蕨、鸟巢蕨、凤尾蕨、贯众、卷柏等。

（三）按用途分类方法

1. 按园林用途分类　该分类法是以花卉在园林绿化中的栽培用途为分类依据。

（1）花坛花卉。如金盏菊、翠菊、万寿菊、千日红、三色堇、丰花月季、虞美人、地被菊、羽衣甘蓝、凤仙花、球根海棠等。

（2）盆栽花卉。如一串红、菊花、半支莲、矮牵牛、天竺葵、鸡冠花、非洲凤仙、秋海棠、微型月季、杜鹃、茶花等。

（3）室内花卉。如兰花、凤梨、吊兰、夜来香、变叶木、富贵竹、水仙、仙人掌及多浆植物、棕榈科植物、蕨类植物等。

（4）切花花卉。如香石竹、唐菖蒲、切花菊、切花月季、满天星、非洲菊、蛇鞭菊、百合、马蹄莲、鹤望兰等。

2. 按经济用途分类　该分类法是以花卉生产栽培的经济目标为分类依据。

（1）药用花卉。如芍药、桔梗等。

（2）香料花卉。如玫瑰、薰衣草、八角、桂皮等。

（3）食用花卉。如菊花、百合、月季、玉兰、萱草、荷花、芡实、慈姑等。

（4）其他。包括可以生产纤维、淀粉、油料的花卉，如棕榈、魔芋、花椒等。

二、观赏树木分类

（一）生态习性分类法

1. 气候生态型分类　我国疆土辽阔、幅员广大、地理纬度跨越显著，木本观赏树种气候生态型分布多样，通常根据地理自然气候条件及分布特征划分为热带、亚热带、温带和寒带等不同气候生态型。

（1）热带气候生态型。该气候生态型主要分布于北纬24°（大体与北回归线相一致）以南的地区，包括台湾、福建、广东、广西、云南等地南部，及香港、澳门、海南，处于我国热量最高、降水最多的湿热地带，年平均气温一般在21℃以上，绝对最低温度大多不低于-1℃，大多终年无霜。常见树种有南洋杉、水松、竹柏、木麻黄、白兰花、相思树、凤凰木、羊蹄甲、榕树、椰子、槟榔、蒲葵、刺竹、柚、橄榄、木棉、一品红、番茉莉、硬骨凌霄、变叶木、红背桂等。

（2）亚热带气候生态型。该气候生态型主要分布于北纬24°～33°，为雷州半岛北部至秦岭以南、云贵高原以东及川东、川南和台湾北部地区，处于我国暖热湿润地带。主要气候特点是夏长冬短，四季分明，夏热冬温，雨量充沛，全年无雪或少雪，霜日少但有霜冻。

南亚热带区含台湾中、北部，福建、广东东南部，广西中部和云南中南部。年平均气温20～

22℃，绝对最低温度－2℃以上。有较明显的热带季风气候和干湿季之分。常见树种有马尾松、湿地松、罗汉松、黑松、南洋杉、落羽杉、水杉、龙柏、白兰花、樟树、大花紫薇、大叶桉、柠檬桉、山茶、苦楝、八角、红豆树、九里香、棕榈、鱼尾葵、散尾葵、蒲葵、苏铁、海枣、大王椰子、含笑、三角梅、金合欢、米兰、杜鹃、龟背竹、鹅掌柴、合果芋、棕竹、麻竹、佛肚竹、紫藤、薜荔、常春藤、西番莲等。

中亚热带区含广东、广西北部，福建中部和北部，浙江，江西，四川，湖南，湖北，上海，重庆，安徽，江苏南部，云贵高原，台湾北部。年平均气温15~21℃，绝对最低温度－17℃以上。气候温暖湿润，四季分明（西部季风高原气候，年温差较小，四季不分明，有干湿季节之分）。常见树种有柳杉、杉木、柏木、刺柏、粗榧、香榧、红豆杉、银杏、青冈栎、天竺桂、广玉兰、柑橘、含笑、木莲、鹅掌楸、石楠、枇杷、红豆树、夏蜡梅、茶梅、油茶、桃叶珊瑚、瑞香、映山红、马银花、云锦杜鹃、冬青、珙桐、茉莉、八仙花、金缕梅、枫香、木芙蓉、梅、碧桃、木香、珍珠梅、郁李、贴梗海棠、西府海棠、垂丝海棠、榆树、榉树、毛竹、刚竹、孝顺竹、罗汉竹、茶竿竹、箸竹、凤尾竹等。

北亚热带区含秦岭山脉、淮河流域以南、长江中下游以北。年平均气温13.5~18.5℃，绝对最低温度－20℃。全年无霜期240~260d，气候湿润，四季分明。常见树种有黑松、华山松、池杉、落羽杉、圆柏、龙柏、侧柏、刺柏、紫玉兰、麻栎、栾树、七叶树、山合欢、麻叶绣球、绣线菊、珍珠梅、杏、樱花、紫叶李、榆叶梅、棣棠、玫瑰、紫荆、蜡梅、夹竹桃、紫薇、结香、金丝桃、木槿、木绣球、荚蒾、珊瑚树、海仙花、金银花、金钟花、桂花、大叶女贞、石榴、枫香、乌桕、栀子、六月雪、凌霄、南天竹、十大功劳、黄杨、雀舌黄杨、榔榆、无花果、薜荔、杜仲、海桐、杜英、糯米椴、溲疏、重阳木、刺槐、槐树、香椿、苦楝、梧桐、泡桐、垂柳、桂竹、紫竹、石绿竹、淡竹等。

(3) 暖温带气候生态型。该气候生态型主要分布于北纬33°~42°，为沈阳以南、山东、辽东半岛、秦岭北坡、华北平原、黄土高原东南、河北北部等。年平均气温9~14℃，绝对最低气温－20~－30℃。四季分明，雨期在5—9月，旱期在9—10月。全年无霜期180~240d。常见树种有油松、云杉、冷杉、白皮松、日本赤松、侧柏、圆柏、板栗、麻栎、毛白杨、旱柳、锦带花、天目琼花、香荚蒾、金银木、白榆、千金榆、黑榆、柽柳、石榴、胡颓子、玉兰、蜡梅、枸杞、柿、臭椿、黄栌、五角枫、丁香、黄刺玫、连翘、白蜡树、楸树、核桃树、锦鸡儿、多花栒子、绣线菊、榆叶梅、七叶树、鸡爪槭、元宝槭、木瓜、杏、梨、苹果、梅、紫荆、紫藤、细叶小檗、十大功劳、山楂、海棠果、红瑞木、楝树、水蜡树等。

(4) 温带气候生态型。该气候生态型主要分布于北纬42°~46°，含沈阳以北、松辽平原、东北东部、燕山、阴山山脉以北、新疆北部等。年平均气温2~8℃，绝对最低温度－40℃以上。冬长（5个月以上）夏短，降水集中在6—8月。全年无霜期100~180d。常见树种有冷杉、紫杉、花曲柳、核桃楸、元宝槭、白桦、大青杨、疣皮卫矛、暴马丁香、黄花忍冬、小花溲疏、山梅花、接骨木、梓树、榆叶梅、蔷薇、月季、珍珠梅、玫瑰、山杏、樱花、小叶女贞、赤杨、银白杨、新疆杨、圆叶柳、越橘等。

(5) 寒温带气候生态型。该气候生态型主要分布于北纬46°~52°，包括大兴安岭山脉以北、小兴安岭北坡、黑龙江等。年平均气温－2.2~－5.6℃，绝对最低温度可达－59℃。长冬（9个月以上）无夏，降水集中于7—8月。全年无霜期80~100d。常见树种有红松、兴安落叶松、樟子松、偃松、杜松、兴安松、黑桦、山杨、胡桃楸、光叶春榆、香杨、朝鲜柳、沼柳、榛、兴安杜鹃、长果刺玫、绢毛绣线菊、柳叶绣线菊等。

2. 土壤生态型分类 土壤是树木生长的又一重要立地条件，直接影响树体根系生理机能及生态分布。土壤理化特性以土壤水分和土壤酸碱性最为重要。

(1) 土壤水分适应型。树种在系统发育过程中形成的对土壤水分要求各异的生态类型，表现为对干旱、水涝的不同适应能力。对干旱的适应形式主要表现在两方面：一是本身需水少，器官发育具有旱生形态性状，如叶小、全缘、角质层厚、气孔少而下陷、细胞液渗透压较高（一般可达 $3.92\times 10^6\sim 5.88\times 10^6\,Pa$，最高可达 $9.81\times 10^6\,Pa$）；二是具有强大的根系，能从深层土壤中吸收较多的水分，调节蒸腾作用的能力较强。观赏树种中，抗旱力强的有桃、石榴、枣、马尾松、黑松、沙棘、泡桐、紫薇、夹竹桃、毛白杨、刺槐、苏铁、箬竹等，抗旱力中等的有梅、柑橘、蜡梅、珊瑚树、栎、竹等。

树木能适应土壤水分过多的能力为耐涝性，常绿树以卫矛、棕榈、杨梅、夹竹桃等较耐涝，落叶树以池杉、水杉、落羽松、水松、柽柳、杞柳、龙爪柳、小檗、栾树、六月雪、枸杞、乌桕、枫杨、白蜡、胡颓子、紫藤、石榴、山楂、皂荚、三角枫、栀子、木芙蓉、喜树、杜鹃较耐涝，最不耐涝的是桃和梅。

(2) 土壤酸碱度适应型。土壤酸碱度是影响树种生态分布的又一主导因子，用 pH 表示。观赏树木依据不同树种对土壤酸碱度的适应性，主要分为适酸性土壤树种、适碱性土壤树种，及介于其中的中性树种 3 类。

①适酸性土壤树种：适于 pH5.5～6.5，含铁、铝成分较多的土壤。如红松、马尾松、落叶松、金钱松、雪松、罗汉松、龙柏、冷杉、云杉、紫杉、池杉、红豆杉、杉木、油茶、越橘、樟树、茉莉、含笑、石楠、苏铁、山茶、杜鹃花、栀子、瑞香、广玉兰、冬青、枇杷、杨梅、桂花、桉树、棕榈、九里香、小叶女贞、白兰花、油桐、元宝枫、杜仲、珊瑚树、金银木等。

②适碱性土壤树种：适于 pH7.5～8.5，含钙质较多的土壤。如侧柏、刺柏、黄杨、柽柳、棕榈、胡颓子、合欢、苦楝、紫薇、柳树、臭椿、银杏、桑树、杞柳、梧桐、皂荚、刺槐、槐树、紫穗槐、胡杨、毛白杨、榉树、白榆、沙枣、椿、柿、枣、水曲柳、无花果、白蜡、泡桐、北美圆柏、桃叶珊瑚、夹竹桃、海桐、枸杞、紫荆、木麻黄等。

3. 光照生态型分类 树体对光的需求强度与树种原产地的地理位置和长期适应的自然条件有关。如生长在我国南部低纬度多雨地区的热带、亚热带树种，对光的要求低于原产于北部高纬度地区的落叶树种。原生在森林边缘空旷地区的树种绝大部分都是喜光树种，如落叶树中的桃、杏、枣、落叶松、杨树、悬铃木、刺槐和常绿树中的椰子、香蕉等。而耐阴树种在全日照 10% 的光照强度条件下即能进行正常的光合作用，其光补偿点低，仅为全日照 1% 的光照强度，如十大功劳、八角金盘、桃叶珊瑚、常春藤、海桐、茶花等，光照强度过高反而影响其正常生长发育。

(1) 喜光树种。喜光树种大多为落叶树及其针状叶的常绿树。其枝叶较疏，天然整枝性好，叶片中栅栏组织较海绵组织发达，光补偿点高，生长速率较快。如马尾松、油松、黑松、雪松、华山松、五针松、火炬松、落叶松、金钱松、池杉、南洋杉、翠柏、桧柏、花柏、侧柏、龙柏、榕树、相思树、丝棉木、油棕、大叶桉、白兰花、银杏、构树、泡桐、白蜡树、毛白杨、小叶杨、雪柳、旱柳、垂柳、核桃、板栗、栓皮栎、桑树、木芙蓉、榉树、榆树、白榆、榔榆、鹅掌楸、枫香、杜仲、悬铃木、海棠、红叶李、杏、桃、梅、樱花、郁李、山桃、毛樱桃、合欢、凌霄、皂荚、刺槐、槐、椿树、楝树、重阳木、乌桕、黄连木、三角枫、七叶树、栾树、无患子、枳、枣、梧桐、桉树、紫藤、喜树、柿、火棘、柽柳、胡颓子、茉莉、栀子、扶桑、无花果、金缕梅、绣线菊、珍珠梅、山楂、木瓜、月季、玫瑰、榆叶梅、紫荆、龙爪槐、紫穗槐、枳、黄栌、葡萄、木槿、木芙蓉、紫薇、石榴、四照花、红瑞木、连翘、金钟花、紫丁香、迎春、枸杞、木绣球、荚蒾、锦带花、木麻黄、九里香、小叶女贞、栾树、丁香等。

(2) 耐阴树种。耐阴树种多为常绿阔叶树及具扁平、鳞状叶片的常绿针叶树。枝叶一般较密，天然整枝性差，叶片中海绵组织较栅栏组织发达，光补偿点低，生长速率较慢。如香榧、冷杉、云杉、红豆杉、铁杉、紫杉、三尖杉、罗汉松、罗汉柏、南天竹、锦熟黄杨、小叶黄杨、山茶、红背桂、八仙花、结香、珊瑚树、十大功劳、八角金盘、桃叶珊瑚、交让木、常春藤、波缘冬青、瑞香、海桐、珠兰、茶花、竹柏、蚊母树、棕竹、蒲葵、楠木、鸡爪槭、冬青、杜鹃、紫金牛、天目琼花、接骨木等。

(二) 观赏特性分类法

1. 林木 林木以针叶、阔叶类乔木及竹类为主，栽植供构成林相用。常绿针叶树有雪松、白皮松、马尾松、黑松、黄山松、火炬松、湿地松、银杉、柳杉、南洋杉、圆柏、铅笔柏、刺柏、侧柏、柏木、翠柏、扁柏、花柏、罗汉松、竹柏、铁杉、云杉、冷杉、杉木、红豆杉、榧树、粗榧。落叶针叶树有水杉、金钱松、落叶松、落羽松、水松。常绿阔叶树有广玉兰、香樟、肉桂、枇杷、珊瑚树。落叶阔叶树有银杏、马褂木、青桐、白杨、榉树、无患子、栾树。竹类有散生型的淡竹、刚竹，丛生型的撑篙竹、青皮竹、慈竹，混生型的茶竿竹、苦竹。

2. 花木 花木指在花期、花色、花量、花形、花香等方面各具特色的树种，以灌木和小乔木为主。

(1) 花期。春花类的有桃花、梅花、樱花、春鹃、山茶、海棠、紫荆、榆叶梅、杏花、月季、木香、棣棠、紫藤、瑞香、金缕梅、连翘、迎春、金银花、白兰花、含笑、丁香、梨、玫瑰、金钟花、木绣球、四照花。夏花类的有紫薇、石榴、月季、夏鹃、扶桑、锦带花、白兰花、茉莉、六月雪、广玉兰、木芙蓉、夹竹桃、金丝桃、木槿、凌霄、栀子花、合欢、夏蜡梅。秋花类的有月季、石榴、木芙蓉、扶桑、茉莉、桂花、九里香、紫薇、早蜡梅。冬花类的有茶梅、山茶、蜡梅、油茶、结香。

(2) 花色。白色的有广玉兰、白兰花、栀子、山茶、绣球花、六月雪、银桂、木槿、桃花、梅花、梨花、杜鹃花、蔷薇、月季、紫薇（银薇）、樱花、夹竹桃、丁香等。红色的有山茶、垂丝海棠、碧桃、梅花、杜鹃花、蔷薇、月季、合欢、石榴、夹竹桃、紫薇、锦带花、朱槿、樱花等。黄色的有棣棠、连翘、迎春、金桂、杜鹃花、金丝桃、金丝梅、蜡梅、金缕梅、瑞香、樱花、蔷薇、月季、黄玉兰等。紫色的有紫藤、木槿、木兰、玫瑰、蔷薇、紫荆、瑞香、丁香、紫玉兰等。

3. 果木 果木指果实色泽鲜艳、形状奇特、经久耐看、且不污染环境的树种。按观赏特性可分为以下3类。

(1) 色果类。红色的有南天竹、火棘、枸杞、荚蒾、天目琼花、珊瑚树、石楠、枸骨、海桐、冬青、樱桃、葡萄等。黄色的有金橘、枇杷、梨、银杏、无患子、楝、木瓜、柿、梅、杏、李等。

(2) 异果类。如秤锤树、石榴、木瓜、薄壳山核桃、罗汉松、枫杨等。

(3) 多果类。如火棘、南天竹、荚蒾、枸杞、枸骨等。

4. 叶木 叶木以观赏叶色、叶形为主，按其主要特性可分为以下3类。

(1) 亮绿叶类。叶片绿而有光泽，大多为常绿灌木或小乔木。常绿阔叶树多呈浓绿色，针叶树及落叶树则以中绿或淡绿色为多。

(2) 彩色叶类。红叶或紫叶类有红枫、三角枫、五角枫、羽毛枫、鸡爪槭、元宝槭、黄栌、山麻杆、红叶桑、红叶李、紫叶桃等。黄叶或橙叶类有鹅掌楸、银杏、金钱松、池杉、水杉、青枫等。

(3) 异叶类。马褂叶有鹅掌楸、马褂木等。掌状叶有梧桐、枫、槭、八角金盘等。掌状复叶有七叶树、重阳木、三叶槭、鹅掌柴等。

5. 荫木 枝叶茂密，树形挺秀，树冠整齐，树干光滑无棘刺，树体无异味。常绿树有香樟、广玉兰、大叶女贞、桂花、棕榈、椰树、蒲葵等。落叶树有鹅掌楸、喜树、银杏、悬铃木、白蜡树、梧桐、枫杨等。

6. 蔓木（藤木） 蔓木为建筑物墙面、空中廊架等垂直绿化、立体栽植用树种。常绿树有常春藤、络石、薜荔、扶芳藤、金银花、鸡血藤等。落叶树有紫藤、木香、凌霄、地锦、葡萄、木通、猕猴桃等。

（三）栽培用途分类法

按观赏树木在园林绿化及环境工程中的具体用途，可将其分为以下几类。

1. 行道树　植于道路两旁的绿荫类树木，要求树性健全、抵抗力强、树姿优美、枝叶荫翳、生长迅速、适应力强。根据道路的类别，可分为街道树、公路树、甬道树和墓道树3种。

（1）街道树。常绿树有广玉兰、女贞、樟树、棕榈、蒲葵等。落叶树有榆、悬铃木、七叶树、椴、鹅掌楸、银杏、喜树、梧桐、杨、柳、枫杨、椿、槐、合欢、白蜡树、刺槐等。

（2）公路树。常绿树有女贞、广玉兰、雪松、桧柏等。落叶树有白杨、柳、槐、楝、悬铃木等。

（3）甬道树及墓道树。常绿针叶类如圆柏、柏木、马尾松、柳杉、龙柏、雪松等。常绿阔叶类如珊瑚树、柳、槐、槭、蒲葵、棕榈等。

2. 庭荫树　以阔叶乔木为主，枝繁叶茂者为佳。常植于庭间、园内、道旁、廊架，遮天蔽日，绿荫如盖。落叶树有鹅掌楸、喜树、银杏、悬铃木、梧桐、泡桐、榉、枫杨、合欢等。常绿树有桂花、广玉兰、香樟、棕榈、蒲葵等。藤本类有紫藤、凌霄、木通、金银花等。

3. 园景树　园景树多作为园中布局的中心景观，赏花果、观形色。适于前庭栽植的，主木类有雪松、龙柏、罗汉松、赤松、白皮松、广玉兰、樟、桃、紫薇等。下木类有桃叶珊瑚、栀子、紫荆、月季、蔷薇等。地被植物有箬竹、偃柏、偃桧等。适于内院栽植的有桂花、槭、樟、山茶、樱花、梅、柿、苏铁、棕榈、竹类、杜鹃花、棣棠、瑞香、茶花、胡颓子、连翘、迎春、贴梗海棠等。

4. 绿篱

（1）依观赏性分类。

①叶篱：常绿篱有桧柏、侧柏、黄杨、大叶黄杨、雀舌黄杨、小蜡、冬青、女贞、海桐、桃叶珊瑚等。彩叶篱有斑叶黄杨（金星、金边、银边）、洒金柏、金叶女贞、洒金珊瑚、紫叶小檗等。

②花篱：如桂花、六月雪、月季、迎春、紫荆、绣线菊、连翘、贴梗海棠、杜鹃、山茶、栀子等。

③蔓篱：如藤本月季、凌霄、葡萄、紫藤等。

④果篱：如火棘、南天竹、枸橼、枸杞、刺梨等。

⑤竹篱：如观音竹、慈孝竹、紫竹、凤尾竹等。

（2）依栽植用途分类。

①境界篱：境界篱是造园上常用的一种植物性局部界限设施，以叶篱类为主。其性质与竹栏、木栅、墙垣相仿，兼之生机盎然，可增强住宅及园林美观效应，非常规隔离物所能望及。

②隐蔽篱：凡不欲各种建筑物直接暴露其外部，或须隐蔽其外观丑陋时，皆可有赖于树篱隐蔽。其选用树种，须四时常茂、枝叶稠密。有供高1m左右隐蔽用的，如桃叶珊瑚、波缘冬青、黄杨、栀子、瑞香、八角金盘、十大功劳、枸骨、六月雪等。有供高1～4m隐蔽用的，如珊瑚树、冬青、蚊母树、侧柏、龙柏等。有供高4～6m隐蔽用的，如桧柏、圆柏、雪松、云杉、榧等。

③防护篱：植于住宅及庭院周围，防止人畜侵入，以刺篱为主。适宜树种有枸橼、枸骨、刺梨、云实、小檗、玫瑰、刺柳等。

5. 攀缘植物　攀缘植物是各种棚架、凉廊、围篱、墙面、拱门、台柱、山石、树桩等立体绿化栽植的观赏树种，对提高绿化质量、增强造园效果、美化空间环境等具有独特的观赏保护功能。常用树种有爬山虎、凌霄、紫藤、金银花、常春藤、油麻藤、薜荔、络石、木香、葡萄、西番莲、蔷薇等。

6. 地被植物 地被植物指用于覆盖裸地、坡地，主要起防尘、固土、绿化作用的低矮灌木或匍匐型藤木树种。地被植物亦可作为衬景，栽植于高大乔木之下、岩畔溪旁，起点缀、烘托功能。常用树种有铺地柏、匍地龙柏、偃桧、箬竹、菲黄竹、菲白竹等。

思考题

1. 果树不同的分类方法对生产有何意义？
2. 我国果树按照生态型分类有哪些类型？
3. 果树按气候生态型与栽培习性分类各有何优缺点？
4. 蔬菜植物学分类法在栽培与育种实践中有何用途？
5. 按照蔬菜植物学分类法，双子叶蔬菜分为哪几个科？
6. 何谓农业生物学特性？蔬菜按照农业生物学特性分类共分哪几类？
7. 按照食用器官分类，茎菜类蔬菜分为哪几类？
8. 试论述一二年生花卉、宿根花卉、球根花卉的含义，并举例说明。
9. 花卉如何分别按气候生态型和栽培习性分类法进行分类？
10. 不同花卉原产地的气候生态型分别有哪些气候特点和代表性种类？
11. 观赏树木按照观赏特性如何分类？各自代表种类有哪些？
12. 我国观赏植物按照生态型分类有哪些类型？代表区域与种类有哪些？

主要参考文献

陈发棣，房伟民，2016. 花卉栽培学. 北京：中国农业出版社.
陈发棣，郭维明，2009. 观赏园艺学. 北京：中国农业出版社.
崔大方，2011. 园艺植物分类学. 北京：中国农业大学出版社.
刘燕，2018. 园林花卉学. 北京：中国林业出版社.
鲁涤非，1998. 花卉学. 北京：中国农业出版社.
曲泽洲，孙云蔚，1990. 果树种类论. 北京：农业出版社.
俞德浚，1979. 中国果树分类学. 北京：农业出版社.
章镇，王秀峰，2003. 园艺学总论. 北京：中国农业出版社.
浙江农业大学，1986. 蔬菜栽培学总论. 2版. 北京：农业出版社.
中国农业科学院蔬菜花卉研究所，2010. 中国蔬菜栽培学. 2版. 北京：中国农业出版社.
Schilleiter J C, Richey H W, 1940. Textbook of General Horticulture. London：McGraw-Hill Publishing Co.，Ltd.

第三章 园艺植物生长发育规律

园艺植物的一生有两种基本生命现象，即生长和发育。园艺植物的生长发育是其产品器官形成的基础。生长是指园艺植物直接产生与其相似器官的现象，是由于细胞数目的增多和细胞体积的增大而导致的植物体积和质量的增加，是量的变化。发育是园艺植物细胞通过形态、功能变化形成新的特殊组织、器官和结构的现象，发育的结果是产生新的器官如花、种子、果实和变态营养器官，是质的变化。园艺植物各器官的生长发育具有整体性、连贯性和对立性，并受植物遗传特性和外部环境因子的协同调控。木本、一二年生草本和多年生草本园艺植物各有不同的生长发育规律。了解园艺植物的生长发育规律及其对环境条件的要求，可通过育种和栽培等手段特异性调控园艺作物的生长发育，以便为园艺植物的优质高效生产奠定基础。

第一节　营养器官的生长发育

一、根的生长发育

根系是园艺植物长期适应环境进化出的重要器官，一般生长在土壤中，构成植物体的地下部分，具有多方面的生理功能，是植物整体赖以生存的基础。土壤管理、灌水和施肥等重要的田间管理，都是为了给根系生长发育创造良好条件，以增强根系代谢活力，调节植株地上部与地下部平衡、协调生长，从而实现优质、高产、高效的目的。因此，根系生长优劣是园艺植物能否发挥高产优质潜力的关键。

（一）根的功能

1. 固定　把植物固定于土壤中，防止倒伏。

2. 吸收　从土壤中吸收水分和矿质养分，供地上部生长需求。

3. 合成与转化　合成植物生长发育所必需的某些重要物质，如氨基酸和蛋白质、糖类、植物生长调节物质等。

4. 运输　将吸收、合成的养分和生长调节物质运输到地上部器官，同时接收地上部运输下来的糖类、植物生长调节物质等。

5. 贮藏　有些蔬菜、花卉具有肥大的肉质根，是根系贮藏养分的典型。多年生植物在冬季来临时，也将一部分养分贮藏于根系中，为第二年春季的萌芽、开花等提供能量。

6. 繁殖　有些园艺植物的根易生不定芽，进而萌发成根蘖，根蘖与母体分离后形成单独的个体。

（二）根的发生与生长

1. 根的发生　根据植物种类、繁殖方法和生长条件，可将根系分为实生根系、茎源根系和根蘖根系3种类型。

(1) 实生根系。由种子胚根发育而来的根,称为实生根系。实生根系的主根发达,活力强。绝大多数蔬菜和种子繁殖的花卉为实生根系。果树由于多采用嫁接栽培,如苹果、梨、桃、柑橘等栽培品种苗木,其砧木大多为种子繁殖的实生苗,根系亦为实生根系。

(2) 茎源根系。利用植物营养器官具有的再生能力,采用枝条扦插或压条繁殖,使茎上产生不定根,由此发育成的根系称为茎源根系。茎源根系无主根,常为浅根,生活力相对较弱。果树中葡萄、无花果等用扦插繁殖,其根是茎源根系,近年来迅速发展起来的苹果、樱桃等果树砧木组培快繁、压条繁殖等,其长出的根系也属于茎源根系。花卉中月季、橡皮树、山茶、桂花、天竺葵、八仙花等用茎扦插,亦为茎源根系。蔬菜中番茄可在根颈或茎上,尤其在茎节上发生不定根,且30～50d即可长达100～120cm,利用此特性,番茄可扦插繁殖直接用于生产。

(3) 根蘖根系。果树中的枣、山楂、石榴等,蔬菜中的香椿等,以及部分宿根花卉,它们可以由根系产生不定芽,进而形成植株,这种根系称根蘖根系。

2. 根的生长　根系生长的基本形式有加长生长和加粗生长。种子萌发时,由胚根形成的初生根一般都垂直向下生长,在垂直根上分生出侧根,这样组成的根系称为垂直根系;侧根的生长角度较大,沿接近水平方向生长,这样组成的根系称为水平根系。垂直根系入土深,侧根分生力弱,粗根多,对土壤深层水分和养分吸收能力强;相反,水平根系则分布浅,侧根多,对追肥反应敏感,不耐旱。根形成初期以加长生长为主,根冠内的细胞分裂区不断分裂,使根不断伸长。根形成的中后期,由具有分裂能力的中柱鞘细胞与一些薄壁细胞分裂分化产生木栓形成层和木栓层。木栓形成层活动形成周皮,周皮积累就形成了根外部的皮部;形成层的活动则形成根的次生木质部和次生韧皮部,这就是根的加粗生长。

3. 根的生长周期与再生能力

(1) 根的生长周期。根生长本身没有自然休眠,只要满足其所需的条件,可不停地生长。但是因为受外界环境的影响,多年生植物根的生长表现出明显的周期性,即有明显的生命周期、年生长周期和昼夜周期。

多年生植物根的生命周期从种子开始。早期发生的根大多形成骨干根,随着植株生长减缓,较细的骨干根开始死亡和更新,进入衰老期,骨干根大量死亡,垂直根最后死亡。一年生草本植物的根系当年衰老死亡,也是由细到粗,垂直根最后死亡。

在一年中,从春季到秋末,植物根的生长一般表现出两个高峰。第一个高峰出现在5—6月,适宜的土温为20～25℃。这期间植株的营养状况较好,地上部萌发和开花坐果大量消耗营养的时期已过,光合产物向根系大量转移。一年生植物如番茄、黄瓜、牵牛花等在这个时期根系生长最旺盛。其后进入炎热的夏季,土温较高,根系生长逐渐减缓。进入秋季,温度适宜,有些植物的果实已经采收或脱落,地上部营养向地下部转移,多年生植物的根系生长会出现第二个高峰。这时较早地施用有机肥,可使根系更多地吸收养分,增加根重,为来年春季生长做准备。一年生植物的根系在秋季已进入衰老期,一般无第二个高峰的出现。

根的生长在一天中也表现出明显的周期性,多数植物的根系夜间生长量大,新根发生也多,白天的生长量相对较小。

根系的生长、新根的发生及地下肉质根的形成都受环境条件的影响,其中最主要的是土壤温度和水分条件,一般根系生长的最适土壤温度为20～25℃,最佳土壤湿度是田间最大持水量的60%～70%,温度太低或太高、土壤太干或太湿都会抑制根系生长。根系对土壤深度的要求因植物种类不同而异,但土层深厚、质地疏松的土壤有利于根系的生长。

(2) 根的再生能力。断根后生出新根的能力称为根的再生能力。不同季节、不同园艺植物、不同砧木及不同生态条件,根的再生能力有很大差异。春季和秋季是根系再生力较强的两个季节,所以植物的定植或苗木出圃通常选择在春、秋季进行。在园艺生产中,有时也采用深锄断根的方法促进新根生长。一般情况下，旺盛生长的地上部新梢顶芽或侧芽对根的再生力有促进作用，除掉顶芽或侧芽，根的再生能力则受抑制。在环境条件中，土壤条件，特别是土壤的通透性对根的再生能力影响较大，通气状况良好，根的再生力强。另外，适宜的土壤温度和水分条件也有利于提高根的再生力。根的再生力与园艺植物种类也有关，如黄瓜根系木栓化早，断根后发新根困难，因此宜小苗定植或采取保护根系措施育苗。甘蓝根系再生能力很强，移栽后发育良好，同时还易发生不定根，可用腋芽扦插法繁殖。不同季节、不同生态条件，同种园艺植物根的再生能力差异也很大。

（三）根的分布

根系有很强的分支能力，随着植物的生长，根系逐渐向土壤的深层和四周扩展。须根系植物或者能形成不定根的植物，还能不断地从地表甚至地上部的茎形成新根（不定根）。各种植物的根系在土壤中的水平分布和垂直分布不尽相同，同时又受根系附近的土壤、水分、营养状况、育苗移栽与否以及其他环境条件的影响。根系的水平分布与作物种类、栽培条件密切相关。番茄根系比较发达，根系水平伸展可达250cm左右。果树根系的水平分布一般达到树冠投影范围以外，一些根系强大的树种甚至超出树冠投影的4～6倍，如枣树。根系附近土壤的水分、营养状况良好时，根系密集，水平分布较近；相反，在土壤干旱和养分贫乏的情况下，根系稀疏，主根伸向很远很深的地方。

根系在土壤中的垂直分布与园艺植物的根系特性以及土壤质地、肥力水平、水分状况等有关。大多数蔬菜作物属浅根系，如黄瓜的主要根群分布在20cm左右的耕层中，葱蒜类蔬菜的根系入土更浅，几乎没有根毛，吸水力较弱。深根性蔬菜由于生产中多进行育苗移栽，限制了主根的发展，其根系大多分布在30cm以内的耕层土壤中。苹果、核桃等深根性果树自根苗栽培时，根系垂直分布可达4m左右，但用砧木嫁接栽培，根系入土深度则取决于砧木种类。葡萄在果树中属浅根系，通常大部分根系分布在20～30cm的表层土壤中。一般而言，凡根系分布较浅的植物，抗旱能力差，对土壤湿度要求较高；相反，根系分布较深的植物，因其能吸收深层土壤水分，而具有较强的抗旱能力。

（四）根的结构

将园艺植物的根尖作纵剖观察，从顶端向上依次分为根冠、分生区、伸长区和根毛区，总长度1～5cm。各区的细胞形态结构不同，从分生区到根毛区逐渐分化成熟。除根冠外，其他各区之间并无严格的界限。

1. 根冠 根冠位于根尖的顶部，帽状结构，由许多薄壁细胞组成，保护着被其包围的分生区。根冠与根的向地性生长有关，在根的生长过程中，根冠外部细胞不断脱落，由内方的分生区不断产生新的细胞补充。

2. 分生区 分生区位于根冠内侧，又称顶端分生组织，包括最前端的原生分生组织和初生分生组织，长度1～3mm。分生区细胞分裂活跃，大部分细胞伸长分化成伸长区，小部分细胞保持分生区的体积和功能。

3. 伸长区 伸长区位于分生区与根毛区之间，细胞分裂逐渐停止，分化程度逐渐增强，细胞体积明显扩大，促进根的伸长。

4. 根毛区 根毛区位于伸长区上方，由伸长区细胞分化形成，是吸收水分和无机盐的主要部位，一般占根尖总长的3/4。这一区域的细胞停止伸长，已经分化为各种成熟组织，故亦称为成熟区。在湿润环境中，根毛区每平方毫米表皮上，苹果有300根根毛，豌豆有230根根毛。根毛的存在大大增加了吸收面积，根毛的分化使根系吸收面积增加了20～60倍。根毛的寿命一般为2～3周，但个别植物根毛可以长期生存，但后期常木质化、变粗，如一些菊科植物。根毛区上部的根毛死亡后，又有伸长区新形成的表皮细胞分化出根毛来补充，根毛的生长和更新对水肥的吸收十分重要，所以在移栽植物时要尽量减少幼根的损伤，通过带土移栽可以提高植物的存活率。

（五）根的类型与变态

1. 根的类型

（1）主根。种子萌发时，胚根最先突破种皮、向下生长而形成的根称为主根，又称初生根。主根生长很快，一般垂直伸入土壤，是早期吸收水肥和固定植物的器官。主根生长得越深，在土壤中的固定性越强，能够更好地提高吸收能力和抗逆性。

（2）侧根。当主根继续发育，达到一定长度后，从根内部维管柱周围的中柱鞘和内皮层细胞分化生长出与主根有一定角度、沿水平方向生长的分支根系，称为侧根。主根与侧根共同承担固定、吸收及贮藏功能，因此统称为骨干根。侧根生长达到一定长度时又能长出新的侧根。从主根上长出的侧根称为一级侧根，一级侧根上生出的侧根称为二级侧根，以此类推。侧根与主根一起形成庞大的根系，此类根系称为直根系，以此来增加吸收面积。

（3）须根。侧根上形成的细小根称为须根。按其功能与结构不同又分为4类：①生长根（或称轴根），为根系向土壤深处延伸及向远处扩展部分，一般为白色，具吸收功能。②吸收根，主要功能是吸收以及将吸收的物质转化为有机物或运输到地上部，吸收根多为白色，只具初生结构。③过渡根，主要由吸收根转化而来，其中部分可转变为输导根，部分随生长发育死亡。④输导根，主要起运送各种营养物质和输导水分的作用。一些园艺植物主根伸出不久即停止生长或存活时间很短，其自茎基的节上又可生长出长短相近、粗细相似的须根。这种主根生长较弱、主要根群为须根的称为须根系。如葱蒜类蔬菜及禾本科作物等均为须根系。

（4）不定根。园艺植物的侧根除由根中柱鞘及邻近组织产生外，还可由茎（枝）、叶、胚轴上产生，由此形成的根称为不定根。换言之，所有不起源于中柱鞘及其邻近组织的根均称为不定根。不定根多发生于茎上节间基部的居间分生组织，还可由叶部发生，只是不如根茎上发生得多。很多园艺植物都具有产生不定根和芽的潜在性能，利用这种特性，可以进行园艺植物种苗的无性繁殖，如葡萄、月季、菊花、无花果等的枝（茎）条扦插繁殖，蟆叶秋海棠、落叶生根、千岁兰等的叶扦插繁殖等。在蔬菜、花卉中也常通过深栽、培土等农业措施促进不定根发生。

2. 根的变态及特性 某些园艺植物的根系除起固定植株、吸收水肥、合成与运输等作用外，还以不同形态发挥贮藏营养、繁殖、呼吸及其他特殊功能，这种具有特殊功能的根称为变态根。变态根主要有以下3类：

（1）肥大直根。肥大直根是由主根肥大发育而成的肉质根，如萝卜、胡萝卜、甜菜、根芥菜等的根。从外形上看，肥大直根可分为根头、根颈和真根3部分。根头即短缩的茎部，由上胚轴和短缩的茎发育而来；根颈则由下胚轴发育而来，这部分不生叶和侧根；真根由初生根肥大而形成，其上有很多侧根。一般萝卜着生2列侧根，且与子叶展开方向一致。胡萝卜则有4列侧根。肉质根的根头、根颈和真根的比例也因植物种类、品种的差异而不同。

（2）块根。块根是由植物侧根或不定根膨大而形成的肉质根。块根形状各异，内含丰富的淀粉，可用作繁殖和食用材料。如大丽花地下部分即为粗大纺锤状肉质块根，形似地瓜，故又名地瓜花。大丽花的块根是由茎基部原基发生的不定根肥大而成。虽肥大部分不抽生不定芽，但根茎部分可发生新芽，由此发育成新的个体。

（3）气生根。根系不向土壤中生长，而伸向空气中，称为气生根。气生根因植物种类与功能不同又可分为支柱根、攀缘根和呼吸根3种。支柱根起辅助支撑固定植株功能，如甜玉米的支柱根。攀缘根是起攀缘作用的气生根，如常春藤的气生根。呼吸根伸向空中吸收氧气，以弥补地下根系吸氧不足。呼吸根常发生于长在水塘边、沼泽地及土壤积水、排水不畅田块的一些观赏树木上，如红树、水松等。

(六) 根瘤和菌根

土壤中有些微生物能进入根的组织中与根共生，这种现象有两种类型，即根瘤和菌根。

根瘤是由于根瘤菌（细菌）侵入根部组织所致，根瘤菌在根皮层中繁殖，几次皮层细胞分裂，根组织膨大突出成根瘤。根瘤具有固氮作用，园艺作物中的豆科蔬菜如豌豆、菜豆等，花卉如苜蓿等，都有根瘤。根瘤在植物生产中具有重要作用，一方面根瘤菌从植物体内获得营养物质进行繁殖，另一方面根瘤菌固定的氮素又为植物提供营养来源，豆科植物所需要的氮素养分大部分来自根瘤菌的固氮作用。

菌根是指根与真菌的共生体，又分为外生菌根和内生菌根。外生菌根的菌丝包在幼根外面或皮层细胞间隙中，如板栗等；内生菌根菌丝进入细胞内部，如苹果、葡萄、柑橘、葱、兰科植物等。菌根的形成扩大了根系的吸收范围和对养分的吸收能力。

二、茎的生长发育

种子萌发后，随着根系发育，上胚珠和胚芽向上生长，成为地上的茎。茎是植物地上的骨架，上面生长叶、花和果实，下部连接根系。茎上着生叶的位置称为节，两节之间称为节间。茎顶端和节的叶腋处都生有芽，叶腋处的芽萌发形成分枝，而分枝上的芽不断地形成、萌发、生长，最后形成了繁茂的地上枝系。多年生木本植物的茎常称为枝条，藤本植物的茎称为蔓或者藤。

(一) 茎的功能

1. 支撑作用 茎是植物体的骨架。主茎和各级分枝支撑叶、花和果实等器官，使它们有规律地分布在一定空间，促进通风透光及花粉与种子传播等。

2. 运输功能 根吸收的水分、矿质养分、有机营养和生长调节物质，地上部叶产生的光合产物、生长调节物质等，都通过茎进行上下运输。

3. 合成与转化 茎运输各种物质的同时，也进行着进一步的合成与转化。

4. 贮藏功能 多年生木本植物的枝干贮藏各种糖、矿质营养和水分，供日常的呼吸消耗以及为第二年春季的萌芽、开花等提供能量来源，如马铃薯的块茎、莲的根茎都是贮藏营养的部位。

5. 繁殖功能 有些园艺植物利用茎或地下变态茎进行繁殖，如马铃薯、菊芋等用变态茎繁殖，葡萄、月季等用茎扦插繁殖。

6. 光合作用 绿色的幼茎可以进行光合作用，仙人掌科等植物的叶片退化、变态，主要在茎中进行光合作用。

另外，一些园艺植物茎的分枝变为刺，起到保护作用，如山楂等的茎刺。有些植物的一部分枝变为茎卷须，起到攀缘作用，如南瓜、葡萄等。

(二) 茎（枝）的雏形——芽

果树和木本观赏植物的芽是其茎或枝的原始体，芽萌发后可形成地上部的叶、花、枝、树干、树冠，甚至一株新植株。而大多数蔬菜及草本花卉生长发育则是从播种、萌芽开始，而后形成地上部茎、叶、花和果实。因此，芽实际上是茎或枝的雏形，在园艺植物生长发育中起着重要作用。

1. 芽的类型 根据芽的着生部位、将发育成的器官性质、生理活动状态及鳞芽的有无等，可以将芽划分为如下几类：

（1）依芽的着生部位与发生状态不同，分为顶芽、侧芽及不定芽。着生在枝或茎顶端的芽称为顶芽，着生在叶腋处的芽称为侧芽或腋芽。顶芽和侧芽均着生在枝或茎的固定位置，统称为定芽；从枝的节间、愈伤组织或从根以及叶上发生的芽称为不定芽。在同一个节位上仅有1个芽的为单芽，有2个以上的为复芽。

(2) 依芽萌发后形成的器官不同，分为叶芽和花芽。萌发后只抽生枝和叶的芽称为叶芽，叶芽是枝叶的原始体，一般形状多瘦削；萌发后形成花或花序的芽称为花芽，花芽一般比较肥大。在木本植物的花芽中，萌芽后既开花又抽生枝叶者称为混合花芽，如苹果、柑橘、梨、葡萄、柿等；而桃、梅、李、杏、杨梅等的花芽只开花，不抽生枝叶，称为纯花芽。

(3) 按芽的生理状态不同，分为休眠芽和活动芽。芽形成后，不萌发的为休眠芽，其可能休眠过后活动，也可能始终处于休眠状态或逐渐死亡。芽形成后，随即萌发的为活动芽，活动芽在当年生长过程中发育成枝、花或花序的，也称为早熟性芽，如葡萄夏芽早熟，当年夏天即萌发。在休眠越冬后萌发的芽，称为晚熟性芽。有的休眠芽深藏在枝皮下若干年不萌发，称为隐芽或潜伏芽。

(4) 按芽的构造不同，分为鳞芽和裸芽。鳞芽的外面有数层鳞片包裹，起保护作用，一些落叶果树如苹果、梨等的芽多属鳞芽；一般草本植物和常绿果树的芽无鳞片，称为裸芽。

2. 芽的特性

(1) 芽的异质性。枝或茎上不同部位生长的芽由于其形成时期、环境因子及营养状况等不同，造成芽的生长势及其他特性上存在差异，称为芽的异质性。许多木本植物均存在这种现象，一般枝条中上部多形成饱满芽，其具有萌发早和萌发势强的潜力，是良好的营养繁殖材料。而枝条基部的芽发育度低、质量差，多为瘪芽。一年中新梢生长旺盛期形成的芽质量较好，而新梢停长期形成的芽多为质量差的芽，如苹果、梨等，长枝基部的芽发生在早春，此时气温低、营养不足，常形成瘪芽或隐芽，其后温度升高，光合加强，芽发育良好。木本植物芽的异质性是修剪的理论之一，如果想促进枝条向外延伸，可以剪留最饱满的芽为剪口芽；相反，如果需要削弱枝条生长势，则留较弱的芽为剪口芽，可以在春秋梢位置处修剪。

(2) 芽的早熟性和晚熟性。有些木本植物的芽，当年形成，当年即可萌发抽生为新梢，称为芽的早熟性，如柑橘、李、桃、葡萄和大多数常绿树木等。具有早熟性芽的树种一年可抽生2~3次枝条，一般分枝多，进入结果期早，可以利用芽的早熟性加速树体成形。另有一些树种当年形成的芽一般不萌发，要到第二年春才萌发抽梢，这种特性称为芽的晚熟性，如苹果、梨等果树。

(3) 芽的萌芽力和成枝力。园艺植物茎或枝上芽的萌发能力称为萌芽力。萌芽力高低一般用茎或枝上萌发的芽数占总芽数的百分率表示，萌芽力因园艺植物种类、品种及栽培技术不同而异。多年生植物当年形成的叶芽，第二年春天不一定能萌发。葡萄、桃、李、杏等的萌芽力较苹果、核桃强。采用拉枝、刻伤、抑制生长的植物生长调节剂处理等技术措施均可不同程度地提高萌芽力。但实际生产中，不同园艺植物对萌芽力有不同的要求。如黄瓜、西瓜早熟高产以主蔓结瓜为主，则应摘除侧芽萌发的多余侧蔓。而甜瓜雌花一般是子蔓或孙蔓上发生早，因此栽培上常采取摘心的方法，促进发生侧蔓以提早结瓜。对果树来讲，萌芽力强的种类或品种往往结果早。多年生木本植物，芽萌发后有长成长枝的能力，称为成枝力，用长枝数占总萌发芽数的百分率表示，成枝力与树种、树龄、树势等有关。桃、柑橘等成枝力较强，梨、富士苹果等成枝力较弱。

(4) 芽的潜伏力。潜伏力包含两层意思：其一为潜伏芽的寿命长短，其二是潜伏芽萌芽力与成枝力的强弱。一般潜伏芽寿命长的园艺植物寿命也长，植株易更新复壮，如仁果类、柑橘类果树。相反，萌芽力强、潜伏芽少且寿命短的植株易衰老，如核果类中的桃，其潜伏芽寿命短，因而树冠恢复力弱。改善植物营养状况、调节新陈代谢水平和采取配套技术措施，均能延长潜伏芽的寿命，提高潜伏芽的萌芽力和成枝力。

(三) 茎的生长特性

1. 顶端优势与层性 顶端优势是指活跃的顶端分生组织（顶芽或顶端的腋芽）抑制下部侧芽发

育的现象。这种抑制作用表现为与顶芽抽生的枝条相比，侧芽抽生的枝条生长势弱，且分枝角度大。植物界顶端优势现象是普遍存在的，一般乔化树种表现明显。顶端优势强的植株使茎或枝条上部的芽长成侧枝的生长势较强，越向下生长势越弱，最下部的芽处于休眠状态。多年生木本植物由于顶端优势和芽的异质性的共同作用，中心主枝上顶端的芽萌发为强壮的枝梢，中部的芽抽生为较短的枝梢，基部的芽则不萌发而成为隐芽。这样，从苗木开始逐年生长，强枝成为主枝，弱枝衰亡，树冠上的主枝就形成了层状分布，这就是层性。层性与树种、品种有关，如苹果、梨、核桃的顶端优势强，层性明显；柑橘、桃、李等顶端优势弱，层性不明显；椰子因顶端优势极强，甚至不能形成侧枝，长成单一树干。

顶端优势的形成与植物体内源激素的合成、积累及分布有关。一般是顶端组织生长素浓度比较高，控制来自根的细胞分裂素向侧芽的分配，从而抑制下部的侧枝萌发。摘掉顶芽或给侧芽施用外源细胞分裂素，可促进侧芽萌发。相反，用生长素代替被摘掉的顶芽可抑制侧枝萌发，相当于恢复了顶端优势。现在生产上使用的一些发枝素和控长灵等基本上应用的是这一原理。

2. 分枝方式 分枝，在禾本科植物中称为分蘖。分枝是植物生长时普遍存在的现象，主干的伸长和侧枝的形成，是顶芽和侧芽分别发育的结果。侧枝上继续产生侧枝，形成枝系。分枝有多种方式，取决于顶芽与侧芽生长势的强弱、生长时间与寿命等遗传特性，环境条件对分枝也有影响。每种植物都有一定的分枝方式，在园艺植物中主要有单轴分枝、合轴分枝和假二叉分枝3种（图3-1）。

（1）单轴分枝。单轴分枝又称总状分枝，从幼苗开始，主茎的顶芽活动始终保持顶端优势，形成一个直立的主轴，侧芽以发育成侧枝，侧枝以同样方式形成次级侧枝，但主干的生长占据优势。裸子植物如松、杉，被子植物如苹果、梨、柿、瓜类和豆类等均为这种分枝方式。

（2）合轴分枝。合轴分枝是顶芽活动到一定时间后死亡，或分化为花芽，或发生变态，或生长极慢，此时紧邻下方的侧芽迅速发展成新枝，代替主茎的位置。不久，这条新枝的顶芽又同样停止生长，再由其侧边的腋芽所代替，如此更迭，形成曲折的枝干。合轴分枝植株的上部或树冠呈开展状态，既提高了支撑能力，又使枝叶繁茂，有利于通风透光，扩大光合面积，促进花芽形成，是丰产的树形。马铃薯、桑等就是典型的合轴分枝，葡萄、李、枣和柑橘类等也具有合轴分枝的特性。

（3）假二叉分枝。假二叉分枝是当顶芽生长一段枝条后停止发育，或顶芽形成花芽，然后从顶端两侧对生的2个侧芽同时发育为新枝，新枝顶芽的生长活动也同母枝一样，再生1对新枝，如此不断继续下去。如蔬菜类辣椒、茄子和观赏植物丁香、石竹等为此类分枝方式。

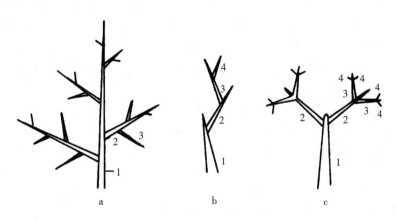

图 3-1　园艺植物的分枝方式
a. 单轴分枝　b. 合轴分枝　c. 假二叉分枝
注：同级分枝以相同数字表示

园艺植物中的禾本科植物如草坪草、百合科蔬菜如韭菜等，其分枝方式与双子叶植物不同。在幼苗期，几个节短缩在基部，称为分蘖节。每个节都有1个腋芽，由这些腋芽活动生长为新枝，接着在节位上产生不定根，这种分枝方式称为分蘖。新枝的基部同样有分蘖节，分蘖后又产生新枝，这样一株植株可以产生几级分蘖。

3. 茎的成熟与衰老 一二年生草本植物在秋末或果实成熟后茎逐渐衰老和枯萎，衰老的茎生理功能下降或全部丧失。二年生植物茎衰老时将营养物质转移到地下或地上的贮藏器官。多年生木本植物，枝的木质化标志着枝开始走向成熟，而枝的成熟与否对其安全越冬关系重大。成熟的枝皮层厚，抗寒性强，可安全越冬；没有充分成熟的枝，严冬来临时易被冻死，果树上称为"抽条"。所以，生产上到秋季要采取控水和追施磷、钾肥等措施，促使枝条及时停止生长，使其充分成熟，以便安全越冬。

（四）茎的类型与特点

依据茎的生长习性，可将茎分为直立茎、半直立茎、攀缘茎、缠绕茎、匍匐茎和短缩茎6种类型。

1. 直立茎 绝大多数木本果树和观赏树木等均为直立茎。直立茎按生长年限、生长势及功能等不同又分为若干类型。一般由茎或枝条上的幼芽萌发当年形成的枝条称为新梢。新梢按季节发育不同又分为春梢、夏梢和秋梢。大多数阔叶观赏树木及落叶果树以春梢为主，常绿树木冬季还能形成冬梢。果树还根据枝条担负的功能不同分为营养枝和结果枝。结果枝是指直接着生花或花序并能结果的枝条，简称为果枝。结果枝依其长度可以分为长果枝、中果枝、短果枝等。营养枝则只长叶，不开花结果。营养枝按生育状况不同又分为4种，一是发育枝，生长健壮，组织充实，芽饱满，可作为果树骨干枝的延长枝，促使树冠迅速扩大；二是徒长枝，直立旺长，节间长，组织不充实，停止生长较迟，常导致树冠郁闭，并消耗大量水分和养分，影响果树生长和结果；三是细弱枝，枝条短而细，芽和叶小且少，多发生在树冠内部和下部；四是叶丛枝，节间极短，丛生，多发生在发育枝的中下部，若光照充足、营养条件良好，则部分叶丛枝可转化为结果枝。

2. 半直立茎 如番茄等植物的茎仅基部木质化，呈半直立或半蔓生，须借助插架或吊蔓等才能正常生长。番茄丰产植株茎的形态应为节间较短，茎上下部粗度接近一致。徒长植株茎节间较长，由下至上逐渐加粗。老化植株则节间过短，从下往上逐渐变细。番茄茎生长分无限生长和有限生长两种类型。无限生长类型的番茄在茎端分化第1个花穗后，该花穗下的第1个侧芽随即长成强盛的侧枝，与主茎连续而成为合轴（即假轴），其后各花穗的侧芽也都如此，使假轴无限生长。而有限生长类型则在发生3~5个花穗后，花穗下的侧芽变为花芽，不再长出侧枝，假轴停止伸长。这两种生长类型茎的每个叶腋均可发生侧枝，因此，生产中须依品种、栽培方式、生产要求等不同进行适时整枝。

3. 攀缘茎 此类植物的茎多以卷须攀缘他物或以卷须的吸盘附着他物而使其延伸。如黄瓜、苦瓜、丝瓜、葡萄、爬山虎等的茎均属攀缘茎。攀缘茎长度取决于植物类型、品种和栽培条件。一般早熟品种茎较短而侧枝少，中晚熟品种茎较长而侧枝较多。茎的长短和侧枝的多少、生长习性等常作为植株调整的依据，而茎的粗细和节间的长短则是植株健壮与否的重要指标。

4. 缠绕茎 此类植物的茎须借助他物，以缠绕方式向上生长。如菜豆、豇豆、牵牛花、紫藤等的茎均属缠绕茎。蔓生菜豆生育初期茎蔓生长缓慢，从第3、4节起开始抽蔓，其主蔓生长势较旺，基部一般不易萌发侧枝。

5. 匍匐茎 匍匐茎不能直立，此类植物的茎可以沿地面匍匐生长，大多茎节处可生不定根，因而可以进行无性繁殖。如草莓大多数品种果实成熟后，从短缩茎的叶腋发生匍匐蔓，此蔓延长生长后自第2节起，各节处向下生根，向上抽枝，即成为一个新植株，常用此法进行幼苗繁殖。地被植物中结缕草、箭筈豌豆等，依靠旺盛的匍匐茎会很快覆盖地面。

6. 短缩茎 一些绿叶蔬菜如白菜、甘蓝、菠菜、芹菜、叶用莴苣，以及葱蒜类蔬菜如韭菜、大葱、洋葱、大蒜等，在营养生长时期茎短缩于基部，至生殖生长时期短缩茎顶端才抽生花茎。不同种类短缩茎生长方式形态各异。大白菜短缩茎肥大，心髓发达，直径可达4～7cm。菠菜、芹菜等绿叶蔬菜短缩茎较细，抽薹以前叶片簇生在短缩茎上。多年生韭菜1～2年生时，茎短缩呈盘状，随着株龄增加和逐年分蘖，茎不断向地表延伸，呈杈状分枝，故称根茎。洋葱营养生长时期，茎短缩呈扁圆锥状，称为茎盘。上述具有营养短缩茎的园艺植物大多为二年生，植株经受低温和长日照条件后，生长锥开始分化花芽，然后抽生花薹。由于其产品器官均为抽薹前的叶片或变态叶（如大葱的叶鞘、洋葱的鳞茎及大蒜的蒜瓣等），因此保持短缩茎和叶片的正常生长，防止未熟抽薹是优质丰产的关键。同时，甘蓝类蔬菜短缩茎的短长还是其商品价值高低的重要判断指标。一般结球甘蓝短缩茎在结球期即为叶球的中心柱，短缩茎越短，食用价值越高，而且短缩茎节间短则叶片着生密集，结球紧，产量高，这也是生产上鉴定品种优劣的依据之一。

（五）茎的变态及特性

园艺植物茎的变态分为地下茎变态和地上茎变态两类。

1. 地下茎变态 有些园艺植物的部分茎或枝生长于土壤中，变为贮藏营养的器官，其形态和结构常发生明显的变化，但仍保持其茎或枝的基本特性，如莴苣和仙人掌科植物的肉质茎。常见的变态茎有块茎、根茎和球茎。

（1）块茎。块茎具有茎的各种特性，上面分布着很多芽眼，呈螺旋状排列，相邻两个芽眼之间即为节间，每个芽眼里着生有1个主芽和2个副芽，副芽一般保持休眠状态，只有当主芽受到伤害时才萌发。马铃薯的产品器官为典型的块茎，通常薯块顶部芽眼分布较密，发芽势较强。因此，马铃薯无性繁殖切块宜从薯顶至薯尾纵切，以充分发挥顶芽优势的作用。马铃薯块茎的内部结构由外至内依次为周皮层、皮层、维管束环、外髓部（有内韧皮部）及内髓部（无内韧皮部）。周皮层由10层左右矩形木栓化细胞组成，含有较多的淀粉和含氮化合物。皮层以内是维管束环，中有形成层。维管束环以内的髓部，由较大的薄壁细胞所组成，其淀粉含量较少，水分含量较多。

（2）根茎。根茎外形似根，但因其上有明显的节与节间，节上有可成枝的芽，同时节上也能长出不定根，故而得名。莲藕、生姜、萱草、玉竹、竹等地下茎均为根茎。现以生姜的根茎为例分析根茎的形成和生长过程。通常种姜发芽出苗后，先由苗基部逐渐膨大形成姜母，姜母节间短而密。此后姜母两侧的腋芽可继续萌发出2～4根小苗，形成第1次分枝，其基部膨大形成一次姜球，即子姜。子姜上的侧芽再继续萌发出第2次分枝，其基部膨大形成二次姜球，称为孙姜，如此可继续发生三次、四次、五次姜球，直至收获。进一步将根茎解剖镜检发现，生姜的根茎由外至内依次为周皮层、皮层薄壁组织、类内皮层、维管束环及髓部薄壁组织。根茎的周皮层是逐渐形成的，正在生长的幼嫩根茎只有1层排列紧密的表皮细胞，待成熟时已开始形成由2～3层扁平的栓质化细胞组成的周皮，种用老姜则周皮层更厚。在皮层及髓部薄壁组织中含有大量的淀粉粒，而且髓部薄壁组织中的淀粉粒含量较皮层多。此外，根茎中的机械组织系由维管外围细胞的细胞壁加厚形成，姜越老，机械组织越发达。

（3）球茎。球茎为短而肥大的地下茎，有明显的节与节间，如慈姑、芋、荸荠等。芋的食用部位和供繁殖用的材料均为球茎，即芋头。芋的球茎形状因品种和着生位置而异，有长筒形、短筒形、球形等。球茎顶端为肥大顶芽，其下为轮纹状茎节，有15圈以上，附着毛状物，为叶鞘遗迹。每节上着生1个腋芽，多潜隐不发，只有当顶芽受伤时，才有较强腋芽代之。每节上还有圆形略鼓的根痕1圈。球茎主要由基本组织的薄壁细胞组成，包括皮层和髓部，其中分散着维管束，导管很粗大，与叶片导管系统相连，直抵气孔、水孔附近，这是芋适应沼泽环境，解决球茎和根系需氧的结果。

2. 地上茎变态 园艺植物地上茎变态主要有肉质茎、叶状茎、卷须茎、茎刺等类型。

（1）肉质茎。肉质茎肥大多汁，常为绿色，不仅可以贮藏水分和养分，还可进行光合作用。如茎用芥菜（榨菜）、茎用莴苣（莴笋）和球茎甘蓝的肉质茎。花卉植物中许多仙人掌科植物也具有这种变态茎。

（2）叶状茎。有些植物的枝条在发育过程中扁化，变绿呈叶状，如竹节萝、假叶树等。这些变态茎也可以进行光合作用，常用作观赏植物栽培。

（3）卷须茎。卷须茎是由侧枝变态而成，着生于叶腋处，可帮助植株攀缘向上生长，如瓜类的卷须。

（4）茎刺。有些园艺植物部分地上茎变态为刺，称为茎刺。茎刺不易脱落，具有保护植物的作用。如蔷薇、月季、柑橘、山楂、皂荚、石榴等的茎刺。

三、叶的生长发育

（一）叶的功能

1. 光合作用 叶是绿色植物进行光合作用的主要器官，通过光合作用合成单糖，转变成淀粉。植物的光合能力因植物种类不同而异，受到光照强度、光照时间、光质及 CO_2 浓度的影响。

2. 蒸腾作用 植物根部吸收的水分，90％以上是通过叶片蒸腾散失的，蒸腾作用产生的水势差是根部吸收水分和矿质营养的主要动力。蒸腾还可以降低叶面温度，维持叶生命和生理活动的正常进行。

3. 吸收功能 叶具有一定的吸收功能，可吸收一些矿质营养、农药及生长调节物质等。

4. 贮藏功能 普通叶片只贮藏当天合成的部分营养，有些植物的叶片成为变态的贮藏叶，能较长期贮藏许多养分和水分，使植物表现出耐干旱、耐贫瘠的特性，如玉树、虎尾兰、君子兰等。

5. 繁殖功能 有少量观赏植物可以用叶进行繁殖，如秋海棠、落地生根、景天等常采用叶片繁殖。

6. 合成功能 叶片除光合作用外，还可以合成一些赤霉素、细胞分裂素、脱落酸等生长调节物质及次生代谢物质等。

（二）叶的发生与生长

1. 叶的形态发生 园艺植物的叶原基是芽的顶端分生组织外围细胞分裂分化形成的。最初是靠近顶端的表皮细胞分裂和体积膨大产生隆起，随着细胞继续分裂、生长和分化形成叶原基。叶原基的先端部分继续生长发育成为叶片和叶柄，基部分生细胞分裂产生托叶。芽萌发前，芽内一些叶原基已经形成雏叶（幼叶），芽萌发后，雏叶向叶轴两边扩展成为叶片，并从基部分化产生叶脉。

从园艺植物单片叶的形态发生来看，有几种分生组织同时或顺序地发生作用，其中有顶生分生组织、近轴分生组织、边缘分生组织、板状分生组织和居间分生组织。不同园艺植物或同一种园艺植物在不同时期或不同环境条件下，叶片的形状与大小变化很大，这是分生组织相对活动和持续活动的结果。

园艺植物复叶的形态发生依照特罗尔（Troll）提出的分向顺序发展。其中，中部小叶的原基率先发育，其他小叶分别进行向基和向顶的发育。向顶发育的方式中，小叶的原始细胞起始于叶的锥形原基基部，其顶端生长的方式与叶原基中央部分生长的方式相同。

2. 叶的生长 叶的生长首先是纵向生长，其次是横向扩展。幼叶顶端分生组织的细胞分裂和体积增大促使叶片增加长度。其后，幼叶的边缘分生组织的细胞分裂分化和体积增大扩大叶面积和增加厚度。一般叶尖和基部先成熟，生长停止早，中部生长停止晚；靠近主叶脉的细胞停止分裂早，而叶缘细胞分裂持续的时间长，不断产生新细胞，扩大叶片表面积；上表皮细胞分裂停止最早，然后依次是海绵组织、下表皮和栅栏组织停止细胞分裂。叶细胞体积增大一直持续到叶完全展开时为止，当叶充分展开成熟后，不再扩大生长，但在一段时间内仍维持正常的生理功能。

不同园艺植物的展叶时间、叶片生长量及同一植株不同叶位的叶面积扩展、叶重增加均不同。如梨树展叶需要10~35d，巨峰葡萄展叶需要15~32d，猕猴桃展叶需要20~35d。不结球白菜生长初期单叶面积增加与叶重增加几乎是平行的，但生长后期，叶重增加比叶面积增加快，其中主要是作为贮藏器官的叶柄及中肋重量的增加。不同叶位叶面积增长速度与叶重增加速度基本相同，但增幅有差别，造成不同叶位的叶片大小、叶重不同。

3. 叶幕的形成与叶面积指数 木本园艺植物常用树冠叶幕整体的光合效能来表示植物生产效能。叶幕是指在树冠内集中分布并形成一定形状和体积的叶群体。在果树上，叶的多少、疏密常用这一概念来判断。叶幕的形状有层形、篱形、开心形、半圆形等。对果树来讲，叶幕的层次、厚薄、密度等直接影响树冠内光照及无效叶比例，进而影响果实的产量和品质。合适的叶幕层和密度使树冠内的叶量适中、分布均匀，可充分利用光能，有利于优质高产。叶幕过厚，树冠内光照差，无效叶比例高；而叶幕过薄，光能利用率低，不利于优质高产。木本观赏植物的叶幕除与光照有关外，还直接影响其观赏性。一般常绿木本观赏植物在年生长周期中相对比较稳定，而落叶树木的叶幕在年周期中有明显的季节性变化，其受树种、品种、环境条件及栽培技术的影响。通常抽生长枝多的树种、品种或幼树、旺树，叶幕形成慢。

叶面积指数（LAI）是指园艺植物的总叶面积与其所占土地面积的比值，即单位土地面积上的叶面积，它反映单位土地面积上的叶密度。矮小、稀植的群体，叶面积指数小，反之则大。同单片叶的生长过程类似，大田群体叶面积生长前期新生叶多、衰老叶少，生长后期则相反，从而形成单峰生长曲线。叶面积指数大小及增长动态与园艺植物种类、种植密度、栽培技术等有直接关系。果菜类植物，LAI多为4~6；叶菜类植物，LAI可以达8以上。LAI过高，叶片相互遮阴，植株下层叶片光合作用下降，光合产物积累减少；LAI过低，叶量不足，光合产物减少，产量也低。

在果树生产上，留叶量由叶果比来确定，一般苹果的叶果比为（25~35）∶1，即1个苹果果实的正常生长需要25~35片叶，桃树的叶果比约20∶1。

（三）叶的类型和形态特征

1. 叶的类型 园艺植物的叶按发生先后分为子叶和营养叶（真叶）。子叶为原来胚的子叶，早期有贮藏养分的作用，在发芽期为幼苗的生长提供营养，也是幼苗期最早进行光合作用的器官。营养叶主要进行光合作用。从形态学观点看，营养叶可以认为是茎轴上的侧生器官，也是一种有限生长的器官。营养叶依叶的组织不同又有完全叶和不完全叶之分。由叶片、叶柄和托叶组成的叶为完全叶，缺少任一部分的叶为不完全叶。托叶是原始叶基的产物。如豌豆属植物的托叶，大而明显，与叶片行使同样的功能。有的托叶有保护腋芽的功能，也有的托叶分化成刺状。

园艺植物的叶根据叶柄上着生的叶片数，还可分为单叶和复叶两种。每个叶柄上只有1个叶片的称为单叶，如苹果、葡萄、桃、茄子、甜椒、黄瓜、菊花、一串红、牵牛花等；每个叶柄上有2个以上小叶片的称为复叶，如枣、荔枝、核桃、草莓、番茄、月季、南天竹等。不同植物复叶类型各有不同，番茄、核桃、荔枝为羽状复叶，草莓为三出复叶，芹菜为二回羽状复叶，柑橘为单身复叶。马铃薯最先出土的初生叶为单叶，以后长出的叶为奇数羽状复叶，最顶端的叶又为单叶。

园艺植物叶片根据其所着生位置不同和所接受阳光辐射强弱的差异，又可分为阳生叶和阴生叶。

阳生叶小而厚，色浓绿，质坚韧，单位叶面积干重大，栅栏组织细胞层数多，角质层厚；阴生叶大而薄，栅栏组织细胞层数少，角质层薄。一般园艺植物典型的叶片为绿色，这是因为叶肉中含有叶绿素之故。但这一色素可能为其他副色素所遮盖，尤其是为花色素苷所遮盖，呈红色或黄色。在斑叶中，叶绿素只局限于叶片的某些部位。

2. 叶的形态特征 叶片的形状、大小，叶尖、叶基及叶缘的形态，叶脉分布和叶序等特征，都是园艺植物分类和品种识别与区分的重要依据，也是许多观赏植物多姿多彩和极具观赏价值之所在。

叶片的形状主要有线形、披针形、卵圆形、倒卵圆形、椭圆形等。如韭菜、兰花、萱草等叶片为线形，苹果、杏、月季、落葵、甜椒、茄子等叶片为卵形或卵圆形。叶尖的形态主要有长尖、短尖、圆钝、截状、急尖等。叶缘的形态主要有全缘、锯齿、波纹、深裂等。叶基的形态主要有楔形、矛形、盾形、矢形等。叶片大小因植物种类差异明显，如香蕉叶长达1m以上，王莲叶直径可以达到2～3m，柏树、文竹叶片大小在厘米级别。常见园艺植物叶片形状与特征如图3-2所示。

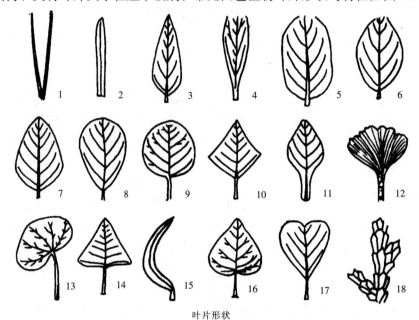

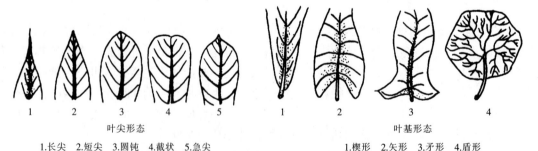

图3-2 常见园艺植物叶片形态与特征

叶脉分布也是园艺植物叶片的特征之一。叶脉有平行脉和网状脉之分。平行脉由初生脉伸入叶片，彼此平行而无明显的联合。而网状脉的叶脉构成复杂的网状。双子叶园艺植物的叶脉主要有两种，一种叶脉呈羽毛状，如苹果、枇杷的叶片；另一种为掌状叶脉，侧脉从中脉基部分出，形状如手掌，如葡萄、黄瓜、冬瓜的叶脉即为掌状叶脉。

叶序是指叶片在茎上的着生次序。园艺植物的叶序有互生、对生和轮生3种。对于同种园艺植物，叶序常常是恒定的，因此可作为种类鉴别的指标。互生叶序是指每节上只长1片叶，叶在茎轴上呈螺旋状排列。每个螺旋周上不同种类园艺植物的叶片数目不同，因而相邻两叶间夹角也有不同，如2/5叶序表示1个完整的螺旋周排列中含有5片叶，在茎上经历2圈，自任何1片叶开始，其第6片叶与第1片叶同位于一条垂直的线上。梨的互生叶序为1/3，相邻两叶间隔120°；葡萄的互生叶序为1/2，相邻两叶间隔180°。单子叶蔬菜叶序多为1/2，双子叶蔬菜普遍是2/5叶序。对生叶序的每个茎节上有2片叶相互对生，相邻两节的对生叶相互垂直，互不遮光，如丁香、薄荷、石榴等。轮生叶序每个茎节上着生3片或3片以上叶，如夹竹桃、银杏、番木瓜和菱角等。

（四）叶的变态与异形性

植物的叶片由于适应环境的变化，常发生变态或组织特化，包括叶球、鳞茎、苞叶、叶卷须和针刺等。叶球多见于蔬菜，为植物营养的贮藏器官，如结球大白菜、结球甘蓝等。鳞茎一般为食用或繁殖器官，如洋葱、水仙的叶片，上部呈筒状，下部形成贮藏养分的肥厚肉质鳞片，石刁柏的叶片退化成膜质鳞片等。向日葵花序外围的总苞是叶的变形，称为苞叶。酸枣、洋槐、小檗的叶片变为针刺。黄瓜、豌豆的叶片有的特化为卷须。

另外，某些植株先后发生的叶有各种不同的形态或因生态条件变化造成叶片异形，这种现象称为叶的异形性。如大白菜的叶前期生长的为光合叶，后期生长的为贮藏叶，即为典型的器官异态现象。此外，生态条件的改变也对一些园艺植物的叶形变化产生影响。例如，慈姑沉在水中的叶为带状，浮在水面上的叶为椭圆形，生长在空气中的叶则为箭形。同样，水毛茛沉在水中的叶是丝状全裂，而露在水面以外的叶是深裂。

（五）叶片的衰老与脱落

植物的叶是有一定寿命的，一年生园艺植物的子叶及营养叶往往在其生活史完成前衰老而脱落，随之整个植株也衰老、枯萎、死亡。多年生宿根草本植物及落叶果树、落叶木本观赏植物在冬季严寒到来前，大部分氮素和一部分矿质营养元素从叶片转移到枝条或根系，使树体或多年生宿根植物地下根、茎贮藏营养增加，以备翌春生长发育所需，而叶片则逐渐衰老脱落。落叶现象是由于离层的产生，离层常位于叶柄的基部，有时也发生于叶片的基部或叶柄的中段。由于离层细胞的发育，其细胞团收缩而互相分离，细胞间中胶层物质分解，叶即从轴上脱落。叶脱落留下的疤痕，称为叶痕。落叶果树、阔叶木本观赏植物及多年生宿根草本植物叶片感受日照缩短、气温降低的外界信号后，叶柄基部产生离层。叶片正常衰老脱落是植物对外界环境的一种适应性，对植物生长有利。正常的叶片在脱落前，会将叶内的大部分营养物质降解回流到植物体内，促进贮藏营养的积累。一二年生植物叶的寿命较短，多年生落叶植物从春季展叶到秋季落叶有半年左右时间，而常绿树的叶片不是1年脱落1次，而是2～6年或更长时间脱落、更新1次，如柑橘叶可以在树上生长17～24个月，松树的叶生长期可达3～5年。

果树、木本观赏植物等也常因病虫害以及环境条件恶化、栽培管理不当等导致树体内部生长发育不协调而引起生理性早期落叶现象。其中叶片早衰是生理性早期落叶的主要原因，而可溶性蛋白质和叶绿素含量下降是叶片衰老的重要生理生化指标。一般果树生理性早期落叶多发生在两个时期：一是5月底至6月初植株旺盛生长阶段，因营养优先供应代谢旺盛的新梢茎尖、花芽和幼果的种子，造成叶片内营养过量向外输送引起早期落叶；二是秋季采果后，多发生在盛果年龄树上，因果实成熟采收导致的衰老会波及包括叶片在内的所有器官，此时不同叶片均处于缓慢衰老阶段，进而各部位叶片脱落。早落叶会减少果树体内养分积累，影响翌年果树新生器官的生长发育和开花坐果，对生产是不利的。由于采后落叶多在树势较弱、结果量过多时发生，因此必须增强树势，培养一定数目的长枝，改善根系生长条件，同时注意合理负荷，分批分次采收，以缓和采收造成的衰老，减少或防止采后落叶发生。

与木本园艺植物不同，一些草本园艺植物如番茄、茄子、菜豆、黄瓜等，根据在植物体上不同成熟度的叶片的光合强度不同，对植株生长发育的作用不同的原理，生产上在植株生长后期，常采取摘除下部老叶的方法，以促进通风透光，减少病虫害蔓延，改进群体光能利用率，提高产量，改善品质。据研究，黄瓜叶片展开后30~35d其同化功能下降，经过45~50d叶片对黄瓜植株生长毫无意义，此时可及时摘除下部老叶。

第二节　花芽分化

一、花芽分化的形态与解剖结构

（一）花芽分化的概念

花芽分化是指由叶芽的生理和组织状态向花芽的生理和组织状态转化的过程，或是指植物茎生长点由分生出叶片、腋芽转变为分化出花序或花朵的过程，是植物从营养生长向生殖生长过渡的标志。花芽分化分为两个阶段：一是芽内部花器官出现，称为形态分化；二是在花芽形态分化之前，生长点内部由叶芽的生理状态转向花芽的生理状态的过程，称为生理分化。

（二）花芽形态分化

对园艺植物花芽形态分化观察发现，顶芽分化为花芽的有番茄、茄子、甜椒、洋葱、大葱、大蒜、韭菜等，观察其花芽分化时，应注意顶芽的变化。腋芽分化为花芽的有瓜类、菜豆、豇豆、蚕豆、豌豆、菠菜、蕹菜、落葵、草石蚕、苋菜等，当观察这类园艺植物的花芽分化时，应注意腋芽的变化。顶芽及腋芽均可分化为花芽，但按两者花芽分化的顺序不同，又分为两种情况：一种是腋芽首先分化为侧花茎原基，然后顶芽分化为花芽，主要有结球白菜、小白菜、芥菜、甘蓝、芫菁、莴苣、萝卜等；另一种是顶芽首先分化为花芽，其下方腋芽相继分化为侧花序原基或侧花茎原基，如芹菜、芫荽、茼蒿、茴香、苦苣等。

（三）花芽的解剖结构

将园艺植物花芽解剖可以发现，花芽可分两种类型。一类为纯花芽，芽内仅有花器官，绝大多数的蔬菜、花卉及果树中的桃、李、杏、樱桃及扁桃均属此类；另一类为混合花芽，在芽内除有花器官外，还存在枝叶或叶的原始体，多数果树的花芽为混合花芽（图3-3），如苹果、梨、山楂、葡萄、柿、枣、石榴、荔枝、枇杷等。此外，少数雌雄同株异花植物，雄花是纯芽，而雌花为混合花芽，如核桃、榛等。

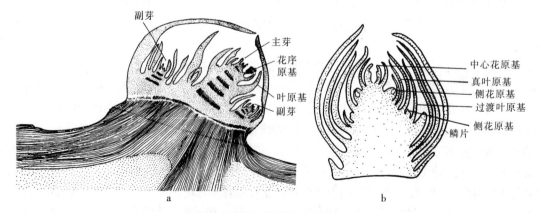

图3-3　葡萄花芽分化与苹果花芽分化解剖示意图
a. 葡萄花芽　b. 苹果花芽

不同种类的园艺植物，每个花芽内具有的花朵数量差异很大。有的每个花芽内只有1朵花，如桃、杏等；有的每个花芽内则含有数朵乃至上万朵小花，如椰子1个花苞内含雌花10~40朵，雄花数千朵。对于含多朵小花的花芽，花在花轴上呈一定方式和顺序排列，即花序不同。这些花序可分为两大类，一类是无限花序，一类是有限花序。两者的区别在于，无限花序花从基部向顶端依次开放或从边缘向中央依次开放；而有限花序则是花序顶端或中心花先开，然后由顶端向基部或由内向外开放。除伞房花序和聚伞花序为有限花序外，其余花序类型均为无限花序。

二、园艺植物花芽分化的类型

花芽分化从开始至完成所需时间随植物种类、品种以及生态条件、栽培技术的不同变化甚大，花芽分化的时期也随种类不同而异。园艺植物花芽分化的类型可分为以下几种：

1. 夏秋分化型 花芽每年分化1次，在6—9月进行。这类植物的花芽多数在秋末已具备各种花器官原始体，只有性细胞的分化在冬春完成，春季开花。许多落叶果树、观赏树木、木本花卉等均属此类，如苹果、梨、桃、梅花、牡丹和丁香等。常绿果树中的枇杷和杨梅，花芽分化也属夏秋分化型，但无需经历休眠或者休眠时间短，所以它们开花早，结果也早。

2. 冬春分化型 这种分化类型的植物，一类是原产温暖地区的常绿果树和观赏树木，如柑橘类的许多种类在12月至翌年3月进行花芽分化，分化时间短，连续进行，春季开花；另一类是许多一二年生花卉及二年生蔬菜，还有一些宿根花卉也是冬春分化花芽，如白菜、甘蓝、芹菜等在冬季贮藏期或越冬时进行花芽分化。

3. 当年一次分化、一次开花型 一些当年夏秋季开花的蔬菜和花卉种类，在当年生茎的顶端分化花芽，如紫薇、木槿、木芙蓉等，以及夏秋开花较晚的部分宿根花卉，如菊花、萱草、芙蓉葵等。草坪草也多属此类。

4. 多次分化型 这种类型的植物，一年中多次发枝，每次枝顶均能成花，如茉莉、月季、倒挂金钟等四季开花的花木及宿根花卉，枣、四季橘和葡萄等果树也是多次分化型。这些植物主茎生长到一定高度或受到一定刺激，能多次成花，多次结实，但后结的果实在自然状态下往往不能成熟。

5. 不定期分化型 这种类型的植物，每年只分化1次花芽，但因栽培季节不同而无一定时期，播种后只要植株达到一定叶面积就能成花。如果树中的凤梨科和芭蕉科的一些植物，蔬菜中的瓜类、茄果类、豆类，花卉中的万寿菊、百日草、叶子花等。

无论哪种分化类型，就某一种植物、某一特定环境条件下，其花芽分化时期既有相对集中性和相对稳定性，又有一定的时间伸缩性。形成一个花芽所需时间和全株花芽形成的时间是两个概念，通常所说的花芽分化时间的长短指的是后者。

三、影响花芽分化的因素

（一）影响园艺植物花芽分化的内部因素

花芽分化过程是由植物内部的遗传因子与外界环境条件相互协调控制的，是成花基因在时间和空间上表达的结果。花芽分化首先受到园艺植物自身遗传特性的制约。其次，植株营养生长状况是花芽分化的物质基础。植株生长健壮，营养物质充足，花芽分化数量多、质量好；相反，营养生长过旺或过弱都不利于花芽分化与形成。黄瓜、茄子等的"小老苗"与果树生产上常见的"小老树"，均因营养不足而成花晚、成花少、质量差。植物体内的营养生长状况主要包括植物体内的内源激素水平、糖、多胺、蛋白质和酚类等均与花芽分化存在密切关系。

1. 遗传特性 不同园艺植物以及同一种类不同品种间园艺植物花芽分化早晚、花芽数量及质量均有较大差别。如苹果、柿、龙眼、荔枝等花芽形成较困难,易形成大小年;而葡萄、桃等因每年均能形成足量的花芽,故大小年现象不太明显。一年生草本园艺植物花芽分化的早晚受品种所支配,如番茄早熟品种最早可在 6 片真叶后出现花芽,而晚熟品种则在 8、9 片真叶时才出现。

花芽分化是一个高度复杂的生理生化和形态发生过程,在一定条件下,接受环境信号产生信号物质,运输到茎端分生组织,启动成花控制基因,并在许多基因的相互作用和许多代谢途径的制约下使茎端分生组织成花。首先,从拟南芥基因组中分离获得 6 个 $FT/TFL1$ 基因家族成员,之后在粮食作物小麦、水稻,蔬菜作物南瓜、黄瓜,果树山核桃、苹果,观赏植物文心兰、菊花等多个物种中分离得到 $FT/TFL1$ 基因家族成员,且研究发现在这些物种中发现的 $FT/TFL1$ 类似基因不仅与拟南芥的 $FT/TFL1$ 基因具有高度同源性,同时在成花转变过程中的调控作用途径也十分相似。高等植物的 $FT/TFL1$ 基因家族主要分成 3 个亚家族,即 FT 亚家族、$TFL1$ 亚家族、MFT 亚家族。FT 亚家族起开花促进作用,$TFL1$ 亚家族起开花抑制作用,MFT 亚家族在开花时间调控上与 FT 的功能部分冗余。

2. 内源激素　在花芽分化不同时期各种激素的出现时间及含量不同,细胞分裂素、赤霉素、生长素、乙烯和脱落酸这 5 大类激素对植物开花都有一定的作用,但不同激素的作用也存在浓度效应。

细胞分裂素有促进花芽分化的作用。如苹果、柑橘、龙眼等果树在花芽分化期,细胞分裂素含量增高,且往往在形态分化初期达到最高水平。赤霉素对果树等木本植物花的发生起抑制作用,这在枣树、荔枝、苹果、芒果等许多果树上已得到证明。但也有学者认为,低浓度的 GA_3 可促进大白菜、青花菜、草莓、春石斛和棉花的花芽分化,故 GA_3 在花芽分化中的作用可能因植物种类不同而异。关于生长素对花芽分化的作用目前还存在争议。生长素对成花的作用是最早被认识到的,早在 1942 年,人们就发现生长素能促进凤梨开花;另一种观点认为,生长素可能是花芽形成的抑制因子。还有学者认为,低浓度生长素是花芽分化所必需的,而高浓度生长素则抑制花芽分化。乙烯可诱导凤梨科植物迅速开花,其对成花的作用在芒果、梨、苹果等果树上也已得到证实。脱落酸在果树花芽分化中的作用目前意见尚不一致,但脱落酸可诱导某些短日植物开花,如脱落酸可诱导草莓开花,但不能使长日植物开花。

植物花芽分化的调控并不是由单一的某种激素所决定的,而是各种激素在时间、空间上的相互作用产生的综合结果,它们之间存在相互促进和相互拮抗的关系。Luckwill 在 1970 年首次提出了"激素平衡假说",即用 GA/CTK 或 CTK/GA 的平衡来解释植物的花芽分化,认为果树中的激素平衡导致了成花基因解除阻遏,使成花基因活化。正是这种平衡状态控制着核酸、蛋白质、可溶性糖和淀粉等物质的代谢,从而对植物的花芽分化和生长进行调控。

3. 糖和多胺　糖是植物各种化学成分的碳架提供者,也是各项生命活动的能量携带者,在植物的花芽分化过程中起着不可或缺的重要作用。多胺包括腐胺(Put)、亚精胺(Spd)、精胺(Spm)等,是生物体代谢过程中产生的具有生物活性的低分子量脂肪族含氮碱,作为第二信使物质,对成花基因启动、信使 RNA 转录、特异蛋白质翻译起着重要作用。20 世纪初,Klebs 通过大量试验认为,对开花起决定性作用的不是糖和含氮化合物的绝对量,而是其比例。他提出了碳氮比(C/N)学说,C 为糖,N 为可利用的含氮化合物,当植物体内 C/N 比值高时,有利于生殖体的形成,促进开花;反之,有利于营养生长,延迟开花。但该学说只适宜长日植物和某些中日性植物,对短日植物如菊花、大豆等的开花则不适宜,并且碳氮比学说不能解释开花的本质,它不是诱导植物开花的理论,但对控制花芽分化有重要作用。

4. 其他因素　蛋白质是生物生理功能的执行者和生命现象的直接体现者。在花芽分化过程中常伴随着蛋白质合成过程增强。另外,叶片不仅为植物生长提供光合产物,还通过合成酚类物质影响花芽分化。花芽分化期间,橄榄小年结果树叶片内绿原酸含量较大年结果树低,大年结果树枝条内较高的绿原酸水平促进营养生长而抑制花芽分化。还有研究发现,花芽分化期间芽内细胞液浓度达最大值。

(二)影响花芽分化的环境因素

1. 温度 各种园艺植物花芽分化的最适温度不一(表 3-1),但总的来说花芽分化的最适温度比枝叶生长的最适温度高,温度升高,枝叶停长或缓长而开始花芽分化。许多越冬性植物和多年生木本植物,冬季低温是必需的,这种必需低温才能完成花芽分化和诱导开花的现象,称为春化作用。根据春化的低温要求,可将植物分成冬性植物、春性植物和半冬性植物3类。冬性植物中,有的需要低温才能开始花芽分化,如一些二年生蔬菜植物白菜类和甘蓝类,还有萝卜、胡萝卜、大葱和芹菜等。而一些花卉植物如月见草等,落叶果树如苹果和桃等,虽然在夏秋季已开始生理分化和形态分化,但它们完成性细胞分化要求一定的低温。冬性植物春化要求的低温一般在 1~10℃,需要 30~70d 完成。春性植物通过春化要求的低温相对较高,在 5~12℃,时间也短,5~10d 即可完成,如一年生花卉和夏秋季开花的多年生花卉或其他草本植物。半冬性植物介于两者之间。还有许多植物种类通过春化时对低温的要求不甚敏感,这类植物在 15℃的温度下也能完成春化,但是最低温不能低于 3℃,所需春化时间一般为 15~20d。

表 3-1 一些果树、花卉、蔬菜花芽分化的适温范围

种类	花芽分化适温(℃)	花芽生长适温(℃)	其他条件
果树			
苹果	10~28	12~15	冬季一定低温
柑橘	10~15	20	
山楂	20~25	15~20	
葡萄	20~30	20~25	光照好
柿	20~25	15~20	光照好
枇杷	15~30	15	多日照和少雨
香蕉	25~32	25	
菠萝	20~30	30	半荫蔽
花卉			
郁金香	20	9	
风信子	25~26	13	
唐菖蒲	>10		较强光照
小苍兰	5~20	15	分化时要求温度范围广
旱金莲	17~18	17~18	长日照;超过20℃不开花
菊花	>8		短日照
蔬菜			
黄瓜	15~25	20	高温雌花少
番茄	15~20	20	
辣椒	15~25	20	
菜豆	15~25	18~25	

2. 光照 光照对花芽分化的影响主要是光周期的作用。所谓光周期是指一天中从日出到日落的理论日照数。而光周期现象是指植物生长发育对日照长短的反应。各种植物成花对日照长短要求不一,根据这种特性把植物分成长日植物,要求日照长度在 12h 以上;短日植物,要求日照长度在 12h

以下；中性植物，对日照长短不敏感，在长日照或短日照下均能成花和正常生长发育。

从光照强度上看，主要是通过影响光合作用来影响花芽分化。强光下光合作用旺盛，制造的营养物质多，有利于花芽分化；弱光下或栽植密度较大时，影响光合作用，不利于花芽分化。从光质上看，光在植物由营养生长向生殖生长转变过程中的作用与两种光受体有关，即光敏色素和隐花色素，它们在光形态发生中起重要作用。蓝光可促进植物成花，主要是通过隐花色素起作用；红光抑制植物开花，这是光敏色素和隐花色素共同参与的结果；另外，紫外光也可促进花芽分化，因此高海拔地区的果树一般结果早、产量高。

3. 水分 一般来说，土壤水分状况较好，植物营养生长较旺盛，不利于花芽分化；而土壤适度干旱时，营养生长停止或较缓慢，有利于花芽分化。因此，在植物进入花芽分化期后，通常要适当控水，保持适度干旱，促进花芽分化。果树、蔬菜和花卉生产中的"蹲苗"，利用的就是这一原理。

4. 矿质营养 矿质营养不仅为植物生长提供必要的养分，也是花芽分化及花器官形成过程中重要的影响因素。合理的氮、磷、钾施肥配比可通过调节植物内源激素水平，显著促进花芽分化。氮素是花和花序发育所必需的，在一定范围内氮素能增加花量；钙水平高时，菊花和香石竹花量减少；铜能影响植物光周期类型，短日植物浮萍在正常铜含量不加螯合剂的培养基中呈日中性，增加铜含量呈长日性，缺铜则呈短日性。此外，一些植物的花芽发育还与铁、锰等元素的含量有关。

第三节　生殖器官的生长发育

园艺植物生长到一定阶段，就会在一定部位上形成花芽，然后开花结果，产生种子。花、果实和种子与植物生殖有关，故称为生殖器官。花、果实和种子在许多园艺作物中还是第一产品器官，是栽培的主要收获对象。果树绝大多数是以果实（如苹果、柑橘、梨、葡萄等），少量是以种子（如核桃、板栗、榛子等）为鲜食或加工的收获对象。蔬菜作物中也有许多以花（如黄花菜、花椰菜等）及果实（如番茄、茄子、辣椒等）为收获对象的。观赏植物中，以花、果、种子为观赏器官则更为普遍。因此，掌握园艺植物生殖器官的生物学特性和生长发育规律，具有重要的理论和实际意义。

一、花的发育与开花

（一）花的构造和类型

1. 花的构造 分化后的花芽逐渐发育成为花蕾，在适宜的条件下即可开花。一朵完整的花由5部分组成，即花梗（pedicel）、花托（receptacle）、花被（perianth）、雄蕊群（androecium）和雌蕊群（gynoecium）（图3-4）。

（1）花梗与花托。花梗也称花柄，是各种营养物质由茎向花输送的通道，并支撑着花，使它向各个方向展开。果实形成时，花梗便成为果柄。花托是花梗顶端的膨大部分，其形状依植物种类不同而异。有的植物花托伸长呈圆柱状，如玉兰；有的膨大发育成果实，如草莓、梨、苹果、枇杷、海棠等；有的在雌蕊基部形成腺体或成为能分泌蜜汁的花盘，如柑橘、葡萄等。

（2）花萼与花冠。花萼（calyx）和花冠（corolla）两部分又总称为花被。花萼是由若干萼片（sepal）组成的。多数植物开花后萼片脱落，如桃、杏等的果实上看不到萼片痕迹。有些植物开花后萼片一直存留在果实上方，称宿存萼，如石榴、山楂、月季、玫瑰等，苹果、梨部分品种也有明显的宿存萼。有的萼片一直在果实下方，果实成熟后才与果实分离，如番茄、柿。蒲公英的萼片变成冠毛，果实飞散时有助飞的作用。花冠由若干花瓣（petal）组成。花瓣因含有花青素或有色体而在开花时呈现各种颜色。花冠除了颜色不同外，形状也各异，如白菜的花冠为十字形，兰花为唇形。

（3）雄蕊群。雄蕊群是一朵花中雄蕊（stamen）的总称，通常由多个雄蕊组成。桃、苹果、梨、莲、玉兰、月季等的雄蕊多无定数，少则 4～6 个，多则 20～30 个；而番茄、蚕豆、油菜、西瓜等的雄蕊数较少。每一雄蕊由花药（anther）和花丝（filament）两部分组成。花药是雄蕊的主要部分，一般有 2～4 个花粉囊（pollen sac），里面包含花粉粒（pollen grain）。

图 3-4　花的组成部分
1. 花瓣　2. 花药　3. 花丝
4. 柱头　5. 花柱　6. 花萼
7. 子房　8. 花托　9. 花梗

（4）雌蕊群。雌蕊群是一朵花中雌蕊（pistil）的总称，通常位于花的中央。雌蕊由柱头（stigma）、花柱（style）和子房（ovary）3 部分组成。雌蕊的子房着生在花托上。根据子房与花托的相连形式，可将子房分为 3 种类型：子房在上，底部与花托相连的称上位子房，如桃、油菜等；子房与花托完全愈合在一起的称下位子房，如苹果、梨、南瓜等；介于两者中间的，即子房下半部与花托愈合、上半部独立的称半下位子房，如绣球属的一些植物等。

2. 花的类型　根据花的组成可将花分为完全花和不完全花。完全具备花萼、花冠、雄蕊群和雌蕊群等所有结构的花称为完全花，缺失 1 个或多个结构的花称为不完全花。花萼和花冠全部缺失的称为无被花，仅有花萼或花冠的称为单被花。一朵花中同时具有发育健全的雌蕊和雄蕊的花称为两性花，如番茄、茄子、白菜、苹果、梨、柿、月季和牡丹等；只有雌蕊或只有雄蕊的花称为单性花，其中只有雌蕊的称为雌花，只有雄蕊的称为雄花，如核桃、杨梅、黄瓜和南瓜等；有些植物可形成既无雄蕊又无雌蕊的花，称为中性花。一些植物可以既有两性花，又有单性花或中性花，如菊、菠萝等。

一些园艺植物的雌花和雄花生于同一植株上，如黄瓜、南瓜、板栗、核桃等，为雌雄同株异花植物。不过黄瓜、西瓜和甜瓜等瓜类作物的一些品种时有两性花出现。还有一些园艺植物，如杨梅、银杏、猕猴桃、石刁柏等，分为雌株和雄株，为雌雄异株植物。同一植株上，两性花和单性花都存在的，称为杂性同株，如柿、荔枝、芒果等。由于同种植物雌株与雄株的特性及生产性能上有差异，应区别使用。如银杏用作行道树时，宜选雄株，以防种实污染行人衣服及地面，而生产上多选雌株，雌雄合理搭配才能获得较高的产量。

各种植物因雌蕊花柱长短不同，又可分为长柱花、中柱花及短柱花。短柱花常因花柱过低甚至退化，成为不健全花，一般不能正常结果，如茄子、杏、梅等这种情况较为严重。

（二）雄蕊与雌蕊的发育

1. 雄蕊　雄蕊是植物的雄性生殖器官，是由含花粉囊（小孢子囊）的花药着生于一个细长的花丝上组成的。花药是产生花粉的场所（图 3-5）。当花药发育到一定阶段，形成小孢子母细胞，也称花粉母细胞。花粉母细胞经过两次减数分裂后形成 4 个单倍体的细胞，称为小孢子，小孢子发育成雄配子体（花粉）。但许多园艺植物（如苹果、番茄等）在花粉成熟以前，生殖细胞还要再分裂一次，形成 2 个精子，为三细胞花粉，园艺植物在开花前 1～2d 的大蕾期多处于这一阶段。但是一些三倍体植物如乔纳金等苹果品种、巨峰葡萄、三倍体香蕉等，花粉母细胞减数分裂异常，因而无法产生正常的具有生殖能力的花粉粒。

2. 雌蕊　雌蕊是植物的雌性生殖器官，包括柱头、花柱和子房。子房内有胚珠，胚珠着生在心

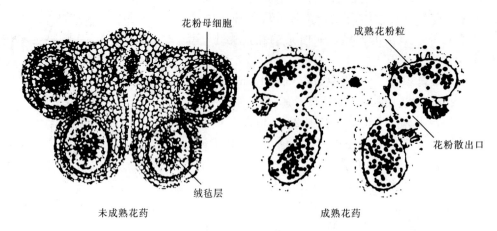

图 3-5 花药的结构横切面（百合）
（依据 Goldberg，1993，改绘）

皮的边缘，通过珠柄连接到胎座上。一般胚珠具有内、外两层珠被，珠被的一端具珠孔，珠被里有薄壁组织形成的珠心，珠心连接珠被的地方称为合点。在靠近珠孔处的一个下表皮细胞先发育成一个孢原细胞，进一步发育形成大孢子母细胞，并经减数分裂产生大孢子，由大孢子发育成胚囊。

（三）开花

当雄蕊中的花粉粒和雌蕊中的胚囊同时或其中之一成熟时，花萼和花冠展开，露出雄蕊和雌蕊，这种现象称为开花。各种园艺植物开花的年龄、开花的季节和开花期的长短，因种类而各有不同，同一种类不同品种也不尽相同。一般一二年生植物生长几个月后就能开花，一生中仅开花 1 次，花后结实产生种子以后，植株就枯萎死亡。多年生植物在到达开花年龄后，能每年按时开花，并能延续多年。开花时间的早晚也因植物而异，一年四季均有植物开花。同一种植物在不同地区的花期也不相同。一般南方开花较早，北方开花较晚，这主要是不同地区的气候条件不同所致。在晴朗和高温条件下开花早，开放整齐，花期也短；阴雨低温开花迟，花期长，花朵开放参差不齐。在生产实践上，常常通过调节栽培环境的温度和光照进行花期调控，使植物达到预期开花的目的。

二、授粉受精与坐果

（一）授粉受精

1. 授粉　园艺植物的正常坐果一般要以授粉和受精作为前提条件。授粉（pollination）是指成熟的花粉粒借助一定的媒介（昆虫、风或其他动物）传到雌蕊柱头上的过程。授粉的方式有自花授粉（self pollination）和异花授粉（cross pollination）。通常在花朵开放后发生授粉过程，但也有一些植物的花朵未开放时即已授粉，称为闭花授粉，如无花果、葡萄中的白哈利和巨峰品种、榕树等。

（1）自花授粉。在生产中，把同一品种内授粉称为自花授粉，自花授粉能结实的称为自花结实或自交亲和，自花授粉不能结实的称为自花不实或自交不亲和。番茄、黄瓜、辣椒、柑橘、葡萄、桃等的大多数品种可自花结实，而苹果、梨、甜樱桃、果梅、杏、萝卜、白菜、甘蓝等的绝大多数品种为自花不结实。此外，有些植物虽然自花能结实，但异花授粉后坐果率及经济产量会更高。

（2）异花授粉。在生产中，把不同品种间的授粉称为异花授粉。在异花授粉后能满足经济栽培要求的称为异花结实。自花不结实的种类，只有进行异花授粉方能结实。因此，生产上常要配置授粉品种或进行人工辅助授粉。具有自花不结实的树种及品种，也存在不同品种间授粉不结实的现象，称为异花不实。此现象在梨、甜樱桃中较为普遍,如梨品种新水、幸水、喜水等互相授粉均不结实,生产上不能互作授粉品种,因此异花授粉的果树应注意选择其适宜的授粉品种。

不论是自花授粉还是异花授粉,花粉通常需借助外力传送到雌蕊柱头上。传送花粉的外力有风、昆虫等。依据传送花粉的媒介不同,可分为虫媒花和风媒花。苹果、梨等多数园艺植物为虫媒花。传播花粉的昆虫,已知有蜂类、虻类、蝇类、甲虫类等,其中蜜蜂、角额壁蜂、筒壁蜂的活动范围广,传粉效率高。如每箱蜜蜂(1 500~2 000头)可传粉 0.5 hm^2 果园,但其传粉活动受气温、风速、降水等影响较大,如气温在14℃以下时很少活动,21℃时活动最活跃;刮风时蜜蜂活动受影响,在风速达 11.2m/s 时停止活动;降水也妨碍蜜蜂活动。因此,在花期遇到不良天气的年份,为确保果树产量,要进行人工辅助授粉。

2. 受精 花粉落到柱头上之后不久便开始萌发长出花粉管,花粉管经柱头、花柱到达胚囊,实现精卵结合的过程称为受精(fertilization)。其过程是落到柱头上的花粉,在正常的水合、萌发后长出花粉管(pollen tube)。花粉在柱头上萌发所需要的时间因植物种类而异,短者数十分钟,如南瓜 15~60min,长者需几小时甚至数十小时不等,如梨约需 3h,猕猴桃 7h,茄子 7~10h。萌发出的花粉管穿过柱头,沿花柱的花粉管通道组织向子房内的胚囊伸长,到达珠孔时,在信号物质的引导下,经珠孔进入胚囊内并向卵细胞方向伸长,在卵细胞附近花粉管先端破裂,释放出两个精核,其中一个精核与卵细胞融合发育成胚,另一个精核与极核融合形成胚乳,这就是被子植物有性生殖特有的双受精(double fertilization)现象。授粉到受精所需要的时间因植物种类不同而异,短的十几分钟,长的数天甚至几个月,如菜豆 8~9h,辣椒 6~12h,南瓜 9~12h,桃 20~40h,果梅 2~3d,梨、苹果 3~5d,银杏约 200d。所需时间的长短还与气温高低、花粉活力等有关,大多数植物在 20~25℃ 条件下花粉管生长快,完成受精所需时间短;而在 10℃ 以下花粉管几乎停止生长,完成受精所需时间长,甚至无法完成受精。因此,花期低温阴雨的年份往往坐果率低而影响果实的产量。

一般地说,在开花及其前后 2d 左右雌蕊的生理生化及物质代谢十分活跃,胚囊充分发育成熟,并处于最佳的受精状态,但许多植物在开花前后数天已具备授粉受精的能力。园艺植物雌蕊具备并保持受精能力的时间因种类不同而异(表3-2)。

表3-2 园艺植物雌蕊保持受精能力的时间

植物种类	保持的时间
西瓜	开花当天的数小时
南瓜	开花前 1d 至当天数小时
甜瓜、黄瓜、豌豆	开花前 1d 至开花后 2d
辣椒	开花前 2d 至开花后 2d
茄子	开花前 2d 至开花后 3d
番茄	开花前 2d 至开花后 4d
甘蓝、萝卜	开花前后 3~4d
苹果、梨	开花前 4d 至开花后 3d
白菜	开花前后 1 周

(二)不结实性

不结实性是指因某种原因造成的开花而不结实的现象。造成不结实的原因很多,主要是由于两性生殖器官发育不完全或授粉不亲和所造成的。

1. 雌、雄性器官败育　花粉或胚囊在发育过程中出现组织退化，从而产生花粉或胚囊败育的现象，称为雄性不育或雌性不育。它们受遗传、生理或环境等因子的影响。

（1）雄性不育。雄性不育（male sterility）是植物中十分普遍的现象，利用这一特性在杂交育种时可以免去人工去雄这一操作步骤，节省大量的人力，因而在杂种优势利用上有重要的应用价值。甘蓝、白菜、苹果、梨、桃、柑橘、百合、杜鹃、石竹等都存在雄性不育类型。雄性不育的原因是多方面的，主要与以下因素有关：①与植物种类、品种的遗传特性有关。如毛花猕猴桃雌雄异株，雌株和雄株的花器结构仍保留雌性和雄性的退化器官，无论是雌花或雄花，花粉母细胞均能减数分裂，且染色体行为正常，但雌花的花粉最终败育。②由花药发育异常、孢子囊退化和雄配子体发育异常等引起的不育。如番茄花药的绒毡层在花粉母细胞时期开始表现膨大、液泡化，最终解体。花药中的花粉母细胞、小孢子或花粉发育异常也很普遍。③染色体数量和结构变异，造成花粉母细胞减数分裂异常是导致雄性不育的重要原因。如三倍体苹果品种乔纳金、陆奥等均表现为花粉不育。在花粉发育过程中环境条件也对雄性不育有很大影响，如杏等花粉不育与花蕾期低温相关。雄性不育与物质代谢、生理代谢及营养状况也有关，生产上除了选育雄性不育的品种，还常用2,4-D、萘乙酸、秋水仙碱、赤霉素、乙烯利等药剂促使雄性不育，称为药物杀雄。

（2）雌性器官败育。果实是由雌性器官发育而来，如果雌性败育和退化就不能形成果实。许多植物都存在着雌性器官败育的现象，有些是雌蕊退化，外观上表现为败育，如柿、葡萄等的一些败育的花；有些即使从外观上看雌蕊完全正常，但子房中的胚囊发育异常也造成雌性不育，苹果、梨的三倍体品种属于这方面的例子。雌性不育可发生在从大孢子发生至雌性配子体形成的任何时期。雌性器官发育与开花期温度有关，如梅的一些早花品种在早春气温低的年份因低温不利于雌蕊发育而出现雌蕊败育。此外，营养状况也影响雌蕊的发育，如果梅短果枝或中果枝上不完全花发生多，而在健壮的长果枝上完全花多。

2. 交配不亲和性　不亲和性是花粉与雌蕊互作的综合表现，是指具有正常功能的雌雄配子在特定的组合下不能受精的特性。不亲和现象可能发生在属间、种间，也可能发生在品种间及品种内。在园艺植物上，通常把品种内的不亲和性称为自交不亲和性，而把品种间的不亲和性称为异交不亲和性，当然控制自交不亲和性遗传位点相同的不同品种之间授粉不亲和性也称为自交不亲和性。因此自交不亲和性（self-incompatibility）一般定义为：能产生具有正常功能的雌雄配子的品种，同一株植株或不同植株间不能完成受精的特性。具有这种特性的种类有甘蓝、白菜、萝卜、苹果、梨、李、甜樱桃、梅、杏、柚子等。

自交不亲和性可以促进异交，避免近亲繁殖，有利于植物的遗传多样性，是自然界普遍存在的现象。控制自交不亲和性的遗传位点称为 S 位点（S-locus）。园艺植物的自交不亲和性可分为以十字花科作物（如白菜、甘蓝等）为代表的孢子体型自交不亲和性（sporophytic self-incompatibility）和以蔷薇科（如苹果、梨等）、茄科（如茄子、番茄等）、车前科作物为代表的配子体型自交不亲和性（gametophytic self-incompatibility）两大类。配子体型自交不亲和性又可根据 S 基因位点的特征细分为基于 S-RNase 的自交不亲和性和罂粟科中发现的不依赖 S-RNase 的自交不亲和性两类。

控制自交不亲和性的 S 位点包含成对的花粉 S 基因和花柱 S 基因，分别决定花粉和花柱的特性，同一 S 基因型的花粉和花柱表现为不亲和。孢子体型自交不亲和性表现为花粉不能在柱头上萌发；而配子体型自交不亲和性表现为花粉能在柱头上萌发，但花粉管沿花柱生长过程中受到抑制，因此无法完成受精。交配亲和性由 S 基因型决定，具有相同的 S 基因型的近亲品种间交配也表现为不亲和，一些芽变品种与起源品种的授粉也是不亲和的。前文所述梨异花不实现象也与此有关。因此，自交不亲和性的果树在生产园中需配置授粉品种或杂交育种时必须依据品种的 S 基因型来选配品种。部分梨品种的自交不亲和性基因型如表3-3所示。但是绝大多数园艺作物品种的自交不亲和性基因型尚不清楚，有待深入研究。

表 3-3 部分梨品种的 S 基因型

基因型	品种
S_1S_2	黄花、赤穗、独逸、早玉
S_1S_4	西子绿、八云、翠星
S_1S_5	长寿、君塚早生
S_1S_6	今村秋
S_2S_3	长十郎、青龙、青长十郎
S_2S_4	二十世纪、金二十世纪、菊水、祇园
S_2S_5	爱宕、八里、须磨
S_3S_4	新世纪、清玉、筑水
S_3S_5	翠冠、丰水、丹泽
S_4S_5	幸水、新水、多摩、秀玉、八幸、喜水、爱甘水
S_3S_{16}	黄冠、八月酥、雪英、雪青
S_4S_{16}	雪花
S_5S_6	新雪
S_5S_7	晚三吉
S_7S_{34}	砀山酥梨
$S_{22}S_{28}$	库尔勒香梨、色尔克甫、魁克句句、早熟句句

梨、苹果、甜樱桃等蔷薇科果树均表现为基于 S-RNase 的配子体型自交不亲和性，雌蕊中的 S 决定因子为 *S-RNase* 基因，即 S 核酸酶，花粉中的 S 决定因子为 *S-locus F-box*（SLF）基因。两者在染色体上紧密连锁，且分别在花柱和花粉中特异表达。当花粉的 *SLF* 与任一雌蕊 *S-RNase* 相匹配时，花粉管不能正常生长完成受精，表现为自交不亲和性；当异花花粉的 *SLF* 与雌蕊中 *S-RNase* 基因型不匹配时，花粉管就可以生长到子房并完成受精，表现为亲和反应。S-RNase 除了具有核酸酶活性，可以分解花粉的 RNA 以外，还可以使花粉微丝骨架解聚，导致花粉细胞程序性死亡等。

S 基因位点的突变可以导致自交亲和。如二十世纪梨为自交不亲和品种，基因型为 S_2S_4，奥嘎二十世纪是其芽变品种，其花柱中 S_4-RNase 基因突变，基因型为 $S_2S_4^{SM}$。这一花柱 S 基因的突变使得奥嘎二十世纪表现为自交亲和，且对二十世纪的花粉也表现为亲和。柑橘属的柚类的花柱中 S-RNase 正常表达，表现出自交不亲和性，而宽皮柑橘中花柱 *S-RNase* 基因突变导致其表达提前终止，丧失了抑制自花花粉管生长的功能，使宽皮柑橘普遍具有自交亲和特性。

由于苹果、梨等果树的绝大多数品种自交不亲和，生产上必须配置授粉树或人工辅助授粉才能获得应有产量和品质。生产上人工点授花粉用工大，将花粉溶于授粉溶液中，用喷雾器或无人机进行液体授粉，可有效实现省工高效生产。

（三）单性结实

不经授粉或虽经授粉但未完成受精过程而能形成果实的现象称为单性结实（parthenocarpy）。子房发育不经授粉，不受外来刺激，完全是由于自身生理活动形成果实的称为自发性单性结实，如香蕉、茭白、菠萝、柿、无花果及黄瓜等的一些品种。而经过授粉但未完成受精作用的称为刺激性单性结实，也包括因接受其他外来刺激而形成果实的类型。还有一种情况，就是受精后的胚珠在发育过程中败育而形成果实，这种现象不是真正的单性结实，称为伪单性结实。如葡萄品种无核白、柿品种平核无均属于伪单性结实类型。单性结实普遍发生在有大量胚珠的果实中，如凤梨、香蕉、番茄、黄瓜和无花果等。胚珠可能产生一些刺激坐果和果实生长的生长调节物质，如生长素、赤霉素、细胞分裂素等，由于这些物质的作用使未经授粉或受精的雌蕊也能发育成果实。据此，生产上常根据需要，用植物生长调节剂处理来诱导单性结实，但其诱导效果因植物种类而异。生长素可诱导一些园艺植物如番茄、茄子、辣椒、西瓜、无花果等单性结实；赤霉素也被用来诱导单性结实，可以诱导番茄和无花果的单性结实，但赤霉素对苹果、桃的一些品种有效，而生长素则完全无效。单性结实形成的果实因未经受精，或经受精后胚败育，通常没有种子（表3-4）。

正常情况下，被子植物的有性生殖需经过卵细胞和精子的融合，进而发育成胚，但在有些情况下，不经精卵融合也能直接发育成胚，这类现象称为无融合生殖（apomixis）。无融合生殖可以是卵细胞不经过受精，直接发育成胚，如蒲公英等，称为孤雌生殖；或是由助细胞、反足细胞或极核等非生殖性细胞发育成胚，如葱、鸢尾、含羞草等，称为无配子生殖；也有由珠心或珠被细胞直接发育成胚的，如柑橘等，称为无孢子生殖。一般情况下，被子植物的胚珠只能产生1个胚囊，其中包含1个卵细胞，受精后可以发育成1个胚。但在有些植物的种子中可见2个或更多的胚，这种情况称为多胚现象，这通常是无配子生殖或无孢子生殖的结果。柑橘的多胚性是自然界中最稳定的无融合生殖类型之一，种子中常可见2～10个由胚囊之外的珠心组织细胞发育而来的珠心胚。珠心胚由本体的体细胞发育而来，是母本的无性复制，实生后代能够保持母本的基本性状，与无性繁殖系类似，其遗传性状比较稳定，这种特性在园艺植物杂交制种、无性系砧木繁育和无病毒苗生产中有重要意义。

表3-4 生长素、赤霉素诱导单性结实的效果

植物种类	生 长 素						赤 霉 素
	IAA	IBA	NAA	4CPA	2,4-D	2,4,5-T	
番茄	*	*	**	**	**	**	GA_3, $GA_{1\sim7,9}$
黄瓜	**		**				GA_3
茄子	*		*		*		GA_3
南瓜	*		*				GA_3
西瓜	*	0	*	0			
辣椒	**	**	**	0			GA_3
甜瓜	*		0				GA_3
草莓	**	**				0	
无花果		**	*	0	0	**	GA_3
杏	**		**				GA_3
樱桃			0				$GA_3+NAA+GA_7$
桃							$GA_3>GA_{4+7}$
梨	*						$GA_{32}>GA_3+IAA+BA>GA_3$
苹果	0	0	0				$GA_{4+7}+NAA>GA_{4+7}>GA_3$
葡萄	*		**				$GA_4>GA_{2,7}>GA_{1,3,5}>GA_{6,8}$
柿	*		*				$GA_3>GA_{4+7}$
菠萝	*		**				$GA_7>GA_{4+7}>GA_3$

**：效果好；*：有效果；0：无效果；其余为未见报道。

（四）坐果与落花落果

1. 坐果的机制 在开花时子房生长极慢，而授粉成功的花，子房开始加速生长，果实开始发育。通常花瓣枯萎和脱落，花转变成幼果，称为坐果（fruit set）。授粉后随着花粉的萌发，加速子房的生长，授粉刺激子房发育的程度与花粉数目有关。如授粉较多的番茄子房生长速度显著地快于授粉少的

番茄；在西番莲中观察到授粉多的坐果率较高，同时果实内种子数增加，最后果个也较大。这些现象与花粉富含生长素和赤霉素等生长促进物质有关，此外，花粉管也释放出使色氨酸转化为生长素的酶或释放出促进生长素合成的物质。现已证明，受精后的苹果、葡萄、番茄果实中含有较高浓度的赤霉素和细胞分裂素，而生长抑制物质下降。那些未经受精或内源激素含量较低的果实，有时也能依赖本身的营养在树上维持一段时间，但生长缓慢，最终停长和脱落。

2. 落花落果 落花落果在园艺植物中是普遍存在的。果树开花多、坐果少的现象尤为突出，坐果数比开花的花朵数要少得多，能真正成熟的果实则更少。其原因是开花后，一部分未能受精的花脱落，另一部分虽已受精，但由于营养不良或其他原因造成脱落。这种从花蕾出现到果实成熟的过程中发生花、果陆续脱落的现象称为落花落果。

各种园艺植物的坐果率是不一样的，如苹果、梨的坐果率为2%~20%，桃、杏为5%~10%，枣的坐果率仅为0.5%~4%，荔枝、龙眼1%~5%。这实际上是植物对自然环境的适应、保持生存能力的一种自身调节。植物自控结果的数量，可防止养分消耗过多，以保持健壮的生长势，达到营养生长与生殖生长的平衡。但是在栽培实践中，常发生一些非正常性的落花落果，严重时会减产。

不是由于机械和外力的影响而是由于植株自身的原因所造成的落花落果现象，统称为生理落果。造成生理落果的原因很多，最初落花、落幼果是由于花器官发育不全或授粉受精不良而引起的。营养不良及干旱缺水也容易引起花及果柄形成离层，导致落花落果。缺锌也易引起落花落果。采前落果的原因是将近成熟时，种胚产生生长素的能力逐渐降低，这与树种、品种的特性有关，也与高温干旱或雨水过多有关，日照不足或久旱降大雨会加重采前落果。不良的栽培技术，如过多施氮肥和灌水，栽植过密或修剪不当，通风透光不好，也都会加重采前落果。

三、果实的生长发育

(一) 果实的类型

园艺植物的种类很多，果实形态多种多样，可以从不同方面划分果实的类型。

1. 真果和假果 在植物学上根据果实是否由子房壁发育而成，可以分为真果（true fruit）和假果（false fruit, spurious fruit）。真果是单纯由花的子房壁发育形成的果实，如核果类、葡萄、枣、荔枝、柿、番茄、茄子等；假果则是指除子房外还有其他部分如花被、花托、花序轴等一起发育形成的果实，如草莓、苹果、梨、石榴、菠萝、黄瓜、西瓜、南瓜等。花器官与果实各部分的关系如图3-6所示。

2. 单果、聚合果和聚花果 根据形成果实的雌蕊数目及其来源可以分为单果、聚合果和聚花果。

（1）单果。单果（simple fruit）是由1朵花单个雌蕊发育形成的果实，如番茄、茄子、甜椒、苹果、荔枝、枣、柑橘等。

（2）聚合果。聚合果（aggregate fruit）是由1朵花的多个离生雌蕊共同发育形成的果实，每个雌蕊形成1个小果实，相聚在同一花托上，如树莓、草莓、黑莓、莲等。树莓的聚合果由许多小型核果聚合而成；草莓的聚合果由膨大的花托转变为主要可食部分，真正的果实贴附在花托表面；莲的坚果埋藏于倒圆锥形的海绵质花托内。

（3）聚花果。聚花果（collective fruit）也称复果（multiple fruit），是由整个花序的多个花发育而来，花序也参与果实的组成部分，如桑葚、菠萝、无花果等。桑葚是由多个单花形成的果实，集于花序轴上，形成一个果实单位；菠萝的花序轴是果实的主要可食部分；无花果的隐头花序膨大的花序轴是果实的主要可食部分。

3. 干果和肉质果 根据果实成熟时果皮的性质来划分，果皮干燥的称为干果（dry fruit），有肥厚肉质的称为肉质果（flashy fruit）。干果和肉质果又可以分为若干类型。

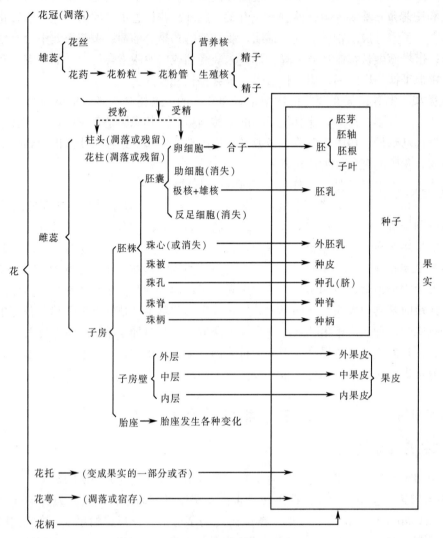

图 3-6　花器官与果实各部分的关系
(李光晨，2000)

（1）干果。干果果实成熟时果皮干燥，可食部分为种子，且种子外面多有坚硬的外壳，如核桃、板栗、椰子、榛等。干果根据果实成熟后是否开裂可以分为裂果和闭果。根据心皮结构，裂果又可以分为荚果、蓇葖果、蒴果、角果等，闭果又可以分为瘦果、颖果、翅果、坚果、双悬果、胞果等。

（2）肉质果。肉质果也称肉果，果实成熟时果肉肥厚多汁，果皮亦肉质化。按其果肉结构不同又分为以下5种类型。

①浆果：浆果（berry）是由子房或子房与其他花器官一起发育形成柔软多汁的真果或假果。浆果是肉质果中最常见的一类，常见的浆果有番茄、甜瓜、西瓜、茄子、南瓜、葡萄、猕猴桃、柿、草莓、石榴、香蕉、无花果等。番茄果实的可食用部分主要由发达的胎座发育而成。葫芦科各种瓜类的果实也称为瓠果，南瓜、冬瓜等的食用部分主要是果皮，而西瓜的食用部分主要是胎座。

②核果：核果（drupe）通常是由单心皮上位子房发育形成的真果。外果皮极薄，仅由子房表皮和表皮下几层细胞组成；中果皮是发达的肉质可食用部分；内果皮细胞木质化后形成硬核。通常内含1枚种子。如樱桃、桃、李、杏、梅、枣等。

③仁果：仁果（pome fruit）是由多心皮下位子房与花筒共同发育形成的假果。花筒由花萼、

花冠、雄蕊基部融合而成。仁果外面很厚的肉质是原来的花筒，肉质部分以内才是果皮部分。花筒、外果皮和中果皮融合，内果皮通常由木质化的厚壁细胞组成。常见的仁果有苹果、梨、木瓜、枇杷等。

④柑果：柑果（hesperidium）是由多心皮具有中轴胎座的上位子房发育形成的真果，外果皮坚韧革质，包含很多油囊；中果皮较疏松，有多分支的维管束分布；内果皮膜质，发育成肥大多汁的多个瓤囊，内有大量汁胞，由子房内壁茸毛发育而成，是果实的主要食用部分。如橙、柚、柑橘、柠檬等。

⑤荔枝果：荔枝果（litchi）是由上位子房发育形成的真果，其食用部分是肉质多汁的假种皮。常见的有荔枝、龙眼、红毛丹等。

（二）果实的生长发育与成熟

从花谢后到果实生理成熟时为止，需要经过细胞分裂、组织分化、种胚发育、细胞膨大和细胞内营养物质的积累转化等过程，这个过程称为果实的生长发育。

1. 果实的生长发育 果实的生长发育起始于原基分化形成时，从幼小的受精子房发育膨大成为一个果实，可分为细胞分裂及细胞膨大两个阶段。细胞数量的多少是果实增大的基础，而细胞数量的多少及细胞分裂时期的长短与分裂速度有关。果实细胞分裂期开始于花原体形成后，到开花时暂时停止，花后持续1个月左右，但分裂较为缓慢。如苹果在开花时，细胞数目仅有200万个，到成熟时可达4 000万个，要达到这个数目，其中花前需要分裂21次，花后1个月再分裂4～5次。由此可见，早春或花芽分化发育期提供充足的养分，才能促进细胞分裂，增加果实的细胞数目，为增大果个奠定基础。

随着果实细胞的旺盛分裂，细胞体积也同时开始膨大，从细胞开始分裂到果实成熟时，细胞体积可增大几十倍、数百倍甚至上万倍。不同果实成熟细胞的直径不同，小者如鳄梨50～60μm，大者如石榴的多汁细胞可长达2mm。果肉细胞常表现为等径膨大，但荔枝的假种皮细胞初期以伸长为主，后期才是等径膨大。细胞的数目和体积是决定果实大小和质量的两大重要因素。当细胞数目一定时，果实大小主要取决于细胞体积的增大，而细胞体积的增大主要是糖绝对含量的增长及细胞内水分的增多。因此，在果实的发育期间充足的糖分积累和水分供应将有利于果实膨大。此外，细胞间隙的大小也影响果实的大小。一般地说，细胞间隙大则果实体积大，但细胞间隙大时果肉会疏松。

果实生长动态可用果实生长曲线来描绘，它常以果实体积、纵径、横径或鲜重的增大为纵坐标，时间为横坐标。果实的生长曲线有两种类型，一种是单S型，另一种是双S型（图3-7）。

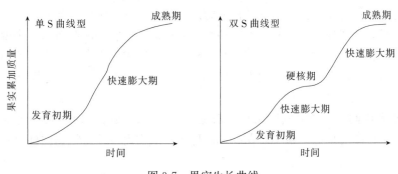

图 3-7　果实生长曲线

单S曲线型果实生长的全过程是由小到大逐渐增长，这种果实生长的特点大体表现为"慢—快—慢"的S形生长曲线规律。如番茄、茄子、西瓜、菜豆、甜椒、草莓、香蕉、菠萝、苹果、梨、柑橘等。双S生长曲线型果实有较明显的3个阶段，第1阶段为第1次快速生长期，持续约3周，主要是果实的体积迅速增大；第2阶段为生长缓慢期（即"硬核期"），在外形上果实体积增长十分缓慢，主要是内部种胚的生长和果核的硬化，此期的长短与果实成熟期关系密切，早熟品种时间短，而晚熟品种时间长；果实硬化后进入第3阶段，第2次快速生长期，生长速度再次加快，直至成熟，如桃、李、杏、山楂、枣和梅等。单S曲线型与双S曲线型的主要区别在于，前者只有一个快速增长期，后者则有两个生长高峰（图3-7）。

果实生长发育还表现出昼缩夜胀的起伏变化，果实是靠每昼夜的净胀值实现累加生长的。如梨果实在黎明时开始缩小，至中午12:00降至最低值，然后恢复增长，15:00—16:00完全恢复。如果土壤干旱，则延长至18:00才能恢复（图3-8）。一天内果实的净增长量不完全决定于水供应状况，还要看营养物质流向果实的情况，也就是说，光合产物的多少对果实的增长也起着重要的作用。这种昼夜果实生长的节奏随不同品种和果实的不同生长阶段而异，环境因子如光照、温度也影响这种节奏。

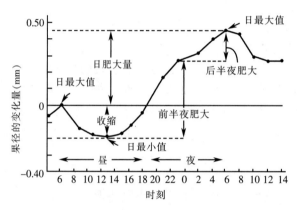

图3-8 梨果实昼夜生长曲线
（新居直佑，1998）

2. 果实成熟 果实在生长过程中不断积累有机物，这些有机物大部分来自营养器官，也有一小部分由绿色的幼果本身制造。当果实生长到一定大小时，果肉中贮存的有机营养要经过一系列的生理变化过程，逐渐进入成熟。果实的发育达到该品种固有的形状、质地、风味和营养物质含量等的可食用阶段称为果实成熟。但不同植物种类果实成熟的标准不同。一般水果和番茄、西瓜、甜瓜等要等到完全成熟时才能采收食用。当然有时为了长途运输和贮藏，也可提前几天采收。对于很多食用果实的蔬菜来说，其完全成熟的果实已不能食用，而食用的是幼果，这样的果实就是商品成熟的果实，如菜豆、豇豆、茄子、黄瓜、西葫芦、苦瓜和丝瓜等。还有一些种类，其幼果和成熟果都可食用，如辣椒、南瓜和豌豆等。不论是哪一类，用于采种用的果实均必须达到生理成熟之后方可采收。

对于从开花坐果到果实成熟的时间，不同种类、品种都有差异。因此对水果来说，由于成熟期不同，形成了从初夏到深秋很长的一个供应期。对于同一种类来讲，也有早、中、晚熟品种的差异，如早熟桃5月即可上市，而晚熟桃可延迟到11月。菜豆、茄子、丝瓜等果菜类蔬菜在生长季内能分期多次开花结果，可以分批采收。

3. 果实发育成熟期间主要成分的变化 一般地说，果实成熟时表现为果实变甜、酸味减少、涩味消失、果肉变软、色泽变艳等。果实发育成熟过程中，果实内各种化学物质都会发生变化。其主要成分的变化特点如下：

（1）糖。果实发育的前期，合成的糖多以淀粉的形式贮存于果实中，以后随着果实的逐步成熟，淀粉水解，全部或部分转化为可溶性糖类。但也有些干果，如板栗等，随着成熟淀粉积聚量增加，淀粉含量极高；在水果中，香蕉的淀粉含量也比较高。成熟的果实果肉糖分含量一般在10%左右，也有些可达20%以上。但不同种类的果实所含糖的总量不一样，糖的种类也不同。桃、杏、西番莲和柑橘等果实成熟时含大量的蔗糖；苹果中所含果糖多于葡萄糖，而葡萄中所含葡萄糖多于果糖；樱桃和猕猴桃主要含葡萄糖和果糖；西瓜、甜瓜主要含蔗糖和果糖。在糖类中，以果糖的甜度最高，蔗糖次之，葡萄糖的甜度最低。因此，这3种糖的比例不同使果实的甜度也不同。当然，食用时的味觉甜度除与糖含量有关外，还与果实中有机酸的含量及种类密切相关。

(2) 有机酸。果实中的有机酸主要有苹果酸、酒石酸等。仁果类以苹果酸居多，柑橘、菠萝和芒果以柠檬酸为主，葡萄中以酒石酸居多。不同种类、品种间的总有机酸含量有很大差异，苹果含0.2%~0.6%，梨0.2%~0.5%，杏1%~2%，黑醋栗4%，柠檬高达7%。

果实风味品质的形成不单取决于糖的含量，同样也不单取决于有机酸的含量，而是取决于糖和有机酸的比值，即糖酸比。幼果中的有机酸含量较高，随着果实成熟，有机酸逐渐分解，含量下降；而糖的含量幼果中较少，成熟果中较多。所以随着果实的成熟，糖酸比加大。优质苹果的果实糖酸比一般为20~60；柑橘和杏等的糖酸比较小，口感略酸；而柠檬的糖酸比更小。对于同一种果实，成熟阶段昼夜温差比较大、光照充足、土壤营养良好，可以增加果实糖分积累，增大糖酸比；相反，施氮肥较多、连续阴雨低温，则糖酸比降低。

(3) 脂肪。一般果树和蔬菜的果实脂肪含量很低，每100g鲜重含量不到1mg。但也有些果实的脂肪含量比较高，如椰子的胚乳、油梨的果肉和核桃等的种子，脂肪含量可达50%以上，还有腰果、阿月浑子及榛子等的种子，脂肪含量在30%以上。

(4) 色素。色素的种类和含量因植物种类、品种而异。决定果实色泽的主要色素有叶绿素、胡萝卜素、花青素和黄酮素等。幼果一般都呈现绿色，是因为幼果中的色素以叶绿素占主导地位。随着果实成熟，果皮外层中的叶绿素逐渐分解减少至消失，代之以花青素和胡萝卜素等。类胡萝卜素的种类很多，颜色从浅黄到深红都有。果实成熟时，开始合成积累类胡萝卜素，其含量的高低因植物种类、品种而异，因而决定了成熟果实色泽的差异，如枇杷不同品种间果实的类胡萝卜素含量相差可高达13.6倍。花青素是极不稳定的水溶性色素，它只存在于活细胞之中，其形成需要糖的积累。因此，果实内糖的积累可促进着色，而糖的积累又与充足的光照条件分不开，其中以紫外光对果实着色效果最好。当然，适宜的温度，特别是夜温不能过高，也是积累糖分、促进花青素和类胡萝卜素形成的必要条件。所以，我国西北和西南高原地区生长的果树因光照充足、紫外光强、昼夜温差大而使果实着色好、品质优。

(5) 芳香物质。芳香物质对果实品质影响极大。在果实的成熟过程中，经酶或非酶的作用而形成果实特有的香气，其多为挥发性成分，有醇、醛、酮、酯和萜类等化合物。不同种类的果实中这些成分所占的比例不同，也就构成了不同的香味。如苹果的芳香物质中，醇类含量占92%，醛酮类含量占5%，酯类含量占3%；香蕉香味的主要成分是醋酸和戊醇合成的酯；柑橘香味主要是萜类精油；甜瓜果实中的芳香物质含量虽然极少，不超过干重的0.2%，但种类却相当多。芳香物质除与种类、品种有关外，也受不同产地、海拔高度、光照强度等的影响。

(6) 维生素和矿物质。维生素和矿物质是构成果实营养品质的重要因素。但不同的果实维生素含量相差较大，如维生素C的含量一般每100g鲜重中为几毫克至几十毫克，如苹果为5~10mg，柑橘为30~40mg；含量较高的果实有猕猴桃和枣，每100g鲜重果肉达100mg左右；蔬菜类的果实中以辣椒的维生素C含量较高，每100g鲜重含80mg左右。果实中的矿物质含量也非常丰富，富含钙、磷、钾、镁、铁等多种元素。

(7) 单宁等。不少果实未成熟时含有较多的单宁物质，而且有些果实成熟时仍有涩味，如柿子，随着果实进入完熟涩味才逐渐减轻和消失。果肉的涩味是因为果肉单宁细胞含有大量的可溶性单宁，果实脱涩就是使可溶性单宁固定成为不溶性的聚合物。有些果实有苦味，如夏橙和葡萄柚果实所具有的特殊苦味，主要是由果肉中含有柚皮苷所致；黄瓜和瓠瓜等的一些品种也有苦味，是由一种叫葫芦素的四环三萜化合物所致。

4. 影响果实生长发育的内外因子 影响果实生长发育的因素很多，凡是影响果实细胞生命活动的内、外因素都会促进或抑制果实生长发育。

（1）种子的数量和分布。种子的数量和分布影响到果实的大小和形状。如无籽沙田柚果实比有籽的单果重小10%左右。草莓果实内没有种子的一侧生长发育不良，而有种子的一侧发育较好，因而形成不对称实，这是因为种子合成的激素类物质促进了果实生长。但有些树种或品种在花期或幼果期，外用植物生长调节物质处理能起到与种子相似的作用，形成与有籽果实大小基本一样的无籽果实。

（2）贮藏养分和叶果比。多年生植物开花、坐果和幼果生长前期需要的营养物质主要依赖于树体内上年贮存的养分。养分不足时，子房和幼果的细胞分裂速率及持续时间都会受影响，因而限制果实的进一步发育。果实发育的中后期是体积增大和质量形成的重要时期，这时的叶果比起着重要作用。据研究，当叶果比小时，为每个果实提供营养的叶片少，果实营养供应不足，果实难以增大，果实品质也较差。如苹果每个果实要求40~45片叶，桃60片叶左右，而且以果实附近的叶片尤为重要。

（3）温度。果实的生长发育需要一定数量的有效积温，它是指植物器官发育期间，高于器官开始生长发育下限温度的日平均温度的总和。耐寒植物开始生长的下限温度一般为5℃，喜温植物开始生长的下限温度为10℃左右，而耐热植物生长的下限温度是15℃。以此推算，苹果发育需要积温1 500~3 000℃，柑橘需要3 500℃，而椰子需要5 000℃。果实增长主要在夜间进行，所以夜温对果实生长影响大，如夜温过高不利于营养物质的积累。

（4）光照。光照通过叶片的光合作用为果实的生长发育提供营养物质，间接影响果实的生长发育和品质的形成。但是，强烈的直射阳光可直接抑制受光面果实的生长发育，严重时会使果实受到伤害，出现日灼斑。但生产上更多的情况是光照不足，特别是树的内膛果实一般较小、着色不好、风味品质差，这主要是因为其周围叶片光合作用弱，制造的养分少所致。

（5）无机营养和水分。矿物元素在果实中的含量不到1%，但对果实生长发育及品质形成有重要影响。磷有促进细胞分裂和增大的作用；钾对果实的增大和果肉干重的增加有促进作用；氮对钾的效应有促进作用；钙与果实细胞结构的稳定和降低生理代谢有关，缺钙会引起果实生理病害，一般果实生长后期易出现缺钙生理病害。果实中80%~90%是水分，水分又是一切生理活动的基础，因此缺水干旱将严重影响果实的膨大。但果实发育后期，为了提高品质，水分不可过多。

四、种子的生长发育

（一）园艺植物种子的类型

园艺植物生产所采用的种子含义比较广，泛指所有的播种材料。概括起来有4类：第1类是植物学上的种子，仅由胚珠形成，如豆类、茄果类、西瓜、甜瓜等。第2类种子属于果实，由胚珠和子房构成，如菊科、伞形科、藜科等园艺植物。果实的类型有瘦果，如菊花、莴苣等；坚果，如菱角；双悬果，如胡萝卜、芹菜等。第3类种子属于营养器官，有鳞茎（如郁金香、百合、洋葱、大蒜等）、球茎（如唐菖蒲、慈姑、芋头等）、根茎（如莲藕、韭菜、生姜等）、块茎（如马铃薯、仙客来等）。第4类为真菌的菌丝组织，如香菇、双孢蘑菇、木耳等。在《中华人民共和国种子法》中，种子还包括嫁接繁殖植物的接穗、扦插繁殖植物的插条等。本节所述种子主要是植物学上的种子，即上述第1类。

（二）园艺植物种子的形态与结构

园艺植物种类繁多，形态和特征不同。种子的形态特征包括种子的外形、大小、色泽、表面光洁度、沟、棱、毛刺、网纹、蜡质、突起物等。园艺植物种子的大小差异很大，有粒径在

5.0mm 以上的，如西瓜、南瓜、牡丹等；也有粒径极小的微粒种子，如金鱼草、苋菜、猕猴桃等。种子色泽有黑、黄、灰色等，成熟的种子色泽较深，具蜡质；幼嫩的种子色泽较浅。新种子色泽鲜艳光洁，具香味；陈种子则色泽灰暗，甚至具霉味，常失去发芽能力。园艺植物种子的结构包括种皮、胚和胚乳（豆科、葫芦科果菜种子不含胚乳）。种皮将种子内部组织与外界隔开起保护作用。依种子类别不同，种皮的结构亦不同，真种子的种皮由珠被形成。胚是幼苗的雏体，处在种子中心，由子叶、上胚轴、下胚轴、幼根和夹于子叶间的初生叶或者它的原基所组成。有胚乳种子的胚常埋藏在胚乳之中，种子发芽时，幼胚依靠子叶和胚乳提供所需营养物质进行生长，如番茄、菠菜、柿、枣等。

（三）种子的发育成熟

受精后的子房发育成果实，胚珠发育成种子，胚珠由珠被、珠心组成，珠心中形成胚囊，胚囊内卵细胞受精后发育成胚，极核受精后发育成胚乳，胚和胚乳构成种仁，珠被则发育成种皮，种皮和种仁构成种子。

1. 胚的发育　胚是构成种子的最重要部分，它是由胚芽、胚根、胚轴、子叶组成，由受精后的合子胚发育而成。合子胚从开始发育到成熟所需要的时间及发育各阶段的形态因植物种类而异，如荔枝的胚发育过程：花后 3~6d，合子胚处于休眠状态，第 6~12 天为合子分裂期，随着胚细胞辐射对称分裂，胚增大呈圆球状，此时的胚称为球形胚；继之，球形胚发育成左右对称而顶端扁平的结构，形似心脏，称为心形胚；花后 30d 心形胚进一步发育，在扁平顶端发育长出两枚子叶微突，形似鱼雷，称为鱼雷形胚；花后 40d 随着子叶微突细胞继续分裂增大，发育成叶状的结构，此时称为子叶形胚；花后 50d 胚体进一步分裂发育并形成具有一定形态结构的胚。辣椒的胚发育过程：合子胚经 1~2d 的休眠后即开始进行横向分裂，成为细长的一列线状前胚，其顶端的一个细胞发育成胚体，并进一步发育成胚的各部分器官，即胚体体积增大到一定程度时，胚体中间的部位生长变慢，两侧生长快，渐渐突起形成子叶原基，使胚呈心形，心形胚的子叶原基进一步发育伸长成为子叶，在子叶之间的胚细胞分裂、增大和分化，胚进一步发育形成胚根和基端生长点。随着胚根、胚轴、子叶等继续生长，辣椒胚受到胚囊空间的限制，发生弯曲（图 3-9）。

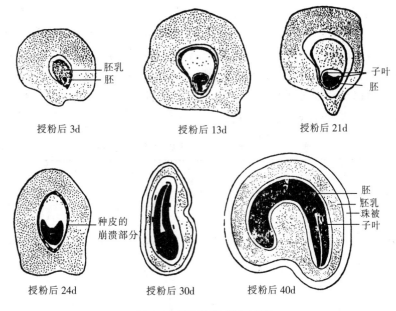

图 3-9　辣椒胚的发育过程
(杉山直仪，1980)

2. 胚乳的发育　极核受精后形成的初生胚乳核多呈圆形,核周细胞质中有许多稠密物质组成的聚合体,它们含有丰富的核蛋白体、RNA和蛋白质,这与初生胚乳核分裂后胚乳开始快速生长密切相关。初生胚乳核迅速分裂,但每次分裂后均不进行细胞质分裂,因而形成很多游离核,最初所有游离核沿胚囊边缘分布,整个胚囊内充满乳状液,随后核继续分裂,逐步分布到胚囊中央,最后布满整个胚囊,组成胚乳组织。

胚乳是营养物质的贮藏器官,胚乳细胞中主要的贮藏物质为糖类、脂肪、油类和蛋白质。糖类中最常见的是淀粉粒。半纤维素则是柿、枣等胚乳细胞壁的主要贮藏物质。通常由于胚和胚乳发育,胚囊体积不断扩大以至胚囊外的珠心组织受到破坏,最后为胚和胚乳所吸收。因此,在成熟的种子中没有珠心组织。但有些植物的珠心组织随种子发育而增大,形成一种似胚乳组织,称为外胚乳,如菠菜、咖啡、胡椒、姜等成熟种子中有外胚乳。胚乳和外胚乳都是提供发育所需的营养物质,但其来源不同,所以两者是同功不同源。此外,一些无胚乳的种子,如葫芦科、豆科等植物种子,胚的子叶发育膨大,积累发芽所需的养分,而胚乳退化消失。

3. 种皮的发育　在胚和胚乳发育的同时,珠被也开始发育形成种皮,包围在胚和胚乳之外。胚珠仅有一层珠被的,则形成一层种皮,如向日葵、核桃等;胚珠有两层珠被的,则种皮也有内、外两层种皮,如油菜等。也有一些植物其两层珠被在种皮形成过程中内珠被或外珠被被吸收而消失,如大豆、蚕豆的珠被是仅由外珠被发育而成的。

各种植物的种皮结构差异很大,这与珠被层数和发育时变化有关。通常外种皮坚韧,由木化的多层厚壁组织石细胞等组成,如石榴种子成熟时,外珠被分化为厚的外种皮,其表皮细胞辐射延长,呈线状,内含糖分和汁液,为食用部分。而龙眼、荔枝、苦瓜等则在干燥的种皮外包围有一层肉质多汁的部分,称为假种皮,它是从珠柄或胎座处组织发育而成,所以假种皮有时只包被种子的一部分。豆科种子的种皮上常有各种各样的色素,多呈美观的颜色及纹样,黄瓜、茄子的外种皮多平滑。这些典型的特征均有助于人们识别种子。

4. 种子的成熟　成熟的种子是指种胚发育完全,后熟(生理成熟)充足,已具有良好的发芽能力。一般种子成熟包括形态成熟阶段和生理成熟阶段,达到生理成熟阶段的种子在适宜的条件下就能发芽长成幼苗,仅完成形态成熟而未达到生理成熟的种子尚不能发芽或者发芽能力很低。如莴苣种子,形态上已达到完熟期,立即给予适当条件也不能发芽。许多园艺植物种子需在凉爽条件下贮藏后熟一段时间才能发芽。如苹果、梨、桃等果树的砧木种子均需低温层积处理,使种子通过后熟之后方能正常发芽。可见,种子的成熟与果实的成熟并不完全一致,常与果实成熟有一定的时间差。种子成熟所需要的时间因植物种类不同而异,几种主要园艺植物种子成熟所需要的时间如表3-5所示。但是营养不良、环境条件恶劣会改变种子成熟期。如干旱会使种子早熟,光照不良和低温会延迟种子成熟,而且这种提前和延迟都会降低种子的质量。

表3-5　一些园艺植物种子成熟所需的天数

种　类	从开花至种子成熟的天数(d)	种　类	从开花至种子成熟的天数(d)
蔬菜		菜豆	35～50
白菜	30～40	西瓜	65～80
萝卜	40～60	甜瓜	40～90
黄瓜	40～50	白兰瓜	90～110
洋葱	35～40	果树	
番茄	40～60	山桃	120～140
茄子	60～65	山杏	75～90

(续)

种　类	从开花至种子成熟的天数（d）	种　类	从开花至种子成熟的天数（d）
杜梨	150~160	三色堇	30~40
西府海棠	160~170	矮牵牛	25~40
山定子	170~180	月季	90~120
花卉		南天竹	150~190
瓜叶菊	40~60	君子兰	300~360
金鱼草	45~70		

园艺植物种子成熟过程中在形态及生理上均会发生很大的变化，一般成熟的种子具有下列特征：①种皮坚固，呈现品种固有的色泽。一般由绿色转为黄绿至淡黄，或为暗灰色、黑色。②种子的干重不再增加，含水量减少，对环境的抵抗力增强。未成熟时种子含水量可达60%~75%，成熟时一般为20%~40%。在种子成熟过程中发生许多生理生化变化，淀粉、蛋白质、类脂等营养物质含量增加，多种酶的活性也会增加。种子发育成熟直至干燥期间所发生的生理生化及物质代谢变化可用图3-10表示。

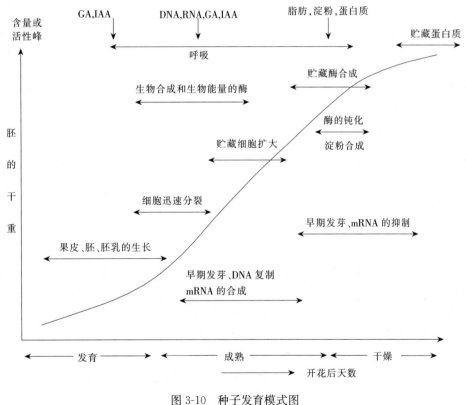

图3-10　种子发育模式图
（依据郑光辉等，1990，改绘）

第四节　各器官生长发育的相互关系

植物生长的相关性（correlation）是指同一植物的一部分或一种发育类型与另一部分或另一种发育类型之间既相互依赖又相互制约的关系。植物的生长发育具有整体性和连贯性，其连贯性表现为各种植物的生长过程中，前一个生长期为后一个生长期奠定基础，后一个生长期是前一个生长期的继续和发展；其整体性主要表现在生长发育过程中各个器官之间是密切相关、互相影响的。生长发育的对立性表现为在一定条件下某些器官或发育类型抑制其他器官或发育类型。这种关系主要包括地上部与地下部的生长相关、营养生长与生殖生长的相关以及同化器官与贮藏器官的生长相关。

一、地上部与地下部生长的关系

植物在发育过程中一般首先发根，然后茎叶生长，之后根系与地上部同时生长。随着植物处于不同生长时期及生长中心的转移，植物地上部与地下部的生长速度和比例不断发生变化，这种变化的程度随着植株调整、摘叶或摘果等栽培措施的不同而异。但这些措施是否应用得当，关系到地上部与地下部的生长能否达到一个动态平衡。

一方面，地上部与地下部的生长是相互依赖的，地上部生长所需要的水分、矿质元素和有机质等主要通过地下部的根系从土壤中吸收获取，而维持根系生长所需的糖分等物质则依靠地上部的叶片等供给。地上部的叶片摘除过多，会导致生成的营养物质变少，供给根的营养也会相应减少，根系的生长受抑制。因此，定植时子叶或叶片受损伤或脱落，叶片减少，都会削弱根的生长，使缓苗期延长或不能成活。另一方面，地上部与地下部的生长还存在着相互抑制的关系，这主要体现在对水分、营养物质等方面的争夺上。地上部坐果太多，会减缓甚至抑制根系的生长，此时摘除部分果实，一些本来运输到果实中的营养物质会转运到根中去，可以增加根的生长量。

地下部根系的生长对地上部的生长影响较大，这种影响因植物种类和品种不同而异。对于番茄和青椒而言，苗期根系生长好，植株健壮，花芽分化早而且多，因此结果也早，前期产量高。对于嫁接的果树来说，根系对植株生长发育的影响更大。同一个品种，用乔化砧嫁接，其根系强大而且深，则地上部长成高大的乔木；用矮化砧嫁接，根系生长较弱，分布面积小，则地上部树冠长得就矮小，形成矮化果树，当然这种矮化对生产是有意义的，矮化果树的管理方便，且结果早，盛果期提前。而对于一般植物而言，早熟品种通常根系生长弱，植株也较矮小，致使产量低。因此，根系生长的强弱对于不同植物既有不利的一面，在有些时候又可能有有利的一面。

植物根系的强弱虽然受遗传因素的支配，但在很大程度上受环境条件和栽培措施的影响。肥料种类及水分供应的多少，都会极大地影响地上部和地下部的比例，氮肥和水分充足，地上部的枝叶生长旺盛，但根的生长受抑制；而适当的肥水供应则有利于地下根系的发育。温度也是影响根系生长的一个重要因素，地下温度较高时，根系生长好；温度偏低时，则根系生长受抑制。另外，整形修剪技术的应用也会影响到地上部与地下部生长的平衡，合理的修剪可以促进地下部的生长。修剪过重，没有足够的叶片制造养分，根系得不到充足的营养；修剪太轻，又可能使地上部生长过于旺盛，消耗较多的同化产物，供给根的营养物质较少，根系生长受抑制。

二、营养生长与生殖生长的关系

植物营养生长与生殖生长是相互促进和相互制约的关系。营养器官的生长是生殖器官生长的基础，即生殖器官的生长发育是以营养器官的生长为先导；同时，营养器官生长又为生殖器官的生长发育提供必要的糖、矿质营养和水分等。这是两者协调的一面，但更多的时候是相互制约和竞争的关系。营养器官和结实器官之间，以及花芽分化与营养生长及结果之间，甚至幼果与成熟果之间都存在着营养竞争的问题。果实的生长有赖于叶片同化物质的供应，植物的营养生长不好，叶片发育不良，叶面积小，叶片产生的营养物质不足，果实生长自然不会好；如果茎叶生长过于旺盛，枝叶的生长消耗了大部分的营养物质，果实不能获得足够的养分供应，导致果实发育不良。而坐果后，由于果实和种子的产生,使营养需求中心出现了转移,即从以茎叶生长为中心转移到以果实和种子的发育为中心,所以坐果后,植物的营养生长便会受到抑制。因此,植物的营养生长与生殖生长之间始终存在着既相互协调又相互竞争的关系。

(一) 营养生长对生殖生长的影响

没有生长就没有发育,这是生长发育的基本规律。在不徒长的情况下,营养生长旺盛,叶片发育良好,营养物质充足,果实才能发育得好,产量高;反之,营养生长不良,叶面积小,则开花坐果少,果实发育缓慢,果实小,产量低。在营养器官中,叶是主要的同化器官,对生殖生长具有重要作用,因此,在植物栽培管理中常以叶面积的大小作为衡量营养生长好坏的指标。但并不是说叶面积越大越好,在一定范围以内,叶面积的增加会促进果实产量的增加;如果叶面积过大,就意味着茎叶生长过于旺盛,此时反而会影响果实的生长,导致果实产量的减少。一般果菜类或果树的叶面积指数以4~6为宜。因为,群体的净光合生产率总是由于叶面积指数的增加而下降;但就单位叶面积而言,当叶面积指数减小时,则单位叶面积的同化量反而有所增加。

营养生长对生殖生长的影响,也因植物种类或品种不同而异。如一稔植物(开花一次的植物,如白菜、萝卜等)与多稔植物(开花多次的植物,如苹果、梨等)中营养生长与生殖生长的关系有很大差异。一稔植物营养生长对生殖生长占绝对优势,生殖体的果实一旦发育后,不仅独占植物的同化产物,并且发出"致死信号",导致营养体迅速衰竭。而多稔植物则表现为一种非对抗性矛盾,开花结实时营养体的生长虽受挫折,但根、茎、叶不会因果实发育而趋向衰亡,仍然可以继续生长。如有限生长类型的番茄品种,营养生长对生殖生长的推迟和控制作用较小,而生殖生长对营养生长的控制作用较大;对于无限生长类型的番茄品种,营养生长对生殖生长的控制作用较大,如果早期浇水过多,容易徒长而导致坐果较少,相反,生殖生长对营养生长的控制作用较小。

(二) 生殖生长对营养生长的影响

生殖生长对营养生长的影响主要表现在抑制作用。过早进入生殖生长,就会抑制营养生长;受抑制的营养生长反过来又制约生殖生长。如白菜类、甘蓝类、根菜类或葱蒜类等植物,栽培早期应促进营养生长,避免过早进入生殖生长,以保证叶球、肉质根、鳞茎等产品器官的形成。如果没有适当的营养生长就过早地开花结果,不但不能形成产品器官,而且由于结果和果实发育需要大量的营养物质,致使根、茎、叶等营养器官得不到足够的营养,生长受到抑制。反过来,营养器官生长不充分,制造的同化物质较少,也会影响到开花结果和果实的正常发育,降低产量。即使是白菜和甘蓝等的采种,过早开花结籽,往往会导致种子产量低且质量差。

营养生长和生殖生长相互影响的程度也因植物种类不同而异。以嫩果为产品的种类,其果实膨大过程中消耗的营养物质比采收成熟果的种类要少得多,而且果实生长时间短,所以生殖生长对营养生长的影响较小。如黄瓜、丝瓜、菜豆和青椒等,其营养生长和生殖生长几乎同时并进,它们可以一边进行营养生长,一边结果采收,这些蔬菜种类直到拉秧,仍有新的侧枝发生,如不摘心,其顶端可以一直生长。

对于陆续开花结果的植物来说,生殖生长对营养生长的影响也是阶段性的,如无限生长类型的番茄,最初的2~3个花序着果以后继续留在植株上,则营养生长显著减弱,主茎伸长缓慢,已开放的花或幼果往往不能迅速膨大。如果采摘一次幼果,植株的高度会迅速增长一次,那么每采摘一次果实,植株都会迅速生长一段,上部的幼果也会迅速膨大,如果不摘心则植株可以生长很高,下面不断采收果实,上面不断继续坐果,如果管理得当,可以坐果十几穗,每公顷产量可达300~450t。

(三) 果树的隔年结果

对于多年生果树来说，一年只结果一次，而且非常集中，果实发育和树体生长同时需要营养，因此，生殖生长与营养生长的矛盾比较突出。在果树生产中，常因营养竞争造成一年产量高、下一年产量低的现象，称为隔年结果（alternate bearing）或大小年。仁果类果树之所以隔年结果现象严重，除了它们本身有营养生长与生殖生长的矛盾之外，这类果树的花芽分化属于夏秋分化型，花芽分化与果实生长处于同一时期，还有花芽分化与果实发育之间的矛盾。

1. 枝叶生长与花芽分化　如前所述，良好的营养生长是花芽分化的物质基础，有一定的枝叶生长量才能有一定的花芽数量。若营养生长过旺，特别是花芽分化前营养生长不能停缓下来，则不利于花芽分化，当年形成的花芽较少，下一年的开花坐果受到抑制；若营养生长太弱，供应花芽分化的养分不足，也不可能形成较多的花芽，下一年开花坐果也较少，因此形成小年。接下来，因为小年当年的开花坐果较少，树体就会贮备较多的营养供花芽分化用，因此，小年的花芽分化往往较多，导致第二年的开花坐果增多，就形成了大年。

2. 开花坐果与花芽分化　影响大小年的还有另外一对矛盾，即花芽分化与开花坐果。大年时大量开花坐果要消耗过多的营养，另外，幼果的种子产生大量抑制花芽分化的激素（如赤霉素等），所以当年的花芽分化一般较少，导致下一年坐果少而形成小年。相反地，小年时开花坐果少，就有较多的营养用于花芽分化，当年花芽形成多，下一年往往又形成大年（图 3-11）。

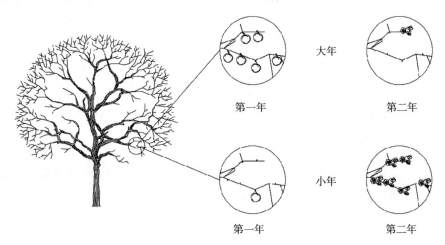

图 3-11　开花坐果对花芽分化的影响
（依据 Samach，2013，改绘）

当然，大小年的形成除树体本身因素外，修剪不当等不良栽培管理方式也是重要原因。当果树形成大量花和幼果时，若不加以人为调节，或小年时不采取保花保果措施，就会使大小年现象更为严重。另外，病虫害、干旱、霜冻和冰雹等灾害也有可能造成大小年。因此，防止大小年现象出现首先应从调节树体营养及合理的负载量入手，加上合理的肥水管理，大年时注意疏花疏果，小年时注意保花保果，在一定程度上可以消除大小年的影响。

三、同化器官与贮藏器官生长的关系

植物的同化器官主要为叶片；贮藏器官则有多种类型，有的以果实和种子为贮藏器官，有的以地下部根和茎为贮藏器官，还有的以地上部叶球或肉质茎为贮藏器官。贮藏器官为果实和种子的植物，其同化器官与贮藏器官的相关性，实际上是营养生长与生殖生长的矛盾，前面已有介绍。地下部贮藏器官如块根、块茎、球茎、鳞茎和根茎等，地上部贮藏器官如叶球和肉质茎等，实际上是营养器官之间的养分竞争。

许多贮藏器官为根、茎、叶的变态器官，当这些根、茎、叶变为贮藏器官后，便失去了它们原来的生理功能，而是贮藏大量的营养物质。但是，任何一个贮藏器官都不是在种子萌发后立刻形成的，而是要首先长出大量的同化器官。没有旺盛的同化器官，就不可能有贮藏器官的高产。因此，叶生长良好，叶面积较大，糖生产得多，运输到贮藏器官的养分则多，才会进一步促进贮藏器官的形成；若叶生长不良，叶面积小，制造的养分就少，也将影响到贮藏器官的进一步发育。

相反，贮藏器官的生长在一定程度上也能提高同化器官的效能，使同化器官的光合作用增强，生产更多的光合产物，进一步促进贮藏器官的形成，这是同化器官与贮藏器官生长关系的统一性。如大白菜的叶球、萝卜的肉质根，其形成必须有健壮的莲座叶为前提，叶球和肉质根的产量与同化器官的产量成正比。同化器官与贮藏器官也有矛盾的一面，茎叶生长过旺，会推迟贮藏器官的形成，降低贮藏器官的产量。随着同化器官的机能减弱，光合产物逐渐减少，但贮藏器官的营养需求却不断增加，从而使同化器官加速衰老，贮藏器官的生长相应减慢，直至生长结束。

因此，生产上协调同化器官与贮藏器官的关系，首先要培养健壮的功能叶，为贮藏器官的生长打下基础。在大量的同化叶形成后，创造条件促成贮藏器官形成；贮藏器官形成后，要保证肥水供应，防止叶片早衰，以便为贮藏器官输送更多的光合产物，促进贮藏器官生长。

第五节　园艺植物的生长发育特点

植物的个体发育是一个生命循环，一般指从种子萌发开始，经幼年期和成年期直至衰老的全过程，是一个植株大小、质量和体积不断增长的不可逆过程。植物的生长发育并非以一个稳定的速率进行，而是随季节更替和昼夜节律表现出规律性、周期性以及间歇性的变化，这个全过程称为生命周期（life cycle）。一株成熟的植物从本质上来说是由一个个简单的发育模块构成的，该发育模块包括茎段、叶片、芽和顶端分生组织，发育模块的形成位置和时间则受外部环境因子和长距离运输的激素信号的严格调控，最终综合决定了植物的整体形态。不同植物发育过程中会形成形态各异的根系和枝干结构，叶片、花和果实的数目也存在高度异质性。园艺植物种类繁多，发育周期各有不同，因其具备重要经济价值，其生长发育一般被特异性地定义为植株生长和产量的形成。有关生长发育特点的论述，有必要就木本和草本园艺作物分别进行详解。

一、木本园艺植物的生长发育特点

木本园艺植物包括各类落叶果树、常绿果树和藤本及灌木性果树，也包括多种木本蔬菜（常见的有70余种）和观赏植物，如云南油杉、香椿、合欢、洋紫荆、蛇藤、月季、桂花、蜡梅、茉莉、山茶等。木本植物的生命周期较长，苹果的经济寿命可达50年甚至更长，但是在很多新的苹果产区内，有些品种由于栽培技术或管理水平的差异只有30年左右的寿命；实生朱橘、乳橘和金柑的经济寿命可达80~90年，而嫁接繁殖的温州蜜橘、甜柑等经济寿命不过30~60年；云南油杉的寿命大多在百年以上；月季的寿命则在3~10年，又因盆栽或地栽而各有差异；牡丹的寿命极长，可达数百年。成熟木本园艺植物在一年之中随着环境条件（如光照、水分、温度等）的季节性变化，在形态和生理上发生与之相适应的生长和发育的节律性变化，表现出明显的年生长周期，同样也是树体生长发育进程的重要组成部分。本节从生命周期和年生长周期两个方面进行详解。

（一）木本园艺植物的生命周期

实生木本园艺植物的生命周期包括种子的萌发、营养生长、生殖生长和植株的衰老，或者可以简称为胚胎、幼年、成年和衰老 4 个阶段,不同阶段内植物经历一系列生理和形态的复杂变化,每一个特定的发育阶段均具备特异性的营养需求,对植株内外部调控因素的响应也各有不同,具有鲜明的特点。而实生树发生阶段变化时,是从枝梢顶端分裂最为旺盛的分生组织细胞开始的,顺枝干向上延伸而逐渐发生并积累阶段发育物质,所以实生树越是位居上部的器官,阶段发育越深,阶段年龄也越大。

1. 胚胎期 胚胎期又称种子期,其长短因植物而异,一般种子只要达到生理成熟,给予合适的条件即可发芽。但有些植物如落叶果树的种子成熟后必须经过休眠才会在合适的条件下发芽,如蔷薇科苹果属和桃属的果树种子需要经过一段时间的低温层积(3~5℃)才可破除休眠继而发芽。

2. 幼年期 幼年期或称童期,是指实生树从种子萌发起,经历一定的生长阶段到具备开花潜能的这一段时期。童期的长短通常以播种至开花结果所需的年份来表示,是植物的遗传属性之一。不同果树的童期长短各有不同,如"桃三杏四梨五年",柑橘类为 7~8 年,荔枝和龙眼则需十几年。同一树种不同品种的树体童期也各有不同,早花海棠的童期只有 1~3 年。

童期内实生树只进行营养生长,无论采取何种人工措施一般均无法诱导开花。植株地上部、地下部进行旺盛的离心生长并迅速扩大,植株在高度、冠幅、根系长度、根幅等方面均生长很快,达到根深叶茂以形成良好的树体结构,通过不断扩大的光合面积进行旺盛的光合作用,制造并积累大量的糖分,为营养生长转向生殖生长做好形态和物质准备,并逐渐具备形成性器官的能力。一般实生树树冠上部的枝、芽、叶会表现出栽培性状,而下部的枝、芽、叶则表现出幼年或野生性状,即使是实生大树基部长出的不定芽枝,仍具有幼年的性状,随后必须继续生长并进行阶段转化过渡到成熟期才会开花结果。

虽然一般以开花作为童期结束的标志,但有些柑橘实生苗会在 1 年生时即开花,而后持续生长 10 年也无法进入开花阶段,这种早熟开花(precocious flowering)的现象说明童期的结束不可仅基于出现开花特性这个单一表征,而是要结合其他营养器官童期性状的消失和成年特性的出现进行综合判断。

果树在童期内表现出诸多特性,一般表现为枝条直立生长,具有针刺和针枝,密集而分枝角度大,叶片小而薄且芽体较小。在组织水平上,枝条木质部发达并以木质纤维为主,导管少;叶肉细胞发育差,栅栏组织和叶脉不发达,叶片单位面积上的气孔也较少。在生理生化和分子水平上,枝条的呼吸强度高,还原糖、淀粉和蛋白质等含量均低;梢尖所含的赤霉素比成年阶段的梢尖中含量多;童期叶片 RNA 含量低,RNA/DNA 比值也较低,与开花有关的基因则无法表达。

3. 成年期 实生树进入性成熟阶段(具有开花潜能)后,在适宜的条件下可随时开花结果,这个阶段称为成年阶段,具体是指从树体具有稳定开花能力时起到开始出现衰老特征时止的时间段。成年期的果树可连续多年自然开花结果,即生理上达到完全性成熟,可以逐年产生种子繁衍后代;生命活动旺盛,新生枝条每年生长健壮,形成基本稳定的树形结构;连年开花结果、产量稳定、果品质量优,是栽培果树的主要生产阶段。树种和品种、树体营养状况、结果的数量、环境条件和栽培管理等均会影响成年期的长短,而根据结果的数量又可将此阶段划分成结果初期、结果盛期和结果后期。

(1)结果初期。此阶段指实生树从植株第 1 次开花时始到大量开花时止。其特点是树冠和根系仍加速扩大,是离心生长最快的时期;树体叶片的光合同化面积不断加大,能达到或接近最大营养面积;结果部位的叶面积逐渐达到定型的大小,但结果部位的枝条仍处于童期;部分枝条先端开始形成少量花芽,但花芽的质量较差,部分花芽发育不全,坐果率也低,因此植株虽能年年开花和结实,但数量少,生成的果实一般较大、含水量多、皮较厚、味较酸、品质较差。

(2)结果盛期。结果盛期指树体进入大量结果的时期,一般会按顺序经历大量结果、稳产高产、大小年现象和产量下降这几个阶段。此阶段内树冠的分枝级数逐渐增多并达到最大限度,年生长量逐渐趋于稳定;树冠的下部仍表现为童性,而叶、芽和花等在形态上表现出该树种的固有特性;生长、结果和花芽形成达到平衡，叶果比例适当，花芽容易形成；产量逐年增加并达到最高水平，果实大小、形状和风味均达到本品种的最佳状态。

矮化砧苹果树在发育4～6年后即可进入盛果期，而乔砧苹果树则至少需要7～8年甚至10年左右的发育才可进入盛果期；密植桃第2年即可进入盛果期，而一般栽植则需4～5年进入盛果期；葡萄3～4年即可进入盛果期；杏、李、梨3～4年可进入盛果期；山楂4～5年进入盛果期；柑橘在中亚热带地区正常的栽培条件下，实生树需要7～8年开始结果，而嫁接树只需要3～4年。以苹果为例，在盛果期，营养生长与生殖生长达到平衡并以结果为主，内膛光照不良并出现秃裸，结果部位外移，地上部和地下部的衰老加剧，新梢变短，短枝和短果枝大量形成，有些品种如富士的大小年现象会变得明显。

（3）结果后期。结果后期是指从高产稳产到开始出现大小年直至产量明显下降并不能恢复经济效益的时期。此阶段中，新梢生长量变小，果实也逐渐变小，果实含水量少而含糖量较高；主枝先端开始衰枯，骨干根生长逐步衰弱并相继死亡，因此根系分布的范围逐渐缩小；树体对环境的适应力逐渐变差。苹果、梨、桃多表现为结果枝群缩短，结果枝逐渐加速死亡，向心生长加速，骨干枝下部光秃。

4. 衰老期 衰老期指树体生命进一步衰退的过程。该阶段中树体产量明显降低到几乎无经济效益，生长显著减弱直至植株死亡。其特点是骨干枝、骨干根大量死亡，营养枝和结果母枝越来越少，结果少且品质差，枝条纤细且生长量很小，树体平衡遭到严重破坏，树冠更新复壮能力很弱，抗逆性显著降低，易受病虫危害，木质腐朽，树皮剥落，树体衰老，逐渐死亡。由于骨干枝特别是主干过于衰老，除少数树种（如某些柑橘类）外，更新复壮的可能性很小。此时需要砍伐清园，另建新园。

（二）木本园艺植物的年生长周期

木本园艺植物在一年中随外界环境条件的变化出现一系列的生理与形态的变化，并呈现一定的生长发育规律性，这种随气候而变化的生命活动过程称为年生长周期或年周期。多年生植物的生命周期由多个年生长周期组成，而年生长周期正是植物发育呈规律性前进的基础所在。不同植物在不同地域由于立地条件的巨大差异，生长发育规律的差异也很大，其年周期一般可归结为生长期和休眠期两个时期。

树体的生长和发育在一年中随着季节的变化表现出一定的节奏性和规律性，所经历的具有明显外观标志和实际意义的生长动态时期，称为物候期或者物候现象。一般包括根系活动期、萌芽期、开花期（初花期、盛花期和终花期）、展叶期、新梢生长期、果实发育成熟期、花芽分化期和落叶期等8个主要时期。植物的物候期具有以下特点：①物候期的进行具有顺序性；②物候期在一定条件下具有重演性；③物候期具有重叠性，同一时期同一树体上可同时表现为多个物候期。

木本园艺植物年周期内的不同物候期及其进程与树种或品种的遗传特性有关。常绿果树如柑橘没有明显的休眠期，而落叶果树有明显的休眠期。梨、桃、李等果树先开花后展叶，而苹果先展叶后开花；一般果树开花期多在春季，但枇杷在冬季开花，金柑则可在夏、秋多次开花。

1. 落叶木本园艺植物的年生长周期 落叶木本植物如苹果、梨、山楂、桃、杏、李、梅、枣、柿和石榴等果树或其他木本蔬菜和花卉的季相变化明显，年周期可区分为生长期和休眠期。从春季开始萌芽生长，至秋季落叶前为生长期，是树木年周期中最长的一个阶段；落叶后至翌年萌芽前，树体为适应冬季低温等不利的环境条件处于休眠状态，为休眠期。

（1）生长期。落叶树木进入生长期以后，地上部和地下部器官分别开始活动，叶芽、花芽和根系在发育过程中按顺序发生规律性的变化。树体萌芽一般视为生长期的开始，但根系的活动要早于芽的萌动；全年发育过程中出现的物候期按顺序大致为萌芽期、开花期、新梢生长期、花芽分化期和果实发育期。具体来说，叶芽的发育会经过膨大期、萌芽期、新梢生长期、芽分化期和落叶期；花芽的发育经过膨大期、开花期、坐果期、生理落果期、果实生长期和果实成熟期；根系的发育则经历开始活动期、多次生长高峰期和停止活动期。以特早熟苹果品种辽伏（老笃×祝光）为例，其一年生枝可在第2年形成花芽，第3年即可结果，当年结果枝的发育时间较短，从落花到果实成熟只需60d，在辽宁省南部栽种的辽伏7月上旬可达到果实成熟，而多数苹果品种的成熟期在秋季。

（2）休眠期。树体的芽或其他器官生长暂时停顿，仅维持微弱的生命活动的时期为休眠期，是落叶树木应对低温逆境的进化适应性，可分为自然休眠和被迫休眠两种类型。随秋季气温降低和顶芽的形成，大量叶片持续进行旺盛的光合作用并将合成的光合同化产物通过长距离运输至贮藏器官或者向根部分配，完成养分的积累和贮藏，为树木越冬和翌年生长做好生理和物质准备。小枝、细弱枝进入休眠早，地上部主枝、主干进入休眠较晚；幼年树比成年树进入休眠迟，通过休眠也晚于成年树；早形成的芽进入休眠早；花芽较叶芽进入休眠早，顶花芽较腋花芽进入休眠早；根颈部进入休眠最晚，而通过休眠最早。

自然休眠是由植物体内部生理过程决定的，要求持续一定时期的低温才能顺利通过自然休眠而进入生长，此时即使给予适宜生长的环境条件仍不能萌芽生长，必须经由低温解除休眠后才能正常萌芽生长。一般植物自然休眠期自当年12月始，至翌年2月止。木本花卉月季的生长期为3—11月，当气温低于15℃以后，新芽即基本停止生长，开始进入准备休眠的状态，低于5℃后开始休眠。对于落叶果树，只要枝条在秋冬季能及时停止生长和按时成熟，生理活动逐渐减弱并正常落叶，即可顺利进入并通过自然休眠。

被迫休眠是指植物已经顺利通过休眠，但由于不利的外界环境条件（低温、干旱等）的胁迫而暂时停止生长的现象，逆境消除即恢复生长。常绿果树的根系休眠即属于被迫休眠。

以中原牡丹（落叶灌木类观赏植物）为例，从每年2月至10月下旬叶片枯落进入休眠期，整个年生长周期可以细致划分为鳞芽萌动期、显蕾期、跳蕾期、幼蕾期、展叶期、透色期、开花期、叶片生长期、鳞芽生长分化期、花芽分化期、落叶期和相对休眠期。在相对休眠期内，从外部看植株已经停止生长，但内部生理还在发生进一步变化以完成花芽的后熟。

2. 常绿木本园艺植物的年生长周期　常绿植物因终年有绿叶存在，生长周期不如落叶果树那样在外观上有明显的生长和休眠现象。但常绿植物并非不落叶，而是叶的寿命较长，多在1年至多年，每年仅脱落一部分老叶，同时又能增生新叶，因此全树终年连续有绿叶。常绿果树如柑橘类也存在相对休眠期，一般介于11月中下旬至翌年3月上中旬，此阶段内气温下降，植株基本停止生长。

二、草本园艺植物的生长发育特点

草本园艺植物主要指一二年生蔬菜和花卉，也包括多种多年生草本植物。多年生草本蔬菜常见的有金针菜、菊芋、黄花菜、百合、食用大黄、辣根、韭菜、水芹、土洋参、款冬和菊花脑等。多年生草本花卉则包括两种类型，一种为地上部分终年常绿型，如文竹、虎皮掌、万年青、书带草和麦冬等；另一种的地上部分在冬季时枯死，翌年春暖后会重新萌发生长形成新株，如菊花、萱草、芍药、鸢尾，以及春植球根类的唐菖蒲、大丽花等。

（一）一二年生草本园艺植物的生长发育特点

一二年生草本园艺植物的生命周期很短，从种子到种子的生命周期通常在1~2年内完成，虽生命周期很短，亦如上述木本植物，一二年生草本园艺植物需经历种子期、营养生长期和生殖生长期3个生长时期。

一年生蔬菜如黄瓜、番茄、茄子、辣椒和菜豆等播种当年即可开花结实并完成生命周期。其生长特点是在幼苗生长不久就开始花芽分化，比如黄瓜和番茄分别在幼苗展开第1片或第2~3片真叶时就已开始花芽分化，在整个生命周期内营养生长与生殖生长几乎同时进行。

二年生蔬菜在播种当年只进行营养生长，经过一个冬天后在翌年春天开花结果，如大白菜、胡萝卜、甘蓝等。该类蔬菜的特点是营养生长和生殖生长有明显的界线，整个生长周期跨越两年，在越冬期间的休眠或者半休眠状态下完成花芽分化。

一二年生花卉则包括春季播种秋季采种的一年生花卉及秋季播种翌年春末采种的二年生花卉，如百日草、凤仙花、金盏菊、三色堇等。目前在生产上，很多多年生的草本花卉如雏菊、石竹、金鱼草和一串红等也常做一二年生栽培。

1. 种子期 从卵细胞受精发育成合子开始，至种子发芽为止为种子期。

2. 营养生长期 营养生长期一般持续3~5个月，此阶段内主要进行根、茎、叶等器官的生长和营养物质的积累，一般可分为幼苗期、营养生长盛期、产品（贮藏）器官形成期和贮藏器官休眠期。幼苗期绝对生长量很小，但代谢旺盛、生长迅速，果菜类蔬菜会在此时开始进行花芽分化。二年生的根茎叶类蔬菜、薯芋类和葱蒜类则会在营养生长盛期进行旺盛的地上部生长，为后续形成叶球、肉质根和鳞茎等贮藏器官奠定营养基础。二年生蔬菜会随后进入贮藏器官形成期，此时营养生长速度减缓，同化作用依然大于异化作用，产生的养分则积累在各个贮藏器官中。之后，有些二年生蔬菜会进入自然生理休眠期；而大部分蔬菜则是强迫休眠，如大白菜和萝卜，它们的贮藏器官形成后，一旦遇到合适的条件即可抽薹开花。

3. 生殖生长期 生殖生长期可分为花芽分化期、开花期和结果期。对一二年生花卉来讲，在此阶段内植株大量开花，花色、花型最具代表性，是观赏盛期。自然花期因种属或品种的不同会有较大差异，一般可持续1~2个月。很多秋播花卉如金盏菊、雏菊等需要经过低温春化作用来完成成花诱导；典型的长日植物或短日植物则可以通过调控光周期来诱导花芽分化；少数叶菜如菠菜、茼蒿等也需要长日照；而莴苣是叶、根菜类中唯一需高温诱导花芽分化且在温暖长日照条件下可促进抽薹的蔬菜。对于茄果类、瓜类和豆类蔬菜来说，结果期是产量形成的最关键时期，一般会在结果的同时仍在进行旺盛的营养生长，以期达到最佳产量。

这3个发育阶段的划分是基于大部分一二年生植物发育规律得来的，但不是绝对的，对于某一种蔬菜或者花卉来说，并不一定具备所有的发育阶段。比如，一年生果菜类就没有贮藏器官形成期和休眠期，无性繁殖的薯芋类蔬菜和很多花卉都没有种子期。

（二）多年生草本园艺植物的生长发育特点

多年生草本园艺植物具有同木本植物相似的生长发育周期，但其寿命较短，只有几年或十数年，故而各个生长发育阶段均相对短些。多年生草本植物会在播种或栽植的当年就开花、结果或者形成产品，当冬季来临时，地上部枯死，完成一个生长周期，翌年重新发芽生长，年复一年，重复进行。

韭菜为多年生宿根性蔬菜，生长周期包括营养生长（发芽期、幼苗期、营养生长期、越冬休眠期）和生殖生长两个阶段，二者交替进行，一般4~5年后分蘖能力减弱，生长势降低，逐渐进入衰老阶段。

多年生宿根草本花卉芍药的芽为地下鳞芽，由顶端生长点、芽鳞、芽鳞腋内的叶原基、叶原基腋内的腋芽原基、苞片原基、萼片原基、雄蕊原基和雌蕊原基组成。芍药主栽品种紫凤羽的鳞芽在每年4—10月进行营养生长，其中4—6月为营养生长前期，7—9月为营养生长中期，10月为营养生长末期；11月至翌年3月进行花芽分化，11月10日至翌年2月10日为花瓣原基分化期，2月10日至3月21日为雄蕊原基分化期，3月21日至3月31日为雌蕊原基分化期。

秋菊的地上部分在隆冬时节完全枯萎，以宿根越冬，而根茎仍在地下不断发育；翌年春季，根际的茎节萌发，长成新株并进入苗期；苗期植株生长缓慢，达到10cm高后生长逐渐加快，达到50cm高后开始大量分枝；植株发育到9月中旬不再增高和分枝，9月下旬现蕾，10月中下旬开花，11月上中旬进入盛花期，花期 30～40d，随后进入另一个生长循环。

思考题

1. 简述园艺植物地上部和地下部的关系及其相互作用。
2. 简述果树大小年产生的原因与调控方法。
3. 简述园艺植物落花落果的原因与调控方法。
4. 简述园艺植物营养生长与生殖生长的关系。
5. 什么叫完全花？生产上园艺植物花期调控的措施有哪些？
6. 园艺植物自交不亲和性给生产带来的优势和弊端分别是什么？
7. 请介绍果实发育成熟期间主要成分的变化特征。
8. 简述花芽分化的定义。
9. 影响花芽分化的因素有哪些？
10. 落叶果树的休眠可分为哪几种类型？各有什么特点？

主要参考文献

《蔬菜栽培技术》编委，2017. 蔬菜栽培技术. 西宁：青海人民出版社.
陈清，陈宏坤，2016. 水溶性肥料生产与施用. 北京：中国农业出版社.
陈义群，董元华，2008. 土壤改良剂的研究与应用进展. 生态环境，17（3）：1282-1289.
范双喜，李光晨，2007. 园艺作物栽培学. 2版. 北京：中国农业大学出版社.
葛均青，于贤昌，王竹红，2003. 微生物肥料效应及其应用展望. 中国生态农业学报，11（3）：87-88.
贾文庆，陈碧华，2017. 园艺作物生产技术：上册. 北京：中国农业出版社.
雷靖，梁珊珊，谭启玲，等，2019. 我国柑橘氮磷钾肥用量及减施潜力. 植物营养与肥料学报，25（9）：1504-1513.
刘嘉芬，2015. 果树施肥. 济南：山东科学技术出版社.
罗正荣，2005. 普通园艺学. 北京：高等教育出版社.
吕英忠，梁志宏，2011. 果园土壤管理的方式与应用. 山西果树（3）：25-27.
宋志伟，邓忠，2018. 果树水肥一体化实用技术. 北京：化学工业出版社.
隋好林，王淑芬，2018. 设施蔬菜水肥一体化栽培技术. 北京：中国科学技术出版社.
王志刚，崔秀峰，高文胜，2018. 水果绿色发展生产技术. 北京：化学工业出版社.
吴普特，牛文全，郝宏科，2002. 现代高效节水灌溉设施. 北京：化学工业出版社.
曾德超，因·古德温，黄兴发，等，2002. 果园现代高科技节水高效灌溉技术指南. 北京：中国农业出版社.
张凯，冯推紫，熊超，等，2019. 我国化学肥料和农药减施增效综合技术研发顶层布局与实施进展. 植物保护学报，46（5）：943-953.
甄文超，代丽，胡同乐，等，2004. 连作对草莓生长发育和根部病害发生的影响. 河北农业大学学报，27（5）：68-71.
中华人民共和国农业部种植业司，2018. 设施蔬菜灌溉施肥技术通则：NY/T 3244—2018. 北京：中国农业出版社.
中华人民共和国住房和城乡建设部，中华人民共和国国家质量监督检验检疫总局，2018. 节水灌溉工程技术标准：GB/T 50363—2018. 北京：中国计划出版社.
Rai M, Varma A, 2005. Arbuscular mycorrhiza—like biotechnological potential of Piriformospora indica, which promotes the growth of Adhatoda vasica Nees. Electronic Journal of Biotechnology, 8（1）：1-6.
Raphael Anue Mensah, Dan Li, Fan Liu, et al, 2020. Versatile Piriformospora indica and its potential applications in horticultural crops. Horticultural Plant Journal, 6（2）：111-121.
Verma S, Varma A, Rexer K H, et al, 1998. Piriformospora indica, gen. et sp. nov., a new root-colonizing fungus. Mycologia, 90（5）：896-903.

第四章 环境条件对园艺植物的影响

园艺植物的环境是指其生存地点周围空间内一切因素的总和。单株园艺植物之间也互为环境因子。在长期的系统发育过程中，每一种园艺植物都适应了一定的环境条件，因此其生长发育和产品器官的形成也需在这些条件下进行。在环境与园艺植物之间，环境起主导作用。对园艺植物起作用的环境因子称为生态因子，其中包括：

①气候因子（climatic factor），包括温度、水分、光、空气等。
②土壤因子（edaphic factor），包括土壤质地、温度、水分、通气性和pH等。
③生物因子（biotic factor），包括动物、植物、微生物等，从广义来说人类社会也包括在内。
④地形因子（topographic factor），包括地形类型（山地、平原及洼地）、坡度、坡向和海拔等。
⑤人为因子（anthropogenic factor），包括人类活动对生物和环境的影响。

上述因子构成了园艺植物的生存环境，所有的生态因子协同对园艺植物发生综合作用并影响其表型，其中有些是直接影响的生态因子，为园艺植物生存的必要条件，如光照、温度、空气、水分、土壤等；其他如地形、风、人类活动等则是间接影响的生态因子。

园艺种植园是个动态平衡的人工生态系统，园艺作物栽培的主要目标就是根据社会经济条件，效法拟自然，保持生态平衡，创造适宜的环境条件，提高园艺产品的产量和品质。园艺作物的种类繁多，原产地遍及全球，各自对环境条件的要求相差极大。因此，了解环境条件对园艺作物生长发育的影响是实现园艺种植园科学管理的基础。

第一节 温　　度

温度是影响园艺植物生存和分布最重要的生态因子之一，它通过影响园艺植物的生理代谢活动来调控其生长发育，而温度周期性的变化则作为一种信号使园艺植物感受季节的交替。自然界的温度变化具有周期性和规律性，园艺植物长期在某一地区生活后，其系统发育便适应了当地的温度环境条件，否则，它们在该地区就会逐渐消失甚至绝迹。因此，温度在园艺植物的生命周期中发挥着重要作用，其中影响较大的因素有温度三基点、有效积温和温周期等。

一、温度三基点

（一）温度三基点

1. 温度三基点的定义　植物的生长发育是内部遗传机制和外部环境条件综合作用的结果。作为调控植物生长发育的关键环境因素之一，温度发生很小的变化都会对植物的生长代谢产生明显影响。各种园艺植物在不同的生长发育阶段对于温度都有一定的要求，都有各自的最低温度、最适温度和最高温度3个基点。最低温度和最高温度分别是园艺植物生长适应温度的最低点和最高点，在两者之间的温度范围内，园艺植物才能正常生长。最适温度就是生长速度最快的温度，称为最适点。

需要注意的是，最适点虽然是生长最快的温度，但对于园艺植物的健康来说，却并不一定是最适宜的。因为在这样的温度条件下，植株虽然光合速率最高、生长最快，但同时物质消耗也最多。遇到倒春寒等不利的环境条件时，嫩芽和幼苗很容易受到损伤；二年生蔬菜如果越冬时生长过旺，其抗寒性也会降低。北方地区在保温设施内育成的蔬菜、花卉幼苗，在移栽前需要适当降低温度，减缓植株生长，提高其对外界或露地环境的适应能力。

2. 不同园艺植物的温度三基点 生长温度的三基点随园艺植物地理起源的不同而不同。起源于严寒地区的园艺植物，能在气温为0℃甚至稍低于0℃的条件下生长，其生长的最适温度通常在10℃以下；大部分起源于温带地区的园艺植物，在5℃或10℃以下几乎没有可觉察的生长，它们的生长温度最适点通常是25~30℃，最高点是35~40℃；而对起源于热带和亚热带的园艺植物来说，其生长的温度三基点更高一些，最低温度在10℃左右，最适温度为30~35℃，最高温度可达45℃。

为了给园艺植物的生长发育创造适宜的温度条件，实际生产中采用多种措施调控环境温度。在冬季和初春，为了提高温度，多利用日光温室、塑料大棚等进行促成栽培；在夏季，尤其是7、8月高温时段，多利用遮阳网、凉棚等进行降温栽培。

3. 园艺植物不同发育阶段的温度三基点 同一园艺植物在不同的发育时期，其生长温度三基点也会发生变化。在从出苗到开花结果的生长时期，一年生园艺植物对温度的要求恰好与自然界早春到初秋这一段时期的气温变化相吻合。因此，在园艺植物栽培中，应事先了解其生长对温度的要求，特别是从外地引种时尤其要注意，以免引起不必要的损失。

(二) 园艺植物生长发育对温度的要求

1. 果树生长发育对温度的要求 果树在萌芽后转入旺盛生长期时，要求较高的温度，一般落叶果树为10~12℃，常绿果树为12~16℃。早春气温对果树萌芽、开花有很大影响。小岛（1940）认为，果树开花期受3月气温的影响较大，温度高则开花早，温度低则开花晚。有人根据对苹果所做的调查认为，开花期与积温有关，开花前20d开始的10d内最高气温的平均值高，则开花早。据孟秀美（1981）对国光苹果的研究，花前旬平均气温、旬平均最高气温和旬平均最低气温的积算值，分别与开花早晚成明显的负相关（相关系数r分别为-0.815、-0.839、-0.815），并且旬平均最高气温积算值每升高1℃，花期相应提早1.15 d。在果树生产中根据气温积算值预测花期，可为花前喷药、人工辅助授粉以及疏花疏果等做好必要的准备。

除开花外，温度还是影响果树花芽分化的基础因素之一，适宜的温度更容易多成花、成优质花。一般来说，20~30℃的温度有利于花芽的形成，温度过高或过低，尤其是持续性的高温或低温，都会对花芽的分化和形成产生严重不利影响。一般落叶果树花芽分化多开始于夏季高温时期，此阶段尤其是6月中旬至7月上中旬的最低气温与花芽形成率有关。热带和亚热带果树的花芽分化发生在气温相对较低时，如柑橘在9月至翌年1月，荔枝在10月至翌年2月，芒果在11月至翌年2月，龙眼在1—2月。

温度对果树果实的品质、色泽和成熟期也有着直接的影响。一般情况下，温度高则果实糖酸比值较高，果实着色好，品质也佳；反之，则糖酸比值较低，品质差。例如，广东种植的柑橘采收时的含酸量在1%以下，而四川、湖北等地则为1.5%以上。这是因为果实成熟时酸的分解需要一定的温度，而酒石酸分解的温度高于苹果酸，故酒石酸含量较高的葡萄成熟时所需要的温度要高于苹果。柠檬酸分解所需的温度更高，所以柑橘成熟时尚有余酸。但如果温度超过一定的限度，反而不利于果实品质的形成。相比平原地区，光照较强、温度较低、海拔较高的山丘地带的果实色泽更好，如我国西北高原生产的果实，其色泽和风味均有较高水平。不易着色的苹果品种祝，在内蒙古和西北地区变成有红色的果实，原来的红色果实则着色更浓。实践证明，采用喷灌等措施有助于降低气温、增加果实着色。

2. 蔬菜生长发育对温度的要求 同一种蔬菜在其不同的生长发育阶段，要求不同的温度。对大多数蔬菜而言，种子发芽期要求较高的温度，营养生长期的温度可以稍低，开花结果期又要求较高的温度。

一般喜温的蔬菜，种子发芽温度以 25～30℃ 为最适；耐寒蔬菜的种子发芽温度为 10～15℃，甚至更低。在蔬菜种子萌动后再经过几天的低温冷藏处理，可以促进种子发芽。蔬菜幼苗期最适宜的生长温度，比种子发芽期要低些。苗期温度过高，容易徒长，使幼苗生长瘦弱，形成高脚苗。营养生长期要求的温度比幼苗期要高些，如二年生蔬菜大白菜、甘蓝等，在叶球形成期，温度要低些，温度过高容易造成结球不紧实。另外，根菜类蔬菜肉质根的形成也要求较低的温度。到生殖生长期，如抽薹、开花、结果期，则要求充足的阳光和较高的温度；到了种子成熟期，要求更高的温度。

另外，对蔬菜植物来说，即使是同一种蔬菜在同一生长阶段，其不同部位的最适生长温度也有差别，根、茎、叶、花、果等器官在同一时期对温度的要求并不完全一致。一般来说，根生长的温度三基点较芽生长的高。

3. 花卉生长发育对温度的要求 花卉植物在不同发育阶段甚至不同器官对温度也有不同的要求。在播种和扦插时，一般都要求较高的温度，幼苗期要求则比较低，特别是二年生草本花卉，在苗期大多需要经过一段 1～5℃ 的低温才能通过春化阶段，否则不能进行花芽分化；当植株开始营养生长后，需要温度不断升高；而开花和结实阶段大多不需要很高的温度。先花后叶的梅花，花芽生长的温度就低于叶芽萌动生长的温度。同一球根花卉生长与休眠的温度要求也明显不同。

另外，温度对花卉植物的株型、花色及花香等观赏品质也有明显影响。适当的低温可促使花卉植物的株型紧凑，而适宜的高温则刺激节间伸长，有利于创造层次分明的株型。同时，温度对决定花色的黄酮类、花青素类、单宁等物质，以及决定花香的萜类挥发油和芳香性挥发物质的代谢均有重要影响。

（三）园艺植物对温度反应的类型

1. 果树对温度反应的类型 根据果树对不同温度的适应性和忍耐性，将果树分为寒带果树、温带果树、亚热带果树和热带果树等 4 类。

（1）寒带果树。寒带果树能抵抗 −40～−30℃ 的低温，如山葡萄、山定子、秋子梨、醋栗等。

（2）温带果树。温带果树分布于温带地区，秋冬落叶，如苹果、梨、山楂、桃、李、梅、杏、樱桃、板栗、枣、核桃、柿、葡萄等。

（3）亚热带果树。亚热带果树适应于亚热带气候，通常需要短时间的冷凉气候（10～13℃，1～2 个月），以促进开花结果，有常绿果树和落叶果树两种类型。常绿果树有柑橘类、荔枝、龙眼、杨梅、枇杷、橄榄、苹婆等，落叶果树有扁桃、猕猴桃、无花果、石榴、余甘等。

（4）热带果树。分布在热带地区的常绿果树，其中一般热带果树包括番荔枝、人心果、番木瓜、香蕉、菠萝等，纯热带果树包括榴莲、山竹、面包果、可可、槟榔等。

2. 蔬菜对温度反应的类型 根据蔬菜对温度要求的不同，将其分为多年生耐寒蔬菜、耐寒蔬菜、半耐寒蔬菜、喜温蔬菜、耐热蔬菜等 5 类。

（1）多年生耐寒蔬菜。如金针菜、韭菜、石刁柏等，其地上部能耐高温，冬季地上部枯死，而以地下部越冬，能耐 0℃ 以下甚至 −15～−10℃ 的低温。

（2）耐寒蔬菜。如菠菜、大葱、大蒜以及白菜类中的某些耐寒品种，能耐 −2～−1℃ 的低温，短期内可以耐 −10～−5℃ 的低温。同化作用最旺盛的温度为 15～20℃，在黄河以南及长江流域可以露地越冬。

（3）半耐寒蔬菜。如萝卜、胡萝卜、芹菜、白菜类、甘蓝类、莴苣、豌豆、蚕豆等。这类蔬菜不能忍耐长期 −2～−1℃ 的低温，在长江以南均能露地越冬，在华南各地冬季可以露地生长。半耐寒蔬菜的同化作用以15～20℃最强,超过20℃时同化作用减弱,并且同化作用所积累的物质几乎全被呼吸作用所消耗。

(4) 喜温蔬菜。如黄瓜、番茄、茄子、辣椒、菜豆等。这类蔬菜同化作用的最适温度为20～30℃,超过40℃时生长几乎停止;低于10～15℃时,授粉不良,引起落花。在长江以南可以春播或秋播,北方则以春播为主,使蔬菜结果期恰好处于温度适宜、不冷不热的季节。

(5) 耐热蔬菜。如冬瓜、南瓜、丝瓜、西瓜、豇豆、刀豆等。这类蔬菜在30℃左右的同化作用最高,其中西瓜、甜瓜及豇豆等在40℃高温下仍能生长。不论是华南或华北,都是春季播种、夏秋收获,生长期处于一年中温度最高的季节。

3. 花卉对温度反应的类型 根据花卉植物耐寒性的差异,一般把花卉分为耐寒花卉、半耐寒花卉和不耐寒花卉等3类。

(1) 耐寒花卉。多产于寒带和温带,主要包括大部分多年生落叶木本花卉、松柏科常绿针叶观赏树木和部分落叶宿根及球根类草本花卉。这类花卉植物一般可以忍耐-10～-5℃的低温甚至更低,在我国北方可以露地自然安全越冬,如忍冬、蔷薇、玫瑰、紫薇、木槿、丁香、紫藤等。

(2) 半耐寒花卉。多原产于温带和亚热带北缘,主要包括部分二年生草本花卉、一些多年生宿根草本花卉和一些落叶木本花卉及常绿树种。这类花卉植物通常只能忍受轻微霜冻,在不低于-5℃的条件下大多能露地越冬。在我国长江流域都能安全越冬,在华北、西北和东北地区通过简单保温措施可以越冬,如埋土防寒、包草防寒、地窖防寒、风障防寒等。

(3) 不耐寒花卉。多原产于热带和亚热带地区,生长期间要求较高的温度,不能忍受0℃甚至5℃以下的低温。这类花卉植物中的一年生种类,可以在一年中的无霜期内完成生活史,部分草本球根和宿根花卉不能露地越冬,入冬前必须将地下部挖出,放在室内贮藏越冬,如晚香玉、美人蕉、大丽花、唐菖蒲等。

另外有一些不耐寒花卉需要在温室中越冬,称为温室花卉。根据这类花卉对越冬温度的不同要求,通常又分为低温温室花卉、中温温室花卉和高温温室花卉。低温温室花卉的耐寒性中等,冬季生长期温度需保持在5℃以上,0℃以上不至于发生冷害,要求温室温度控制在1～10℃,如倒挂金钟、马蹄莲、文竹、苏铁等。中温温室花卉冬季生长期温度需保持在8～15℃,5℃以上通常不易受到冷害,要求温室温度控制在12～26℃,如香石竹、秋海棠、龟背竹、仙客来等。高温温室花卉冬季生长期温度需保持在15℃以上,不能忍受0℃以下低温,温度低于10℃即表现生长不良,要求温室温度控制在18～32℃,如变叶木、凤梨、热带兰、龙血树等。

(四) 影响园艺植物生长发育的其他温度因素

在谈到温度对园艺植物的影响时,还要注意土温、气温和植物本身温度之间的关系。同气温相比,土温比较稳定,距离土壤表面越深,土温变化越小。所以植物根系的温度变化也比较小,根系温度与土壤温度之间的差异不大,但是植株地上部分的温度则由于气温变化的原因而变化很大。植物的根一般都比较不耐寒,但越冬的多年生园艺植物,往往地上部已经发生冻害,而根部还可以正常存活,这是由于土温比气温的变动小,冬季前者比后者略高一些。到春天回暖后,土温稍微升高,植物根系便可以生长。早春利用塑料薄膜覆盖地面,能提高土温,促进肥料分解,使植株生长发育加快,从而达到早熟丰产的目的。

许多温室花卉的播种和扦插都是在秋后至来年早春在温室或温床中进行,如果这时室内的气温高而土温很低,一些种子就不能正常发芽,扦插的插穗则先萌芽而不发根。在这种情况下,萌发的新梢会将枝条内贮藏的水分和养分很快消耗掉,出现回芽现象并造成插穗死亡。因此,必须提前进行地膜覆盖,待土温升高后再进行播种或扦插,这样才能保证种子萌芽出土和插穗发根,从而提高植株成活率。

二、有效积温

(一) 园艺植物对有效积温的要求

1. 有效积温的定义 园艺植物要完成其生活周期，必须要达到一定的温度积累量。其他条件都基本满足时，能使园艺植物开始生长发育的最低日平均温度称为生物学零度，高于或等于生物学零度的日平均温度称为活动温度。只有在活动温度条件下，才能促进园艺植物的生长发育，因此，活动温度与生物学零度的差值称为该园艺植物的生物学有效温度，生物学零度也称为生物学有效温度的起点。园艺植物生育期内活动温度的总和称为活动积温，简称积温，用 d·℃ 表示，而生育时期内生物学有效温度的总和称为生物学有效积温，简称有效积温。

2. 不同园艺植物的生物学零度 一般来说，原产于热带地区的园艺植物具有较高的生物学零度，如仙人掌类植物为 15～18℃；而原产于寒带的园艺植物具有较低的生物学零度，如雪莲为 4℃；原产于温带的园艺植物的生物学零度则介于上述两者之间。一般落叶果树的生物学有效温度起点多在 6～10℃，常绿果树在 10～15℃。

3. 不同园艺植物对有效积温的要求 园艺植物在生活周期内，从萌芽到开花和果实成熟都要求有一定的有效积温，而不同园艺植物要求不同的有效积温数与其原产地有关。一般原产于北方的园艺植物适应凉爽的夏季，发芽、生长发育、开花结果需要的温度较低，因而要求较少的有效积温数；而原产于热带、亚热带的园艺植物适应炎热的夏季，因而要求较多的有效积温数。赤道附近虽然属于热带地区，没有明显的四季之分，但有些地区属于海洋性气候，当地的年最高气温低于其他地区，起源于这些地区的园艺植物所要求的有效积温数也相应较少。我国北方一些地区夏季气候干燥、高温，类似于地中海型气候，有时可高达 40℃，这样的高温在赤道附近和热带高山、雨林中却并不多见，因此一部分原产于热带和亚热带的园艺植物，往往经受不住我国北方一些地区的夏季酷热，不能正常开花，或者被迫休眠。

4. 园艺植物不同品种对有效积温的要求 同一种园艺植物的不同品种对有效积温的要求也有所不同。一般来说，早熟品种对有效积温的要求较低，晚熟品种较高，中熟品种介于二者之间。由于有效积温对园艺植物生长发育的影响包括温度强度和持续时间两个方面，因此，同一园艺植物品种在不同地区对有效积温的要求也有差异。一般来说，大陆性气候地区由于春季升温快，开花物候期很快通过，其相对时间较短；海洋性气候地区春季温度变化小，积温热量上升慢，则物候期相对延长。因此，园艺植物同一品种在不同地区对有效积温的要求与生长期长短和昼夜温差有关，在生长期短、夏季温度高时，有效积温的天数缩短。

(二) 有效积温在园艺植物生产中的应用

1. 确定适宜的播种时期 由于有效积温扣除了生物学零度以下的那部分无效积温，因而比较稳定，能更准确地反映园艺植物完成生活周期对热量的需求。因此，根据园艺植物对有效积温的要求，以及当地不同季节的温度状况，可以大致确定收获园艺产品所需的天数，并计算园艺植物适宜的播种时期。

2. 评价栽培措施的效果 根据有效积温判断园艺植物生育期的前提是其他栽培环境和栽培措施保持基本一致。如果栽培措施改变了，园艺植物的有效积温也会发生改变，这在园艺植物的设施栽培中比较常见。例如，一般条件下，番茄从出苗到花芽分化阶段需要 600℃ 左右的活动积温，如果改进了某一方面的栽培措施，如采用无土育苗、增施 CO_2 肥料、施用生物菌肥等，番茄就有可能在积温少于 600℃ 的情况下开始花芽分化。积温数的降低说明栽培措施的改进促进了番茄的生长发育。

3. 判断适宜的温度范围 一般来说，有效积温数越高，园艺植物的生长量越大。但这有一个前提，即活动温度必须处于园艺植物生长的适宜温度范围内。实际上，在计算有效积温时，除了要减去生物学零度以下的积温外，还应减去超过园艺植物生长最高温度的活动积温。如果园艺植物达到一定生育程度的积温数（或者积温数达到一定量的生育程度）偏离正常情况，说明温度的适宜程度较差。这样，经过一系列的比较试验，可以推断出园艺植物生长发育的适宜温度范围。

三、温周期和春化作用

（一）温周期

自然界的温度存在昼夜变化和季节变化，园艺植物的生长、发育和分化对这种周期性温度变化的适应性，称为温周期现象。温周期可以根据周期长短分为日温周期（即温度的昼夜变化）及年温周期（即温度的季节变化）两种，本书的温周期指的是日温周期，即温度的昼夜变化。

园艺植物白天和夜晚生长发育的最适温度不同，较高的昼温和较低的夜温，即适当的昼夜温差，对植物的生长发育是有利的。目前对于这种现象的解释是：白天，植物以光合作用为主，高温有利于光合产物的形成；夜间，植物以呼吸作用为主，低温可以降低物质的消耗，有利于糖分的积累。如果昼夜温度不变，园艺植物的生长反而不如变温环境。如豌豆生长在昼温20℃、夜温14℃下的植株，比生长在20℃恒温下的要健壮得多。

一般而言，热带地区的园艺植物，要求的昼夜温差较小，为3～6℃；温带地区的园艺植物为5～7℃；沙漠或高原地区的园艺植物则为10℃以上甚至更大。昼夜温差并非越大越好，而应有一定的范围。正如昼温不能太高一样，夜温也不能过低，过低的夜温对生长反而不好。研究表明，番茄的生长发育以昼温26℃和夜温17℃最为适宜。

温周期也影响园艺植物的花芽分化。比如，番茄营养生长适宜的温度一般为20～25℃，但15～20℃的低夜温往往有利于花芽的提早分化，降低花序的着生节位。昼温20～25℃、夜温比昼温低5～10℃，有利于番茄的花芽分化和开花结果。如果超出这个范围或达不到这个要求，花芽分化都会延迟，并且花数减少、花径变小、容易脱落。铁线莲品种蓝焰在昆明比在北京的盛花期能提前15 d，这与冬春季节昆明的昼夜温差比北京大有关。

对果树而言，温周期对果实的品质有着明显的影响，昼夜温差大，糖分积累水平高，果实风味浓。对花卉来说，适宜的昼夜温差有利于塑造健壮而优美的株型，在变温和较大温差下，开花多且大，果实也更充实，观赏价值更高。

（二）春化作用

一些二年生园艺植物经过一定时间的低温诱导才能抽薹开花，这种低温促进植物发育的现象称为春化作用。春化作用是温带植物发育过程中表现出来的特征。在温带地区，由于日照的影响，温度随季节的变化十分明显，所以该地区的许多园艺植物表现出发育过程中要求低温的特性。

根据通过春化作用的时期和特点，可将园艺植物分为种子春化型和绿体春化型。对于种子春化型园艺植物来说，其在种子萌动后即可感受低温信号而通过春化阶段，如白菜、芥菜、萝卜、菠菜等。对于绿体春化型园艺植物来说，其幼苗必须长到一定大小后才能感受低温信号而通过春化阶段，如甘蓝、洋葱、大蒜、大葱、芹菜等。这个"一定大小"可以用生理年龄、茎粗、叶数或叶面积等表示。需要注意的是，大白菜等种子春化型园艺植物并不是只能在种子萌动时才能感应低温，如果幼苗已经长大，对低温的反应可能更敏感。

不同园艺植物通过春化对低温的要求也有一定的差别，对大多数植物来说，春化温度的范围为0～15℃，其中1～2℃最为有效；低温持续时间的长短因品种而异，从4 d到60 d不等。绿体春化型园艺植物通过春化作用受到植物苗龄、发育程度和低温程度、持续时间的影响。苗龄相同，大苗易感受低温；幼苗大小相同，苗龄长的易感受低温。

在春化过程完成之前，把园艺植物放到较高温度下，低温诱导开花的效果会被消除，导致不能开花，这种现象称为脱春化作用。一般园艺植物脱春化的温度为25～40℃，春化时间越长，脱春化越困难，而一旦植株通过了春化作用，即使放在高温下，也不会引起脱春化作用。脱春化之后，如果再给予低温处理，园艺植物会被再度春化。利用脱春化作用可以防止园艺植物开花，例如在春季种植前，将越冬贮藏的洋葱鳞茎先用高温处理进行脱春化，可以防止洋葱在生长期开花而获得大鳞茎。

从春化作用的分子生物学机理上看，低温处理能够引起园艺植物基因组DNA去甲基化，从而使开花抑制因子FLC（FLOWERING LOCUS C）的基因表达水平降低，从而解除FLC对赤霉素（GA）信号途径的抑制作用，进而使GA调控的开花基因得以表达，最终引起园艺植物开花。研究表明，低温春化处理后，大白菜基因组DNA甲基化水平明显下降，而经过高温脱春化处理后，DNA甲基化又恢复到春化作用前的水平。

四、高温和低温对园艺植物生长发育的影响

园艺植物生长发育都有其最适宜的温度范围，但在自然条件下温度的变化很大，有时会超出这个范围。环境温度高于适宜温度范围的上限（即最高温度），会对园艺植物形成高温胁迫；环境温度低于适宜温度范围的下限（即最低温度），会对园艺植物形成低温胁迫。高温胁迫和低温胁迫都会引起园艺植物产生各种生理障碍，不仅造成产量下降、品质变劣，甚至造成植株死亡。

（一）高温和低温的生理生化效应

高温逆境给园艺植物造成的伤害称为热害，其对园艺植物生理生化代谢的影响可分为直接效应和间接效应。直接效应包括蛋白质变性与结块、细胞膜流动性增加，间接效应则包括蛋白质合成受阻、酶活性下降、细胞膜完整性丧失，进而引起细胞内含物外渗、细胞器结构破坏等。另外，高温抑制光合作用，而加强呼吸作用，使园艺植物干物质积累减少；同时为了降温，叶片会加强蒸腾，导致气孔不能正常关闭，从而使园艺植物呈现饥饿失水状态。高温还使园艺植物原本可逆的一些生理生化代谢变为不可逆的状态，这是热害的重要一环。高温持续时间越长，或温度越高，引起的热害越严重。

根据低温程度的不同，低温逆境对园艺植物造成的伤害称为冷害和冻害，其中冷害为0℃以上低温造成的伤害，冻害为0℃以下低温造成的伤害。除此之外，还有霜冻造成的霜害，土壤结冰造成园艺植物根系吸水困难的冻旱（抽条），土壤结冰、体积膨大对根系造成机械伤害的冻拔，以及昼夜温差大、夜间气温下降快引起热胀冷缩、造成树皮纵向开裂的冻裂。

低温引起的园艺植物生理生化代谢的主要变化有：细胞膜结构由液晶相转变为凝胶相，造成细胞膜透性增大、内含物外渗，膜结合蛋白丧失活性，细胞内代谢活动紊乱，光合速率下降。冻害还会引起细胞胞间结冰和胞内结冰，除了造成水分平衡失调外，冰晶还会对细胞造成机械伤害，对园艺植物的危害更大。

（二）高温和低温对园艺植物生长发育的影响

1. 高温对园艺植物生长发育的影响 高温逆境下，园艺植物的生长发育受阻，叶片提前衰老，光合速率下降，光合产物积累减少，植株生长瘦弱。高温还能抑制园艺植物生殖生长，扰乱雌雄配子发育和授粉受精，导致落花落果。其中雄配子比雌配子对高温更敏感，高温能引起园艺植物花粉败育而产生雄性不育，还妨碍花粉的萌发和花粉管的伸长。夏季温度过高使果实变小、着色不良、风味变

淡、品质变劣、耐贮性降低，向阳面容易发生局部灼伤，形成日灼。

果树花芽分化一般要求温度较高，但温度过高反而会降低花芽形成率；花前温度过高，花器官发育过快而不充实。落叶果树在秋冬季节温度过高时，不能进入休眠期或不能按时结束休眠期。蔬菜植物遇到高温会导致种子发芽不良、叶菜类未熟抽薹、果菜类结实不良、结球叶菜贮藏器官形成不良。花卉植物遇到高温时，表现出生长缓慢、新生叶尖端焦枯、叶片边缘反卷、花朵小、茎秆软等不良现象，严重影响观赏品质。

2. 低温对园艺植物生长发育的影响　低温逆境对园艺植物生长发育造成的影响，取决于内因和外因两个方面。内因主要是园艺植物的种类、品种及其抗寒能力，此外还与植物本身的生长状况有关；外因主要是温度的降低程度、持续时间、低温的来临时间和回温速度。温度剧烈变化对园艺植物的危害更为严重，尤其是在生长发育的关键时期，降温越快危害越严重，春季乍暖还寒植物受害重。当遭受低温危害后，温度急剧回升要比缓慢回升受害重，特别是受害后太阳直射，使细胞间隙冰晶迅速融化，导致原生质体破裂失水而死。

低温伤害对果树各个器官危害的临界温度也不尽相同（表4-1）。冻旱属于生理干旱，是植物根系因土壤结冰造成的吸水困难与地上部剧烈蒸腾之间水分不平衡的结果。冻旱容易造成越冬准备不足的果树发生越冬抽条，以苹果、桃、梨幼树发生最多。发生冻旱地区的温度往往不是很低，致死因子是生理干旱，但也与果树生长前期温度低、枝条生长慢，后期雨水足、枝条徒长，造成越冬性差有关。

表4-1　果树各部位对低温伤害的临界温度

果树种类	受害部位及其临界温度
苹果、梨	萌动芽−8℃（6 h死亡），花（中心花和雌蕊）−3～−2℃，幼果−2～−1.5℃，树体−4.1℃（早霜）
桃	枝条（木质部受冻）−6.0℃
柑橘	叶片−3℃（伏令夏橙、甜橙），−5～−4℃（红橘），−9.6℃（温州蜜柑） 果实−3～−2.8℃（伏令夏橙） 树冠−5～−4℃（伏令夏橙、甜橙），−8～−6.2℃（红橘） 全株−9～−8℃（红橘、温州蜜柑）−7～−6℃（甜橙） 根系−7～−5℃（欧洲种），−12～−11℃（美洲种）
葡萄	叶片−1℃，花序0℃，果实−5～−3℃

低温冷害容易造成蔬菜生长迟缓、二年生蔬菜早期抽薹、果菜类蔬菜授粉不良和落花落果，以及其他类型的冷害和冻害症状。低温冷害能引起喜温花卉植物叶片水渍化、黄化脱落，顶梢干枯等症状。

3. 高温对园艺植物抗病性的影响　园艺植物表现抗病或感病取决于病原菌的致病力和园艺植物的免疫力，而这两个因素在某些病害方面是有温度依赖性的，温度的变化可能降低或增强园艺植物的抗病性。温度对植物抗病性调控的研究主要集中在拟南芥和烟草等模式植物上，园艺植物方面的报道主要是高温对抗病性的抑制作用。

烟草抗病 N 基因在28℃以下对烟草花叶病毒（TMV）表现高抗，而在28℃以上则抗性丢失。将 N 基因转入番茄中，同样表现出高温下抗病性丧失的现象。类似地，番茄抗根结线虫基因 Mi-1 的抗病功能也只在28℃以下有效。Cf-4 和 Cf-9 是番茄叶霉病的抗病基因，其抗病功能在33℃条件下会受到抑制。从分子生物学上看，高温可能影响了抗病蛋白的构象，或者影响了抗病蛋白与其他蛋白之间的互作，进而减少了抗病蛋白在细胞核中的积累，造成植物抗病性的下降。

第二节 水 分

水是植物生存的重要因子，其体内生理活动都需要水。水分保持细胞紧张度，使植物维持其固有的姿态。植物在强光下，可通过蒸腾散失水分以降低体温，避免高温危害。木本植物枝叶和根部的水分含量约占50%；果实、蔬菜和花卉产品大多是柔嫩多汁的器官，含水量多在90%以上，干物质只占不到10%；幼叶含水量很高，可达90%左右；休眠的种子及芽含水量很低，只有10%或更低。植物生命活动强弱与含水量关系密切，在一定的范围内，其组织的代谢强度与含水量成正相关。如风干的种子生理活动微弱到难以觉察的程度，吸水后代谢强度剧增。

植物地上部分，尤其是叶片要通过蒸腾作用向外散失水分，因此它必须持续吸收水分，以保持正常的含水量。植物吸收的水分除小部分参与代谢外，绝大部分补偿蒸腾散失，植物的正常生理活动是在不断吸水、传导、利用和散失过程中进行的。

一、园艺植物对水分的生态反应

园艺植物在系统发育中形成水分需求特性不同的各种生态类型，它们对水分的要求和忍耐力各不相同，对干旱、水涝的抗性差异较大。根据园艺植物的需水特性，通常将园艺植物分为以下4类：

1. 旱生植物 旱生植物（xerophyte）的抗旱性强，能忍受较低的空气湿度和干燥的土壤。其耐旱性表现为两种：一种是本身需水少，具有旱生形态性状，如叶片小，全缘，叶片退化变成刺毛状、针状，角质层加厚，气孔少而下陷，叶片具厚茸毛等。石榴、沙枣、扁桃、仙人掌、大葱、洋葱和大蒜等均属此类。另一种是具有强大的根系，吸水能力强，耐旱力强。如葡萄、杏、南瓜、西瓜及甜瓜等。

2. 湿生植物 湿生植物（hygrophyte）的耐旱性弱，需要较高的空气湿度和土壤含水量才能正常生长发育。其形态特征为：叶面积较大，组织柔嫩，消耗水分较多，而根系入土不深，吸水能力不强。如黄瓜、白菜、芹菜、龟背竹、马蹄莲、香蕉、枇杷、杨梅、蕨类和凤梨科植物等。

3. 中生植物 中生植物（mesophyte）对水分的需求介于上述两者之间。一些种类的生态习性偏于旱生植物特征，另一些则偏向湿生植物的特征。茄子、甜椒、菜豆、萝卜、苹果、梨、柿、李、梅、樱桃及大多数露地花卉均属此类。

4. 水生植物 水生蔬菜和水生花卉由于长期生长在水的环境中，根的吸水能力很弱，根系不发达。它们一般利用体内的通气组织供给根呼吸作用所需要的氧气。一旦土壤缺水，很快就会萎蔫枯死。如茭白、荷花、睡莲、石菖蒲、王莲和水葱等。

植物能适应土壤水分过多的能力称为抗涝性。各种园艺植物的抗涝性差异较大，水生蔬菜、水生花卉、枫杨和柳树等最耐涝，甘蔗、椰子、枣、梨、葡萄和柿等较耐涝，最不耐涝的是桃、无花果、凤梨、西瓜以及一些具有肉质根系的园艺植物（如君子兰、猕猴桃及山药等）。

二、水分对园艺植物生长发育的影响

园艺植物缺水会发生生理障碍，严重时死亡。如果淹水时间过长，超过植物耐受极限，也会导致植物死亡。

苗期植物对水分要求较严格，水分过多过少均会造成生理障碍。根系生长与土壤水分关系密切。湿润土壤中，根系多密集分布于土壤表层，细根多，水平分布范围大；干燥土壤中，根系多分布较深，细根少。生产实践中，为增加幼苗根系长度，增强植株抗逆性，常通过控制水分蹲苗（表4-2）。

但是，如果蹲苗时间过长，不仅正常生长受到影响，而且使组织木栓化，幼苗老化，其定植后恢复生长慢。

表 4-2　蹲苗处理对番茄秧苗糖分、全氮和茎/叶比值的影响

处　理	植株部位	糖　分（干重%）			全　氮（干重%）	茎叶干重/根干重
		全糖	淀粉	纤维素		
蹲苗前 3月20日	叶 茎 根	6.03 3.88 5.43	8.49 1.24 0.46	7.80 11.56 13.15	3.89	5.29
总　计	—	15.34	10.19	32.51	—	—
蹲苗后 3月27日	叶 茎 根	12.55 12.88 9.40	10.48 8.26 3.21	18.11 31.37 28.99	2.94	4.52
总　计	—	34.83	21.95	78.47	—	—
未蹲苗 3月27日	叶 茎 根	8.62 6.63 5.79	8.91 3.49 1.46	12.52 29.47 28.00	3.72	7.45
总　计	—	21.04	13.86	70.79	—	—

春季萌芽前，落叶木本园艺植物的树体需要一定含水量才能正常发芽，冬春水分不足，常导致萌芽延迟或不整齐，新梢生长不良，因此，如冬春干旱则需灌水。新梢迅速生长期需水量最大，对缺水反应最敏感，称为需水临界期。此期如果供水不足，会导致新梢生长差，甚至过早停止生长（表4-3）。花芽分化期需水较少，如水分过多则分化少。前期缺水、后期水多会造成春梢过短、秋梢过长，这类枝条一般生长不充实，越冬性差。

表 4-3　果树新梢停长与枝叶开始凋萎的土壤湿度

种　类	土　壤　湿　度（%）	
	新梢停止生长	枝叶开始凋萎
无花果	20.1	18.4
桃	20.4	18.7
葡萄	22.1	20.8
柿	23.1	21.7
梨	24.1	24.1

果菜类从定植到开花结果，一般土壤水分宜适当少些，以避免茎叶徒长，影响果实发育。但花期干旱或涝湿都会抑制子房发育，引起落花落果、果实畸形。果实发育期需要一定的水分，但水分过多会加重营养生长与生殖生长之间的矛盾，引起后期落果或裂果，果实易罹病害。黄瓜花期和果实发育期水分供应不均，则易形成畸形果。黄瓜花期水分供应不足，则授粉不良，即使随后补足土壤水分，也易形成尖嘴瓜；果实发育前期缺水、中期水分充足、后期缺水，易形成大肚瓜；果实发育中期严重缺水、前期和后期水分充足，易形成细腰瓜。

三、影响水分吸收与散失的因素

温度，尤其是土温为影响园艺植物水分吸收的主要因素。土温低，根系细胞的原生质黏性增大，水分子透过原生质慢，吸水量减少；土壤水分的流动性降低，水在土壤中扩散减慢；根系呼吸降低，

能量供应减少,从而抑制了根系的主动吸水过程。因此,土温低,根系的吸水能力降低。另外,土壤透气性差(土壤中 O_2 不足)、土壤中溶液浓度过高等因素也影响根系吸收水分。

植物所需水分主要是依赖根系从土壤中吸收,地上器官仅能吸收少量水分。土壤灌溉,其水分除园艺植物直接消耗外,还会以土壤蒸发、地表径流、土壤渗漏以及杂草对水分的竞争性吸收等方式散失。园艺植物所吸收的水分绝大部分用于蒸腾作用,很小部分用于有机物的合成。据测算,每生产1kg光合产物,蒸腾消耗水300~800kg。

一般土壤水分田间持水量为60%~80%时,根系生长正常。土壤—植物—大气三者之间是个水分转移的连续系统。土壤中水分以土面蒸发和叶面蒸腾两种途径散失。叶面蒸腾有角质层蒸腾和气孔蒸腾两种,以气孔蒸腾为主,角质层蒸腾仅为气孔蒸腾的1/10左右。

土面蒸发与叶面蒸腾的水分来自土壤的不同层次。土面蒸发来自土壤表层;而叶面蒸腾则来自土壤表层以下根系分布的耕作层,由根系吸收耕作层中的水分供植物蒸腾。土壤水分充足时,土面蒸发率近于水面,而非常干燥的土壤甚至完全没有土面蒸发。叶面蒸腾与叶面积正相关,群体叶面积越大,植株的叶面蒸腾量也越大。播种或定植后的生长初期,植株叶幕尚未完全遮蔽地面,此时土面蒸发大于叶面蒸腾;生长后期,叶幕完全遮蔽地面,则叶面蒸腾大于土面蒸发。在植物整个生长季中,土面蒸发与叶面蒸腾相近。

四、园艺植物的干旱和水涝胁迫

旱害为土壤缺水或者大气相对湿度过低对植物造成的伤害,可分为土壤干旱和大气干旱两种。久旱不雨,土壤有效水分含量降低,导致土壤干旱;高温与干热风导致大气相对湿度剧降至20%以下,称为大气干旱,植物因过度蒸腾而致体内水分失衡。大气干旱常表现为干热风,干热风对夏熟园艺作物的危害较大。植物抵抗旱害的能力称为抗旱性。

干旱时,土壤有效水分亏缺,植物蒸腾失水超过了根系吸水,体内的水分平衡被破坏,细胞原生质脱水。随着细胞水势的降低,膨压降低而出现叶片萎蔫现象,萎蔫分为暂时萎蔫和永久萎蔫两种。夏季中午由于强光高温,叶面蒸腾剧增,根系吸水不能补偿蒸腾失水,叶片出现短时间萎蔫,但下午随着蒸腾降低或灌溉,根系吸水可满足蒸腾需求,萎蔫现象消失,这种生理状态称为暂时萎蔫。它是常见的植物对水分亏缺的一种适应性调节反应,因为萎蔫时气孔关闭可以节制水分散失,尤其是阔叶植物,叶片越大,这种现象越明显。暂时萎蔫时,叶肉细胞的水分失调是临时的,原生质未严重脱水,其损害是可逆的。永久萎蔫是指萎蔫后,即使降低蒸腾,甚至灌溉也不能使植物完全恢复正常,其损害是不可逆的,危害严重。永久萎蔫时,原生质发生严重脱水,引起一系列生理生化变化。虽然暂时萎蔫也有一定损害,但旱害通常指永久萎蔫产生的不利影响。

原生质脱水是旱害形成的主要原因,伴随着原生质脱水,细胞发生一系列的变化。首先,脱水破坏了膜上脂类双层分子的排列,细胞质膜的透性增加,导致细胞溶质外渗;其次,脱水破坏了植物的正常代谢过程,光合作用剧烈下降;细胞内蛋白质合成降低,而分解增强;核酸的正常代谢也被破坏。总之,细胞脱水对代谢破坏表现为抑制合成代谢和促进分解代谢。

水分过多对植物的影响称为涝害,但水分过多的概念不明确。一般有两种含义,一种指土壤含水量达到最大田间持水量,水分处于饱和状态,即土壤水势达最大值,土壤气相完全被液相所取代,根系完全处于沼泽化的泥浆中,这种涝害称为湿害。另一种含义是指水分不仅充满了土壤孔隙,而且部分或整个淹没了植株,这是通常所指的涝害。植物对水分过多的适应能力称为抗涝性。

涝害时,土壤的气相完全变为液相,植物生长在缺氧环境中,产生一系列有害响应。受涝的植物生长矮小、叶片黄化、根尖变黑、叶柄偏向上生长、种子萌发受抑制。涝害抑制植物有氧呼吸,促进无氧呼吸,根际还原性有毒物质和 CO_2 浓度升高,根对离子吸收的活性降低(表4-4)。

表 4-4　由于土壤通气不良发生的还原性物质

元素	氧气供给充分的土壤（氧化状态）中的正常型	氧气缺乏土壤（还原状态）中的还原型
碳	CO_2	CH_4 及复杂的醛类
氮	NO_3^-	N_2 及 NH_3
硫	SO_4^{2-}	H_2S
铁	Fe^{3+}	Fe^{2+}
锰	Mn^{3+}	Mn^{2+}

第三节　光　照

光照是园艺植物生长发育的重要环境条件，它通过光照强度、日照时间的长短（即光周期）和光的组成（即光质）影响光合作用、光合产物分配和生长发育，从而影响园艺产品的产量和品质。通过栽培技术改善光照条件或人工补光，提高产品器官形成的量和质，是园艺植物栽培的重要目的。

一、光照强度

太阳辐射强度与其照射角度有关，在近于直角时强度最大。我国太阳辐射资源丰富，其地理分布是西部高于东部，辐射量最大的地区是西藏南部，最小的地区是四川盆地，华北地区比长江中下游地区要高。

光照强度常因地理位置、地势高低、云量、降水量等的不同而呈规律性变化。它随纬度增加而减弱，随海拔升高而增强。一年之中，夏季光照最强，冬季最弱；一天之中，中午光照最强，早晚光照最弱。园艺植物对光的需要程度，与其原产地的地理位置和生境条件有关。热带、亚热带植物原产于低纬度、多雨地区，其需要的光照强度略低于原产于高纬度的植物。原生于森林边缘和空旷山地的植物绝大部分为喜光植物，光照强度不足则生产率明显下降。同一植物不同生育期、不同器官对光照强度的需求均不同，生殖生长比营养生长需要更多的光，如花芽分化、果实发育比萌芽、枝叶生长需要更多的光。

按园艺植物对光照强度的反应，可将园艺植物分为阳生植物、阴生植物、耐阴植物 3 个生态类群。

阳生植物喜强光，在全光照条件下植株生长发育良好；光补偿点较高，不能耐受低光照，在庇荫条件下生长发育不良，枝条纤细、节间长，叶片黄瘦，花小、色差、香味淡，果实着色差、糖度低等。如桃、扁桃、杏、枣、苹果、梨、樱桃、葡萄等落叶果树；西瓜、甜瓜、南瓜、茄子、番茄、黄瓜等茄果类蔬菜，芋、豆薯等薯芋类蔬菜；大部分观花、观果花卉，茉莉、扶桑、夹竹桃、紫薇等很多木本花卉，仙人掌与多肉植物，以及苏铁、棕榈、芭蕉、橡皮树等一部分观叶植物。

阴生植物如兰科植物、蕨类植物、鸭跖草科植物、天南星科植物，以及文竹、石蒜、常春藤、大岩桐、仙客来等，喜欢散射光为主的弱光环境，在强光下生长不良，叶片会焦黄枯萎，甚至死亡。栽培此类植物时需遮阴。

耐阴植物介于上述两者之间的中间类群，即在日光充足时生育很好，也能忍受一定程度的荫蔽，在微阴下能正常生长，大多数园艺植物都属于这一类。如山核桃、山楂、猕猴桃、杨梅、柑橘、枇杷等果树；大白菜、结球甘蓝、花椰菜、小白菜、乌塌菜等一些白菜类，萝卜、胡萝卜等根菜类，以及葱蒜类蔬菜；杜鹃、山茶、栀子、棕竹、白兰花、八仙花等花卉，以及南洋杉、柳杉、罗汉松等针叶常绿观赏植物。

种子在不适宜的光照条件下不能萌发的现象，称为光休眠。具光休眠特性的种子为光敏感种子。在一定光照条件下才能萌发的，称为喜光性或需光性种子，如苦苣苔科，十字花科香雪球属、芸薹属，柳叶菜科月见草属和柳叶菜属，菊科的藿香蓟、雏菊、瓜叶菊、莴苣、牛蒡、茼蒿等，伞形科的胡萝卜、芹菜等种子均是喜光性；萌发受到光抑制的，称为忌光性或需暗性种子，如茄科茄属、辣椒属，葫芦科西瓜属、甜瓜属、南瓜属等，葱科葱属，百合科百合属、沿阶草属、贝母属等种子均是忌光性。大多数园艺植物种子对光不敏感，在光中与在黑暗中都可正常萌发，如十字花科萝卜属、藜科甜菜属、毛茛科黑种草属、旱金莲科旱金莲属、菊科翠菊属、蓝雪科补血草属、桔梗科风铃草属和半边莲属等。

植物种子的光感效应一般是受光敏色素调控的，最后光照的光谱成分决定着吸光种子的萌发。但喜光种子萌发对光的依赖性不仅随着外界环境的变化而不同，而且也与种子内部生理状态有关。例如莴苣，在10℃吸涨时，无论光暗条件均可萌发，而在20~25℃时则明显表现出喜光性，在暗处难发芽。种子对光的反应除受遗传因子控制外，还因母株生长状态、种皮完整性、成熟度、干藏后熟、氧分压、温度、酸度以及硝酸盐或其他化合物处理而改变，光照强度、光质和光照时间等因素也影响种子的休眠和萌发。

植物生长在黑暗中的形态与正常光照下差异显著，黄化现象明显：茎叶淡黄，含有胡萝卜素和叶黄素，但缺乏叶绿素；茎秆细长瘦弱，组织的分化程度较低，特化的机械组织较少，水分多而干物质少。蔬菜栽培中常利用黄化现象，用遮光、培土等方法生产鲜嫩多汁的蔬菜，如栽培韭黄、蒜黄和长葱白（假茎）的葱等。

黄化现象与缺乏有机营养无直接关系。马铃薯的块茎即使有充足的养料，在黑暗中也同样抽出黄化的枝条。但是，黄化的幼苗每天只要在微弱的光照下照射5~10min，就足以使黄化现象消失，植株的形态趋于正常。消除在无光下植物生长的异常现象，是一种低能反应，它与光合作用有本质区别。一般把这种由低能量光所调控的形态建成称为光形态建成，它是由光敏素系统控制的。

在一些观叶类植物中，有些花卉的叶片常呈现出黄、橙、红等多种颜色，有的甚至呈现白色的斑块，这是由于叶绿体内所含色素不同，并在不同的光照条件下所产生的结果。叶绿素A呈蓝绿色，叶绿素B呈黄绿色，它们在细胞中含量的多少决定了叶片绿色的浓淡，而这种浓淡又常与光照强度成正比。在一些彩色叶片中，叶绿体内常含有大量的胡萝卜素和叶黄素。叶黄素呈黄色，胡萝卜素呈橙红色，它们是一些彩色叶片的色原，如红叶甜菜、红桑、红叶朱蕉、彩叶草、红枫等。红桑、红枫的叶片在强光下叶黄素合成得多，在弱光下胡萝卜素合成得多，因此呈现出由黄到橙到红等不同颜色。金心黄杨、金边吊兰、金边龙舌兰、变叶木等叶片在不同部位的叶绿体内含有不同的色素，使一张叶片上呈现出黄、绿两种颜色。彩叶芋的叶片上常呈现出大小不同的白色斑块，则是由于该部位栅栏组织内的白色体没有转化成叶绿体的能力。

栽植密度、行的方向、植株调整以及间作套种等栽培条件会影响园艺作物田间群体的光照分布。光照在植物体上，一部分被植物反射出去，一部分透过植物照射到地面，一部分落在植物的非光合器官上，因此植物叶幕和叶面积大小决定着光的利用率。稀植时空间大，受光量小，光能利用率低。种类、品种、群体环境不同，适宜受光量也不同。

光照强度直接影响光合作用。如光照强度弱的阴雨天，葡萄叶片的光合同化物产量为晴天的1/9~1/2。叶幕层过厚，叶面积指数高，但由于叶片相互重叠遮阴，有效叶面积小，同化物产量反而会显著降低。光照透过一片梨或柿的叶片时，叶下光强为全光照的2%~4%；叶下10cm，漫射光增加，光强为全光照的6%以上；2~3片叶重叠时，叶下光强仅为全光照的0.1%~1%。在一定限度内，光强减弱为全光照的60%时，对同化物产量影响不大，但当其降低到30%时，同化量会降低40%左右。果树对光照的反应表现为，光照强时易形成密集短枝，顶芽枝向上生长削弱，而侧生长点的生长增强，树姿开张；光照不足时，枝条细长，直立生长势强，徒长明显。因此，园艺植物需通过合理密植和植株调整维持适宜的群体结构（表4-5）。

表 4-5　遮光对 Cox's 苹果/M26 植株生长和结果的影响

变量	光强百分率			
	100%	37%	25%	11%
干周增长（cm²）	61.4	43.1	42.8	24.6
花芽数（个/株）	159	96	69	26
收获果数（个/株）	151	74	51	6
产量（kg/株）	17.6	8.8	4.7	0.6
着红色面大于1/4果（%）	47	30	16	13

强光照射后，叶温可提高5~10℃，树皮、果实等组织的温度可提高10℃以上，导致枝叶、果实等组织坏死，产生坏死斑，即日烧。大陆性气候、沙地和昼夜温差大等情况下更易发生日烧。园艺植物日烧因发生时期不同，可分为冬春日烧和夏秋日烧两种。

冬春日烧多发生在寒冷地区的木本园艺植物的主干和大枝上，常发生在西南面。由于冬春白天太阳照射枝干使温度升高，冻结的细胞解冻，而夜间温度又忽然下降，细胞又冻结，冻融交替使皮层细胞受破坏。开始受害时多是枝条的阳面，树皮变色横裂成块斑状，危害严重时韧皮部与木质部脱离，急剧受害时树皮凹陷，日烧部位逐渐干枯、裂开或脱落，枝条死亡。苹果、海棠、桃等树种均易发生日烧，但品种间有较大差异。

夏秋日烧与高温干旱有关。干旱时蒸腾作用减弱，致使高温下树体温度难以调节，造成枝干的皮层或果实的表面局部温度过高而烧伤，导致局部组织死亡。发生夏秋日烧的桃枝干常出现横裂，表皮破坏，枝条负荷降低，易产生裂枝。栽植于沙滩地的苹果、梨的根颈部易发生日烧，严重时甚至导致死树，新栽幼树更易受害。日烧主要发生在叶片较少的冠层外围，果实向阳面先产生水烫状斑块，而后逐渐扩大干枯，甚至裂果。葡萄、苹果、柑橘、番茄、辣椒等均易发生。叶片也会日烧，初时叶片的一部分褪绿，后变成漂白状，最后变黄枯死。天气干旱、土壤缺水或雨后暴晴易加重日烧。果实日烧的原因是其暴露在阳光直射之下，因此定植密度不宜过小，易发生日烧的品种应适当增加枝叶量，使果实有叶片遮阴。温室、大棚等设施栽培条件下，温度高时应及时通风，降低果面、叶面温度，同时结合灌水，通过叶面蒸腾降低植株体温；覆盖遮阳网，降低过强光照；喷施0.1%硫酸锌或硫酸铜，提高抗热力，增强抗日烧能力。

光照强度间接影响根系生长。光照不足时，根系生长不良，根系伸长变慢，甚至停止生长，新根数量降低。这是因为光照强度降低，光合作用减弱，分配给根系的同化物减少，所以，阴雨天气对根系生长影响较大。

光照与花芽形成关系密切，光照不足对花芽形成和发育均有不良影响。橘苹苹果短果枝的叶片受全光照的45%时才可形成花芽（Jackson，1968），花芽形成数量随光照强度降低而减少，如橘苹苹果在全光照（100%）时花芽数为159个，而遮阴（全光照的11%）时仅为33个（Jackson et al.，1972）。相比于正常光照，猕猴桃遮阴后花芽明显减少（Grant et al.，1984）。此外，高光照和低光照都会减少橄榄花芽分化（Stutte et al.，1986）。高光照强度处理可加速日本梨花芽分化及发育（Rakngan et al.，1995）。在光质方面，紫外光可钝化和分解生长素，从而抑制新梢生长，促进花芽形成，这是高海拔地区（1 000m以上）果树结果早和丰产优质的原因之一。同时，730nm的远红外光是诱导日本梨花芽形成的最佳波长光（Akiko et al.，2014）。

有些花卉的花蕾开放时间随光照强度而变化。如半支莲和酢浆草的花朵在强光下开放，日落后闭合；草茉莉的花朵于傍晚开放，第2天日出后闭合；牵牛花在凌晨开放；昙花在21：00以后开放，翌日 0：00 以后逐渐败谢。此外，园艺植物的开花强度也与光照密切相关，观赏树木圣诞树在中等强度光照条件下开花强度最大（Henriod et al.，2003）。

18 世纪的瑞典植物学家林奈，按花卉开花的时间顺时针排列，制作了世界上第一个"花时钟"，展示开花时间与光照强度的关系。一些花卉花蕾的开放时间顺序如下：

  3：00 ——蛇床花开；   4：00 ——牵牛花开；
  5：00 ——蔷薇花开；   6：00 ——龙葵花开；
  7：00 ——芍药花开；   8：00 ——莲花开；
  9：00 ——半支莲花开；   10：00 ——马齿苋花开；
 16：00 ——万寿菊花开；   17：00 ——茉莉花开；
 18：00 ——烟草花开；   19：00 ——剪秋罗花开；
 20：00 ——夜来香花开；   21：00 ——昙花开。

一些花卉在自然条件下仅在夜间开放，花卉栽培时为便于人们观赏，常用光暗颠倒的方法使昙花等能在白天开放。

光照不足会导致果实发育停止，落果加重。如果上一年光照条件不好，则枝梢不充实，花芽小，贮藏养分水平低，即使当年光照条件好，前期的落果仍然严重；如果当年光照也不好，则前期、后期落果均严重。苹果树遮阴对当年和次年坐果都有不良影响，苹果树的内膛枝由于光照不足，其坐果率与外围枝相比可差 16%～40%。

光对果实品质形成有重要影响。色泽为果实重要的外观品质，色素也是果实重要的营养物质。光诱导花青素的形成。强光和低温条件下，花青素形成得多。果实完全不照光也能够正常成熟，但没有花色素苷合成，光照强度在全光照 50% 以下时，花色素苷的浓度随光照强度的增加而增加。苹果果实套 1～2 层纸袋有花色素苷积累，套 3 层纸袋则无花色素苷，当把 3 层纸袋除去，将果实暴露在光下，花色素苷开始迅速积累，照光 3d 后达到高峰（Ju et al.，1998 和 1999）。不同品种对光照强度的反应不同，一些浓红色品种比较容易着色，在较低的光强下也能很好地着色（Wang et al.，2000）。在果实成熟前 6 周，日光的直射量与红色的发育高度相关。光也影响类胡萝卜素的合成，柑橘、枇杷、柿、杏等果树受光好时，其果实中的类胡萝卜素含量也高。在果实的内在品质方面，糖含量为最重要的指标。光照好则糖分积累多，近成熟期遇阴雨则糖含量下降。光还影响维生素 C 等维生素的合成，果皮部的维生素含量比果心部的高，受光良好的果实和同一果实受光良好的部位含维生素 C 多。

二、光　　质

光质又称光的组成，是指具有不同波长的太阳光谱成分。光是太阳的辐射能以电磁波的形式投射到地球表面的辐射线。太阳辐射的波长在 $0.15～3\mu m$ 的范围内变化，其中可见光（即红、橙、黄、绿、蓝、紫光）波长为 400～760 nm，它是太阳辐射光谱中具有生理活性的波段，又称为光合有效辐射，到达地球表面的可见光辐射随大气浑浊度、太阳高度、云量和天气状况而变化，占总辐射的 45%～50%。园艺植物同化作用吸收最多的是红光，其次为黄光，蓝紫光的同化效率仅为红光的 14%；红光不仅有利于植物中糖的合成，还能加速长日植物的发育；相反，蓝紫光则加速短日植物发育，并促进蛋白质和有机酸的合成；而短波的蓝紫光和紫外光能抑制茎节间伸长，促进多发侧枝和芽的分化，且有助于花色素和维生素的合成，它们占总辐射的 5%～7%。高山及高海拔地区的太阳光中紫外光较多，所以高山花卉色彩更加浓艳，果色更加艳丽，品质更佳。

作用于植物的光可分为直射光和散射光两种。在一定范围内，直射光的强弱与光合作用成正相关。漫射光强度低，但其光谱中的短波成分比长波多，可被植物完全吸收利用的红、黄光可达 50%～

60%，而直射光中的红、黄光最多仅有 37%。因此，散射光对弱光下园艺植物的生长有较大作用。但散射光的总辐射远低于直射光，因而在大多数园艺植物上，散射光对光合的贡献远不及直射光的贡献大。园艺植物的种类、品种不同，其对直射光和散射光的反应也不同，如有的果树的果实无直射光也能很好着色，苹果的浓红型芽变品种新红星等就属此类。葡萄玫瑰香、红蜜等品种需直射光才能很好着色，称为直光着色品种；而白玫瑰香、康可、玫瑰露等葡萄品种无直射光也能很好着色，称为散光着色品种。

光质随纬度、海拔高度和地形变化而不同。一般随着纬度增高，漫射光对植物的作用增大。直射光光强随着海拔增高而升高，其紫外线含量也增加，由于紫外线对植物营养生长有抑制作用，因此，植株矮化为高山园艺植物的明显特征。漫射光随海拔的升高而减少，山坡地边缘的漫射光最少。在同样的坡度，南坡漫射光比北坡多 4%，因此，同高度的南坡果实成熟期比北坡早，品质、色泽一般也较好。据测定，在 20°C 的南坡漫射光超过平地的 13%，而在北坡则比平地减少 34%。另外，云对太阳辐射强度有较大影响。有太阳的多云天，云不直接遮蔽太阳时，光强可增加 5%～25%；而遮蔽太阳时，光强则显著降低，尤其以连成片的雨云最甚。晴天时，漫辐射约为太阳总辐射的 10%，呈较稳定的规律变化；阴天时，漫辐射的绝对量和相对量都增加，但太阳总辐射量降低。其中，浓云天时，两种辐射量（直射光和漫射光）几乎相等；少云和卷云天，漫辐射约为晴天的 2 倍，这对提高园艺植物光合作用有一定的意义。果树对漫射光的利用率高，生产中在果园地面铺设反光膜，可以提高树冠下部果实的品质。

光质还随着季节的变化而变化。春季太阳光中的紫外线成分比秋冬季要少。夏季中午，太阳光中的紫外线成分增加，可达冬季的 20 多倍，而蓝紫光线仅比冬季多 4 倍。这是导致同一种园艺植物在不同季节产量和品质差异的主要原因之一。

光质影响马铃薯、球茎甘蓝等蔬菜的块茎和球茎形成。球茎甘蓝的膨大球茎在蓝光下易形成，而在绿光下则形成不了。较长波长的光下生长的植株节间较长、茎较细，较短波长的光下则节间较短、茎较粗。这对于培育壮苗、合理密植均有指导意义。

光质与园艺产品的品质形成密切相关。许多水溶性的色素如花青苷的合成，都要求较强的红光和紫外光。园艺植物花青苷的形成有 3 种光反应类型，即光敏色素反应型、蓝光反应型和紫外光反应型。光质对花青素的影响还与其他环境条件相关联，如紫外光、强光与低温共同促进花青素形成。苹果树冠内膛白、蓝、红光弱，远红光/红光比值比其他部位高，远红光/红光比值小于 1 时有利于花青素合成，远红光/红光比值大于 1 时则几乎没有花青素合成（Awad et al., 2001）。光质也影响植物类胡萝卜素代谢。柑橘采后用红光照射能促进果实红色色泽加深，红光使果实中各种类胡萝卜素组分的含量提高（Ohis et al., 1996）。辣椒花后分别用白色、黄色、红色、蓝色玻璃纸滤光和遮光处理 60d 后，植株处于全日照下果实类胡萝卜素含量最高，遮光处理含量最低。在 4 种滤光处理中，蓝色玻璃纸（透射红光）比白色玻璃纸增加了类胡萝卜素合成，而红色和黄色玻璃纸（透射绿光和蓝光）则减少了类胡萝卜素的合成。所有处理均抑制了辣椒红素的形成，但另一种红色色素——辣椒玉红素则是在遮光下生长的果实中含量最高（Lopez et al., 1986）。光通过影响基因表达调控番茄果实色素的合成（Liu et al., 2004）。紫外光有利于维生素 C 的形成，温室中紫外光较少，所以温室中栽培的园艺产品的维生素 C 含量往往不如露地的高。草莓果实的维生素 C 含量高低与不同颜色膜透射光中的紫外光和蓝紫光成分比例一致，与红光/蓝光比值相反（徐凯等，2007）。

园艺植物间还存在邻近感应。个体植物在某一生态群落所接受的入射光，包括直接的辐射光、邻近植被叶片和地面的反射光，以及上层冠层的透射光，这种光环境是随着时间和植株间相互作用（如群体内植物间的竞争性生长）而变化的。对光的竞争是影响群体内植株生长发育的重要因素，植物通过光受体感知邻近植物的光信号，从而调整个体的生长发育适应群体环境。

太阳光照到植株后，透射光与反射光中的光谱成分大大改变，其中红光/远红光的比率降低。园艺植物可根据环境中红光/远红光比例大小来感知其在植被中的位置，并做出相应生理和形态上的适应性变化，如加快伸长生长、增强顶端优势、减少分枝数量和减小分枝角度、叶绿素含量减少、改变有机物在体内的分配和提早开花等，以满足竞争性生长的需要，这就是所谓的"避阴反应"（Smith et al., 1997）。与此相适应，植物也形成了一系列耐阴机制。植物耐阴后一个十分重要的变化就是有些部位的叶面积增大而有些部位则减小，这直接影响了光合能力，对水分和能量的交换也有间接影响。遮蔽后，植物相对增加叶的生物产量以吸收更多的光能，另外也会降低呼吸作用和光饱和点。植物还能根据其在植被中的感知光信号调整枝叶伸展方向以获得尽可能多的光能，如已脱黄化的幼苗对蓝光/长波紫外光（UV-A）和远红光的向光性反应。光信号受体研究已经证明了光敏色素在植物的避阴反应和耐阴机制中起着重要作用，它调控着植物形态上的适应性变化。

三、光 周 期

光周期（photoperiod）是指昼夜周期中光期和暗期长短的交替变化。在各种气象因子中，日照长度变化是季节变化最可靠的信号。植物对周期性的、特别是昼夜间的光暗变化及光暗时间长短的生理响应现象，称为光周期现象（photoperiodism）。光周期现象表明，光不但为植物光合作用提供能量，而且还作为环境信号调节着植物的发育过程，尤其是对成花诱导起着重要的作用。

大多数一年生园艺植物的开花决定于每日光照时间的长短。除了开花之外，园艺植物芽的休眠，落叶，鳞茎、块茎、球茎等地下贮藏器官的形成都受光照长度的调节，均为光周期现象。如菊芋的块茎形成需在短日照下，许多野生马铃薯块茎、洋葱鳞茎的形成则要求长日照。

临界日长（critical day length）指昼夜周期中能诱导植物开花所需的最低或最高的极限日照长度。需要长于或短于某一临界日长才能开花的园艺植物，称为绝对长日植物或绝对短日植物。但是，许多植物的开花对日照长度的反应并不十分严格，在不适宜的光周期条件下，生长发育时间延长，它们也能不同程度开花，称为相对长日植物或相对短日植物。同种植物的不同品种对日照长短的要求可以不同，如烟草中有些品种为短日性的，有些为长日性的，还有些为日中性的。通常早熟品种为长日或日中性植物，晚熟品种为短日植物。根据园艺植物开花对光周期反应不同，一般可分为以下7种类型。

1. 短日植物 短日植物（short-day plant，SDP）指在24h昼夜周期中，日照长度短于临界日长才能成花的植物。适当延长黑暗或缩短光照可促进这些植物提早开花，延长日照则推迟开花或不能成花。豇豆、茼蒿、赤豆、刀豆、苋菜、紫苏、草莓、黑穗醋栗、秋海棠、蜡梅、牵牛花、一品红、菊花等均为短日植物。如日照少于10h时，菊花才能开花。短日植物并非要求较短的日照，而是黑暗期的长短更重要。也就是说，是暗期长度而不是光期长度控制着短日植物的开花，短日植物不能在无光下开花（因无光限制了生长）。

2. 长日植物 长日植物（long-day plant，LDP）指在24h昼夜周期中，日照长度长于临界日长才能成花的植物。如果延长光照可促进这些植物提早开花，而延长黑暗则延迟开花或不能成花。白菜、油菜、甜菜、甘蓝、萝卜、胡萝卜、芹菜、菠菜、莴苣、蚕豆、豌豆、大葱、大蒜、金光菊、山茶、杜鹃、桂花、天仙子等均为长日植物。如天仙子必须满足一定天数的8.5~11.5h日照才能开花，如果日照长度短于8.5h则不能开花。唐菖蒲是绝对长日植物，为了周年供应切花，冬季温室栽培时，除需要高温外，还需延长光照时间。通常长日植物的自然花期在春末至夏季。长日植物在连续光照条件下也能开花，因此，黑暗期对其是不重要的，甚至是不必要的。如白菜及芥菜的许多品种，在不间断光照下都能开花。

3. 日中性植物 日中性植物（day-neutral plant，DNP）的成花对日照长度不敏感，只要其他条件满足，在任何长度的日照下均能开花。黄瓜、茄子、番茄、辣椒、菜豆、月季、扶桑、天竺葵、美人蕉、君子兰、向日葵、蒲公英等均属于日中性植物。

4. 长-短日植物 长-短日植物（long-short day plant）要求先长日照、后短日照的双重日照条件才能成花，如芦荟、大叶落地生根、洋素馨等。

5. 短-长日植物 短-长日植物（short-long day plant）要求有先短日照后长日照的双重日照条件才能成花，如鸭茅、风铃草、瓦松、白三叶草等。

6. 中日照植物 中日照植物（intermediate-day length plant）又称为限光性植物，它们要在一定的光照长度范围内才能开花结实，而在超出此范围的较长或较短日照下均停留在营养生长阶段。如一种野生菜豆在每天12～16h日照范围内才能开花，甘蔗的成花要求每天有11.5～12.5h日照。

7. 两极光周期植物 两极光周期植物（amphophotoperiodism plant）在一定的光照长度范围内保持营养生长状态，而在较长或较短日照下才开花，如狗尾草等。

植物感受一定天数的适宜光周期后，即使置于不适宜的光周期条件下仍可开花，这种现象称为光周期诱导。不同植物需要适宜光周期诱导的周期数（即光周期处理的天数）是不相同的。例如短日植物的苍耳需要1个光诱导周期，大豆需2～3个，菊花需8～30个的短日照光诱导周期，以后即使在长日照条件下花芽也能分化。长日植物的天仙子经过72h连续光照，胡萝卜经15～20个长日照光诱导周期后，即使在短日照条件下花芽也能分化。光周期诱导的周期数多于诱导开花所需的最低天数时，花诱导的效果更好，花形成更早，花的数目也增多。同一种园艺植物光周期诱导的天数随植株年龄和环境条件的不同而不同。

温度是光周期效应中的重要环境因素。温度不仅影响通过光周期的早迟，并且可改变植物的临界日长。适宜低温可以降低长日植物的临界日长，使其在较短的日照下开花。例如，较低夜温处理可使豌豆和甘蓝呈现出日中性植物的特征。甜菜通常只在长日照下开花，而在10～18℃较低温度下，8h短日照下也能开花。高温可使许多长日植物即使在长日下也不开花，或者其开花期大大延迟。如华南地区栽培夏芥菜和长江流域栽培小白菜、夏萝卜，在每天14h以上光照下也不开花。较低夜温可使一些短日植物在较长日照下也能开花。如牵牛花在21～23℃夜温下是短日性，而在13℃夜温下却表现为长日性；短日植物一品红在低温下也表现出长日性。

感受光周期刺激的部位是叶片，而不是生长点。不同年龄的叶片对光周期刺激的反应也不同。一般叶片对光周期的敏感性与叶片本身的发育程度有关。幼叶和衰老的敏感性差，充分展开的叶片敏感性最高。

由于感受光周期诱导的部位是叶片，而形成花的部位是茎端分生组织，因此叶感受光周期刺激后必有诱导效应的传导，许多嫁接实验可以证明这一观点。例如把5株苍耳顺序嫁接，如果只让第1株上的1片叶置于适宜的光周期下，而其他各株都处于不适宜的光周期下，一段时间以后发现5株苍耳都能开花。这表明在被诱导的叶片中确实形成了1种或多种开花刺激物，通过嫁接可把诱导效应传导给其他几株，并最终传导到茎端，使茎端分生组织从分化叶原基转变为分化花原基。但这种开花刺激物是什么，至今尚不了解。

植株的年龄对光周期反应有显著影响。植物在种子发芽以后，并非立刻感应光周期，而要在幼苗生长到一定程度后，才对光周期有反应。不同植物开始对光周期表现敏感的年龄也不同，如大豆是在子叶伸展时，红麻在6叶期。绿体春化的多年生园艺植物，要先通过春化阶段，然后才响应光周期，完成花芽分化。种子春化的园艺植物，也要等到幼苗生长到一定大小或一定叶数后，才能接受光周期诱导。许多园艺植物，植株年龄越大，对光周期的反应越敏感。如短日植物晚熟种大豆植株的年龄越大，光周期诱导的周期数（即光周期处理的天数）就越少，而当其年龄大到一定程度时，即使在较长日照条件下也能形成花芽。长日植物白菜也类似，年龄越大，对长日照越敏感。大多数白菜品种的植株年龄大到一定程度时，即使在8h以下的短日照条件下也能开花。

阴天、雨天等弱光环境，包括黎明和黄昏的微弱光照对植物均有光周期效应，所以，光周期是指一天中从日出到日落的理论日照时数，而不是以有无太阳直射光的时数为标准。某一地区的光周期，完全由某一地区的纬度所决定。但因光合作用需要较强光照，生产上补充光照时，强光对长日植物和短日植物的促花效应都比弱光大。如短日照下，补充强光时白菜开花较早，补充弱光时则开花较迟。

光质对光周期效应影响较大。光周期的作用光谱与叶绿素的吸收光谱不同，在可见光中，红光和橙黄光的光周期效应最大，蓝光较差，而绿光几乎没有作用；暗期中断（30min内的弱光照射）能抑制短日植物开花，而促进长日植物开花。这种短暂的低光强弱光对光合作用影响极小，但对光周期效应却有显著作用，这说明光周期的作用机制与光合作用没有直接关系。

光周期效应主要是诱导花芽的分化，即诱导植物由营养生长向生殖生长转化。但它也影响到园艺植物的生长习性、叶片发育、色素形成、贮藏器官发育、解剖结构，以及其他生理及生化代谢。一些营养贮藏器官的形成要求一定的光周期，如块茎（如马铃薯、芋、菊芋等）、块根（如甘薯等）、球茎（如慈姑、荸荠等）、鳞茎（如洋葱、大蒜等）。马铃薯晚熟品种的块茎形成要求短日照，同时与温度有关。在适宜的温度下，短日照可刺激块茎的形成；但如果温度过高（32℃），短日照下也不能形成大的块茎。长日照适于营养生长。在非徒长情况下，块茎或块根的质量与地上部同化器官的质量成正比。生产实践中，生长初期维持较长光照和较高温度，以促进营养生长，扩大同化面积；然后转入短日照下，促进块茎或块根的形成。如果在生长初期就给予短日照，虽然块根或块茎形成较早，但较小。通过人们长期选育，这些需要短日照的植物中，有的品种在较长日照下也能形成地下贮藏器官。

光周期在园艺生产上的应用：①纬度相近地区引种易成功。短日植物北移因生长季日照延长，长日植物南移因生长季日照缩短，均有延迟发育作用；短日植物南移或长日植物北移，则促进发育。引种短日植物时，温度和光照长度的效应相互叠加，提早或推迟发育作用更显著，距离较远时则难以成功。从高纬度地区引种短日植物，可避霜早熟。但是如产品器官为营养体，则要防止过早生殖生长。长日植物南北引种，光温影响是抵消的，一般较易成功。②育种上，利用光周期调节花期，可实现花期不同的品种间杂交；利用光周期效应促进作物提早发育，可实现加代繁殖，缩短育种年限。③花卉生产中，利用光周期现象进行人工调节花期，实现在重大节日或淡季开放。如短日花卉秋后补光延长光照时间，可推迟花芽分化期，延迟开花；夏季利用暗室或黑罩子缩短光照时间，可使短日花卉花芽分化期提早，提早开花。这样能使菊类等短日植物在任何季节开花。

第四节 土 壤

土壤是园艺植物栽培的基础，植物生长发育需要从土壤中吸收水分和营养元素，以保证其正常的生理活动。土壤是由岩石风化而来，其理化特性与植物的关系极为密切。良好的土壤结构才能满足植物对水、肥、气、热的要求，是园艺产品丰产优质生产的物质基础。

一、土壤质地

土壤质地是指组成土壤的各粒级矿质颗粒含量的百分率，根据百分率差异可把土壤分为沙质土、壤质土、黏质土、砾质土等。各类质地的土壤对园艺植物的生长发育以及园艺产品的产量和品质有不同的影响。沙质土的土质疏松，孔隙大且多，通气透水能力强。生长于沙质土壤上的园艺植物根系分布深而广，植株生长快，利于丰产优质。壤质土质地均匀，松黏适度，通透性和保水保肥性好。黏质土致密黏重，孔隙细小，透气和透水性差，易积水，园艺植物在黏质土上根系较浅，易受环境胁迫危害。砾质土的特点与沙质土类似，种植作物需进行土壤改良。

盆栽园艺植物的根系伸展受到限制，对土壤的要求特殊，其培养土通常由园土、河沙、腐叶土、松针土、泥炭土等材料按一定比例配制而成。园土一般取自菜园、果园或种过豆科植物的表层土壤，其肥力和团粒结构良好，为调制培养土的主要成分之一，但缺水时表层易板结，湿时透气透水性差，不宜单独使用。河沙颗粒较粗,杂质少,通气和透水性能良好,也是培养土的主要成分之一,也可单独用于扦插或播种繁殖,但河沙不具团粒结构,无肥力,保水性差。腐叶土是以落叶、园土和肥料一起堆积沤制而成,一般肥力较充足,含腐殖质多,疏松、通气、排水性能良好,是理想的基质材料,可用来配制培养土,也可单独使用栽培花卉。但是腐叶土中生物碱含量较高,呈微碱性反应,使用时应根据需要加以调整。泥炭土是由一些水生植物经腐烂、炭化、沉积而成的草甸土,无肥力,但其质地松软,通气、透水及保水性能都非常良好,其中还含有胡敏酸,有利于促进插条产生愈伤组织和生根,常用来配制培养土和扦插基质。培养土可分为3种:①黏重培养土,园土、腐叶土、河沙按3:1:1比例配制,适用于栽培多数木本园艺植物。②中培养土,园土、腐叶土、河沙按2:2:1比例配制,适用于多数一二年生草本园艺植物。③轻质培养土,园土、腐叶土、河沙按1:3:1比例配制,适用于栽培宿根或球根园艺植物。此外,还可根据不同种类植物在不同生长发育阶段的要求,调整培养土的类型和配制比例。

二、土壤理化特性

土壤是农业生态系统的一个链节,也是物质和能量的储存库,土壤的水、肥、气、热都是农业生态系统中能量和物质循环的结果。土壤的温度、水分、通气、酸碱度、肥力直接影响着园艺植物的生长发育。

1. 土壤温度 土壤温度直接影响根系的活动,还制约着各种盐类的溶解速度、土壤微生物的活动以及有机质的分解和养分转化等。

园艺植物根系生长与土温有关。土壤温度过高时,根系会受伤害甚至枯死。据报道,超过25℃的根温对苹果的生长有明显的副作用,根系干物质随根温上升明显下降。根温影响光合作用与水分平衡,据测定光合作用和蒸腾速率随土温上升而降低,土温29℃时开始降低,36℃时明显下降,这与叶片中钾和叶绿素的含量显著降低有关,沙壤土比黏土下降更明显。土温超过适宜范围,初生木质部的形成受阻,水分运输速度下降,导致叶片水分含量减少,而根系水分含量增加。冬季,地温低于-3℃时,细根即可发生冻害;低于-15℃时,大根会受冻。

2. 土壤水分 水分是提高土壤肥力的重要因素,营养元素在水的参与下才能被溶解和利用,肥与水密不可分。水还能调节土壤温度。一般植物根系适宜的田间持水量为60%~80%。当土壤含水量高于萎蔫系数的2.2%时,根系停止吸收肥水,光合作用明显下降。一般落叶果树在土壤含水量为5%~12%时叶片凋萎(葡萄为5%,苹果、桃为7%,梨、栗为9%,柿为12%)。土壤干旱时,土壤溶液浓度高,根系不能正常吸水反而发生外渗现象,所以施肥后应立即灌水以便根系吸收。土壤水分过多能使土壤空气减少,缺氧产生硫化氢等有毒物质,抑制根的呼吸,甚至停止生长。

3. 土壤通气 园艺植物根系一般在土壤空气中氧含量不低于10%时生长正常,不低于12%时才发生新根。土壤空气中二氧化碳含量增加到37%~55%时,根系停止生长。通气不良,土壤中有毒物质产生量增加,导致根系中毒。土壤黏重、下层具有横生板岩、心土坚实、地下水位过高或地表积水等均会导致土壤通气不良,含氧量低。各种园艺植物对通气条件的要求不同,如生长在低洼水沼地的越橘对缺氧的忍耐力最强,柑橘对缺氧也不敏感;苹果、梨反应中等;桃最敏感,缺氧时最先死亡。

土壤中氧含量少,影响根对元素的吸收,但不同植物表现不同。当氧不足时,桃吸收氮、镁最多,柑橘、柿、葡萄则较少;葡萄吸收磷和钙最多,桃和柿则较少;柿吸收钾最多,桃、柑橘和葡萄较少。土壤水分和空气的多少决定一些元素的氧化还原状态。当土壤水分含量高时,缺氧导致三价铁离子还原为二价铁离子,以硫酸根态存在的硫还原成硫化氢,如果通气条件改善,它们又变为氧化型。在氧化还原电位低的土壤上,一般作物产量较低。当土壤淹水,通气不良时,尤其在有机物含量多或温度高时，土壤氧化还原电位显著下降，因此在雨后应注意排水。

4. 土壤酸碱度　植物生长要求不同的土壤酸碱度，主要由于土壤中有机质、矿质元素的分解和利用以及微生物的活动都与土壤的酸碱度有关。各种植物对酸碱度的要求不同。不同土壤的酸碱度影响着矿质元素的有效性，从而影响了根系对矿质元素的吸收。在酸性土中有利于对硝态氮的吸收，而中性、微碱性土有利于对氨态氮的吸收。硝化细菌在 pH 为 6.5 时发育最好，而固氮菌在 pH 为 7.5 时最好。在碱性土壤中有些植物易发生失绿症，因为钙中和了根分泌物而妨碍根系对铁的吸收。根据这些特性表现，在生产上应采取相应的改土措施，以利增产。

根据花卉对土壤酸碱度的不同要求，可将其分为耐强酸性植物、酸性植物、中性植物和耐碱性植物。耐强酸性植物要求土壤的 pH 在 4～6，如杜鹃、山茶、栀子、兰花、彩叶草和蕨类植物。酸性植物要求土壤的 pH 在 6～6.5，如百合、秋海棠、朱顶红、蒲包花、茉莉、石楠、棕榈等。中性植物要求土壤的 pH 在 6.5～7.5，绝大多数花卉属于此类。耐碱性植物要求土壤的 pH 为 7.5～8，如石竹、天竺葵、香豌豆、仙人掌、玫瑰、白蜡等（表4-6）。

表 4-6　主要园艺作物对土壤酸碱度的适宜范围

园艺植物种类	适宜 pH 范围	园艺植物种类	适宜 pH 范围	园艺植物种类	适宜 pH 范围
苹果	5.5～7.0	甘蓝	6.0～6.5	紫罗兰	5.5～7.5
梨	5.6～7.2	大白菜	6.5～7.0	雏菊	5.5～7.0
桃	5.2～6.5	胡萝卜	5.0～8.0	石竹	7.0～8.0
栗	5.5～6.5	洋葱	6.0～8.0	风信子	6.5～7.5
枣	5.2～8.0	莴苣	5.5～7.0	百合	5.0～6.0
柿	6.0～7.0	黄瓜	6.5	水仙	6.5～7.5
杏	5.6～7.5	番茄	6.5～6.9	郁金香	6.5～7.5
葡萄	6.5～8.0	菜豆	6.2～7.0	美人蕉	6.0～7.0
柑橘	6.0～6.5	南瓜	5.5～6.8	仙客来	5.5～6.5
山楂	6.5～7.0	马铃薯	5.5～6.0	文竹	6.0～7.0

5. 土壤肥力　通常将土壤中有机质及矿质营养元素含量的高低作为表示土壤肥力的主要内容。土壤有机质含量高，氮、磷、钾、钙、铁、锰、硼、锌等矿质营养元素种类齐全、互相间平衡且有效性高，是植物正常生长发育、高产稳产优质所应具备的营养条件。改善土壤条件，提高矿质营养元素的有效性及维持营养元素间的平衡，特别是尽力增加土壤中有机质的含量，是栽培中应常抓不懈的措施。

三、土壤状态

耕作层是指适宜根系生长的活跃土壤层次。耕作层的深浅决定植物根系的分布，通常耕作层深厚，则根系分布深且能吸收较多的养分和水分，并能增强植物的适应性和抗逆性。耕作层及其下层土壤的透气性直接影响植物根系的垂直分布深度。耕作层深厚且下层土壤透气性良好，根系分布深，吸收的养分和水分量多，植物健壮且抗逆性强；反之，则根系分布浅，地上部矮小，长势弱。不同的土壤类型也影响根系分布的深度。沙地上生长的植物根系分布深，黏土上生长的植物根系分布浅。

有石灰质沉积的土壤，其下层为白干土，是限制植物根系向深层分布的障碍。当旱季土壤坚实时，根系很难穿透；而在雨季，水又不能下渗，根系淹水易造成烂根。山麓冲积平原和沿海沙地，表土下一般都为砾石层或砾沙层，由于植物的根系不能深入土层，同时砾石层上部的水和养分经常渗漏流失，因此，其上生长的植物一般比较矮小，容易未老先衰。

土壤中有害盐类的含量也是影响和限制植物生长的重要因素。盐碱土中主要盐类为碳酸钠、氯化钠和硫酸钠，其中以碳酸钠的危害最大。盐分过多对植物生长的影响是多方面的，但主要的危害是3个方面，即生理干旱、离子的毒害作用和破坏正常代谢。不同植物的耐盐性不同，如柑橘类中，印度酸橘、蓝卜棶檬的耐盐性最强，酸橙、柚居中，枳及某些枳橙的耐盐性较弱。另外，在年降水量小、空气干燥、蒸发量大的地区，地下水中的盐分随着蒸发液流上升到土表，并因蒸发而积聚在土壤浅表层，会造成季节性的盐渍化，当降雨季节来临或大量灌溉时可将浅表层的盐分淋洗到土壤深层而使盐渍化现象缓解。

在实际生产中，建立园艺场时，应考虑是新辟园地还是老的园艺场换栽，因为在植物中存在忌地现象。首先，如果一种植物在同一块土地上连续栽培，对于其所需要的养分年年不断地被吸取，土壤中含量必然缺乏，而对于其不需要吸收的营养必然失调，地力得不到充分利用。其次，各种植物地下部分根系的分布位置各有深浅，吸收养分范围各有大小，如果年年连作，其根系吸收范围只固定在一定范围以内，同样会造成营养缺乏。再次是植物的病虫害，其病原常潜伏在土壤内，年年连作，无疑是年年为病菌培养寄主。此外，连作之后其根系也会大量分泌出对自身有害或有毒物质，对于有益的微生物会起抑制作用，当分泌于土壤的有害物质得不到分解时，自然会影响该种植物的生长发育。

忌地的程度以忌地系数作为衡量的标准。忌地系数＝100×连作时后作的生长量/各种后作的平均生长量。忌地系数小说明连作生长不良。无花果和枇杷忌地现象明显，其忌地系数分别为48和53，而苹果、梨和葡萄也有忌地现象，忌地系数分别为77、78和78，柑橘和核桃的忌地现象较轻，忌地系数分别为86和87。生产实践表明，桃的忌地现象极为明显。

第五节 气 体

大气环境中能影响植物生长发育的主要为氧气及二氧化碳。一般大气中，含量最多的为氮气，占比约为79%，其次氧气含量占比约为21%，而二氧化碳含量约在0.04%（400μmol/mol），其余为一些微量的气体。二氧化碳虽然在大气中含量较少，但其能和水作为光合作用的底物反应生成有机物，而有机物能通过呼吸作用释放出二氧化碳并伴随着能量的释放，因此二氧化碳在植物生长发育、产量及品质形成中作用至关重要。氧气在大气中的含量是足够的，但在土壤中，会由于水涝或土壤板结而缺氧，在无土栽培特别是深层水培中，也会由于通气不良或水温过高而发生低氧胁迫，影响到根系的呼吸、能量代谢和乙烯的生物合成等。下面主要讨论二氧化碳、风、空气污染对园艺作物的影响。

一、二氧化碳

二氧化碳尽管只占大气组成的0.04%左右，但与植物光合作用、呼吸作用等生理过程密切相关。二氧化碳浓度升高（二氧化碳加富）对大多数园艺作物的生长都有利。二氧化碳是光合作用的基本原料，在0~1 500 μmol/mol范围内，高浓度二氧化碳能增加光合作用卡尔文循环中RuBP羧化的底物积累，从而促进光合作用，增加生物质的积累和园艺作物的产量。高浓度二氧化碳除了促进碳循环及能量代谢外，还诱导叶片中细胞分裂素、赤霉素和生长素浓度的提高，促进植物的生长。但长期二氧化碳加富则会导致光合作用适应现象（photosynthetic acclimation）或光合作用下调现象（down-regulation of photosynthesis），以及叶片早衰现象。对于这种光合作用下调的机制，不同的学者归结为如下4个原因：①糖和淀粉积累对光合作用的反馈抑制；②光合酶系统活力下降；③气孔导度降低；④暗呼吸增强。因此，设施园艺作物增施二氧化碳最好在晴天而设施内二氧化碳浓度相对较低的清晨进行，并且要预防长期高浓度二氧化碳对光合作用抑制。

高浓度二氧化碳对植物的形态结构、营养和水分利用、抗逆性、根际微生态等方面也能产生不同程度的影响。在形态结构上，高浓度二氧化碳促进植物根、幼苗的生长，促进叶片增厚。在植物水分利用上，高浓度二氧化碳能不同程度地降低植物气孔导度和单位叶面积蒸腾速率，提高水分利用效率。高浓度二氧化碳能提高蔬菜等作物对铁元素、磷元素等的吸收和利用率。在抗逆性方面，高浓度二氧化碳能提高黄瓜等园艺作物抗盐胁迫的能力，番茄在高浓度二氧化碳中栽培能够提高作物对多种活体营养型病原菌（如白粉菌和细菌性叶斑病）的抗性。高浓度二氧化碳还能影响园艺作物与丛枝菌根真菌、固氮菌等微生物在植物根部的共生，改变根际的微生态环境。

尽管全球气候变化背景下大气二氧化碳浓度呈升高趋势，但是园艺作物在设施生产中常处于一个相对密闭的环境，加之土壤有机质含量低，土壤微生物呼吸弱等原因，低二氧化碳浓度是生产中经常遭遇的问题，导致园艺作物品质、产量低下，严重制约设施园艺的发展。近年来，二氧化碳施肥技术在设施园艺作物栽培中得到越来越多的推广应用，二氧化碳施肥可以显著促进作物生长、提高产量、改善品质。目前，二氧化碳施肥主要通过有机物酿热发酵、$NaHCO_3$化学反应、压缩钢瓶等方法来实现。近年来，我国许多地方正在尝试通过农作物秸秆好气发酵的方法来提高二氧化碳浓度，并取得了较大的进展，初步形成了适合我国国情的二氧化碳加富农业技术。

二、风

风是气候因子之一，风对作物有良好作用的一面，如风媒传粉，但也有破坏作用，如影响作物定植。此外，风还可以通过改变温度、湿度状况和空气中二氧化碳浓度等方式间接影响作物的生长发育。

微风可以促进空气的流通，增强植物蒸腾作用。例如，植物在风速3m/s时其蒸腾强度是无风时的3倍。此外，微风可改善光照条件和光合作用，消除辐射霜冻，降低地面高温，减少病菌危害，使植物免受伤害，并增强一些风媒花植物的授粉结实，如核桃、栗、阿月浑子、榛、杨梅等。

当风速大于3m/s时，风会影响一部分作物的光合作用，降低同化量。若作物花期遭遇大风（6~7m/s），一方面会严重影响昆虫的传粉活动，另一方面大风导致空气相对湿度降低，柱头变干，影响作物受精；果实成熟期遭遇大风，会导致吹落或擦伤果实，对产量威胁特别严重。海潮风在柑橘栽培中会带来巨大危害，吹来盐分黏住柱头会影响受精结实，柑橘枝梢受海潮风影响也会导致新梢枯黄落叶。我国沿海一带每年6~10月常受台风侵袭，对植物危害很大，造成大量落果、落叶、折枝、倒树等严重损失。焚风多发生在高山区，是从高山下降变干的热风，为地方性风，风的温度取决于山的高度，每下降100m，温度即上升1℃。焚风温度有时可高达30~40℃，冬春季的焚风可加速解除桃、杏的休眠，提早开花，如遇倒春寒天气则易发生冻害。大风还会引起土壤干旱，影响根系生长：黏土地区大风会导致土壤板结、龟裂，造成断根现象；沙土地区大风可将有营养的表土吹走，严重时有移沙现象，造成明显风蚀，或使树根外露，或使树干堆沙，影响根系正常的生理活动。秋季焚风则对生长季温度不足的地方能提高温度，使果实早熟。冬季大风可把树带间的雪层吹掉，增加土层冰冻深度，使植物根部受冻。

三、空气污染

伴随着工农业的发展和城市人口的急剧增加，空气污染的状况正在不断加剧。在缺乏恰当处理和管理的情况下，不仅人民的生活环境会受到污染，农业生产也受到一定的影响。

空气污染的种类有很多，其中对人类和植物产生危害、已受到人们注意的污染物有100多种。工业废气和汽车尾气是空气污染的主要污染源，排出的有毒气体量大面广，污染空气最严重。空气污染可分为气体污染和气溶胶污染两大类。气体污染物包括二氧化硫、氟化物、臭氧、氮氧化物以及碳氢化合物等，气溶胶污染物可概括为固体粒子（粉尘、烟尘）和液体粒子（烟雾、雾气）两类。其中对农业威胁比较大的污染物有十余种，如二氧化硫、氟化氢、氯气、光化学烟雾和煤烟粉尘等。

空气污染物对植物的危害途径，主要是通过叶表面的气孔，在植物进行光合作用气体交换时，随同空气侵入植物体内进而引起毒害，它们能干扰细胞中酶的活性，杀死组织细胞，造成植物一系列的生理病变等。空气污染对植物的危害可分为直接危害和间接伤害两种。

直接危害可分为急性危害、慢性危害、不可见伤害。急性危害通常发生在有害气体浓度比较高的时候，症状为叶片上突然集中出现大量伤斑，受伤严重部分的细胞和叶绿素遭到破坏，发生强烈褪色，叶片干枯，甚至脱落死亡。有时有害气体导致的症状也分布在芽、花和果上，使商品器官外形恶化，降低商品价值。慢性受害多发生在有害气体浓度比较低的时候，叶片褪绿程度较轻，斑点小而少，叶绿素功能受到一定的影响。不可见伤害是一种隐性伤害，受害后短期从植株外部和生长发育上看不出明显变化，主要是污染物仅使植株代谢生理活动受影响，植株体内有害物质逐渐积累，导致品质变劣和产量下降。间接伤害是指植物受污染后，生长发育减弱，降低了对病虫害的抵抗力，因而使某些害虫和病菌容易侵袭，加速了病虫害的传播与发展。

植物对空气中不同污染物的敏感程度和抵抗力大小，随种类和品种的不同而有一定差异，但都与有害气体的浓度和接触时间长短有关。在农作物中，敏感性最强的是瓜类、叶菜类蔬菜，其次是果树、粮油作物。植物受空气污染物危害的大小，还与植株发育年龄有关。生长旺盛、气体交换频繁的幼年时期受害严重。新的成熟叶和光合作用强度高的叶片一般容易受害，老叶敏感性较差。空气污染事故通常发生在植物生长发育旺盛的春季和初夏，秋季较少（烟尘除外）。风向与农田受害有极大关系，一般居于污染源下风向的植物受害严重，受害面往往呈条状或扇状分布。空气污染使植物受害的特点是农田距污染源越远受害越轻，但受害最严重的地方一般是距工厂烟囱高度10~20倍处。

不同的污染物对植物的伤害症状不同。二氧化硫是对农业危害最广泛的空气污染物，它主要是在燃烧含硫的煤、石油和焦油时产生。二氧化硫通过气孔逐渐扩散到叶肉的海绵组织和栅栏组织，植物对二氧化硫的抵抗力很弱，少量气体就能损伤植株的生活机能。二氧化硫危害植物的典型症状是在叶脉间叶肉组织上出现界线分明的点状或块状白色伤斑，有的甚至连接成片。在受害轻时斑点只在气孔较多的叶背面出现，浓度高时叶表面会出现因叶绿体被二氧化硫破坏所导致的白斑。叶片在受到二氧化硫严重危害时，叶肉部分可以全部变黄枯萎，只留下叶脉的网状骨架，最后死亡。二氧化硫危害植物的症状，主要发生在叶片上，其他器官很少发现。二氧化硫对农作物的伤害，除了明显表现在叶片上以外，有时还会影响植物正常的生理功能。茭白等园艺作物长期受低浓度二氧化硫危害，会产生分蘖减少、叶面积缩小、光合作用强度减弱的现象，导致积累的干物质总量减少，产量降低。

氟化氢是一种无色具有臭味的剧毒气体，其毒性较二氧化硫大20倍，它是空气污染物中对农业毒性最大的气体。氟化氢主要来源于使用含氟原料的化工厂、冶金厂、磷肥厂和炼铝厂等，在氟化物中，氟化氢的毒性最强，但它的分布仅局限于工厂附近局部区域，不像二氧化硫那样广泛。氟化氢气体对植物的危害症状与二氧化硫很相似，但急性中毒时有明显差异，受害的坏死斑点呈黄褐色或深褐色，多出现在叶尖和叶缘处，而不是在叶脉间。植物在受害后伤斑出现很快，一般只需几小时叶子即由绿色变成黄褐色，全株凋萎。植物受氟化氢的危害以生活力旺盛的幼株功能叶较老叶为重，伤斑不仅出现在壮叶上，幼叶和嫩枝上也有分布。当柑橘遭受氟化氢气体危害时，叶肉细胞液泡膜发生质变，并造成细胞质和细胞器结构的崩溃，出现叶缘变褐枯死的症状，严重时整个叶片黄化。氟化氢还可使柑橘果皮变粗，影响产品品质。

氯气是一种黄绿色有毒气体，对植物的危害十分严重。氯气主要来源于食盐电解工业，以及制造农药、漂白粉、塑料、合成纤维等工厂排放的废气。氯气对农作物的危害，通常表现为使叶缘和叶脉间组织出现白色、浅黄色的不规则伤斑，然后发展到全部漂白，枯干死亡。与二氧化硫比较，氯气引起的伤斑与健全组织之间的界线不明显，白茫茫一片是氯气伤害的显著特点。氯气危害症状最先发生在老叶上，一般茎、花、果部位抗性较强，只有在浓度太高时茎才会受害，幼叶和芽通常很少受害。叶片的上下两面都能受害，但上表面较下表面敏感。不同农作物对氯气的抵抗力不同，白菜、菠菜、韭菜等作物对氯气敏感，易受氯气毒害；茭白、豇豆、慈姑等作物则对氯气的抵抗能力稍强。单就一株植物而论，中部叶片较下部叶片受害严重，这与叶片年龄、生理功能、代谢强度和气孔分布等有关。

近年来，随着塑料工业的迅速发展，塑料在农业上的应用日益广泛。薄膜是目前塑料在农业生产上使用的主要形式，但是含毒薄膜散发出的有毒气体却能给农业生产带来很大损失，应引起充分重视。农用塑料薄膜在制造过程中需要加入增塑剂，增塑剂是塑料薄膜制品的重要组成成分，它的种类很多，生产上使用的主要品种是以苯酐为原料的邻苯二甲酸酯类，这一类化合物的应用已有30年的历史。最常用的邻苯二甲酸酯类有辛酯、二异辛酯、二丁酯和二异丁酯等4种。增塑剂在塑料薄膜中的含量是根据不同的配方而有所增减。用纯品增塑剂试验证明，二异丁酯可使黄瓜幼根伸长减少83%以上，二丁酯则能使黄瓜幼根伸长减少50%。还需指出的是，即使是用过的旧膜，仍然能检测出二异丁酯。据试验研究证明，邻苯二甲酸酯类能够通过各种途径进入环境，污染果蔬等，而且邻苯二甲酸酯类还有明显的富集作用，对人体的健康有危害作用。植物受有毒薄膜中邻苯二甲酸酯类危害后的典型症状是失绿，叶片黄化或皱缩卷曲，褪绿的程度、部位和面积与植物的种类有关。危害严重的可使新叶及嫩梢呈黄白色，老叶和子叶边缘变黄，叶肉组织有黄斑或坏死斑点，叶色淡，叶小而薄，生长弱，严重者逐渐干枯死亡。有毒薄膜对植物的危害大小还与膜内邻苯二甲酸酯类的含量、覆盖时间的长短、植物生长的强弱、苗床和大棚温湿度和通风条件等有关。一般在有毒薄膜覆盖后6~10d受害症状出现，从叶梢、新叶开始向下蔓延，覆盖时间越长，伴随温度升高、湿度加大、通风不良等不良条件，造成作物受害严重，死亡率高。

污染空气的物质除气体外，还有大量的固体的微细颗粒成分，统称粉尘。粉尘主要来源于燃料燃烧过程中产生的废弃物，如用大量煤和油作燃料的火电厂、煤气厂、焦化厂、矿冶厂、钢铁冶炼厂以及水泥厂等。被粉尘危害的植物，主要是生长在各大工矿企业周边的植物，烟尘沉降在污染区的植株上，覆盖在叶、枝、茎、果和花等幼嫩组织上，引起许多点状污斑。果实在幼小期受害后，污染部分组织木栓化，纤维增多，果皮粗糙，商品价值下降；成熟期受害，还容易引起腐烂。有些蔬菜如包心的甘蓝和大白菜，烟尘夹在叶层里，无法洗除和食用。花卉则由于烟尘的影响使其观赏性降低，商品花卉则降低其商品价值，给花农带来很大的损失。

雾霾是雾与霾的组合，造成空气质量降低，影响生态环境，是一种危害性天气现象。雾是由悬浮在近地面空气中的微小水滴或冰晶组成的气溶胶系统。霾包含空气中的灰尘、硫酸、硝酸、有机含氢化合物等粒子，使空气浑浊，能见度下降。雾霾是对大气中各种悬浮颗粒物含量超标的笼统表述，尤其是PM2.5，被认为是造成雾霾天气的"元凶"。雾霾天气中悬浮的污染颗粒物通常难以落到地面，但农作物叶片表面的茸毛及黏液、油脂等分泌物却可以吸附雾霾中的部分污染颗粒物，叶片上的气孔被小颗粒物阻塞，使农作物的呼吸作用减弱。雾霾中的有害物质还会干扰植物养分的吸收，逐步破坏叶绿素合成，生长和发育过程受抑制。此外，这些空气悬浮物遮挡了部分阳光，降低植物光合作用强度。一般每年的冬季是雾霾天气最频发的时期，南方韭菜在冬季生长生产时，若遭遇雾霾影响，由于光照强度减弱，韭菜叶的颜色越来越淡，有机产物的积累减少。连续雾霾引发的空气湿度增加，使韭菜叶片的生长速度加快，叶片变长变薄，气孔张开，极易导致灰霉病菌的侵入，引发病害。

第六节 环境因子对园艺植物表型的影响

植物表型是指植物可测量的特征和性状，是植物受自身基因表达、环境影响相互作用的结果，也是决定作物产量、品质和抗逆性等性状的重要因素。本节将主要介绍园艺植物表型监测的意义和方法，以及环境因子与园艺植物表型的关系。

一、园艺植物表型的监测

园艺植物表型是指园艺植物基因型和所处环境影响共同决定的形状、结构、大小、颜色等的生物体外在表现。随着技术的发展，植物表型的研究范围逐渐不再仅局限于外观物理状态，而是能够精确获得涵盖从分子到群体的各种植物特征性状。园艺植物表型能反映园艺植物生长发育过程和结果，由一个基因型与一类环境互作产生的部分或全部可辨识的植物物理、生理和生化特征及性状。利用这些特征和性状，可以将不同园艺植物基因型和环境的决定作用或影响进行区分。

传统的园艺植物表型分析涉及的样本和性状类别少，基本上由手工操作，效率较低；难以排除人为和环境因素干扰，误差较大；难以跨物种参考分析方法和数据，适用性较弱。科研的需求以及技术的发展推动园艺植物表型组学应运而生。园艺植物表型组受基因组和环境因素决定或影响，并能反映植物结构及组成、植物生长发育过程及结果的全部物理、生理、生化特征和性状，包括可辨识的且能与基因、环境映射或未能映射的性状，也包括某些目前尚不可辨识的性状和未表现的性状。

规范化的、精准的表型组分析运用在基础研究和分子育种等工作中，可以确保高效地分析植物功能、筛选作物资源、进行品种比较、培育优良品种、开发新型栽培技术和病害防治技术，从而满足园艺作物增产的需要。为了采集植物生物量、株型、叶面积和生理特性等表型组数据，自动化图像分析技术发挥着至关重要的作用，目前常用的有荧光成像、热成像、二维或三维的三光彩色成像、近红外光谱成像系统以及成像光谱等非损伤和高通量技术等。根据不同的研究目的和对象，可以选取不同的自动化植物表型分析技术，用于培养箱、温室或大田的植物单株和群体测定。目前在番茄、黄瓜、白菜、莴苣、苹果、柑橘、葡萄等园艺作物和生产监测中，已有成功应用的范例。

（一）荧光成像

荧光是一种光致发光的冷发光现象，当某种常温物质经特定波长的入射光照射，其分子吸收光能后从基态进入激发态，并且立即退激发并发出出射光。通常出射光的波长比入射光的波长更长，且多处于可见光波段。

植物受激发后发出的荧光主要有蓝绿荧光、红荧光和远红荧光。蓝绿荧光又称短波荧光，主要与植物细胞中的苯乙烯酸有关；红荧光与植物光合系统Ⅱ中的叶绿素相关；远红荧光与光合系统Ⅰ和光合系统Ⅱ中的叶绿素都相关。因此，后两者还可统称为叶绿素荧光。在常温下，光合系统Ⅰ色素系统基本不发荧光，叶绿素荧光主要由与光合系统Ⅱ相关的叶绿素 a 产生。生产上常用的叶绿素荧光技术可以通过快速测定光合系统Ⅱ的电子传递速度和量子效率提前预测生物或非生物胁迫对作物的影响。番茄受低温胁迫后，叶绿素平均浓度降低，荧光图像可检测到肉眼观察不到的低温损伤。

植物中能发射荧光的物质除了叶绿素外，还有类胡萝卜素、花青素、黄酮醇和多酚类等。基于色素含量的荧光成像技术作为一种快速无损的检测方法，从植物某部位的荧光强度、面积、颜色、纹理等特征入手，可用于监测作物营养元素缺乏症状、病害胁迫程度、果蔬贮藏过程中的品质变化。

（二）热成像

红外热成像技术是一种将目标物体的红外热辐射转化成与物体表面热分布相应的可视图像技术，叶温变化是其监测诊断植物病害的观测指标。病原物侵染使寄主植物光合速率降低，呼吸速率增加，体内水分状况以及植物激素水平发生明显变化，随后植物叶片表现黄化、坏死、腐烂、萎蔫、畸形等可见症状。若利用热成像技术，根据受侵染叶片在未显症状时的叶温变化，可以尽早检测出病害，从而及时采取相应的防治措施。在黄瓜、番茄作物花叶病等病害信息的监测研究中，该技术已经初步得到验证。热成像技术对病害的监测，为控制病害蔓延争取宝贵的时间，从而提高了产品产量与品质。

当园艺植物遭受胁迫时，也会造成叶表温度异常改变。若园艺植物遭受干旱胁迫，气孔关闭，蒸腾作用下降，叶温随之升高。利用红外热成像技术可以获取植物冠层温度，间接反映植物水分状况，根据气孔导度值适时灌溉，可以避免叶片萎蔫而引起的光合产量下降。由于该技术可以实现实时监测植物的水分状况，开展适时适量灌溉预报，对于现代农业的生产具有一定的实际意义。

（三）无人机遥感

无人机遥感监测技术是以无人机为平台，常搭配光谱仪、热红外等共同使用的低空遥感探测技术，具有空间分辨率高、时效性强和成本低等特点，可填补地面监测和高空遥感间的测量尺度空缺，在农田信息精准监测领域具有广泛的应用前景。

对作物产量提前预估，可以在收获前对某些问题进行提前诊断，提前实施相应的精准农业操作，从而获得更好的经济及环境效益。遥感估产则是基于作物特有的波谱反射特征，利用遥感手段对作物产量进行监测预报的一种技术。利用影像的光谱信息可以反演作物的生长信息，通过建立包括生育期长度、叶绿素含量、叶面积指数、生物量、光谱反射率和植被指数等生长信息与产量间的关联模型，便可预估作物产量。目前已有学者成功对白菜、莴苣、柑橘等园艺作物进行遥感估产，精确度可以达到80%以上。

二、环境因子与园艺植物表型的关系

园艺植物在进化过程中需要应对其生存异质环境、基因型，产生不同的表型，从而适应环境，这种对环境响应特征称为植物表型可塑性。表型可塑性可以遗传，而且可以适应进化，也就是说植物表型可塑性在异质环境中，如光、水分、营养和温度等变化的大环境下，能够发生遗传变异，接受自然选择，最大限度地达到其表型与生存环境相一致。

园艺植物对光需求的内在差异是植物演替过程中表型变化的重要影响因素。根据光照强度、光质、光周期等不同，园艺植物会产生不同的形态特征和生理特性。相对于全光照，低密度遮阴能显著提高藿香蓟的比叶面积和日均增高量，显著降低藿香蓟的根冠比，延迟第一次开花时间，但增加了开花数量。韭菜在弱光环境中叶片变长变薄，柔嫩多汁，颜色逐渐变淡。这是园艺植物对光照环境产生的表型响应，在长期进化过程中，园艺植物表型会向着有利于生存的方向不断演变。

水分是一种非常重要的生命物质，因为它参与许多生理代谢过程，也是影响园艺植物表型的因素之一。在干旱条件下，促进根系伸长汲取更多的水分，植物根冠比会增加；为了减少水分散失，植物叶面积会降低，沙漠植物仙人掌为了抵御缺水的环境，叶片演化为针状。而长期生活在水中的植物，其适应特点是进化出发达的通气组织，以保证氧气供应，海带、莼菜等水生植物叶片常呈带状、丝状或极薄，有利于增加采光面积和促进二氧化碳与无机盐的吸收。

温度是影响园艺植物生长的重要因素之一。长期生活在低温环境中的植物，其芽和叶常有油脂类物质保护，树皮有发达的木栓组织，细胞水分减少、淀粉水解等以降低冰点，从而适应寒冷环境。长期生活在高温环境中的植物，生有密的绒毛和鳞片，呈白色、银白色，叶片革质发亮，从而减少对阳光的吸收；细胞含水量降低，糖或盐的浓度增加，以利于降低代谢速率和增加原生质体的抗凝能力；同时增强蒸腾作用，避免体内过热。

自然界中环境背景极其复杂，影响园艺植物表型的因素很多，除了上述提到的光、水分、温度，还有营养、地理空间等多种因素也能对植物表型产生影响。在实际种植环境中，植物表型变化往往不是单一因素引起的，需要考虑多种影响因子的综合作用。

思考题

1. 举例说明有效积温在园艺植物生产中的应用。
2. 高、低温逆境对园艺植物生长发育有哪些影响？
3. 园艺植物不同生育期与水分的关系如何？
4. 影响园艺植物水分吸收与散失的因素主要有哪些？
5. 影响园艺植物根系生长发育的土壤环境因子有哪些？
6. 光周期在园艺植物生产上的应用有哪些？并举例说明。
7. 影响园艺植物生长的主要气体环境因子有哪些？
8. 试以一种气体环境因子为例，说明其对园艺植物生长的影响。

主要参考文献

潘映红，2015. 论植物表型组和植物表型组学的概念与范畴. 作物学报，41（2）：175-186.

孙刚，黄文江，陈鹏飞，等，2018. 轻小型无人机多光谱遥感技术应用进展. 农业机械学报，49（3）：1-17.

徐凯，郭延平，张上隆，等，2007. 不同光质膜对草莓果实品质的影响. 园艺学报，34（3）：585-590.

喻景权，2014. 蔬菜生长发育与品质调控理论与实践. 北京：科学出版社.

赵梁军，2002. 观赏植物生物学. 北京：中国农业大学出版社.

Awad M A, Wagenmakers P S, Jager A D E, 2001. Effect of light on flavonoid and chlorogenic acid level in the skin of Jonagold apples. Scientia Horticultrae, 88 (4): 289-298.

Grant J A, Ryugo K, 1984. Influence of within-canopy shading on fruit size shoot growth, and return bloom in kiwifruit. Journal of the American Society for Horticultural Science, 109: 799-802.

Henriod R E, Jameson P E, Clemens J, 2003. Effect of irradiance during floral induction on floral initiation and subsequent development in buds of different size in Metrosideros excelsa (Myrtaceae). Journal of Horticultural Science and Biotechnology, 78: 204-212.

Ito A, Saito T, Nishijima T, et al, 2014. Effect of extending the photoperiod with low-intensity red or far-red light on the timing of shoot elongation and flower-bud formation of 1-year-old Japanese pear (*Pyrus pyrifolia*). Tree Physiology, 34: 534-546.

Ju Z G, 1998. Fruit bagging, a useful method for studying anthocyanin synthesis and gene expression in apples. Scientia Horticulturae, 77: 155-164.

Ju Z Q, DuanYS, Ju Z G, 1999. Effects of eovering the orehard floor with reflecting films on pigment accumulation and fruit coloration in 'Fuji' apples. Scientia Horticulturae, 82: 47-56.

Keara A. Franklin, Philip A, 2014. Wigge. Temperature and Plant Development. New Jersey: John Wiley & Sons, Inc.

Liu Y S, Roof S, Ye Z B, 2004. Manipulation of light signal transduction as a means of modifying fruit nutritional quality in tomato. Proceedings of the National Academy of Sciences of the United States of America, 101: 9897-9902.

Lopez M, Candela M E, Sabater F, 1986. Carotenoids from *Capsicum annuum* fruits: influence of spectral quality of radiation. Biologia Plantarum, 28 (2): 100-104.

Ohishi H, Watanabe J, Kadoya K, 1996. Effect of red light irradiation on skin coloration and carotenoid composition of stored 'Miyauchi' iyo (*Citrus iyo* Hort. ex Tanaka) tangor fruit. Bulletin of the Experimental Farm college of Agriculture, Ehime University, 17: 33-37.

Rakngan J, Gemma H, Iwahori S, 1995. Flower bud formation in Japanese pear trees under adverse conditions and effects of some growth regulators. Japan Journal Tropical Agricultural, 39: 1-6.

Smith H, Whitelam G C, 1997. The shade avoidance syndrome: multiple responses mediated by multiple phytochromes. Plant Cell and Environment, 20: 840-844.

Stutte G W, Martin G C, 1986. Effect of light intensity and carbohydrate reserves on flowering in olive. Journal of the American Society for Horticultural Science, 111: 27-31.

Wang H, Arakawa O, Motomura Y, 2000. Influence of maturity and bagging on the relationship between anthocyanin accumulation and phenylalanine ammonia-lyase (PAL) aetivity in 'Jonathan' apples. Postharvest Biology and Technology, 19 (2): 123-128.

Zhang S, Li X, Sun Z H, 2015. Antagonism between phytohormone signalling underlies the variation in disease susceptibility of tomato plants under elevated CO_2. Journal of Experimental Botany, 66: 1951-1963.

第五章 园艺植物繁殖

园艺植物繁殖是指利用传统或现代繁育技术培育园艺植物后代的过程。我国种植业中，果树、蔬菜、花卉和茶等园艺产业已成为仅次于粮食作物的重要农业产业，每年需要繁育大量的种苗供生产利用。可以说，离开了园艺植物种苗繁殖，就没有园艺产业。现代园艺生产已不再局限于传统育苗技术，而是逐渐发展现代工厂化育苗技术、组织培养以及脱毒快繁技术等。与此同时，产生了许多新的植物繁殖理论。因此，园艺植物繁殖不仅是一门技术科学，同时也是一门理论科学。了解不同园艺植物繁殖技术与理论，对于提高园艺生产效率、保障园艺产业发展、实现产业化经营均具有重要意义。

第一节 有性繁殖

有性繁殖（sexual propagation）也称种子繁殖（seed propagation），或称实生繁殖，是利用植物有性结合产生的种子培育幼苗的繁殖方式。种子是植物营养生长后期进入生殖生长期，经双受精作用，合子发育成胚，受精极核发育成胚乳，珠被发育成种皮而形成的生殖器官。园艺植物中，许多蔬菜、一二年生花卉、地被植物、木本观赏植物以及一些果树砧木苗均以这种方式繁殖种苗。由种子培育的幼苗称为实生苗（seedling），具有自己独特的遗传性和变异性。但也有些园艺植物如柑橘，种子具有多胚现象（polyembryony），其中只有1个胚为有性胚，其余为体细胞珠心胚，由珠心胚培育出的幼苗称为珠心苗，其遗传特征与母体几乎完全相同。珠心胚是无融合生殖（apomixis）的一种，本质上是珠心组织体细胞发育成胚的特殊无性生殖过程，可以传承母本（孤雌生殖和体细胞胚）或父本（孤雄生殖）的遗传基因，在保持优良性状（如杂种优势、矮化性状）方面具有重要意义。除柑橘外，芒果、花椒存在珠心胚，韭菜存在珠被胚；苹果属有10个种，如湖北海棠、小金海棠、变叶海棠等均具有无融合生殖能力。

有性繁殖的优点是：①种子体积小，质地轻，采收、贮藏、包装和运输均较方便；②种子数量多，来源广，播种简便，易于大量繁殖，短期内可以获得大量幼苗；③实生苗根系发达，生长势旺盛，抗性强，寿命长；④植物杂交育种必须通过种子繁殖，并从中选择优良后代；⑤幼苗主根系发达，对环境适应性强，并有免疫病毒病的能力，可获得无病毒幼苗，因为大多数病毒不能进入种子细胞。但也有缺点：①木本的果树、花卉及某些多年生草本植物的幼苗初期生长较慢，开花期较迟，结实较晚；②后代易变异，不能保持品种的优良特性，在蔬菜、花卉生产上常出现品种退化问题；③对于自花不育或无籽植物（如香蕉、无籽西瓜、重瓣花卉等）来说，因无法得到种子，必须借助无性繁殖方法才能延续后代。

一、种子采集

园艺学所说的"种子"其实包括两类，一类是属于植物学范畴的真种子，另一类则是果实。前者仅包含胚珠，如豆类、茄果类、西瓜等，后者由胚珠和子房共同构成。出现后一种情况是因为有些植物的种子与果实难以完全分开，成熟时既包含种子，又包含果实或果实的一部分，如颖果、瘦果等。因此，所谓的种子采集，有时则是果实采集。

1. 种子采集原则 应选择生长健壮、无病虫害、无机械损伤的植株作为采种母株，再选择其中生长发育良好、具有品种典型性状的果实为种源，淘汰畸形果、劣变果、病虫果。若田间生长的果实（或种子）属一次性成熟，则采种应一次性完成，淘汰少数生长发育迟缓的种源；若果实（或种子）在田间分期成熟（如番茄、辣椒等），采种工作也应分期分批进行。另外，切忌提早采种，以免成熟度不够，影响到种子质量与发芽率；而采收过迟，种子会脱落散失或被鸟、兽、害虫吃掉。有些作物如黄瓜、佛手等具有胎萌现象，因而采种工作也不能过迟，否则种子可能在母体内萌发。

2. 采种时期与方法 采种时期应依植物成熟期而定。对于自然裂开、落地或因成熟而易开裂的果实，须在果实熟透前收获，经晾晒后取种、干燥，如荚果、蒴果、长角果、针叶树的球果、某些草籽（颖果）、菊科植物的瘦果等；对于果实成熟后不开裂的种类，应在种子充分成熟后采收，如浆果、核果、仁果等。对于肉质果内的种子，须在果实充分成熟且足够软化后采集，以利于去掉肉质部分。多数情况下可以直接从植株上采集成熟的果实（或种子），也有一些如核桃、枇杷的种子，可以从果品加工厂的下脚料中获取。只要这些种子没有经过高温等破坏性处理，完全可以收集起来，作为砧木培育的种源。采收以早晨进行为好，因为清晨露水未干、空气湿度较大，果实不至于一触即开裂而影响采收。

3. 采后处理 种子采收后，要根据其习性进行干燥、脱粒、风干、去杂等处理，并及时编号，注明采收日期、种类，以备应用。取种过程因植物种类而异。

干果类种子采收后应尽快干燥，首先连株或连壳曝晒，或加以覆盖后曝晒，或在通风处阴干。通常含水量低的用"阳干法"，含水量高的用"阴干法"（忌直接曝晒）。初步干燥后再脱粒，并采用风选或筛选去壳、去杂。

肉果类种子果实采收后必须及时处理，因果肉含有较多的果胶和糖类，容易腐烂，滋生霉菌，并加深种子休眠。用清水浸泡数日，或经短期发酵（21℃下4d）或直接揉搓，再脱粒、去杂、阴干。

针叶树的球果类种子成熟时干燥开裂，大部分种子可自然脱粒。球果采收后，一般只需曝晒3～10d，脱粒后再风选或筛选去杂即可。银杏种子和核桃果实处理时，须戴好防护手套，以免毒性物质伤及皮肤。

4. 种子筛选 种子采收后，会有一些杂质、干瘪及破损种子等掺杂其中，净度达不到种子标准，需要通过人工或者机器筛选出籽粒饱满的种子。根据种子的长度、宽度、厚度等，选用圆孔筛或长孔筛，对种子进行筛选分离。根据种子的饱满度，采用相对密度分离的方式分离种子，常见的方法有液体分离法和重力分离法。前者是将种子放在特定的溶液中，若种子的相对密度大于液体的相对密度就会下沉，小于液体的相对密度则会浮在水面上。采用此法分离的种子必须选完即刻播种，或者立刻进行干燥处理，否则将引发种子变质。后者是使用风力的作用对种子进行重力筛选，当种子受到风力吹动时，质量轻的以及混合物中的杂质会做不规则运动，随着筛子的摇摆有规律地被甩出，从而达到筛选种子的目的。

5. 种子干燥 种子贮藏对种子含水量有要求，种子采收后都要进行干燥处理。①自然干燥法：种子采集后，直接将种子放在阳光充足、通风好的地方自然干燥，注意及时翻种，以避免高温烫死种子。②机械干燥法：用鼓风机或干燥机将采集的种子进行干燥处理。③干燥剂干燥法：在需要干燥的种子中加入适当的干燥剂，通过干燥剂吸收种子及储存空间内的水分，从而降低种子内部的含水量，实现干燥种子的目的。

二、种子寿命与种子贮藏

(一) 种子类型与种子寿命

母体植株上的种子达到完全生理成熟时,具有最高的活力。采收后,随着贮藏时间的推移,其生活力逐渐衰退,直至死亡。种子寿命是指种子群体从采收到发芽率降低到50%时所经历的时间,也称为半活期。半活期越长,越有利于种子保存。但农业生产对种子寿命的要求远高于半活期,它要求萌发率达90%以上。因此,农业种子寿命的含义是指种子生活力在一定条件下能保持90%以上发芽率的时间期限。这里涉及两个因素,一是种子自身特性,二是种子贮藏条件。

植物种子分为顽拗型、正常型和中间型3类。

1. 顽拗型种子 顽拗型种子(recalcitrant seed)指不耐失水的种子,对干燥和低温敏感,自然条件下贮藏寿命短。这类植物包括原产于高温高湿的热带亚热带常绿植物,如菠萝蜜、柑橘、龙眼、荔枝、阳桃、莲雾、芒果、佛手、部分棕榈科植物,以及温带水生植物,如茭白、慈姑等。成熟时种子含水量高达30%~60%,采收后便进入可萌发状态,不耐脱水。如果立即播种,可以迅速成苗。若不播种,而是置于室内通风处,往往只有几天或10余天寿命。但若保湿贮藏,可以显著延长寿命。比如可可种子,离开母体后的自然寿命只有35 h;若保持含水量33%~35%,温度17~30℃,贮藏期至少为70d;若含水量降低为27%,即使温度为17℃,也迅速失去发芽力。芒果、荔枝、龙眼、菠萝蜜等种子在15℃贮藏较适宜,在5~10℃下则出现低温伤害。对于菠萝蜜种子,可先使其部分脱水,种皮处于半风干状态,然后放于适度通气的塑料袋内,15℃下贮藏460d,发芽率仍保持90%。将茭白种子贮于水中14个月,发芽率仍有86%。橡胶种子贮于水中1个月,发芽率在60%以上。水浮莲种子是需光种子,暗贮藏可保持休眠不萌发。整体上看,这类种子寿命短,延长贮藏期相对困难。

2. 正常型种子 大多数园艺植物种子属于正常型种子(orthodox seed),成熟前能主动脱去90%水分,进入休眠状态,采收后贮存于低温干燥条件下,可以保持生命力2~3年,甚至15年。例如,草本园艺植物种子,大多数能够保存3~6年,生产上能够利用2~3年,甚至4年以上;胡萝卜、芹菜、大葱、洋葱、韭菜等种子只能保存1年左右。生产上需要充分注意不同种子的可利用年限(表5-1)。

表5-1 部分草本园艺植物种子农业生产利用年限
(改自章镇等,2003)

生产利用年限	园艺植物种类	生产利用年限	园艺植物种类
1年左右	胡萝卜、芹菜、大葱、洋葱、韭菜、鸭儿芹、射干鸢尾、五色梅、一串红、香水草、飞燕草、海石竹、非洲菊	3年左右	苦瓜、菊花、蛇目菊、金盏菊、鸡冠花、金鱼草、非洲雏菊、福禄考、石竹、波斯菊、千日红、珊瑚钟、报春花、风铃草、美人蕉、春黄菊、白头翁、麦秆菊、银边菊、黄秋葵、蜂室花
2年左右	西瓜、蚕豆、萝卜、辣椒、黄瓜、丝瓜、白菜、胡瓜、南瓜、葫芦、茄子、番茄、甜菜、甘蓝、菠菜、菜豆、豌豆、莴苣、耧斗菜、黄金菊、薰衣草、伞形蓟、香豌豆、翠菊、好望菊、水杨梅、秋海棠、千年菊、鸢尾、矢车菊、蒲包花、藿香蓟、桔梗、毛地黄、紫菀、一点樱	4年及以上	紫罗兰、香石竹、金鱼草、万寿菊、乌头、三色堇、观赏南瓜、羽扇豆、小丽花、凤仙花、霞草、半支莲

还有一些种子寿命特别长(表5-2),如合欢、刺槐、皂荚等豆科作物,其含水量低,种皮致密不透水,在自然条件下能够保持生命力10年以上。如果种皮完好,种子保存15~20年甚至75年以

上,仍然具有发芽能力。研究发现,深埋在我国东北泥炭土中长达 835~1 095 年的古莲种子,仍能正常发芽,开花结籽。在河南仰韶文化遗址发现的古莲种子(约 5 000 年)也有生命力,说明莲子寿命极长,只要条件合适,可以无限期保持活力(表 5-2)。

表 5-2 经鉴定的长寿种子
(改自 J. Derek Bewley et al., 2017)

物种	地点	寿命	种子状态	备注
美人蕉 (*Canna compacta*)	阿根廷	约 600 年	有生活力	被包裹在坚果壳内,可发出声音,可以测定坚果壳的年代,种子可能处于同一时期
合欢 (*Albizzia julibrissin*)	从中国放至伦敦大英博物馆	200 年	1940 年有生活力	种子意外萌发并形成有生活力的幼苗
密叶决明 (*Cassia multijuga*)	巴黎自然历史博物馆	158 年	有生活力	从采集至播种有全面的鉴定
白籽树属 (*Leucospermum* spp.)	南非	超过 200 年	有生活力	储藏在英国国家档案馆,萌发并长成健康幼苗
莲 (*Nelumbo nucifera*)	中国辽宁	1 300 年	有生活力	经放射性碳鉴定年份,从 200~1 300 年不等
毛瓣毛蕊花 (*Verbascum blattaria*)	W. J. Beal 种子埋藏实验(美国密歇根州)	120 年	有生活力	仍在进行埋藏实验
海枣 (*Phoenix dactylifera*)	以色列马萨达	2 000 年	有生活力	通过放射性碳测定年代,一粒种子萌发并长成健康幼苗

3. 中间型种子 木瓜、咖啡、油棕等种子属于中间型种子(intermediate seed)。其种子含水量在 9% 以上,在 0℃ 以下且干燥条件下,迅速失去活力;而在 1℃ 以上,随着温度下降,含水量降低而延长寿命。这类种子可以置于 1℃ 左右冰箱中,不可置于 0℃ 以下冰柜中。

(二)种子贮藏

顽拗型种子和中间型种子贮藏有其独特的要求,而对正常型种子来说,凡能降低呼吸强度的因子,都有延长种子寿命的作用。种子贮藏的原则是使种子的新陈代谢处于最微弱的状态。温度、水分及氧气含量是影响种子贮藏寿命的关键因素,它们相互制约,共同影响贮藏的种子寿命。有研究表明,在 5%~10% 范围内,种子含水量每降低 1%,可延长寿命 1 倍;在 0~44.5℃ 范围内,贮藏温度每降低 5℃,也能延长种子寿命 1 倍。因而,贮藏环境温度较高时,可以通过降低含水量、控制氧气供给量来延长种子寿命;在种子含水量和空气湿度较高时,可以通过降低温度、控制氧气供给量来延长种子寿命。密封贮藏断绝了氧气供应,避免了大气湿度干扰,能够延长种子寿命。在现实生产上,具体采用何种贮藏方法,首先应考虑经济效益,其次是贮藏设施性能、贮藏地区气候条件、计划贮藏的年限、贮藏种子种类及其遗传特性、种子价值和本地区本单位经济实力等。常用的种子贮藏方法有以下 5 种。

1. 自然贮藏法 将充分干燥的种子放置于麻袋、布袋、无毒塑料编织袋或缸、木箱等容器中,贮存于贮藏库。由于不设密封装置,种子的温度、湿度(种子本身的含水量)往往随着贮藏库内温湿度的变化而变化。因而,为了延长种子寿命,需要注意库内温湿度的调节。如果库内温湿度高于库外,可以安装排风换气设备,使库内温湿度稍低于库外或与库外达到平衡。反之,则应紧闭门窗,以保持库内低温低湿条件。

普通贮藏方法简单、经济,适合于贮藏种子较大、价值较低、大批量的生产用种。大多数一二年生蔬菜、草花的种子采用这一方法贮藏。贮藏期限一般为 1~2 年,若贮藏 3 年以上,则种子生活力明显下降。为保证贮藏效果，种子采收后要严格挑选、分级、干燥，方能入库。贮藏库也要做好清理与消毒工作，还要检查防鼠、防鸟等措施，房顶、窗户是否漏雨等。种子入库后，要登记存档，定期检查检验，做好通风散热等管理工作。

2. 密封贮藏法 所谓密封贮藏是指把种子干燥到符合密封要求的含水量，再用各种不同的容器或不透气的包装材料密封起来进行贮藏的方法。这种方法在一定的温度条件下，不仅能较长时间保持种子的生活力，延长种子寿命，而且便于交换和运输。对于多数草本植物来说，含水量要求降低到8%以下。密封贮藏法适用于长期贮藏的种子，以及粒小、种皮薄、易吸湿、易丧失生活力的种子。

密封贮藏法之所以有良好的贮藏效果，是因为它可控制氧气的供给，阻断外界空气湿度的影响，降低种子呼吸强度。此外，还抑制好气性微生物的滋生，从而延长种子寿命。但是，密封贮藏不能置于高温条件下，否则会加快种子死亡，因为高温会导致容器内严重缺氧，强化了糖酵解作用，致使种胚变质。另外，长期贮于高温条件下，密封贮藏的种子会因失水而死亡。因此，密封贮藏种子只有在温度较低的条件下才有明显效果。在湿度大、雨量多的地区采用该方法效果更好。

常用于种子密封贮藏的容器有玻璃瓶、干燥箱、缸、罐、铝箔袋、聚乙烯薄膜等。玻璃瓶易碎，只适合在实验室使用。铝箔、聚乙烯可各自制作成袋使用，也可两者合在一起制成袋使用。袋子的种类、质地或厚度不同，其密封防潮性能也不同。如铝箔，虽然防潮性能良好，但价格较贵，种子贮藏成本提高。高密度聚乙烯的防潮性能不如铝箔，但价格便宜，透明度好，已经大量运用于种子商业性生产，是目前生产上比较普通的贮藏方法。

3. 真空贮藏法 真空贮藏是将充分干燥的种子密封在近似于真空条件的容器内，使种子与外界隔绝，不受外界湿度的影响，抑制种子的呼吸作用，保持种子处于休眠状态，从而延长种子寿命。这是一种很有发展前途的贮藏方法，尤其是用于植物育种原始材料的贮藏。

真空贮藏效果的好坏取决于种子干燥方法、种子含水量、真空度和密封程序以及贮藏温度等条件。一般来说，采用热空气干燥法处理种子可以迅速降低种子含水量，热空气温度依作物种类和所要求的含水量而定。多数种子要求在50～60℃条件下干燥4～5h，使得种子含水量低于4%（豆类种子除外，因为含水量过低，豆类种子变硬，会影响发芽率）。真空的标准，根据国外资料报道，减压不超过57.35kPa，减压过低会造成种子破裂，影响贮藏效果。国内有些地区减压标准要求控制在46.66～53.33kPa，然后贮藏在0.5kg和0.25kg真空罐中。种子体积约占空罐容积的3/4，留1/4空间，最后贮藏于低温环境条件，如冷库、人防洞或埋在地下。

4. 低温贮藏法 低温贮藏是在大型种子贮藏库中利用冷冻设施，将库温降至15℃以下，有时还需要将相对湿度降到50%以下，以延长种子寿命的贮藏方法。

温度低于15℃明显抑制种子呼吸，贮藏营养物质分解损失也显著减少；库内害虫不能繁殖危害，绝大多数危害种子的微生物也不能生长，因而能够达到种子安全贮藏的目的。如果贮藏温度不能降至15℃以下，也可以控制在20℃以下，这种低温贮藏被称为"准低温贮藏"，在一定程度上也可以达到上述效果。

低温贮藏对害虫的抑制作用十分明显。20℃是一般害虫活动适宜温度的下限，15℃时害虫冷麻痹，8℃时冷昏迷，4～8℃害虫进入冬眠状态，−4℃以下害虫逐渐死亡。例如蚕豆，由于种子含有大量蛋白质，易受蚕豆象侵害；随着贮藏期的延长，青色蚕豆变成褐色或深褐色，霉变、发热，直至丧失应用价值。若将蚕豆含水量降至11%以下，贮于0～4℃低温箱中，6个月后基本无变色；蚕豆象的幼虫虽然未死，但不能羽化成虫，而对照种子虫害率达52%，说明低温贮藏能有效地延长蚕豆种子寿命。

低温贮藏又可以分为以下几种方式。

（1）自然低温贮藏。这是一种经济、简易、有效的贮藏方法，它包括自然通风贮藏、地窖贮藏和洞库贮藏等。自然低温贮藏泛指15℃以下，有的冷冻温度可达－20℃，甚至－45℃。自然低温贮藏的先决条件是采用隔热等措施，以保证低温条件的实现。此法在北方采用较多。

（2）通风冷却贮藏。通风冷却贮藏即用通风机械或冷却机械对贮藏中的种子实行急剧快速通风冷却。这一过程不同于单纯的干燥，也不同于单纯的通风，主要是利用机械通过输进含有较低温度的空气，使库内种子堆的温度下降，同时也有降湿作用。

（3）空调低温贮藏。空调低温贮藏即利用制冷机向贮藏库内吹冷风，调节空气温湿度，达到库内温湿度均匀，种子安全贮藏的目的。这种方式与通风冷却贮藏的区别主要是避免外界热空气的接触，只限贮藏库内的空气循环，不补充外界空气，自动控制冷气的温湿度。如果要将贮藏库温控制在10℃或更低温度，需密封隔热，保持低温。随着气温变化，库内温度超过要求温度时，则采用机械通冷风控制库内温度在要求温度±1℃范围。

通风冷却贮藏法和空调低温贮藏法适于高温多湿地区贮藏蔬菜种子。

（4）超低温贮藏法。超低温贮藏通常需要借助化学气体实现。超低温环境通常利用液态氮气，温度可达－165℃，此温度下种子新陈代谢作用极低，能够长时间保持种子的活力。种子需先加以干燥，使含水量低于临界百分率，防止结冰时有游离水分形成冰粒。利用结冰温度的不同，控制结冰速度，往往可以使细胞在结冰过程中生存。若种子能在结冰及解冻时存活，则可作永久性保存。

5. 水藏法 将某些水生花卉、蔬菜的种子，如睡莲、玉莲的种子直接贮藏于水中，且唯此方法可保持其发芽力。而像莲藕、荸荠、慈姑等水生蔬菜的种用地下茎和球茎可以在成熟后不采收，在土中贮藏过冬，第二年春播种育苗前再从土中挖出，这样可以大大节省贮藏费用。

三、种子休眠与破眠

（一）种子休眠

1. 种子休眠的意义 大多数园艺植物种子，当它还在母株果实之内或者当果实与种子成熟分离之后的一段时间内，即使给予适合萌发的温度、水分和氧气条件也不能萌发，这种现象称为种子休眠（seed dormancy）。这是物种的天性，是生物进化与自然选择的结果，能提高植物对高温、低温和干旱等不良环境的适应性，对于物种繁衍具有特殊意义。例如，秋季成熟的温带落叶果树种子，由于具有休眠特性，不会立即萌发，从而避免新生幼苗遭受冬季寒害。经过冬季低温，种子休眠解除，一旦春天来临，种子萌发，幼苗可以正常生长。然而，对于农业生产来说，种子休眠具有不利的一面。例如，有的种子（如山楂）由于休眠程度过深，以至于需要经过长达200～300d的休眠期才能播种出苗。为了满足生产上按时播种需要，人们不得不采用人工破休眠的办法来唤醒种子。又如，在种子交易过程中，为了了解种子的生命状况，确定种子的使用价值，必须进行发芽率测定。可是，由于种子休眠尚未通过或未完全通过，导致发芽率测定工作无法正常进行。

2. 种子休眠程度 种子休眠存在着程度差异，可以分为浅休眠、中度休眠和深休眠。原产于高温高湿热带地区的植物种子，往往休眠期短或没有休眠期，在成熟采收后可以立即播种，或者经过短暂休眠期便可萌发，这类种子不宜长期贮藏。原产于亚热带或暖温带的植物种子，如松柏类及其他一些木本植物的种子，具有中等程度的生理休眠，通过湿冷处理能够刺激发芽。原产于温带及寒冷地区的灌木及乔木果树和观赏植物，如牡丹属、苹果属、杏属、梨属、桃属、葡萄属、栗属等，其种胚具有深休眠特性，需要较长时间的低温层积处理才能打破休眠。在自然条件下，这类植物种子秋天成熟，在土壤中低温越冬，次年春天发芽。此外，野生植物种子休眠程度深，栽培植物种子休眠程度相对较浅。

3. 引起休眠的因素 引起种子休眠的原因是多方面的，它们相互作用，共同抑制种子萌发进程。即使部分因素被解除，其他因素依然会抑制种子萌发，只有完全破除休眠，遇到适宜条件，种子才会萌发。引起种子休眠的因素归纳起来可以分为以下3个方面。

（1）机械障碍。一些种子种皮坚硬，缺乏透水透气性，胚无法得到水和氧，因而不能发芽。例如苜蓿、三叶草等植物种子种皮坚硬，机械阻力强，胚芽不能穿透种皮而不能萌发；豆科植物种子种皮具有栅栏组织和果胶层，不透水，种子吸水困难而不能萌发；椴树种子种皮虽然可以透水，但气体不易通过或透性甚低，阻碍种子内有氧代谢，种胚得不到营养而不能萌发。豆科、藜科、茄科、旋花科、锦葵科以及苋科等种子存在硬实现象，它们在未完全成熟时容易发芽；一旦完熟，种皮硬化，反而不易发芽。

（2）种胚成熟度。有些种子种胚发育不完全，脱离母株之后仍需继续从胚乳中吸收养分，直至完全成熟或者需要经过后熟后才能萌发。例如银杏、人参等种子，采收时外部形态已接近成熟，但种胚分化不完全，需要继续发育4~5个月才完全成熟。在常绿果树中，油棕种子的胚需要采后几年才能达到应有的大小。樱桃、山楂、梨、苹果等种胚外部形态虽已具备成熟特征，但在生理上必须通过后熟过程，完成一系列生理生化变化才能萌发。

表5-3列举了一些种皮限制性休眠和胚休眠的实例。

表5-3 种皮限制性休眠和胚休眠的实例
(改自 J. Derek Bewley et al., 2017)

种皮限制性休眠	胚休眠
Acer pseudoplatanus 欧亚槭（果皮、种皮）	*Acer saccharum* 糖槭
Arabidopsis thaliana 拟南芥（胚乳）	*Avena fatua* 野燕麦
Avena fatua（部分品系）野燕麦（内稃、外稃、果皮）	*Corylus avellana* 欧榛
Betula pubescens 欧洲桦（果皮）	*Fraxinus americana* 美国白蜡
Hordeum spp. 大麦属（内稃、果皮）	*Hordeum* spp. 大麦属
Lactuca sativa 生菜（胚乳）	*Prunus persica* 桃
Lepidium sativum 水芹（胚乳）	*Pyrus communis* 西洋梨
Peltandra virginica 箭叶芋（果皮）	*Malus domestica* 苹果
Phaseolus lunatus 棉豆（外种皮）	*Sorbus aucuparia* 花楸树
Malus domestica（部分栽培变种）苹果（胚乳膜）	*Syringa reflexa* 垂丝丁香
Sinapis arvensis 野芥（外种皮）	*Taxus baccata* 红豆杉
Syringa spp. 丁香属（胚乳）	
Xanthium pennsylvanicum 美国苍耳（外种皮）	

（3）化学抑制物。许多植物种子体内含有化学抑制物质如挥发油、生物碱、抑制性激素、氨、酚、醛等，只有这些抑制物质完全消除之后才能发芽。例如，桃种子成熟过程中，种皮、胚乳和胚细胞逐渐积累内源激素脱落酸（ABA），一方面可以抑制种子发芽，另一方面可以增强种子抵御不良环境的能力（表5-4）。另外，山楂种子内源 ABA 含量从7月底的 $2\mu g/g$（以干重计）增加到9月上旬的 $195\mu g/g$，种子萌发被彻底抑制。只有经过低温层积过程，ABA 含量逐渐下降，促进种子萌发的激素物质如赤霉素（GA）、细胞分裂素（CTK）含量逐渐增加，种子才能脱休眠。在西瓜、番茄种子中抑制性物质存在于细胞汁液，鸢尾的存在于胚乳，桃和蔷薇的存在于种皮。它们

大多是水溶性物质，通过浸泡冲洗可以逐渐排除；有的需要通过贮藏过程中的生理代谢和生化反应才能使之分解、转化，逐渐消除。抑制物质的作用没有专一性，含有抑制物质的种子不仅影响本身的正常发芽，而且对其他种子也能产生抑制作用，将不含抑制物质的种子与这类种子混合贮藏或放置在一起发芽时，就有可能发生抑制。例如将马铃薯和大蒜放在一起贮藏，马铃薯发芽也会受到抑制。

表 5-4 桃种子发育过程中 ABA 含量变化特点
（章镇等，2003）

日期	ABA 含量（ng/种子）		
	种皮	子叶	胚轴
7月31日	2.90	2.98	0.38
8月6日	2.96	9.48	0.76
8月13日	3.10	6.38	0.80
8月22日	5.45	7.98	0.95
8月29日	3.32	7.31	0.95

种子还可发生二次休眠（次生休眠、诱发休眠），即原来不休眠的种子或已通过休眠的种子进入休眠，即使再将种子移至正常条件下，种子仍然不能萌发。二次休眠有很多诱导因素，如光或暗、高温或低温、水分过多或过于干燥、氧气缺乏、高渗透溶液和某些抑制物等。如莴苣的种子在高温下吸胀发芽，会进入二次休眠（热休眠）。二次休眠的产生是由于不良条件使种子的代谢作用改变，影响到种皮或胚的特性。休眠的解除时间与休眠深度有关，解除的条件大部分情况下与一次休眠是一致的。

（二）打破种子休眠

打破休眠、促进萌发和提高发芽率是具有休眠特性的种子播种前经常需要开展的工作。当然，在生产实践过程中也有反其道而行之的，即采取加深休眠的手段，强化休眠程度，以达到既保持种子具有旺盛的生命力，又能延长种子寿命的目的。

打破种子休眠的方法有以下几种。

1. 物理处理法

（1）机械处理。通过机械摩擦，破坏种皮，打破因种皮封闭而引起的休眠，使坚硬和不透水的种皮（如山楂、樱桃等）透水透气，从而促进发芽。通过针刺种胚，或切去胚乳、子叶，可打破由于种胚原因引起的种子休眠。

（2）高压处理。将种子放在 608~810kPa 下高温处理 2~3d，使种皮产生裂缝，解除因种皮而造成的休眠。

（3）低温处理。利用适当低温处理能够克服种皮不透性，促进种子解除休眠，加强新陈代谢，从而快速发芽。如莴苣种子在 30℃ 条件下不发芽或发芽率很低，但在 4℃、8℃、11℃、18℃ 条件下，则发芽率分别为 86%、87%、91% 和 81%。

（4）高温处理。有的种子经过高温干燥处理，诱导种皮龟裂，改善了气体交换条件，从而能解除由种皮原因而导致的种子休眠。苹果的休眠种子在吸水状态下置于 35℃ 下 5d，胚完全可以发芽。瓜类蔬菜的种子置于 50~60℃ 处理 4~5h 可促进发芽。另外，用适当热水浸种可以淋洗掉种子中水溶性抑制物质，对易产生硬实的豆类种子，种皮较厚或有蜡质、角质的种子，以及较大粒种子，都有打破休眠、促进萌发的作用。

（5）变温处理。有些种子可以通过变温处理，使种皮因热胀冷缩作用而产生机械损伤，增加种皮的通透性，加速种子内部气体交换，促进种子迅速萌发（表 5-5）。

表 5-5　茄门甜椒种子在 20~35℃内各变温条件下的发芽率（%）

（章镇等，2003）

变温条件	20℃	25℃	30℃	35℃
35℃	84.5	78.4	67.5	52.3
30℃	80.5	83.5	55.8	61.5
25℃	69.5	73.6	86.4	71.4
20℃	34.0	85.0	82.5	89.7

（6）层积处理。温带落叶木本植物种子具有深休眠特性，需在冷湿条件下进行层积处理（stratification）才能打破休眠，促使快速、均匀萌发。层积处理采用的基质通常为河沙（图5-1），也可用其他的能够保湿、通气的基质，如泥炭、蛭石、碎水苔等。河沙的湿度要求在最大持水量的50%左右，即用手紧握能成团，轻轻一触散为沙。其他基质与此类似，要湿润，但水不应太多，一般以用力一挤能挤出水却不下滴为度。

层积前先将种子置于清水中浸泡12~24h，待种子充分吸水后捞出洗净，再把种子与基质按1:（1~3）体积比混合，然后一层种子与基质混合物（3~7cm厚），一层相同厚度的基质，相互交替一层一层堆积起来。基质中可适当添加杀菌剂，以保护种子。层积可以使用容器，如箱子、瓦罐、玻璃瓶（有带孔的盖）或其他容器，只要能通气、保湿，不被鼠咬即可，也可以在冷库、冰箱或冬季地窖、地沟、地坑中进行。层积要求温度在1~10℃，其中最适宜的温度为2~7℃。层积期间应定期检查温湿度，防止温度骤升、霉变、鼠害等。为了增强通气性，可在层积堆中插入玉米、高粱等植物秸秆（图5-1）。如果过于干燥，基质需适当洒水湿润。

大多数植物种子层积时间在1~4个月，少数时间更长。具体来说，海棠果种子层积天数为40~50d，杜梨60~80d，八棱海棠40~60d，猕猴桃60d，枣、酸枣60~100d，山桃80~100d，秋子梨40~60d，山葡萄90d，杏100d，李80~120d，核桃60~80d，板栗100~180d，山楂200~300d。

层积后期，如果气温升高，种子可能已经萌动，需要及时把种子与基质分开，并尽快播种，否则可能伤及种子。常用的方法是让基质过粗筛，筛掉基质，留下种子，然后在湿润状态下播种。

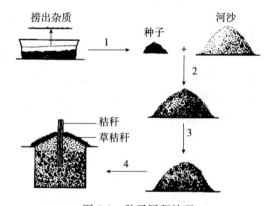

图 5-1　种子层积处理
1. 浸洗　2. 混合　3. 拌匀　4. 贮藏

2. 化学处理法

（1）无机化学药物处理。有些无机酸、盐、碱等化学药物能够腐蚀种皮，改善种子通透性，达到打破种子休眠和促进发芽的目的。常用的药物有浓硫酸、硼酸、盐酸、碘化钾。除了上述药物，还有很多能刺激种子提前解除休眠和促进发芽的药物，如硝酸铵、硝酸钙、硝酸锰、硝酸镁、硝酸铝、亚硝酸钾以及硫酸钴、碳酸氢钠、氯化钠、氯化镁等。另外，用过氧化氢（H_2O_2）浸泡休眠或硬实种子，可使种皮受到轻度损伤，既安全又增加了种皮的通透性，能解除种子休眠，提高发芽势。浸后的种子必须用清水冲洗干净。

（2）有机化学药物处理。多种有机化合物具有打破休眠、刺激种子发芽的效应，如硫脲、尿素、过氧化氢络合物、胡敏酸钠、秋水仙精、甲醛、乙醇、丙酮、对苯二酚、甲基蓝、羟胺、丙氨酸、谷氨酸、反丁烯二酸、苹果酸、琥珀酸、酒石酸、2-氧戊二酸等。这些有机化合物都是生物源的刺激物质，可以部分取代种子后熟过程。

3. 植物生长调节剂处理法

（1）赤霉素。赤霉素（GA）可以部分取代种子发芽对潮湿、低温、光照的要求，显著提高种子发芽能力。例如，牡丹种子在1～10℃和潮湿条件下需经2～3个月才能发芽，但经过GA处理后，即使在较高的温度条件下，3周便可完全解除种子休眠。GA也可以代替红光促进某些需光种子（如莴苣）萌发。一般来讲，在合适的浓度下（1～300mg/L，因种类而异），GA均有解除休眠、促进萌发和提高发芽率的效应。如果与其他生长调节剂配合使用，则效果更加显著。但有许多试验报道证明，处理种子时GA浓度过高反而会抑制发芽。

（2）细胞分裂素。在休眠种子中，细胞分裂素（CTK）能够拮抗脱落酸（ABA）的作用，从而解除种子休眠，有利于种子萌发。如图5-2所示，没有ABA时，GA可以单独诱导种子萌发，而单独CTK没有此效应；有ABA时，只要没有CTK，不管有没有GA，种子都不萌发；只有GA和CTK同时存在，不管有没有ABA，种子都能萌发。这些现象证明，CTK拮抗ABA的抑制效应后，GA单独诱导种子萌发。

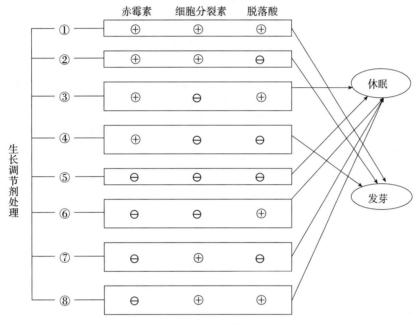

图5-2　生长调节剂与种子休眠及发芽的关系
（章镇等，2003）

（3）乙烯利。乙烯利（ETH）是解除种子休眠和促进发芽的有效物质之一。在30℃条件下用100mg/L乙烯利与红光共同作用，能大大地促进莴苣种子发芽。在乙烯利促进种子萌发时，增加CO_2的浓度能增强乙烯利的处理效应。

（4）壳梭孢菌素。壳梭孢菌素（FC）是从壳梭孢菌中分离出来的物质，对于解除由于高温、ABA、高渗透压等原因所造成的莴苣种子休眠的效果比CTK更好，与乙烯利的效果相似。但FC对茄子、甘蓝等种子促进发芽的作用不如GA，而在低温条件下，促进番茄（12.5℃）、青椒（15℃）、黄瓜（12℃）及甜菜（4℃）等种子的发芽效果优于CTK。

（5）其他生长调节剂。用6-苄氨基腺嘌呤（6-BA）50～200mg/L直接浸种处理杜梨种子24h，发芽率可达到62%～88%。若杜梨种子经6-BA（50～100mg/L）浸种处理48h后置于3～4℃冰箱低温处理20d，发芽率可达92%～93%，30d时发芽率达100%。采用250～500mg/L浓度的6-BA浸泡处理山桃、甘肃桃、毛桃破壳种子24～48h，发芽率达到41%～76%。用氯吡苯脲75mg/L浸种处理猕猴桃种子48h后置于25℃恒温培养箱中，35d发芽率可达67%。

4. 气体处理法

(1) 氧气。通常提高氧气的浓度可以促进休眠种子复苏，提高发芽能力，尤其是因果皮坚硬导致通气不良的种子，一旦剥除果皮或种皮，胚立即具有发芽能力。除了改变种皮透水性外，更重要的原因是解除了氧气流向胚的限制。例如，黑苜蓿休眠种子经浓硫酸处理后，用水浸渍 30 min，同时不断地向水中通氧，则不必再经数月低温处理便可解除休眠。休眠种子与非休眠种子相比，往往是前者对缺氧反应更敏感。提高氧气浓度可以降低种皮对氧气交换的限制，抑制物质被氧化破坏，并增强顶端分生组织的活化能力。此外，提高氧气浓度还能活化戊糖磷酸途径（PPP 途径），有利于种子萌发。

打破种子休眠、促进发芽所要求增加氧气浓度因植物种类而异。例如，莴苣要求达 80%～90%，甜菜 100%，青椒（25℃）100%，小麦 40%～60%，大麦 96%。

(2) CO_2、CO、N_2 等。通常提高 CO_2 浓度会导致种子休眠，抑制种子发芽，但在有些情况下，高浓度 CO_2 却有相反结果。例如，在黑暗中，空气中含氧量为 20%，莴苣种子的发芽率随 CO_2 浓度增加而增加。CO_2 与乙烯利也能促进莴苣种子发芽。CO_2、CO、N_2、HCN 等作为有氧呼吸阻碍剂也具有打破各种种子休眠的作用。例如，苍耳种子在 100% N_2、H_2、He 或 Ar 等气体中可打破休眠，水稻种子在 90% CO_2 + 9.6% O_2 + 0.4% N_2 中能促进发芽。

部分蔬菜种子休眠的破除方法参见表 5-6。

表 5-6 部分蔬菜种子休眠破除方法
（章镇等，2003）

物 种	休 眠 破 除 方 法
油菜	破种皮；低温预处理；变温发芽（15～25℃保持 16h，25℃ 8h）
各种硬果	日晒夜露；通过碾米机；温汤浸种或开水烫种；切破种皮；浓硫酸处理；红外线处理
马铃薯（块茎）	切块或切块后在 0.5%硫脲中浸 4h；1%氯乙醇中浸 0.5h；切块在 0.5～1mg/L GA 中浸 5～10min 或整薯在 5～15mg/L GA 中浸 1h
甜菜	20～25℃浸种 16h；25℃浸 3h 后略使干燥，在潮湿状态下于 25℃中保持 33h；剥去果帽（果盖）
菠菜	0.1% KNO_3 浸种 24h
莴苣	冷冻处理；变温处理；10～100mg/L GA 浸种
芹菜	冷冻处理；变温处理

四、种子处理

大多数草本植物种子在其贮藏的同时就可以完成自然休眠。然而，为了延长种子贮藏寿命，增强商品性能，适应机械化精量播种需要，并且促进萌发，提高幼苗质量，越来越多的商业种子公司在种子加工过程中或播种前还要对种子做必要的理化处理。种子处理通常分为 3 大类，即种子引发、种子丸化及种子包衣。

（一）种子引发

种子引发（seed priming）是将植物种子处于一种可控的水分供应状态下，令其缓慢吸水膨胀，但胚根不突破种皮，而后洗净回干，或播种或贮藏。引发处理既能提高种子活力，也可以恢复陈旧种子活力。

在引发过程中，种子细胞内发生大量的生理生化代谢，如细胞膜系统的修复，蛋白质和核酸的合成，萌发阻抑物质降解，促进性物质合成，与植物抗逆性有关的酶类物质活性上升等。因而，经引发过的种子萌发速度加快，萌发率和整齐度高，而且可以提高植物抗逆性，并最终提高作物产量（图5-3）。

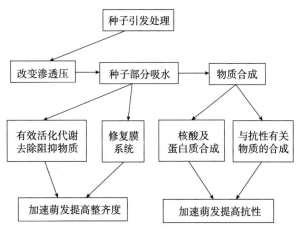

图 5-3　种子引发的可能机制
(李明等，2004)

种子引发的生物学效应有：①提高低温、高温、干旱、盐渍、低氧等逆境下种子萌发速率；②提高出苗整齐度；③提高陈旧种子或未成熟种子的活力；④消减远红光的抑制效应；⑤防止幼苗猝倒病；⑥提高种子萌发过程中异柠檬酸裂解酶和苹果酸脱氢酶活性，提高呼吸速率和能量供应；⑦提高超氧化物歧化酶（SOD）和过氧化氢酶（CAT）活性，降低脂质过氧化产物 MDA 含量；⑧促进 RNA 和蛋白质合成；⑨促进幼苗生长，增加生物学产量；⑩提早成熟，提高经济学产量。

种子引发成功与否的关键在于种子吸水量，因而，引发剂的浓度、浸种时间、浸种温度等是非常重要的因素。如果溶液浓度过低，种子吸水过多，一旦胚根突破种皮，则引发失败；如果溶液浓度过高或者浸种时间过长，将会产生渗透胁迫或离子毒害，同样影响种子活力。此外，虽然引发过的种子可以继续贮藏，但是如果贮藏环境不良或者贮藏时间太长，也不利于种子活力保持。所以，引发的种子最好当年使用，如果一定要贮藏，应贮藏在 10～15℃低温和小于 30% 的低相对湿度环境条件下。

关于种子引发方法，最初有渗透引发、滚筒引发和基质引发等几种。后来，有人利用抗生素、有益真菌或细菌等生物制剂来提高种子活力，并提出"生物引发"的概念，但它们与种子缓慢吸水明显不同，因而可以作为种子引发的辅助措施。Finch-Savage 和 McQuistan（1989）提出利用植物生长调节剂 ABA 引发种子，它是通过抑制胚芽和胚根发育来达到引发的目的，这也与经典的种子引发理论不同。另外，利用 ABA 引发种子虽然简单易行，但有可能导致种子再休眠。

1. 渗透引发　渗透引发（osmotic priming）是将种子浸泡于一定浓度的有机或无机渗透溶液中，在 15～20℃恒温条件下保存 2～21d，既要确保种子充分吸水，又不至于种子萌发，然后将种子捞出，用清水充分漂洗干净，通风回干，或贮藏或清水催芽。目前，应用较多的有机渗透引发剂为 10%～30% PEG6000，而常用的无机渗透引发剂有 0.5%～2% $NaHCO_3$、$CaCl_2$、KNO_3、H_2O_2、NaCl 等。

渗透引发看上去似乎比较简单，但实际上并不适宜商业化生产，因为 PEG 等溶液黏性很大，引发后的种子难以清洗回干。此外，溶液浸泡种子容易缺氧，反而影响种子活力。

2. 滚筒引发　滚筒引发（drum priming）是英国学者 Rowse（1987）发明的一种水引发种子的装置。它是将种子放置于一个可滚动的鼓状容器中，容器中添加的水分正好能够达到种子吸胀的要求，但又不能满足萌发的需要。在一定的温度和饱和湿度条件下，容器内种子以一定的速度滚动，以满足种子吸胀对氧气的需要。1～2 周后，种子引发培养结束，将种子脱水干燥，完成引发过程，可以贮藏或者进入播种阶段。这种方法不需要任何溶质，也不需要引发后清洗，但它的缺点是供水量不易掌握，因为每种植物种子的含水量不同，吸水量也不同，严格准确控制水分以及引发时间是其成功的关键。

3. 固体基质引发 固体基质引发（solid matrix priming）是将要处理的种子与预先定量的固体基质（如蛭石、多孔黏土、合成硅酸钙等）和定量的水混合，放置于微微开口的容器中，以便既有空气进入，又能较好保持水分。在一定温度下保持一段时间后，种子从基质中充分吸水膨胀，但又不萌发，取出种子后回干，完成引发过程。这种方法的缺点是固体基质经常与种子黏合在一起不易分开，特别是一些小粒粉尘，在回干包装后，往往会降低种子的商品质量。

（二）种子丸化

1. 种子丸化的意义 种子丸化（pelleting）是通过机械处理将特制的丸化材料包裹在种子表面，并加工成外表光滑、整齐一致的颗粒化种丸。丸化处理后，种子体积明显增大，对于体积较小的种子来说特别有价值。

（1）确保苗全、苗齐、苗壮。丸化材料一般由杀虫剂、杀菌剂、微量元素、生长调节剂等经特殊加工工艺制成，故能有效地控制作物苗期的病虫害，防治缺素症，促进幼苗生长。

（2）省种省药，降低生产成本。丸化种子必须经过精选加工，籽粒饱满，种子的商品品质和播种品质明显提高，用种量降低3%左右，有利于精量播种。同时，由于种子周围形成一个"小药库"，药效期长，可减少30%生产用药，减少用工量，投入产出比为1：（10~80）。

（3）有利于保护环境。丸化材料随种子隐蔽于地下，能减少农药对环境的污染和对天敌的杀伤。而一般用粉剂拌种易脱落，费药，对人畜不安全，药效不好；而浸种（闷种）不是良种标准化的措施，只是播前对种子带菌消毒的植保措施，且浸种后需要立即播种，不能长期贮藏，因而不能作为种子标准化、服务社会化的措施。

（4）有利于提高种子商品性。种子丸化上联精选，下接包装，是提高种子统供率、包衣率、精选率（"三率"）的重要环节。种子经过精选、丸化处理，可明显提高商品形象，再经过品牌包装，有利于识别真假和打假防劣，便于种子市场的净化和管理。

（5）有利于种业产业化。对于籽粒小且不规则的种子，经丸化处理后，可使种子体积增大，形状、大小均匀一致，有利于机械化播种。

2. 种子丸化材料 种子丸化材料主要包括3部分，即惰性填料、活性物质和黏合剂。

（1）惰性填料。主要包括黏土、硅藻土、泥炭、云母、蛭石、珍珠岩、铝矾土、淀粉、沙、石膏、活性炭、纤维素、磷矿粉、硅石、水溶性多聚物等。这些填料中有些不仅仅是作为填料，同时还起到保护、供氧、改善土壤条件等作用。

（2）活性物质。主要包括杀菌剂（克菌丹、福美双等）、抗生素、杀虫剂、化肥、菌肥、植物生长调节剂等。

（3）黏合剂。主要有羧甲基纤维素（CMC）、甲基纤维素、乙基纤维素、阿拉伯树胶、聚乙烯醇（PVA）、聚乙烯醋酸纤维（盐）、石蜡、淀粉类物质、朊藻酸钠、聚偏二氯乙烯（PVDC）、藻胶、琼脂、树脂、聚丙烯酰胺等。

另外，因为丸化材料本身带菌或操作过程中造成污染，必须加入防腐剂。为了区分不同品种的种子，还可加入着色剂。常用染料有胭脂红、柠檬黄、靛蓝3种，它们三者按不同比例配制即可得多种颜色。

3. 种子丸化的加工工艺 种子丸化加工工艺是种子丸化技术中的一个重要环节，丸化质量的好坏直接影响种子的质量。被丸化种子需精选，只有达到国家一级标准的种子才适合于丸化处理。

机械加工一般选用旋转法（如6ZY型种子包衣机）或漂浮法（甜菜种子丸化机）。种子丸化机械由电机、减速箱、滚动罐、气泵、喷雾装置等部分组成。作业时，除种子和粉料由人工加入外，喷雾和鼓风干燥参数由计算机程序自动控制完成（图 5-4）。

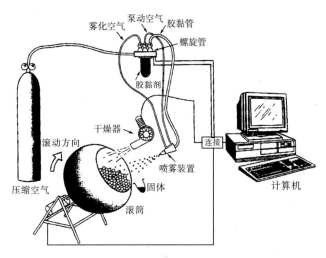

图 5-4　种子丸化造粒流程示意图
(章镇等，2003)

种子丸化过程可分 4 个时期：

（1）成核期。种子放入滚动罐中匀速滚动，同时向罐内喷水雾，待种子表面潮湿后，加入少量粉料，使其均匀地包裹在种子外面，重复上述操作，形成以种子为核心的小球，杀虫剂、杀菌剂一般在此阶段加入。

（2）丸粒加大期。罐内改喷雾状黏合剂，同时投入粉料、化肥及生长调节剂等混合物。喷黏合剂和加粉料要做到少量多次，直至接近要求的种子粒径。

（3）滚圆期。此期仍向罐内喷雾状黏合剂，同时投入较前两个时期更细的粉料，吹热风并延长滚动时间，以增加丸粒外壳的圆度和紧实度，待大部分丸粒达到要求后，停机取出种子过筛，除去过大和过小的丸粒种子及种渣。

（4）增光染色期。将过筛精选后的种子放回滚动罐中，加入滑石剂和染色剂，不断滚动，使种子外壳有较高的硬度、光滑度，并用不同颜色加以区分。

（三）种子包衣

种子包衣是将种子与特制的种衣剂按一定的比例充分搅拌混合，每粒种子表面均匀地涂上一层药膜（不增加体积），形成包衣种子。它适合于体积较大且规则的种子，虽然不增大种子体积，但也具有与丸化类似的种子优点。

1. 种衣剂　种衣剂是用成膜剂等配套助剂制成的乳糊状新剂型。种衣剂借助成膜剂黏着在种子上，快速固化成均匀的薄膜，不易脱落。

国际上种衣剂有 4 大类，分别是物理型、化学型（药肥型）、生物型（生长调节剂型）和特异型（逸氧、吸水功能等），目前又开发了多功能复合型，兼具上述两种或两种以上种衣剂特性。一家公司内多为单一剂型，如美国 FMC 公司的呋喃丹 35ST 为单一杀虫剂型，有利来路化学工业公司的卫福 200 为单一杀菌剂型。

目前我国已研制了复合种衣剂、生物型种衣剂 20 多个剂型，可应用于甜菜、白菜、黄瓜、西瓜、番茄、马铃薯等园艺作物，有 9 个剂型已大量投产。

种衣剂的主要成分包括活性组合（农药、肥料、植物生长调节剂）、胶体分散剂（聚醋酸乙烯酯与聚乙烯醇的聚合物等）、成膜剂（聚醋酸乙烯酯、聚乙烯树脂等）、渗透剂（异辛基琥珀酸磺酸钠等)、悬浮剂(苯乙基酚聚氧乙基醚等)、稳定剂(硫酸等)、防腐剂、填料、警戒色等。

2. 种子包衣的加工工艺 种子包衣工艺并不复杂,关键是选用好的种子包衣机进行作业。种子经过精选分级后,置于包衣机内,种衣剂通过喷嘴或甩盘喷雾于种子表面,再经搅拌轴或滚筒搅拌,使种子外表敷有一层薄而均匀的药膜。另外,种子与种衣剂必须保持一定的比例,不同种类种子的药种比例不同,如茄果类的药种比为1:50,而西瓜则以1:70效果较好。

种子包衣的工艺流程:①种子从喂料口进入包衣机;②种子甩盘使种子幕状分布;③包衣药剂通过剂量泵进入甩盘;④甩盘使药剂均匀雾化并与种子充分接触;⑤搅拌器使药剂包在种粒上(图5-5)。

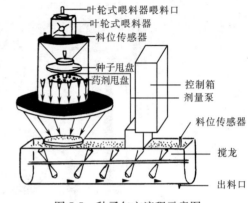

图 5-5 种子包衣流程示意图
(章镇等,2003)

五、种子静止与萌发

(一) 种子静止

植物种子休眠结束后,如果得到适宜发芽条件,便能立即萌发;若没有适宜萌发条件,则处于不萌发状态,这种不萌发状态称为静止。种子休眠与静止之间的区别在于,前者是由内部机制导致的萌发受阻,后者是外部环境因素导致的萌发受阻。所有商品化待售种子,理论上都处于静止状态,一旦遇到适宜条件,即可萌发成苗。

种子发芽必须满足3个条件:①种胚必须拥有生命力;②抑制种子萌发的物理、化学因素完全消除;③得到适当的外部环境条件,如水、温、气等。缺少条件①,种子永远不能萌发;缺少条件②,种子处于休眠状态;缺少条件③,种子处于静止状态。

(二) 种子萌发

处于静止状态的种子已经完全解除各种萌发抑制机制的束缚,遇到适宜萌发的环境条件,包括温度、水分和氧气,有些还需要光线,种胚便从相对静止状态变为生理活跃状态,胚根、胚芽相继突破种皮,逐渐成为幼小植株,这个过程称为萌发。

1. 种子萌发过程 种子萌发(seed germination)可以分为吸胀(imbibition)、萌动(protrusion)和生长(growth)3个阶段。

(1) 吸胀。干燥种子含水量低,细胞汁液浓度高,渗透势低,细胞核呈不规则状态。当种子浸入水中,在水势差的作用下,很快吸水而膨胀。以前在细胞内已缩小的液泡,体积迅速增大,原生质水合程度增加。前述种子引发便是指这一时期。

种子吸水过程一般可以分成两个阶段。第一阶段为急剧吸水阶段,为2~3 h;第二阶段为缓慢吸水阶段,为5~10 h。经过后一阶段,种子吸水达到饱和状态,其种皮或果皮软化,增加了透性,氧气能进入胚及胚乳。种子的吸胀纯粹是一种物理过程,因此即使是枯死的种子也可以发生吸胀作用。

(2) 萌动。吸胀后的种子,酶活性增加。在酶的作用下,贮藏物质水解为简单的化合物供胚吸收。内部的新陈代谢作用加强,细胞开始分裂。进入萌动状态的种子,对外界条件的反应极为敏感,当外界环境条件发生变化,特别是受到各种不良理化因素刺激,就会引起生理失调,导致萌发停止或迫使进入二次休眠。这一阶段由于种子内部生物化学变化已开始，故又称生物化学阶段。

（3）生长。种子萌动后，胚细胞分裂速度急剧增加，胚体积迅速增大，最后胚根尖端突破种皮，顺着发芽孔外伸，开始生长。胚根微露后，新分裂产生的幼根细胞吸水膨大，种子吸水将再次增加。随后主根伸长生长，同时伴随有侧根发生，并产生大量根毛，可以从培养基质中吸收无机营养。随着幼根的生长，种皮从发芽孔处裂开，露出弯曲的胚轴。随着胚轴的生长，子叶脱离种皮，露出幼小的胚芽。在光照条件下，暴露的子叶开始合成叶绿素，黄化的子叶逐渐变绿，并且开始进行光合作用。因而，在种子萌发过程中，除了利用子叶中贮藏的养分外，新合成的同化产物也是种子萌芽过程养分的重要来源。

种子进入这个阶段后，呼吸作用旺盛，新陈代谢活力达到盛期，释放大量的能量是幼苗出土的动力。由于此时种子已开始旺盛的生理活动，故又称生理阶段。

2. 种子萌发条件 种子萌发首先必须具备一些内在条件，比如种子生活力要在种子寿限之内，发育完全，已通过休眠阶段，种子本身要完好，无霉烂、无破损。此外，还需要适宜的外界条件，才能顺利萌发长成幼苗。

（1）充足的水分。种子萌发需要充足的水分，其原因有3：①干燥的种子细胞含水量很低，只有吸胀饱和后，生命活动才能开始和维持。因为干燥种子中的淀粉、脂肪、酶和蛋白质等贮藏物质都呈不溶解状态，只有种子充分吸水膨胀，才能转化为可溶性物质，并借助于水，运输到胚的生长部位，被吸收和利用。②干燥的种皮不易透过空气，种皮经水浸润后，结构松软，氧气才能进入，呼吸作用得以增强，物质转化、能量形成才能促进形态建成。③种子萌发过程中，胚根和胚芽突破种皮，与其说是干物质积累增加，不如说是贮藏物质转化形成的结构物质吸水膨胀的结果。细胞膨压是胚根、胚芽伸长区生长的主要动力。

各种植物种子萌发时的需水量因其所含主要成分的不同而异。含蛋白质较多的种子，如大豆，因蛋白质具强烈的亲水性，故萌发时需水量较多。脂肪是疏水性物质，所以含脂肪多的种子其吸水量也较少，如白菜、花生等（表5-7）。

表 5-7 种子化学成分与吸水率的关系

（章镇等，2003）

种类	吸水率（%）	成分（%）		
		蛋白质	脂肪	糖
大豆	120	40	18	24
蚕豆	80	26	1.0	50
豌豆	80	20	1.5	53
花生	65	26	40	25
白菜	60	—	50	—

由于充足的水分供应是种子萌发的必要条件，因此农业生产上常在播种前浸种，播种后覆盖保持土壤湿润，以保证有充足的水分来促进种子萌发。但如果水分过多，引起缺氧，种子进行无氧呼吸，产生 CO_2 和酒精，便会使种子中毒，出现烂种、烂根和烂芽现象。

（2）足够的氧气。种子萌发需要消耗物质和能量，它们均来自种子本身贮藏的养分。淀粉、蛋白质、脂肪等经氧化分解，通过三羧酸循环和氧化磷酸化作用，最后形成 ATP、CO_2 和一系列生化代谢产物，供给各种生理活动利用。如果氧气不足（如播种过深或土壤积水），种子呼吸困难，萌发过程就会受影响。但是，水生植物种子在水中更易萌发，若在空气中则萌发受阻。

（3）适当的温度。萌发中种子的物质转化和能量形成都是依赖于温度的酶促生化反应，必须在一定的温度范围内进行。温度过低，反应减慢甚至停止。在一定范围内，随着温度的增高，反应加快。

但是酶本身是蛋白质，温度过高会失活。因此，种子萌发对温度的要求就表现出最低、最高、最适的温度三基点（表 5-8）。

表 5-8 部分园艺作物种子发芽的温度三基点
(章镇等，2003)

作物种类	最低（℃）	最适（℃）	最高（℃）	作物种类	最低（℃）	最适（℃）	最高（℃）
大豆	6~8	25~30	39~40	甜瓜	16~19	30~35	45
小豆	10~11	32~33	30~40	辣椒	15	25	35
菜豆	10	32	37	葱蒜类	5~7	16~21	22~24
蚕豆	3~4	25	30	萝卜	4~6	15~35	35
豌豆	1~2	25~30	35~37	番茄	12~15	25~30	35
紫云英	1~2	15~30	39~40	芸薹属蔬菜	3~6	15~35	35
黄花苜蓿	0~5	15~30	35~37	芹菜	5~8	10~19	25~30
向日葵	5~7	30~31	37~40	胡萝卜	5~7	15~25	30~35
油菜	0~3	15~35	40~41	菠菜	4~6	15~20	30~35
黄瓜	12~15	30~35	40	莴苣	0~4	15~35	30
西瓜	20	30~35	45	茼蒿	10	15~20	35

多数植物种子萌发所需的最低温度为 0~5℃，低于此温度则不能萌发；最高温度为 35~40℃，高于此温度也不能萌发；最适温度为 25~30℃。整体来说，原产南方作物，萌发所需要的温度高一些；原产北方作物，萌发所要求的温度低一些。这是因为植物长期适应环境，产生酶系有所不同的缘故。种子萌发温度三基点是农业生产上适时播种的重要依据。

种子萌发所需的水分、氧气和温度三因素是相互联系、相互制约的。如温度、氧气可以影响呼吸作用的强弱，水分可以影响氧气供应的多少等。所以要根据种子萌发的特性，调节水分、温度、氧气三者之间的关系，使种子萌发向有利方向发展。

（4）光线。不同种子萌发对光线有不同的反应。有些种子发芽时需要黑暗，称为嫌光性种子，如瓜类、苋菜、葱、韭菜、芹菜、福禄考、雁来红、金盏菊、千日红、香豌豆、飞燕草、金莲花等。有些种子发芽时需要光线（有微弱光即可），称为需光性或好光性种子。一般来说，细小的种子由于贮藏养分少，不足以支持胚芽从土中长出，仅能在地面发芽，多属于好光性种子，如白菜类、甘蓝类、莴苣、芹菜、胡萝卜、鸡冠花、一串红、三色堇、万寿菊、瓜叶菊、虞美人等，以及所有的附生植物。除此之外，大多数作物种子在光、暗下都可正常发芽，称为中光性种子。明确种子需光特性，对于播种深浅来说有实践意义。

六、播种与育苗

（一）种子质量

播种前，首先需要了解种子的质量。种子质量包括纯净度、真实度、饱满度和活力等。种子中的杂质可以通过肉眼判定，但其他许多特性最终表现在出苗速度、整齐度、出苗数、品种纯度和健壮程度等，需要采用生物方法加以预测，才能有助于播种、育苗准确可靠。

1. 种子纯度 种子纯度又称种子净度，是指样本中本品种的种子质量百分数，其他品种或种类的种子、泥沙、植物残体等都属杂质。一般在晒干扬净后，采取粒选、筛选、风选和水选等方法挑选出饱满一致的籽粒，去除秕粒、小粒、破粒、有病虫害的种子以及各种杂物，以提高种子纯度。种子纯度的计算公式为：

$$种子纯度 = \frac{供试样本总质量 - (杂质质量 + 杂种子质量)}{供试样本总质量} \times 100\%$$

2. 种子饱满度 衡量种子的饱满程度，一般用千粒重或百粒重（g）来表示。绝对质量越大，种子饱满程度越高，播种质量就越好。它也是估计播种量的重要依据。

3. 种子发芽率 贮藏过的种子，发芽率都会下降。贮藏时间越久，发芽能力越低，这是由贮藏期间种子贮藏养分的呼吸消耗、原生质中的蛋白质变性等造成的。然而，活种子和死种子之间的形态区别是很难判断的，必须通过测定种子的发芽率来加以鉴别。发芽率越高的种子，质量越好。种子发芽率是指在最适宜发芽的环境条件下，在规定的时间内，正常发芽的种子占供试种子总数的百分比，反映种子的生命力。计算公式为：

$$种子发芽率 = \frac{发芽种子粒数}{供试种子粒数} \times 100\%$$

目前国内市场上销售的园艺植物种子，往往缺少发芽率的说明，有的虽标注发芽率，但与实际情况不符，因此在实际生产或科学研究中均须预先测定实际发芽率。

种子发芽率的测定，可在垫有吸水纸的培养皿中进行。先给予一定水分，而后置于 25~30℃ 恒温培养箱中。也可在沙盘、苗钵内进行，使发芽表现更接近大田条件。

4. 种子发芽势 贮藏过程中，种子活力会逐渐衰退，因而影响到萌发的速度和整齐度。所谓发芽势是指种子的发芽速度和发芽整齐度，可以表示种子生活力的强弱程度，指种子自开始发芽至发芽最高峰时的粒数占供试种子总数的百分率。低活力种子形成的幼苗，生长慢，长势弱，环境适应性差，易受病害侵袭，也容易死亡。园艺生产上要求的壮苗大苗往往来自高活力种子。种子发芽势的计算公式为：

$$种子发芽势 = \frac{规定天数内发芽种子粒数}{供试种子粒数} \times 100\%$$

5. 种子生活力 种子生活力指种子发芽的潜在能力。可用化学试剂染色法测定，常用的染色剂有曙红、靛蓝、胭脂红、2,3,5-氯化三苯基四氮唑（TTC）等。主要测定方法如下：

（1）TTC 法。取种子 100 粒，剥皮，剖为两半，取胚完整的片放在器皿中，倒入 0.5% TTC 溶液淹没种子，置 30~35℃ 黑暗条件下 3~5 h。具有生活力的种子、胚芽及子叶背面均能染色，子叶腹面染色较轻，周缘部分色深。无发芽力的种子腹面、周缘不着色，或腹面中心部分染成不规则交错的斑块。

（2）靛蓝染色法。先将种子水浸数小时，待种子吸胀后，小心剥去种皮，浸入 0.1%~0.2% 的靛蓝溶液（亦可用 0.1% 曙红或者 0.5% 红墨水）中染色 2~4h，取出用清水洗净，然后观察种子上色情况。凡不上色者为有生命力的种子；凡全部上色或胚已着色者，则表明种子或者胚已失去生命力。

（二）播种育苗

1. 播种量确定 单位面积内的播种量直接关系到生产效益。播种量过大、密度过高，秧苗就会瘦弱。在苗床面积允许条件下，一般稀播为好。播种量的确定还需考虑到种子的纯净度、发芽率以及苗床的温度条件，同时还取决于移栽时秧苗的大小。若移栽时植株较小，或中间要分苗的，可适当密植，播种量可大些。另外，若考虑到病虫害、鼠害等因素，可适当增大播种量。一般播种量可由以下公式计算：

$$播种量（g/m^2） = \frac{单位面积需苗数（株/m^2）}{每克种子粒数 \times 种子发芽率 \times 种子纯度}$$

2. 催芽 播种前，将吸水膨胀的植物种子放在适宜发芽的温度环境下促进快速、整齐和健壮发芽的技术称为催芽。方法有恒温箱催芽、地坑催芽、塑料薄膜浅坑催芽、火坑催芽、蒸汽温床催芽、电热温床催芽等。催芽的温度可以是恒温,也可以是变温。催芽过程中应该保持种子湿润,并经常性地翻动种子,以改善其通气条件。经过 24h,待胚根突破种皮 0.5cm 时即可播种。

几种蔬菜种子浸种催芽要求的温度与时间见表 5-9。

表 5-9　几种蔬菜种子浸种催芽的温度与时间
(章镇等,2003)

种类	浸种		催芽	
	温度(℃)	时间(h)	温度(℃)	时间(h)
黄瓜	20~30	4~8	25~28	1~2
西葫芦	20~30	4~8	25	2
番茄	20~30	12~24	25	2~3
辣椒	20~30	12~24	28~30	4~5
冬瓜	20~30	24	28~30	4~6
甘蓝	20	3~4	20~22	1
芹菜	20	48	18~20	8~11

3. 播种育苗　育苗基质和设施消毒之后,一旦种子露白,即可开始播种。若播种过迟,则种子贮藏养分消耗过多,使秧苗长势变弱,甚至不出苗。播种方式很多,大概可分为露地苗床播种育苗、露地直接播种、露地容器播种育苗、室内苗床播种育苗、室内容器播种育苗等。

(1) 露地苗床播种育苗。此法是将种子播撒于露地苗床上,待幼苗长至一定大小再移植的育苗方式。通常适用于大粒种子,乔木或灌木均可。大规模粗放栽培管理的苗圃也采用该方法。木本植物幼苗在苗床上可以生长 1 至数年,依植物种类以及市场需求而定。

①苗床准备:苗床的选择与准备是田间播种育苗的首要环节。苗床应避风向阳,地势高燥,土质疏松,以便种子与土壤紧密接触,供水供肥,排水透气,但土质又不应太沙,否则干燥太快,幼苗易缺水,因而以轻质沙壤土为好。如果土壤偏黏性,可以适当添加细泥炭,改善土壤质地,有利于幼苗生长。土壤颗粒大小适中,以直径 1~12mm 为宜(因种子大小而异)。一般土壤含有杂草种子、病原真菌等有害生物,应事先消毒清除。然后,整成宽 1~1.2m 的苗床。在我国南方多雨地区,通常采用高畦育苗(高度 20~40cm),以利于排水;而在北方干旱地区,则采用低畦育苗(深度 10~20cm),以利于防旱。

②播种方式:播种方式通常有点播(穴播)、撒播和条播 3 种。点播是将种子按一定株行距播种在苗床上,它适用于大粒种子,如核桃、板栗、桃及豆类等,而且出苗后植株空间位置比较规则,营养面积大,生长快,成苗质量好,但产苗量少。撒播是将种子均匀地播撒到苗床畦面上,它适用于小粒种子,而且幼苗生长对密度要求不高的作物,如海棠、山定子、韭菜、菠菜、小葱等。撒播后用耙轻耙或用筛过的土覆盖,稍埋住种子为度。此法比较省工,且出苗量多,但出苗稀密不均,管理不便,幼苗生长细弱。条播是把种子均匀地播成长条状,株间距离很小,行间保持较大距离的播种方式。用条播器在苗床上按一定距离开沟,沟底宜平,沟内播种,覆土填平。条播可以克服点播和撒播的缺点,适宜大多数种子,如苹果、梨、白菜等。

③播种密度:播种密度取决于作物种类及繁殖目的。若幼苗体积较大,或者生长时间长,则要求适当稀播;反而,则可适当密播。如果是果树砧木,而且需要就地嫁接,为了方便操作,可采取宽窄行方式播种。

④播种深度:播种深度与种子大小、气候条件和土壤性质有关。一般大粒种子为种子直径的 3~4 倍,小粒种子以不见种子为度。如果播得太深,会延迟幼苗出土,种子本身贮藏养料耗尽,新叶不能及时进行光合作用,幼苗质量差,甚至死亡。特别是需光性种子,更不宜播深,否则种子不能发

芽。总之，在不妨碍种子发芽的前提下，以较浅为宜。土壤干燥，可适当加深。秋冬播种要比春季播种稍深，沙土比黏土要适当深播。

⑤播种后管理：播种后应薄水勤浇。为防止大雨冲刷及保湿，可在畦上覆盖一层稻草或遮光网。种子发芽后，胚根小，吸收能力弱，仍然需要保持土壤湿度。忽干忽湿会导致发芽停止或幼苗死亡。但若土壤过湿，特别是遇到大雨水涝，则易造成缺氧，幼苗东倒西歪，生长不良，也容易出现猝倒病。

从播种到发芽所需的天数因作物种类而异，短的1~2d，长的3~4周，更长的像棕榈类需要1年以上。如果种子超过预定期限尚未发芽，可挖种检查。当种子软腐或有臭味时，则表示已死亡，需要补播。

幼苗出土后需要去除覆盖物。真叶长出后，开始追施肥料，特别是氮肥，因为氮素与营养生长关系最大。一种简单方法是将1汤匙KNO_3和1汤匙NH_4NO_3溶于4 L水中，每周施用1次。也可以把2汤匙氮、磷、钾比例为5∶3∶2的复合肥料溶于4 L水中，用来追肥。

(2) 露地直播。露地直播是指田间播种后幼苗不再移植，一直生长至产品器官收获的播种方式。它主要运用于不耐移植的蔬菜、花卉或坐地嫁接的果树、花坛草花等。直播的方式也采用撒播、条播或点播。播种深度与苗床育苗相似，即大粒种子为种子直径的3~4倍，小粒种子以不见种子为度，极小粒种子播在表面即可。

播种量取决于作物生产所需的株行距。如果植株密度太小，则产量不高；如果密度太大，则会降低植株的大小和质量。虽然可以先密植再间苗，但是间苗过多，不仅浪费种子，而且增加劳动力成本。因此，需要精确计算播种量和播种密度。实际生产中，在充分考虑种子发芽率和成苗率的基础上，适当增加播种量。比如点播时，根据种子质量，每穴点入1~3粒种子，然后在出苗后选留健壮植株，去除弱苗、畸形苗、病虫苗和杂种苗，并使留下的苗分布均匀。

露地直播的其他技术要点可参考上述露地苗床播种育苗。

(3) 露地容器播种育苗。此方法是在露地条件下将种子播撒于营养袋、营养杯、花盆、浅木箱、播种盘、穴盘等容器中，待幼苗长大后再移植或定植或上盆。容器育苗采用营养袋、营养杯、小花盆等单粒种子点播，可以省去起苗、缓苗环节，移植成活率高，植株生长快，甚至可以用于不耐移植的直根类作物育苗。若用浅木箱、大花盆等进行小粒种子多量撒播，由于容器摆放位置可以随意移动，覆盖保湿方便，因而，发芽率和成苗率高，种子损耗少。

花卉种子通常细小，需要精细播种。常用花盆、浅木箱、播种盘（育苗盘）等作容器，基质以泥炭为主的无土基质，播种量较大，密度较高。下面以花盆播种育苗为例，简要介绍播种方法。

先在盆底排水孔处垫一块防虫网，再放入约1/3盆深的粗材料如石砾、陶粒、木炭等（以利于排水），然后装满基质，并用木板在盆顶横刮除去多余的基质，稍稍用力压紧基质，使基质表面低于盆顶1~1.5 cm。把花卉种子均匀撒播在基质上。其中，稍大粒种子可以点播，细小种子可以先加入一些细小基质，混合均匀后再同种子一起撒播，可以增加种子分布的均匀度。然后，用木板轻压，使种子与基质紧密接触，并根据种子大小决定是否需再覆基质，之后浇水。浇水用喷细雾法或浸盆法，大水淋灌会淹没或冲散种子。浸盆法就是把花盆浸于水中，注意水面不要超过基质高度，任水分通过毛细管吸收，湿润基质和种子。然后，把花盆从水中移出，排去多余水分，置于荫蔽处，并在盆上覆盖塑料薄膜保湿。若是嫌光性种子，再盖上遮阳网、报纸等避光性物质。

种子一旦发芽，便揭去覆盖物，移至光下。但在夏季高温时，需要逐渐增加光照强度，否则突然强光可能灼伤幼嫩小苗。其他季节如果光照不足，会使幼苗生长纤弱，叶小色淡，不利于培养壮苗。

水分控制是苗期管理的重要环节。它既要求保持根部基质湿润，又不允许水分过多，否则，幼苗瘦弱或者易滋生猝倒病。一般在基质表面开始干燥时用细雾喷雾器喷水。如果基质中没有预先添加肥料，则在幼苗长出真叶后立即追施肥料（参照上述苗床播种）。

如果播种过密，幼苗数量高于预期，需要在植株生长拥挤之前间苗或移植，否则幼苗生长不良，易罹猝倒病。适当间苗可以提高幼苗健壮程度，适当移植也可以为幼苗提供更好的生长空间。

移植首先选择生长健壮的植株，它们的根系发育好，移植容易成活。移植时，一手夹住子叶或真叶，另一手拿竹签插入基质中将整株苗撬出，尽量带土，不要伤根（特别是直根性种类），然后种植到花盆中，深度与移植前相同，苗间距数厘米，种植后立即浇定根水。移植时间以傍晚为宜，如果需要白天移植，特别是光照太强时，应遮阴覆盖或将花盆置于荫蔽处，以避免强光伤害，待幼苗完全恢复生长后再移至阳光下。移植后几天要注意保湿，但不追肥，直到根系恢复生长后才及时补肥。

移植后的幼苗随着苗龄不断增加，又变得互相拥挤时，如果不能马上定植或上盆，需要再次移植，甚至多次移植。

移植过程将不可避免地损伤根苗或根系，因而存在缓苗期，需要新根毛重新长出后才能恢复正常生长。根菜类、豆类、苋菜、虞美人、紫罗兰、花菱草等直根性作物不耐移植；瓜类根系很容易发生木栓化，再生能力较弱，应该避免移植或减少移植次数。

（4）室内播种育苗。室内播种是指在设施内（如温室、塑料大棚等）播种育苗的方式，可分为室内苗床播种和室内容器播种。与上述露地育苗相比，在设施内，特别是在现代化温室内播种具有明显优势。比如，可以为种子萌发、幼苗生长创造更适宜的环境条件，可以控制种子发芽速率，提高幼苗整齐度，保证幼苗健壮度，减少病虫危害，更重要的是可以实现特殊季节和特殊用途供应等。在园艺业发达的国家，绝大多数花卉和蔬菜幼苗来自室内穴盘播种育苗，形成了大规模种苗产业。

七、现代工厂化育苗

工厂化育苗（nursery factory）或称穴盘育苗（plug propagation），是20世纪70年代兴起的一项育苗技术。与传统育苗方法不同，它以专门的材料如泥炭、蛭石、珍珠岩等轻质材料为繁殖基质，以育苗盘为载体，通过机械化精量播种，在现代化温室内一次成苗，打破了季节和气候的限制，可以大批量地繁育园艺作物幼苗。

穴盘育苗的优点是：①选用轻质基质代替土壤育苗，降低基质质量，有利于操作和运输。②一般土壤都带有多种病菌、虫卵，幼苗易受病虫危害。工厂化育苗避免了土壤病虫传播，降低了育苗风险，也有利于大规模商品化育苗。③传统育苗的耗土量巨大。如果以年育苗1 000万株，每株带走150~250g土壤计算，不需1~2年，育苗场圃就会由平地变为洼地。工厂化育苗有利于保护环境，维护生态平衡。④工厂化育苗从播种到育苗管理过程都实现了机械化、自动化，不仅省工省力，而且能够满足幼苗生长各阶段的温、光、水、肥等条件，保证幼苗迅速、健壮生长，缩短育苗时间。⑤采用精量播种，极大地降低了种子用量。⑥一次成苗，减少了分苗等程序。⑦育苗盘育苗，提高了单位面积的育苗数量，且便于规范化管理，适于长距离运输和机械化移栽。由于工厂化育苗技术实现了育苗专业化、生产过程机械化、供苗商品化，因而这一育苗技术在欧美发达国家得到不断发展和迅速推广。近年来，现代生物技术、现代工程技术和计算机控制技术等不断应用于工厂化育苗，使这一育苗技术逐步趋于成熟和完善。

穴盘育苗流程主要包括播种前种子处理、基质与育苗盘清洗消毒、自动播种机播种、催芽室内催芽、育苗温室内绿化和炼苗等（图5-6）。种子处理和温室幼苗养护已经在前面叙述，本部分主要介绍基质与育苗盘的处理、自动播种机播种和催芽室内催芽等。

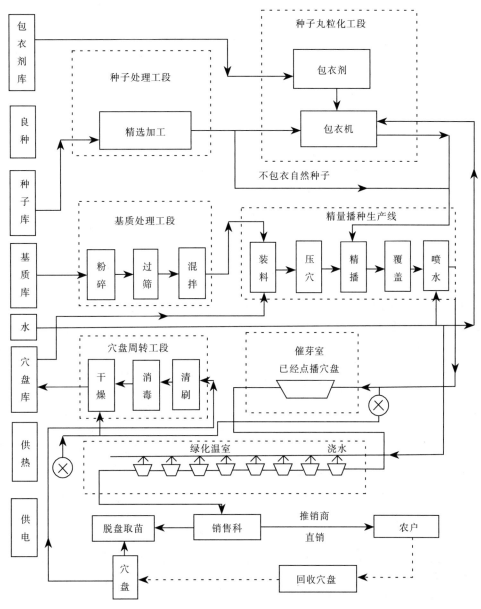

图 5-6 工厂化穴盘育苗生产工艺流程示意图
(周长吉等,1996)

(一)繁殖基质

随着园艺作物繁殖技术的发展,现代育苗已逐渐应用人工培养基质代替传统土壤。繁殖基质(propagation media)必须满足以下要求:①有适宜而稳定的化学性质,消毒处理不改变其化学组成;浸水时,酸碱性和溶液浓度变化不大。②容重以 0.7g/cm^3 左右为宜。容重过大,不便搬运;过小,不能固定幼苗。③总孔隙度应在 60%～80%,其中大孔隙度以 25%～30%为宜。总孔隙度过大,基质颗粒过于松散,种子和根系呈悬浮状态,易失水,根系吸水困难;过小,则造成基质容水量少,通气不良。镇压和翻动可减小或增大总孔隙度。④不带病菌,对幼苗无毒害,对营养液无不良化学影响。⑤可以多次利用。

1. 繁殖基质组分及特点 繁殖基质组分中包括有机组分(如泥炭、秸秆、堆肥、锯木屑等)和无机组分（如珍珠岩、沙、蛭石等）。有机组分可增加基质的保水性和离子交换能力，无机组分可改善基质的通气性和排水性。

(1) 泥炭。泥炭分藓类和薹草类。藓类泥炭具有较高的持水能力，吸水后10倍于干重，并含少量的氮，不含磷、钾，不易分解。

(2) 砻糠灰。将稻壳炒或烧使其炭化，以完全变黑炭化但又基本保护原形为标准。砻糠灰质地疏松，透气性和保湿性好，含有少量磷、钾、镁和多种微量元素。若pH在8以上，要用硫酸兑水3 000倍洗涤中和，使pH稳定后再用。

(3) 秸秆、锯木屑等。分解率低，是团粒结构的主要因素。

(4) 炉渣。用粒径为2~3mm的炉渣作基质，先将充分燃烧的锅炉炉渣过孔径为3mm的筛子，然后用孔径2mm的筛子再筛一遍，最后用清水冲洗。炉渣可反复利用，隔年用时，需用0.05%~0.1%高锰酸钾溶液消毒。

(5) 沙。用粒径0.1~2mm的细沙。沙含部分铁、锰、硼、锌等元素。

(6) 蛭石。蛭石为次生云母矿石经1 000℃以上高温处理后的产品，质轻，通气性和保湿性好，具有良好的缓冲性，中性，每立方米的质量为80kg。多数蛭石含有效钾5%~8%、镁9%~12%。以颗粒直径为2~3mm的蛭石用于育苗好。

(7) 珍珠岩。每立方米的质量为128kg，pH6~8，没有缓冲性，基本不含矿质营养，通气良好，能有效增加混合基质的通气性。

(8) 岩棉。岩棉由60%辉绿石、2%石灰石、20%焦岩混合制成，孔隙度96%，具有很强的保水能力。

(9) 合成泡沫。合成泡沫有脲甲醛、聚甲基酸酯或聚苯乙烯。具有很强的吸水力，如脲甲醛泡沫1kg可吸水12kg。

2. 繁殖基质的配制 不同组分的繁殖基质各具特点，选用时应考虑其性能互补。为了降低成本，配制繁殖基质时应就地取材。我国常用的繁殖基质一般是炭化稻壳、炉渣、沙和蛭石。日本所用的繁殖基质为赤土、沙、蛭石、珍珠岩等。如炭化稻壳1份，赤土1份；或炭化稻壳7份，沙3份；或赤土1份，泥炭1份。将上述材料混合后，在每升基质中加1~7g过磷酸钙。美国常用的基质为蛭石、珍珠岩，有时也用经充分腐熟和粉碎的树皮，按体积比再加入20%的粗沙或草炭。此外，也用50%细沙和50%泥炭藓，再加适量的硝酸钾、硫酸钾、过磷酸钙、碳酸钙及含白云石的石灰石和含方解石的石灰石配制复合基质。英国常用的张英培养土（John Inns compost）有许多型号。其中，用于播种的培养土配方为：壤土、碎泥炭藓和细沙按2∶1∶1体积比混合，然后，1 m³中加入1.2 kg过磷酸钙和0.6 kg石灰粉，混匀，蒸汽消毒。

3. 繁殖基质的处理 虽然蛭石、珍珠岩等一般没有寄生病菌，但是添加的其他组分或反复利用的基质可能含有线虫、真菌、细菌及杂草种子等有害物种，因此必须消毒。基质消毒常采用以下几种方法：

(1) 热处理。热处理即利用蒸汽锅炉产生高温蒸汽，通过导管把热量输送到覆有保温膜的栽培基质中（通蒸汽40 min），使基质温度升高到80℃以上，可以干扰有害微生物繁殖，杀死病原菌。对于少量基质，也可以置于蒸锅内热蒸2 h，或用高压锅或铁板高温消毒。

(2) 化学熏蒸。化学熏蒸对基质理化特性的破坏程度低于热处理。熏蒸处理时基质应保持40%~80%田间持水量。常用的药剂有福尔马林（40%甲醛）、三氯硝基甲烷、溴化甲醇等。用福尔马林时，先把40%甲醛按1∶50的比例与水混合，喷在基质上（每升药液可施约7.55 L土壤），拌匀，再用塑料薄膜封闭覆盖24 h以上。此后撤去薄膜，散开基质，多次翻动，经1~2周干燥通风，待福尔马林的气味全部消失后，基质便可使用。

(3) 杀菌剂处理。若种子已经萌发或者幼苗已经长出，可以用一些杀菌剂处理。常用的药剂有代森锰锌、敌克松、五氯硝基苯、苯菌灵等。它们能抑制或消灭许多有害病菌而对植株没有伤害。

(二) 繁殖容器

育苗容器可以分为两类：一类没有外壁，是由腐熟厩肥或泥炭加园土，并混合少量化学肥料压制成钵状或块状，幼苗连同容器一起移栽，不可再利用。它们通常由土质、陶质、草质、泥炭质、纸质等材料生产而来。另一类具外壁，内盛培养基质。成苗后，先将幼苗从容器中取出，再连同基质一起移植到田间，容器可以重复利用1～2年。这些容器一般由聚苯乙烯、聚氯乙烯和聚丙烯等材料制成。

连体塑料容器通常称为穴盘，制造的方法有吹塑，也有注塑。一般草本蔬菜和观赏植物育苗用聚苯乙烯制成的穴盘。标准尺寸为54cm×28cm，但因穴孔直径不同，孔穴数有18～800孔不等，其中园艺作物栽培应用较多的是72～288孔穴盘。一般，植株较大或幼苗生长时间长的用大孔径穴盘，否则用小孔径穴盘。比如，茄果类用50孔育苗盘，每个穴孔上径5cm，下径4cm，深5cm；甘蓝用72孔穴盘育苗；芹菜用128孔或孔径更小的穴盘育苗。

穴盘穴孔形状主要有方形和圆形，对于相同规格的穴盘，方形穴孔的基质容量一般要比圆形穴孔多30%左右，水分分布亦较均匀，种苗根系发育更加充分。

育苗穴盘的颜色会影响植物根部的温度。白色聚苯乙烯泡沫盘反光性好，多用于夏季和秋季育苗，以利反射光线，减少幼苗根部热量积聚。而冬季和春季选择黑色育苗盘，因其吸光性好，对幼苗根系发育有利。

除了连体育苗盘，生产上也用单体育苗钵（花盆）。例如，常用于果树、观赏树木育苗的花盆直径10～50cm，高10～50cm。在这些花盆中填充轻质育苗基质，不仅可以用于育苗，也可以长期养护，甚至可长途贩卖。育苗钵不仅轻便，而且省去起苗、根系保护等操作程序，适合现代化生产要求。

(三) 精量播种系统

精量播种系统包括基质搅拌机、基质充填机、压孔器、精量播种机、覆盖机、喷水装置等，精量播种机是该系统的核心部分。精量播种机一般有机械传动式和真空吸附式两种，因机械传动式对大多数种子要求进行丸化，工作效率低，而真空吸附式精量播种机对种子形状和粒径大小没有十分严格的要求，现在大多应用真空吸附式精量播种机。上海马桥园艺场和亚太公司引进的精量播种机都为真空吸附式。

整个播种系统由微电脑控制，对流水线传动速度、播种速度、压孔深度、喷水量等自动调节，一般每小时可播种200～800盘。

(四) 催芽室

精量播种后的穴盘直接运往催芽室催芽。催芽室是一个可密封、绝缘保温性能良好的小室，可分为固定式与移动式两种，里面安置多层育苗盘架，以便放置育苗盘，充分利用空间。

1. 固定式催芽室 固定式催芽室为保温密封的小室，墙用双层砖砌成，中间留5cm左右空隙，内亦可填入砻糠木屑等作隔热层，以提高保温效果。室内面积根据生产需要设定，小的有6～8m^2，大的有几十平方米。小的催芽室内安装2～3只1kW的电热加温设备，如电炉、电热汀加热器、空气电热加温线、远红外光发散棒等，并与控温仪相连以达到自动控温。大型催芽室可以用锅炉热蒸汽水循环加热。总体要求能维持较高温度，且均匀分散，空气相对湿度达80%～90%。

2. 移动式催芽室 在育苗温室的角落，用木材或钢材做成一个骨架，装上玻璃、塑料薄膜等保温外套，即做成一个简单密闭的小室。室内配备1kW电炉，连接控温仪。也可以利用电热水浴式恒温箱或光照培养箱作催芽室。它们具有控温准确、耗电量小等优点，且所需空间较小。与固定式催芽室相比，此类型移动方便，投资小，但保温性能差，夜间耗电大，室内温湿度不均衡，导致出苗速度不太一致。

（五）育苗温室

育苗温室是幼苗绿化，完成幼苗主要生长发育阶段或存放时间最长的场所。育苗温室应能保证满足幼苗生长发育所需的温度、湿度、光照等外部环境因素。现代工厂化育苗温室一般装备有育苗床架、升温、降温、排湿、补光、遮阴、营养液配制、输送、行走式营养液喷淋器等系统和设备，如上海马桥园艺场种苗工厂和上海金山引进的育苗温室都装备了以上系统，且都实现了全部计算机操作和控制。但从我国国情出发，采用一些替代装置，如用电热加温线、薄膜覆盖代替热风或水暖加热，人工浇施营养液等，可以降低设备投资成本。

第二节　无性繁殖

利用植物营养器官（如根、茎、叶等）的一部分，通过特定技术处理，促使细胞分裂和组织分化，形成一个新的完整植株的繁殖方式称为营养繁殖（vegetative propagation）或无性繁殖（asexual propagation）。营养繁殖不经过两性细胞结合过程，而由体细胞直接发生。由营养繁殖培育的植株称为无性系（clone），它们绝大多数能保持母本的优良性状，但极少数会发生遗传变异，这种变异是植物芽变选种的理论基础。另外，多代营养繁殖的后代容易感染病毒，引起品种退化，因而需要利用脱毒技术来恢复种性。

植物细胞具有全能性，即任何一个植物活细胞都包含该遗传型完整的遗传信息，具有发育成完整植株的潜力。在一定条件下已分化的细胞可以脱分化，恢复再生能力，进行细胞分裂，再分化出其他组织器官，从而形成一个新的完整植株。具体来说，植物茎段可以诱导产生不定根，根段可以产生不定根，叶片可以同时产生不定根和不定芽。此外，在嫁接中，接口部位细胞分裂产生愈伤组织，并进一步分化出木质部导管和韧皮部筛管，使砧木和接穗结合成一个新的完整个体。这些特性构成了植物无性繁殖的理论基础。

无性繁殖的方法很多，主要有扦插（cutting）、压条（layering）、分株（division）、嫁接（grafting）和组织培养（tissue culture）等。用扦插、压条和分株方法繁殖出来的植株分别叫扦插苗、压条苗和分株苗，用嫁接法培育出来的幼苗叫嫁接苗，用组织培养方法繁殖出的苗称为组培苗或试管苗。其中，扦插苗、压条苗、分株苗和组培苗，从性质上说，属于自根苗；而对于嫁接苗，则取决于所用砧木，如果采用实生苗作砧木，则根系为实生砧，如果采用自根苗作砧木，则根系为无性系。习惯上将扦插、压条和分株技术统归为传统的无性繁殖，而嫁接和植物组织培养与传统的无性繁殖方法有显著区别，因而将单独介绍这两种技术。

无性繁殖技术广泛应用于多年生园艺作物繁衍，它与种子繁殖相比具有以下优点：①从幼苗种植到开花所需时间相对较短，结果早，投产快；②变异性小，能够保持母本的遗传性状；③有些园艺作物不能产生有效种子，却可以通过无性方式繁殖；④繁殖方法简单，成苗迅速。无性繁殖的主要缺点是：①繁殖系数相对较低，短期内难以获得大量幼苗；②如果母株感染了病毒，幼苗也会携带病毒；③自根苗没有主根，对环境适应能力较差，寿命较短。有性繁殖的优点常是一般无性繁殖的缺点，而有性繁殖的缺点则是无性繁殖的优点。

一、扦插繁殖

扦插是人为剪取植株的部分营养器官（如根、茎或叶），插入土壤或其他育苗基质（包括水、空气）中，使其生根、萌芽、抽枝，在适宜的环境条件下培育成完整植株的技术。扦插技术依植物材料的不同可以分为枝条扦插、根插和叶插，其中在园艺生产上，枝条扦插应用得最广，根插次之，叶插主要用于某些肉质花卉的繁殖。在枝条扦插中，根据所用枝条的状态又可分为硬枝扦插和绿枝扦插。

扦插育苗的特点是简便易行，成本低，成苗快。扦插苗可以保持母体的优良性状，根系较浅，侧根发达，开花结实早，但对环境的适应性相对较弱，植株寿命较短。

（一）枝条扦插

理论上，枝条扦插一年四季均可进行，但生产上主要集中于春季和夏秋季。春季扦插所用的枝条多为休眠的一年生枝，而夏秋季扦插所用的为当年生长的半木质化新梢，前者称为硬枝扦插，后者称为绿枝扦插。但对于常绿植物或者草本植物而言，任何季节扦插都带有叶片，严格来说，硬枝扦插应该叫"无叶硬枝扦插"（leafless cutting）。

1. 不定根形成过程 枝条扦插成活的关键在于不定根形成，而不在于芽的生长。一般来说，芽提早萌发反而不利于不定根诱导。扦插过程应先诱导不定根产生，同时保证芽的正常生长，这样才能形成新的独立植株。大多数园艺作物扦插生根时通常伴随着愈伤组织出现，两者高度相关。然而，在绝大多数情况下，愈伤组织与不定根形成是相互独立的过程，没有因果关系。有人认为，景天、常春藤等需要先形成愈伤组织，然后出现不定根。但近年研究证明，常春藤扦插后先形成的不定根并不依赖于愈伤组织，而后形成的不定根来自愈伤组织。因而，愈伤组织并非是不定根孕育的必然前提。

茎段产生不定根涉及4个时期：①薄壁细胞脱分化，成为根原细胞；②根原细胞分裂，形成根原基；③根原基不断向外生长，突破茎组织，形成可见的不定根；④不定根细胞分化，产生韧皮部和木质部，并且与茎段维管束相连，从而具备吸收、运输等生理功能。

以上4个阶段中，根原基的孕育是最基础，也是最重要的阶段。根原基来自根原细胞，它由茎段中特化程度较低的薄壁细胞（如髓部、韧皮部薄壁细胞等）脱分化而来，特别是靠近形成层附近的薄壁细胞，更易恢复分生能力。一些易生根或能产生气生根的植物，如柳、茉莉、绣球花、醋栗、香橼、绿萝等，在茎段生长过程中已形成根原基，只是处于潜伏状态，一旦环境条件适宜，便可出现不定根。这类作物扦插极易成活。

2. 影响插条生根的因素

（1）种类品种。植物种类不同，枝插生根的难易程度不同。葡萄、无花果、石榴、银杏、侧柏、杉木、大叶黄杨、夹竹桃、杨、柳、红杉、悬铃木、珊瑚树、榕树、橡皮树、香龙血树、富贵竹、菊花、大丽花、万寿菊、矮牵牛、香石竹及秋海棠等容易扦插生根；山茶、桂花、雪松、火棘、南天竹、龙柏、茉莉、丁香、棕竹、槭及木兰等扦插也较易生根；松、榆、山毛榉、桃、板栗、蜡梅、栎类、香樟、海棠、鹅掌楸、鸡冠花、矢车菊、虞美人、百合、美人蕉等难以扦插生根。不同品种间，例如葡萄中，红地球、巨玫瑰、巨峰等扦插易于生根，而藤稔扦插难以生根。通常认为，扦插生根难易程度与其植物体内激素（特别是生长素）含量高低有关。生长素含量高的种类扦插容易生根，反之，不易生根。

（2）母株年龄。一般情况下，树龄越大，插条生根越难。对于难以生根的物种，如板栗，母株年龄是很重要的因素。取自幼龄实生苗的茎段可以生根，而取自成年植株上的插条却不易生根。

（3）插条生理活性。健壮的插条含有大量的糖分和其他营养物质，生理活性高，扦插易生根；瘦弱的插条，充实度不够，芽分化程度低，既不能长出健壮的枝条，也不能形成良好的根系。一年生枝的岁月年龄低于多年生枝，但生理年龄却高于多年生枝。因而，一年生枝的再生能力最强，二年生枝次之，多年生枝往往失去产生不定根的能力。但有的树种如醋栗用二年生枝扦插容易生根，主要原因是其一年生枝过于纤细，营养物质含量少。另外，靠近根颈部的一年生萌蘖枝，或者植株基部一年生枝往往比植株上部的营养枝更易生根。同一枝条，基部枝段易生根，顶部枝段不易生根。因而，落叶树种春季扦插时,以枝条中下部插条为好;常绿树种的春夏秋冬四季扦插以及落叶树种夏秋季扦插时,以中上部枝条为宜。

(4) 插条剪取时间。大多数易于生根的物种在冬季休眠期内剪取枝条的生根能力没有明显差异,但是,对于难以生根的物种来说,插条剪取时间是非常重要的。例如落叶杜鹃,早春剪取的嫩梢生根相当容易,若到晚春再采,则生根率急剧下降。

(5) 温度。温度是影响扦插生根的重要外因。温度过低或过高,均不利于插条生根。21~27℃昼温、15℃夜温适合于大多数园艺植物生根。气温过高,往往导致芽提早萌发,叶片展开,蒸腾失水,茎段干枯,失去生根能力。所以,在新梢抽生之前诱导不定根产生是非常重要的。在生产上,可以将插条基部置于温度较高的苗床上,用水、电、煤或其他手段加温,让基质温度高于气温3~6℃,可以起到催根抑芽的作用。

(6) 湿度。对于春季硬枝扦插而言,应保持土壤湿润却不积水。在春旱地区,扦插后浇透水,然后覆盖地膜,既可以提高土壤温度,又可以保持土壤湿度,是有利于插条生根的重要措施。然而,对于带叶片的绿枝扦插而言,除了保持土壤水分外,还需要保持空气湿度,减少叶片蒸腾失水是扦插成活的关键措施。插条上带有叶片,既能进行光合作用制造糖类,又能产生生长素,因而有利于插条生根。但是,插条在生根之前,无法像在母体上那样获得充足的水分,而叶片仍然蒸腾失水,所以叶片的存在又给插条枯死带来风险。因此,实际扦插时应限制插条上的叶片数和叶面积,通常剪留2~4片叶,或者将叶片剪去一半或一半以上,以减小蒸腾面积。插床湿度要适宜,又要透气良好,一般维持土壤最大持水量的60%~80%为宜。另外,遮阴、喷水、塑料薄膜覆盖等都可以增加空气湿度,减少插条失水。这对于绿枝扦插来说,可以提高生根成活率。

若要全光照绿枝扦插,可以采用弥雾增湿法。它通过自动控制的弥雾装置间歇或不断地喷出细雾,在叶面上形成薄薄的水膜,降低叶片温度,保持空气湿度饱和,使得蒸腾作用降低到最低程度,因而,即使插条带有很多叶片,也不至于失水萎蔫而影响插条生根。

(7) 光照。硬枝扦插生根不依赖于光照,但是带叶绿枝扦插时,光合产物和生长素有利于不定根的孕育和生长。因而,充足的光照强度和时间有利于糖的积累,可以补充呼吸消耗。但是,光照会提高叶片温度,促进蒸腾失水。因而,除非采用弥雾装置,否则,带叶嫩枝扦插应置于荫蔽处或人工遮阴,避免阳光特别是夏季强光直射。

(8) 氧气。扦插生根需要氧气。插床中水分、温度、氧气三者相互依存、相互制约。土壤中水分多,会引起土壤温度降低,并挤出土壤中的空气,造成缺氧,不利于插条愈合生根,也易导致插条腐烂。插条在形成根原体时要求比较少的氧气,而生长时需氧较多。一般插床以土壤气体中含15%以上的氧气而保有适当的水分为宜。

(9) 生根基质。用于扦插生根的材料称为生根基质或扦插基质。虽然许多园艺作物插条在各种不同基质中都能够生根成活,但生根基质对扦插成活率、根量和根系长度都有明显影响。在园土中掺入1:1的中药渣粉可使菊花扦插成活率提高,根量增加50%,根长提高100%(陆兵,肖冠军,2006)。因而,选择适宜的基质也是扦插育苗的重要方面。

良好的生根基质要求透气保水,pH适宜,不含有害生物。基质养分对生根过程没有效应,但有利于生根后苗木生长。因此在扦插时基质中不要求含有养分,但生根之后应及时供应养分。

土壤是扦插繁殖最普遍的基质,使用前最好先消毒。沙壤土的通气性比黏土好,可以提高插条的生根率和根系质量,应用广泛。对于多汁的绿枝插条和半木质化插条来说,河沙比园土更适合作基质,因为它排水透气、价廉易得,缺点是保水性差,须及时补充水分。为了提高保水性,可以在河沙中添加1/3~1/2的泥炭或苔藓。河沙比例越大,基质透气性越好;反之,泥炭或苔藓比例大,基质保水性好。

蛭石与珍珠岩常用作带叶绿枝扦插的基质。它们既保水又透气,而且干净,缺点是成本高。可以把蛭石与珍珠岩混合起来，再加一定比例的河沙，可以降低成本，并保证扦插质量。

扦插繁殖的苗床或容器应有足够深度，可放入约 10cm 深的生根基质。一般插条长度为 5~15cm，木本植物长些，草本植物短些，插入深度为插条长的一半，插条基部距苗床底应有 2.5 cm 以上的距离。

（10）促根处理。易于生根的种类在扦插之前可以进行促根处理，也可以不进行，但难以生根的种类在扦插之前必须进行处理，以提高扦插成活率。插条处理常用的方法有下列几种。

①生长调节剂处理：生产上常用人工合成的植物生长调节剂来处理插条基部，可以提高生根率、根数、根长和根粗，缩短生根期，促使生根整齐。常用的生长调节剂有吲哚丁酸（IBA）和萘乙酸（NAA）等生长素类物质，特别是前者，而如果把两者等量混合起来使用比用单独一种效果更好，生根率更高，根数更多。目前生产上常用的商品 ABT 生根粉就是多种生长素的混合产物，是一种高效、广谱性促根剂，可用于多种园艺作物扦插生根，1 g 生根粉能处理 3 000~6 000 根插条。

生长素可配成液剂或粉剂。液剂的配制方法是先把药品溶于少量 95% 酒精溶液中，然后加水稀释至一定浓度。草本类常用浓度为 5~10mg/L，木本类为 20~200mg/L（易生根的种类浓度可低些，难生根的可高些）。处理时把插条形态学基部浸在药液中 24h，晾干后再扦插。液剂也可以配成 1 000~20 000mg/L 高浓度，处理时把插条基部浸入药液约 5 s，待药液晾干后即可扦插。低浓度与高浓度处理效果无明显差别，但后者可省去浸插条所需的设备，并大大缩短处理所需的时间。粉剂的配制方法是以研制的惰性粉末（滑石粉或黏土）为载体，配合量为 500~2 000mg/kg。使用时，先将插条基部用水蘸湿，再插入粉末中，使插条基部切口黏附粉末即可扦插。

②环剥或绞缢：环剥是在取插条之前 15~20d，先将母株欲取枝条基部环状剥去 1~1.5cm 宽的一圈树皮。绞缢是用铁丝缠绞树皮至木质部，切断韧皮部输导组织，造成枝条伤口。这两种方法都能阻止糖和生长素向外运输，从而提高扦插成活率。

③刻伤：在葡萄、杜鹃、木兰、冬青等插条基部 1~2 节的节间，用锋利的尖刀刻划几条深达木质部的纵伤口，能促进伤口处生根。对基部带部分老枝的插条来说，刻伤效果更好。刻伤若再配合使用生长素，能获得最大效果。

④黄化处理：把不易生根的枝条进行黄化处理，能够增厚皮层，增加薄壁细胞数量和生长素含量，有利于根原细胞分化与生根。具体方法是：在生长初期，将计划用于扦插的新梢用黑布或黑纸包裹，使得组织白化或黄化。当黄化新梢长到足够长度，即可剪下扦插。

⑤浸水处理：休眠期扦插，插前将插条置于清水中浸泡 12 h 左右，使之充分吸水，插后可促进根原体形成，提高扦插成活率。

⑥加温催根处理：人为提高插条下端生根部位的温度，降低上端发芽部位的温度，使插条先生根后发芽。常用的催根方法有阳畦催根、酿热温床催根、火坑催根、电热温床催根等。

3. 枝插的方法

（1）硬枝扦插。用木本植物已充分木质化的老枝为材料，在休眠期进行扦插。冬季落叶植物的硬枝扦插一般在头一年冬季修剪时收集成熟枝条，每根枝条都剪成 50cm 左右，然后 50~100 根一捆，用塑料绳绑好，系上标签，斜埋于避风向阳、排水良好、土质疏松的田间或具有一定湿度的河沙中，以防止冬季低温对枝条的伤害。埋土时应注意枝头朝南，既可以防止寒风侵害，又可避免冬季日烧。

露地扦插一般于每年 3—4 月进行，不同地区稍有差异，南方地区可适当早些，而北方地区可适当推迟。其原则是土壤温度已稳定于 10℃ 以上，而枝条上的芽尚未开始萌动时进行。过早扦插，土温太低，不利于插条生根；过迟扦插，芽已萌动，不利于生根成活。有些地区土壤温度上升较慢，气温上升较快，需要采取人工加温措施如苗床增施热性有机肥、地膜覆盖、电热线加温等，以促进插条提早生根。

苗床准备应在扦插前 0.5~1 个月内进行。如果扦插前苗床用地正好空闲，可以在冬前深翻一次，以杀灭土壤中越冬虫卵，促进土壤熟化，改善土壤结构。苗床准备工作主要包括土地平整、施肥、做畦等。如果是用其他基质如河沙、蛭石、珍珠岩、石英砂、炉渣、泥炭土、苔藓等育苗，也应提早准备，并将它们与腐熟的有机肥充分混匀，既避免肥重烧根，又为新根生长发育提供必需的养分。苗床的宽度一般为 1.2～1.5m，高度约 20cm。在雨水较多的南方地区，应安排好排灌系统，以防土壤积水，影响幼苗根系生长。

扦插前取出沙藏的枝条，剪成 10～15cm 的枝段，每段枝条应含有 2～4 个健康叶芽。然后，将枝段形态学基部靠节部剪成 45°斜面，距形态学上端第一芽上部 1cm 处剪成平口。这样做有 4 个目的：①便于识别形态学上、下端；②节部剪口大有利于生根；③下端斜口有利于枝条插入土中；④上端平面减少对手的刺激。

剪好的枝段下端需经一定浓度的 NAA 或 IBA 溶液处理后，扦插于苗床上。多数植物扦插的株行距为 20cm×30cm，但也因不同种类而略有差异。确定株行距的原则是植株生长迅速、生长量大且喜光性强的物种，扦插时可适当稀些；反之，适当密些。在干旱地区，扦插时枝段应垂直入土；在雨水较多地区，枝段应倾斜入土，并使剪口第一芽朝上，以利新梢负向地生长。若扦插先用地膜覆盖，则先端第一芽应露在地膜外，且芽上部剪留的节间应适当长些，以减少剪口失水对芽生活力的影响；若不用地膜覆盖，则整个枝段几乎全插入土中。待萌芽后，新梢生长点可以顶破表层土壤，向上生长。扦插完成后应浇足水，以后视天气情况，不到太干的时候可以不浇水，适当控制土壤水分有利于插条生根。

（2）绿枝扦插。绿枝扦插又称嫩枝扦插，用木本植物未完全木质化的绿色嫩枝为材料，或是草本花卉、仙人掌及多肉植物在生长旺季进行扦插。如柑橘类、油橄榄、葡萄、苹果、梨、桃、李、杏等果树及月季、玫瑰、木香等木本观赏植物均采用此法。

常绿植物的扦插可以在每年春季利用 1～2 年生枝进行，方法可以参照上述硬枝扦插，但是应尽量减少枝条所带叶片，同时在阳光强烈的中午进行必要的遮阴或叶面喷水（雾），防止叶面蒸腾失水导致插条枯死。如果利用当年生新梢作绿枝扦插（常绿、落叶或草本植物），一般在生长中后期 6—9 月进行。扦插时间不宜过早或过迟，因为过早扦插，新梢成熟度低，贮藏养分少，不利于扦插成活；反之，气温下降不利于扦插苗地上部生长。

绿枝扦插的最大优点是扦插期间土温较高，有利于不定根发生。另外，枝条处于生长状态，带有叶片，可以合成糖、维生素、植物激素（如吲哚乙酸、多胺）等生根必需物质，而且枝条木质化程度较低，有利于不定根突破枝皮向外生长。但是，夏秋季扦插由于气温高，叶面蒸腾量大，枝段容易失水导致插条枯死。为此，绿枝扦插必须采取措施，减小叶片面积，降低空气温度，增加小环境内大气湿度。具体做法是：①剪去枝段上部叶片，仅保留基部成熟度较高的 2～3 枚叶柄或极少量的叶片组织；②白天大部分时间遮阴，减少阳光直射，降低叶面温度；③定时或不定时对叶片喷雾，增加空气湿度，防止叶片失水；④如果条件允许，可以采用全日照弥雾方式进行绿枝扦插，即在正常的日照条件下，由湿度探头模拟监测插条叶片表面的湿度变化，一旦探头上水分蒸发完全，探头两端的控制电路断开，继电器离合，自动弥雾装置开始工作，安装在苗床上的喷头开始喷雾。数分钟后，湿度探头因湿润又接通电路，继电器再次工作，关闭弥雾装置，喷雾结束。如果空气湿度大，喷雾次数自动减少；反之，经常性喷雾，可保持苗床小环境始终处于高湿状态，防止叶面失水，保证生根过程正常进行。这种方法既能保持上部叶片的光合作用，又能促使下部生根，因而发根快，成活率高，育苗周期短。

绿枝扦插所用的基质可以是常规的土壤、河沙、蛭石等，也可以是营养液，还可以将枝段悬挂于高湿空气中，即所谓的气插。如果是液插，应先将枝段固定于支持物（如塑料泡沫、海绵等）上，然后溶液中放入通气装置，保证不定根发生过程中的氧气供应。如果是气插，也应先固定枝段，然后在枝条下部放置喷雾装置，保证生根部位始终处于高湿环境中。

(二) 根插

根插是利用植物根段作为插穗，诱导根上形成不定芽的一种扦插方法。如枣、柿、杜梨、李、核桃、山楂、楤梓、海棠、猕猴桃、牡丹、芍药、龙吐珠、凌霄花、紫藤、贴梗海棠、宿根福禄考、补血草、牛舌草、剪秋罗等园艺作物，枝条不易形成不定根，但根系可以形成不定芽。冬末早春，当根部贮藏了充足的养分而又未开始新梢生长时，从幼年母株上挖取根段繁殖，可以得到良好结果。枝叶生长旺盛时期取根段的效果差。

根段长度，细根类以 3~5cm 为宜，平放于沙或细土基质上，再覆一层基质掩盖；粗根类以 10cm 左右为宜，垂直插入基质中，上方齐于基质表面或稍低。浇水后，覆盖塑料薄膜或玻璃防止干燥，直至不定芽形成并萌发。根插后应遮阴，待植株充分生长后再移植。

(三) 叶插

叶插是利用植物叶片或叶片的一部分（如叶片加叶柄）为材料，同时诱导不定芽和不定根产生，从而成为新的独立植株。叶插多适合于那些叶柄、叶脉或叶片粗壮、肥厚的多肉观赏植物。其叶片基部既能发生不定芽，又能发生不定根，而旧的插叶则慢慢枯萎死亡。

叶插时，把充实饱满的叶片连同完整的叶柄用手掰下。有些物种若用利刀切下，因无法带完整的叶柄基，反而不易发根。没有叶柄的叶片直接采下，然后置于阴处晾干 1~2d，促进伤口愈合，再放于河沙基质表面或插入其中。放于表面就能生根的有莲花掌属、石莲花属、青锁龙属、景天属等种类，插入基质中能生根的有鲨鱼掌属、十二卷属、虎尾兰属等。多肉植物自身含水多，叶插前须晾干伤口，叶插后也无需浇水，否则插穗容易腐烂。

除了多肉植物外，蟆叶秋海棠、非洲紫罗兰、大岩桐等也可以叶插。叶插前，将刚成熟的厚叶连叶柄一同取下，在主叶脉上间隔切开几道口，平放在基质表面，用大头针或牙签固定。一段时间后，叶脉切口处逐渐形成新植株，而旧叶则渐渐死亡。不过，这些植物叶插需要在高湿环境下才能生根，生长素处理有利于生根。此外，操作工具要消毒，基质也务求干净、疏松排水。

(四) 叶芽插

叶芽插是指利用带有一个完整叶和腋芽的一小段茎或茎的一部分作为插穗的扦插方法。由于它包含茎的成分，因而，实质上是一种单芽扦插。对于柠檬、菊花、茶花、杜鹃、绣球花、橡胶榕、八仙花、茉莉及扶桑等植物来说，叶上可以产生不定根但不易产生不定芽，因而带有叶芽扦插可以克服这一困难。由于每一节都能用来作为一个插穗，因而在繁殖材料珍贵时，叶芽插繁殖数量高，意义大。若植物为对生叶，可一剖两半，每一叶带一芽作插穗，繁殖系数更高。

叶芽插的芽应饱满，叶片应生长旺盛。用生长素处理可促进生根。将带插穗的芽插入基质（沙或沙与苔藓各半的混合基质）中 1.3~1.5cm 深，仅露芽尖即可。扦插后要采取保湿措施，防止水分蒸发。

二、压条繁殖

压条是指在植物枝条不离开母株的情况下，将其埋在土或其他湿润基质中，诱导产生不定根后，再与母株分离，形成一个新的独立植株的繁殖技术。压条过程中，母体植株能够为发根部位提供必要的水分和养分，不良环境影响较小，且新梢埋入土中又有黄化作用，因而生根较容易，一般应用于扦插不易生根的种类。扦插能生根的种类也可用压条法繁殖，其缺点是繁殖系数低。压条繁殖可以分为垂直压条、水平压条、曲枝压条和空中压条 4 种。

（一）垂直压条

垂直压条又称直立压条（stooling）或培土压条（mounding），常用于月季、贴梗海棠、牡丹、蜡梅、木槿、杜鹃、木兰、栀子花、玉兰、夹竹桃、石榴、李、无花果、醋栗、李，以及樱桃、苹果和梨的矮化砧等分蘖多、丛生性强的木本植物繁殖。

其技术要领是：①压条前一年春季，将母株按（0.3~0.5）m×2m的株行距定植于压条行中，并加强肥水管理，促进根系生长。②翌春萌芽前，将母株地上部平茬，仅留2~5cm短桩，促进基部隐芽和不定芽发生萌蘖。③当新梢长至15~20cm时，用疏松的园土或基质覆盖于新梢基部，高7~10cm，然后浇足水，保持土壤湿度，诱导不定根发生（图5-7）。④当新梢长至40cm时，进行第二次培土，总高度达20cm左右，以后保持正常的肥水管理。⑤秋季落叶后，先扒开土堆，将生根的萌蘖苗自基部剪断，成为一个独立植株；没有生根的蘖条留2~5cm短桩剪断，以便来年产生更多的萌蘖，再行垂直压条。

图5-7　垂直压条

（二）水平压条

一些蔓性植物（如葡萄、猕猴桃、紫藤、凌霄花、紫藤、铁线莲等）的枝蔓以及灌木（如醋栗、黑树莓、蜡梅、迎春花、绣球花、月季）和乔木（如苹果和梨的矮化砧木、樱桃、西府海棠、丁香等）的近地表枝条可以被拉平并压入土壤中，其上的芽经刻伤后受刺激萌发形成新梢，而埋入土中的部位可以形成不定根，然后与母株分离，形成一个新的独立植株。

具体操作时，先在定植行内开一条宽10cm、深2~3cm的浅沟，然后将枝条水平弯入沟内，用木钩、铁丝或石块固定，埋土，枝头弯曲朝上。由于枝条处于水平状态，几乎所有的芽都可能萌发生长。当新梢长度达到15cm以后，开始在基部培土，并灌足水，促进不定根发生。落叶后，将生根的部位分别剪断，各自形成独立的新植株（图5-8）。

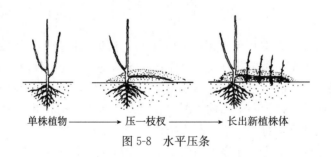

单株植物 ──→ 压一枝杈 ──→ 长出新植株体

图5-8　水平压条

（三）曲枝压条

曲枝压条主要运用于木质化程度比较高的木本植株，如无花果、醋栗、蜡梅、木绣球、月季、西府海棠、丁香，以及苹果、梨、樱桃的矮化砧木等。水平压条与曲枝压条的区别在于：①前者枝条柔软，可以被完全拉平；后者木质化程度较高，枝条只能呈1道或几道弯曲状。②前者先期埋土比较浅，以利于萌芽生长，且后期需要多次埋土；后者一次性完成埋土过程，且可以埋土较深。③前者埋土时，枝头朝上，但不需要支柱固定；后者枝头需要利用支柱固定，以利于地上部生长。

实际操作时，把枝条离顶端15~30cm处弯成垂直或斜弯状，用木钩、铁丝或石块固定，然后埋土7.5~15 cm，再把枝头绑缚于旁边立柱上，保持直立状态（图5-9a）。不久，弯曲处长出不定根，剪断后形成独立的新植株。曲枝压条也可以弯成 2 道甚至多道弯曲状（图 5-9b），或者将枝条先端压入土中，称为先端压条（图 5-9c）。先端压条用于黑莓、黑树莓、刺梅、迎春花等吸芽很少的树种繁殖，一般在每年夏季新梢顶端刚停止生长时进行。将枝条先端压入土中后不久即可产生不定根，同时顶芽也能正常形成。当剪离母株后，便成为一个独立的新植株。曲枝压条的缺点是繁殖系数低。

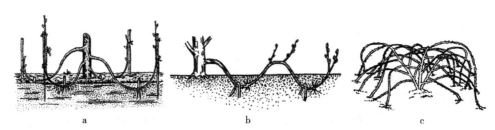

图 5-9 曲枝压条
a. 普通曲枝压条 b. 双弯波状曲枝压条 c. 先端压条

(四) 空中压条

空中压条又称高空压条，是将植株中部枝条环剥刻伤，经潮湿基质包裹，诱导生根，最后将生根枝条剪下，另行栽植的繁殖方法。我国古代早已使用此法来繁殖荔枝、龙眼、柑橘、枇杷、石榴等，所以又叫中国压条法。现在，人心果、树菠萝、石榴、油梨、茶花、桂花、杜鹃、白兰、木兰、蜡梅、冬青类、丁香、橡胶榕等均可通过空中压条来繁殖幼苗。由于被压枝条上有大量的生长叶片，能够合成养分和植物激素，因而，可以显著提高不定根的形成速率。此法技术简单，成活率高，但对母株损伤较重。

高空压条一般在春季到夏末进行。如果春季进行，则利用去年生长的一年生枝；如果在夏末进行，则利用当年新生的木质化程度较高的枝条。有时也用一年生以上的老枝，但整体上生根不好，而且由于枝条粗，操作也不方便。

具体操作时，先在距茎尖 15～30cm 处环状剥皮，宽度为 1～2cm，露出木质部，并用 NAA 或 IBA 处理伤口，以诱导不定根发生；然后，用一只长 20cm、宽度能穿过枝叶的塑料袋套住伤口下部枝条，用细绳扎紧下口，朝袋中填充潮湿的苔藓、泥炭或者壤土等生根基质，包裹生根部位，再将袋子上口扎紧，保持基质湿度。2 个月后，透过塑料袋可以看到大量不定根形成。此时，可以将生根部位剪离母株，种植于花盆中（图 5-10），也可以任其继续生长，直到进入休眠期，再剪离母株，独立栽培。像冬青、丁香、杜鹃、木兰等需要经过两个生长季节，再分离移植。

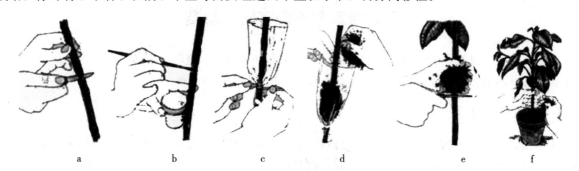

图 5-10 空中压条
a. 选定枝条，环剥 1～2cm b. 伤口用 NAA、IBA 处理 c. 伤口下部用塑料袋扎紧
d. 填充生根基质，扎紧上口 e. 生根后剪断压条端 f. 移栽压条苗

三、分株繁殖

分株繁殖一般用于能够产生根蘖、匍匐茎或吸芽的植物繁殖。根据不同园艺植物的分株方式不同，分株繁殖又可以分为以下 3 类。

（一）根蘖分株法

枣、山楂、树莓、樱桃、李、石榴、杜梨、山定子、海棠、万年青、宿根福禄考、蜀葵、龙吐珠、六月雪、凌霄花等园艺植物根系在自然条件或外界刺激下可以产生大量的不定芽，当这些不定芽长成新的枝条后，连同根系一起剪离母体，成为一个独立植株。这种繁殖方式称为根蘖繁殖，所产生的幼苗称为根蘖苗。如果产生根蘖苗的母株地上部与地下部遗传特性一致（无论是自根苗还是实生苗），那么根蘖苗的遗传特性也与母株完全一致；如果母株是嫁接苗，那么根蘖苗的遗传特性只与母株的砧木一致。

为了促进根蘖苗的发生，可以结合秋冬施肥，有意将树冠外围部分骨干根切断，然后施以肥水，促使根蘖大量发生。

（二）吸芽分株法

香蕉植株地下茎可以抽生吸芽（offset），菠萝、观赏凤梨、芦荟、景天、拟石莲花等植株靠近根颈处的地上茎叶腋间也能抽生吸芽，并在基部产生不定根。将吸芽与母株分开，便可培育出与母株遗传特性一致的无性系幼苗。

分吸芽的办法是用利刀在靠近主茎或根际处把吸芽切下。如果吸芽已生根良好，可直接进行栽植，与生根插条处理方法一样。如果根生长不充分甚至无根，植株可置于适宜的生根基质中作为带叶扦插来处理。

（三）匍匐茎或走茎分株法

草莓、天门冬、沿阶草、一叶兰、狗牙根、野牛草等植物靠近根颈处的腋芽在生长季节能够萌发出一段细的匍匐于地面的变态茎，称为匍匐茎。匍匐茎的节位上能够发生叶簇和芽，下部与土壤接触，能长出不定根。夏末秋初，将匍匐茎剪断，得到独立的幼苗。

虎耳草、吊兰、趣蝶莲等叶腋间能长出一段较长的不贴地面的变态茎，称为走茎。走茎的节上也能产生不定根和叶簇，分离后栽植即可成为新植株。

四、特殊营养器官繁殖幼苗

一些园艺植物具有产生变态根（如块根）或变态茎（如鳞茎、球茎、根茎、块茎等）的特性，利用这些变态营养器官，可以培育出遗传特性一致的无性系后代幼苗。

（一）块根繁殖

大丽花、甘薯、木薯、何首乌等园艺植物的不定根或侧根经过增粗生长，形成肉质化的块根（tuberous root）。块根含有大量的营养物质，而且还能发生不定芽。将整个块根或其切块埋置于土中，可以形成新的植株。

（二）块茎繁殖

马铃薯、菊芋、山药、花叶芋、仙客来等园艺植物的地下茎膨大，形成大小不一的肉质块茎

(tuber)，块茎上有芽眼。将块茎（如山药、秋海棠）或其一部分（如马铃薯、菊芋）埋于土中，可以形成新的植株。种块不宜过小，否则会因营养不足，影响新植株的扎根和生长。

（三）根茎繁殖

莲藕、生姜、美人蕉、虎尾兰、蜘蛛抱蛋、香蒲、香蕉、多种蕨类、竹类等园艺植物地下茎呈根状，其上含有节和节间，节上腋芽可以发育成枝条，基部可以产生不定根。将根茎（rhizome）切成数段分别繁殖，可以形成新的幼苗。

（四）球茎繁殖

唐菖蒲、荸荠、慈姑等园艺植物能够形成变态的球茎（corm）。球茎为缩短肥厚近球状的地下茎，茎上有节和节间，节上有干膜状的鳞片叶和腋芽供繁殖用。一个球茎种植后，能够形成1至数个与母球茎大小相似的新球茎，每个新球茎的四周还能形成若干个更小的子球茎。如果把单个球茎分开，经脱休眠后再种于土壤，可以培育出大量的幼苗。这种分生繁殖方式称为球茎繁殖或分球繁殖。不过，小球茎繁殖的幼苗需要生长1~2年才具有开花能力。

（五）鳞茎或假鳞茎繁殖

洋葱、大蒜、韭菜、百合、水仙、风信子、郁金香等园艺植物有短缩而扁盘状的鳞茎盘以及肥厚多肉的鳞叶，鳞叶间有腋芽，可形成1至数个子鳞茎。掰下子鳞茎，可以用于幼苗的繁殖。

兰科植物具有假鳞茎，是一种由根状茎生长锥不断分裂后产生的肉质化贮藏水分和养分的变态器官，呈卵球形至椭圆形，通常有1个节间，少数有2至数节，顶端和节上均生叶。将假鳞茎整个或分割成若干块种植，可以繁育幼苗。

（六）孢子繁殖

蕨类是隐花植物，在生命周期中不开花，但其叶片可以形成孢子，这是一种特殊的繁殖器官，相当于显花植物的种子，所以可以利用孢子播种繁殖。

孢子繁殖首先需要掌握孢子的采收时期。大多数蕨类的孢子在夏末到秋天成熟，此时孢子囊由浅绿色变成浅棕色或黄色。在大多数孢子囊刚要脱落而孢子还没有扩散时，将叶片采下放入采收袋中，保存于温暖干燥的环境中。当孢子风干脱落，去掉杂质，将孢子收集备用。也可以用刀直接从叶片上刮下孢子囊，干燥后收集入袋，以备播种。为了提高孢子萌发率，采集的孢子应尽快播种。

孢子播种要求基质透气保水，常用的基质是2份泥炭与1份河沙混合。花盆播种时，用手轻轻将孢子振落，使其均匀撒在基质表面，不覆土，然后用浸盆法让盆土慢慢湿透，之后取出，盆面上加盖玻璃和报纸，放在半阴的环境中（最适温度为24~27℃）。由于盖玻璃能够保湿，浸盆之后一般不需浇水。待孢子变成绿色的前叶体时将报纸逐渐揭去，并将玻璃片垫高，一段时间后可撤去玻璃。如果基质表面发干，可少量喷水。3~4个月后，孢子体幼苗可长至0.5~1.5cm高，此时可将过密的蕨苗分开，栽于与播种同样的基质上。当叶长到5~6cm时，可分株上盆。

第三节　嫁接繁殖

一、嫁接及其意义

（一）嫁接

将植物优良品种的芽、枝条或根转接到另一个植株个体的茎或根上，并使之愈合成为新的独立植株的技术称为嫁接。嫁接过程中，被嫁接的植株部分如果是芽，则称为接芽；如果是茎段，则称为接穗。接受接穗（芽）的植株，称为砧木。砧木可以是根段，也可以是小植株，还可以是大树体。通过嫁接方法培育出来的幼苗，称为嫁接苗。

（二）嫁接的意义

嫁接是园艺植物育苗与生产过程中广泛运用的一门实用技术。它的主要意义是：①利用实生砧木，嫁接苗既拥有发达的根系，又能保持母本的优良性状，从而把有性繁殖与无性繁殖的优势充分地有机结合起来，并且避免了两者的不利之处。②利用特殊抗性砧木，可以提高植株整体对环境的适应性。例如，利用抗病虫的砧木育苗，可以有效控制西瓜枯萎病、黄瓜枯萎病、茄子黄萎病、番茄青枯病和枯萎病等。尤其是近年来保护地栽培引起的连作障碍，导致许多病害发生与蔓延，应用合适砧木的嫁接苗可以有效预防病害传播。在果树上，利用抗性砧木可以提高果树的抗寒性、抗旱性、抗涝性、抗盐碱性以及葡萄抗根瘤蚜能力。③接穗枝条处于生理成熟期，通过嫁接可以促使果树提早结果。例如银杏实生苗需要生长18～20年才开始结果，而嫁接后3～4年便可结果。④利用特殊性状的砧木（如果树矮化砧），可以改变树体生长特性，引起果树生产方式革新（如矮化密植、草地果园等），促进成花，提早结果，增加产量，改善品质。⑤在植物育种过程中，由于嫁接苗开花结果早，若把杂种后代高接于大树上，可以提早观察开花结果特性，缩短育种周期。在远缘杂交过程中，为了克服种间隔离障碍，可将父本柱头转接到母本雌蕊上（即微嫁接），可以提高杂交成功的概率。在培育脱毒苗木时，也可以利用微嫁接法（见本章第四节）。⑥有些植物如银杏雌雄异株，需要异花授粉。通过嫁接雄株枝条，可以形成雌雄同株，从而省去人工授粉工序。⑦一些观赏植物，如茶花、箭杜鹃、仙人掌、月季等，通过嫁接不同品种，可以形成"百花同株"，大大增加观赏性、新颖性和趣味性。⑧蟹爪兰、仙人指、仙人球、罗汉松、金钱榕、垂榕、龙爪槐等观赏植物，通过嫁接可以造型，而菊花则可以通过嫁接来制作悬崖菊、塔菊、大立菊等植物造景。⑨当植株根系受害或树皮受伤时，利用靠接、寄接或桥接，可以恢复植株生长，延长经济寿命。⑩在木本植物生产管理过程中，经常在一些高大树体枝头上嫁接新的品种（称为高接换种），因而有利于新品种推广利用。比如，作为南京市行道树的二球悬铃木一直是该市城市绿化的重要特征，但是每年春季撒落的大量花粉严重影响了市民的生活。通过去除大枝并高接少花新品种，可以明显改善城市空气质量。总之，嫁接是园艺学中一项十分重要且应用面广泛的专门技术。

二、影响嫁接成活的因素

（一）内在因素

1. 砧穗亲和性 砧穗之间的亲和性由其遗传性决定。系统发育中亲缘关系越相近的砧穗组合，嫁接亲和性越好。一般来说，同一品种或物种内嫁接亲和力最高，其次为同属内，再次为同科内，科间植物嫁接难以成活。因而，嫁接前应首先选择合适的砧木种类。部分果蔬园艺植物常用的砧木见表5-10。

表5-10 几种果蔬植物常用的砧木及其特性
（改自章镇等，2003）

植物（接穗）	砧木品种	抗性	亲和性	对品质影响	适于栽培类型
苹果	山定子	极抗寒，较耐瘠薄，不耐盐碱，不抗旱	高	优良	寒地栽培
	海棠果	抗旱，抗涝，抗寒，耐盐碱	高	优良	华北等地栽培

(续)

植物（接穗）	砧木品种	抗性	亲和性	对品质影响	适于栽培类型
苹果	花红	耐潮湿，有一定的矮化提早结果作用	高	优良	南方栽培
	M_9	矮化砧，提早结果效应好，但根系浅，抗性差，最好作中间砧	小脚	着色好，品质佳	矮化栽培
柑橘	枳	极耐寒，抗速衰病，半矮化砧	高	品质佳，早结丰产	南方栽培
	香橙	耐盐碱	高	品质佳	南方栽培
梨	杜梨	耐旱，耐湿，抗盐碱，结果早，丰产	高	优良	北方栽培
	豆梨	耐热，抗涝，抗腐烂病抗寒力弱	高	优良	南方栽培
桃	毛桃	抗旱，耐瘠薄	高	优良	南方栽培
	山桃	抗旱，抗寒，耐瘠薄	高	优良	北方栽培
葡萄	山葡萄	极抗寒	高	优良	寒地栽培
板栗	板栗	适应性强，耐瘠薄，结果早	高	优良	各地均可
柿	君迁子	适应性强，耐瘠薄，较抗寒，结果早	高	优良	各地均可
枣	酸枣	抗寒，耐瘠薄，抗旱	高	优良	各地均可
黄瓜	黑籽南瓜	抗枯萎病，根系发达，耐低温，耐高温	高	无异常	冬春保护地栽培
	南砧一号	抗病，丰产	高	遇高温有南瓜味	
	土佐系南瓜	耐高温	极高	品质好	春夏栽培
西瓜	瓠瓜	抗枯萎病、根结线虫病、抗黄守瓜虫害	强	品质好	早春栽培
	南瓜	高抗枯萎病	差异大	品质不太好	早熟栽培
	冬瓜	中抗枯萎病	较强	品质好	露地夏季栽培
	西瓜	抗病性不太强，长势中等	高	极佳	
茄子	赤茄	抗枯萎病，中抗黄萎病，耐寒，抗热	高	优良	
	托鲁巴母	高抗黄萎病、枯萎病、青枯病、线虫病，耐高温、干旱、湿涝	高	极佳	多种类型栽培
	CRP	高抗黄萎病、枯萎病、青枯病、线虫病，耐高温、干旱、湿涝	高	优良	
番茄	Ls-89	抗青枯病、枯萎病	高		
	兴津 101	抗青枯病、枯萎病	高		
	影武者	抗烟草花叶病毒（TMV）、根腐病、根结线虫病	高		

嫁接亲和力低或不亲和的表现形式是多样的。例如，嫁接后不能愈合或愈合不良，接穗逐渐枯死；嫁接虽然愈合，但接芽不萌发，或萌发后极易断裂；砧穗接口上下生长不协调，出现"大脚""小脚"或环缢现象；嫁接后前期表现亲和，但一段时间甚至若干年后出现不亲和，树体早衰死亡等。在苹果生产中，利用 M_9 作矮化砧木容易导致"小脚"，树体固地性差，因而，往往把它作为矮化中间砧，可以延长树体寿命。

2. 生理状态 砧木植株生理状态越活跃，嫁接口越容易愈合。接穗上的芽生理状态相对静止有利于嫁接成活。在生产实践中，一般在根系已经开始活动而接穗尚处于相对休眠时嫁接成活率较高。因而，枝接用的接穗一般应保存于低温条件下，待春季树液流动后再行嫁接。夏秋季节，所用的接芽也处于休眠状态，而砧木生长活跃，因而嫁接成活率高。还有些植物，如葡萄和核桃，在春季萌芽前由于树液流动而产生伤流，如果此时嫁接，因伤口难愈合而导致嫁接失败，因而需要避开伤流期嫁接才能提高成活率。

3. 砧穗质量 嫁接口愈合需要一定的养分，因而砧木与接穗的粗度、木质化程度影响到嫁接成活。一般要求接穗健壮充实，同时砧木粗度应等于或大于接穗。另外，接穗芽体饱和也是嫁接后幼苗健壮生长的必备条件，瘦芽、隐芽、盲芽不宜作接芽。

（二）环境因素

1. 温度 温度主要影响细胞分裂以及嫁接口愈合。研究表明，在5～30℃气温范围内，随着温度上升，伤口愈合加快。过低或过高的温度均不利于伤口愈合。因而，嫁接应安排在温度适宜的季节内进行。如果外界温度不适宜，应该人为加温或降温，以利于嫁接成活。

2. 湿度 湿度对嫁接成活的影响有3个方面。其一是土壤湿度，主要影响砧木的根系活动。土壤干旱不利于根系活动，特别是芽接时，不利于砧木形成层剥离，因而，嫁接前需要提前进行苗圃灌水。其二是大气湿度。干热风经常侵害的地区，嫁接不易成活；而连续的低温阴雨天气也不利于嫁接成活。只有空气保持较高湿度但又不出现阴雨绵绵的天气条件才有利于嫁接成活。因而，草本植物嫁接时，可以利用塑料薄膜覆盖，以提高小环境湿度来提高成活率。木本植物枝接时，覆土可以降低大气湿度对嫁接成活的不良影响。其三是嫁接口湿度，这是嫁接成活的关键。利用塑料薄膜绑扎保湿，减少嫁接口水分丧失，可促进细胞分裂和接口愈合，提高嫁接成活率。保持较高的嫁接口湿度有利于愈伤组织形成，但不要浸入水中。

3. 氧气 嫁接伤口愈合过程是组织细胞分裂分化的过程，具有较高的呼吸作用，需要足够的氧气。以前，嫁接后提倡封蜡（保湿），但实践证明，用塑料薄膜绑扎的成活率远比封蜡好，其原因就是塑料薄膜的透气性好，有利于嫁接口愈合。如葡萄硬枝嫁接时，接口宜稀疏地加以绑缚，不需涂蜡。

4. 光照 光照对愈伤组织生长有抑制作用，嫁接后应适当避光。

（三）人为因素

1. 嫁接技术 嫁接过程中，接口切削的平滑度、砧穗形成层对齐度、接合紧密度、嫁接速度等都影响到嫁接成活，所以嫁接要求快、平、准、紧、严，即动作速度快、削面平、形成层对准、包扎捆绑紧、封口严。在实际操作过程中，砧穗形成层完全对齐重合的可能性很小，至少要保证一部分形成层对齐重合，而且重合越多越容易成活。为了提高两者紧密接合程度，有时还用缠、束、钉、夹等办法来提高成活率。

2. 嫁接工具 对初学者来说，熟练利用枝接刀是比较困难的，可利用锋利的修枝剪替代枝接刀。用修枝剪既可剪接穗，又可剪砧木，而且，剪口比用枝接刀更为平整，更易掌握，枝接成活率高。

3. 嫁接时期 嫁接成败与气温、土温及砧木与接穗的活跃状态有密切关系，要根据树种特性、方法要求，选择适宜时期嫁接。如桃、杏、樱桃嫁接时，往往因伤口流胶而使切口面的细胞窒息死亡，妨碍愈伤组织的产生而降低成活率。葡萄、核桃室外春季嫁接时伤流较重，对成活不利。

4. 嫁接后管理 嫁接后的管理也影响到成活率。有时，已经嫁接成活的幼苗，由于管理不善，比如水肥管理不当、杂草控制不力、剪砧不及时或小动物活动等，也会导致已经接活的枝芽最终死亡。因而，只有加强接后管理，才能保证足够的成活率。

三、嫁接方法

根据操作过程中所用材料的不同，嫁接可以分为芽接和枝接两类。凡是以单芽为嫁接材料的称为芽接，凡是以枝段（含2个或2个以上芽）进行嫁接的称为枝接。芽接中，不带枝皮木质部的称为芽接，带有木质部的称为嵌芽接。砧木皮部被切成"T"形，然后再插入芽片的，称为"T"形芽接；砧木皮部被切成方块形，然后再贴上芽片的，称为方块形芽接。枝接中，根据嫁接的方式不同可以分为切接、劈接、腹接、舌接、套接、贴接、桥接等。目前生产应用较为广泛的芽接法有"T"形芽接、嵌芽接（果树）和插芽接（蔬菜），枝接法有切接、劈接、腹接和靠接等。

（一）芽接

芽接可在春、夏、秋季进行，但一般以夏、秋芽接为主。绝大多数芽接方法都要求砧木和接穗离皮（指木质部与韧皮部易分离），且以接穗芽体充实饱满时进行为宜，落叶树在7—9月，常绿树在9—11月进行芽接。芽接的优点是操作方法简便，嫁接速度快，而且容易愈合，接合牢固，成活率高，成苗快，适合于大量繁殖苗木，适宜芽接的时期长，接不活可进行补接。

1. "T"形芽接 "T"形芽接主要用于木本园艺植物特别是果树的苗木繁殖（图5-11），操作简便、速度快，是嫁接成活率最高的方法。理论上，只要接穗砧木的韧皮部与木质部能够分离的时期都可以进行"T"形芽接。但实际生产中，主要集中于6—9月进行。此时，接穗芽已经发育饱满，而砧木也有足够粗度。嫁接前，就近采集优良母株当年生半木质化健壮新梢，剪去无芽或盲芽部分，留下芽体饱满枝段，并剪除所有叶片，但保留所有叶柄，置于冷凉清水中备用。砧木一般为当年生或二年生实生苗。

图5-11 木本植物"T"形芽接法
a. 削芽片 b. 取下芽片 c. 插入芽片 d. 绑缚
（章镇等，2003）

芽接过程大致可分为5个部分：①切接芽。一手抓住接穗基部，另一手用芽接刀在叶柄下部1.5～2cm处向前下方切入枝条，长度2～2.5cm，深度约为枝条直径的2/3。然后，在芽前方约0.5cm处垂直切下，使芽片可以轻易从枝条上剥离。②切砧木。在砧木苗距离地面5～8cm处光滑面切开一个"T"形切口，长度和宽度略大于接穗芽片，并用芽接刀的背部将切口挑开。③取芽片。右手捏住接穗叶柄和接芽，轻轻扳动，使芽片与枝条分离。④插芽片。取下的芽片立即插入砧木切口，并使得芽片切口上端与砧木上端切口紧密相接。⑤绑缚。用长度30～50cm、宽度约1cm的塑料薄膜包扎嫁接口，保持切口湿度，以利于伤口愈合。同时注意将叶柄保留于外，以便1～2周后检查嫁接成活率。一般地，若芽体新鲜，叶柄与芽体间形成离层，一触即落，说明已经嫁接成活；否则，说明未成活，需要补接。补接可以在原接口的下方进行，但是若时机已不合适芽接，也可以在来年春天进行枝接。

2. 插芽接 插芽接用于草本园艺植物如黄瓜、西瓜、番茄等幼苗繁殖。选用与接穗粗细相同的竹签或其他器具，在砧木顶端或下胚轴子叶节处（瓜类），第1或第2片真叶上方叶腋处（茄果类）插一小孔，然后选择适当接穗，削成楔形，插入砧木孔中，使砧木与接穗紧密接合，用棉线绑扎或用夹子固定（图5-12）。

3. 嵌芽接 对于枝梢具有棱角或沟纹的种类如柑橘等，或者砧木和接穗均不易离皮时，可采用嵌芽接（当然，离皮的也可用此法，速度更快，但成活率相对低）。

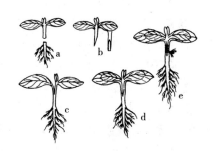

图5-12 瓜类作物插芽接
a. 取接穗 b. 削接穗 c. 切砧木
d. 接穗插入砧木 e. 绑缚
（章镇等，2003）

嫁接时，先用芽接刀在接芽的下方以45°角斜切入木质部，再在芽上方朝下斜削一刀，至下方切口，取下盾形芽片。砧木削切法与"T"形接芽相同，注意砧木切口与接芽大体相同，或者砧木切口稍长于芽片。将芽片嵌入砧木切口，对齐形成层，芽片上端稍露出砧木皮层，用塑料薄膜绑紧（图5-13）。

（二）枝接

枝接一般在早春树液开始流动、芽尚未萌动时为宜，北方落叶树在3月下旬至5月上旬，南方落叶树在2—4月，常绿树在早春发芽前及每次枝梢老熟后均可进行，北方落叶树在夏季也可用嫩枝进行枝接。枝接的优点是成活率高，嫁接苗生长快。在砧木较粗、砧穗均不离皮的条件下多用枝接，根接和室内嫁接也多用枝接法。枝接的缺点是，操作技术不如芽接易掌握，且用的接穗多，对砧木有一定的粗度要求。

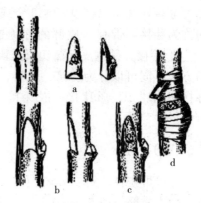

图5-13 嵌芽接
a. 取芽片　b. 削砧木　c. 贴芽片　d. 绑缚
（郗荣庭，2002）

1. 劈接、切接　劈接或切接既用于木本植物，也用于草本植物幼苗繁殖。若从砧木中间劈开插入1~2个接穗，称为劈接（图5-14），对于较细的砧木也可采用，适合于果树高接换种；若从砧木一侧切开插入1个接穗，称为切接（图5-15）。两者嫁接过程基本相同，操作时，先将砧木枝条平剪，再用枝接刀从中间（或一侧）向下切开3~5cm，再将接穗两侧各削一刀，呈双面楔，长度1.2~1.5cm，然后垂直插入砧木切口处，并至少使接穗与砧木的形成层一面吻合对齐，最后用夹子固定（草本）或用塑料薄膜绑缚（木本）保湿。如果砧木组织坚硬，切砧时不要用力过猛，可以一只手把枝接刀放在切口部位，另一只手用修枝剪、老虎钳、铁锤或其他工具轻轻敲打刀背，使得切刀缓缓深入。这样，不仅切口组织平整，而且可以防止用力不当导致组织劈裂，或者手指受伤。

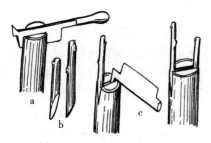

图5-14 劈接
a. 从砧木中间劈开　b. 削接穗　c. 插入接穗
（章镇等，2003）

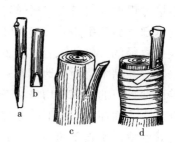

图5-15 切接
a、b. 长短接穗　c. 切砧木　d. 插入接穗
（章镇等，2003）

2. 腹接　腹接常用于木本植物繁殖。接穗的削取方法与切接相似，只是削口稍短些。切砧木时用枝接刀在枝条节间（腹部）斜下切一刀，然后插入接穗，绑缚（图5-16）。

3. 靠接　瓜类幼苗靠接时，先切去砧木真叶及生长点，在下胚轴离子叶节0.5~1.0cm处，用刀片自上而下斜切一刀（下刀方向与下胚轴成30°~40°）；然后将接穗连根拔起，在下胚轴子叶节下方由下向上斜切一刀，切口长度与砧木切口长度相仿；最后将接穗舌形楔插入砧木的切口中（茄果类嫁接部位是第1和第2片真叶之间），将两株幼苗按切口嵌合，并使接穗子叶压在砧木子叶上面，固定，成活后再将接穗下胚

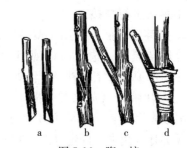

图5-16 腹接
a. 削接穗　b. 切砧木　c. 插入接穗　d. 绑缚
（章镇等，2003）

轴切断（图5-17）。

木本植物靠接时，将相邻栽植的两株植物（接穗与砧木）相对部位各削一个大小相同的伤口，长度约3cm。将两者靠到一起，并使伤口形成层对齐，然后用塑料薄膜绑扎结实。当两者愈合后，将接穗植株的根系以及砧木植株嫁接口以上枝条一同剪去，接穗与砧木便形成一个新的独立植株（图5-18）。

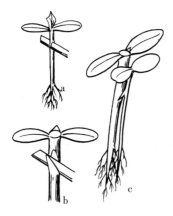

图5-17 黄瓜苗靠接
a. 切接穗 b. 切砧木 c. 靠接
（章镇等，2003）

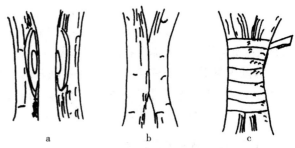

图5-18 木本植物靠接
a. 砧木和接穗切削面 b. 接合 c. 捆绑
（章镇等，2003）

四、嫁接苗管理

（一）木本植物嫁接后管理

对于木本植物来说，嫁接后的管理相对比较简单。除了及时检查成活率及适时补接外，还应加强肥水管理，解除绑缚物、剪砧、除萌蘖以及苗圃内整形等。

1. 成活率检查 夏秋季的接芽，在接后1～2周内检查成活情况。如果接口绑缚的塑料薄膜内充满了水汽，芽片组织保持旺盛活力，预留的叶柄用手轻轻一戳便自行脱落，说明嫁接已经成活。相反，如果薄膜漏气，芽片干枯，叶柄僵死，不能脱落，说明接芽死亡，需要重新补接。

春季枝接，由于气温较低，成活较慢，而且需要在愈伤组织完全形成后才能表现出来，所以一般在接后1～2个月内检查成活率。有时气温高，接芽及时萌发，但若没有成活，新长出枝条也会逐渐枯萎。如果嫁接成活，接口处形成大量愈伤组织，呈膨大状。对于枝接没有成活的，可以到夏秋季用芽接方式补接。

2. 肥水管理 嫁接成活后，应加强肥水管理，防止过度干旱，提高嫁接成苗率。可以用0.5%～1%的尿素溶液根际追肥1～2次，既补充肥料，又能提高土壤含水率。但是，入秋以后应控制肥水，防止新梢徒长，提高幼苗越冬性能。

3. 去除绑缚 嫁接成活的幼苗，并不立即去除绑缚的薄膜，而是到生长后期，甚至在起苗时，顺便用枝接刀、芽接刀或修枝剪轻轻划开薄膜，去除绑缚。一般来说，去缚不可太早，因为绑缚对枝芽有保护作用；但是，去缚不可太迟，更不可不去缚，特别是用不易自然风化的材料绑缚时，必须在苗木出圃前去除，否则会出现类似"绞缢"现象，影响植株生长。

4. 剪砧 枝接时，通常在嫁接的同时就已经将砧木剪平，一般不涉及剪砧。但是，在高接换种时，一旦新品种枝条已经成活，须将原先品种的枝条一一剪除，以利于根系吸收养分专门供新品种生长发育需要。否则，新品种枝条处在竞争劣势，往往营养生长不良。

芽接时，一旦嫁接成活，可以一次性剪砧，也可分两次剪砧。剪砧可集中营养，促进接芽萌发。

剪砧过早会使剪口风干或受冻，过迟造成养分浪费，接芽萌发迟缓而发育不良。生产上要求培育壮苗，如果要求当年嫁接当年出圃，那么应该在6—9月尽早嫁接。一旦嫁接成活，可以在接芽上端一次性剪砧，使接芽迅速生长，形成合格苗木。也可以先将接芽上端砧木枝条剪开一半，但不剪断，弯曲在行间，类似于别枝。这时，砧木叶片光合作用合成的养分可以运输给接芽，辅助其生长。当接芽新梢叶片能够光合自养后，再把剩下的砧木剪断。两次剪砧可以极大提高幼苗健壮程度。剪砧时，剪刀刃应迎向接芽一面，在芽片以上0.3～0.4cm处剪下，剪口向接芽背面稍微倾斜，有利于剪口愈合和接芽萌发生长。

5. 立支柱 接芽萌发后，如果当地风较大，可在幼苗一侧立一支柱，把新梢引缚到支柱上，以防止折断，提高幼苗质量。

6. 除萌蘖 无论是芽接还是枝接，剪砧后除了刺激接芽萌发外，砧木基部的隐芽也会相继萌发。为了确保接芽健康生长，需要将砧木枝条基部，有时还包括根系萌发的蘖条全部清除。

7. 苗圃内整形 对于一年有多次生长高峰的树种如桃树幼苗来说，嫁接成活后接芽生长迅速，并且发出二枝新梢。此时可以按照果树整形修剪的要求，选留角度、方位合适的3个健壮新梢，去除多余枝条，以便出圃定植后快速形成理想树型，尽早获得经济效益。

(二) 草本植物嫁接后管理

对于草本园艺植物而言，由于嫁接所用的砧木、接穗都处于生长状态，而且许多嫁接苗将用于设施条件下的生产栽培，因而加强嫁接后温、湿、光等环境管理是嫁接成功的关键。

1. 温度管理 试验表明，瓜类嫁接苗愈合的适宜温度为白天25～28℃，夜间16～20℃；茄果类白天25～26℃，夜间16～19℃。温度过低或过高均不利于接口愈合，影响成活率。因此早春低温季节嫁接育苗应在温床（电热温床或火道温床）中进行，待伤口愈合后即可转入正常的温度管理。

2. 湿度管理 嫁接伤口愈合前，须常浇水，减少蒸发，保持空气相对湿度在90%以上，待成活后再转入正常的湿度管理。

3. 光照调控 嫁接后3～4d内需要全遮光处理，以防高温胁迫，同时也能保持较高湿度。但是，遮光时间不可过长，否则会影响嫁接苗的光合作用，耗尽养分，以致死亡。因而，全遮光后应逐渐改为早晚见光，并随着伤口愈合，不断增加光照时间。实践表明，在弱光条件下，日照时间越长越好，10d后可恢复到正常管理。

4. CO_2与激素处理 设施环境内施用CO_2可使嫁接苗生长健壮。当CO_2浓度从0.3mg/L提高到10mg/L时，幼苗光合能力提高，嫁接成活率可提高15%。

另外，嫁接口用一定浓度的外源激素处理，也可明显地提高嫁接苗的成活率。研究表明，NAA+KT（1:1）、2,4-D+BA（1:1）或2,4-D+KT（1:1），浓度为200mg/L较适宜。

第四节 组织培养繁殖

组织培养繁殖（propagation by tissue culture）又称微繁（micropropagation），是指在无菌而又有适合植物生长发育所需营养物质的条件下，通过培养活的植物细胞、组织、器官，使之分生出新植株的一种现代繁殖技术。由于培养物是脱离植物母体在试管中进行培养的，所以也叫离体培养（in vitro culture）。与所有的无性繁殖相同，植物组织培养的生物学基础也是细胞全能性。

组织培养有许多优势：①繁殖速度快，通常一年内可以繁殖数以万计、较为整齐一致的种苗，大大提高了繁殖系数。特别是对难繁殖的园艺植物的名贵品种、稀有种质来说，更具推广应用价值。②占用空间小，一间30m²的培养室，可以放置一万多个瓶子，足以同时繁殖几万株种苗。③可以培养脱毒种苗。④可以培育果树幼胚，获得早熟桃新品种或无核葡萄新品种。⑤可以培育单倍体或杂倍体新品种等。

一、组织培养繁殖的一般技术

（一）培养基

培养基是植物组织培养的基础，主要由矿质营养元素、有机物质、生长调节物质和碳源等4大部分组成。培养基配方现已有几十种，其中以 MS 培养基应用最广，此外还有 White、Nitsch、B_5、ER、HE 等培养基。选定培养基后，准备好所需化学药剂，把矿质元素、维生素等配制成浓度为使用浓度 10~100 倍的母液。配制培养基时按比例稀释，再加入蔗糖，并用 0.6%~1% 琼脂作凝固剂。

（二）消毒

消毒灭菌的方法有多种，不同物品用不同的方法灭菌。例如，配制好的培养基、接种用具等一般用高压灭菌消毒；接种室用 1：50 的新洁尔灭溶液进行消毒，每次接种前用紫外线灯照射消毒 30~60min，并定期用甲醛熏蒸消毒。有些化学药品性质不稳定，不耐高温高压，可以选用过滤法除菌。

（三）外植体准备与消毒

外植体可以先通过培养无菌苗获得，也可直接取自普通植株。对于普通植株，先用 70% 酒精消毒 20~30s，再用饱和漂白粉溶液消毒 10~20min 或用 0.1%~1% 氯化汞消毒 2~10min，接着用无菌水冲洗 4~5 次，放在消毒的培养皿中准备接种。

（四）接种

接种工具均用酒精灯火焰消毒。接种的全过程都应在无菌条件下进行，一般在超净工作台上，将无菌的外植体接入培养基中。接种人员洗手要彻底，并用 70% 酒精擦拭手，同时戴口罩、帽子、穿工作服等，以防接种污染。无菌接种外植体要求迅速、准确，暴露的时间尽可能短，防止接种外植体变干。

（五）植物材料培养

培养室温度一般控制在 25℃±2℃ 恒温条件；光照强度为 2 000~3 000lx，光照时间为 10~12h；在干燥季节还要考虑提高空气湿度。培养基 pH 通常为 5.5~6.5。

适合的培养基是组培成功的重要因素。促进愈伤组织的生长、分化和生根，取决于培养基中细胞分裂素和生长素的浓度和相对比例。植物组培成苗的过程可参见图 5-19。

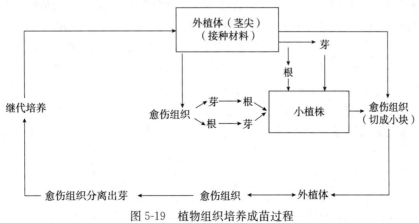

图 5-19　植物组织培养成苗过程

(章镇等，2003)

(六) 移栽

组培苗移栽成活是组培育苗成功的关键之一。当试管苗具有 3~5 条根后即可移栽。但由于试管苗长期处在无菌条件下,不能直接移到室外。一般移栽前可先将试管苗瓶子打开,放在与培养室条件相近的光照充足处炼苗 3~5d,再行移栽。移苗时必须洗去试管苗上的培养基,栽植土可选用通气性好的粗沙、蛭石等。移栽后进行覆盖保湿,有自动喷雾则更好。保湿 1 周后降湿,此时若小苗已具备生长能力,则开始浇灌营养液(矿物质营养按培养基配方浓度减半配制),并于 2~4 周后移到土壤中培养成苗。

二、脱病毒苗木培育

据统计,危害花卉、蔬菜和果树等园艺植物的病毒达几百种,且随时间推移,危害越来越甚,种类也越来越多。由于许多采用无性繁殖的园艺植物中,病毒在营养体内代代相传,逐代积累,危害相当严重。

通过培育脱毒苗木,可以使作物大幅度增产,这在马铃薯、草莓、甘薯、兰花、石竹、大丽花等植物上得到验证。而且可以提高作物品质,如除去葡萄卷叶病病毒,会使葡萄果实含糖量和葡萄酒的品质得以提高。另外,脱病毒苗木生长整齐一致,并且寿命大为延长。由于减少了化学农药的使用量,保护了生态环境,对于生产绿色食品、促进健康具有积极意义。

(一) 病毒鉴定方法

1. 外部形态观察法 根据植物体所感染的非潜隐性病毒所表现出的典型症状,如花叶、变形、坏死及变质等外部形态进行鉴定。如番茄外部症状表现为花叶、植株出现条纹、果实畸形等,则可初步确定是由烟草花叶病毒引起的条纹病。

2. 指示植物法 利用病毒在其他植物上产生枯斑和空斑的症状作为鉴别病毒种类的标准,这种专门用来产生局部病斑的寄主称为指示植物。它只能用来鉴定靠汁液传染的病毒。用嫁接或摩擦等方法接种于敏感的指示植物上,观察是否发病,不发病者为无病毒苗。由于病毒的寄主范围不同,所以应根据不同的病毒选择适合的指示植物。要求指示植物一年四季都容易栽培,且在较长时期内保持对病毒的敏感性,容易接种,并在较广范围内具有同样反应。

多年生木本果树及草莓等无性繁殖的草本植物,采用汁液接种法比较困难,通常用嫁接方法。即以指示植物为砧木,被鉴定植物作接穗,可采用劈接、靠接、芽接等方法嫁接,如二重芽接、二重切接等。

3. 抗血清鉴定法 植物病毒是一种很好的抗原,注射动物后,会产生相应的抗体。这种抗原和抗体的结合即为血清反应。含有抗体的血清称抗血清。由于不同病毒产生的抗血清都有各自的特异性,因此可以用已知病毒的抗血清来鉴定待测病毒的种类。对能够制备抗血清的病毒,可用抗血清进行血清学反应来鉴定。这种抗血清在病毒的鉴定中成为一种高度专化性的试剂,且其特异性高、测定速度快,同时此方法还可以用来做病毒的定量分析,所以抗血清法成为植物病毒鉴定中最有用的方法之一,具有灵敏度高的特点,在植物病毒的鉴定、定量和定位分析中得到广泛的应用。

通过抗原和抗血清的制备后,可以采用沉淀反应、免疫扩散、荧光抗体技术、酶联免疫法进行测定。

4. 电镜检测法 人的眼睛不能分辨小于 0.1 mm 的微粒,而现代电子显微镜技术则将人的分辨能力增大至 0.5 nm。利用电子显微镜可以直接观察到病毒的存在,并可得知病毒颗粒大小、形状和结构。由于这种特征相对稳定,故对病毒鉴别很重要。电子束穿透力低,样品通常被制成约 20 nm 厚的薄片,置于铜载网上,在电子显微镜下观察。病毒在薄膜上的沉淀有点滴法、喷雾法、渗出法和浸渍法等。

5. 组培法 由于柑橘顽固病病原可人工培养，所以可用液体培养基培养鉴定。病原的增殖可采用暗视野显微镜进行镜检。

6. 分子生物学法 病毒分子由蛋白质和核苷酸组成，根据病毒基因组序列设计简并性引物，通过 RT-PCR 扩增，可以鉴定植物体内是否存在病毒分子。一般的 RT-PCR 需要先将病毒 RNA 在反转录酶作用下反转录为 cDNA，然后再根据预先设计的引物序列扩增。吴兴泉等（2006）提出将反转录与聚合酶链式反应合并成一步反应，可以一次性检测出病毒分子的存在，因而更为简便、快速、实用。

（二）脱毒苗木培育

1. 热处理法 自 1889 年印度尼西亚人发现用 50~52℃ 热水处理患枯萎病的甘蔗可以使其生长良好后，此法便开始用来治疗病毒病，方法也有了很大改进。热处理脱毒主要是利用某些病毒受热后的不稳定性，而使病毒失去活性。目前，有一半左右侵染园艺植物的病毒能用这种方法去除。

热处理的温度高低、时间长短，因病毒种类、植物种类及植物材料的生理状况而有差异。如将葡萄枝蔓放在 38℃、CO_2 浓度为 1 200mg/L 的人工气候箱内，经 30min 可以除去扇叶病毒。热处理只对圆形病毒（如葡萄扇叶病毒、苹果花叶病毒）或线状病毒（如马铃薯 x 病毒、马铃薯 y 病毒、香石竹病毒）有效果，而对杆状病毒（如牛蒡斑驳病毒、千日红病毒）不起作用。所以热处理并不能除去所有病毒，同时效果也不一致。

热处理的方法有两种：①温汤浸渍处理法。将接穗或种植材料在 50℃ 左右的温汤中浸渍数分钟至数小时。②热风处理法。让盆栽植株在 35~40℃ 高温下生长发育，热处理温度逐渐升高，直到达到所需温度，保持一定时间和光照后，切取处理过的新长出的枝条作接穗和砧木，或将热处理与组织培养法结合效果会更好。

2. 茎尖培养脱毒 病毒在感病植株的不同部位的分布情况是不一致的，即老叶片、成熟组织和器官中病毒含量较高，而幼嫩及未成熟组织和器官病毒含量较低，生长点（0.1~1.0mm）则几乎不含或仅含少量病毒。这是因为病毒繁殖运输速度与茎尖细胞生长速度不一致，病毒向上运输速度慢，而分生组织细胞繁殖快，结果使得茎尖区域部分细胞没有病毒。据此，可以通过茎尖培养培育无毒幼苗。由于茎尖培养法的脱毒效果好，后代遗传稳定，已广泛用于无毒苗培育。

茎尖大小与脱毒效果关系很大。茎尖太大，则脱毒效果差；过小则难成活，但脱毒效果好。一般以 0.2~0.3mm、带 1~2 个叶原基的茎尖作为培养材料为宜；超过 0.5mm，脱毒效果差。

脱毒培养的基本培养基多数为 White Morel 或 MS 培养基，培养条件与常规茎尖培养相同。切取茎尖前，通过预处理（热水、热空气、低温、药物等）以钝化病毒，提高脱毒率。香石竹用 40℃ 高温处理 6~8 周，再分离 1mm 长的茎尖培养，可成功去除病毒。

培养无毒苗时，所用的土壤、花盆、用具及其他物品等均需消毒。短时间大量消毒可用水蒸气、土壤高温等方法，但消毒时间不可太长，以免破坏有机质，影响植株生长。

由茎尖培养植物脱毒苗的基本程序见图 5-20。

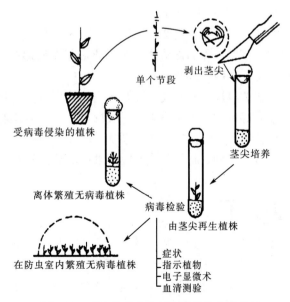

图 5-20 茎尖培养产生无毒苗的基本流程图

3. 愈伤组织培养脱毒 通过植物器官和组织脱分化诱导产生愈伤组织，然后从愈伤组织再分化产生芽，长成植株，可以得到脱病毒苗。在马铃薯、大蒜、天竺葵、草莓上已获得成功。

目前对于愈伤组织培养脱毒的机理还不清楚。经愈伤组织途径培养，可能会产生变异，但频率很低。若产生变异，也与物理和化学诱变不同，会产生有益的变异。

4. 茎尖微体嫁接脱毒 对茎尖培养难于生根的木本果树，可以进行试管茎尖微体嫁接法，称为微嫁接法。应用这种方法在桃、柑橘、苹果等果树上已获得脱病毒苗。它是以试管中的幼小植株作砧木，将茎尖分生组织嫁接其上的一种脱毒方法。它比茎尖培养的成苗率高，同时生长速度也较快。

具体方法如下：先将砧木种子表面消毒，再接到含1%琼脂的MS培养基上发芽，用苗龄2周的幼嫩实生苗作砧木，切去顶部，留下1～1.5cm的上胚轴，把根切短至4～6cm。在上胚轴顶端开倒"T"形切口，横切口约离顶端1mm，竖切口平行切两刀，将两刀间皮层挑去，使呈一缺口。将新梢消毒后取出带1～3个叶原基的茎尖（约1mm）作接穗。嫁接苗木用液体滤纸桥培养基培养，成活率可达30%～50%。植株在移入土壤之前至少应有2片展开的真叶（图5-21）。

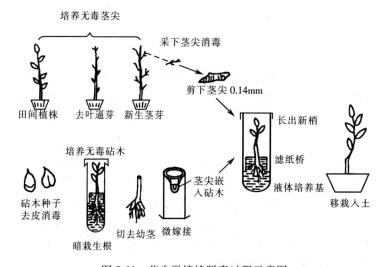

图5-21 茎尖微嫁接脱毒过程示意图

5. 珠心胚脱毒 柑橘珠心胚一般不带病毒，用组织培养方法培养其珠心胚，可获得无病毒植株。培养的幼苗先在温室内栽培2年，观察其形态变化。没有发生遗传变异的苗木可作为母株，用于接穗采集和嫁接繁殖无病毒植株。珠心胚培养无病毒苗木简单易行，其缺点是有20%～30%的变异，童期长，要6～8年才能结果。

我国20世纪70年代末开始采用热处理方法开展园艺作物脱毒培养研究，90年代将茎尖培养及花药培养等生物技术应用于果树脱毒，之后将热处理与组织培养相结合，使脱毒率明显提高。我国目前已培育出无病毒园艺作物苹果、梨、葡萄、草莓、核果类、香蕉、柑橘、蓝莓、马铃薯、甘薯、大蒜等数百个品种，每年可生产脱病毒苗木数百万株。

思考题

1. 什么是有性繁殖？什么是无性繁殖？各有哪些优缺点？
2. 试述园艺植物种子采集的原则与方法。
3. 园艺植物种子贮藏方法有哪些？如何选择合适的种子贮藏方式？
4. 导致种子休眠的因素有哪些？如何打破种子休眠？

5. 影响种子萌发的因素有哪些？如何为种子萌发创造最适条件？
6. 播种育苗有哪些方式？露地苗床育苗需要注意哪些问题？
7. 现代工厂化育苗工艺流程包括哪几个部分？何谓精量播种？
8. 无性繁殖技术包括哪几大类？哪些物种适合扦插？哪些物种适合压条？
9. 影响扦插成活的因素有哪些？如何提高硬枝扦插成活率？如何提高绿枝扦插成活率？
10. 压条有哪几种类型？简述水平压条的基本操作过程。
11. 什么叫嫁接？嫁接繁殖有哪些生产意义？
12. 影响嫁接成活的因素有哪些？生产上，苹果、梨、西瓜、黄瓜等分别可以选用哪些砧木？
13. 如何做好木本植物嫁接苗管理？如何做好草本植物嫁接苗管理？
14. 什么是植物细胞全能性？组织培养有哪些用途？
15. 组织培养脱毒的目的和意义是什么？如何培育脱毒苗？如何鉴定植物是否带毒？

主要参考文献

陈发棣，车代弟，等，2009. 观赏园艺学通论. 北京：中国林业出版社.
郭维明，毛龙生，等，2010. 观赏园艺学概论. 北京：中国农业出版社.
李光晨，范双喜，等，2002. 园艺植物栽培学. 北京：中国农业大学出版社.
李明，姚东伟，陈利明，2004. 园艺种子引发技术. 种子，23（9）：59-63.
刘海涛，2001. 花卉栽培基础. 广州：广东人民出版社.
陆兵，肖冠军，2006. 不同基质对菊花扦插生根的影响. 广西园艺，17（6）：33-34.
郗荣庭，2002. 果树栽培学总论. 北京：中国农业出版社.
章镇，王秀峰，等，2003. 园艺学总论. 北京：中国农业出版社.
周长吉，曾干，1996. 工厂化穴盘育苗技术在我国的发展. 农业工程学报，14（增）：102-109.
J Derek Bewley，Kent J，Bradford，等著，2017. 种子发育、萌发和休眠的生理. 莫蓓莘，译. 北京：科学出版社.

第六章 园地选择与建园

园艺作物建园技术是获得优质高产高效园艺产品最重要的栽培技术环节。园艺产品生产建园中，首先应进行科学合理的园地选择，在此基础上进行全面细致的规划设计，正确地选择适宜的园艺作物种类、品种，依据种类和品种的生物学特性，合理安排栽培制度。随着人民生活水平的提高，以农业和农村为载体，以生态旅游为主题，把园艺作物的田园景观、生产经营活动和农村特有的人文景观、农艺展示与旅游景观融为一体的农业观光园应运而生，农业观光园规划与设计已成为园艺作物建园中重要的组成部分。

第一节 园地选择

园艺作物种类繁多，包括一年生作物和多年生作物，其园地的选择受到自然条件、经济状况、生产方式等诸多因素的制约，要充分考虑到它的复杂性。因此，必须认真分析、研究本地区、本单位的具体情况，找出利弊因素，进而做到扬长避短，充分发挥自身优势，以争取达到最佳效果。园地选择必须以生态区划为依据，选择园艺作物最适生长的气候区域。在灾害性天气频繁发生，而目前又无有效办法防止的地区不宜选择建园。建园首先要考虑两大因素，其一是自然因素，其二是经济因素。

一、自然条件

建园前必须对拟建园地区的气候、土壤、水源、肥源等自然条件进行调查，以确定其是否适于建园。调查内容包括以下几大方面。

(一) 地形、地貌

1. 地面平坦程度 包括地势高度、坡度、坡向、地面径流、排水出路、雨涝等情况。一般菜园、花圃对地形地貌要求比较严格，要求地势较高、地面平整、灌排方便；而果园一般要求坡度小于20°的山坡地均可，可以25°为其上限。须避免在凹地及地下水位常年较高的地带建园。

2. 形状和方位 菜园、花圃要求形状方正，方位正南（或略偏东、西），以最大限度地利用光照，有利于田园机械规划及机械化作业。而建果园对形状要求不严格，但坡向以东、西、南坡较好。

3. 河流、沟渠、道路 包括河流的位置、流向，原有天然沟的分布和大小，灌排渠道的位置、长度、大小，以及原有道路的位置、宽度、长度和有无路面。

4. 其他 包括障碍物、林木、零散房舍、土丘、坑窖、土井等的位置分布和数量。

根据上述地形、地貌和现状调查，应及时绘制地形图、现状图，进一步分析其利弊条件，以便正确选定园址，或指出建园时必须进行的地形地貌改造工程的大小及改造步骤。

(二) 农业气象条件

着重了解拟选地区的气候及灾害性天气发生的情况，以便确定能否建园和建园后拟发展的果树、蔬菜、花卉种类和品种，以及与其相适宜的栽培方式和积极有效的病虫害防治措施等，有针对性地克服或减小不利气象因素的影响，充分利用有利条件以达到扬长避短的目的。

(三) 土壤条件

了解以下土壤条件：①土壤物理性状（沙土、壤土或黏土）、土层结构（耕作层深度、心土层结构、有无砂浆、砂浆层厚度、距地面深度）、土层类型和酸碱度。②土壤肥力，保肥性，透水性。③土壤有机质，氮、磷、钾等元素含量，有无植物缺素历史。④春季地温回升情况。

蔬菜、花卉栽培一般要求土壤有良好的结构和理化性质，如质地疏松，耕层深厚，富于团粒结构，土壤通气、保肥、透水性能好，肥力高，酸碱度近于中性（pH 在 6.5～7.5 范围内），少数花卉要求酸性土壤等。不同的土壤适于不同的园艺作物，如春季地温回升快的土壤适于越冬蔬菜及春季早熟蔬菜和花卉的栽培。

(四) 水源

了解以下水源情况：①地下水位及其全年变化情况。②水源的种类、分布位置，水量及其常年变化情况。水质含盐量、悬浮物、污染物，其数量及全年变化情况和影响程度。③水源利用情况、水利条件等，附近单位用水情况及有无用水矛盾等。

蔬菜、花卉不仅要求水量充足，还需要经常供水，同时要求水质含盐少，不含重金属离子及其他有毒物质，要求地下水位不能过高（一般距地表 1m 以下），否则早春地温回升慢，对蔬菜、花卉生长不利，更不利于蔬菜、花卉的早熟栽培。因此，必须了解上述条件，以确定水源是否合乎建园要求，是否应该兴修水利工程等。

(五) 肥源

了解以下肥源情况：①肥料的来源、位置、分布、距拟选地区的距离（包括畜牧场、化肥厂、污水池、居民点等）。②各肥源肥料种类、数量、质量及供应情况。③肥料利用情况。④当地积肥情况及可利用的绿肥种类等。

蔬菜、花卉都是对肥水需求比较多的作物，有别于果树，不但种类多、茬次多、生长快、产量高，而且商品质量要求高。因此蔬菜、花卉施肥量较大，且必须经常供应。不但需要氮、磷、钾大量元素，而且还需要一定的微量元素；不但需要化肥，还需要充足的优质有机肥。由此可见，肥料及其运输直接影响着蔬菜、花卉、果树的生产，故拟选园址必须有充足的肥料来源，并应尽量接近肥源，以保证供应。若本地无可靠的肥源，则必须采用各种办法（如发展畜牧业、种植绿肥及购入商品有机肥及化肥等），以满足蔬菜、花卉、果树用肥的需要。

需要提出的是，种植蔬菜、花卉的土壤应始终注意人工培肥，"只用不养"是蔬菜、花卉生产的大忌。无论新老园地，都需要不断改善土壤结构、提高土壤肥力，以始终保护耕层疏松、结构良好，并逐步提高有机质含量，增强其保水保肥能力，否则蔬菜、花卉单位面积产量就难以提高。

(六) 能源

拟选菜园、花圃附近有无油田、天然气、煤矿、地下热和工业余热等可以作为该园地是否有开发利用前景的条件补充。

根据我国"人口多耕地少"的国情，山地、坡地和滩地往往是果树发展的主要地区。沿海滩涂地、河滩沙荒地建立果园要注意改土治盐（碱），使土壤含盐量在0.2%以下，土壤有机质达到1%以上；丘陵、山地建园，需了解丘陵、山地的自然资源状况，如海拔高度、坡向、坡度等。不同的果树对海拔高度、坡高、坡向有不同的要求，例如在北方建立梨园，海拔高度不宜超过700m，而南方则往往利用山地气候的差异，选择适于梨树生长的地段栽植；坡度一般不宜超过25°，以缓坡5°～10°最佳；土层深50cm以上，坡向以东、西、南坡较好。而在南方建立柑橘园，海拔高度不宜超过400m，坡度不宜超过20°，坡向以东南坡、西南坡、南坡为宜。对高海拔地区，坡度大的山地不宜建园。具备建园条件的山地、丘陵地首先要做好水土保持工程。

总之，园艺作物发展应遵循可持续发展原则，高标准的种植园，规划设计要高起点。严禁在风口地块、低洼山谷、交通主干路两侧、工矿和垃圾场附近建园，确保生产的产品安全、优质、营养。

二、社会经济条件

（一）市场需求

建园前必须根据园艺商品的特殊性、园艺商品消费的经常性和生产的季节性等，考察了解拟建果园、菜园及花园所针对的销售市场的状况、销售对象和范围、消费习惯和水平、流通渠道和环节等。绝不可不考虑市场状况盲目建园，或只强调自身条件，如自然条件、种植习惯等，否则建园后产销就不可能对路和协调，就会造成不可弥补的损失。

1. 销售对象

（1）拟选园址附近有无城镇或工矿区，或具一定规模的企业、机关、部队、学校等。

（2）拟选园址附近有无就地消费市场，即指远离城镇、交通不便地区有相当数量的消费者（如居民、农民混居地区），可以就地生产、就地销售。

（3）拟选园址附近有无外销（国内和国外）或"特需"销售批发市场。国内主要是针对某一地区某时期的南果、南菜北运或北果、北菜南调，国际指外贸出口需要，特需是指节日以及饭店等特殊需要。

（4）拟选园址生产的园艺产品可否作为加工的原料或半成品，有无贮藏条件。

2. 销售范围 在了解上述商品市场销售对象的基础上，进一步掌握所属市场范围界限和大小，以确定常年供应区消费者的数量，其中包括固定人口数量及其构成，流动人口数量及其构成，确定不同时期、不同月份所需园艺商品的数量、种类、品种及其变化情况。对于季节性供应、单项品种供应或外销、地销乃至出口等，也需要弄清楚以上几项的需要量，以便确定所建园地的种类及规模。

3. 消费习惯及消费水平

（1）消费习惯。消费习惯的地区性很强，不同地区对园艺产品的种类、品种、成熟度、颜色等均有不同的要求。

（2）消费水平。不同地区、不同经济条件、不同层次消费者的消费水平不同。

4. 流通情况 商品生产决定于流通，流通对园艺产品生产具有促进和制约的作用，良好的流通渠道是建园的必备条件之一。

（二）交通与运输

1. 交通

（1）距离。准备建园的地方与销售市场的相对距离宜近不宜远，尤其是园艺产品收获旺季和多数不耐贮运的园艺产品更是突出。离市场越近，越能保持园艺产品的新鲜度，减少损失和损耗，节省人力、物力和财力，有助于降低成本，提高经济效益。

（2）交通。交通便利是建园的先决条件。如园址与销售市场距离较远，便利的交通也可以弥补距离远带来的欠缺。

2. 运输

（1）形式。应根据园艺产品特性、运输数量、目标市场和要求达到时间等选择相应的运输形式，是采用陆地运输（包括公路运输和铁路运输）、水上运输，还是采用航空运输或集装箱运输，以何种运输工具为主，有无保证等。

（2）能力。运输能力指现有的运输工具和可以借助的运输工具的多少，能否承担旺季时最大的运输量。

（三）拟建园地的基本情况

1. 人口、劳力状况　包括人口数量、平均每人担负耕地面积、劳动力数量、文化水平及素质、生产知识及管理水平、组织集约化生产的能力等。

2. 经济状况　包括经济收入及开支情况，第一、二、三产业等各业收入的比例；管理制度、分配状况、收入（人均、劳均、各业收入状况）；有无生产投资能力和潜力。

3. 农业生产及其技术状况　包括农、林、牧、副、渔各业比例，现有种植业特别是经济作物的种类、产量、技术水平、生产能力及潜力。由此考虑是否适于建园，各产业能否互补，预示发展前途如何。

4. 基础设施、设备状况　如机械现状、排灌条件、动力机具、运力、电力设备等能否满足园内使用。

5. 其他　有无种植园艺作物的历史，生产水平如何，园内设施状况等。

三、有害因素

有害因素主要指直接危害园艺作物正常生产的因素，这是园地选择时必须考虑的一个重要内容。

（一）污染源

污染源一般指可造成空气与水质污染的工厂，如农药厂、炼钢厂、砖瓦厂、石灰厂、煤厂等。这类工厂往往会产生化学物质、废气及烟雾、粉尘等，污染园内的空气或地下水，甚至直接污染园艺产品，妨碍园艺作物正常生长发育或导致死亡，造成减产或绝产。可能有些对产量影响不大，但会使园艺产品质量下降，如外观不佳、品质变劣或含有毒物质等，商品价值降低，甚至失去食用价值和观赏价值（花卉），给生产者带来经济损失，有害于消费者的身体健康。因此，准备建园的地方应避开污染源。

（二）病虫害

园地选择时需了解准备建园地病虫害的种类、发生时期、危害情况以及当地对病虫害防治的经验。

（三）兽、鼠害

园地选择时需了解兽、鼠害的种类、危害园艺作物时期、危害部位、危害程度和消灭办法等。有些地区，田鼠危害猖獗，影响园艺作物出苗、生长、发育以及繁种、留种等，已成为必须引起重视的问题。

第二节　园地规划与设计

建园地址选择好以后，应对园地进行规划与设计。它主要包括园地土地利用规划、种植园小区规划、防护林规划、道路系统规划、排灌系统规划、种植园建筑物规划、水土保持规划等。

一、土地利用规划

（一）土地利用规划的原则

土地利用规划的原则包括以下几点。

（1）合理利用土地，减少非生产用地，做到地尽其力，使土地得到最经济有效的利用。

（2）根据建园的目的，对于土地的利用进行合理布局，以便于进行规模生产管理，适于机械作业，节省劳力。

（3）充分利用现有条件，尽量节省投资，并充分考虑发展需要。

（二）制定土地利用规划的方法和程序

制定土地利用规划的方法和程序如下：

（1）对确定建园地区的各项资料作进一步核对，掌握地形图、现状图、土壤状况及国家对该地区的长远规划图，进行综合分析，明确有利的及不利的条件。

（2）按照建园的目的、规模、农业技术要求、生产管理要求及自然情况（如水源、排水出路等）做出综合分析，确定保护地、露地栽培区和各项基础设施的布局，提出几种规划方案，分析比较，选出最佳规划方案。

（3）实地考察，征求有关技术、业务部门的意见，现场讨论研究。

（4）根据现场讨论意见进行修订，做出土地利用规划，报有关领导部门审批。

二、种植园小区规划

种植园小区又称作业区，为种植园的基本单位，主要是为方便生产而设置的。

（一）果园

新建果园小区规划的基本要求是：小区内气候和土壤条件应基本一致，山地、丘陵地有利于防止水土流失，有利于防止风害，有利于机械作业等。小区面积应因地制宜，大小适当。平地或气候条件较为一致的园地，每小区面积可设计为 10hm^2 左右；山地、丘陵地地形切割明显，地形较复杂，气候、土壤差距较大，每小区可缩小到 1~2hm^2；低洼盐碱地，可以每一方田或条田为一小区。小区形状主要从作业方便和防风效果方面考虑，以长方形为好，长边与短边之比以 2：1 或 3：2 为宜，小区长边应与当地主风向垂直。山地、丘陵地果园小区可呈带状长方形，小区长边与等高线走向一致，

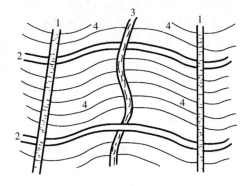

图 6-1　山地果园小区的划分
1. 顺坡路　2. 横坡路　3. 总排水沟　4. 作业区
（张玉星，2011）

保持小区内气候、土地条件相对一致，提高水土保持工程效益。由于等高线并非直线，因此小区形状也不完全为长方形，两个长边也不一定平行（图 6-1）。

（二）菜园、花圃

1. 露地栽培区与设施栽培区（保护地）的布局与配置　随着现代农业的发展，农业设施在蔬

菜、花卉栽培中应用越来越广泛。因此，菜园、花圃的布局与配置包括露地栽培区与设施栽培区。

（1）露地栽培区。新建菜园、花圃一般多以露地栽培为主，因此，首先要将露地栽培区划分出来。在生产田中，由于道路的设置和排灌系统的安排，将土地分割成许多小块，即为田区。田区划分是否适宜，对蔬菜、花卉生产有较大影响。田区一经划分便不宜作较大更动，故必须慎重从事。一般应遵循以下原则：①便于进行机械化作业；②便于灌排；③便于运输和栽培管理；④便于轮作倒茬。

（2）设施栽培区及育苗区。

①园地的选择：在进行保护地规划和选择地点时，首先应考虑建园的目的，再根据当地的自然条件和经济条件来确定保护地的类型、数量和布局。

首先，考虑自然条件，保护地应面向正南方，东、西、南三面空旷，没有高大建筑物及树木，以争取最大的日照时数和光照量。因为光照不但影响蔬菜、花卉的光合作用，还直接影响保护地温度的变化。如果能选择向南的缓坡地，则更为有利，早春地温回升快，又有利于灌排系统的设置。选择冬春季在迎风面有天然或人工屏障物的地块，可以削弱风速，稳定小气候。另外，还应优先选择地下水位较低、土壤结构良好的沙壤地块，且靠近水源，灌溉方便。

其次，考虑经济条件。力求做到既经济又方便。如早春保护地育苗在选择地块时，要充分考虑就近供苗，既省工省力，便于运输，又可以避免长距离运输给幼苗带来的损伤。保护地栽培主要通过人工控制小气候进行生产，技术要求严格，要花费较多的劳力，要昼夜管理和进行应变管理。所以保护地除应设必要的工作间供昼夜值班外，还应靠近居住区，以减少工作人员的往返时间。另外，交通应方便，以便于运输生产资料、生产设备及产品。还应就近建立仓库，因保护地需用的生产资料及设备繁多，不用时应及时入库。因此，仓库要求就近设置。要防晒、防火，并且要通风良好，进出方便。距离公路尤其是土路及散布尘埃和有害气体的工厂等污染源应较远，或设置在其上风向。为降低加温成本，有条件的地区应考虑选择有废气热、温泉等热源的地区建园。最好使保护地相对集中，既节约能源，减少污染，又便于管理。

②保护地类型和数量的确定：蔬菜、花卉保护地有多种方式和类型。例如以露地早熟栽培为主要生产方式的菜园、花圃，保护地的设施主要是为了早春育苗。北京地区 20 世纪 50、60 年代以阳畦育苗为主，90 年代改为以加温温室或加温塑料中棚育苗为主。长江中下游地区，目前主要以小、中塑料棚进行育苗，少数采用大棚套小棚方式进行育苗。北方地区不少生产单位和温室前茬（秋冬茬）用于果菜类育苗，而二茬（冬春茬）用于种苗生产。以春提前、秋延后蔬菜及花卉栽培为主要生产方式的菜园、花圃，保护地设施除温室外，还需设置塑料大棚生产反季节蔬菜及花卉，以填补早春、晚秋露地生产和供应的空缺。

准备建园应配置的保护地面积必须经过计算。如果主要是为了育苗供露地栽培，需要保护地的面积就应根据育苗移栽的露地栽培面积来进行计算。如以平均每 10m² 栽培面积可育苗 1 500 株计算（按移栽时计算），平均每 667m² 用苗 5 000~6 000 株，则每 667m² 需要 33~40m² 的育苗畦，为露地栽培面积的 1/18~1/15。而育苗圃的总占地面积又因育苗所用的保护地类型和排列方式而异，一般为实际育苗面积的 2~2.5 倍，即为露地栽培面积的 1/9~1/6。

③保护地和育苗区的布局：保护地布局因建园的性质而有所不同，如以保护地生产为主的菜园、花圃，保护地以集中为宜，以便管理。如以育苗为主，则应按照菜园规模的大小，分别布置在几个作业区或菜园、花圃的中央，以减少运输幼苗所费的劳力及运输中幼苗的损伤。育苗区的占地面积应大于其需要的数量，除育苗外，可进行部分保护地生产，以便在育苗区也能进行轮作倒茬。

在育苗区适当的地点可以配置工作室、农机具库、化验室、水井等，成为一个田间作业中心。以前，一个地方的保护地经常迁移，定期拆建。而现在，不少的菜园、花圃保护地建设已由临时、小型、较分散适应季节性生产，向永久、大型、集中适应周年生产方向转变，以便于向机械化、专业化、商品化、集约化方向发展，从而节约劳力和能源，提高生产效率，提高产量，但随之而来的连作障碍和病虫害严重流行等问题应引起人们的重视。

2. 田区的划分

(1) 方位。作物的行向关系到光照的利用及保护设施的设置,行向一般应与畦向及田区的长边平行,因此,不同行向决定着畦向及田区的方位。一般来说,我国冬季及早春北风较多,冬季日光的入射角小,向阳面所受光照强,寒风较少,有利于蔬菜、花卉(一二年生)的早熟、丰产和提高品质,因此蔬菜、花卉栽培多采取东西行向。但夏秋栽培,因太阳入射角大,气温高,又多南风,为了减少病虫害,也可采用南北行向。

(2) 形状。为适于机械化作业和充分利用土地,田区形状以长方形或正方形为好。

(3) 大小。田区的大小要考虑以下因素:

①与机械化的关系:田区的大小与机械化作业的工作效率及土地利用率有密切关系。田区越大,机械化作业效率越高,土地利用率越高,反之则越低。

②与灌排渠的关系:田区的大小与灌排渠直接相关,不同地形和水源情况下,各级灌排渠道均有适宜的长度,要予以充分重视。一般菜园、花圃要求雨后能迅速排除积水。若田区过大,则短时间内不易使过量雨水迅速排除,不利园艺作物生长。

③与道路的关系:田区的大小影响道路布置。田区过大,在运输尚未实现机械化的情况下,对于多次采收的蔬菜、花卉所花费的人工运输的劳动量将更多。

④与栽培管理的关系:在实行轮作时,田区可作为轮作计划中的一个区,种植一种蔬菜或花卉作物,所以在一个菜园或花圃中各田区面积的大小应该尽量一致,使每年种植的各种蔬菜或花卉的面积和使用的劳动力及设备大致相同,以便于管理。

目前我国菜园、花圃田区以采用长方形,东西长 150~250m,宽 50~100m,面积 1~2hm^2 为宜。随着蔬菜、花卉生产的机械化、专业化、商品化、集约化水平的提高,田区面积可随之加大。

三、防护林规划

建立大规模的园艺种植园,无论是果园,还是菜园、花圃都需要建立防护林。防护林具有给种植园提供良好、稳定的生态环境,降低风速,减少风、沙、寒、旱等的危害,调节温度,提高湿度,保持水土,防止风蚀,有利蜜蜂活动,提高授粉受精效果等优点。

设计合理的防护林带,才能发挥最大的防护效果。防护林有紧密型和疏透型之分(图 6-2)。紧密型林带由高大乔木、中等乔木和较矮小的灌木树种组成,乔木树种有 3~5 行。这种林带防风范围小,有效防护距离为防护林高的 10~15 倍,在这个范围内防护效益好,调温增湿显著。但因透风能力低,冷空气气流下沉易形成辐射霜冻,易积雪、积沙,所以平原种植园少采用或部分段落采用紧密型为好。疏透型林带由高大乔木和灌木组成,或只有高大乔木树种。这种林带防护范围大,林带背后通气良好,其有效防护距离为防护林高的 20~30 倍。风沙危害严重的地区,种植园应采用疏透型林带;而水蚀严重的地区,种植园应采用紧密型林带。通常情况下,园艺种植园宜采用疏透型防护林。

防护林所选用的树种应适应当地环境条件,生长迅速,枝叶繁茂,乔木高矮适中,抗逆性强,尤其抗风力强,与栽培的园艺作物无共同病虫害,支撑根系有限,容易间伐。到目前为止,我国北方较好的防护林树种有杨树、苦楝、臭椿、枫杨、沙枣、麻栎、梧桐、刺槐和柳树等;果树的砧木树种,如山定子、杜梨、君迁子、山杏、山桃和海棠等也可选用,但尽量避开同属果树的树种,如梨园不用杜梨、苹果园不用海棠、山定子,桃园不用山桃等,主要是为避免共同的病虫害。而南方防护林树种以选用杉树、华山松、石楠、樟树、喜树、女贞和油茶等为宜。

在生产中,与主风向垂直的林带(主林带)通常由 4~8 行树构成,与主风向平行、与主林带一起构成林网的林带(副林带)由 2~4 行树构成,林内自然生草或种少量灌木。

对于菜园、花圃，最好也设置防护林带。尤其是我国北方地区，冬季及早春一般多西北风，局部地区易遭风害，直接损害作物及菜田、花圃设施（保护设施），同时造成局部范围内降温、降湿，不利于蔬菜、花卉生长发育，并延误农时，为避免或减小由于风害带来的不利影响，改善小气候条件，则需在迎风面设立防风林带，可根据当地具体情况选择速生乔木树种，呈东西及南北向栽种。防风林带的长短及厚度视需要而定，同时在易受风害的菜园田区的北侧、干路旁可种植矮生灌木，如紫穗槐等作屏障，可有效改善局部地区的小气候条件。

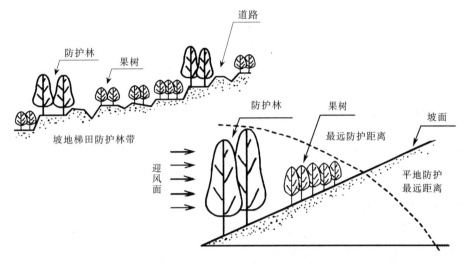

图 6-2　坡地防护林及防护效果示意图
（傅玉湖等，2001）

四、道路系统规划

无论是果园还是菜园、花圃都必须合理规划建设道路系统。种植园中良好而合理的道路系统是现代化的主要标志之一。种植园道路系统规划的原则是：①便于运输；②便于机具通行；③便于渠道和园艺作物栽培管理；④尽量少占耕地，提高土地利用率；⑤运输道路尽量与渠道平行；⑥减少道路建筑物，以减少投资。

在规划设计种植园道路时应与小区、防护林、排灌系统等统筹规划。例如，生产上通常采用高大的保护林，直接遮阴的树冠下可以是道路的一部分。

（一）平地种植园的道路规划设计

主路、干路、支路依次按 6~8m、4~6m 和 2.5~3m 的宽度设计。应达到任何天气下各种交通车辆都通行无阻的要求。干路末端修筑回车场。干路横贯于各小区之间，与主路相连，便于机动车或耕作机械通行。支路是贯通小区内各树行或梯田各台面的人行通道或小型耕作机行驶道，它以一定间隔沿垂直于树行的方向设置。

（二）山地种植园的道路规划设计

一般山地种植园的主路可以盘山而上或呈之字形上山，其坡度要小于 5°~7°，转弯半径大于 10m。干路一般沿等高线设置于山腰或山脚，坡度一般不超过 12°。支路在小区内沿等高线横向及上下坡纵向，每隔 50m 左右设置 1 条，构成路网。支路与干路或主路相通。总之，山地种植园的道路规划设计上，主要按车辆功能的要求、水土保持要求，结合地形变化，既有一定坡度，又尽量减少复杂工程。

主路一般以石块垫底，碎石铺面，两边设排水沟和防护林。干路应铺设碎石路面，两边设排水沟和防护林。有条件的种植园可按纵坡方向设置单轨或双轨交通运输车道。沿江河湖滨或水网地带建的种植园，可采用水道网络代替道路运输系统，但要使水位至少低于1m，以保证种植园有足够的有效土层厚度。小型种植园为减少非生产占地，只设支路即可。一般情况下，全园道路系统占地面积不应超过种植园总面积的5%。

五、排灌系统规划

无论是山地果园，还是平地果园、菜园或花圃，都需要进行排灌系统（或称排灌工程）规划设计，它是整个种植园规划设计中的一项主要内容，在可持续农业发展中，排灌系统设计更应注意水土保持和节水灌溉问题。

（一）灌溉系统规划设计

我国大多数的水果产区虽然年降水总量都能满足果树的总需水量的要求，但是，由于降水量在年度内分布不均，尤其大多数的果园建在荒山、坡地上，很容易出现干旱现象。因此，果园需要具备一定的灌溉条件，才能保证充足、均衡地向果树灌水，为优质丰产创造良好条件。果园灌溉系统由抽（引）水设施、蓄水池和灌溉渠（管）等组成。

灌溉系统的抽水设施主要包括泵房、取水口、泵机、配电及控制设备和输水管（渠）等。取水口必须常年有流水，水质良好。如果地面水没有保障，则应考虑打井抽取地下水。水泵功率应大小适中，以能满足果园设计提水量为原则，设备功率过大会增加成本，过小又不能满足对水量的需求。如果采用引水方式供水，则应考虑果园主要灌溉季节取水的可能性、水价成本、取水设施建造成本及管渠修建的成本等。

提灌或引水灌溉的水通过输水干渠（管）进入果园。输水干渠如为明渠，可采用水泥涂内壁成"三面光"，以防漏水。若资金充足，最好采用管道输水，以减少水的渗漏，节约水资源和取水成本。

蓄水池要建在山地果园各小区的较高位置，每小区根据栽树的多少设置若干蓄水池，尽量利用自然落差进行自流灌溉，蓄水池数量和容积以灌溉区内每株果树拥有$1m^3$蓄水量为标准进行规划和修建。同时可以通过合理地设置排灌沟渠，将果园范围内降雨形成的地表径流引入蓄水池，以减少提水成本。如果是抽提水，则应在果园制高点位置建一个容积为$150\sim200m^3$的贮水池，将抽提上来的水先注入贮水池，再由管渠分配进入各作业区的蓄水池。

从蓄水池或引水渠来的水，通过设于山坡分水线上的干渠进入或流经各小区。在干渠与梯面背沟相交处设置一个出水口和控水闸，在此闸处下闸阻断水流，使水从打开的出水口流入梯面背沟进入果园。在梯田内沿开沟将水引入树盘。如果采用管道输水，其主管道应纵、横贯穿果园或纵向沿分水线排布，通入各作业区。也可直接沿分水线纵坡向分布，在与每一梯田的梯面相交处安装闸阀和出水口，以便各层梯田取水灌溉。每块梯田的灌溉则以出水口开闸放水进入背沟进行沟灌。若资金充裕，则可在各小区安装机械喷灌或滴灌系统。

喷灌或滴灌是较为现代化的节水自动化灌溉技术，其系统组成包括首部（取水、加压及控制系统，必要时增加水过滤和混肥装置）、管网和树下喷（滴）头3个主要部分。水管按干管、支管、毛管3级分布。山地果园一般采取干管顺等高线按支路方向分布，支管沿纵坡方向排列，毛管沿等高线排布于树行下。喷灌的喷头或滴灌的滴头直接安装在毛管上。为了保持田间各喷（滴）头的出水量均匀，在毛管上还要安装减压阀和排气阀。

平地果园、菜园或花圃的树行、道路与防护林大多按规则的井字形排列。因此，灌溉主渠要与主路并行设置，将灌溉水输送到各作业区，再利用支渠引水至各树行间。灌溉时从支渠相应位置预留的闸门或闸阀放水进入树行中的灌溉沟。如果主管与支管都高出地面，便可实现自流灌溉。

总之，无论是外源引水灌溉还是就地用井水灌溉，有条件的都应采用防渗漏管道、喷灌或滴灌的供水系统，禁止大水漫灌。目前，喷灌在园艺作物生产上应用效果显著。而滴灌在园艺作物上的应用，特别是在果树、设施园艺栽培上的应用，综合效果更为显著（图6-3）。

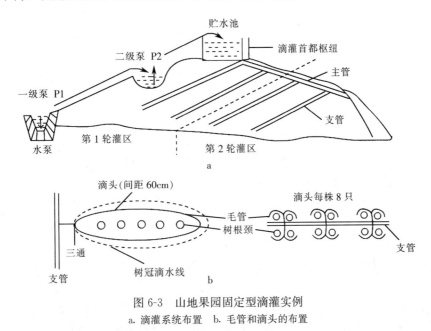

图6-3　山地果园固定型滴灌实例
a. 滴灌系统布置　b. 毛管和滴头的布置

我国是世界上严重缺水的国家之一，因此要提倡节水灌溉，尤其是干旱或半干旱地区落叶果树、蔬菜、花卉栽培更应提倡旱作栽培和节水栽培。

（二）排水系统的规划设计

种植园排水系统的规划设计，主要是解决土壤水分和空气的矛盾。排洪、防涝、防淤最大的作用是减少过多的土壤水分，从而增加土壤中氧气的含量，提高土壤的温度，使微生物活跃，促使土壤中有机物分解，增加可以被植物吸收的养料，同时也是治理盐碱土的最好方法。因此，排水对改变种植园土壤结构，改善土壤的理化性质，从而改善园艺作物生长的营养条件是非常重要的措施。尤其是在种植园地形低洼，园土透水性不良，园地邻近溢水地区，或园地原为水稻田，种植园邻近河流湖海，地下水位高，或丘陵山地种植园，雨季冲刷严重的地段，更需要规划和设计排水系统。

生产中通常规划设计明渠排水，若有条件的种植园，可规划设计暗渠排水，这样可以节省土地。

1. 明沟排水　主要作用是排除地面径流，若明沟挖得深，也有降低地下水位的作用。

山地果园的排水系统包括拦洪沟、排水沟、背沟以及沉沙沟等。拦洪沟是建立在果园上方的一条较深的沿等高线方向的深沟，作用是将上部山坡的地表径流导入排水沟或蓄水池中，以免冲毁梯田。拦洪沟的大小应视上部坡面积、降雨面积与地表径流而确定，一般以沟面上口宽1~1.5m、底宽1m左右、深1~1.5m、比降0.3%~0.5%为宜。还可在拦洪沟的适当位置建蓄水池，将排水与蓄水相结合。少量雨水注入蓄水池，蓄水池满后再将山水排下山。山地果园的排水沟主要设置在坡面汇水线的位置上，以便各梯田背沟排出的水汇入排水沟而排出园外。排水沟的宽度和深度应视积水面积和最大排水量而定。一般考虑排水沟的宽和深各为0.5m和0.8m，每隔3~5m修筑一沉沙函，较陡的地方铺设跌水。排水沟最好以"三面光"方式处理内壁。可在排水沟旁设置蓄水坑或蓄水池，从沟中截留雨水贮于池中，也可设引水管将排水沟的水引入蓄水池贮备，供抗旱灌溉用。山地梯田的内侧修筑深20~30cm的背沟，使梯田土面的地表径流汇入背沟，再通过背沟排入排水沟。背沟要向排水沟方向以0.3%的比降倾斜，背沟内每隔5m左右挖一沉沙函或在沟中筑一土埂，土埂面低于背沟上口10cm，以沉沙蓄水。为了使山地果园排灌一体化，可将背沟高的一端在分水线处与灌溉沟相通，低的一端与排水沟相通，使背沟既可用作排水，又可用于干旱时灌溉。梯面应整理成外高内低的内斜式，梯面外缘筑15~20cm高的边埂，这样既可防止雨水从梯壁流下冲毁梯田，又可使梯面的雨水及时流入背沟排出果园。

平地果园的排水系统是由园内设置较深的排水沟网构成，一般呈井字形排列，小区内树行间的排水沟深度可为0.5~0.8m，以利将水排出根区。支排水沟与小排水沟相通，将树行间汇聚的水一并排出，支排水沟深度约1m。各小区的积水通过支排水沟汇入总排水沟，最后排出果园，总排水沟深度以1.2~1.5m为宜，保证将地下水位降到1.0m以下。平地果园的排灌渠网也可以通过相间排列，实现排灌一体化。

菜园、花圃的排水系统一般均为明沟，排水出路一般是附近的河道、湖泊、池塘或大型排水渠。排水沟的设计应以排除暴雨时产生的地面径流为依据，其布置与自然地势、灌渠、道路的布置等密切相关。排水沟一般设计3~4级，即排水农沟、排水毛沟、排水垄沟、排水沟。排水沟的布置主要有灌渠、排沟并列布置；灌渠、排沟相间布置，排灌两用方式等。各种蔬菜和花卉的耐涝程度不同，但一般均要求当日排出。排水垄沟深度一般为0.7~1m，排水沟的坡降大小与地形和土质有关，一般为0.1%~0.2%。而排水沟的边坡比一般采用1:1或1:1.25，沙壤土为1:1.5。

2. 暗沟排水 暗沟排水要在地下埋置暗管或其他补充材料，形成地下排水系统，将地下水降低到要求的高度。

暗沟排水的优点是不占用种植园的土地，不影响机械操作，但是暗沟的设置需要较多的劳力和器材，因此要增加种植园的投资。通常只有在低洼涝地和在种植园生育期中定期泛滥，地下水位特别高的地带，以及水稻田改种果树、蔬菜、花卉的地方，才用暗沟排水。在沙质土的种植园中，土壤透水性强，排水管可埋得深些；黏重土壤透水性较差，为了缩短地下水的渗透途径，达到迅速排水的目的，可以把暗沟设置得浅些。在一般情况下，暗沟深度以0.8~1.5m为宜，暗沟设置的深度和沟距也不相同（表6-1）。

表6-1 不同土壤与暗沟的深度和沟距的关系

土壤	沙壤土	沼泽土	黏壤土	黏土
暗沟深度（m）	1.1~1.8	1.25~1.5	1.1~1.5	1.0~1.2
暗沟间距（m）	15~35	15~30	10~25	10~12

六、种植园建筑物规划

具备一定规模的种植园都应有一定的建筑物配置，主要指管理用房和生产用房，如办公室、财务室、工具室、车辆库、农药库、肥料仓库、包装场和园艺产品贮藏库等。其中办公室、财务室、包装场、配药场和园艺产品贮藏库应设立在交通方便、空旷的地方。对于山地、丘陵地的果园，应考虑在果园较高的地段建立畜牧场、配药场等，以便肥料下运省力运输。为科学养园，可在园艺产品种植园大力推广生态工程，可以利用沼气作为纽带，在种植园中建立猪场或其他养殖场，建沼气池，利用畜粪先下沼气池产气，充分发酵残余物（沼肥）再用于种植园，实现种植园有机养分大循环，综合提高果（菜、花）园经济、生态效益。目前园艺设施栽培很普遍，标准的种植园还应有一定数量的温室和塑料大棚，从而提高园艺产品的档次，延长园艺产品的供应期，提高其经济效益。随着观光农业的发展，观光果园、花圃以及蔬菜基地应从整个地区的旅游发展考虑，建造停车场、休闲娱乐与购物场所及其他旅游辅助设施等。

七、水土保持规划

山地、丘陵地水土保持规划设计是种植园建立中非常重要的工程。山地、丘陵地由于地势倾斜不平，遇雨水由高处流向低处，会引起严重的水土流失，对果树生长发育影响很大。因此，在丘陵地和山地建园时，必须做好水土保持的田间工程，防止水土流失。我国劳动人民长期在生产实践中创造了不少水土保持的宝贵经验，如水平等高梯田、撩壕、鱼鳞坑、山边沟等，这些方法对水土保持都起到一定的作用，修筑水平梯田是保证果树高产、稳产较好的水土保持形式，而山边沟的修建是现代化坡地果园省工经营的重要技术。

（一）梯田的修筑

梯田是由台面、梯壁、边埂和背沟组成（图6-4）。

台面常为水平式和内斜式，在降水集中的地区可用内斜式，内斜3°～5°。梯壁有直壁式和斜壁式两种。石壁可用直壁式，土壁以斜壁式更为牢固。梯壁常由削壁、壁间和垒壁组成。原坡面切削而成的一段梯壁，坡度较大即为削壁，用泥土垒或石砌的一般梯壁即为垒壁。在两段壁之间留20～30cm宽的原坡面作缓冲，称为壁间，壁间可增强梯壁的牢固性。

梯田台面宽度和梯壁高度要根据山坡坡度大小、土层的厚薄来决定。坡度大的，梯田可以窄一些；反之，可以放宽，增加栽植行数。要保持台面一定宽度，必须加高梯壁，但梯壁过高，修筑费工费料，土壤利用率低。生产中已积累出合理的梯田台面宽度与梯壁高度的定型搭配，如表6-2所示。

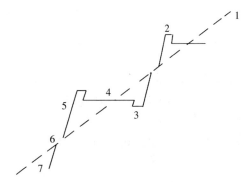

图6-4 梯田结构示意图
1. 顺坡面 2. 边埂 3. 背沟 4. 台面
5. 垒壁 6. 壁间 7. 削壁

表6-2 梯田修筑设计表

原坡面坡度(°)	梯壁坡度(°)	台面宽度(m)	梯壁高度(m)	每米长梯田应挖土方(m³)		
				挖（填）	边埂	合计
5	70	11.0	1.0	1.37	0.13	1.50
	70	5.3	1.0	0.66	0.13	0.79
10	65	7.8	1.5	1.46	0.13	1.59
	60	10.2	2.0	2.55	0.13	2.68
15	70	3.4	1.0	0.42	0.13	0.55
	65	4.9	1.5	0.92	0.13	1.05
	60	6.3	2.0	1.58	0.13	1.71
20	65	3.4	1.5	0.64	0.13	0.77
	60	4.3	2.0	1.08	0.13	1.21
	55	5.1	2.5	1.59	0.13	1.72
25	70	1.8	1.0	0.23	0.13	0.36
30	70	1.4	1.0	0.18	0.13	0.31

1. 测定基点　选择能代表该片坡地大部分坡度的地段，作一直线（即基线），然后自上而下定出第1基点，用一根与梯面宽度（或定植行距）等长的竹竿或皮尺，将其一端放在第1个选定的基点上，另一端顺着基线执在手中使成水平，手执一端垂直地面的点，就是第2基点，再依次得出其余各个基点。基点选出后，各插上竹签（图6-5）。

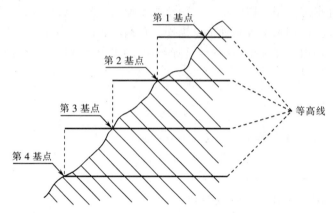

图6-5　测定基点示意图

2. 测定等高线　定好基点后，从各基点出发，向左右测出等高线。

大面积建园，可采用水准仪测定等高线，如图6-6所示。测定时，将水准仪安置在与 A 点大致同高的适当位置，整平后，以 A 为后视点，先读后视点标尺读数，设为 a，然后用卷尺量出设计株距 $A1$，再将标尺在点1处沿山坡上下移动，直至水准仪的水平视线在标尺上的读数亦等于 a 为止。此时，点1与 A 点的间隔为设计株距的等高定植点，同法可测出其他各定植点。当测设的地段较长，不能用仪器一次测完一条等高线时，可用仪器第1次测量的最后一点作为转点，将仪器搬至第2站，以转点为后视点，按同法继续施测。此时，应注意每一测站的后视点和前视转点与仪器的距离应尽量相等，后视点和前视转点的标尺读数应准确，以确保测定的精度。同法可测 B、C 等高线。

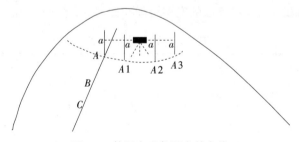

图6-6　使用水准仪测定等高线

3. 修筑梯面　首先把测定好的等高点用石灰定线，作为一个梯台的梯壁界限。但实际的丘陵、山地往往出现凹凸不平的坡面，在坡度较陡的地方测出的等高点之间的距离较窄，在坡度较缓的地方距离较宽。因此，在用石灰定线时应考虑把过窄的地方等高线去掉一段，而在较宽的地方加上一段，按地形掌握大弯随弯、小弯取直的原则进行调整（图6-7）。修筑梯田，要求从山脚最低的一层开始，先沿等高线用石块或草皮土块砌成梯壁。草皮土块或黏土修筑的梯壁均应向内倾斜65°～70°，坡度较大时，可在梯壁基部保留一段原坡面或加筑护坡，以防崩塌。然后平整台面，先把梯台内坡面表土集中到梯台中央，而后挖取上部心土填到下部，里切外填修平梯田后，再将堆积在中部的表土均匀撒在平台上，以后依次将上台的表土移到下一台，逐渐形成一个外面稍高于里面的梯台，并在外沿做一边埂，最后在台面内侧开一条背沟。如此一层一层地往上修理，就可形成一片完整的梯田。

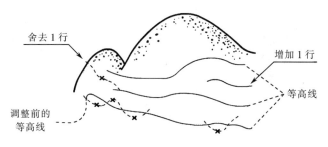

图 6-7　等高线的调准

（二）山边沟的修建

丘陵地果园山边沟是目前较先进的一种水土保持技术，它具有开发投资少、水土保持效益好、便于果园机械化耕作和生产管理等优点。因考虑果园机械目前的爬坡能力，建议建园地坡度一般不超过12°，与果园干道设计坡度要求一致，以便果园机械顺利运行。

营造山边沟果园，首先应根据地形规划出一条环山机耕路，然后按坡度大小和自然地形规划设置山边沟和纵向排水沟。按照这种水土保持新技术，山边沟是沿坡面等高，适当间距构筑的，沟面宽2m，平坦，微向内斜，流水能汇聚而被引导至排水沟，不致外溢冲蚀地表。山边沟又是作业道，农机行驶其上，方便自如。山边沟两侧端以之字形连接联络道，这样就构成坡地农场的骨架。山边沟可以用中小型推土机来构筑，省工、省时，经济实效。果树品种则可在两条山边沟间距坡面内按既定的技术标准，等高长方形栽植，无需再作梯田。一般隔 2~5 行果树设 1 条山边沟，坡度小的山地，山边沟之间的距离可设计大一些，坡度大的山地，山边沟之间的距离可设计小一点。沟的长度在 100m 以内可修筑成单向排水，超过 100m 可作双向排水或中间排水，出口处与纵向排水道相接。纵向排水道常设置在自然山沟或山凹，宽 1m 左右。为蓄水和减轻水的冲力，一般可每 100m 山边沟内侧设置 1~2 个容量为 2~3m³ 的蓄水缓冲池。

修筑山边沟同修筑梯田一样，须按设计所需的宽度先绘出等高线，然后在定点开沟的等高线上把上坡的土人工挖起或推土机推起填于下坡夯实（图 6-8）。山边沟沟面应有 15cm 左右的高差向内侧倾斜，沟的坡降为 1‰~1.5‰。山边沟修筑完成后，其相邻两条山边沟之间的坡地就是种植果树的用地（图 6-9）。

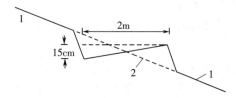

图 6-8　山边沟结构示意图
1. 种植坡面　2. 山边沟面

修筑好的山边沟果园还应种植水土保持草种或间作覆盖，这是山边沟果园重要的配套措施之一。因为山边沟虽将坡面截成若干短坡面阻挡上部的径流，并分段将水排入专门设计的人工排水沟或自然排水道上，起到水土保持的作用，但降水仍会击打沟面、沟壁和种植坡面的土面，并形成径流而侵蚀土壤，造成水土流失。因此，新开发的果园应立即在山边沟的沟面、沟壁和种植坡面全部种草，或在山边沟的沟面、沟壁种草，种植坡面间作经济作物。实践证明，百喜草是果园生草栽培、防止水土流失最好的草种。

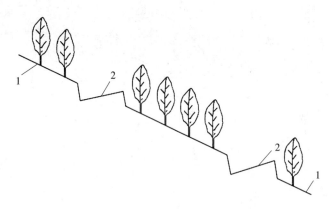

图 6-9　种上果树后的山边沟式果园剖面图
1. 种植坡面　2. 山边沟面

第三节　园艺作物的选择与种植

一、园艺作物的选择

（一）选择园艺作物种类和品种的原则

选择园艺作物种类和品种，应以市场为导向，以效益为中心，适地适种。要掌握园艺产品产、供、销的国内外情况，尤其是那些在国内外市场上竞争力强的种类、品种，以及这些种类、品种的生物学特性和当地的生态条件，作为选择发展的依据。各地应充分利用当地的自然条件和资源优势，发展其名、特、优产品。因此，在选择园艺植物种类和品种时应考虑以下条件。

1. 符合市场需要，适销对路，有较高的经济效益　种植园的经济效益最终是通过产品在市场上的销售效益而实现的。作为商品的任何园艺产品，都要接受市场和消费者的检验，只有被消费者接纳、认可，才可能有效益。因此，根据市场的需要选择品种应成为园艺产品生产种植园的出发点和归宿。例如，颜色是园艺产品的一个重要的商品性状，粉红色和黄色的玫瑰花在北京市场成为非常畅销的花卉，而在南昌花市，这两种颜色的玫瑰花却很少有人问津。又如，果实外观是果实品质的重要标志，我国香港苹果市场畅销果形高桩、果面浓红、风味脆甜的元帅品种，因此来自美国的蛇果畅销香港市场，而从祖国内地运去的高档金帅苹果，由于其色泽和果形等不符合市场需要，即使其品质优良也销售不畅，效益较低。因此，种植园的目标市场的销售状况及消费习惯应作为指导品种选择的依据。

2. 优良品种，具有独特的经济性状　优良品种具有生长强健、抗逆性强、丰产稳产及优质等较好的综合性状。此外，还必须注意其独特的经济性状，如美观的果形、诱人的颜色（如目前国内外市场上的樱桃番茄、彩椒等都具备了这一特性）等。这是生产名、优、特、新优质园艺产品的种质基础。

3. 适应本地气候和土壤条件，表现优质丰产，保持优质与丰产的统一　任何优良品种都有其特定的适应范围，超过这个范围可能就不再表现出优良性状。因此，在选择品种时，必须选择适应当地的气候和土壤条件，在生产上长期表现丰产优质的品种。

（二）果树种类和品种的选择及配置

正确选择果树种类和主栽品种是现代果树生产的重要决策之一。在生产实践中，当地气候和土壤条件、果树栽培的历史和现状、野生果树和近缘植物生长状况等，可以作为选择适栽树种和品种的参考。一般选择当地原产或已经试种成功、栽培时期较长、经济性状较好的树种和品种。从外地引进新的种类和品种时，必须了解其生物学特性，尤其是对立地条件的要求，而且应首先通过试种，在试种成功的基础上才能大规模发展，以免造成不必要的经济损失。

树种和品种的配置，原则上要求主栽的果树种类和品种应具有优质、高产、多抗和耐贮运的特性。在山地，地形、土壤和小气候条件复杂，要因地制宜地配置与之相适应的树种，使果树的生物学特性与环境条件得到统一。在同一果园内，应以一种果树为主。在同一树种内，应当考虑不同成熟期的品种（早熟、中熟、晚熟品种）的搭配，主栽品种一般要占80%以上。

仁果类中的苹果、梨，核果类中的李、甜樱桃，坚果类中的栗，柑橘类中的柚等果树，均有自花不实的特点；部分樱桃、李品种即使异花授粉也不结实；银杏、香榧、杨梅、猕猴桃等果树常常雌雄异株；有些果树，如大部分桃和柑橘品种、龙眼、荔枝、枇杷等，虽然自花结实，但异花授粉可以明显提高其结实率；部分桃品种因本身无花粉（如砂子早生等），必须异花授粉才能坐果。因此，生产上许多果树种类和品种需要配置授粉树。但有些果树种类和品种，如柑橘中的脐橙，在种子缺乏或种子中途退化以后，其果实仍可正常发育，且结果状况也能满足生产要求。为了生产无核果实，这类果园不必配置授粉树，否则，反而会降低无核果率。此外，有些品种授粉后，花粉在当年内能直接影响种子或果实的性状，这一现象称为花粉直感。前者为花粉种子直感（如板栗），后者为花粉果实直感（如梨）。这一现象在选择授粉品种时也应加以考虑。

1. 授粉品种应具备的条件

（1）必须与主栽品种花期一致，且能产生大量发芽率高的花粉。

（2）与主栽品种同时进入结果期，且能年年开花，经济结果寿命长短相近。

（3）与主栽品种授粉亲和力强，产生的果实经济价值较高。

（4）能与主栽品种相互授粉，两者的果实成熟期相近或早晚互相衔接。

（5）进入结果期早，无大小年现象。

（6）当授粉品种能有效地为主栽品种授粉，而主栽品种却不能为授粉品种授粉，又无其他品种取代时，必须按上述条件另选第二品种作为授粉品种的授粉树，但主栽品种或第一授粉品种也必须能作为第二授粉品种的授粉树。

2. 授粉品种的配置　授粉树与主栽品种的距离依传粉媒介而异。以蜜蜂传粉的品种（如苹果、梨、柚等果树），应根据蜜蜂的活动习性而定。据观察，蜜蜂传粉的品种与主栽品种间最佳距离以不超过50~60m为宜。杨梅、银杏、香榧等雌雄异株的果树，雄株花粉量大，风媒传粉，且雄株不产生果实，因此，多将雄株作为果园边界树少量配置，在地形变化大的山地果园，也可作为防风林树种配置。作为辅栽品种的授粉树时，一般为果园植株总数的10%~20%。

授粉树在果园中的配置方式通常有以下几种（图6-10）。

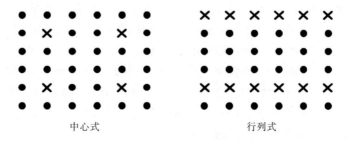

图6-10　果树授粉树的配置方式
✕授粉品种　●主栽品种

(1) 中心式。适合小型果园，果树作正方形栽植时，常采用中心式配置，即 1 株授粉品种在中心，周围栽 8 株主栽品种。

(2) 行列式。适合大中型果园，配置授粉树应沿小区长边，按树行的方向成行栽植。

(3) 等高栽植。梯田坡地果园可按等高梯田行向成行配置。

两行授粉树之间的间隔行数，仁果类多为 4～8 行，核果类多为 3～7 行。处于生态最适带的果园，相隔的行数可以多些，间隔距离可以远些；生态条件不很适宜的地区（如花期常有大风或低温危害的地区），间隔的行数应适当减少，间隔距离相应缩短。

关于授粉树在果园中所占比例，应视授粉品种与主栽品种相互授粉亲和情况及授粉品种的经济价值而定。授粉品种的经济价值与主栽品种相同，且授粉结实率都高，授粉品种与主栽品种可等量配置；若授粉品种经济价值较低，在保持充分授粉的前提下低量配置。

（三）蔬菜和花卉（一二年生）种类及品种的选择

一二年生蔬菜和花卉由于生长周期短，便于调节种植计划、种类及品种，而且菜园和花圃所植种类及品种繁多，每年甚至每个生长季节都在调整之中，其品种规划上没有果园那么系统和复杂，但也必须注意以下一些问题。

1. 根据当地气候条件，结合市场需求确定种植种类及规模 如华南、长江流域可以形成越冬叶菜生产；高寒山区以生产夏淡蔬菜为主；中原及华北温暖地区则以冬春果菜生产为主；而云南四季如春，非常适宜各种花卉的生产，因此可大力发展以花卉种植为主的生产。

2. 突出特色品种 结合当地的栽培技术优势，生产具有特色的园艺产品。例如，山东、河南等地以葱、蒜等香辛类蔬菜生产为主。又如，上海的西瓜、甜瓜，江苏启东的番茄，浙江平湖的西瓜，安徽的大青豆等都具有自己的特色和品牌。

3. 注意种类品种的合理搭配，制定科学的轮作栽培制度 蔬菜、花卉多数忌连作，种植园规划上要留有倒茬的时间和空间。

4. 注意各区域划分的比例及设施配置 菜园、花圃规划时，都应充分考虑露地栽培和设施栽培的比例，育苗与定植区域的比例。此外，花圃中盆栽区、切花切叶生产区与苗圃区的比例等也应合理配置。

二、园艺作物的种植

（一）园艺作物种植制度

1. 连作 连作即在一定的时间内在同一块土地上连续种植同一种作物或同科作物的种植方式。虽少数园艺作物连作没有不良影响，但大多数的园艺作物不能连作，连作不仅影响产量、质量和寿命，而且作物生长期间病虫害严重。

果树中的桃、樱桃、葡萄、桑葚、草莓、杨梅和番木瓜等不适宜连作，尤其是桃树最忌重茬连作，重茬连作影响幼树生长发育，甚至导致死亡。主要原因是重茬园土壤中很多残腐的根含有苦杏仁苷，水解时产生氢氰酸和苯甲醛，抑制新植树的根系生长，杀死新根。另外，老树根周围线虫密度增大，也危害新植树的根系。因此，桃园更新时要改种其他树种，若要栽种桃树需要间隔 4～6 年。

蔬菜中的番茄、辣椒、茄子、黄瓜、苦瓜、韭菜、花椰菜、结球甘蓝、西瓜、甜瓜等都不宜连作，究其原因可能与同种作物在营养吸收上有一定的模式和"偏好"有关，使连作土壤中有些营养缺乏而得不到补充，也与土壤有害生物量的增加有关。

花卉中的翠菊、郁金香、金鱼草和香石竹等不宜在同一土地上连续栽植几茬。草坪也应避免重茬，主要原因与蔬菜相似。

因此，生产上都应尽量避免连作。

2. 轮作 轮作即在同一块土地上按一定的年限轮换种植不同种类的作物，其循环期短则数月，在一年内种植几茬不同的作物，长则3~7年或更长时间。蔬菜、花卉生产上较普遍应用轮作，轮作是克服连作障碍的最好方法。

轮作的优点主要有：①减轻病虫害。一些作物有其特有的病虫害，换种一种作物，这些病虫害就不会大发生，甚至基本消除。②培肥地力。一种作物吸收某种矿质营养多些，而吸收另一种营养可能少些，轮作有利于纠正连作中某种矿质营养的缺乏，从而提高土壤肥力。③充分利用季节。有些园艺作物（如蔬菜中的某些叶菜，花卉中的一些草花）生长期短，一年内在同一块地再种一茬其他作物，可以提高土地的复种指数。

在轮作设计时应掌握以下原则：①安排的园艺作物应吸收土壤营养不同，根系深浅不同，方可互相轮作。如消耗氮肥较多的叶菜类，消耗钾肥较多的根茎类，消耗磷肥较多的果菜类可以轮流栽培；深根性的根菜类、茄果类、豆类、瓜类（除黄瓜外）应与浅根性的叶菜类、葱蒜类等轮作。②种植的园艺作物互不传染病虫害。同科作物常感染相同的病虫害，制订轮作计划时，原则上应尽量避免将同科作物连作，每年调换种植管理性质不同的蔬菜或花卉，从而使病虫失去寄主或改变生活条件，达到减轻或消灭病虫害的目的。如粮菜轮作、水旱轮作对于控制土壤传染性病害有明显效果。③可以改进土壤结构。在轮作制度中适当配合种植豆类、禾本科蔬菜，可增加有机质，改良土壤团粒结构，提高肥力。例如，在豆类、禾本科作物以后，种植需氮较多的白菜类、茄果类、瓜类等，然后种植需氮较少的根菜类和葱蒜类，而以需氮最少的豆类放在最后，亦为其他蔬菜的良好前作。④注意不同园艺作物对土壤酸碱度的要求。如甘蓝、马铃薯等种植后能增加土壤酸度，玉米、南瓜等种植后能减少土壤酸度，因此对土壤酸度敏感的洋葱等作为玉米、南瓜的后作可获较高产量，而作为甘蓝的后作则会减产。

轮作的季节性很强，育苗及各项栽培管理措施要及时，蔬菜、花卉利用设施栽培，其种类和形式安排可更加丰富，如蔬菜栽培上的一年三收、二年五收等茬口安排。

3. 间作 间作即在一块土地上有秩序地种植两种或两种以上作物，其中以一种为主，其他为间作物。间作能充分利用空间，高矮不同作物间作能各自发挥优势，上下空间光照利用充分；间作还具有充分利用土地，充分利用水分、养分，营造较良好的生态环境的优点。例如，果树与粮食作物间作、油棉粮间作、枣粮间作等；幼年果树行间间作豆类、芝麻、绿肥的形式更为普遍；还有菜粮间作，如玉米与马铃薯间作等；菜与菜间作，如菜豆与甜椒间作、番茄与甘蓝间作等。

4. 混作 混作是指在一块土地上无规则地将两种或两种以上作物混合种植。利用生长速度和株型的不同，不同时间收获（蔬菜）；或混作后取得更好的观赏效果（花卉）；草坪为充分发挥各自优势也可以混作。而庭院经济中小面积种植蔬菜、花卉，为了充分使用空间和土地，更好地利用生长季节，也可以多种作物混作。此外，农业观光园、旅游景点周边，为突出其观赏性，也可以采用多种作物混作。

5. 套种 套种是指在一种作物生长期结束前，又种植另一种作物，前者收获后，后者很快长起来。蔬菜栽培上有冬瓜架下种韭菜、芫荽、芹菜等形式，也有玉米套种白菜、萝卜，小麦套种马铃薯等。生产上采用套种，也是为了更充分地利用生长季节，立体利用空间，提高复种指数。

（二）园艺作物种植方法

1. 果树的栽植方法

（1）栽植前的准备。

①土壤改良：目前我国一般在山地、丘陵地、海涂、沙滩地等理化性质不良的土地上发展果树生产。为了实现优质、高产和高效益的目的，在果树栽植前应深耕或深翻改土，并同时施用腐熟的有机

肥或新鲜的绿肥。

②定点挖沟（穴）：在修筑好水土保持工程和平整土地以后，按预定的行距、株距标出定植点，并以定植点为中心挖定植穴。定植穴的直径和深度一般为 0.8～1m，密植果园可挖栽植沟，沟深和沟宽均为 0.8～1m。无论挖穴或挖沟，表土和心土都应分开堆放。原心土与粗大有机物和行间表土混合后回填于 50～70cm 的下层，行间穴外表土与有机肥混合后回填于 20～50cm 的中层（根系主要活动层，要求"匀"），原表土与精细有机肥混合后回填于 0～20cm 的土层（苗木根系分布层，要求"精"）。注意不要将心土回填在苗木根系周围，也不要将肥料深施或在整个栽植穴（沟）内混匀，重点是要保证苗木根系周围的土壤环境。此外，回填沉实最好在栽植前 1 个月完成。

③苗木和肥料准备：

苗木准备：在栽植前应进一步进行品种核对和苗木分级，剔除劣质苗木。经长途运输的苗木，应立即解包并浸根一昼夜，待充分吸收水分后再进行栽植或先行假植，到时再正式定植。

肥料准备：按每株 50～100kg 的标准，将优质有机肥（添加磷肥）运到果园分别堆放。

（2）栽植时期。果树苗木一般在地上部生长发育停止或相对停止，土壤温度在 5℃ 以上时定植。南方亚热带常绿果树宜在地上部生长发育相对停止时定植，如华中地区秋植时期一般为 9—10 月，春植在 1—3 月均可；而华南地区一般秋植在 8—9 月。北方落叶果树除冬季土壤结冻期以外，自落叶开始到第二年春季萌芽前均可栽植。在冬季不太严寒的地区以秋植为好，甚至可在落叶前带叶栽植；但在严寒地区则以春栽较好，在土壤解冻后，春栽的时间越早越好。

（3）栽植方式。栽植方式决定果树群体及叶幕层在果园中的配置方式，对经济利用土地和田间管理有重要影响。常用栽植方式有如下几种：

①长方形栽植：这是我国广泛应用的一种栽植方式。特点是行距大于株距，通风良好，便于机械管理和采收，同时可提高果实品质。

②等高栽植：适用于坡地和修筑有梯田的果园，是长方形栽植在坡地果园中的应用。这种栽植方式的特点是行距不等，而株距一致，且由于行向沿坡等高，便于修筑水平梯田，有利于果园水土保持。

③计划密植：将永久树和临时加密树按计划栽植，当果园行间将密闭时及时缩剪，直至间伐或移出临时加密树，以保证永久树的生长空间。这种栽植方式可以提高单位面积产量和增加早期经济效益，但建园成本较高。计划密植在我国各地已开始在密植果园中广泛应用。

除上述栽植方式外，还有正方形栽植、三角形栽植、带状栽植、篱壁式栽植等方式，但生产上应用较少。

（4）栽植密度。

①确定栽植密度的依据：首先是树种、品种和砧木的特性。不同树种和品种的生长特性不同，树高和冠幅的差异较大。一般树冠大的，其株行距也应加大，反之亦然。此外，砧木对接穗的生长势和树冠大小有显著影响，一般乔化砧树体高大，矮化砧树体矮小。

其次是立地条件。在土层深厚且肥沃、雨量充沛、气候温和、生长期长的地区，果树树冠较大，栽植密度可适当小一些；而在土壤瘠薄、干旱多风、生长期短的地区，树冠偏小，栽植密度也相应增大。此外，平原和山麓地带，立地条件较好，容易形成大树冠，而随着相对高度增加，坡度变陡，生长条件逐渐变差，树冠变小，其栽植密度也应根据树冠大小相应做出调整。

最后是栽培技术。栽培方式、整形方式、修剪方法、肥水管理水平等对树冠大小的影响较大，应根据不同情况确定适宜的栽植密度。

②主要果树的栽植密度：我国果树种类、品种繁多，气候、土壤条件复杂多变，栽植方式和栽植密度也表现多种多样。表 6-3 为主要果树常用栽植密度。

表 6-3　主要果树常用栽植密度

果树种类	株距×行距（m×m）	栽植密度（株/hm²）	备注
柑橘	(3.5～4.0)×(3.0～5.0)	495～945	平地与梯田
苹果	(2.0～4.0)×(4.0～6.0)	420～1 250	乔化砧
	(2.0～3.0)×(3.0～5.0)	660～1 665	半乔化砧
	(1.5～2.0)×(3.5～4.0)	1 245～2 250	矮化砧
梨	(2.0～4.0)×(4.0～6.0)	420～1 250	乔化砧
桃	(2.0～4.0)×(4.0～6.0)	405～1 245	
葡萄	(1.5～2.0)×(2.5～3.5)	1 665～4 440	篱壁整形
	(1.5～2.0)×(4.0～6.0)	1 245～2 220	棚架整形
柿	(3.0～6.0)×(5.0～8.0)	210～660	
枣	(2.0～6.0)×(4.0～8.0)	210～1 249	
李	(3.0～4.0)×(5.0～6.0)	405～660	
草莓	(0.15～0.25)×(0.15～0.25)	105 000～225 000	
核桃	(5.0～6.0)×(5.0～8.0)	210～285	
板栗	(4.0～6.0)×(6.0～8.0)	210～405	
杏	(4.0～5.0)×6.0, (5.0～6.0)×7.0	240～330	

（5）栽植技术。

①栽植方法：栽植前，先将粗大根系的伤口剪平。苗木栽植的基本步骤如下：首先，将混好肥料的表土填一半于坑内，并堆成丘状。将计划栽植的苗木放入坑内，使根系均匀舒展地分布于表土与肥料混合的土丘上，同时校正栽植位置，使株、行间对齐，并使苗木主干与地面保持垂直。再将另一半混肥的表土填入坑内，每填一层都要压实，并将苗木轻轻提动，使根系与土壤密接。然后，将心土填入坑内土层，使苗木根系周围为表土与精细有机肥（添加氮磷化肥）的混合物。在进行深耕并施用有机肥改土的果园，最后壅土应高于原地面 10～15cm，且根颈应高于壅土面 5cm。最后，在苗木树盘四周筑一环形土埂，并立即灌定根水。对于已回填沉实的定植穴或定植沟，可挖定植小穴（一般为 30cm×30cm×20cm），小穴中拌入精细有机肥和氮磷化肥后，再定植果树苗木。栽植深度一般以苗木在苗圃栽植时的土印为准。

②栽植后的管理：为了提高栽植的成活率，促进幼树生长，加强栽植后的管理非常重要。主要应注意以下几方面的管理：

第一，及时灌溉。栽植后如遇高温或干旱应及时灌溉。水源不足的地区，栽植灌水后立即用有机质、干草、禾谷类的秕壳、地膜等覆盖树盘，以减少土壤水分蒸发。

第二，幼树防寒。冬季严寒和易发生冻害或幼树抽条（冻旱）的北方地区，或南方亚热带果树种植区常伴有周期性冻害威胁的地区，应注意幼树防寒。如日本多设置防风林、风障或防风网以抗寒风袭击；美国佛罗里达州的柑橘种植者，在刚种植的幼苗主干上包以尼龙布一类的化纤织物或纸板，或以玉米秆束于主干，保护主干枝，并保留预备叶进行光合作用，或用疏松的沙、土壅埋主干以防冻害。总之，防寒的方法可视不同情况而定。同时，可保护幼苗主干，也可防止鼠害或野兔危害树皮。

第三，成活情况检查及补栽。春季发芽后，应及时进行苗木成活情况检查，找出死株原因，并及时补栽缺株。

第四，其他管理。除上述管理之外，春季发芽前应按整形的要求进行定干，并及时进行病虫害防治、中耕除草和施肥等日常管理，以提高成活率，加速幼苗生长，早期丰产。

2. 蔬菜、花卉的种植方法　蔬菜、花卉植物播种、育苗、定植都是栽培中的重要环节，培育出健壮的秧苗和苗木,需要科学合理的定植才能保证秧苗和苗木健壮生长,开花结果,达到丰产、优质、高效的目的。

(1) 蔬菜、花卉植物的种子处理。种子处理的目的是使种子迅速、整齐地发芽与出苗,加速生长发育,提早成熟与提高产量。栽培上广泛采用播种前种子处理技术。蔬菜、花卉通常采用的处理技术有浸种、催芽和机械处理等可促进萌发,变温和干热处理等可促进生长发育。

(2) 蔬菜、花卉的播种方式。

①撒播:撒播不讲究行向和株行距,在整好的苗床或畦田里撒播种子之后覆土,播种密度较大。这种方式适合一些生长迅速、植株矮小的绿叶蔬菜类。观花的小株花卉,如一二年生花卉,以及生长期长、但植株直立、所占营养面积小的蔬菜如葱、韭菜等也适用。对于幼苗后要移栽,而幼苗期便于管理的一些小粒种子的蔬菜、花卉也可以撒播密植。撒播具有密度大、产量高的优点,但管理不太方便。此外,撒播用种量较大。

②点播:点播又称穴播,它适合于中耕蔬菜,如菜豆、大白菜、萝卜和马铃薯等。此外,点播对于茄果类、瓜类等育苗蔬菜,可以保证足够的营养面积,又便于管理。点播种子在穴内集中,容易出苗,特别在土壤表面板结条件下更有其优势。点播法有宽行点播、正方形点播、交叉点播和正方形丛播。

③条播:条播法有垄作单行条播、畦内多行条播和宽幅条播等,可根据蔬菜、花卉种类、不同栽植时期及栽培目的来选用。条播一般用于单株所占面积较小的蔬菜和花卉,如菠菜、芹菜、胡萝卜、凤仙花、百日草等,在一定程度上具有撒播的优点,但有一定的行距,便于机械播种及中耕管理。

(3) 蔬菜、花卉育苗。多数蔬菜、花卉采用育苗定植。蔬菜根据栽培季节不同,育苗可在露地或保护地中进行。育苗程序有几种类型:①温室播种——温室分苗,适用于寒冷地区培育露地栽植用秧苗。②温室播种——冷床(阳畦)分苗,适用于寒冷地区培育露地栽植用秧苗。③冷床(阳畦)播种——冷床(阳畦)分苗,或冷床播种不分苗,直接定植,适用于春季较温和地区或培育耐寒性蔬菜及育苗期较短的果菜(黄瓜、菜豆)露地栽培用秧苗。花卉中一些不宜移栽的直根性种类,如牵牛、茑萝、虞美人、花菱草、香豌豆及羽扇豆等宜采用直播法。而多数花卉采用露地或保护地浅盆(或营养钵)播种育苗,经分苗培育后再定植,便于幼苗期的养护管理。其中保护地中播种育苗受气候条件影响较小,播种期不受季节限制,可随所需花期而定。

(4) 蔬菜、花卉的栽植密度。合理的栽植密度有利于产量、品质和经济效益的提高,因此在栽植前应根据其种类、品种、土壤条件、气候条件及栽培技术等方面确定其栽植密度。表6-4列举了部分蔬菜、花卉的栽植密度。

表 6-4 部分蔬菜和花卉的栽植密度

作物种类	普通栽植		密植		备注
	行×株 (m×m)	每公顷株数	行×株 (m×m)	每公顷株数	
大白菜	0.66×0.50	30 000	0.66×0.33	45 000	
番茄	1.00×0.33	30 000	0.50×0.33	60 000	
甜椒	0.33×0.33	90 000	0.33×0.20	150 000	普通品种
芹菜(移栽)	0.20×0.16	300 000	0.16×0.10	600 000	
菜豆	0.40×0.33	75 000	0.33×0.20	150 000	矮生
菜豆	1.00×0.30	30 000	1.50×0.11	60 000	蔓生
郁金香	0.16×0.10	60 000	0.12×0.10	900 000	
小苍兰	0.16×0.10	60 000	0.12×0.05	1 400 000	
麝香百合	0.20×0.16	300 000	0.16×0.10	600 000	

(续)

作物种类	普通栽植		密植		备注
	行×株（m×m）	每公顷株数	行×株（m×m）	每公顷株数	
球根鸢尾	0.16×0.10	600 000	0.12×0.10	900 000	
水仙	0.25×0.10	450 000	0.12×0.10	900 000	
牡丹	1.00×1.00	9 900	1.00×0.50	19 800	

（5）蔬菜、花卉的定植。

①蔬菜定植：春季露地定植的秧苗，需提前在温室中培育好，同时在定植前要经过充分锻炼，以适应外界环境的变化，定植前1周左右停止灌水。如果非营养钵育苗，为保护根系可进行割苗块处理，即定植前3～4d浇透水，第2天用刀按苗距切成一个苗块，拉开距离晾晒，以保证秧苗健壮。定植后缓苗期短，生长好。

春季定植的整地工作，应以提高地温为中心，要施入一定数量的基肥。定植前，可提前1～2d开定植沟或定植穴，晒沟晒穴。栽培果菜类可在定植前沟施或穴施一定数量的磷肥，栽培叶菜类应局部施一些优质有机肥。

蔬菜秧苗栽植方法一般是开沟或开穴后，按预定的距离栽苗，覆一部分土，浇水，待水渗下后，再覆以干土。这种栽植法既保证土壤湿度，又利于土表温度的提高。也可采用"座水栽"的方法，即在开沟或开穴后，先引水灌溉，随后将苗栽上，水渗后覆土封苗。这种栽植方法速度快，根系能够散开，成活率也较高。栽植深度应根据种类不同而异，黄瓜、洋葱宜稍浅，番茄可适当深栽。在春季，温暖天晴无风时栽苗容易成活，缓苗期短。夏季栽苗时，在阴天和无风的下午定植易于成活。越冬前栽苗，必须使苗能在越冬时发出一定数量的新根，否则易遭受冻害。

②露地花卉的移植和定植：不同的花卉，移植、定植的时间和方法都不同。

落叶乔灌木花卉的移植和定植均在早春发芽前或秋末落叶后进行，可以不带土裸根挖苗，但应尽量少伤根。起苗后，应对根和上部枝干进行必要的修剪，以利于萌发新根和新枝。在定植或移植地点，挖直径和深度适合的栽植坑，坑底垫厚10cm的堆肥，然后放入苗木填土踏实，务必使根颈与地表相平。最后在根际四周修适当高度的土圈，连续浇2～3次透水，待表土略平，耙松表土，以利保墒。

常绿树在早春萌发新梢前和梅雨季节均可移植或定植。一般要求苗木带土移植，土坨大小可根据树苗大小决定，一般土坨直径不大于30cm，然后再用草包包好扎紧；直径超过30cm的土坨，可先裹草席，然后用草绳紧密缠严捆牢。移植大树的土坨要求直径1m以上，也可挖正方形土坨，并用模板附四周钉槽，以防搬运时散坨。定植及栽后浇水等均同落叶乔灌木。常绿树移植或定植后，应在树顶上部搭设席棚遮阴，并经常向树冠和附近地面洒水，以保持较高的空气湿度，减少叶面蒸腾，以利成活。

一二年生草本花卉于秋季或早春在温床内播种育苗，为春、夏季花坛用。当幼苗生长4～5片真叶时，应先移植至冷床内，株行距以起苗时少伤根为原则。多年生宿根草本花卉的定植，可在早春发芽前或秋末地上部分枯萎停止生长时进行，将老根挖出，结合分株繁殖，将根切分数块，按适当的株行距定植。球根花卉在定植前，可于早春先挖出并结合分株繁殖，在温床内催芽，待新芽长出10cm左右时，定植田间。所有草本花卉移植或定植后，均应连续浇2～3次透水，以保证成活。

（6）蔬菜、花卉的田间管理。

①蔬菜的田间管理：主要是加强水肥管理，适时进行植株调整，以及病虫草害防治。

蔬菜定植后的3～5d应注意保湿。缓苗后浇缓苗水，中耕疏土，促进根系发育。对于果菜类，缓苗后至产品器官进入迅速生长期前的一段时间，如萝卜在肉质根或洋葱在鳞茎开始迅速膨大前，大白菜、甘蓝在开始包心前，番茄在第 1 花序果实迅速膨大生长前，黄瓜在基部第 1 条瓜长至 7～10cm 时，应控制浇水，中耕后蹲苗，蹲苗时间一般为 10～15d，可根据不同蔬菜种类、栽培季节及生长状况等灵活掌握。由于蔬菜种类繁多，对营养元素的要求差异较大，如叶菜类整个生育期对氮素营养需求量较大，对磷、钾等元素需求量相对较小；而瓜果类、根茎类蔬菜既要满足营养生长对氮元素的需求，同时对磷、钾元素的需求量也相对较大，尤其对钾元素需求量比较大。此外，蔬菜在不同生育期对营养元素的要求也有差异，营养生长前期一般需求量较小，生长盛期或开花结果盛期对营养元素的需求量增大，因此，在生产中应根据不同蔬菜种类和不同生育时期进行科学的肥水管理。此外，对瓜类和茄果类蔬菜应适时进行植株调整，如番茄采用单秆整枝应将侧枝及时摘除，采用双秆整枝则除保留主干外，再保留 1 个健壮侧枝，其余侧枝全部摘除；瓜类蔬菜采用单蔓整枝则保留主蔓，其余侧蔓及时摘除，双蔓整枝或三蔓整枝，除保留主蔓外，再保留 1 个或 2 个健壮的侧蔓，其余侧蔓在坐果前应全部摘除。病原菌、害虫和杂草都是蔬菜的有害生物，直接影响蔬菜的生长发育及产量和品质。因此，在蔬菜生产过程中，应遵循"预防为主，综合防治"的原则，贯彻以栽培技术措施为基础，有机地运用物理、生物、化学等多种防治手段，将病、虫、草等有害生物控制在经济允许水平以下，从而保证并提高蔬菜的产量和品质。

②露地花卉的田间管理：花卉田间管理较为简单，主要应做好以下几项工作：

浇水：花卉进行正常的生长发育，首先需要足够的水分，因此，必须使土壤经常保持湿润，在干旱季节应 7～10d 浇 1 次透水。

中耕除草：结合每次浇水和降雨，当表土略干时应及时中耕，以保持墒值，提高土温，并使土壤疏松透气，以利花卉根系的呼吸。结合中耕要拔除杂草，以免与花卉争夺养分，影响花卉生长。

追肥：为促进花卉的生长，夏季生长发育旺盛季节，每隔 10～15d 追肥 1 次。

修剪整形：应对花卉的病弱枝条和生长不齐的枝条及时进行修剪整形，蔓生花卉应及时设立支架，并加以绑缚。

病虫害防除：遇有病虫危害，应及时喷洒农药防治。严重受害植株，应拔除烧掉，以防蔓延成灾。

第四节　农业观光园的规划设计

伴随全球农业以及旅游业的迅速发展，以及人们对返璞归真的自然生活情趣的狂热追求，观光农业应运而生。农业观光园是以农业生产活动为基础，兼顾生态保护、休闲观光、体验参与和教育示范等多种功能，满足人们亲近大自然、学习农业知识、感受民俗风情、体验农耕乐趣和享受农家生活等愿望的一种综合园区模式，是观光农业发展的优良载体。随着观光农业的迅速发展，观光园艺也迅速成长，成为观光农业的重要组成部分。

一、观光园艺的定义与类型

（一）观光园艺的定义

观光园艺（visiting horticulture）是以园艺生产为依托，与现代旅游业有机融合的一种高效农业。它以充分开发具有观光、旅游价值的园艺资源和产品为前提，把园艺生产、科技应用、游客参与农事活动等融为一体，供游客领略乡村田园风光和现代园圃技艺的一种农业旅游活动。

观光园艺定位于集生产、旅游观光、休闲度假、科普教育于一体的观光园，其基本功能应体现在生产性、生活性、观光性、生态性、科普性。

（二）观光园艺的特点

观光园艺具有以下特点：

(1) 观光园艺是一种旅游加园艺的综合性开发，包括对园艺资源、土地资源、气候资源、水体资源、旅游资源、生态资源、技术资源的整体开发与利用。

(2) 观光园艺既重视产地环境建设，又注重产品安全生产和观光效果，体现了生产促观光、观光促生产的良性循环。

(3) 观光园艺体现了农业的多功能性，也是扩大再生产的一种方式，在原有园艺资源的基础上进行开发，在已经开发的园艺资源上继续增加各种项目投入，在广度和深度上拓展园艺产业领域，以获取最佳经济效益。

(4) 观光园艺体现了生态经济功能，果树、蔬菜、观赏树木等除了可以获得园艺产品和观光效果之外，还具有固定二氧化碳，有利于碳中和的生态经济意义。

（三）观光园艺模式

1. 传统农艺模式

(1) 园艺展示。通过实物、沙盘、照片等展示园艺产品生产和园艺耕作过程，特别是一些特色园艺产品，如盆景的生产过程。

(2) 园艺表演。由农民进行富有特色的传统园艺生产和现代园艺生产过程的表演，如嫁接的操作等，供游客观赏。

(3) 园艺体验。游客可亲自采摘果实或在农民指导下直接参与一些简单的农作过程或劳动，体验采摘后的简易加工，如果实酿酒、制作蜜饯等操作。

2. 乡村文化模式

(1) 地域文化表演。具有山区特色的农业文化、地域文化和农家生活文化的展示与表演，如客家文化展示，包括客家方言、客家民俗、客家民居、客家艺术、客家人物、客家山水、客家诗文、客家历史、客家饮食、海内外客家分布等多方面。

(2) 历史文化体验。"历史文化"或"农艺史话"融进旅游休闲农业，让游客在田园风光里既得到物质享受，又获得文化享受，可以成为旅游休闲农业的一大特色。如"一骑红尘妃子笑，无人知是荔枝来"的典故，可以表演，也可以制作成雕塑。

3. 科技型模式 科技型休闲农业的类型和内涵相当丰富，可以建设不同类型的科技型展示馆。

(1) 基因农场。基因农业是很多人不熟悉的，利用人们的好奇心理，建立观光的基因农场。

(2) 植物工厂。利用环境调控和无土栽培技术，实现蔬菜、瓜果的周年生产。

(3) 温室园艺。开展种苗快繁、植物试管开花、产期调控等。

(4) 智慧园艺。应用新一代信息技术对园艺产前、产中及产后数据进行采集、整理，再对信息进行甄别、挖掘处理，得到体系化知识，通过智慧分析、判断、综合，形成系统化的指令指导生产，以提高农业劳动生产率，降低资源消耗，提升农产品品质，防范农业风险，保障农业安全。

（四）观光园艺的类型

观光园艺根据园区的特点分类如下：

1. 观光型 此类园区以游客的"眼观"为主，人们主要通过自己的眼睛观赏达到旅游休闲的目的。在参观一些具有当地特色的园艺生产场景、经营模式、乡村民居建筑的基础上，游客通过与园区主要活动者交流，由此了解当地风俗民情、传统文化与园艺生产过程。

(1) 生态农园。生态农园就是采用生态园模式将观光园植物的配置、农业生产与旅游观光进行有机结合。园区以生态学原理为指导，对园内的各种生物（植物、动物、微生物）进行数量上的科学控制与位置上的合理布局，形成一个良性循环的生态农业系统，使农林牧渔各业科学组合，各种生态因子物尽其用，最终达到充分利用太阳能，科学利用和保护土壤、水源和生物等农业资源的目标，进而为生态园的可持续发展提供源源不断的动力，实现生态效益、经济效益与社会效益的统一。

该类园区强化了农业生产的生态性、趣味性与艺术性，将农事活动、自然风光、科技示范、环境保护等融为一体，如园艺生态园、有机菜园、原生态果树种质资源圃、果林生态保育园、森林氧吧区、湿地植物区等。

（2）民俗农园。民俗农园是指将民俗文化与农业生产有机地结合在一起。它是一个借助原始的自然生态、人文景观和古朴的乡情民俗所构成的特色浓郁、富有文化与生态色彩的观光旅游基地。通过举办节庆活动如灯会、赛龙舟、拜神祭祖等，让游客参与，从中了解原始崇拜、祭祀文化等民俗活动；或利用民族特色的村庄、农舍、民俗农庄，开设农家旅馆，让游客住农家屋，吃农家饭，观农家事，享农家乐，充分享受浓厚的乡土气息和浓郁的乡土风情。

（3）园艺专类园。园艺专类园即指在一定范围内种植同一类植物供游赏、科学研究或科学普及的园地。对于观光园艺园而言，常见的有蔬菜观赏园、瓜果观赏园、花卉观赏园（如月季园、牡丹园、梅园、兰园、茶花园等）、食用菌观赏园、竹类观赏园、设施植物观赏园、野生果蔬园、药膳植物园、香花植物园。

通常专类园艺园内种植的都是同类植物的不同种或品种，尤其是新、特、奇品种更是少不了它们的身影。因此，此类园区具有种类丰富、造园布局新颖、地区特色鲜明等特点。游人可凭个人喜爱选择不同的专类园进行观赏，在享受的同时以便全面了解该类植物，起到很好的科普宣传作用。

（4）科技园艺园。该类农园以现代农业生产为主，向游客展示农业高新科技，如园艺博物馆、园博苑、植物工厂、园艺温室、有机果蔬生产园等，展示航空育种成果、转基因育种成果、无人机植保技术、水肥一体化技术、无土栽培技术、机器人采摘、无人机分级等。游人可通过参观此类园区增长科技知识，了解现代园艺产业的最新技术，有效地将科技、生产、生活与科普衔接。

2. 体验型 这类园区是以游客亲身体验为特点。游客除了眼观之外，还能亲自动手参与到农事或其他活动中。

（1）园艺种植园。对于长期居住在城市的都市人，尤其是对园艺植物了解甚少的年轻一代，参与农事作业是一种乐趣，更是一种享受。此类种植园可供游人参与农事活动，常被称作"农耕乐园"或者"自耕园"。都市人于周末到达园区，通过租赁一小块田地，利用园区内提供的一些农机具以及种苗、种子、肥料、农药等，在园区相关人员的指导下，从赶牛犁地、播种插秧、栽种花草、浇水施肥、松土除草到植物的病虫害防治等全程参与，真正体验农耕生活的辛酸劳累，品尝"种瓜得瓜，种豆得豆"的喜悦。这样既能够锻炼身体，又可以真正地亲近自然，释怀心中的烦闷。传统的畜力农机具、锄头、镰刀、柴刀、耙、扁担等和现代的小型耕种机械、植保机械、修剪机械、灌溉设施、收获机械、加工机械都可布置供游人参与使用，以增强观光园的农耕文化和现代农业气息，丰富游人体验农家生活的乐趣。

（2）采摘品尝园。这是一类开放式的园区，包括成熟的果园、菜园、花园、茶园等，游人可进入生产区采果、拔菜、摘花、采茶，享受田园乐趣，最后按价付款获得采摘的产品。如此销售方式将传统的市场批发、零售、就地销售转变为顾客直接采摘，由于价格中包括了游人采摘时的愉悦心情，以及采摘时的损耗，因此采摘价一般比传统销售价高出许多。据调查显示，游人在采摘时，不管是个人消费还是团体消费，对产品价格高低关注得较少，关注较多的是产品的风味、大小、颜色、珍稀程度等，因此，应适当增加园艺植物的种类、品种，并种植一些新、奇、特的野果、野花等。这不仅可以增加种植园的收入,而且能够提高游人对产品质量的认识。对于生产者而言,一方面减少了产品采摘与运输的费用;另一方面,园区在获得观光收入的同时又宣传了自己的产品,提高了产品的市场竞争力。

(3) 立体种养园。立体种养园能够增加观光园艺园的体验元素,丰富游客的活动内容。对于一些不便在城市环境下饲养的动物,这类养殖园就可以满足它们的生长需求。尤其是果园内成群的鸡、鸭、鹅等小家禽的饲养不仅能增添无穷乐趣,而且收获的纯绿色家禽更是餐桌上的美味佳肴。在此类种养园中,游人不仅能够回味幼时牧草放羊、刈草喂鱼、赶牛过溪的童真童趣,还能打猎(家禽、家畜)、垂钓,享受丰收的喜悦。

(4) 制作加工园。制作加工园可以为游客提供产自园区的竹编、陶瓷制作、盆景制作、花艺制作、农产品加工的原材料、相配套的加工工具与设备、包装材料等。游客在师傅的指导下,一方面可以学习、体验制作、加工的乐趣,还可以将亲手制作的竹编、陶瓷、盆景、花艺等带回家留作纪念,或通过适当的包装送给亲友。对于观光果园来说,观光客除可观赏花果、采摘和品尝当季鲜果外,还可亲自动手参与果实榨汁、酿酒、糖渍、腌制等活动,品尝亲手制作的果汁、果酒等,提高他们对新鲜、纯天然果汁、果酒的兴趣,从而促进果园鲜果的销售。

3. 综合型 该类型观光园艺园综合以上两类园区的特点,让游客既可以观赏,又可以进行亲身体验,进行"观农家景,干农家活,住农家屋,吃农家饭,享农家乐"的全方位体验。目前多见此类观光园艺园,只是不同的园区侧重点有所不同,总的要求是园区务必要有自身的观赏或体验特色。

二、观光园艺园的规划设计

观光园艺园规划设计是指为建设、经营、管理和保护观光园,使其发挥多种综合功能,而对园地选择与建园、园艺植物种类品种选择与布局、生产组织与田间管理及旅游等要素所作的统筹谋划、总体部署和具体安排。

观光园艺园规划设计的理论依据有农业生态学生态链加环的原理、土地多功能性的原理、体验经济与体验设计、园林艺术基本理论、园艺学、旅游心理学、园林生态学、可持续发展等相关学科的理论。

由于观光园艺园是一个以农业为载体,集风景园林、园艺生产、休闲旅游为一体的综合园区,因此观光园艺园的规划设计也必须借鉴以上各学科的相关理论。鉴于我国园艺资源丰富,乡土风情不一,可发展观光园艺园类型多样,因此进行观光园艺园规划设计,除了要遵循一定的规划原则,还要因地制宜,因园而异,尽可能利用当地的各种自然、人文等条件,满足游客的各种消费需求,以获得更高的经济、社会和生态效益。

下面依据规划的程序分别进行阐述。

(一) 规划背景

首先,规划人员与生产者或投资者进行全面深入沟通,了解对方需求等基本情况,以便于后期工作的开展。然后对园区进行初步选址,园区应尽可能选择自然条件、社会经济条件好并已具有一定旅游资源的地段。最后对拟选基地开展全面而细致的调研评价工作。

1. 前期调研 观光园艺园的开发受当地生态、经济、社会发展等因素的影响,为了保证各方利益的最优化,在开工动土前,必须考虑影响观光园艺园建设和经营的各种因素。这些因素包括供给与需求两方面。对供给方而言,是指开发者的开发意向、投资能力、拟建园区的基础条件、规划设计者的业务水平和后期经营与管理状况等。而对于需求方即游人而言,则包括游客的目标定位与游客属性

（当地总人口、地理分布、年龄结构、性别、消费习惯及经济能力等方面）。所以，在进行园区规划设计时要对以上因素做好前期调研评价工作。

(1) 地理位置。园区地理位置调研主要包括以下内容：拟建园地点所在的位置、经纬度、隶属行政区域、拟开发的土地面积、距离城镇或中心城市的距离、周边旅游资源、水利电力资源供应情况、附近是否有污染源、道路交通等。其中在进行交通状况调研时，必须充分考虑拟开发园区与外界的距离和道路交通状况以及运输能力，以判断该交通是否有利于园区的开发建设，是否能够为园区做强大宣传，是否能满足消费者便利需求，是否有利于园区的可持续发展。只有区位优势明显、交通便利、开发环境得天独厚、发展潜力大的地方才有开发价值。

(2) 自然条件。

①气候：可通过当地气象部门获得当地相关气候资料，以确定园区所在地的平均气温（年、季、月）、极端最低与最高气温、≥10℃年有效活动积温、全年无霜期、平均日照时数、年降水量及分配情况、灾害性天气（台风、涝害、旱害、寒害、阴雨、梅雨及酸雨）发生情况等。因此，在园艺植物树种、品种规划时，须因地制宜结合植物对环境条件的要求与生长发育的物候期进行配置，以充分发挥植物景观与生产功能。

②土壤：园区土壤以富含有机质、矿物质为好。土壤的保水保肥能力、通气性、春季土温回升情况、酸碱度、团粒结构、土层厚度等也为考察重点。因为不同的植物对于土壤有不同甚至特殊的要求，如观赏植物中的杜鹃就喜欢在偏酸性的土壤中生长，而对于木本果树生长则要求土层厚度80～100cm。另外，鉴于植物、土壤、病原菌之间的特殊关系，还要调查该地区前茬种植的植物种类，以规避重茬的不利因素。

③地形地貌：在园地选择时，必须考虑海拔高度、坡度、坡向等问题。一般来说，跌宕起伏的山体、丰富多变的地形地貌有利于园区多元化活动方式的开展，能够满足游客对形式多样的辅助休闲方式（观瀑、攀岩、野战游戏、入洞探险等）的需求。但作为观光园艺园的选择则应多考虑地形地貌要符合植物生产的要求，如蔬菜的种植要求比较平坦的地面，果树的种植可以有一定的坡度，以5°～10°的缓坡地最为理想。并且所有的种植地都要求光照时间较长，以日照充足的南坡、东南坡或西南坡坡向为宜。应注意避免开发或改造过奇、过险地形地貌，减少项目的成本投入，保障项目运营的安全。

④植被现状：由于观光园艺园离城镇都有一定的距离，当地植被基本处于自然生长状态，较少遭到人为的污染破坏。调研对象包括拟建园区植被覆盖率，不同生境、立地条件下植被种类及分布情况，人工种植林和自然生态林的覆盖比率，树种、树龄、树势、林相、季相变化，可利用植被资源情况等。对现有植被的种类及分布情况的调研尤其重要，这关系到园区功能区的规划设计，又涉及整个园区的生态效益、建设成效与成本。

(3) 农村经济与园艺生产现状。园艺观光是依托于农业的乡村旅游形式，"三农"元素自然在规划范围之内。拟建园区内自然村落分布情况、村舍建设情况、村庄活动广场、礼堂和人口数量、园艺从业人员数量及技术水平、社会经济状况等都应考虑。另外，当地园艺作物栽培历史、产业结构、发展规模及产销情况、年产值、生产用地面积及所占比率、产品贮藏保鲜及加工设备和技术水平、市场的销售状况及发展趋势预测等直接关系到园艺业对农民的依赖程度，规划人员要从农业生产角度和游客喜好程度出发，客观务实综合考察。而对于具有典型性、多样性和稀有性的园艺资源，要做好产品的营养价值和卫生保健功效的调研，充分挖掘园艺产品的附加值。

(4) 旅游资源。观光园艺园建设目标之一是让游客在观光之际达到休闲娱乐的目的，因此当地旅游资源丰富与否被视为园区规划的关键。它既可成为园区一景，又可作为吸引游客、扩大消费群体的无形资本。包括自然旅游资源与社会旅游资源。

①自然旅游资源：名山大川、奇峰异谷、秀水青山、急流飞瀑、潺潺溪流、奇洞险梯、自然温泉、丹霞地貌、风蚀地貌、百年古树、原始森林以及湖上的落霞孤鹜、山顶之缭绕晨雾、丰富的野果野菜种类等都是很好的自然旅游资源。

②社会旅游资源：亦称人文景观资源，包括风俗民情、饮食文化、民间艺术、名人故居、摩崖石刻、建筑奇观、名寺古刹、古民居建筑群等。

（5）市场调研。对于游客而言，其收入水平、消费习惯、年龄结构都是出外旅游的影响因子。因此，要使园区建成后有市场、有效益，就必须对观光园客源市场的需求总量、地域结构、需求时间、需求特征、消费结构等进行全面调查分析，对旅游市场进行客观定位。

2. 规划依据

（1）国家有关乡村振兴、乡村旅游、农业园区规划设计等规范。
（2）省、市、地方各级乡村振兴规划、旅游规划和现代农业发展规划。
（3）省、市、地方各级旅游业开发和现代农业的有关规定与政策。
（4）地方志以及当地的旅游发展规划。
（5）当地旅游资源、旅游市场等现状调查资料。
（6）当地农业资源与市场等现状调查资料。
（7）当地农业年鉴、旅游年鉴等。
（8）经营者的开发意向、投资理念、投资规模等。
（9）相关地形图。

3. 综合分析评价 立足于前期调研取得的结果，对拟建园区进行综合评价分析。

（1）态势分析。参照企业管理中的态势分析法即SWOT分析法。

①优势（strength）：包括项目区的交通区位、基础设施、生态环境、科技实力、品牌资源等各方面条件。

②劣势（weakness）：从项目区一产对三产带动能力、产业结构、资金支撑能力、园艺从业人员素质、园艺市场化程度等方面分析。

③机会（oppportunity）：包括政府的政策扶持、社会经济发展水平、产品的市场需求等。

④威胁（threat）：从同类园艺产品的市场冲击、城市化压缩农业（园艺）发展空间角度分析。

（2）市场分析。

①客源市场：国外与国内城乡居民的旅游需求。

②产品市场：旅游产品目标市场定位，农副产品目标市场定位，机会市场（指除核心市场以外的其他市场机会）。

最后根据项目的态势分析和市场分析进行综合评价，以确定项目的可行性，并进行规划设计。

（二）规划原则

1. 指导思想 园区开发必须以国家、省（部）关于发展现代农业、旅游农业的一系列政策、当地经济发展战略和生态农业建设纲要为依据，以高新技术开发农业为先导，综合利用园区基地的自然资源和社会经济资源，突出当地资源特色，以获得持续高效的生态、社会、经济效益为目标。同时，观光园艺园必须力求做到园艺生产与休闲观光的有机结合。嵌入了新的经营理念的农业生产模式要突出休闲性、娱乐性、知识性与趣味性，而依托农业的旅游形式更要以生态为先，可持续发展为指导。

2. 规划原则 虽然各个园区的具体条件、要求有所不同，但可以根据观光园艺园的特点，把握一些共性原则。

(1) 兼顾生态、社会、经济效益，实现可持续发展。园区要获得持续、高效的社会、经济和生态效益，在规划设计时就必须兼顾三者的关系，平衡它们之间的利益。园区建设虽然作为一种经济投资，经济效益是作为评价园区成功与否的直观指标，但是，如果只注重当前利益而忽视长远利益，此法无异于"杀鸡取卵"。因此，园区规划要以生态学理论为指导，采用生态技术、环境技术、生物技术、现代园艺技术和现代管理理念，使整个园区形成一个良性循环的农业生态系统，实现生态效益的最大化。以农业多功能性开发和产业协同为原则，实现可持续发展的目标，将园区规划为融观赏娱乐、学习参与、度假购物于一体，营造良好的体验感，提高对游客的吸引力，获得较好的社会效益。园区内科学合理的规划与分区、满意的服务与多样的休闲方式、高新技术的应用必然能够给园区带来丰厚的经济利益。整体规划不但要求体验功能全面合理、形式布局科学美观，设计上也要求根植于地方文化，凸显特色农业景观效果，同时体验内容更具多元化、个性化。在此基础上，实现园区的综合效益。

(2) 依托现有资源，因地制宜，综合利用，突出自然生态特色。根据建园的原则和经营方式，充分利用园区内的各种资源，对园地的山、水、田、林、路进行全面规划，合理布局。做到山上与山下结合，水体与陆地结合，生产与观光结合，科技应用与示范推广结合。园区内存在的优势生态资源应该开发成为园区的观光亮点，尤其是水体的开发。一些具有潜在开发利用价值的自然资源和人文资源应充分挖掘其内涵，为其所用，适当改造，创造出引人入胜的新景点，彰显园区生态特色。

(3) 传统与现代结合，植物与艺术结合，注重综合开发。园区规划要兼顾园区观光旅游、农业生产、教育、文化传承等功能。因此，规划时应围绕绿色、幽静、野趣来组织园艺植物自然生态景观，展现景观园林之美，满足观光者的欣赏要求，在不断变化的环境中让游客体验到自然美与艺术美的和谐气氛。对于农业生产，在优化品种结构的基础上，通过引进优良品种，发展特色品种，实行先进的生产技术和科学的管理技术，实现园艺观光产业可持续发展。在必要的情况下，融合地域文化创造现代的艺术表现形式，以展现传统民间文化艺术的魅力。在活动策划上形成集游览观光、体验农业生产生活、户外休闲娱乐、科普教育等种类多样的综合特色性园区。总之，园区规划中要始终贯穿"自然"二字，不露雕饰之痕迹，以现代技术体现传统技艺，既不失原味，又不乏时代特色。

(4) 营造主题，突出园区功能定位。不同类型观光园艺园之间差异很大，在规划前，要先确立园区类型，以便确定是规划一个完整的观光园艺园，还是把观光园艺作为园区的一部分内容，规划时必须有所侧重，有所取舍。在综合分析、权衡以上各因素后，要营造一个新颖、有特色、吸引力强的主题，以提高园区竞争力。

(5) 依据发展趋势，尊重现状与产品创新相结合。没有创新就没有发展，园区规划同样需要创新。观光园艺园是立足于通过引进、挖掘旅游元素结合园艺品种结构改良与传统生产模式升级，因此，规划时要在尊重现状的前提下对产品进行创新。尊重现状并不是照搬照套、一成不变，而是在规划设计与园区建设时保持环境的原生态特点，不能为了迎合游客而曲解、庸俗民俗文化、民族风情。另外，结合旅游特点，开发旅游产品市场亦是一创新点。

(6) 统一规划，分步实施，滚动发展。园区规划布局力求做到统筹规划、综合布局、一步到位，具体建设实施过程则可以分步进行。园区建设是一个长期的过程，需要统一规划、分步实施、滚动发展，以降低前期施工压力与投资，实现最终的建园目标。

3. 项目定位及建设目标 依据项目建设定位分为地方区域园区、省级园区和国家级园区，如何定位决定于园区条件及开发者意向等诸多要素，尤其是项目的总投资。园区的建设一般要达到兼顾农业生产与休闲观光，通过现代科技手段构筑源于自然而又高于自然的生态环境，形成"景美、路畅、物丰、人欢、和谐"娱乐空间的建设目标。

4. 规划范围　确立园区占地面积及园区边界范围。

5. 容量计算　规划时必须确定观光园的游人容量,作为计算各种设施的容量、个数、用地面积、环境保护及其他管理的依据。计算游人容量有以下两种方法。

（1）面积计算法。一般用面积计算法测算游人容量。其计算公式为：

$$C=A/a$$

式中：C——合理环境容量；

　　　A——园内可游览面积；

　　　a——人均占用的适宜游览面积,一般取 100 m^2/人。

（2）游线容量法。对于地势较陡、呈线性布局的园区,可用游线容量法测算游人容量。其计算公式为：

$$N=H/h$$

式中：N——合理容量；

　　　H——游线长度；

　　　h——人均占用的游线长度,一般取 10 m/人。

（三）总体布局与功能区规划

1. 总体布局　综合性的观光园艺园区占地面积大、内容丰富、涉及面广,处理不当易造成杂乱无章之感。因此,在规划时务必从宏观上把握园区布局。依据资源属性、景观特征及现存环境,在考虑保持原有的自然地形、乡村风貌、自然植被和原生态园完整性的基础上,根据结构组织的需要,结合未来发展和客观需求,将园区用地按不同性质和功能需要进行空间区划。分区时要做到田、园、水、林、路配套,产业之间相互关联,互为依托,各园区之间既独立又完整,方便各园区独立作业与经营,这有利于明确资源用地发展方向,合理组织景区建设和安排旅游活动。

2. 功能区规划　典型的观光园艺园分区和布局主要包括3大分区：生产示范区、观光销售区和休闲度假区。具体方案见表6-5。

表6-5　典型的观光园艺园分区和布局方案

分区	占规划面积（%）	用地要求	构成系统	功能导向
生产示范区	45～55	土壤、地势条件较好,有灌溉排水设施	①果树生产园 ②花卉生产园 ③蔬菜生产园 ④食用菌生产园 ⑤绿化苗圃	以现代农业科技的种植模式进行生产与示范,让游人认识园艺生产的全过程
观光销售区	20～25	地形多变,销售区位于园区外围,靠近主干道	①生态农业园 ②民俗农业园 ③蔬菜观赏园 ④瓜果观赏园 ⑤花卉观赏园 ⑥竹类观赏园 ⑦各类奇珍动物观赏园	身临其境感受田园风光和自然生机,让游客在观光的同时还可以购买喜爱的农副产品
休闲度假区	25～30	地形多变,宜安排在非生产性用地	①度假娱乐小区 ②文体活动小区 ③农事体验小区 ④制作加工小区 ⑤综合服务小区	延伸观光园主题,丰富游客活动内容,增加游客停留时间,使园区集知识性、趣味性和娱乐性于一体；让游客体验农事生产和制作加工的乐趣

(四) 基础设施建设规划

基础设施建设规划主要包括道路、给水排水系统、电力电信设施等。

1. 道路规划　道路规划要求有利于园区的管理，有利于水土保持，做到交通方便、投资少、占地面积小，各级道路应相互连接为一个整体，包括主园路、次园路、游步道、专用道、汀步等方面。在功能上应当满足游客动态体验的连贯性以及农业生产生活和园区服务的便捷性，避免产生回头路。应起到移步异景的效果。

（1）主园路。主园路是连接外界与园区以及园区主要区域的主要道路。规则式布局的主园路要直；自然式布局的主园路要自然弯曲，曲率要大，形成环路。主园路路面宽度以 5~8m 为宜，坡度应小于 10%，否则应设计为盘山路或作防滑处理。转弯半径须大于 12m。

（2）次园路。次园路连接各景区与生产区，路面宽度为 2~4m，坡度小于 18%，允许地形起伏变化较大，坡度大时可作平台、踏步等形式处理。

（3）游步道。游步道为各景区内的游玩、散步、探幽寻胜之小路，可结合自然地形随机设置，宽度以 0.9~1.2m 为宜。山路的游步道通过峭壁时可设置栈道，据具体情况可选择立柱式、斜撑式和插梁式，并设置护栏。

（4）专用道。专用道为园务管理使用道路，可通行机动车。

（5）汀步。汀步宜用于浅水河滩、平静水池、山林溪涧、草地等地段，宽 0.6~0.8m。可根据园区特色选择墩式汀步、板式汀步、荷叶汀步、自然山石汀步和仿自然树桩汀步等。

丘陵山地观光园尽可能利用和改造原有的道路，或选择较缓的坡路设山顶环山路、山腰环山路和山脚环山路。所有类型的园路在地形险要的地段必须设置安全防护设施。主园路必须整体铺装；次园路可根据地段特点，选择整体或局部铺装；游步道铺装与否均可，选择铺装时材料应结合当地实际，尽量就地取材，并且可依据主题将路面设计为图案，增加文化内涵。提倡使用植草格（嵌草砖）作为游步道的铺装材料。园路密度不宜超过 12%。当主园路靠近建筑时，建筑要面向道路，适当远离道路；次园路遇到建筑时可转为廊，遇水可转为桥、堤、汀步等。地面交通可采用电瓶车、马车、牛车等，水上交通主要由各式木筏、皮筏、竹排等组成。

2. 给水排水系统规划

（1）给水系统规划。根据园区的具体情况，包括规划用水人数、用地面积等指标以及相应的用水标准，综合考虑道路、绿化、消防用水以及预留用水等因素，预测园区总用水量，包括生活用水、灌溉用水和消防用水。

①生活用水：根据园区规划的总人数确定用水量，由附近的城市自来水接入或新建小型的自来水设施供水。

②灌溉用水：根据《国家农业综合开发项目建设试行标准》规定，设计灌溉保证率 $P=90\%$。如果区域地形起伏较为复杂，可采用分区供水方式，重要景区由两端接入，保证供水的可靠性。在景区主要道路可铺设 DN2100-DN1200 给水管，以配水管接入各用水点，呈枝状分布。

植物灌溉主要有以下 3 种类型：将水通过输水管从喷头直接洒向园地的喷灌方式；以水滴或细小水流缓慢地施于作物根际，可与施肥一起进行的滴灌方式；用软胶管与出水接头连接，将水或水肥直接浇灌到植株的树盘上的软胶管浇灌方式。应根据园区管理要求、成本及作物生长需要选择。

③消防给水：在重要景区设置户外地上式消火栓，布置间距 120m，其余区域考虑直接取其他水源（水库、水塘）之水加压供消防用。

（2）排水系统规划。防洪排涝是农业生产、水土保持和旅游安全的前提保障。根据园区的实际情况，原则上采用雨、污分流制。雨水排放设施的主要工程措施如下：

①在建筑物及主要场所的山坡侧设立各种拦洪沟，拦截地表径流，并引入附近的山涧或水体中。

②在建筑物区域内设立以各种边沟为主体的排水系统，以便迅速排除地表水。边沟以明沟为主，并通过主排水沟或地下排水总管排向区外的沟谷或水体。

③于道路的一侧或两侧及活动广场边设立排水沟或排水管，防止雨水对道路的冲刷。

④草坪等运动场所，宜设置地下暗沟排水系统。

⑤对于地下水位较高，雨水排泄难，影响园艺作物正常生长的平地园区，可采用总排水沟、中排水沟和小排水沟3级排水系统；对于山地园区可修建环山截洪沟，梯田内缘设排蓄水沟和纵排水沟。

在雨水排放系统中除设置各类相连的排水沟（管）外，还须在排放口前或适当的位置设立清障沉沙设施，如格栅、缓流沉井等，以确保排水系统的正常运行。

做好污水处理与排放工作，是旅游景区可持续发展的关键。园区中的污废水主要来源于餐厅、卫生间等耗水场所，以生活污水为主。可根据实际情况，建立废水处理站，经格栅、混合调节、多级氧化塘、生物处理后隐蔽导流排放或无害化处理后用于农作物的生产灌溉。

3. 电力电信规划

（1）供电规划。根据园区的用电性质及发展规模，同时考虑景观照明要求，规划各功能区用电负荷。若园区紧邻城镇，供电线路可并入县（市）级电网。用电设施及线路布设应与周围环境相协调，以不影响景观效果为佳，并做到供电设施安全可靠。因园区范围较广，电力负荷较大，为了确保各区主要设施的正常运行，特别是夜间照明、供水等，需要在园区内配备一定数量的发电装置，在负荷较集中区还应设立变电所。一般规划10万kV线路沿主园路引入架空敷设，低压线路采用电力电缆直埋敷设，呈放射状供电方式。

（2）通信规划。为了便于观光园艺园的内外联系，便于组织管理，方便游客，根据规划布局和设施建设需求，在各景点需配置完善充足的通信设施。

随着园区的开发建设，游客将不断增加，同时也增加了防火的难度，有关社会治安问题产生的可能性增大。为了加强管理，防患于未然，特别是针对流动人群和非管理点的管理，可建立若干组无线对讲通信网。

此外，布设有线电视光纤线路至各功能区，并增设内部闭路网，便于进行园区广告宣传，同时还能增加电视节目源。通信规划时还应将上网宽带、固定电话线接入各功能区，以方便游客使用。

（五）园林景观规划设计

1. 绿化规划设计 观光园艺园的绿化规划设计，须结合园区布局、小区功能、植物造景、道路规划、游人活动等要求进行合理规划。绿化树种、品种的选择应本着"适地适栽，突出主题，层次分明，季相明显，与周边环境相得益彰"等原则进行。

主要道路和建筑物周围绿化以观花、观叶树种为主，路旁绿化以乔木列植为主，适当配置少量花灌木，形成层次分明的林荫路。但生产区内、花木生产区道路两侧一般不选用高大乔木，而是采用常绿灌木作为道路两侧的绿化带，并适当配植草花（观叶、观花）植物。路口与道路的转角处以花坛、花境等形式布局，巧设对景、障景、透景，给游人以生动变幻的视觉感受。在观光区，游人活动较集中的地段，可设置开阔的大草坪，留有足够的活动空间，还可以规划建造一些花、果、亭、水、鱼等不同造型和意境景点。在植物配置方面可通过不同色彩、质感及气味变化的植物营造视觉、嗅觉感官体验。而休闲服务区，以乔木、常绿灌木和草花相结合，形成层次丰富、色块对比强烈、绚丽多姿的植被景观，力求春夏有花果、秋有红叶、冬有常绿。铺装场地周边采用乔木列植、灌木丛植、草本群植，场地内宜采用乔木孤植与植草格相结合的方式。全园内常绿树占总绿化树木的70%~80%，落叶树占20%~30%，保证园内四季常青。

2. 集散广场规划设计 集散广场主要分为停车场和活动广场。根据需要在园区中心位置或入口处外侧设置停车场，其面积可根据观光高峰时的最大停车数量进行测算。提倡使用植草格（嵌草砖）作为停车场的铺装材料，并在植草格种植耐践踏的草本植物。根据需要在出入口处、园内主要建筑前、园区中心等地段设置活动广场，活动广场的铺装材料以当地生产的石材、地砖、木材等为宜，最好设计为由不同材料及色彩搭配组成的图案。集散广场周边宜种植适量的遮阴树，设置适量的休息座椅。

3. 假山与置石规划设计 在园区四周、小区角落、出入口正面堆叠假山或置石。供观赏的假山或置石，必须考虑趣味性和安全性。供游人进出的假山山洞，必须保证通风好、不积水。根据需要可在适当地段，采取孤置、对置、群置、散置等形式进行叠石。必要时设置若干游客拍摄点。

4. 水系规划设计 为满足造景需要，可设置溪、河、湖、水池、喷泉和瀑布等水体景观。根据水源和地形等条件，确定园区水系的水量、水位、流向及相关配套设施的位置，同时配置适宜的灯光，创造夜晚的景观效果。

5. 园林建筑规划设计 依据园区实际情况规划设置茶室、游客服务中心等园林建筑，局部设置栈桥、观景平台，增加园区景观的观赏性和亲和性。

（六）其他规划设计

观光园艺园的其他规划包括大门和边界规划设计、建筑物规划设计、环保规划设计、游览线路规划设计等。

1. 大门和边界规划设计 园区出入口可分为主出入口、次出入口和专用出入口。出入口的位置应与园外主要交通干道、园内主园路相连接。园门形式可据需要，选择柱墩式、牌坊式、屋宇式、门廊式、墙门式、门楼式等。近年来，园区越来越趋向于不设围墙，或用篱垣式围栏作为园区边界。

2. 建筑物规划设计 建筑选址应避开生态系统脆弱地段、珍稀物种分布地段、景观敏感地段，与地形、地貌、山石、水体、植物等其他造园要素统一协调。有文物价值和纪念意义的旧建筑物应加以保留，并结合到园内景观之中。建筑材料宜就地取材，建筑色彩应与园区总体景观色彩相适应，使建筑掩映在总体环境中。建筑物包括管理用房和生产用房。

（1）管理用房。办公室、财务室、宿舍、餐厅等。

（2）生产用房。工具室、车库、农药库、肥料仓库、包装场和园艺产品贮藏库等。

其中办公室、财务室、包装场、配药场和园艺产品贮藏库、农产品加工体验室应设立在交通方便、空旷的地方。对于山地、丘陵地的生产园，应考虑在园区海拔较高的地段建立畜牧场、配药场等，以便肥料下运省力运输。

3. 环保规划设计 应按游人容量控制游人规模，当游人规模超过游人容量时应按预先设计的紧急预案进行分流和调控。必须通过在园区适当地段设置宣传廊、警示牌等措施，说服规劝游人、调控游人行为，将游人对环境及设施的负面影响降至最低。卫生最低要求应达到《旅游景区质量等级的划分与评定》（GB/T 17775）规定的 A 级旅游区（点）标准。空气质量应达到《环境空气质量标准》（GB 3095）规定的一级标准。地面水环境质量最低应达到《地表水环境质量标准》（GB 3838）规定的二类标准。区内根据游客分布情况，设立垃圾无害化处理站和生态化公厕，以确保生态环境的美化。

4. 游览线路规划设计 规划设计内容包括游览线路上包含的景点（节点）数量、访问若干景点的先后顺序（路径）及在何处何时做何事，留足拍照地点和空间。规划设计应遵循"游客利益最大化，游客成本（所走路途、所用时间和费用）最小化，景点时空顺序渐入佳境"的原则进行。

5. 解说服务系统规划设计 规划设计好解说服务系统，可以充分发挥园区资源的价值，维护景观与生态之美。解说服务系统具有结合环境教育活动，导入生态特色，并与自然互相调和，提供明确、朴实、友善及安全的标识系统，展现地区特色，启动多元参与机制，返璞归真，将场域、人及标识系统融合为一体等功效。规划设计内容包括解说对象、解说目标、解说时机、解说地点、解说资源、解说媒体运用等。

非人员解说媒体包括视听器材、解说出版品、展示、自导式步道、解说标识牌、数字导览系统等。

思考题

1. 园艺植物种植园园址的选择依据是什么？根据园艺植物各自的特点，在选择园址时还应注意哪些问题？
2. 平地、山地、丘陵地建立果园各有哪些优缺点？建园中应该注意哪些环节？
3. 果园水土保持工程主要有哪些种类？如何修建现代农业坡地省工经营模式？
4. 园艺植物种植制度有哪几项？各有什么特点？并设计一套适合你家乡气候特点的园艺植物种植制度。
5. 园艺植物播种有哪几种方式？各有什么特点？举例说明如何科学地选择适宜的播种方式。
6. 简述观光园艺与传统园艺生产在经营和规划上的差异。
7. 简述如何做好观光园艺园规划前期的调研工作。
8. 请谈谈你对观光园艺园功能区规划、基础设施规划的认识。

主要参考文献

北京林业大学园林系花卉教研组，2001. 花卉学. 北京：中国林业出版社.
傅玉瑚，郗荣庭，2001. 梨树优质高效配套技术图解. 北京：中国林业出版社.
葛晓光，张智敏，1997. 绿色蔬菜生产. 北京：中国农业出版社.
何天富，1999. 柑橘学. 北京：中国农业出版社.
黄映辉，2006. 观光农业开发与经营. 北京：中国农业科学技术出版社.
蒋小成，2018. 植物造景在农业观光园规划设计中的应用研究. 重庆：西南科技大学.
李光晨，2000. 园艺通论. 北京：中国农业大学出版社.
李娜，2019. 延安现代农业观光园规划设计研究. 西安：西北农林科技大学.
廖绵浚，1998. 台湾水土保持论丛. 台北：淑馨出版社.
刘嘉，2007. 农业观光园规划设计初探. 北京：北京林业大学.
刘锦，2019. 体验式城郊农业观光园规划设计研究. 济南：齐鲁工业大学.
刘勇，1999. 柑橘优质高产栽培技术. 南昌：江西科学技术出版社.
罗正荣，2005. 普通园艺学. 北京：高等教育出版社.
汪炳良，2000. 南方大棚蔬菜生产技术大全. 北京：中国农业出版社.
王浩，2003. 农业观光园规划与经营. 北京：中国林业出版社.
王香春，2001. 城市景观花卉. 北京：中国林业出版社.
徐坤，范国强，徐怀信，2002. 绿色食品蔬菜生产技术全编. 北京：中国农业出版社.
闫煜涛，白丹，柴新利，2009. 论生态效益和经济效益并重的农业观光园规划设计. 湖南农业科学（8）：126-128，132.
愈益武，张建国，朱铨，等，2007. 休闲观光农业园区的规划与开发. 杭州：杭州出版社.
张贤明，沈福成，2003. 水土保持新方法-廖氏山边沟. 福建水土保持，15（3）：51-60.
张玉星，2011. 果树栽培学总论.4版. 北京：中国农业出版社.
浙江农业大学，2000. 蔬菜栽培学总论. 北京：中国农业出版社.
周光华，1999. 蔬菜优质高产栽培的理论基础. 济南：山东科学技术出版社.
Miyazaki M, Okazaki K, Ishizuka N, et al, 2002. Research on the Development of Mechanized Production System for Steep Sloping Citrus Orchards. Japan：Bulletin of the National Agricultural Research Center for Western Region（1）：1-48.

CHAPTER 7 第七章 园地土肥水管理

园地管理包括土肥水管理和植株管理,即地下部管理和地上部管理。土肥水管理是园艺作物根系生长的关键,根系生长是植株地上部生长发育的基础,俗话说"根深叶茂"。本章重点介绍土壤耕作、土壤改良与增肥、盆土的配制和园地土壤管理制度,园艺作物的营养和需肥特点、营养诊断、施用技术,以及园艺作物对水分的需求特点、灌溉、排水和水肥一体化等管理技术。

第一节 土壤管理

土壤管理通常指土壤耕作、土壤改良等技术措施,目的在于根据园艺作物根系生长发育的特点,调控和改善土壤的水、肥、气、热条件,使分布其中的根系得以充分扩展并行使吸收和代谢等功能。

一、土壤耕作

土壤耕作是根据园艺作物对土壤的要求和土壤特性,采用机械或非机械方法改善土壤耕层结构和理化性状,以提高肥力、消灭病虫杂草为目的而采取的一系列耕作措施。

(一) 土壤耕作的目的

1. 改善土壤结构 改善土壤耕层结构,使园艺作物根层的土壤适度松碎,并形成良好的团粒结构,以便吸收和保持适量的水分和空气,促进种子发芽和根系生长发育。

2. 消灭杂草和害虫 将杂草覆盖于土壤上,或使蛰居害虫暴露于土壤表面而死亡。

3. 利用作物残茬作基肥 将作物残茬以及肥料、矿物质、农药等混合在土壤内,以增加土壤有机质和肥力。

4. 土地整理 将地表整平,做成某种形状(如开沟、做畦、起垄、筑埂等)或压实,以利于种植、灌溉、排水、减少土壤侵蚀或保持土壤水分。

5. 改良土壤质地 将质地不同的土壤彼此易位。例如将含盐碱较重的上层移到下层,或使上、中、下3层中的1层或2层易位以改良土壤质地。

6. 清洁园地 清除田间的石块、灌木根、落叶落果或其他杂物。

(二) 土壤耕作的方法

不同土壤耕作措施的组合,称为土壤耕作法或土壤耕作制度。生产上有多种耕作法,各种耕作法的目的都是在当地的气候、土壤条件下,创造一定的耕层结构和地表状况,调节作物、土壤、气候之间的关系,以满足特定园艺作物生产的需要。园艺作物种植前的耕作法主要有以下3种。

1. 翻耕法 翻耕法也称为平翻耕法、传统耕作法。主要有基本耕作即耕翻和由耙地、耢地、镇压环节组成的表土耕作。

(1) 耕翻。采用有壁犁进行耕地,具有翻土、松土和碎土的作用。对全园土地进行全面耕翻,能较彻底地翻埋肥料、杂草、残茬、绿肥、牧草、病原孢子、害虫等,为后茬作物创造清洁的地表。但耕翻较费工,耕翻后留下疏松而裸露的耕作面,易引起风蚀、水蚀。

当前我国耕翻的深度,畜力犁一般为 15~18 cm,机耕为 20~25 cm,特殊用途的犁(如开荒犁)作业深度可达 30~50 cm,有的甚至可达 70~80 cm。耕翻一般是在前茬作物收获后至后茬作物播种前的接茬或休闲阶段内进行。

(2) 耙地、耢地和镇压。耕翻后必须进行辅助性耕作,才能创造良好的耕层结构和地表状况,以满足园艺作物生产需要。常用的辅助性耕作有耙地、耢地和镇压等。要根据当地的气候、土壤和耕作任务,来确定应用的时间和方法。在北方,冬季时间长,秋季耕翻后不耙或粗耙有利于冻垡,低洼易涝地或耕翻后土壤含水量高的地块,短期内不耙地有利于散墒,可以待来年春季再安排耙地。耙地方式有顺耙、横耙、斜耙和对角耙等。耙地后根据需要进行耢地或镇压,再种植园艺作物。

2. 旋耕法 旋耕法是采用旋耕犁进行的一种土壤作业,具有基本耕作和表土耕作的双重作用。旋耕后土壤碎散,地面平整,但在降雨和灌水后容易变紧实。对于杂草多的地块,由于无耕翻作用,效果较差。旋耕碎土能力很强,用于旱地和水浇地,能使土壤高度松软,地面也相当平整,旋耕深度可达 10~15 cm。旋耕用作表土作业,对消灭杂草、创造疏松表土层、破除板结效果良好。

3. 深耕法 深耕法是由深层松耕和表土耕作构成的耕作法。深层松耕是在较深的部位对土壤进行全面或局部的疏松,但不翻动耕层,让各层土壤保持在原来的位置上。深层松耕后的土壤于作物播种前仍需进行表土耕作作业,才能满足播种要求。深层松耕的农机具有心土犁、凿形犁和松土铲等。

二、土壤改良与增肥

许多园地土壤与园艺作物生长发育的要求存在较大的差距,尤其是我国的果树广泛种植在山地、丘陵、沙砾滩地、盐碱地,有些果园在建园时没有经过土壤改良,表现为土层瘠薄、结构不良、有机质含量低、偏酸或偏碱,有的虽经改良,仍存在土壤熟化不充分的问题。因此,应根据果园土壤和果树生长发育状况采取相应的土壤改良措施。其他园地也应根据立地条件和作物需求进行有针对性的改良。

(一)深翻熟化

1. 深翻对土壤改良和园艺作物的作用 深翻结合增施有机肥,可以改善土壤结构和理化性状,促进团粒结构的形成,疏松土壤,加厚土层,增强土壤透水和保水能力;土壤生态条件的改善又促进微生物活动,加速土壤熟化,促使难溶性营养物质分解转化为可溶性养分,从而提高肥力。有机肥的种类包括畜禽粪便、秸秆、草皮、堆肥、饼肥等,这些有机肥施入土壤前应经过发酵腐熟,因为未腐熟的肥料和粗大有机物施入土壤后不仅肥效慢,而且容易对根系造成伤害,尤其是畜禽粪便容易滋生病菌与虫害,导致植物病虫害的发生。在有效土层浅的园地,对土壤进行深翻改良的效果非常显著。深翻可以为园艺作物根系生长和吸收创造良好的环境条件,促使植物根系向纵深和广度伸展,增加根量,从而促进地上部生长,增强植物适应不良环境的能力,提高产量和产品质量。

2. 深翻时期 土壤深翻一年四季都可以进行,但通常以秋季深翻的效果最好,例如果园多在果实采收后结合深翻并进行秋施基肥。春季深翻应在土壤解冻后、树体萌芽前进行,此时地上部仍处于休眠状态,根系刚开始活动,伤根后容易愈合和再生。早春多风地区,深翻时要及时覆盖根系;若遇春旱需翻后灌水。风大、干旱和寒冷地区不宜春季深翻。夏季深翻宜在北方雨季来临前后进行,果树和其他多年生树木可以在新梢停长时进行,这样有利于伤根愈合和促发新根,但可能会影响到地上部的生长发育,引起落果。秋季深翻时由于地上部生长已经缓慢,果实多已采收,养分开始回流,对地上部影响不大,而且又处在根系生长的第3次高峰,伤根易于愈合,能促发大量新根,结合秋施基肥,并及时灌水,有利于维持和促进叶片的光合作用,提高树体的贮藏营养水平。冬季深翻的适期较长,入冬后至土壤结冻前均可进行,但在有冻害的地区应在入冬前完成,北方寒冷地区通常不在冬季深翻。

3. 深翻深度 深翻的深度要考虑植物根系的垂直分布层、土壤的结构和性质,略深于根系分布层。种植果树和其他多年生木本植物的园地一般深翻深度要达到60cm;菜地和草本花卉花圃深至20~40cm,如栽培根菜类、茄果类、瓜类、豆类、白菜等蔬菜可深些,绿叶菜类可浅些。山地土层薄、土壤黏重、浅层有砾石层或胶泥层的宜深些,沙质土壤、土层深厚的宜浅些。

4. 深翻方式 根据园艺作物种类、树龄和栽培方式等具体情况可采取不同的深翻方式。

(1) 深翻扩穴。深翻扩穴又称放树窝子。多用于幼树、稀植树和庭院栽种的果树。幼树定植2~3年后,沿定植穴外围逐年向外深翻扩穴,直至树冠下方和植株间全部翻遍为止。这种方法适合劳动力较少的情况,每次深翻范围小,需数次才能完成全园深翻。

(2) 隔行深翻。隔行深翻即隔1行翻1行,分两次完成,因当年只伤一侧根系,对树体生长发育的影响较小,常用于成行栽植和密植的成龄园地。等高梯田式果园或坡地果园也可采用该法,一般先浅翻外侧,翌年再深翻内侧,并将土压在外侧,这种深翻可与修整梯田结合进行。

(3) 全园深翻。将栽植穴以外的土壤一次全面深翻。这种方法多在树体幼小、劳动力充足的果园采用,深翻后便于平整土地,有利于耕作。结合施肥进行全园耕翻是菜地和花圃常规的土壤管理措施。

深翻应根据种植园的具体情况采用适宜的方法,并注意尽量少伤根,尤其是大根,已损伤的粗根要削平伤口,以利愈合。要避免根系长时间暴露在土壤外面,以防干枯。深翻时底层可翻压绿肥、秸秆等,根际附近施入腐熟的有机肥,并与表土掺匀。翻后及时灌水,使土壤与根系密接。结构差、排水不良的土壤,深翻沟要有出水口,以免沟底积水。

(二) 不同类型园地的土壤改良

1. 红黄壤 红黄壤广泛分布于我国长江以南的丘陵山区。这些地区高温多雨,土壤有机质分解快,养分易于淋失,但铁、铝等元素易于积累,土壤酸化,有效磷的活性低;因风化严重,土粒很细,土壤结构差、黏重,水分过多时土壤吸水而呈糊状,干旱时水分易蒸发散失而造成土壤板结。

改善土壤理化性状应采取的措施:

(1) 黏土掺沙,1份黏土加2~3份沙土。

(2) 增施纤维素含量较高的作物秸秆、稻壳等有机肥,种植绿肥作物,如印度豇豆、圆叶决明、肥田萝卜、金光菊、豌豆、豇豆、紫云英、毛叶苕子等。

(3) 红黄壤有效磷含量低,增施磷肥效果显著,可选用钙镁磷肥,但要尽量避免施用酸性肥料,如过磷酸钙。施用石灰可以中和土壤酸度,改善土壤的理化性状,施用量为750~1 050kg/hm²。

此外,可以结合采用减少耕作、实施免耕和生草等耕作制度,并做好梯田、撩壕等水土保持工作。

2. 盐碱地 盐碱地的高含盐量和离子毒害会导致园艺作物根系生长不良、养分和水分吸收受阻,发生缺素和生理干旱。生产上除了选择耐盐的作物种类以外,更重要的是要对土壤进行改良。改良的技术措施有:

(1) 建立排灌系统,引淡水适时合理地灌溉。具体方法是在园内深挖排水沟,降低地下水位,定期引淡水灌溉,将盐碱排出园外。

(2) 洗盐、压盐后注意加强地面维护。相应措施有中耕、地表覆盖、增施有机肥、施用酸性肥料等措施,目的是减少地面的过度蒸发,防止盐碱上升,中和土壤碱性。洗盐、压盐时还要注意,已种植果树的果园,园地大水浸泡的时间不宜过长。

(3) 种植田菁、苜蓿、燕麦、草木樨、黑麦草、绿豆、偃麦草等绿肥作物,以改善土壤结构,提高土壤肥力。

（4）添加石膏、磷石膏、过磷酸钙、腐殖酸、泥炭、醋渣等化合物调节土壤酸碱度，进行化学改良。

3. 沙荒地 我国西北地区和黄河中下游地区有大面积的沙漠地和荒漠化土壤，其中有些地区还是我国主要的果品基地，如新疆吐鲁番、黄河故道地区。这些地域的土壤构成主要是沙粒，有机质极为缺乏，有效矿质营养元素含量稀少，温湿度变化剧烈，保水保肥能力极差。改土的主要措施是：

（1）营建林网、设置草方格沙障，防风固沙。

（2）发掘灌溉水源，种植绿肥作物，加强覆盖。

（3）培土填淤结合增施有机肥，有条件的地方施用土壤改良剂。

黄河故道地区的沙荒地有些是盐碱地，可参照盐碱地的改良方法治理。

4. 保护地 在保护地栽培条件下，由于特定的小气候（温度高，湿度大，不受雨水淋洗）和长期大量或过量施用肥料，土壤表层会出现盐分积累、土壤溶液浓度增高的现象。特别是在一年四季连续覆盖的温室或大棚里，盐渍化现象会日益严重。对于这种土壤最根本的改良方法是科学施用无机和有机肥料，增施有机肥，正确掌握化肥的施用方法。化肥中一些副成分如 Cl^-、SO_4^{2-} 是增加土壤溶液盐分浓度的因素之一，种植蔬菜时尽量少施；而多数蔬菜喜硝态氮，可选用硝铵、尿素、磷铵和硝酸钾等或以这些肥料为主的复合肥料。此外，可以在夏季去掉覆盖薄膜让雨水冲盐，或在休闲季节大量灌水除盐，或实施与水稻的轮作制度。

（三）连作障碍与克服技术

连作障碍是指连续在同一地块上栽培同种作物或近缘作物引起的作物生长发育异常的现象。常发生于设施园艺种植园以及蔬菜、观赏园艺露地种植园。以草莓为例，有研究表明，盆栽草莓连作 2 年，草莓苗死亡率达 40.9%，果实产量下降 50.1%。

1. 连作障碍形成的原因

（1）植物化感物质自毒作用。活体植株分泌或残体腐化分解能产生对羟基苯甲酸和肉桂酸等酚酸类物质，这类物质具有化感效应，能够在土壤中积聚并且对下茬园艺作物产生不良影响。

（2）土壤微生物群落变化。随着连作年限的增长，土壤中的细菌、放线菌的种类及数量逐年减少，真菌的种类及数量明显增加，尤其是植物病原真菌，它们对园艺作物根系具有较大的影响。

（3）土壤理化性质劣变。长期连作的土壤中各种微量元素失衡，土壤养分分布不均，板结成块，土壤次生盐渍化和酸化严重，阻碍园艺作物正常生长。

（4）线虫危害。线虫是园艺作物寄生虫，主要破坏根系，影响园艺作物的正常生长。连作会引起线虫的发生，如姜连作几年后，容易发生线虫引起的姜癞病。

2. 连作障碍的克服技术 枇杷、无花果、桃、杏、西瓜、黄瓜等都是对连作比较敏感的作物，除了尽量避免连作、选育新型抗病品种、选择利用抗连作的砧木外，还可以采用如下措施：

（1）改进耕作方式。包括合理轮作、错开畦位、更换表土等。

（2）使用物理方法。利用电解法降解水培营养液中的酚酸类化感物质；利用活性炭吸附酚酸类化感物质；温室中采用 82℃ 蒸汽处理 30 min，可达到杀死有害病菌的作用。

（3）使用化学药物及有机改良剂。施用土壤消毒剂，如波尔多液、氰氨化钙和棉隆等，能够有效防治多种土传病害及杀灭线虫、虫卵。施用有机改良剂，如几丁质粉末、植物残体、绿肥、饼肥、稻草、堆肥、粪肥和蚯蚓粪等，能够降解产生挥发性物质，抑制土壤中病原真菌的生长。还可以使用化学药剂，如甲醛、氯化苦、溴甲烷、硫黄等。以甲醛为例，使用时先将耕作层土壤翻松，用喷雾器将 50～100 倍的 40% 甲醛均匀喷洒在地面再稍加翻动，用塑料薄膜覆盖地面，2d 后揭开薄膜，通风备用。

（4）生物防治技术。使用生防菌制剂，生防菌可以与病原菌形成拮抗作用，也可以降解连作植物根尖分泌物如酚酸等物质；接种放线菌活菌制剂或枯草芽孢杆菌，有利于园艺作物根域微生物种群的平衡，缓解连作障碍。

（四）土壤改良剂

土壤改良剂的研究始于19世纪末，按原料来源可将土壤改良剂分为天然改良剂、合成改良剂、天然-合成共聚物改良剂和生物改良剂，其具体分类如图7-1所示。目前土壤改良剂已广泛应用于退化土壤的改良。

1. 土壤改良剂的作用

（1）改善土壤物理性状，增强保水保土能力，提高营养元素的有效性，增加土壤肥力。

（2）提高土壤中有益微生物和酶的活性，抑制病原微生物，增强园艺作物的抗性。

（3）降低Cd、Pb、Co、Cu、Ni等重金属的迁移能力，抑制作物对重金属的吸收，达到降低土壤中重金属污染的效果。

2. 土壤改良剂应用存在的问题

（1）天然改良剂对土壤的改良效果有限。

（2）持续期短。

（3）天然改良剂储量的限制。

（4）人工合成改良剂土壤残留的影响。

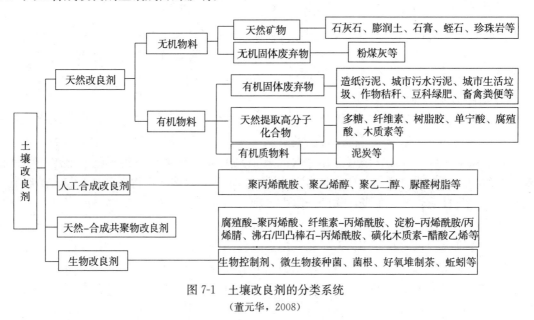

图7-1　土壤改良剂的分类系统
（董元华，2008）

三、盆土的配制

盆栽是花卉生产的重要方式，在果树上的应用也越来越多，许多研究的试材采用盆栽方式种植。盆栽前应配制富含营养物质和物理性状良好的盆栽用土。

1. 盆土的组成　盆土又称盆栽基质或盆栽介质，主要成分有园土、腐叶土、堆肥土、塘泥、泥炭、珍珠岩、蛭石、水藓、木炭、椰子纤维、草木灰、黄沙等。各地常根据材料来源和使用习惯，选用上述材料中的一部分调配盆栽用土。

2. 盆土的配方　园艺上通用的配方为园土＋腐叶土＋黄沙＋骨粉，比例为6∶8∶6∶1（体积比，以下同）；或泥炭＋黄沙＋骨粉，比例为12∶8∶1。一般草花类如凤仙花、鸡冠花、一串红等选用腐叶土（或堆肥土）＋园土＋砻糠灰，比例为 2∶3∶1；蔷薇类及一般花木类选用堆肥土＋园土，比例为 1∶1；菊花及一般宿根花卉选用堆肥土＋园土＋草木灰＋细沙，比例为 2∶2∶1∶1；多浆植物为腐叶土＋园土＋黄沙，比例为 2∶1∶1；山茶花、杜鹃花、秋海棠类、八仙花等用腐叶土加少量黄沙；气生兰类用水藓、椰子纤维或木炭块等。

同一种花卉不同生长阶段采用不同的盆栽基质。例如，蚊净香草在幼苗期的栽培基质为草炭、蛭石、珍珠岩按 7∶2∶1 配比，苗木成苗后 1 份配好的混合基质再混 1 份园田土。再如，仙客来生产中的盆栽基质有两种，播种基质为草炭、牛粪、蛭石按 2∶1∶1 配比；上盆基质为醋糠、草炭、牛粪按 1∶1∶1 配比，使用时醋糠与牛粪按 1∶1 混合沤制，用前再与草炭混合。

上海市园林科学研究所用于育苗的介质是泥炭＋砻糠灰，比例为 1∶2，或泥炭＋珍珠岩＋蛭石，比例为 1∶1∶1；用于扦插的介质是珍珠岩＋蛭石＋黄沙，比例为 1∶1∶1；一般的盆栽介质是腐烂木屑＋泥炭，比例为 1∶1，或壤土＋泥炭＋砻糠灰，比例为 1∶1∶2，或腐烂木屑＋腐烂醋渣，比例为 1∶1。国外为了适应各种不同的花卉，也有许多不同的介质配方。一般适于种苗和扦插苗生长的介质为壤土＋泥炭＋沙，比例为 2∶1∶1，每 100L 另加过磷酸钙 117g、生石灰 58g。杜鹃类盆栽介质为壤土＋泥炭（或腐叶土）＋沙，比例为 1∶2∶1。此外，荷兰常用的盆栽介质为腐叶土＋黑色腐叶土＋河沙，比例为 10∶10∶1；英国常用腐叶土＋细沙，比例为 3∶1；美国常用腐叶土＋小粒珍珠岩＋中粒珍珠岩，比例为 2∶1∶1。

四、园地土壤管理制度

土壤管理制度又称土壤耕作方法，是指对园地土壤表层的耕作管理方式。土壤表层耕作管理的目的是改善土壤结构，提高土壤肥力，防止水土流失，维持良好的养分和水分供给状态，为根系提供良好的水、肥、气、热环境，从而提高园艺作物的产量和质量。

（一）清耕法

清耕法是指在生长季内经常进行耕作，除园艺作物外不种植其他作物，保持土壤疏松和无杂草状态的一种土壤管理制度。清耕法一般在秋季深耕，春、夏季多次中耕。

1. 清耕法的优点 经常中耕可以使土壤保持疏松通透，促进土壤微生物的活动和有机物的分解，及时供应有效养分，肥效快；春季土壤温度上升快；经常切断土壤表层的毛细管，可以防止土壤水分蒸发；去除杂草可以减少其与园艺作物对养分和水分的竞争。

2. 清耕法的缺点 水土流失严重，尤其在坡地；长期采用清耕法会破坏土壤结构，使土壤有机质含量迅速减少；土表的水、热条件常随大气的变化而变幅较大，不利于根系发育；劳动强度大，费时费工。目前在我国，清耕法仍是果园、菜地和花圃进行土壤管理应用较多的一种耕作制度，但因弊端多，近年已不再提倡使用。若实施，应尽量减少耕作次数，或在长期应用免耕法、生草法后进行短期清耕。

（二）生草法

生草法是在果树的行间种植草类而不进行耕作的土壤管理方法。

1. 生草法的优点

（1）改善土壤理化性状，保持土壤良好的团粒结构，通气良好，透水性好。

（2）增加土壤有机质和有效养分的含量。据报道，生草翻压 5 年后，5～10cm 土层有机质含量由清耕条件下的 0.8% 提高到 1.5%。

（3）防止和减少水土流失。在雨季，生草可以消耗土壤过多的水分，减少地表径流，促进枝条充实和果实成熟,提高果实品质。

(4) 有助于形成良好的生态平衡条件。地表昼夜和季节的温湿度变化都比较缓和,有利于根系生长和养分的吸收,春季提高地温,使根系活动较清耕园提早 15~30d;高温干旱季节降低土壤温度;晚秋延缓土壤降温,延长根系活动时间,对树体贮备养分、充实花芽有良好的作用;冬季可以减小冻土层的厚度,预防根系冻害;减轻日灼病和缺磷、缺钙引起的生理病害。

(5) 土壤不进行耕锄,管理省工,便于果园机械化作业,降低生产成本。

(6) 有利于果树病虫害的综合治理。果园生草增加了植被多样化,为天敌提供了丰富的食物、良好的栖息场所,克服了天敌与害虫在发生时间上的脱节现象,果园生草后中华草蛉及肉食性螨类等天敌数量明显增加,种群稳定,制约着害虫的蔓延,形成果园相对持久的生态系统。

因此,生草法在园艺生产发达的欧美国家被普遍应用。在我国许多果园,行间生草、树盘覆盖的管理方法也已得到广泛推广。

2. 生草法的缺点

(1) 生草会造成草类与园艺作物在养分和水分上的竞争,尤其是在持续高温干旱时或园艺作物与草类都处在迅速生长期时竞争更剧烈,肥水和相应管理跟不上时会影响树体的生长发育。

(2) 长期生草的园地表层土易板结,影响透气与渗水。

因此,生草法在干旱地区和栽植密度大的蔬菜和花卉园地不宜实行,而在土壤水分条件较好的果园,在缺乏有机质、土层较深厚、水土易流失的园地是一种较好的土壤管理方法。

3. 果园生草的做法 根据草种的来源可分为自然生草法和人工生草法。

(1) 自然生草法。利用果园前期自然长出的各种杂草,人工拔除恶性杂草后选留适宜当地自然条件的草种,实现果园生草的目的。春季先任由野草生长,当草高 30cm 时,留 10cm 割下,覆盖树盘,保持果园草高不超过 30cm;立秋后,停止割草至生长末期,任其自然死亡,使杂草产生一定数量的种子,保持下年的杂草密度。

(2) 人工生草法。在果园播种禾本科或豆科等草种,根据果树和草种的生长情况适时补充肥水和刈割,割下来的草,或散撒于果园,或覆盖于树盘,或用作饲料,或沤肥还园。人工生草宜在春季 3—4 月地温稳定在 15℃以上或秋季 9 月进行。草种要求矮秆或匍匐生长,适应性强,耐阴,耐践踏,与果树无共同的病虫害。目前采用较多的有豆科的紫云英、白三叶草、小冠花、苕子、紫花苜蓿、鸡眼草、箭筈豌豆、田菁、绿豆、黑豆等,禾本科的草地早熟禾、匍匐剪股颖、野牛草、羊草、结缕草、黑麦草、羊胡子草、燕麦草等,多为多年生牧草和一二年生的豆科或禾本科的草类。多年生豆科牧草培肥地力的效果好,在氮素缺乏的园地,应避免禾本科草类,可选豆科牧草。

采用直播或育苗移栽法。平整土地后,直播前半个月灌 1 次水,诱发杂草种子萌发出土,喷施百草枯等短期降解的除草剂,10d 后再灌水 1 次,淋溶残留的除草剂,再播种;育苗移栽,于苗床上播种育苗,禾本科草长至 3 片叶以上、豆科草长至 4 片叶以上即可移栽。一二年生草类可逐年或越年播于行间,长到一定高度后刈割或翻耕,当草长至 30cm 左右时刈割,每年 2~3 次,豆科植物留茬 15cm,保住茎的 1~2 节;禾本科植物留茬 12cm 左右,保住生长点心叶以下。刈割的草覆盖树盘,也可开沟深埋。秋季长起来的草不再刈割,冬季留茬覆盖地面。

4. 果园生草注意事项

(1) 果园喷药尽量避开草,以保护草中的益虫。

(2) 刮树皮、剪病枝叶时,应及时收拾干净,不可遗留在草中。

(3) 旱地果园不适合全园生草,草与树争水严重,易造成果树缺水。

(4) 根据草的生长情况,适时刈割,作为饲料利用或翻埋入土。

(5) 自然生草要精细管理,否则杂草丛生,如果不刈割不翻耕,杂草与果树争光、争空间、争肥,造成果树缺肥,果园作业不便,害虫发生严重。

(三) 覆盖法

覆盖法是利用作物秸秆、杂草、糠壳、锯末、藻类和塑料薄膜等材料覆盖在土壤表面的一种土壤管理方法，在园艺作物的种植中应用广泛。通过覆盖代替土壤耕作，能有效抑制土壤水分的蒸发，防止水土流失和土壤侵蚀，改善土壤结构，调节地表温度，还可抑制杂草生长。

通常用作物秸秆、绿肥和杂草作覆盖材料，覆盖范围为树冠下或全园的行内，厚度一般为20cm以上。园地覆草具有显著的保墒作用，能降低土壤的昼夜温差和季节温差，有利于根系的发生和生长，延缓根系的衰老，增强根系的吸水吸肥功能。有机覆盖物腐烂后随水分浸入或通过耕作翻入土壤，可增加土壤的有机质含量，促进团粒结构的形成，增强保肥保水能力和通透性能。同时由于土壤有机质含量增加和温湿条件改善，促进了土壤微生物的活动，从而增加土壤中有效钾、有效磷等有效态养分。覆盖还可以减少地表径流，防止土壤冲刷和水土流失。但是，覆草法需大量秸秆和稻草，有时易招致虫害和鼠害；长期采用有机物覆盖栽培，容易导致园艺作物根系上浮；长期使用含氮少的作物及杂草秸秆进行覆盖时，会导致土壤中的无机氮减少。另外，覆草的园地春季土壤升温慢，果树新梢停止生长期以及果实着色与成熟期可能会略为延迟。与生草法相比较，覆草法对表土层的作用更明显。

果园采用薄膜覆盖则在提高早春土壤温度、促进果树根系生长、增加果实含糖量和促进果实着色、提早果实成熟期、减轻病虫害和抑制杂草等方面有突出效果。生产中经常在幼树栽植后覆盖地膜以提高成活率，抑制杂草生长；果实着色期铺设银色反光膜以促进着色。在果树育苗、设施栽培上应用地膜覆盖已成为常规技术措施。但若长期覆盖地膜，由于补给肥料困难，容易造成果树营养亏缺或土壤通气不良。近年来，一些果园常用防草布进行覆盖，可有效减少果园杂草。

果园防草布的应用

蔬菜是生产过程中应用塑料薄膜最普遍的园艺作物，地膜覆盖能够显著地提高蔬菜的产量和品质，已成为人们的共识。其作用主要表现在：可以保持土壤水分，促进种子萌发，提高出苗率，缩短定植后的缓苗期；升高地温，加速有机质分解，提高肥料的使用效率；降低空气湿度，减轻病害，特别是在设施条件下；此外，还可以抑制杂草滋生，避免积水后发生的湿涝，促进作物早熟。覆盖前后应做好整地、施肥、灌水等田间管理工作。

种植园林树木和成年木本花卉的园地可采用作物秸秆、腐叶、松针、锯末、泥炭藓、糠壳、花生壳等有机物覆盖，厚度一般为5~10cm。覆盖还可以改善和调节土壤的耕性、质地和酸碱度，如松针、栎类树叶、泥炭藓腐烂后土壤呈酸性反应，而枫类和榆类叶片腐烂后呈碱性反应。草花育苗则多采用地膜覆盖。

(四) 免耕法

免耕法是土壤不进行耕作或极少耕作，利用除草剂防除杂草的土壤管理方法，在果园、菜地和花圃都可应用。这种方法能够维持土壤的自然结构，通气性好，有利于水分渗透，土壤保水力也较好，园地无杂草水分消耗较少；土壤表层结构结实，吸热、放热较快，可减少辐射霜冻的危害，也便于各项操作和机械作业；省时省力，管理成本低。其缺点是长期免耕会使土壤有机质含量下降，造成对人工施肥的依赖，还存在除草剂的污染。

改良免耕法也是应用除草剂控制杂草的土壤管理方法，其要点是用选择型的、对多数低矮的草无害的除草剂，在草长到一定高度（30cm左右）后应用，以喷施叶面为主，目的是杀死草的幼嫩部分而不是整株，从而促进草多发分支，匍匐生长，控制草的高度。

上述几种土壤管理制度在不同条件下各有利弊，实践中应根据园艺作物种类、自然条件和生产条件选择适宜的方法或结合利用。例如，在果树最需要肥水的生长前期保持清耕，而在雨水多的季节进行间作或生草覆盖地面，以吸收过剩的水分，防止水土流失，并在雨季过后、旱季到来之前刈割覆盖，或沤制肥料。这样可以结合清耕、生草、覆盖三者的优点，在一定程度上弥补各自的缺陷。

第二节 营养与施肥

园艺作物在生长发育过程中，除了对二氧化碳和水的需求以外，还要不断地从外界环境中吸收各种营养元素（nutrient element），而仅仅依靠土壤中的养分，通常难以达到优质高产的目的。这就需要根据土壤的性质和肥力状况、作物的营养特点和生长发育情况以及肥料自身的特性等因素综合分析，进行科学施肥。

一、园艺作物的营养和需肥特点

不同种类的园艺作物或同种作物的不同品种对各种营养元素的需求不同，即使同一品种在不同的生长发育阶段对营养的要求也不一样，而对于多年生作物，树龄、树势和开花结果状况也影响其对养分的需要。因此，作物对营养元素的需求是复杂多样的，了解各种园艺作物的营养特点和需肥规律，有助于做到合理施肥，从而满足其对营养元素的需要。

（一）果树

大多数果树在营养元素的吸收、利用、分配、贮藏和再利用上具有一定的特殊性，形成了不同的营养和需肥特点。

1. 生命周期长，营养要求高 大多数果树是多年生木本植物，定植后一般要生长几十年甚至更长，在发育过程中需要养分的量很大，而根系不断地从同一地块土壤中选择性地吸收所需要的营养元素，很容易造成某些营养元素贫乏和土壤环境恶化。因此，需要不断地施用肥料，改善土壤理化性状，创造果树生长与结果的良好环境条件。

果树在其生命周期中要经历幼龄期、结果期和衰老期等不同发育阶段，在不同阶段果树有其特殊的生理特点和营养要求。幼龄期果树以营养生长为主，主要任务是扩大树冠和扩展根系，该阶段需肥不多，但对肥料的反应十分敏感，要求施足氮肥，适当配施磷肥和钾肥。果树结果初期的管理主要是继续扩大树冠和促进花芽分化，所以应在施用氮肥的基础上，增施磷、钾肥；结果盛期主要是保证果品优质丰产，所以施肥要注意氮、磷、钾配合，随结果量的增加应增施钾肥和磷肥，以提高果实品质。盛果期的果树容易出现微量元素缺乏症，如铁元素缺乏，应及时补充。至果树衰老期，为延缓其生长势迅速衰退，可结合地上部更新修剪，多施氮肥，促进更新复壮，以延长经济寿命。

2. 树体营养生长与生殖生长的平衡 果树在年发育周期中，营养生长与开花、结果和花芽分化同时或交叉进行。管理中必须注意营养生长与生殖生长的平衡，才能获得优质高产的商品果实。若供肥不足，则营养生长不良，即使花芽较多，也会因得不到足够的营养而影响发育，造成果少质次。若施肥过量，尤其是氮肥过多，又会使营养生长过旺，梢叶徒长，花芽分化不良，有的虽然能开花结果，但生理落果严重，果实着色不良，风味不佳。同时，枝叶旺长还会与果实争夺养分，引起果实缺素而发生生理性病害。所以，必须根据树体生长和结果的具体情况科学施肥，以保持营养器官和生殖器官的营养平衡。

3. 繁殖方式与树体营养关系密切 多数果树属无性繁殖，嫁接是最常用的方法，砧穗组合与树体营养关系密切。大多数果树采用近缘植物作砧木以利用其适应性和抗逆性，由于不同砧木的吸收能力和对不良环境的耐受力有较大差异，会明显影响果树对养分的吸收，改变体内养分的组成，从而影响树体的生长发育。如温州蜜柑在海涂栽培时以枳为砧木常出现缺铁黄化症，而以酸橙为砧木时症状明显改善，显示出不同砧木对铁离子吸收的差异。柑橘类果树中，以枳、Cleopatra 柑作砧木的，树体含氮量比用粗柠檬作砧木的低；而以酸橙和粗柠檬为砧木的，叶片的含磷量则比接在枳砧的低。苹果用湖北海棠作砧木较耐微酸性土壤，用八棱海棠为砧木较耐微碱或石灰性土壤，而以山定子为砧木则极易产生缺铁黄化。苹果用不同 M 系为砧木时，不但地上部生长量有显著差别，而且营养特性也不同，如 M_1 和 M_7 能使接穗品种具有较高的营养浓度，而接在 M_{13} 和 M_{16} 上则养分含量较低。又如，西洋梨品种接在榲桲上比接在西洋梨本砧上吸收镁多，但吸收氮、硼少。因此，选用适宜的砧穗组合不仅可以节省肥料，而且还可以减轻或克服营养元素缺乏症。

4. 果树具有贮藏营养的特性 果树营养具有明显的再利用特点。落叶果树多数在结果前一年形成花芽，在落叶前将叶片内的光合产物和营养元素等营养转运到根、干、枝内，以贮藏营养的方式积累。常绿果树也有类似特点，叶片在达到一定叶龄或即将脱落时，各种营养物质含量会大幅度降低。早春又由贮藏器官向新生长点调运并向芽供应营养，继续进行分化和早期生长。所以上一年树体的营养状况与翌年生长结果关系密切。果树栽培既要注意采前管理，满足当年生长结果的需要，又要加强采后管理，以提高树体贮藏营养的水平，为来年丰收打下良好的基础。

5. 根系特性与施肥 果树根系是吸收养分的重要器官，多数果树的根系分布深而广，一般分布在 10～80cm 的土层内，在土层深厚、排水良好的情况下，根系分布得更深，水平分布可超过冠幅 1 倍以上。根系分布的范围与养分、水分的吸收利用有直接关系，对树体固地性和抗逆性也有重要影响。但与许多一年生作物相比，果树的根系密度较低，须根较少，往往造成局部根域养分亏缺，不利于对难移动养分的吸收。施肥时应施到根系分布最密集的层次，尤其是溶解度小，在土壤中容易固定、挥发或流失的肥料，更需注意施肥方法和深度。幼年果园由于根系密度低，在间作情况下与根系密度高的作物或杂草在水分和养分的吸收上容易发生矛盾，施肥时更要注意。

6. 菌根的影响

（1）菌根。菌根（mycorrhiza）是植物根系与部分土壤有益真菌的共生体。果树等大多数园艺作物根系可与真菌共生形成菌根。菌根可以扩大根系的吸收范围，增强吸收能力，在干旱条件下，菌根可以增加水分吸收，从而促进营养元素的吸收和运输。如美国的柑橘，由于形成菌根较多，很少发生缺磷的问题。菌根可提高根系向地上部供应营养的能力，促进果树糖的代谢；菌根真菌能合成细胞分裂素、赤霉素等，提高树体的激素水平（Edriss, 1984；Proctor, 1989）；大量试验表明，菌根对果树抗病性有良好的作用。

（2）印度梨形孢的应用。园艺作物生产上具有广阔应用前景的根系微生物是印度梨形孢。印度梨形孢（*Piriformospora indica*）属担子菌门 Basidiomycota、层菌纲 Hymenomycetes、蜡壳耳科 Sebacinaceae、梨形孢属 *Piriformospora*，1998 年由印度科学家 Verma 等在印度西北部塔尔沙漠地区的灌木丛根部发现的，主要由菌丝与孢子组成，其孢子形状类似于梨形，根据其发现地与形态特征，命名为印度梨形孢。印度梨形孢的作用和形态都与丛枝菌根真菌（arbuscular mycorrhizal fungi, AMF）非常相似，不同之处在于它能够在多种人工合成的培养基上培养，获取纯培养物，而不需要像丛枝菌根真菌那样只能够在植物活体的根部寄生。印度梨形孢最适宜的培养基是 KM 培养基。印度梨形孢定殖范围广泛，除了玉米、烟草、小麦、油菜和水稻等作物外，也可以定殖在番茄、芹菜、生菜、绿豆、文心兰、红掌、核桃、龙眼等园艺作物上，甚至还能够在 AMF 不能定殖的拟南芥等十字花科作物上定殖。印度梨形孢通过促进植物对营养元素的吸收，从而促进了植物对氮、磷等矿物质的利用，加速植物生长和产量的提高，增强植物对逆境胁迫的忍耐性，增强抗旱、抗盐能力，诱导植物产生系统抗性。

7. 根际微生物菌肥 微生物菌肥（microbial fertilizer）是现代农业发展进程中一种新型的生物肥料，它是经过特殊工艺加工而成，含有丰富的微生物活菌。它既是一种生物制剂，又是一种活菌制剂，广泛用于各种蔬菜、果树等园艺作物的种植。微生物菌肥分类依据不同的标准，可分为 3 类。按照作用机理可分为细菌性肥料、放线菌性肥料和真菌性肥料;按照状态的不同可分为固体菌肥、液体菌肥;根据组成成分可分为单一型菌肥和复合型菌肥等。目前在我国农业生产中使用最为普遍的有根瘤菌生物肥料、联合固氮菌生物肥料、溶磷菌生物肥料、解钾菌生物肥料及促生菌生物肥料等。微生物菌肥的作用机制主要表现在改善土壤理化性质,提高土壤肥力;通过调节和促进植物营养发挥作用而促进园艺作物生长、提高品质;根际促生菌作为生物防治剂可提高植物的防病能力。

(二) 蔬菜

蔬菜种类和品种繁多,生长发育特性和产品器官不同,对营养物质的需求也存在差异。一般蔬菜对土壤中营养元素的吸收量决定于种和品种、根系吸收能力、植株生育期、生长速度以及环境条件。

1. 根系阳离子代换量高,需肥量大 与大田作物相比,蔬菜作物根系的阳离子代换量高、吸收养分的能力较强,因此对土壤肥力要求高。如黄瓜、茼蒿根系(干重)的阳离子代换量可高达 6 000cmol/kg 以上,大部分蔬菜在 4 000~6 000cmol/kg 的范围内,而一般粮食作物(干根)大多在 2 000cmol/kg 左右。加之蔬菜复种指数高、栽植密度大,单位土地面积的需肥量远高于粮食作物。前田正男(1976)用营养液培养蔬菜和水稻,发现蔬菜生长要求的养分浓度比水稻高得多,适于蔬菜的氮、磷、钾浓度分别是水稻的 21、3 和 10 倍。

2. 多数蔬菜喜硝态氮 有研究表明:大多数蔬菜施用硝态氮肥生长发育良好;随着铵态氮比例的增加,生育指数下降;全部施用铵态氮时,生育指数下降到 15%。蔬菜作物以铵态氮为氮源造成生长不良的原因,一是由于 pH 下降以及由此引起的 Ca^{2+} 吸收量的减少;二是蔬菜耐铵性较差。尿素态氮的作用效果介于两者之间。

3. 蔬菜需钙量大 据测定,萝卜、甘蓝的吸钙量分别比小麦高 10 倍和 25 倍,番茄各器官中的含钙量比水稻高 10 倍以上。这是由于蔬菜根系阳离子代换量高,因此吸钙量也高。另外,蔬菜吸收大量硝态氮后,体内产生较多草酸,需要钙来中和,形成的草酸钙积蓄在体内,致使含钙量较高。若体内钙不足以中和大量草酸时,就会引起植株或果实受害。由于钙在植物体内移动缓慢,常造成植株体内钙分布的不均衡,由此引起的生理病害一般出现在生长旺盛的部位,症状是生长点萎缩。甘蓝和白菜的干烧心病、番茄和甜椒的脐腐病等都是常见的缺钙生理病害。

4. 蔬菜需硼量大 与粮食作物(小麦地上部硼含量 3.3mg/kg,大麦 2.3mg/kg,玉米 5.0mg/kg)相比,蔬菜作物中硼含量较高,特别是根菜类蔬菜,如胡萝卜地上部硼含量为 25.0mg/kg,甘蓝 37.1mg/kg,萝卜 64.5mg/kg,甜菜 75.6mg/kg。由于蔬菜植物体内难溶性硼含量高,再利用率低,由此易发生缺硼症。例如花椰菜和萝卜褐心病、芹菜茎裂病、马铃薯卷叶病、芜菁和甘蓝褐腐病等都是缺硼所致。

5. 其他需肥特点 蔬菜在不同生育期对营养的需求量有很大差异。幼苗期吸收营养元素很少,例如甘蓝苗期吸收量只有成株的 15%~20%,此时要求营养元素平衡,浓度低,呈易吸收状态。在食用器官形成期,植株对营养元素的需求量最大,其耐肥性也大为提高。

不同种类的蔬菜对营养元素的要求也有一定的差异。例如叶菜类蔬菜中,绿叶菜类生长速度快,单位面积上的营养元素吸收量较高,而结球类蔬菜的吸收量偏低,但对钙的需求量较高。根菜类在生长初期和中期对营养元素的需求较大,吸收量以胡萝卜最高,萝卜较低。茄果类蔬菜中,茄子、辣椒属于收获单位产量吸收营养元素较多、耐肥性较强的喜肥作物,而番茄则较低些;但由于番茄的单位面积产量较茄子、辣椒高,所以在单位面积上的需肥量反而比茄子和辣椒高。瓜类蔬菜对磷的吸收量较高,尤其是苗期对缺磷十分敏感。

(三) 花卉

营养水平的高低对花卉的观赏价值、产量和抗逆性起着非常重要的作用,而不同的花卉植物在生长发育的各个时期对营养的需求量都有不同的要求。不同种类花卉的矿质养分含量相差较大，如菊花、一品红、天竺葵、玫瑰等花卉的氮、钾含量远高于杜鹃，钙的含量以菊花、香石竹等为多，镁的含量以一品红、菊花为多，硼的含量以天竺葵、菊花为多。

不同营养元素对植物花色的影响很大。例如氮素过量就会导致红色减退，糖过量也会使红色变淡。磷、钾对冷色系花卉有显著影响：对秋菊品种绿云施用磷酸二氢钾，其花朵绿色更重；蓝色系花卉增施钾肥，可以使蓝色更艳更蓝，且不易褪色；增施钾肥，红色系花卉的花色更红，且时间持久。微量元素铁、锰、钼、铜、镁等均与色素形成有关，缺少时会使花色变淡、花色不鲜艳、易褪色。

营养元素的比例对花卉的产量、品质以及抗逆性也有重要作用。以菊花为例，其体内适宜的氮、钾比例是 1：(1.2~1.5)，过高时植株易受害，花色变差，品质降低；若过低则会导致节间缩短，植株变矮。

花卉体内的氮、磷、钾等元素的含量随着生长发育阶段的不同而有一定的动态变化，而且这种变化在不同花卉中又有较大差异。比较菊花、百合和一品红的营养物质含量变化，发现菊花在生长初期需氮肥较多，含氮量增加，而且在整个生育期中均维持在较高的水平；而百合含氮量开始较高，几周后含量下降到一个相对稳定的状态，在成熟期又迅速下降。花卉的磷素含量相对稳定。菊花和一品红的钾含量动态相似，即在生长早期含量增加，中期保持稳定，随着成熟逐渐下降；百合在生长早期增加，随后则稳定地下降。

由于花卉植物栽培场所的特殊性，对肥料和施肥技术的要求较高。作为观赏植物，它要求肥料无毒无臭、不污染环境，而且肥料中的养分完全，肥效长。另外，观赏植物的栽培环境和方式多样，施肥方式、施肥种类等都存在着很大的差异。

二、营养诊断

营养诊断是指通过植株形态、植株和土壤营养元素分析或其他生理生化指标的测定等途径，对植物营养状况进行客观判断，用以指导科学施肥，或改进其他管理措施的一项技术，包括土壤营养诊断（diagnosis of soil nutrient）和植株营养诊断（diagnosis of plant nutrient）。根据营养诊断结果进行施肥，是园艺作物栽培管理实现标准化的关键环节之一。几十年来，园艺作物营养诊断研究有长足的发展，判断园艺作物营养状况的主要途径包括植株形态诊断、土壤分析、植株营养分析和生理生化指标测定等。其中，生理生化指标测定尚处于研究探索阶段，其他几种在许多国家已进入生产实际应用阶段。营养诊断已成为果树、蔬菜、花卉等园艺作物生产管理中一项常规措施，人们应用营养诊断技术指导施肥，可以尽快、有效地改善植物营养，使产量和品质不断提高。

（一）植株形态诊断

植株形态诊断就是根据植物生长发育的外观形态，如新梢长势、叶面积和叶色、果实形态等外观长相来判断植物营养状况。形态诊断对了解植株短时间内的营养状况是一个好的技术手段，方法简单易行而有效。因各营养元素的生理功能、在植物体内的分布和移动性不同，缺素时出现的症状及发生部位也有一定的规律性，据此制成了许多判断某种养分缺乏的检索表。以下是落叶果树的形态特征诊断检索方法。

Ⅰ．症状最初发生在整株树或新梢的较老叶上

1．全体表现异常，新梢下部的老叶变化明显，但一般不出现枝梢枯死现象

1.1 先从老叶开始褪色呈黄绿色，逐渐波及幼叶，嫩枝泛红色，枝梢变细，叶变小 ………………………………………………………………… 缺氮

  1.2 成熟叶呈现青铜色，幼嫩部分呈暗绿色；老叶的叶脉间呈现淡绿色斑纹；茎部和叶柄带紫红色或紫色···缺磷
 2. 症状最初发生在新梢的成熟叶和下部叶，叶片黄化或出现黄斑；或在叶上出现斑点，叶缘呈烧焦状；或出现枯死现象
  2.1 叶组织呈枯死状态，从小斑点发展到成片烧焦状，茎变细，叶片扭曲···············缺钾
  2.2 叶组织坏死，最初在新梢下部大叶片上出现黄褐色至深褐色斑点，逐渐向上部发展，严重时有落叶现象，最后在新梢先端丛生浅暗绿色叶片···缺镁
  2.3 叶片小而细，新梢先端黄化；茎细，节间短，叶丛生；严重时从新梢基部向上部逐渐落叶；不易成花，即使有花也小；果少而小，畸形···缺锌
Ⅱ．症状最初发生在幼嫩组织和叶片上，故在新梢先端容易发生
 1. 新梢先端开始枯死，幼叶部分开始枯死
  1.1 幼叶沿叶尖、叶脉和叶缘开始枯死，然后新梢顶端枯死·································缺钙
  1.2 幼叶略黄化，厚而脆，卷曲变形；严重时芽枯并波及嫩梢和短枝；果实黄化或果肉褐化（果实干缩凹陷成干斑，畸形），有时呈海绵状 ···缺硼
 2. 枝梢先端极少枯死，只是幼叶颜色变化明显，幼叶和接近成叶的叶片严重褪色呈黄白色，叶脉仍保持原色或褪色较慢···缺铁

  但是，形态诊断通常只在植株仅缺1种营养元素的情况下有效，如果同时缺乏2种或2种以上元素，或出现非营养因素（如病虫害或药害）而引起的症状，则不易辨别。另外，植株表现出显著症状时，表明营养失调已相当严重，据此采取措施会滞后于植物需要。因此，形态诊断在实际应用上存在一定的局限性。

（二）土壤分析

  分析土壤物理性状、有机质含量、pH、全氮和硝态氮含量及其他矿质元素含量，判断土壤中养分的动态水平和供应状况，结合植株吸收状况、养分亏缺表现和常规的土壤养分亏缺临界值，确定适宜的施肥措施。由于影响土壤供应养分能力和植物吸收能力的环境和植物因素非常复杂，所以会出现土壤分析的结果与植物营养状况不符的现象，即土壤分析方法难以直接准确地反映植株吸收利用的状况。如植物对钙的吸收受到土壤水分含量的影响，即使土壤中含有充足的钙，但在土壤干旱时，因植物蒸腾减弱等原因导致钙吸收发生障碍而出现缺钙症状。但是土壤分析可以为形态诊断、叶分析及其他诊断方法提供线索，从而找到缺素症的根源。

（三）植株营养分析

  在一定时期取最能反映植物营养状况的器官，通过分析将其营养元素含量与标准含量进行比较，以判断养分盈亏来指导施肥。这种方法在许多国家已经得到普遍应用。
  植物各器官和组织的营养元素含量不同，且因其年龄及物候期而不同，目前对园艺作物进行植株营养诊断时，供分析使用最多的器官是叶片，因为叶片被认为能及时和准确地反映植株营养状况。大多数落叶果树、柑橘、蔬菜及花卉等都是应用此种方法。但也有一些植物采用其他器官，如葡萄以叶柄最为理想；蔬菜还可以用叶片的中肋、叶柄、茎，在某些情况下可以用根，如番茄、芹菜、瓜类、马铃薯用叶柄，莴苣、甘蓝用叶片的中肋，石刁柏用幼茎；有些植物则采用不同器官来分析不同的元素更合适，如甜菜在诊断氮、磷、氯时采用叶柄，诊断其他元素时采用叶片。分析果树钙素水平时，有叶分析含钙量处于正常范围，而果实出现缺钙症状的现象，因此研究果树钙素营养时选择果实作为"靶"器官，对于指导防治因缺钙引起的多种生理病害，提高果实品质有更好的效果。

供分析用的样本组织，应在营养元素含量比较稳定时采取。如苹果、梨、桃等落叶果树常在新梢停止生长后采样，多在 7 月下旬至 8 月；对于柑橘，一般采用 4~7 月龄春梢上同一叶龄的叶（如顶端第 4 片叶）进行分析。大多数蔬菜在生长中期以前生长速度较慢，植株体内养分很少降至临界值，所以取样多在其生长中期及生长后期。

取样的时期、部位和方法宜根据分析的目的确定，但要尽量做到标准一致（表 7-1）。以果树为例，为减少取样误差，一般选代表性植株 5~10 株，于树冠外围中部同一高度选 10~20 个新梢，落叶果树通常采新梢中部叶，标本总数量为 100~200 片。

表 7-1 主要果树叶分析取样部位

（束怀瑞，1997）

果树种类	取样部位	取样时间
苹果、梨、杏、樱桃、李、桃	树冠外围中部新梢的中位叶	盛花后 8~14 周
葡萄	果穗上面第 1 节成熟叶的叶柄	盛花后 4~8 周
草莓	新近成熟的叶片	花期高峰后 5 周
中华猕猴桃	有 6 片叶的短果枝，果序上刚成熟的叶	果实灌浆期

大量研究表明，在取样部位、时期和测定方法等相同时，同一树种或品种正常发育的植株，即使在不同国家、地区生长，其叶内各元素的含量范围是基本一致的。这种遗传稳定性是建立叶分析统一标准的基础。通过广泛收集各地同一作物或品种正常生长发育植株的叶分析数据，可以得出该种或品种的正常值、缺乏值和中毒值的范围，供实际应用时参考。表 7-2、表 7-3 列举了部分园艺作物的营养诊断标准。

表 7-2 主要果树叶片中元素含量的诊断标准

（高桥英一，1980）

树种（品种或采样时间）	元素水平	干物质量（%）					干物质量（mg/kg）					
		N	P	K	Ca	Mg	B	Mn	Fe	Zn	Cu	Mo
温州蜜柑	缺乏	<2.3	<0.1	<0.7	<2.0	<0.1	<30	<30	<35	<10	<4	<0.05
	适量	2.9~3.4	0.1~0.2	1.0~1.6	3.0~6.0	0.3~0.6	30~100	30~100	50~150	30~100	10~50	0.2~3.0
	过剩	>4.0	—	>1.8	>7.0	—	>170	>150	>250	>200	>150	—
苹果（国光）	缺乏	<2.0	<0.1	<1.2	<0.5	<0.2	<20	<20	—	<15	—	—
	适量	3.4~3.6	0.17~0.19	1.3~1.0	0.8~1.3	0.27~0.4	30~50	50~200	—	30~50	10~30	2.0~4.0
	过剩	—	—	—	—	—	—	>300	—	—	—	—
日本梨（7 月下旬至 8 月上旬采收）	缺乏	<0.8	<0.07	<0.4	—	<0.25	—	—	—	<15	—	—
	适量	2.5	0.12~0.14	0.8~1.4	2.3~3.0	0.27~0.4	—	60~200	—	30~90	10~20	2.0~20
	过剩	—	—	—	—	—	—	—	—	—	—	—
桃（大久保）（6 月中旬采收）	缺乏	<2.0	<0.12	<0.8	—	<0.25	<15	<25	—	<20	—	—
	适量	3.4~3.5	0.20	1.6~2.0	—	0.27~0.4	20~70	50~100	—	30~50	5~15	—
	过剩	—	—	—	—	—	>100	—	—	—	—	—
葡萄（7 月上旬至 8 月上旬采收）	缺乏	<0.6	<0.1	<0.4	<0.5	<0.25	<7	<50	—	<5	—	—
	适量	2.5~2.9	0.15~0.19	0.7~0.9	0.7~1.2	0.26~0.5	20~200	100~150	—	6~15	—	0.10~1.0
	过剩	—	—	—	—	—	>250	—	—	—	—	—

(续)

树种(品种或采样时间)	元素水平	干物质量（%）					干物质量（mg/kg）					
		N	P	K	Ca	Mg	B	Mn	Fe	Zn	Cu	Mo
柿（富有）	缺乏	<1.5	<0.05	<0.5	—	—	—	<30	—	—	—	—
	适量	2.3~2.6	0.12~0.14	1.5	—	—	100~200	50~2 000	—	10~30	20~30	—
核桃	缺乏	<1.8	—	—	—	<0.003	<25	—	—	<15	—	—
	适量	2.0~2.5	—	—	—	0.02~0.4	100~250	—	—	20~30	20~50	0.10~1.5
	过剩	—	—	—	—	—	>1 500	—	—	—	—	—
枇杷	缺乏	<1.5	<0.1	<0.5	<0.5	<0.1	—	—	—	—	—	—
	适量	2.0~2.5	0.12~0.2	1.0~1.8	0.8~1.5	0.15~0.3	—	—	—	—	—	—

表7-3 部分蔬菜叶片中元素含量的诊断标准
（高桥英一，1980）

作物种类	元素水平	干物质量（%）					干物质量（mg/kg）					
		N	P	K	Ca	Mg	B	Mn	Fe	Zn	Cu	Mo
番茄（叶）	缺乏	<2.0	<0.1	<3.0	<1.5	<0.3	<10	<5	<100	<15	<3	<0.5
	适量	2.5~3.5	0.2~0.4	4.0~5.0	3.0~5.0	0.5~1.0	15~50	30~200	100~350	20~50	10~20	0.5~1.0
	过剩	>4.0	—	>6.0	—	—	>10	>350	—	>30	—	—
黄瓜（茎叶）	缺乏	<2.5	<0.2	<1.2	<2.0	<0.3	<15	<10	<50	<8	<5	<0.1
	适量	3.0~3.5	0.2~0.4	2.0~2.5	2.5~4.5	0.6~1.0	20~50	20~100	100~200	20~30	6~15	0.5~1.0
甘蓝（外叶）	缺乏	<2.5	<0.2	<1.2	<1.8	<0.2	<5.0	—	—	—	—	—
	适量	3.0~4.0	0.3~0.4	1.5~2.0	2.0~3.5	0.3~0.5	15~50	100~200	—	20~60	5~13	—
大白菜（外叶）	缺乏	<2.0	<0.1	<1.5	<1.5	<0.2	<15	—	—	—	1.0~8.0	—
	适量	2.5~3.9	0.2~0.4	1.8~2.8	3.0~3.5	0.4~0.5	20~50	—	—	—	>15	8.5~12.0
萝卜	适量	2.5~3.0	—	5.0~6.2	1.0~1.5	—	40~70	30~100	—	40~70	5~10	0.5~2.0
胡萝卜	适量	1.5~2.0	—	3.5~4.0	1.5~2.0	—	20~60	200~300	—	50~90	5~10	0.2~0.5
马铃薯	适量	—	—	—	—	—	30~80	100~200	100~250	10~25	0.2~0.5	

特别需要注意的是，植物体内营养状况与生长发育之间有密切关系，但两者之间的相关性并非一成不变。在一定范围内营养的供给量与植物的生长量成正相关，但营养供给达到一定浓度（养分临界浓度）时，就会出现相关性逐渐降低的情况，最终出现限制生长发育的负面效应。在养分极度缺乏的情况下向植株供应营养元素时，常出现植株体内浓度反而下降的现象，这是由于生长所引起的稀释效应。若养分供应量继续增加，养分浓度与生长量的关系出现正效应，这时植株处于养分缺乏状态。当养分继续增加，而生长量不再增加时，则表明植物营养充足，植株可以继续吸收该元素，但处于奢侈吸收。若养分浓度增加，而植株生长量反而下降，则植株处于过量致害状态（图7-2）。

另外，在植物吸收过程中或是在植物体内，元素间存在拮抗、增效的相互作用。某种元素浓度的变化可能会引起其他元素的缺乏或过量，如高磷条件下常引起锌和铁的缺乏，铁的不足易导致锰的过量等。因此，在进行营养诊断时，不能只注重某一元素在组织中的含量，必须要考虑到各种元素间的互相作用和平衡关系，反映到生产中就是要平衡施肥以及施肥模型的优化。

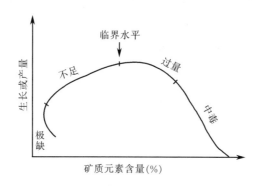

图 7-2　作物养分浓度与生长量（产量）关系模式图

（四）植株生理生化分析

园艺作物的营养状况还可以通过一些生理生化指标的测定来判断。当植物某些营养元素失调时，将引起体内酶活性的变化，影响体内一些生化过程的速度和方向。对柑橘体内养分亏缺与各种酶活性的研究表明，缺铁时，过氧化物酶活性降低；缺锌时，碳酸酐酶、核糖核酸酶活性降低；缺钼时，硝酸还原酶活性降低；而随磷的亏缺，酸性磷酸酯酶的活性增强。因而，可根据某种酶活性的变化来判断某元素的丰缺状况。此外，酰胺和淀粉含量、光合作用速率的变化等与矿质营养的关系也被用以判断植物的营养状况。

一般来说，生理生化指标对植物体内元素的丰缺反映比较灵敏，较之外部症状能更早地被察觉，因此是一个更准确、可靠的诊断方法。但目前尚未形成完整而严密的诊断系统，还有待于进一步完善。总之，对园艺作物进行营养诊断时，最好同时采用多种方法，互相印证，以保证诊断的准确性。

三、施肥技术

施肥是园艺作物栽培管理的重要环节。根据园艺作物在不同生长发育阶段对养分需求的特点，用科学的施肥方法适时适量地供应肥料，是园艺生产优质、高产、高效的基本保证。

（一）施肥量

施肥量应根据园艺作物的种类与品种、树龄、生长发育状况、土壤条件、肥料特性、目标产量、施肥方法等多种因素综合考虑来确定。通常用养分平衡法进行计算。养分平衡施肥法是以养分归还学说为理论依据，根据果树需肥量与土壤供肥量之差来计算实现目标产量的施肥量。具体方法是先确定目标产量，据此测算出各器官每年从土壤中吸收各营养元素的量，扣除土壤中的供给量，并考虑肥料的利用情况，然后根据斯坦福公式计算各营养元素的合理用量。

$$667m^2 \text{施肥量} = \frac{\text{园艺作物吸收营养元素量} - \text{土壤供肥量}}{\text{肥料中有效养分含量} \times \text{肥料利用率}}$$

施入土壤的肥料，一部分被土壤吸附、固定，一部分随水分淋失或分解挥发，因而不可能全部被作物吸收利用。肥料的利用率因园艺作物的种类和品种、砧木、土壤性状和土壤管理制度等而不同。一般果树对肥料的利用率，氮约为50%、磷约为30%、钾约为40%。在我国南方，蔬菜的肥料利用率一般氮为40%~70%、磷为15%~20%、钾为60%~70%。若改进灌溉方式，可提高肥料利用率。土壤的天然供肥量中，一般氮为吸收量的1/3，磷为吸收量的1/2，钾为吸收量的1/2。

园艺作物对营养元素的吸收量，应根据其目标产量的需肥量计算。如果树可按其树种和品种、树龄和树势、立地条件和管理水平、质量要求等确定适宜的目标产量，参照不同果树在年周期中需要吸收的养分量进行测算。

例如，18年生梨树（二十世纪品种）每生产 1 000kg 果实对三要素的吸收量分别为 N 4.7kg、P_2O_5 2.3kg、K_2O 4.8kg，则每 667m² 生产 2 000kg 果实时，应当吸收的养分量为 N 9.4kg、P_2O_5 4.6kg、K_2O 9.6kg；按比例算得的土壤供肥量 N 为 9.4×1/3＝3.1kg，P_2O_5 为 4.6×1/2＝2.3kg，K_2O 为 9.6×1/2＝4.8kg；肥料利用率以一般水平计，可计算出此时梨的理论施肥量（有效养分含量）如下：

$$施氮量=（9.4-3.1）/50\%=12.6kg$$
$$施磷量=（4.6-2.3）/30\%=7.7kg$$
$$施钾量=（9.6-4.8）/40\%=12.0kg$$

使用不同肥料时，根据其有效养分含量，即可计算出三要素的实际施肥量。如以尿素为氮肥，当每 667m² 需施用 12.6kg 氮时，因尿素含氮 46%，实际应施尿素 27.4kg。

在实际应用中要根据各种因素的具体情况而增减施肥量。例如，在合理的土壤管理制度和灌溉方式下，团粒结构良好，土壤有效微生物活动旺盛，肥料易于分解，有利于根系吸收，肥料利用率高，则施肥量可适当减少；反之，施肥量应适当增加。丘陵地果园在缺乏水土保持工程时肥料容易流失，施肥量也应适当增加。又如，在树势强旺时应控制氮肥用量，而在树势较弱时则应加大施氮量。确定施肥量还可参考当地优质丰产果园的肥料用量，结合土壤分析和叶片分析结果等进行综合分析而加以调整，使施肥量能最大限度地满足植物生长发育的需要。

花卉的施肥量因花卉种类和品种、土质以及肥料种类而不同。一般植株矮小、生长旺盛的花卉可少施，植株高大、枝叶繁茂、花朵丰硕的花卉宜多施。根据 Aldrich G A 的研究资料，施用 N、P_2O_5、K_2O 比例为 5∶10∶5 的复合肥时，每 10m² 面积，球根类为 0.5~1.5kg，草花类为 1.5~2.5kg，落叶灌木为 1.5~3.0kg，常绿灌木为 1.5~3.0kg。据相关资料报道，每千克土施 N 0.2g、P_2O_5 0.15g、K_2O 0.1g，折合化肥（NH_4）$_2SO_4$ 1g 或尿素 0.4g、$Ca(H_2PO_4)_2$ 1g、K_2SO_4 0.2g 或 KCl 0.18g，即可供一年生花卉植物开花结实。

研发应用园艺作物减量施肥技术。农业生产中普遍存在着化肥、农药过量施用的问题，2015 年我国化肥总用量超过 6 000 万 t，农药总用量超过 180 万 t，耕地面积占世界的 7%，而投入了超过世界总量 33% 的化肥、农药，是世界平均水平的 3 倍，是欧美发达国家的 2 倍（张凯，2019）。化肥、农药过量施用带来了生态环境污染、农产品质量安全、生物多样性破坏、耕地质量下降、农产品生产成本持续升高等问题。2015 年农业部通过并启动实施《到 2020 年化肥使用量零增长行动方案》，提出到 2020 年全国化肥用量实现零增长，主要农作物化肥利用率达 40% 以上。园艺作物减量施肥技术的研发应用发展迅速，一是在新型肥料与化肥替代技术及产品研发方面，科学的元素配比、养分形态、纳米材料、天然生物资源对肥料养分的增效作用，研发新型增效复合肥与增值肥料（许猛等，2018）；二是在施肥技术与智能装备研发方面，基于现代信息技术的智能化精准施肥技术，研发养分快速诊断、实时监控及智能化原位监测技术以及水肥一体化施肥技术，并集成高效施肥技术与装备一体化的智能化软硬件系统和设施装备（施印炎，2017；冯慧敏，2018；Zhou et al.，2018）。

（二）施肥种类和时期

根据园艺作物需肥的特点适期施肥，才能充分发挥肥料的作用，满足植物生长发育对养分的需求，从而获得高产优质的园艺产品，对于增强植物的抗逆性也有良好作用。

植物最需要肥料的时期和吸收最好的时期，也是其生长最旺盛的时期，因为植物养分的分配首先满足生命活动最旺盛的器官。所以，一般营养生长最快和产品器官大量形成时，也是需肥最多的时期。如结球白菜在幼苗期对氮、磷、钾的吸收量很少,莲座期急剧上升,结球期达到峰值,施肥的关键时期为莲座期和包心初期。萝卜生长中后期,肉质根迅速膨大,养分吸收急剧增加,氮、磷、钾的吸收量占总吸收量的80%以上。不同植物在不同的生长发育阶段对营养元素的需要有差别,一般生长前期氮肥的需要量较大,后期需磷、钾、钙等肥料较多。生产中还要根据肥料性质调整施肥期,速效肥可在需要期稍前追施;缓效肥则要早施,多作基肥。

1. 基肥 基肥通常在萌芽前施入,以有机肥料为主,配合完全的氮、磷、钾和微量元素等无机肥,是均匀长效地供给作物多种养分,且有利于改善土壤理化性状的基础肥料。常用的有机肥有堆肥、厩肥、饼肥、粪肥、鱼粉、骨粉、河泥、腐殖酸肥以及绿肥、作物秸秆、杂草等,配合施用的无机肥有尿素、硫铵、过磷酸钙、钙镁磷肥、复合肥等。

增施有机肥料可以长期稳定地供应养分,提高土壤孔隙度,疏松土壤,改善土壤的水、肥、气、热状况,对于提高园艺产品的质量和产量有重要作用。因此,在我国传统农业生产中备受重视,即使在现代园艺作物栽培中也有不可替代的作用,如AA级绿色食品的生产过程严格限制化肥的使用,主要以有机肥供应养分。基肥在施肥量中的比例,现在还没有一致的看法,但一般认为应占全年总施肥量的60%以上。

需要注意的是,有机肥料在施到田间之前均应经过发酵、腐熟,否则容易传播杂草和病虫害,同时未腐熟的有机肥施到田间后再进行发酵,容易伤害根系,产生"烧根"现象。

基肥施用的时期因作物种类而不同。一二年生花卉和蔬菜作物一般在作物播种或定植前整地时施入,可以供给作物一茬或多茬生长所需要的肥料。而果树则可以在采果后至萌芽前施用,以秋施为好。秋施基肥正值果树根系第2次或第3次生长高峰,伤根容易愈合,还可促发新根。此时,果树地上部器官已逐渐停止生长,树体吸收和制造的营养物质以积累贮备为主,施肥时加入适量速效性氮肥(占总量的1/3),可以促进叶片的光合作用,提高树体贮藏营养水平,有利于来年果树萌芽、开花和新梢早期生长。秋季施肥,有机物腐烂分解时间较长,矿质化程度高,翌春可及时供根系吸收利用。此外,还有利于果园提高地温,防止根际冻害,增强果树的越冬性。

2. 追肥 追肥是基肥的补充。基肥发挥肥效平稳缓慢,当园艺作物需肥量大时必须及时补充速效性肥料,才能满足作物生长发育的需要,而且可以避免肥料过分集中而产生的不良效果。追肥一般在作物吸肥数量大而集中的时期前进行。不同种类的园艺作物生长发育特点和对产品的要求有较大差异,追肥时期和次数也不同。

(1) 果树。果树追肥的次数和时期与气候、土质、树龄等因素有关。高温多雨地区或沙质土,肥料易淋失,追肥宜少量多次;反之,追肥次数可适当减少。随树龄增长和产量增加,长势减缓,追肥的次数也应逐步增多,以调节生长和结果的矛盾。生产上对成年结果树一般每年追肥2~4次,但需根据果园具体情况增减。主要的追肥时期如下:

①花前追肥:花前追肥又称催芽肥。果树萌芽开花需要消耗大量的营养物质,尤其是氮素,但此时根系吸收能力较差,主要消耗树体的贮藏养分。若树体营养水平较低,而氮肥供应不足,则导致授粉不良,落花落果严重,萌芽不整齐影响营养生长。若树势强或基肥充足,花前肥也可推迟至花后。施肥以速效性氮肥为主,可加适量硼肥。在早春干旱少雨地区追肥必须结合灌水,才能充分发挥肥效。

②花后追肥:一般在落花后施用。该期幼果迅速膨大,新梢生长加速,需要氮素营养较多。追肥可促进新梢生长和叶面积扩大,提高光合效能,减轻生理落果,提高坐果率。肥料以氮肥为主,适当增加磷、钾肥。若花前追肥量大,花后也可不施。

③果实膨大和花芽分化期追肥:此时部分新梢停止生长,落叶果树花芽分化开始。追肥可增强光合作用,促进养分积累,提高细胞液浓度,因此有利于新梢生长充实、果实肥大和花芽分化,这次施肥既能保证当年产量,又为来年结果打下基础。施肥应注意氮、磷、钾配合施用。

④果实生长后期追肥：多在果实着色到成熟 2 周前进行追肥。果树在该期由于大量结果造成营养物质亏缺，同时花芽分化也需较多养分，此时施肥能够及时补充树体所需养分，尤其晚熟品种后期追肥更为重要。这次施肥应以磷、钾肥为主，可酌情配合氮肥，对于果实着色和品质的提高有显著作用。

不同果树的追肥时期可依其生长结果特性加以调整。如柑橘生产中多根据物候期每年追肥 4～5 次，即萌芽肥、稳果肥、壮果肥和采果肥。萌芽肥在春梢萌芽期施入，以氮肥为主。稳果肥可追施 1～2 次氮肥，能显著提高坐果率和促进幼果生长，但对初结果的幼旺树和小年树氮肥施用要适量。在果实迅速膨大期施壮果肥，氮、磷、钾应配合施用。盛果期的果树，特别是丰产树或晚熟品种多在采果前施采果肥，多数产区以速效性氮肥和基肥同时施入。

（2）蔬菜。蔬菜植物种类多，产品器官不同，确定追肥时期应了解不同类型蔬菜的生长发育特性。如结球白菜、花椰菜、萝卜、洋葱等蔬菜从播种到产品采收的整个生长周期分为发芽期、幼苗期、营养生长旺盛期和养分积累期 4 个时期，其中营养生长旺盛期和养分积累前期吸收养分最多，该期肥量是否充足直接影响着后期养分积累的多少，因此，是追肥的关键时期。茄果类、瓜类和豆类等蔬菜的生长发育分为发芽期、幼苗期、开花期和结果期 4 个时期。一般情况下花芽分化在幼苗期已经开始，产品器官的雏形已经开始形成，叶片生长与果实发育同步进行，因而在幼苗后期平衡调节营养生长与生殖生长的需肥矛盾是施肥的关键。又因其多次结果、陆续采收，在开花结果的同时仍有旺盛的生长，所以结果期需要充足的养分供应。菠菜、生菜等以绿叶为产品器官的蔬菜肥水管理比较简单，从苗期进入扩叶期后，需要均衡供应养分，一促到底。

（3）花卉。追肥施用的时期和次数受花卉种类、生育阶段、气候、土质和栽培方式的影响。一般在苗期、叶片生长期以及花前花后应施肥，尤其是观花植物在花前一定要追肥。苗期宜多施氮肥，花芽分化和孕蕾期多施用磷、钾肥。

盆栽花卉生长在有限的介质中，其养分来源是培养土，除了上盆或换盆时施入基肥，还需要不断地补充营养物质，在生长期间进行多次追肥。一二年生花卉，除豆科植物可少施用氮肥外，其他均需追施一定量的氮肥和磷、钾肥。对不同种类花卉及其不同生长发育期来说，施肥时期也不同。宿根花卉和花木类可根据开花次数进行施肥，一年多次开花的如月季、香石竹等，花前花后应重施肥；喜肥的花卉如大岩桐等，每次灌水应酌加少量肥料，生长缓慢的可每 0.5～1 个月施 1 次。球根类花卉如百合类、郁金香等较嗜肥，宜多施肥尤其是钾肥。观叶植物在生长季以施氮肥为主，每隔 6～15d 追肥 1 次。

（三）施肥方法

1. 土壤施肥　土壤施肥是根据植物根系分布特点，将肥料施在根系集中分布层内，便于根系吸收，发挥肥料最大效用。以果树为例，生产上常用的施肥方法有以下几种：

（1）撒施。包括全园撒施和局部撒施。前者是将肥料均匀撒在全园，翻入土中，深约 20cm，基肥、追肥均可应用，施肥范围大，方法简单，可用于成年果树。但如果基肥经常采用撒施，易导致根系上浮。局部撒施是将肥料撒在树盘或树行上，翻入土中，适于幼龄果园施基肥或追肥。

（2）环状施肥。环状施肥又称轮状施肥，是在树冠投影外围稍远处挖环状沟。用于施基肥时，沟宽、深均为 30～50cm；追肥沟深 15～20cm。将肥料与土拌匀后施入沟内，覆土填平即可，操作方便，用肥经济。缺点是容易伤害较多水平根，施肥范围较小。多用于幼树施肥。

（3）放射沟施肥。在距树干 1m 远处向外挖辐射状沟 4～8 条，沟宽 30～50cm，深 30～60cm，长度应超过树冠投影的外缘，且内浅外深，内窄外宽，施肥后覆土即可。这种方法较环状施肥伤根少，适用于大树施基肥。应用时可隔年更换放射沟位置以扩大施肥面，促进根系吸收。

（4）条沟施肥。在果树行间开沟施肥，基肥沟宽 30～50cm、深 40～60cm，追肥沟宽 20～30cm、深15~20cm。此法可以进行机械操作，适宜宽行密植果园。可以结合土壤深翻进行。

（5）灌溉施肥。灌溉施肥（fertigation）又称水肥耦合，或水肥一体化技术，是将肥料掺入水中，与节水灌溉尤其是喷灌、滴灌结合进行的一种施肥方法。灌溉施肥是将精准施肥与精准灌溉融为一体的新技术，这种方法供肥及时、分布均匀、不伤根系、不破坏耕作层土壤结构、节省劳力、肥料利用率高。具体参见本章第三节相关内容。

开沟机挖条沟施肥

蔬菜生产中施用基肥时多用撒施（又称普施），即在播种或定植前结合整地做畦施入，此法用肥量较大。沟施是在开好播种沟或定植沟后，将肥料施入沟中的施肥方法。沟施可有效地节省施肥量，增进肥效。此外，还有穴施和环施。穴施是在点播或定植穴栽苗时将肥料施入的方法。环施则是在植株周围开一环形沟，将肥料施入，适于植株较大、根系分布面积较大的蔬菜种类。

花卉和观赏树木的施肥方法可分别参考蔬菜和果树。盆栽花卉则通常结合浇水进行施肥或直接施用液肥。

灌溉施肥

实际应用中，应按照具体情况，根据园艺作物的生长发育特点和肥料特性采用科学合理的施肥方法。如果树的水平根一般集中分布于树冠外围稍远处，而根系生长有趋肥的特性，其生长常向养分丰富的部位转移，因此将有机肥料施在距根系集中分布层稍深、稍远处，可以诱导根系进一步扩展，从而增加吸收面积，提高树体营养水平，增强树体的抗逆性。施肥的深度和广度与树种、品种、树龄、砧木、土壤和肥料种类等有关，如荔枝、龙眼、苹果、梨、板栗等根系分布深而广，施肥宜深，范围也要大些；桃、杏、金柑、香蕉等树种和矮化果树根系较浅，分布范围也较小，挖沟的深度和广度也要适应这一特点，才能收到良好效果。幼树宜小范围浅施，但随树龄增大，施肥也应随之加深、扩大。沙地、坡地以及多雨地区的果园，养分易淋失，可采用在需肥关键时期少量多次施肥的方法，以提高肥料利用率。各种肥料元素在土壤中的移动性不同，如氮肥的移动性强，因此可适当浅施；磷和钾肥移动性差，宜深施。磷在土壤中易被固定，应施在根系集中分布层内以利于根系吸收。过磷酸钙或骨粉等磷肥与有机肥料混合腐熟后混合施用，可以充分发挥其肥效。

2. 根外追肥 根外追肥又称叶面喷肥，是利用叶片、嫩枝及幼果的气孔、皮孔和角质层具有的吸收能力将液体肥料喷施于植株表面的一种追肥方法。根外追肥是土壤追肥的有效补充。根外追肥具有以下优点：①操作简便，可与喷药结合；②树体吸收和发挥作用快，一般喷后1d即可见效，对于防治某些缺素症有良好效果，特别是硼、铁、锌、铜等元素的叶面喷肥效果显著；③可避免某些元素在土壤中被固定、分解和淋失等损失，提高肥料利用率；④不受养分分配中心的影响，营养可就近分配利用。因此，对于矫正缺素症、增强叶片的光合作用、促进生长、提高产量和品质有独特的作用，在园艺作物生产中应用广泛。

根外追肥所施用的肥料以尿素、磷酸二氢钾、硼酸、硼砂、硫酸亚铁、硫酸锌、硝酸钙、氯化钙、草木灰浸出液为主，还有稀土、高美施等。使用时要注意施用时期、施用浓度和施用量。

为提高叶面喷肥的效果，应选无风、晴朗、湿润的天气，夏季最好在10：00以前或16：00以后，以免因气温高引起肥液浓缩，影响叶片吸收和发生药害。喷施部位一般以幼嫩叶片和叶背面为主，因这些部位吸收能力更强。若在幼果期喷施硝酸钙以提高果实含钙量，则应以果实为主要喷布部位，因为叶片吸收的钙很难输送到果实。

根外追肥也可采用枝干涂抹或注射及产品采后浸泡等方法。例如苹果果实采收后用3%氯化钙溶液浸渍，可以提高果实含钙量，防治贮藏期生理病害。此外，园艺作物在设施栽培条件下，因空气流通不畅常导致CO_2供应不足而影响光合作用。目前，已经可以用CO_2发生装置向温室、大棚补充CO_2，或者直接施用CO_2肥料，称为施气肥。

第三节 水分管理

适宜的水分含量是园艺作物体内各种生理生化反应得以正常进行的保证,也是实现优质、丰产、高效栽培的基础。当土壤供水不足时,植物生长发育不良;但土壤水分过多又会影响土壤的通透性,使得氧气不足而抑制植物根系的呼吸作用等生理生化活动。水分管理就是要根据园艺作物对水分需求的特性,通过合理灌溉和及时排水,使植物始终处于适宜的水分状态。中国是一个水资源短缺的农业大国,在园艺生产中采用合理的灌溉技术,对于节约用水、提高水的利用效率有非常重要的意义。

一、园艺作物对水分的需求特点

(一) 不同种类园艺作物对水分的需求

不同种类植物的形态构造和生长发育特点差异大,导致其对水分的要求不同。

1. 果树 一般生长期长、叶面积大且叶幕形成快、植株生长速度快、根系发达、产量高的果树,需水量较大;反之,需水量较小。例如,梨、苹果、桃、葡萄、柑橘等比枣、柿、栗、银杏等树种的需水量要大,其中梨比桃的需水量大,而柿又比栗的需水量大。同一树种的不同类型和不同品种间需水量也有差别,如砂梨比西洋梨的需水量大,苹果中的红富士比国光的需水量大,柑橘中的本地早比椪柑的需水量大。需要注意的是,果树的需水量与其耐旱性并没有必然关系,如葡萄的需水量大,但其耐旱性也较强。按需水量大小,大体上可将果树划分成3大类:梨、苹果、柑橘、葡萄等属需水量大的树种,桃、柿、杨梅、枇杷等需水量中等,枣、栗、无花果、银杏等需水量较小。

2. 蔬菜 根据蔬菜作物对水分的需求情况,蒋先明(1987)将其分为以下几类:

(1) 需水量大但吸水能力弱的种类。包括白菜、芥菜、甘蓝、绿叶菜类、黄瓜、四季萝卜等。这些蔬菜叶面积较大且组织柔嫩,但根系入土不深,所以要求较高的土壤湿度和空气湿度。

(2) 需水量不很大且吸水能力强的种类。如西瓜、甜瓜、苦瓜等,这些蔬菜的叶片虽大,但其叶片有裂刻(如西瓜)或表面有茸毛,能减少水分的蒸腾,并有强大的根系,能深入土中吸收水分,抗旱力很强。

(3) 需水量小、吸水能力很弱的种类。如葱、蒜、石刁柏等。葱的筒状叶和蒜的带状叶,面积都很小,而且表皮被有蜡质,蒸腾作用小。从它们的地上部的特征来看都很耐旱,但其根系分布范围小,入土浅,几乎没有根毛,所以吸收水分的能力弱,对土壤水分的要求也比较严格。

(4) 需水量和吸水能力中等的种类。如茄果类、根菜类、豆类等。这些蔬菜的叶面积比白菜类、绿叶菜类小,组织较硬,且叶面常有茸毛,所以水分消耗量较少,但其根系比白菜类等发达,而又远不如西瓜、甜瓜等,故抗旱力不很强。

(5) 耗水快但吸水能力很弱的水生种类。如藕、荸荠、茭白、菱等。这些蔬菜的茎叶柔嫩,在高温下蒸腾作用旺盛,但其根系不发达,根毛退化,所以吸收能力很弱。

除了对土壤湿度有不同的要求以外,各种蔬菜对于空气相对湿度的要求也不相同,大体上可以分为4类:适于空气相对湿度为85%~90%的有白菜类、绿叶菜类、水生蔬菜;适于70%~80%的有马铃薯、黄瓜、根菜类(胡萝卜除外)、蚕豆、豌豆;适于55%~65%的有茄果类、豆类(蚕豆、豌豆除外);适于45%~55%的种类有西瓜、甜瓜、南瓜以及葱蒜类。

3. 花卉 不同种类的花卉植物对水分的需求也不相同。如仙人掌科和景天科的植物需水量小,观叶海棠、蕨类植物、凤梨科和天南星科植物等湿生花卉一般需水量大。

(二) 不同生育期对水分的需求

园艺作物在不同的生长发育阶段和不同的物候期对水分的需求量不同。如落叶果树在休眠期代谢活动微弱，需水量也小；从发芽之前到花期的叶幕较小，气温较低，因此耗水量和需水量也较小；多数果树在花芽分化期和果实成熟期不宜多灌水，以免影响花芽分化、降低果实品质或引起裂果；在新梢迅速生长和果实膨大期，果树生理机能旺盛，是需水量最多的时期，必须保证水分供应充足，以利生长与结果；而在生长季的后期则要控制水分，保证及时停止生长，使果树适时进入休眠期，做好越冬准备；但在北方干旱地区，越冬前应灌足封冻水。

蔬菜在种子萌发时期对水分的需求较大，甘蓝、黄瓜种子的膨胀需要吸收种子质量50%的水分，豌豆需150%的水分，因此在播种后必须保持土壤有充足的水分。生产上多在播前通过灌溉提高土壤水分含量，并采取覆膜等保墒措施。在产品器官形成时需水量大，需要经常灌溉。

花卉对水分的需求决定于其生长状况。休眠期的鳞茎和块茎不需要水，有水反而易引起腐烂。如朱顶红种植后只要保持土壤湿润，就会打破休眠发出根系；一旦抽出花茎，蒸腾增加，就需少量灌水；当叶片大量发育后，应充足供水。

(三) 生态环境对水分需求的影响

园艺作物的需水量受所在区域生态环境的影响。气温、光照、湿度和风速是影响蒸腾作用和植物需水量的主要环境因素。气温高、日照强、空气干燥、风大，则植物蒸腾和地面蒸发的强度大，因此需水量也大，反之则小。

(四) 需水临界期

需水临界期是园艺作物对缺水最敏感的关键时期，如马铃薯的开花至块茎形成期，苹果的新梢生长和幼果膨大期，柑橘的幼果期及壮果期的后期至成熟期。在园艺作物对水分胁迫反应的敏感时期，栽培管理中必须维持较高的土壤供水能力，否则会影响生长和产量。但是也不可提供过多的水分，如桃和苹果，早期过多的灌溉会导致树体营养生长过旺，从而加剧树体营养生长和生殖生长对养分的竞争。又如柑橘，在壮果后期至成熟前受到严重的水分胁迫，会降低采收时果实的体积、风味和外观品质，但这一时期水分供应过多又会导致裂果、延迟果实的成熟以及推迟果树进入休眠。

二、灌溉技术

(一) 灌溉指标

园艺作物是否需要灌溉，可依据气候条件、土壤水分状况和植株自身的反应（形态、生理生化指标）等进行判断。

1. 土壤水分状况　土壤田间持水量和永久萎蔫系数之间的水量是可以被植物利用的有效水。其中，田间持水量是指当土壤中重力水全部排除，而保留全部毛管水和束缚水时的土壤含水量；永久萎蔫系数是指当土壤水分下降到一定程度，植物发生萎蔫，即使灌水植物也不能恢复生长时的土壤含水量。不同质地的土壤，田间持水量和永久萎蔫系数各不相同，但同一质地的土壤上，不同植物的永久萎蔫系数变化幅度很小。

一般适宜园艺作物正常生长发育的根系活动层（0~80cm）的土壤含水量为田间持水量的60%~80%，此时土壤的水分和空气含量最适于根系生长，如果低于持水量的50%~60%，应根据情况及时进行灌溉。与含水量相比，土壤水势（为0或负值，其绝对值被称为土壤水吸力）更能直接反映土壤对作物的供水能力，一般认为作为指导灌溉的指标更适宜。饱和持水量的土壤水势为0kPa，田间持水量的土壤水势为－2～－10kPa，多数果园以土壤水势为－45～－50kPa作为补给点（作物因根系吸水出现明显阻力，而导致生长发育开始受到抑制时的土壤湿度），采用调亏灌溉的节水策略时可低至－200～－400kPa。

土壤水分的测定方法很多，有直接测定水分含量的，也有将利用传感器测得的压力读数换算成水分含量的。烘干法（质量法）是常用的传统方法，简单准确，但取样和测定时间长，连续观察需变动取样地点；中子仪法无需采土，不破坏观测土壤结构，快速准确，无滞后现象，可定点连续监测土壤水分变化，但仪器价格高，使用中存在安全问题，多用于科研。时域反射仪（TDR）法也是测定土壤含水量较理想的工具，特别是在测定表层土壤时准确度很高，且快速、安全、便于自动控制，但不宜用于盐碱土水分测量，且仪器价格昂贵。

目前在生产上应用较广泛的是负压式土壤水分张力计。将张力计的多孔陶瓷头埋入植物根系集中分布的土层内，可以通过张力计上的压力表获得土壤中的水分状况。仪器结构简单，灵敏度高，使用方便，可以定点连续测定土壤水分变化，但该法测定范围有限，一般只能测水势在－0.08MPa以上的土壤。近年来土壤水分传感器技术发展迅速，包括电阻湿度传感器、电容式传感器、半导体陶瓷湿度传感器、微波水分传感器、电解质湿度传感器、高分子聚合物湿度传感器等，特点各异，均能连续、快速、准确而方便地应用于土壤水分测定，指导生产上进行灌溉与排水。

通过测定土壤水分状况指导灌溉有很大的参考价值，但是灌溉的目标是作物而不是土壤，所以最好以园艺作物本身的水分状况作为灌溉的直接依据。

2. 植株形态指标　我国农民在生产实践中积累了丰富的"看苗灌水"的经验，即根据园艺作物各生育时期的需水特性和植株体内水分状况，以长势、外部形态特性发生的变化来确定是否需要灌溉。植物缺水的形态一般表现为，幼嫩的茎叶在中午前后易发生萎蔫；生长速度下降；叶和茎颜色由于生长缓慢，叶绿素浓度相对增大而呈暗绿色；茎、叶有时变红，这是因为干旱时糖的分解大于合成，细胞中积累较多的可溶性糖，形成较多的花色素，而花色素在弱酸条件下呈红色。

根据菜农的经验，在温室内种植韭菜看其早晨叶尖有无溢液，黄瓜则要看植株顶端的姿态与颜色。在露地，早晨看叶的上翘与下垂，中午则看叶片萎蔫与否以及轻重，傍晚看萎蔫的恢复情况。如番茄、黄瓜、胡萝卜等出现叶色变暗，中午稍有萎蔫，甘蓝、洋葱叶片蜡粉较多且变硬变脆时，即可判定植株缺水，需要立即进行灌溉；如出现叶色变淡，中午毫不萎蔫，节间过长，即可知道水分过多，需要排水除湿。

根据植物形态的反应状况指导灌溉的方法还有器官体积变化连续测微法，即利用植物器官体积变化连续测微仪，定时测量（通常30min测1次）植物器官的体积（直径），并对所获得的数据进行处理和分析，从而判断植物的水分状况，并据此施行灌溉。这种方法多在果树上使用，可靠性高，可以配合应用于自动化灌溉系统。

需要注意的是，从缺水到引起作物形态变化有一个滞后期，当植物形态上出现上述缺水症状时，生理上已经受到一定程度的伤害。

3. 植株生理生化指标　生理生化指标可以比形态指标更及时、更灵敏地反映植物体的水分状况。植物叶片的细胞汁液浓度、渗透势、水势和气孔开度等均可作为灌溉的生理指标。植株在缺水时，叶片反应最为敏感，表现为叶水势下降，细胞汁液浓度升高，溶质势下降，气孔开度减小甚至关闭。当有关生理指标达到临界值时，就应及时进行灌溉。例如桃在黎明前的叶水势值达到－0.5～－0.6MPa时就应灌溉。应用于多年生木本植物的灌溉指导技术还有树液流量计法，即利用植物茎流测量仪器估测经过树干的相对树液流量，然后根据事先输入的临界值，对植物进行自动化灌溉。

由于这一类灌溉指导方法主要依据植物本身的生理反应，更适合于树体自身对水分的要求。此外，植物组织内脯氨酸、自由水和束缚水、甜菜碱等含量变化也常作为指导灌溉的探索性指标。需要强调的是，园艺作物灌溉的生理指标因不同地区、时间、植物种类、生育期、不同部位而异，实际应用时应结合当地情况，测定出临界值，以确定适宜的灌溉时期。

（二）灌水量

最适宜的灌水量，应在灌溉后使根域土壤湿度达到最有利于植物生长发育的程度。只浸润土壤表层或上层根系分布的土壤，难以达到灌溉目的，且由于多次补充灌溉，容易引起土壤板结、土温降低。如果在土壤中安置水分传感器，则不必另行计算灌水量，可根据仪器掌握灌水量和灌水时间。每次灌水量与所采用的灌溉技术、灌溉时土壤湿润度以及土壤类型密切相关，同时也与植物根系分布深度有关。以果树为例，采用喷灌和全园漫灌时，由于对整个果园地表均进行灌溉，地表湿润面积大，因此每次的灌溉量也大；而采用沟灌或微喷的果园，由于只对果园局部土壤进行灌溉，每次所需的灌溉量也小。壤土和黏壤土的灌溉量大，而沙土的灌溉量小。梨树等根系分布深的果树每次的灌溉量大，桃树、矮砧苹果等根系分布浅的果树每次灌溉量小。灌水量的计算方法因灌溉方式和其他各种因素不同而异。

1. 按土壤持水量计算 可根据不同土壤的持水量、灌溉前的土壤湿度、土壤容重、要求土壤浸润的深度来计算，即：

灌水量＝灌溉面积×土壤浸润深度×土壤容重×（田间持水量－灌溉前土壤湿度）

例如，1hm² 成年梨园要全园灌溉，使 0.8m 深度的土壤湿度达到田间持水量，土壤的田间持水量为 23%，土壤容重为 1.25，灌溉前的土壤湿度为 15%。灌水量则可按上述公式计算：

灌水量＝10 000m²×0.8m×1.25×（0.23－0.15）＝800m³

应用该公式计算灌水量，还需根据灌溉方式、树种、品种、根系分布、不同生育期、物候期、间作物，以及日照、温度、风、干旱持续时间等因素进行调整，以便更符合实际需要。若采用沟灌，湿润面积占总面积的 60%，则灌水量可节约 40%。

2. 按土壤速效水计算 灌溉的目的就是把水灌至根系主要分布层，达到土壤速效水含量（田间持水量到补给点之间的水分含量）的水平。各种土壤的速效水含量不同，如一般壤土的速效水含量是 8%，黏土的速效水含量是 7%，沙土的速效水含量是 2%～6%，实际应用中可予以测量。

对于实施漫灌方式的成龄果园，因根系已布满全园，每株根区土壤速效水总量＝果树占地面积×土壤浸润深度×土壤速效水含量百分比。如一个漫灌壤土果园的株行距是 3m×5m，根系深度是 0.8m，则每株根区土体速效水总量＝3×5×0.8×0.08＝0.96m³，即平均每株的灌水量，可见这是一种比较耗水的灌溉方式。

对于滴灌果园，每株根区土体内速效水含量＝滴头湿润半径的平方×3.14×浸润深度×每株滴头数×速效水含量百分比。如某壤土果园采用滴灌方式，每个滴头湿润半径是 0.5m，浸润深度为 0.6m，每株 2 个滴头，则每株树根区土体内速效水总量＝0.5²×3.14×0.6×2×0.08＝0.075m³，即平均每株的灌水量，是比较节水的灌溉方式。

实际应用中还必须考虑其他因素的影响，如幼龄果树根系分布范围较小，远未及全园；不同灌溉方式的水利用效率不同。

3. 微灌灌溉定额的计算 利用现代微灌系统灌溉时，通常根据灌溉系统设备特点、设施类型、园艺作物种类和生育阶段、土壤质地、土壤湿润比等确定灌溉定额和灌水周期。灌水定额指单位灌溉面积上的一次灌水量，与土壤持水能力和作物根系层深度有关。

《设施蔬菜灌溉施肥技术通则》（NY/T 3244—2018）中，灌水定额的计算公式为：

$$I = 0.001 H \times (W_1 - W_2) \times R / \eta$$

式中：I——灌水定额（mm）；

H——计划湿润深度（cm），一般情况下蔬菜为 20～30cm；

W_1——田间持水量（%）；

W_2——实际含水量（%）；

R——土壤湿润比（%），蔬菜滴灌施肥时土壤湿润比取 60%~90%，微喷灌施肥时取 70%~100%，干旱地区宜取上值；

η——灌溉水利用系数，滴灌不应低于 0.9，微喷灌不应低于 0.85。

灌水周期指能满足作物水分需要的两次灌水之间的最长时间间隔，根据园艺作物种类、土壤类别及湿润层深度等因素确定。

（三）灌水方法

土壤水分供应过多或过少都会对园艺作物的生长发育、产量和品质产生不良的影响，水分管理的目标就是通过尽可能少的灌溉获得高产优质的园艺产品。为此，必须应用各种节水灌溉技术，进行科学合理的灌溉。目前常用的灌溉方式有地面灌溉、喷灌、微灌和地下灌溉等。

1. 地面灌溉 地面灌溉需要的设施很少，成本低，是生产上应用较多的传统灌溉方式，包括漫灌、树盘或树行灌水、沟灌、畦灌等。一些露地生产的老果园和多年生木本观赏植物仍采用漫灌、树盘或树行灌水、沟灌、穴灌等方式。蔬菜作物多做畦栽植，因此灌溉多采用畦灌，做畦种植的草本花卉也可以采用这种方式。漫灌还适用于夏季高温地区大面积种植且生长密集的草坪，沟灌也适用于大面积、宽行距栽培的花卉和蔬菜。地面灌溉虽简便易行，节约能源，但耗水量大，水分利用效率低，送水和灌水过程中常发生渠道渗漏和土壤渗漏，加之地表蒸发，使得水分浪费严重；地面灌溉特别是漫灌容易破坏土壤结构，造成土壤板结，易发生过量灌溉而导致土壤渍害和盐碱化；地面灌溉对土地平整度要求高，还会出现灌溉不均匀现象，灌水后需要及时中耕松土。在我国北方地区，早春大水漫灌会降低地温，导致果树等作物的物候期推迟。因此，常规的漫灌方式趋于被淘汰，生产上多结合本地实际采用以下地面灌溉方式。

（1）穴灌。穴灌适于水源缺乏地区的多年生树木或果树。方法是在树冠投影的外缘挖穴，穴的数量依树冠大小而定，一般为 8~12 个，直径 30cm 左右，穴深以不伤粗根为准，将水灌入穴中直至灌满，灌后将土还原。干旱期穴灌，可以将穴覆草或覆膜长期保存而不盖土。这种方法比较节水，浸润根系范围土壤较宽而均匀，不会引起土壤板结。

（2）沟灌。方法是在作物行间开灌溉沟，沟深依作物种类而异，果树一般为 20~25cm，沟向与配水道相垂直，灌溉沟与配水道之间有微小的比降。沟灌是地面灌溉中较合理的一种方法，其优点是灌溉水经沟底和沟壁渗入土中，水分蒸发量与流失量较小，还可防止土壤结构的破坏，土壤通气良好，有利于土壤微生物的活动。我国南方雨水较多的平地果园均开有排水沟，干旱时可利用此沟进行蓄水灌溉。这种方法不必在每次灌溉时开沟，同时因沟较深，可以浸润分布较深的根系。现代的沟灌技术比传统方法有所改进，如采用管道输水避免渗漏，采用塑料或合金粗管代替灌水沟，管上按植株的株距开喷水孔，并可通过开关调节水流大小。

（3）盘灌。盘灌又称树盘灌水、盘状灌溉。以树干为圆心，沿树冠投影线筑土埂围成圆盘，圆盘与灌溉沟相通或以软管引水。灌溉后锄松表土或用草覆盖，以减少水分蒸发。此法简便易行，但浸润土壤的范围较小，距离树干较远的外围根系难以得到水分的充分供应，同时容易破坏土壤结构，使表土板结。

（4）畦灌。用土埂把园地分隔成许多长方形的小区，即灌水畦，灌水时将水引入，借重力作用和毛细管作用湿润土壤。此法适于密植蔬菜和花卉植物。缺点是易造成土壤表面板结，破坏土壤结构，费力，妨碍机械化操作。为实现节约用水，应采用管道输水、地面软管灌水，以防渗漏；推广小畦灌、细流沟灌、波涌灌溉和穴灌等技术以减少灌水量。

（5）低压软管灌溉。低压软管灌溉也称低压管道输水灌溉，或称"管灌"，是利用低压输水管道代替输水土渠将水直接输送到田间沟畦进行灌溉，因此大大减少了水在输送过程中的渗漏和蒸发损失。这项技术具有省水、节地、节能、省工省时、易于管理等优点。与微灌技术相比，水的利用率较低，但投资相对较低，采用PVC管道，便于技术推广。

2. 喷灌 喷灌是利用管道系统和动力设备，在一定的压力下将水喷到空中，形成细小水滴，模拟自然降雨对作物供应水分的一种灌溉方式。与地面灌溉相比，喷灌有以下优点：①由于采用管道输水和灌溉，喷灌能避免渠道渗漏，基本不产生深层渗漏和地表径流，因此喷灌的灌溉水利用系数可以达到0.75以上，比传统的地面灌溉节约用水30%以上，对渗漏性强、保水性差的沙性土，节水更多；②减少对土壤结构的破坏，可保持土壤的疏松状态；③可调节田间小气候，增加近地层的空气湿度，调节空气和植物器官的温度，不仅能避免和减轻霜冻和干热风对园艺作物的危害，而且可以显著提高园艺产品的品质；④喷灌的机械化程度高，可以节省劳动力，减轻劳动强度，不需年年修筑田埂和沟渠，工作效率高，便于田间机械作业，还可以在灌水的同时进行叶面喷肥和防治病虫害等管理工作；⑤适应性强，对平整土地要求不高，地形复杂的园地亦可应用。

喷灌也有缺点：①一般喷灌属于全园灌溉，存在水分浪费问题，尤其在空气湿度低和有风时蒸发损失较大；②在风大的情况下会改变各方向的射程和水量分布，难做到灌水均匀；③喷灌系统的投资和能耗较高；④由于喷灌会增加园内空气湿度，利于病虫害滋生，所以在南方高温多湿地区的果园一般不提倡采用喷灌。

喷灌系统一般包括水源、动力、水泵、输水管道系统及喷头等部分。果园喷灌有树冠上喷灌和树冠下喷灌两种方式。树冠上多采用固定式喷灌系统，喷头射程较远；树冠下灌溉一般采用半固定式灌溉系统，也可采用移动式喷灌系统。

3. 微灌 微灌是利用管道系统和末级管道上安装的灌水器，将水输送到田间，以较小的流量，均匀、准确地直接输送到作物根区附近土壤的一种局部灌水方法。结合施肥装置可以在灌水的同时供应作物所需的养分，实现水肥一体化管理。

微灌系统由水源工程、首部控制枢纽工程、输配水管道、灌水器等组成，如图7-3所示。

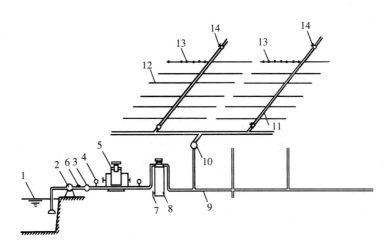

图7-3 微灌系统组成示意图

1. 水源 2. 水泵 3. 微量计 4. 压力表 5. 化肥链 6. 阀门 7. 冲洗阀 8. 过滤阀
9. 干管 10. 流量调节器 11. 支管 12. 毛管 13. 灌水器 14. 冲洗阀门

（1）微灌系统的分类。微灌按灌水水流出流方式不同，可分为滴灌、微喷灌和小管出流灌（涌泉灌）。

①滴灌：滴灌是利用安装在末级管道（称为毛管）上的滴头或与毛管制成一体的滴灌带等灌水器，使水以水滴或细流形式均匀又缓慢地湿润土壤的一种灌水方法（每个滴头的灌溉量为2～8L/h），是近年来在生产上大力推广的灌溉技术。通常毛管和灌水器放在地面，有时为方便田间作业，防止毛

管损坏或丢失，也可将其埋在地下30～40cm，又称为地下滴灌。

②微喷灌：微喷灌是利用直接安装在毛管上或与毛管相连的微喷头，将水以喷洒状灌溉土壤的一种灌水方法。微喷灌的灌溉原理与喷灌类似，但喷头小，在果园常设置在树冠之下，其雾化程度高，喷洒的范围小。微喷头有固定式和旋转式两种，前者喷射范围小，水滴小；后者喷射范围较大，水滴也大些。每个喷头的灌溉量通常为20～250L/h。

③小管出流灌（涌泉灌）：小管出流灌（涌泉灌）是利用小管灌水器（涌水器）将末级管道中的压力水以小股水流或涌泉的形式浸润作物附近土壤的一种灌水方法。

(2) 自动化微灌技术。通过集成土壤信息测报系统、自动过滤系统、管网布置、精确施肥灌溉系统、自动控制系统等核心设备和关键技术，可以实现微灌系统的统一管理和全自动控制。通常组成土壤墒情信息测报系统的设备包括传感器、遥测终端机通信设备、计算机、外设电源装置等。除了监测土壤湿度，有时也需要监测土壤温度和含盐量等参数。设置在田间的各类传感器不断采集获取各种信息，通过光纤、微波等传向中央控制室，计算机利用以灌溉管理制度、园艺作物需水规律的相关模型等为依据的软件，经处理后提供灌溉预报，一旦需要灌溉时则向远处的控制主机发出灌溉指令，及时地操纵系统设备实施自动化灌溉。结合水肥一体化技术可以同时实现低能耗精确施肥与灌溉。

(3) 微灌技术的特点。

①微灌最显著的优点是节水。微灌按照作物需水要求，仅湿润作物根区附近的土壤，蒸发损失小，而且由于灌水流量小，不易发生地表径流和深层渗漏，可以有效地降低灌溉水的损失和浪费，同时微灌能比较精确地控制水量，可适时适量地按作物生长需要供水，水的利用率高。因此，微灌一般比地面灌溉节水30%～50%，比喷灌节水15%～25%。

②微灌可以实现自动化，省工明显。微灌田块的大部分土壤表面保持干燥，减少了杂草，相应清除杂草的劳力和除草剂的费用减少；在微灌时，肥料、杀虫剂等可以注入水中随灌溉施入田间，不需另外耗费劳力进行喷施。因此，采用微灌技术省工效果突出，劳动力费用大大降低。因在作物行间的土地一般保持干燥，方便田间作业。

③微灌系统不破坏土壤结构。微灌均匀地维持土壤湿润，不会破坏土壤团粒结构，土壤通气状况良好，养分也不易被淋溶流失，为作物生长提供了良好的土壤条件，有利于实现高产稳产，提高产品质量。

微灌对土壤和地形的适应性较强。微灌的灌水强度可根据土壤入渗能力进行调节，即选用不同型号的灌水器。由于微灌是用压力管道输水，可以适用于不同的地形条件，即使是坡度很大，甚至无法用其他方法灌溉的复杂地形的园地，也可利用微灌进行灌溉。

作为应用历史只有几十年的微灌技术，其主要缺点是：①系统需要大量管材，投资较大；②管道和灌水器容易堵塞，对净化水的过滤设施要求高；③微灌可能造成盐分在湿润表层的边缘积聚，而降水可能将这些盐分冲到作物根区而引起盐害；④由于灌溉仅湿润作物根区附近的一部分土壤，作物根系的向水性会使作物根系集中向湿润区生长，限制了根系的发展。

微灌技术是一项高效节水的灌溉技术，在园艺作物生产中特别是在设施栽培条件下的应用越来越多，一般大型温室均有根据园艺作物生产特点而设计的自动化灌溉设施，特别适合于各类花卉和蔬菜生产。

4. 自压灌溉 微灌系统节水效果突出，但设备投资大，对运行管理的要求较高。在我国广大丘陵山区，充分利用地势高差，因地制宜地发展自压微灌是一种简易的节能灌溉方式。一般在高于灌溉田地一定高度的地方修建水池，再利用自压进行灌溉。蓄水池应建在灌区最高点或局部高点，水池位置仅需要满足自压灌溉的压力和水量要求即可。这种方法由于大幅度降低了投资和运行费用，在丘陵地形的果园和保护地蔬菜种植中广泛应用。

5. 渗灌 渗灌是利用埋设在地下的管道系统，使灌溉水通过渗灌管的微孔向外渗出，在土壤毛细管作用下由下而上湿润作物根区的灌溉方法，也称为地下灌溉。

渗灌水进入土壤后，仅湿润作物根系分布层，地表含水量很小，因此蒸发量更少，非常节水。以种植草莓为例，进行地面灌溉每年需水 1 600m³/hm²，用渗灌仅需 650m³/hm²，节水 59%。同时渗透管在低压条件下渗水，灌溉需要动力小，能耗低。毛管和渗水管埋设于地表下，节省占地，方便管理。渗水管出水缓慢，不会破坏土壤结构，还能在雨季起一定的排水作用。渗灌对于一些对水分有特殊要求的园艺作物尤为适宜，如草莓，其茎叶适合生长在湿润的土壤中，而浆果不能接触水分，采用渗灌可以较好地解决这一问题，生产的草莓果大质优。

渗灌技术虽然有很多优点，但由于渗水管埋设在作物根系层，出水口小且不均匀，导致作物根系扩展受影响，而且出水口容易堵塞，清理比较困难。渗透性很大的土壤类型及坡地也不宜应用。

6. 地膜覆盖灌溉　该技术是在地膜覆盖栽培的基础上发展起来的，包括揭膜畦灌或沟灌、膜侧沟灌、膜下灌溉、膜孔灌溉等。其中膜孔灌溉分为膜孔畦灌和膜孔沟灌两种方式，利用地膜覆盖畦或垄沟底部，灌溉水从膜上流过，通过膜上小孔渗入作物根部附近土壤。采用膜孔灌溉方式的优点是深层渗漏和蒸发损失小，在地膜栽培的基础上无需增加材料费用。膜下灌溉则是将滴灌管置于膜下，这种方式既具有滴灌的优点，又具有地膜覆盖的优点，节水增产效果明显。各种类型的方法都有其各自的特点和使用范围，如膜孔沟灌适于甜瓜、西瓜、辣椒等易受水土传染病害威胁的作物。

7. 潮汐式灌溉　作为一种节水、高效的新型灌溉技术，智能化潮汐式灌溉已成为温室盆栽花卉种植与蔬菜容器育苗的重要灌溉方式之一。其原理是依靠花盆或穴盘底部的排水孔与基质的毛细管作用，使泵入床箱内的灌溉水（可混入肥液）进入全部基质和根际。与温室花卉栽培和蔬菜容器育苗常用的顶部喷灌相比，潮汐式灌溉是底部进水，排除了叶片的"雨伞效应"；配套自动控制系统，实现了水肥闭合循环利用和水肥智能精准供应。缺点是一次性投入成本较高。

（四）节水栽培

据 2018 年统计，我国的水资源总量为 27 462.5 亿 m³，人均水资源量不足 2 000m³，远低于世界人均占有量，而农业用水占总用水量的 61.4% 以上。我国灌区相当多的地区仍采用传统的灌溉方式，灌溉水的利用系数平均只有 0.554，而发达国家多在 0.7 以上。因此，采用先进的节水灌溉方式，综合应用各种农业节水技术，对于缓解我国水资源短缺和实现农业可持续发展有重要意义。节水栽培是一项系统工程，需要从水土保持、土壤管理、灌溉设施和技术以及配套的各种农业技术措施等方面综合考虑。

1. 灌溉工程节水技术　灌溉工程节水技术主要包括渠道防渗、管道输水灌溉、喷灌、微灌、改进地面灌、集雨灌溉等；根据园地自然条件营建防护林，减轻地表蒸发和作物蒸腾，涵养水源；加强水土保持工作，山地、坡地修建梯田、撩壕、鱼鳞坑和蓄水池，蓄积雨水；采用科学的土壤管理制度，增施有机肥，改善土壤理化性质，提高土壤保水能力。

2. 应用节水灌溉技术　推广利用渠道防渗技术、管道输水技术以减少水分渗漏；根据条件采用滴灌、微喷灌、地下灌溉技术，地面灌溉推广小畦灌、穴灌和细流沟灌等节水灌溉技术，减少灌溉水量，提高水分利用效率。

3. 农业节水技术措施

（1）优化种植结构，选择耐旱品种和砧木。因地制宜地选择耐旱性较强的园艺作物种类和品种，是实现节水栽培的基本途径。如多年生落叶果树中耐旱的树种有枣、石榴、无花果、杏、栗等；耐旱的果树砧木有海棠、山定子、山桃、山杏、杜梨、枳橙等；不耐旱或耐旱力中等的树种也有比较耐旱的品种，如猕猴桃中秦美、海沃德的耐旱力强于庐山香。蔬菜中耐旱的有黄花菜、马铃薯、豌豆、大葱、南瓜和香椿等。耐旱花卉有仙人掌类、龙舌兰等。

（2）采取保墒措施。应用地面覆盖抑制土壤水分蒸发是节水栽培的有效途径。覆盖材料可就地取材，塑料薄膜、作物秸秆、草等均可。

(3) 采用化控节水技术。主要利用一些无机化合物、有机大分子物质、植物生长调节剂等处理园艺作物种子、植株或土壤，起到增加水分吸收、减少水分散失的作用。如通过包衣或其他方法处理种子，有利于种子在土壤低湿度条件下的萌发和幼苗的生长，能增加根量和促进根系活力，增强对干旱环境的适应性。使用黄腐酸、聚乙烯、丁二烯丙烯酸等作物蒸腾抑制剂喷布植物叶片，可以减小气孔开度、增加气孔阻力，抑制植物叶片蒸腾作用，从而达到节水的目的。一些聚丙烯类大分子材料如聚丙烯酰胺、改性聚丙烯醇、交联聚丙烯酸盐、交联淀粉聚丙烯酸盐等物质，施入土壤后能够大大增强土壤的保水能力，有显著的节水效果。

(4) 植株管理。通过适当的植株管理和种植结构调整也能起到节水作用。如果树矮化密植，通过修剪或使用生长延缓剂控制旺长、保持树形紧凑，都有助于减少水分消耗。

4. 其他节水灌溉策略

(1) 调亏灌溉。灌溉的目的是向土壤补充水分，以满足作物的吸水要求。但是，传统的灌溉往往过量，不仅浪费水资源，还会造成土壤中肥料淋失和地下水污染等问题。因此，灌溉策略应以作物而非土壤为参照，所灌溉的水分只要能满足作物生长发育的需求即可，而作物在需水的非关键时期对缺水有一定的忍受力，在一定程度上限制供水对作物的产量和质量不会有明显的副作用。许多学者因此提出调控亏水度灌溉的生理节水技术概念，简称调亏灌溉，指在作物生长的特定阶段控制植株的水分亏缺度，只灌少量水，以达到节水和调控植株生长的目的的灌溉技术。该技术于20世纪70年代中期由澳大利亚持续灌溉农业研究所Tatura中心研究成功，并正式命名为调亏灌溉（regulated deficit irrigation，RDI）。

据在果树生产上的试验表明，调亏灌溉可以节约用水，控制枝梢旺长，增加果实着色，促进花芽分化和提高产量。以桃为例，可以在果实缓慢增长期实行调亏灌溉：当整个根区的土壤水势降到接近 $-200 \sim -400$ kPa 时，按照充分灌溉水量的50%进行灌溉，只湿润较浅的土层；等土壤水势再次降至 $-200 \sim -400$ kPa 时，再进行相同灌溉。由于缺水，枝条生长速度减缓，总生长量减少，而采收时果实体积并不受影响。

需要注意的是，调亏灌溉技术适宜在果树树冠已达到预定范围的成龄果园内、且营养生长较旺时采用，幼龄果园的主要任务是尽快扩大树冠，调亏灌溉采用过早则会抑制树冠扩大，影响以后几年的产量，从长远看经济效益并不好。

(2) 交替灌溉。控制性交替灌溉技术是一项近年节水灌溉领域的新技术。控制性交替灌溉的操作依据是通过不同时间向园艺作物的部分根系供水，造成根系供水的不均匀性，诱导作物发挥其对干旱的适应性。该技术可以在一定程度上挖掘作物本身的节水潜能，已在部分园艺作物中应用并产生了较好的效果。目前常用的方法是按水平方向将作物根系分为两个部分，在不同时间轮流向两部分供水，譬如对果树进行隔行灌溉。也有研究是将作物根系在垂直方向上分为不同部分，在不同时间供水，实现节约用水的目的。

三、排水技术

不同种类的园艺作物对土壤积水和缺氧的忍受能力以及涝后的恢复能力有很大差异。据许多试验结果和生产实践证明，果树中桃、无花果、杏、扁桃、樱桃、菠萝等的耐涝性弱，柑橘、苹果、李等的耐涝性中等，梨、葡萄、枣、柿、荔枝等的耐涝性强。不同类型和品种的耐涝性也不同，如梨中以砂梨最耐涝，西洋梨次之，秋子梨不耐涝；桃中深州蜜桃、肥城桃耐涝性较强，冈山白较弱；苹果矮化砧中 M_1、M_6、M_7 耐涝性较强，M_9 中等，M_2、M_{109} 耐涝性较弱。

我国南北雨量差异大，南方雨水繁多，尤其在梅雨季节需多次排水；北方雨量虽少但降雨时期集中,7—8月是形成水涝的主要季节。因此,种植园艺作物必须考虑排水问题,在建园时修建排水系统,以便及时做好排水工作。

目前生产上应用的排水系统有明沟排水、暗管排水和井排3种方式。

1. 明沟排水 明沟排水是在地面每隔一定距离,顺行向挖成沟渠。在降水量少、地下水位低的地区建果园,通常只挖深度不到1m的浅排水沟,并与较深的干沟相连,主要排除地面积水;而在降水量大、地下水位高的地区,果园内除了浅排水沟外,还应挖深排水沟,后者主要用于排除地下水,降低地下水位。明沟排水是传统方法,其缺点是占地面积大,易淤塞和滋生杂草,排水不畅,需要经常维护。

2. 暗管排水 暗管排水主要通过埋设在地下的管道排水。排水管道的口径、埋置深度和排水管之间的距离应根据土壤类型、降水量和地下水位等情况决定。暗管多用陶管、混凝土管、黏土管等。采用地下管道排水的方法,不占用土地,不影响机械耕作,排水排盐效果好。缺点是地下管道容易堵塞,成本较高。足球场的草坪经常应用暗管排水。

3. 井排 井排是近年来发展起来的排水方法,国外许多国家已应用,但国内应用较少。井排在容易发生内涝积水的园地排水效果良好,不占地,在水质条件适合的情况下,可以结合井灌,便于井渠结合。缺点是运转费用高。

四、水肥一体化技术

水肥一体化技术是将肥料溶解在水中,利用管道灌溉系统同时进行灌溉与施肥,均匀、适时、适量地满足作物对养分和水分的需求,实现肥水同步管理和高效利用的现代农业技术。国务院在2012年印发《国家农业节水纲要(2012—2020年)》,要求"积极推广喷灌、微灌、膜下滴灌等高效节水灌溉和水肥一体化技术",至2016年已应用460多万hm^2。农业部在《推进水肥一体化实施方案(2016—2020年)》的通知中要求,到2020年水肥一体化技术推广面积预计达到0.1亿hm^2,新增533万hm^2。增产粮食225亿kg,节水150亿m^3,节肥30万t,增效500亿元。在园艺作物生产实践中,肥料溶解后可以通过不同方式施用,如拖管淋施、喷灌或微喷灌施用、滴灌施用、渗灌施用等。我国西部黄土高原一些水分缺乏的果园采用的重力膜下滴灌施肥技术(即把施肥罐放在机动车上,利用高差进行膜下滴灌)和利用施肥枪的土壤注射施肥技术,也是因地制宜的简易水肥一体化技术。在各种施用方式中,以滴灌和微喷等微灌方式效果好,在发达国家应用广泛,也越来越多地被国内规模化经营的设施农业园区、现代果园等采用,因此水肥一体化多指微灌施肥技术。

(一)微灌施肥技术的特点

与传统的地面施肥灌水方法相比,微灌施肥有以下优点。

1. 水肥利用效率显著提高 水肥一体化根据作物的需要通过管道精准地进行灌溉,大大减少了根区以外的无效用水,水利用系数可达0.95,比地面灌溉省水40%以上;同时微灌技术根据园艺作物的生长发育状况、目标产量、需肥规律、土壤养分供应等情况,结合灌溉特点进行精准和平衡施肥,减少了因挥发、淋失、土壤固定等造成的肥料损失,显著提高了肥料利用率,与常规施肥方法相比可节省肥料用量30%以上,产量则增加10%~20%。

2. 减轻病虫草害的发生 微灌施肥降低了土壤湿度、设施内的空气湿度,抑制病虫害的发生,进而减少施药量和园艺产品的农药残留;作物行间没有水肥供应,地表保持干燥,杂草生长也会明显减少。

3. 降低生产成本 水肥一体化技术的水、肥采用管网灌溉,操作方便,便于自动控制,加之病虫草害的减轻,可以节省大量劳力,减少人工成本,同时肥料、农药等农资投入也显著降低。

4. 提高产量和品质 使用微灌施肥系统，通过灌溉与施肥的有机结合实现水肥精准供应，可改善作物的生长环境，使其生长速度加快，提前进入收获期，显著增加产量和改善品质。以西瓜为例，采用滴灌施肥，在结果期少量多次追施钾肥，西瓜含糖量可提高 10%～20%。

5. 改善土壤微生态环境 微灌比常规畦灌可提高地温，有利于增强土壤微生物活动，改善土壤物理性质，促进作物对养分的吸收，施入农药对土壤害虫和根部病害有较好的防控作用。水肥一体化技术还能防止化肥和农药淋洗到深层土壤，避免造成地下水的污染。

此外，水肥一体化技术适应性广，有助于在山丘坡地、沙地和其他土层薄、肥力差的立地条件发展园艺产业。如以色列采用微灌施肥技术将其南部沙漠地带发展为生产甜椒、番茄和花卉的商品基地。我国农业生产中广泛应用地膜覆盖技术，而膜下滴灌水肥一体化技术是解决覆膜后施肥灌水问题的最佳方法。水肥一体化是精准农业的重要技术，有利于实现栽培管理的标准化和园艺产业的可持续发展。

在推广微灌水肥一体化技术时，也必须认识到其缺点。微灌系统建设的一次性投资成本较高，尤其是在作物栽培密度大、信息化和自动化程度高时；使用过程中泥沙、铁锈、肥料间化学反应产生的沉淀物质、藻类、黏性菌类和微生物分解物等会在末端管道、滴头或微喷头中堆积，减小或堵塞过水断面，造成灌水不正常；长期微灌方式的水肥供应会导致多年生果树根系分布层变浅，减弱无支架栽培果树的抗风能力。

（二）微灌施肥系统的构成

微灌施肥系统一般由水源工程、首部枢纽工程、管道系统和灌水器等组成。

1. 水源工程 生产上可用的水源有机井、河流、湖泊、水库、池塘等，只要水质符合要求即可，但这些水源通常不能直接利用，需要根据具体情况修建相应的引水、蓄水和提水工程。

2. 首部枢纽工程 首部枢纽的作用是取水和增压，过滤清除水源中的沙石颗粒、有机物、微生物和其他杂质，将符合微灌要求的水输送到管网中，并监测系统的运行情况，是微灌系统的驱动、检测和控制中枢。主要组成部分有动力机（柴油机或电机）、水泵、过滤净化设备、施肥装置、压力表和流量计等控制与测量设备等，有的还配备土壤湿度传感器和计算机自控系统等。

施肥装置的作用是向灌溉系统注入可溶性肥料溶液，实现水肥供应一体化，实际应用中要根据规划设计需要的流量和施肥精度合理选择施肥器。常用的有文丘里施肥器、压差式施肥罐、动力（电力、水力）驱动的施肥泵及多通道施肥机等。其中施肥泵供应肥液浓度稳定、易于控制、自动化程度高，但设备复杂、成本较高，目前在荷兰、以色列等无土栽培技术发达的国家应用普遍，适用于规模化温室集群和大型果园的微灌施肥系统。文丘里施肥器利用文丘里管造成的差压吸取肥液，无需附加动力、造价低廉、易于维护、运行可靠，缺点是施肥时压力损失较大、出流量较小，通过并联文丘里管与管道可以在一定程度上克服这一缺点。文丘里施肥器和压差式施肥罐一般适于灌溉面积不大的温室、大棚或小规模果园等。

3. 管道系统 管道系统由干管、支管和毛管 3 级管道组成，毛管上安装或连接灌水器。管道系统的作用是将首部枢纽处理过的水肥混合液输送分配到每个灌水器。

4. 灌水器 灌水器是微灌系统末端的灌水装置，其作用是消减压力，将末级管道压力水流变为水滴、细流或喷洒状，均匀稳定地施入作物根系附近土壤中。主要有滴头、滴灌管、滴灌带、滴箭、微喷头、渗灌滴头、渗灌管等。

（三）微灌施肥的关键技术

水肥一体化技术依赖于精准施肥与精准灌溉的有机结合，实际操作中借助压力系统（或地形高度落差），根据土壤养分、水分含量和园艺作物需肥需水的规律及特点，将可溶性固体或液体肥料配成肥液,随灌溉水通过管道系统和灌水器,以小流量均匀、精确地输送到作物根区附近土壤,使根区土壤保持适宜的水分和养分。根据对植株、土壤监测的结果及时调控水肥供应的种类、浓度和频次,以满足作物生长发育的需求。在应用中需注意的关键技术问题如下:

1. 水肥一体化设施的规划设计 通过调查和分析当地的地形地貌、土壤、气象、水源和经济条件等因素,根据园艺作物的种类、栽培方式和面积,合理规划、设计和建设水肥一体化灌溉设备。根据地形、水源、作物分布和灌水器类型布设管线。如轻质土壤宜选用较大流量的灌水器,以增大灌溉水的横向浸润范围,黏性土壤宜选用较小流量的灌水器。在中壤土或黏壤土果园每行布设1条滴灌管,在沙壤土果园每行按需要可布设2条滴灌管,对于冠幅较大的果树,可布置环绕式滴灌管。叶菜类蔬菜宜选用微喷头(带),果菜类蔬菜宜选用滴灌管或滴头,盆栽或基质块栽培则选用滴箭为宜。

2. 水肥供应的调控 微灌施肥技术提高水肥利用率的关键在于适时适量地将作物所需水肥直接供应在根区附近。首先在根区要保持适宜的养分供应浓度,以满足作物生长发育和优质高产的需要。园艺作物的种类、品种不同或处于不同的生育时期,对养分种类和浓度的要求不同,需要根据其需肥规律及土壤的养分供应能力确定施肥量。如根茎类和叶菜类蔬菜宜采用高氮、低磷、中钾的肥料配方;果菜类蔬菜则前期采用高氮、低磷和中钾的配方,结果后采用中氮、低磷和高钾的配方。有研究表明,在设施生产条件下的氮素浓度,番茄生长过程中0~30cm的根区需达到37.5~62.5mg/kg,冬春茬黄瓜在苗期、结瓜前期与结瓜后期分别为25、50和37.5mg/kg。

确定养分供应比例要考虑作物对养分吸收的最小养分律,及不同养分离子之间存在的相助或拮抗作用,做到平衡施肥。一般按园艺作物的目标产量和单位产量养分吸收量,计算所需的氮(N)、磷(P_2O_5)、钾(K_2O)等养分;根据土壤养分、有机肥养分供应,以及在水肥一体化技术下的肥料利用率计算总施肥量;根据作物不同生育期的需肥规律,确定施肥次数、施肥时间和每次施肥量。

水分影响作物对养分的吸收,而施肥也影响作物对水分的吸收与运输,这种水分和养分相互制约和促进的现象称为水肥耦合效应。例如钾离子的有效性与土壤含水量成正相关关系,土壤水分不足时钾离子易被土壤固定,土壤水分充足则有利于钾离子向根区的迁移。但过量灌溉容易将硝态氮以及其他易溶养分如K^+淋出根层,降低养分的有效性。水肥一体化技术遵循肥随水走、少量多次、养分平衡、分阶段拟合的原则,将总灌水量和施肥量在不同的生育阶段进行分配,制订灌溉施肥计划,并在生产过程中随天气、墒情和作物长势等及时进行调整,实现水肥协同供应,适时适量地满足作物生长发育的需求,提高对水分和养分的利用效率。表7-4是王志刚等(2018)综合国外资料编制的盛果期苹果树的灌溉施肥计划。

表7-4 盛果期苹果树灌溉施肥计划

(王志刚等,2018)

生育时期	灌溉次数	灌水定额 [m^3/(hm^2·次)]	每次灌溉加入养分占总量比例(%)		
			N	P_2O_5	K_2O
萌芽前	1	375	0	30	0
花前	1	300	10	10	10
花后2~4周	1	375	30	10	10
花后6~8周	1	375	20	10	20
果实膨大期	1	375	20	0	30
采收前	1	225	0	0	10
采收后	1	300	20	40	20
封冻前	1	450	0	0	0
合计	8	2 775	100	100	100

3. 肥料的选择　用于水肥一体化的肥料必须能够完全溶解于灌溉水，不会产生沉淀物阻塞过滤器和灌水器；与灌溉水的相互作用小，不会引起 pH 的剧烈变化，对灌溉系统有关部件的腐蚀性小；有较好的兼容性，能与其他肥料混合施用，基本不发生化学反应和产生沉淀；不同作物的耐肥性、使用的肥料和灌溉系统特性各有不同，还要考虑对作物的影响，避免肥液浓度过高伤害根系。一般优先选用能满足园艺作物不同生育期养分需求的水溶性复合肥料。对于存在连作障碍问题的土壤如设施菜田，可配施 1~2 种氨基酸水溶性肥料、腐殖酸水溶性肥料、有机水溶肥和生物肥料。

4. 设备的维护和保养　每次施肥前先用清水微灌，待压力稳定后再混入肥液，施肥完成后再以清水清洗管道；施肥过程中定时监测灌水器流出的肥液浓度，避免发生肥害；定期检查、及时维修系统设备，防止漏水；及时清洗过滤设备，对离心过滤器、集沙罐应定期排沙；入冬前应进行系统排水，防止结冰爆管，做好易损部件的保护。

园艺作物种类繁多，各地园艺产业发展水平与立地条件差别很大，在推广和实施水肥一体化技术的过程中，应根据具体情况选取合适的灌溉方式与设备，有针对性地制订水肥协同供应计划。有条件的应加大信息化和自动化控制技术的应用力度，使灌溉方式能同步跟进园艺生产的标准化、机械化和生态化，降低运营成本，实现园艺产业的优化升级。

思考题

1. 园艺作物种植园土壤耕作方式有哪几种？比较其应用特点。
2. 不同类型土壤改良的主要措施是什么？简述土壤改良剂在园艺作物种植园的应用。
3. 试述园艺作物连作障碍形成的原因与克服技术。
4. 试述果树的营养和需肥特点。园艺作物营养诊断有哪些方法？
5. 园艺作物如何做到适期施肥？
6. 什么是节水灌溉？有哪些技术环节？
7. 举例说明园艺作物水肥一体化技术的特点与应用。

主要参考文献

《蔬菜栽培技术》编委，2017. 蔬菜栽培技术. 西宁：青海人民出版社.
曾德超，因·古德温，黄兴发，等，2002. 果园现代高科技节水高效灌溉技术指南. 北京：中国农业出版社.
陈清，陈宏坤，2016. 水溶性肥料生产与施用. 北京：中国农业出版社.
陈义群，董元华，2008. 土壤改良剂的研究与应用进展. 生态环境，17（3）：1282-1289.
范双喜，李光晨，2007. 园艺作物栽培学. 2 版. 北京：中国农业大学出版社.
葛均青，于贤昌，王竹红，2003. 微生物肥料效应及其应用展望. 中国生态农业学报，11（3）：87-88.
贾文庆，陈碧华，2017. 园艺作物生产技术：上册. 北京：中国农业出版社.
雷靖，梁珊珊，谭启玲，等，2019. 我国柑橘氮磷钾肥用量及减施潜力. 植物营养与肥料学报，25（9）：1504-1513.
刘嘉芬，2015. 果树施肥. 济南：山东科学技术出版社.
罗正荣，2005. 普通园艺学. 北京：高等教育出版社.
吕英忠，梁志宏，2011. 果园土壤管理的方式与应用. 山西果树（3）：25-27.
宋志伟，邓忠，2018. 果树水肥一体化实用技术. 北京：化学工业出版社.
隋好林，王淑芬，2018. 设施蔬菜水肥一体化栽培技术. 北京：中国科学技术出版社.
王志刚，崔秀峰，高文胜，2018. 水果绿色发展生产技术. 北京：化学工业出版社.
吴普特，牛文全，郝宏科，2002. 现代高效节水灌溉设施. 北京：化学工业出版社.
张凯，冯推紫，熊超，等，2019. 我国化学肥料和农药减施增效综合技术研发顶层布局与实施进展. 植物保护学报，46（5）：943-953.

甄文超，代丽，胡同乐，等，2004. 连作对草莓生长发育和根部病害发生的影响. 河北农业大学学报，27（5）：68-71.

Rai M，Varma A，2005. Arbuscular mycorrhiza—like biotechnological potential of Piriformospora indica, which promotes the growth of Adhatoda vasica Nees. Electronic Journal of Biotechnology, 8（1）：107-112.

Raphael Anue Mensah，Dan Li，Fan Liu，et al，2020. Versatile Piriformospora indica and Its Potential Applications in Horticultural Crops. Horticultural Plant Journal. Available online.

Verma S，Varma A，Rexer K H，et al，1998. Piriformospora indica, gen. et sp. nov., a new root-colonizing fungus. Mycologia, 90：896-903.

第八章 园艺作物生长发育的调控

在园艺植物生长发育过程中，各个发育阶段的进程及各组织器官数量、质量的变化是受植物体自身生理代谢活动、生态条件及栽培技术措施所左右的，因而，人们可以依据各种植物的生长发育特性和对生态条件的要求，采取不同的栽培措施，通过改变植物体内生理代谢的活动和生长发育的环境，来调控植物生长发育，以更好地实现栽培生产的目的，获得更大的经济效益及生态效益。园艺作物的栽培措施主要包括整形修剪、矮化栽培、花果调控等，通过这些技术措施的综合应用，将有效地调控园艺作物的生长发育与开花结果，对于提高园艺作物产品器官的商品性状和经济价值，增加经济效益等均具有重要意义。

第一节 整形修剪

整形修剪是依据树体生长特性和栽培目的，结合自然条件和管理技术水平，通过一定的外科手术等方法，将果树或观赏树木等调整成具有相当稳定树形及生长发育空间的一项技术措施。整形是将树体整成一定的形状，也就是使植株的主干、主枝及枝组等具有一定的数量关系、空间布局和明确的主从关系，从而构成特定树形或株形。修剪是指对具体枝条所采取的各种外科手术性的剪截和处理措施。

整形与修剪是两个截然不同的概念，其内涵是有区别的，但两者的关系密切，相互配合，彼此依靠，相辅而行，不可机械地加以分割。整形主要通过修剪来实现，修剪必须根据整形的要求来进行。因而，人们常把这样一对密不可分的两个方面合称为整形修剪。一般所指的整形修剪是特指木本作物的整形修剪，但从广义上讲，草本作物的植株调整也应包含在整形修剪的范畴内。

一、整形修剪的目的与依据

整形修剪是果树及观赏树木等栽培管理的一项极其重要的实用技术，因植物种类、品种及栽培的目的不同，应采取相应的整形修剪方法。对于观赏树木来说，整形修剪的主要目的是"早成树、成好形"；而果树整形修剪的目的是"早结果、多结果、结好果、长结果"。一般地说，正确的整形和修剪能促进树体生长，使之尽早成形，尤其是对果树来说，使其骨干枝能健壮、牢固，枝条分布合理，树冠通风透光，早实、丰产、优质；稳定树体结构，便于田间管理，提高生产工效，降低生产成本，增加经济效益；调整好生长与结果的关系，可防止分枝无效竞争、徒长，延缓树木衰老，促进开花结果和生殖生长，使结果量得到调节，扩大结果部位，提高产量和质量。此外，可改变树冠上枝芽数量、位置、姿态，培养牢固的树冠骨架，增强负载能力，并协调地上部与地下部、生长与结果、衰老与更新的关系。

对不同树龄的树来说，幼树尽量做到早成形、早结果、早丰产，成龄树做到优质、高产、稳产、延长结果期限，衰老树做到及时更新、促进生长、保持产量等。在整形修剪实践中，要达到预期的目的，就必须考虑下列几个方面的因素：

（一）树种、品种特性

园艺植物种类繁多，树体生长发育特性及对修剪的反应各不相同，在整形修剪时，应依据其生长特性因势利导，充分考虑各树种、品种对修剪刺激的敏感性及各类枝条在修剪后可能的生长情况，才能获得预期的目的。也就是说，整形修剪必须因树种、品种而异，尤其对果树来说更是如此，如苹果树每个品种在萌芽率、成枝力、分枝角度、枝条硬度、成花难易、结果枝类型和比例以及对修剪的反应程度等方面都不尽相同，各有特点（即个性），应分别采取相应的整形修剪方法，切实做到"因品种修剪"。

（二）树龄和树势

树龄是决定采用何种修剪手法的依据。果树从幼树至初果期树，树势旺，一年有多次生长，枝条强旺直立，生产上冬剪以疏除、甩放，夏剪以拉枝为主。以促进幼树的旺盛生长，增加枝叶量，迅速扩大树冠，加快树形的形成，最终达到主干健壮、枝条丰满、早果、丰产的目的。盛果期树，树势中庸或偏弱，在保持原有树形的基础上，以结果枝组的培养与逐年更新为主。修剪时要注意花叶芽比，枝组、果枝的更新复壮及打顶并去主枝有利于花芽分化，适当多短截，以强枝壮芽带头，控制果实负载量，确保稳产优质。对于进入衰老期的果树，修剪上要注意保留徒长枝，充分利用其生长优势，变废为宝，培养为结果枝组来更新原有的老弱结果枝组，使结果枝组保持年轻化，做到树老枝不老，结果质量好。因此应根据不同的树龄及修剪目的，采用不同的修剪手法。

树势直接影响修剪效果。冬季修剪时，树势弱的，以短剪、回缩为主；树势中庸的，修剪时适度短剪、回缩，并辅以疏除、甩放灵活运用。根部修剪原则上只有树势过强的才使用，但在生产中应用得较少。夏季修剪以春季的抹芽及其后的拉枝、扭梢、摘心为主，原则上不动剪、锯，树势太强的也可辅以环割、环剥。

（三）年周期

年周期是果树一年的生长过程，不同时期由于生长特点不同，在整形修剪上要采取不同的方法。休眠期是主要的修剪时期，可进行细致修剪，全面调节。开花坐果期消耗营养较多，生长旺，营养生长和开花坐果竞争养分和水分的矛盾比较突出，可通过刻芽、摘心、环剥、环割、喷植物生长延缓剂等进行调节。花芽分化期之前可采取扭梢、环剥、摘心、拿枝等措施，促进花芽分化。新梢停长期，疏除过密枝梢，改善光照条件，可提高花芽质量。对于果树来讲，夏季修剪对生长节奏有明显的影响作用，因此夏季修剪的重点是调节生长强度，使其向有利于花芽分化，有利于开花、坐果和果实发育的方向进行。

（四）修剪反应

树体的修剪反应是合理修剪的重要依据之一，也是衡量、检验修剪正确与否的直观标准。修剪反应是修剪后的最直接表现，不同果树种类、品种的修剪反应不同，即使是同一个品种，用同一种修剪方法处理不同部位的枝条时，其反应的性质、强度也会表现出很大的差异，果树自身记录着修剪的反应和结果。修剪反应要从两方面去看，一是局部反应，如锯口、剪口或其他修剪方法对局部抽枝、枝梢生长和成花的影响；二是全树的整体反应和表现，如总生长量、总枝量、新梢年生长量、干周增长量、枝条充实程度和枝条成花情况，以及全树枝条密度、角度等。调查修剪后树体生长结果表现，确定修剪的正确与否与某种剪法的效果，将有助于避免以后修剪出现差错，造成损失。

不同树体的修剪反应敏感性不同。修剪过重，树势易旺，修剪轻，树势又易衰弱，这说明修剪反应敏感性强；反之，修剪轻重的反应虽然有差别，但反应差别却不明显，这说明修剪反应不敏感。修剪反应的敏感性还与气候条件、树龄、树势、栽培管理水平有关。西北高原及丘陵山区，气候冷凉，昼夜温差大，修剪反应敏感性弱；土壤肥沃、肥水充足的地区反应敏感性强，土壤瘠薄、肥水不足的地区反应敏感性弱；幼树的修剪反应敏感性强，随着树龄的增大，修剪反应逐渐减弱。修剪反应敏感的树种和品种，修剪要适度，修剪时要以疏枝、缓放为主，适当短截；修剪反应敏感性弱的树种和品种，修剪程度比较容易把握。

（五）生态条件和管理水平

在不同的生态条件和管理水平下，果树生长发育差异很大，因此应依据不同条件下树体生长与结果的差异，采用适宜的树形和修剪方法。果树的整形修剪应根据当地的地势、土壤、气候条件和栽培管理水平，采取适当的整形修剪方法。例如，瘠薄、干旱的山丘地果园，一般树体小而紧凑，树势弱，结果早，应选用密植、小冠树形，修剪程度应重些，多截少疏，保留结果和更新部位，维持健壮的树势。相反，在土壤肥沃、供水条件好的平地果园，树势旺壮，枝多冠密，应选用大、中冠树形，后期重落头开心，改善光照，在修剪上则要更多的轻剪长放、加强拉枝、开张角度。同时，要注意改造直立旺枝、疏剪密生枝，使之层层透光、枝枝见光，树冠体积稳定，结果正常。不同的栽植密度，应选用不同的整形方式和相应的修剪方法。当环境和管理条件改变时，整形修剪方法也要相随而变。

（六）结果习性

果树的结果习性是果树进行科学化整形修剪的重要依据。了解其成花结果习性，顺应其生长发育规律，通过整形修剪的各种手法进行合理的调节、适当的促控，使其生长发育、成花结果更加符合人意，才是科学的修剪。需要注意的有以下几点：

1. 花芽形成的时间 环剥、扭梢等促花的处理在花芽生理分化期进行效果最好，处理越晚效果越差。

2. 开花坐果 春季，果树的营养生长和开花坐果在营养分配上相互竞争，通过花期前后适当修剪，可缓解两方矛盾，在短期内转向有利于开花坐果的方向，提高坐果率。

3. 结果枝类型 果树的不同树种、品种，其主要结果枝类型不同，修剪时以有利于形成最佳果枝类型为原则。对于以短果枝和花束状果枝结果为主的果树，在修剪上应以疏、放为主；以长、中果枝结果为主的果树，则多采用短截修剪；长、中、短果枝结果均好的树种和品种，修剪就比较容易掌握。

4. 连续结果能力 连续结果能力强的树种和品种，修剪时可适当多留些花芽；反之，连续结果能力较差，则修剪时要适当少留些花芽，增大叶芽比例。这样才能既发挥各自的增产潜力，又有利于克服大小年。

5. 最佳结果母枝年龄 虽然不同树种结果母枝的最佳结果年龄有所差异，但多数果树为2~5年生枝。枝龄过老不仅结果能力差，而且果实品质也会下降，因此修剪时要注意及时更新，不断培养新的年轻的结果母枝。

（七）栽培密度

原则上每667m^2栽20~40株乔化树，采用大树冠整形；栽40~60株乔化树，采用中树冠整形；栽60株以上乔化树或矮化树，采用小树冠整形；栽80株以上乔化树或矮化树，采用宽行密株的圆柱形或细长纺锤形的塔式树形。各种树形有不同的优缺点，不能一概而论。任何树形只要通风透光良好，都是高光效树形，在老果园改造中，盲目追求所谓的高光效树形，盲目地一次锯除三大主枝，由于打破了果树地上部与地下部的平衡关系，其后果是导致病害大量发生，树体早衰。

(八) 栽培目的

整形修剪的目的多样，不同的栽培目的决定了修剪方式的选择。园林树木是通过整形修剪的措施，把树体培养成一定的形状，即造型，从而提高其观赏价值或园林绿化效果。因此，观赏树木个体或整体的整形修剪方法因树种、品种、地区及所处环境等不同而异，应灵活掌握。例如，以观花为主要目的的花木修剪，应采取各种有利于促花的修剪措施；高大的风景树的修剪，要使树冠体态丰满美观、高大挺拔，可适当多短截促发枝条，以便造型；对绿篱、树墙树木的修剪，只要保持一定的高度和宽度即可。而对果树来说，每个果园的经营者和生产者都希望以最低的资金、劳力投入，获得高产和优质的果品，从而提高果园的收益。通过加速幼树成型，有效缩短进入盛果期年限，简化主枝，增加早期成花量，提高丰产潜力，同时加强通风透光，达到丰产稳产的目的。一定要注意整形、修剪的实效，即修剪对花果数量与质量的影响，同时为了节省劳力，应尽量简化修剪技术，以减少修剪用工，提高经济效益。

二、整形修剪的生理效应及调节作用

修剪是调节树体生长发育的有效措施之一，通过修剪所产生的直接作用或间接作用均能改变果树及观赏树木的生理和生态状况，尤其是能调节果树生长与结果的动态平衡。整形修剪的作用主要有以下几个方面。

(一) 改善树体的生态条件

果树及观赏树木的整形修剪可以调整个体与群体的结构，调节树与环境的关系，改变树体的生态条件，尤其是通风透光条件，提高光能利用率。通过整形，使枝条有计划地配置，主从分明，树冠相对平衡，从而使枝干疏密结合，通风透光，有利于生长发育和减少病虫害。如整形中采用篱剪和剪顶，使树冠开心或分层；修剪中采用疏剪、除萌、去叶及开张枝角，剪除虫害枝、过密枝、遮光枝等，都可以改善果树的光照条件，对外界的温度变化起到缓冲作用，有利于树体健壮生长及开花结果。同时，修剪还影响树木叶片的气体交换，其对光合作用的影响不只是改变其通风透光条件，还因为对整体叶龄的改变而影响光合速率。另外，修剪会对树木产生类似非生物胁迫的效果，可激发植物的适应性反应。修剪还能在一定程度上改变园内湿度、风速及温度等微气候条件，从而影响树体的生长发育。

(二) 调节树体的营养状况

整形修剪之所以能对树木的生长发育产生影响，其根本原因在于整形修剪能够改变树体内部营养物质的生产、运输、分配和利用。修剪对树体养分、水分含量有很大影响，可以使整株植物乃至植株上每条主干枝之间的生长势达到平衡，如扭梢或拿枝会使枝条的局部积累营养成分，促进萌发短枝，形成花芽，提高结果率。修剪部位的组织中氮和水分含量比不修剪的高，还原糖也随修剪程度的加重而增加，而淀粉等多糖类化合物含量则减少，这些事实表明重剪可以活跃树体的生理机能 (表8-1)。采用环剥等方法可改变枝梢中的碳氮比，促进花芽形成，对徒长树和衰老树，都可改变树体的代谢方向及强度，使得生长和结果得以协调。落叶果树地上部修剪之后，在新梢抽生期一般能增加剪口附近枝条和新梢中的含氮量，减少糖分的含量，从而促进新梢生长。但适当修剪能增加叶枝比，使新梢停长后糖含量增加。常绿果树（如柑橘）适当修剪后能提高树体内含氮化合物的含量，加强氮代谢活性，改善枝梢营养水平，促进糖的积累和转化，有利于开花结果。不同水平的叶果比，糖的积累、氮元素的积累以及光合驯化方式和机制有差异，低水平的叶果比光合效率较高。不同修剪时期对枝条生长特性及其含糖量也有一定的影响。

表 8-1　不同修剪程度对 3 年生长十郎梨树新梢中水分、氮素和糖含量的影响（%）

内含物	不修剪	中剪	重剪
水分	73.64	75.03	76.25
还原糖	1.792	1.995	2.193
非还原糖	9.759	9.988	9.658
可溶性糖	11.551	11.983	11.851
淀粉	2.854	2.566	2.284
多糖类	12.199	11.986	11.158
总糖	26.604	26.535	25.293
可溶性氮	0.133	0.166	0.192
不溶性氮	1.157	1.452	1.490
全氮	1.290	1.618	1.682

注：除水分外，均为占干重百分比。

修剪不仅影响大量营养物质，也对树体中微量营养物质、激素及酶等产生很大影响。就激素而论，通常果树各器官都能合成或存在不同种类的内源激素，如茎尖、幼叶中赤霉素、生长素含量高，而成熟叶片脱落酸较多等。由于修剪改变了这些器官的数量、活力及其相互比例关系，从而影响内源激素的形成和平衡。例如，枝条短截和新梢摘心剪去了先端，暂时减少了生长素的供应，排除了生长素对侧芽的抑制作用，因而促进了侧芽的萌发。又如，在枝芽的上方环剥、刻伤，切断了激素向下运输的通道，从而促进了这些枝、芽提早萌发和抽枝。另外，拉枝是果树整形修剪中最常用的手法，随着拉枝角度的加大，糖类物质和酚类物质的积累量也在增加，加大拉枝角度能够提高果树果实（如红富士苹果）的品质，修剪还可以提高酶的活性，增强其代谢能力。

（三）调节地上部与地下部的平衡关系

果树及观赏树木树体各部分在一定的树势条件下，相互间保持着相对稳定的动态平衡关系。通过修剪削弱或加强某一部分时，也会对其他部分产生影响，如根系与枝叶间的平衡。地上部分枝条的修剪可以促进当年新梢生长，且相对地抑制地下根系生长；而冬季深翻松土、施肥、修剪根系则效果相反，由于优先分配对根系的光同化以补偿根分离造成的损害，地上部枝梢生长减少。生产季节修剪对果树地上部生物量的生长会产生较强的抑制作用，但对根系的生长有利。环割处理可减少根系营养，影响细胞分裂素的合成，可抑制枝条的生长。修剪还可以加强根系的吸收作用，同时减少叶片蒸腾，在"开源""节流"两个方面起调节作用，由于蒸腾面积的减小，使得保留部分的含水量增加，可提高植株的抗旱性。

（四）调节生长与结果的平衡关系

在果树生命周期中，生长与结果的关系经常处在不断的变化之中，它们既同时存在，又相互制约，在一定的条件下（如修剪）又可以相互转化。整形修剪可以控制枝条的顶端优势，以达到促进花芽分化和控制结果的目的。幼龄果树以营养生长为主，如不进行修剪调节，常难以开花结果，如通过修剪调节，减缓树体的营养生长，有效地促进成花，使营养生长转为生殖生长（结果）。如欲加强营养生长，应促使修剪后多发长枝，少发短枝，有利于养分集中于枝条生长；为使其向生殖生长转化，则剪后应多发中、短枝，少发长枝，促进养分积累，用于花芽分化。通常，地上部枝叶的营养生长与生殖生长间的平衡也保持一定的关系，但树体放任生长或修剪不当，使枝叶过多，造成光能的利用率下降，就难以成花和结果；相反，树体生长量过小，而结果量过多，树体易出现早衰，所结的果实个小、品质差。在果树上出现幼树适龄不结果以及大小年结果现象是生长与结果的平衡关系受到破坏的综合表现，最终导致经济效益下降。修剪的一个重要作用就是根据不同果树种类和品种的生长结果习性，对不同树龄和长势的树，适时适量地做好转化工作，维持树体营养生长与生殖生长的平衡关系。

三、主要树形及树体结构

树木的树形种类繁多，因树种、品种及栽培目的不同而异。好的树形不仅营养分配合理，而且具有良好光照体系的冠层结构，是生产优质果实的基础。树形的形成受诸多因素的共同调节，如基因遗传调控、人工整形修剪以及立地环境的影响等。每种树形均有其独特的冠层微环境，影响树体对光、水、肥的利用，造成冠层不同部位的叶片营养与果实产量、品质的差异。就果树而论，树形很多，当前生产上常用的树形有十余种。在生产中果树及观赏树木均需依据各树种（甚至品种）的生长发育特性选择合理的树形。对于观赏树木来说，整形修剪是注重观赏的效果；而果树在选择树形时是注重丰产、稳产、优质、抗逆性及便于管理等方面。在树形选定之后，应通过整形修剪技术，使幼树形成一定的树形、成年树保持一定的树形、老年树恢复一定的树形。

（一）果树树形

果树树形按自然生长的程度分为自然形（自由形）和人工形（束缚形）两类。自然形是模拟树体自然生长的形状，根据栽培的需要，适当控制其大小、干高、树高、主枝层次等，如疏散分层形、圆柱形等都属于此类。由于这类树形接近自然，一般整形较容易。人工形是按照人为的意识进行强制性整形而成的树形，如为了提高果实品质和抵抗台风，对木本果树采取平棚架整形等。这类树形由于在一定程度上违反了树体自然生长的规律，而使整形有一定的困难，对整形修剪技术有更高的要求。生产上常用的果树树形主要有以下几种类型。

1. 有中心干形 苹果、梨、枣、柿、枇杷、柑橘等果树多用这一类树形（图 8-1）。常用的树形主要有：

（1）主干形。由自然形适当修剪而成，有中心干，主枝不分层或分层不明显，树形较高，一般高达 4～6m，甚至更高。如枣、香榧、银杏、核桃、橄榄等粗放栽培时常用该树形。

（2）纺锤形。由主干形发展而来。树高 2.5～3m，冠径 3m 左右，在中心干四周培养多数短于 1.5m 的水平主枝，主枝不分层，上短下长。适用于分枝多、树冠开张、生长不旺的果树，如梨、李、矮化及半矮化砧苹果等。而树形较矮小、树高 2～2.5m、冠径约 2m 的细长纺锤形，适合于矮化密植栽培的果园。

（3）圆柱形。由纺锤形发展而来。树高约 2.5m，冠径约 1.5m，中心干不分生大主枝，而是配置 10～12 个小主枝，直接作为结果枝组。枝组短小，上下差别不大，结果 2～3 年后从基部更新。该树形在欧洲广为应用，我国一些矮化密植苹果、梨园也采用此树形。该树形常采用宽行密株，便于田间机械化操作。

（4）小冠疏散形。由疏散分层形改造而来。将主枝数减少、变小，使树冠相对较小，冠径约 3.5m，树高 3～3.5m，分 2～3 层，第 1 层 3 个主枝，第 2 层 2～3 个主枝，每个主枝上着生 2～3 个侧枝。此树形符合有中心干的果树的生长特性，主枝数适当，造形容易，结构牢固，为目前我国苹果、梨等常用的树形之一。

(5) 多主枝自然形。常用于核果类果树如桃、杏、李、樱桃等。干高 50~80cm，有明显的中心干和主枝，自然分层。基部着生 3~4 个主枝，构成第 1 层。层间距离一般为 50~60cm，主干、主枝自然分散着生，上下互不重叠，树冠叶幕呈圆头形。

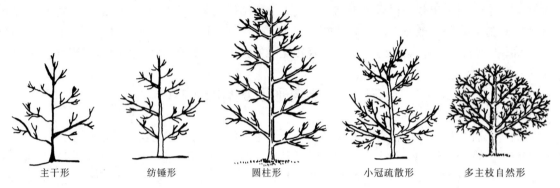

图 8-1 有中心干形

2. 开心形 此类树形主干上有 2~4 个主枝向外延伸呈开心状，无中心干，适宜于喜光性树种，核果类果树多用此树形（图 8-2），苹果、梨也偶尔采用。与疏散分层形相比，开心形对外界环境的敏感性不高，不易通过改善其生长环境条件来提高光合速率。但开心形由于缺少中心干，树体顶端优势受到控制，抑制了树体枝干生长的营养消耗，更利于营养向果实的运输。常用的开心形树形有：

（1）自然开心形。3 个主枝错落着生，对称排列，其先端直线延伸，在主枝侧外方分生副主枝。基部副主枝应加强培养，使它尽量向外伸展，树冠侧面形成两层，树冠中心仍保持空虚。

（2）延迟开心形。主枝 3 个，在主干上相互拉开，相距达 1m，3 主枝分 3 年培养完成，主枝上培养副主枝，主干比自然开心形高。

（3）自然杯状形。主干留一定高度剪去上部，使其分生 3 个主枝，向四周斜生，均衡发展，而后再使 3 个主枝各分生 2 个势力相等的大枝，以后逐年继续二杈分生，直至左右邻近的树枝相接近为止，而树冠中心始终保持空虚，呈杯状。

（4）"Y"形。"Y"形也称两主枝开心形。每株仅 2 个主枝，呈"Y"形，与地面成 60°夹角，主枝上直接着生结果枝组。常用于桃、梨密植园，苹果上也偶有用到。

开心形的叶面积指数低于主干形，这可能与开心形主枝多而粗、营养分配比较均衡有一定关系；而主干形垂直方向叶厚而密，树势较直立，叶片相互遮掩，影响果实发育，所以果实质地与开心形相比较一致性不好。

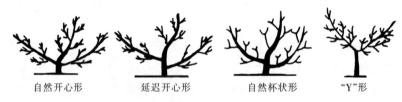

图 8-2 开心形

3. 篱壁形 篱壁形主要用于蔓性果树，如葡萄、猕猴桃等。对于高度矮化密植栽培的木本果树也用篱壁形整形（图 8-3）。常用的篱壁形树形有：

（1）单篱架形。架高因品种、树势、树形、气候、土壤条件及肥培管理水平而定，通常为 1.8~2.2m，架上拉 2~4 道铁丝。做龙干式整形，用短梢或超短梢修剪。利用单篱架栽培，通风透光条件良好，有利于提高果实品质及机械耕作。在南方温暖多雨、土壤肥沃的地区，可采用宽顶单篱架，即"T"形架，在单篱架的顶端架设1根横梁，扩大架面，以充分发挥植株的生长结果能力，增进品质。

（2）棕榈叶形。主枝6~8个，在主干上沿着行向平面分布，根据骨干枝分布角度，又可分为斜脉形、斜棕榈叶形等，树篱横断面多呈三角形。

（3）自然扇形。主枝斜生，在行向分布成不完全平面。干高20~30cm，主枝3~4层，每层2个，与行向保持15°夹角，第2层主枝与行向保持和第1层相反的15°夹角，与上下相邻两层主枝左右错开，主枝上留背后或背斜枝组。葡萄等藤本植物的篱壁式扇形，一般选留4主枝，均匀分布于篱架上。

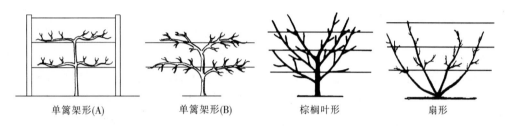

图8-3 篱壁形

4. 棚架形　棚架形主要用于蔓性果树，如葡萄、猕猴桃等，但也用于梨、苹果、柿等干性果树（图8-4）。常用的棚架形树形有：

（1）棚架形。棚架形是蔓性果树如葡萄、猕猴桃等常用的架形，在梨、甜柿等木本果树的生产栽培上也广为应用。在日本，梨树90%以上采用棚架栽培。棚架栽培有许多优点，如用以防御台风、提高品质和便于机械化操作。棚架形式很多，依大小可分为大棚架和小棚架。通常称架宽6m以上的为大棚架，6m以下的为小棚架。依倾斜与否分为水平棚架和倾斜棚架。在平地上，无需埋土越冬的地区常用水平大棚架；在山地和需要埋土越冬的地区常用倾斜小棚架。棚架整形一般常用树冠向一侧倾斜的扇面形或树冠向四周平均分布的"X"形或"H"形等。扇面形建造容易，可自由移动，架面容易布满，自棚上取下方便，有利于修理棚架，在寒地也便于埋土防寒。"X"形、"H"形等，由于主蔓向四周分布均匀，主干居于树冠中央，所以养分输送较扇面形方便，树冠生长势较强。

（2）篱棚形。篱棚形为篱架和棚架的混合形，常用于庭院绿化果树。开始为篱架形，以后果树向上生长，在顶部形成棚架形。

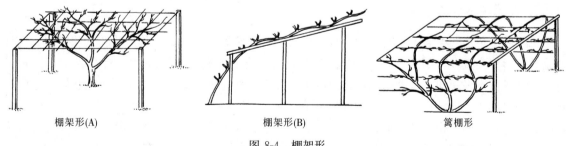

图8-4 棚架形

5. 匍匐形　在我国新疆、黑龙江、辽宁等地栽培苹果、桃、梨及葡萄等果树时，为抗御冻害而采取匍匐栽培的树形（图8-5），有利于越冬前树体的埋土防寒作业。在寒地可减少腐烂病危害，增强树势；并可控制树势，使果树早结果早丰产，提高果实品质。缺点是栽培费工且抑制生长，一般产量不及立式树形。匍匐形有扇形匍匐形、圆盘匍匐形、双臂双扇匍匐形、半匍匐形等，我国一般采用扇形匍匐形。该形定植时宽行密植，以利于树冠生长和取土。一般直立栽苗以利根系生长和控制树冠。到 8 月下旬把主干用绳拉弯呈匍匐状，树冠倾斜方向要考虑光照和主风向。从光照来说，向南的有利于树冠内膛透光；从主风方向来说，要考虑背风面，以免风吹直立，整形困难。每年要扣压骨干枝的延长枝，使之疏散开，以填补树冠空隙。

6. 丛状形 适用于灌木果树，如石榴、无花果、金柑等，核果类果树如肥城桃、深州蜜桃等也有应用。无主干或主干甚短，着地分生多个主枝，形成中心密闭的圆头丛状形树冠（图 8-6）。此树形符合这类果树的自然特性，整形容易；主枝生长健康，不易患日灼病或其他病害；修剪轻，结果早，早期产量大，适合于干旱大陆性气候地区应用。缺点是枝条多，影响通风透光，进而影响品质；此外，无效体积和枝干增加，后期也影响产量的提高。

7. 自然圆头形 主干在长到一定高度的时候剪截，疏除过多的主枝，留 3~4 个均匀排列的主枝，每个主枝上再留 2~3 个侧枝构成树体骨架，自然形成圆头（图 8-7）。比较容易造型，便于机械化操作。适用于柑橘、枇杷、荔枝、龙眼等常绿果树，还有梨、栗等落叶果树。

8. 一边倒形 呈单主枝树体，开张度 45°，无主干，也无侧枝，主枝上直接着生各类结果枝组。全园所有主枝倾向一边，主枝顺直而斜生，树体呈鱼刺状扇形，整齐划一，至简至易（图 8-8）。具有结果快、产量高、质量好、易管理等优点。适用于桃、李、杏、樱桃、苹果、梨、柿等干性果树。

图 8-5　匍匐形

图 8-6　丛状形

图 8-7　自然圆头形

图 8-8　一边倒形

（二）观赏树木树形

观赏园艺中树形的概念不只是树冠内枝干骨架结构的轮廓，还包括叶幕形状和整株造型。观赏树木和盆景树形种类极多（图 8-9），较普遍采用的树形可分为自然式、人工式和混合式整形方式。其中自然式整形基本保持树木自然形态，按树木生长发育习性对树冠略加修整，多数行道树、庭荫树及林木树采用自然式，形成阔卵形、圆球形、卵圆形、塔形、垂枝形等，常见应用树种如香樟、马褂木、广玉兰、松、杉、柏、朴、榆、榉、槐、杨、楠等。人工式整形则不考虑树木生长发育的自然树形特点，而按照人们的艺术要求修剪成几何形或其他规则式造型，通常有几何式、垣壁式、雕塑式等，要求树种具枝叶繁密、枝条细软、耐修剪、萌芽力和成枝力强等特点，常见应用树种有圆柏、龙柏、刺柏、榔榆、罗汉松、红豆杉、小蜡、石楠、女贞、冬青、枸骨、檵木等。混合式整形则是以树木自然形态为基础，略加人工改造的整形方式，以观花、观果的乔、灌木类景观树应用最为普遍，部分行道树、庭荫树等也多有应用，根据其主干及树冠特点可以分为中央领导干形、杯形、自然开心形、多领导干形、伞形、丛球形、篱架形等。

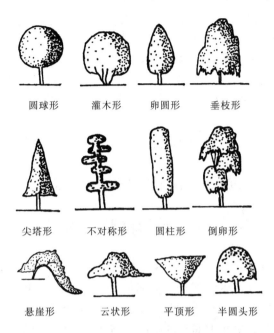

图 8-9 观赏树木的主要树形

（三）树体结构

树体结构因树木种类的不同而异，木本果树的树体结构主要是由下列几个方面构成的（图 8-10）。

图 8-10 木本果树树体结构

1. 主干 主干指树体从地面到第 1 主枝分枝处的树干，一般高 60～100cm。主干高矮是由幼树定植后修剪决定的（称定干）。

2. 中心领导干 中心领导干指主干以上到树顶之间的部分，其上着生主枝。中心干不宜太高，2～3m 即可。中心干有直立的，也有弯曲的。生长势太强的宜取弯曲中心干，而生长势弱的宜取直立中心干，以平衡树势。但有些果树有主干无中心领导干，如李树。

3. 主枝 主枝指着生在中心干上的骨干枝（一级骨干枝），向外延伸占领较大的空间。大主枝上面有 2~4 个侧枝以及许多结果枝组或辅养枝。稀植的树，主枝大；密植的树，主枝小，甚至无主枝。如纺锤形、圆柱形树。

4. 侧枝 侧枝指着生在主枝上的骨干枝（二级骨干枝）。果树修剪过程中应注意维持主、侧枝平衡，防止主枝过强、侧枝过弱，以免影响果实产量。

5. 结果枝组 结果枝组指两个或两个以上结果枝集于一起的枝，又称枝群或单位枝。结果枝组的寿命长短、结果枝多少、结果能力如何，对果树生产性能的影响极大，培养枝组是修剪的重要任务。

6. 树冠 树冠是主干以上由茎反复分枝构成的。正确的树冠管理对果树产量及品质具有重要作用。

7. 叶幕 叶幕是指叶片在树冠中的集中分布。分布是否合理是影响产量的关键。

四、整形修剪技术

果树整形修剪的基本原则是从果树群体整体结构出发，在考虑整体结构的前提下对个体进行树体的造型，从而考虑果树可持续性地发挥产量、品质的最大化。1~2 年生果树个体较小，相互之间影响不大，可充分享受光照，因此可以采用密集树形。3~4 年生及以上果树树干高度、直径、树冠逐渐增大，相互之间逐渐有交集，果树下部光照条件逐渐变差，树形相应要进行修剪，如加大层间距、中心枝干逐步疏除。最终果树树冠整成一定的形状和结构，使果树充分利用空间和光热资源。

（一）整形修剪的方法

果树生产上采用的修剪方法很多，每种方法都有对局部的促进和对整体的抑制的"双重作用"。对局部的促进，是因为剪去了部分枝、芽后，光照状况改善，水分、养分供应集中的缘故；而对整体的抑制则是由于总枝、芽量减少，总叶量下降，光合产物的制造和分配不足，伤口愈合消耗等。这种促进和抑制作用是同时存在的，修剪时要全面考虑和正确运用这两方面的作用，依据树体生长发育特性来确定修剪的方法和程度。同时，一定要考虑树体结构，如树冠与骨架、辅养枝、结果枝等，还要考虑树体自身的特性，特别注意各品种之间存在差异。

1. 短截 短截也称短剪，即剪去一年生枝的一部分。其作用是刺激枝条下位侧芽萌发，促进分生新枝，并改变枝条延伸方向。依据短截的程度可分为轻截、中截、重截、极重截及戴帽截等。轻截是指只剪去枝条的顶部一小段（如剪去长度小于全长的 1/3）。中截是指枝条中部饱满芽处短截，枝条中截后易萌发中、长枝，利于枝条的生长和树冠的扩大。重截是指在枝条中、下部约 1/4 处剪截，重截后仍以促发中、短枝为主，上部可发少数长枝。重截是幼树上培养紧凑型结果枝组的重要手法。超重截是指在枝条基部的瘪芽处留很小一部分短橛的剪截。超重截后一般成枝力低，只发 2~3 个中短枝，有利于培养紧凑的中、小型结果枝组。戴帽截是指在单条枝的年界轮痕或春、秋梢交界轮痕处盲芽附近剪截，这是一种抑前促后，培养中、短枝的剪法，多用于小型结果枝组的培养（图 8-11）。

2. 缩剪 缩剪又称回缩，是指剪去多年生枝的一部分。缩剪主要以调整空间、更新枝组、恢复树势及改变枝的发展方向和平衡生长势为目的（图 8-12）。

3. 疏枝 将枝条从基部剪去叫疏枝。疏枝后造成的伤口能阻碍母枝营养向上运输，对剪口以上的枝芽有削弱作用，对剪口以下的枝芽有促进作用。因此，除在枝条过密时应用疏枝的办法调整空间外，在外强内弱、上强下弱的情况下，也常用疏枝的手法，抑前促后，平衡长势。

4. 长放 长放又称甩放，是指对一年生枝不修剪。枝条长放对于缓和长势、提高萌芽力、促进

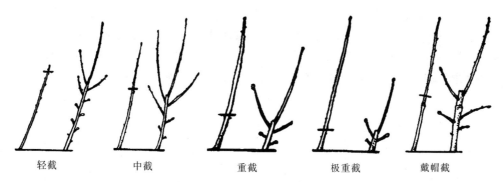

图 8-11 短截的轻重及其反应

图 8-12 回缩的主要方法

花芽形成的作用十分明显。如果在长放的同时加大被长放枝条的角度,并在基部环剥,形成花芽的效果更好。

5. 开张角度 开张角度是指利用枝芽的着生位置、方向或借助外力来加大枝梢角度的方法。许多果树枝条生长的直立性极强,长势旺,不易成花结果,应通过开张枝条角度和长放来促进成花。开张枝条角度的方法(图8-13)主要有:①撑枝:用支棍将枝条撑至要求的角度和方向,多用于骨干枝及辅养枝的开角转向。②拉枝:指用绳子把枝条角度拉大,绳子两端固定在地上或树上。拉枝的时期以春季树液流动以后为宜,此期枝较柔软,开张角度易到位而不伤皮。夏季修剪中,拉枝常是一项必不可少的工作。③坠枝:用重物将枝条坠至要求的角度。生长旺的幼树用黏土与麦草混成泥团,涂在树枝前端坠枝,简单易行。

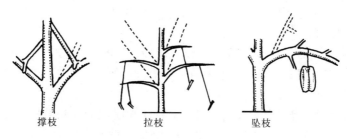

图 8-13 开张枝条角度的主要方法

6. 环剥、环割及倒贴皮 环剥是将枝干韧皮部剥去1环;环割是从主干或主枝基部,整齐地切割1圈或数圈(每圈间距5~10cm);倒贴皮是与环剥相近的方法,不同之处是剥下的皮再倒过来贴回原处(图8-14)。环剥、环割、倒贴皮的作用机理是暂时阻断韧皮部向上、向下的运输通道,使叶片光合产物在上部积累,而根系合成的一些激素类物质则运不到上部去,起到抑制营养生长、促进坐果和花芽分化的作用。

环剥、环割及倒贴皮一般在树体生长旺盛的季节进行。环剥,应当根据枝干的粗度来确定剥下的皮的宽度,一般应掌握在枝干直径的 1/10 左右。环剥过宽,愈合困难,甚至整个环剥以上的枝条死亡,所以环剥或倒贴皮一定不能过分;但环剥过窄,愈合过早,不能达到预期目的。环剥的深度以切至木质部为宜。切得过深伤及木质部,会严重抑制生长,甚至死亡;过浅则韧皮部有残留,效果不明显。环剥应避开雨天进行,剥后切忌用手触摸,否则愈合困难。环剥、环割及倒贴皮仅对旺树、旺枝进行,弱树、弱枝不能采用。

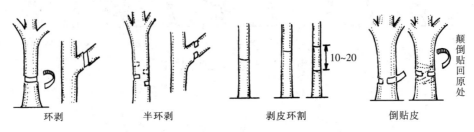

图 8-14　环剥、环割及倒贴皮

7. 扭梢　扭梢是指在新梢半木质化时将旺枝向下弯曲,将其基部木质部扭伤,是一种夏季修剪措施(图 8-15)。扭梢的主要作用是破坏新梢的营养运输渠道,抑制顶端优势,减弱长势,促进花芽形成。扭梢一定要掌握好时机,对已经木质化或半木质化的枝扭梢过猛,会将枝扭死。扭梢主要用在幼旺树的直立枝上,目的是控制旺长。老龄大树旺枝少,一般不扭梢。果台副梢扭梢后,不仅可控制新梢旺长,而且由于减少了营养竞争,可起到减轻生理落果的作用。

8. 拿枝　对旺枝用手从基部到顶部逐步弯折,做到伤及木质部,而枝条不折断,使枝条呈水平状态或先端略向下垂(图 8-16)。拿枝的时期以春夏之交、枝梢半木质化时最好,容易操作。拿枝可以开张角度、缓和旺枝生长势,还有利于花芽分化和较快地形成结果枝组。树冠内的直立枝、旺长枝、斜生枝都可以用拿枝的方法改造成有用枝。幼年树用拿枝的方法可避免过多地疏剪或短截,以提早结果。

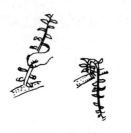
图 8-15　扭　梢

图 8-16　拿　枝

9. 摘心　夏季去除新梢顶端的幼嫩部分,称为摘心。目的是控制旺长,减少营养竞争。但是摘心促生二次枝的效果较差,摘后往往只在先端萌生一个枝,如果要增加二次枝的数量,应采用夏季短截。苗圃的苗木适当摘心有利于苗木增粗生长。

10. 抹芽与除萌　虽然在整个生长季都需抹芽,但主要是在萌发初期进行,早抹芽节约营养,晚抹芽既浪费营养,又影响光照。由不定芽萌发的枝,只能在萌发后抹除,对于一些过密的定芽可在萌动前抹除。不需要竞争枝时,可在剪截延长枝的同时,抠去剪口下第 2 个芽;剪口附近的背上芽不需其萌发时,也可抠除;枝条拉大角度后,抠去弓起部位的背上芽,防止弓起部位旺长。

果树嫁接苗栽后要注意除萌。除萌是指春季刚萌发时,及时抹除嫁接部位下方砧木萌生的新芽。

11. 根系修剪　果树及观赏树木移栽时适当修剪根系,截断主根,促使侧根发育。这对于提高栽植成活率及促进树体生长是有好处的。冠层修剪会促进浅根系的生长。果树生长过旺,近于徒长时,可采用断根法以抑制果树的生长。不过,这种根系修剪法在一般情况下是不采用的,因为会大大削弱树势，从而影响果树的生长与发育，不利于丰产、稳产。

多种修剪方法配套实施可以有效地减少单一修剪方式带来的缺点。例如，修枝会降低常绿果树澳洲坚果枝条的糖含量，致使落果率增加，产量下降，而将修枝与环剥相结合时，则可显著缓解由于修剪所导致的落果现象。对富士苹果拉枝后进行刻芽、扭枝和去顶梢的综合处理是较为有效的促花措施。

（二）修剪时期

对果树与观赏树木来说，修剪一年四季都可以进行。但由于不同季节的气候条件、植株营养特点、生长发育规律和管理要求的不同，各个时期修剪的主要目的、任务和方法等也应有所不同。树形应从幼树开始进行修剪，要注意时间的连续性，不能打乱其连续性，否则果树因要适应原来的树形，骤然改变将会对果树的产量、品质、效益产生较大的影响。

整形修剪需要选择最适合的时期，有些树木的修剪时期要求特别严格，错过时间则达不到应有的效果，因此，在修剪时期的选择上要给予特别的重视，选择得正确，可起到事半功倍的效果。一般果树整形修剪可分为休眠期（冬季）修剪和生长季（夏季）修剪，不同时期修剪有不同的特点。在生产中修剪者应根据不同树木的年龄时期和树体类型选择最适合的修剪时期，以达到修剪的目的。

1. 休眠期修剪　从正常的秋季落叶后到春季萌芽前进行的修剪，为休眠期修剪，又叫冬季修剪。一般果树每年都要进行冬季修剪，但葡萄、核桃等易产生伤流的果树的冬季修剪应避开伤流期。冬季修剪的主要任务是：培养树形，调整骨干枝，平衡树势，利用和控制辅养枝，培养更新枝组，保持一定的花、叶比例，调控树冠体积和枝条疏密度，改善通风透光条件等。因此，冬剪工作是全面确保树体正常生长和结果的重要措施。

2. 生长季修剪　从春季萌芽至秋季落叶前进行的修剪，为生长季修剪，又叫夏季修剪。在生长季节，果树根系、芽、叶、梢、花、果等各器官的建造开始或旺盛进行，各种生理代谢活动如呼吸、蒸腾、根系的吸收、合成芽的分化，以及营养物质的运输和转移等旺盛进行，各种代谢对外部的环境条件也极为敏感。

夏季修剪的作用主要在于控制枝条旺长，提高坐果，促进花芽分化和改善树体通风透光条件。夏季修剪一方面可以弥补冬季修剪的不足，如春季抹芽和花前复剪，可以进一步调整枝量和花量；另一方面，合理的夏季修剪也可以减少冬季修剪的工作量。但是夏季修剪会剪去有叶的枝梢，对果树生长的抑制作用较大，宜尽量从轻。如果根据不同目的及时管理进行调节，则能够起到节约营养、加速整形、开张角度、缓和树势、平衡树势、促进成花、提高坐果、改善品质、提高越冬能力等作用。

对以观赏为目的的园林绿化树木，为了造型的需要，一年中除休眠期整形修剪外，可以在生长期多次整形修剪，而且各种修剪方法均可适时实施，尤其是常绿花木在其生长旺盛季节，应随时修剪生长过长、过旺的枝条，使剪口下的腋芽萌发。在夏季开花的观赏树木，如木槿、紫薇、大花绣球等，花后宜立即进行修剪，促进当年生新梢形成花芽，以保证下茬或来年的开花量。

五、果树的整形修剪

果树的植物学特性是整形修剪的重要依据，由于果树的整形修剪直接在枝芽上进行，因此了解果树枝、芽的生长特性及果树的结果习性是果树整形修剪者必须具备的基础理论知识。比如需要明确的关于芽的常识：叶芽、花芽的区分，纯花芽、混合芽的不同，顶芽、侧芽的位置等。需具备的关于枝条的知识，如营养枝、结果枝的区分，新梢、春梢、秋梢的不同等。

现代果树栽培的重要特征是趋向矮化密植，因而树形也由以前的大树冠转向现在的小树冠，原来大树冠采用的比较复杂的整形修剪技术已不能适应新的生产发展需要。随着矮化密植程度的提高，结合小冠树形的树体结构趋于简单的特点，顺应矮化密植果树特性，果树的整形修剪技术也必须改革。简化修剪就是其发展方向，即在树体结构简化、土、肥、水等综合管理水平提高的基础上，更深入细致地掌握果树生长结果规律，通过比较简单、规范化的整形修剪，既能节约劳动力，提高工作效率，又能生产出优质丰产的果品。比如苹果、梨、桃、杏、樱桃等这些对修剪反应不敏感的树种，就比较适合简化修剪。采用长放、疏剪和少短截的方法，特别是幼树和旺树，以轻剪、长放、疏剪和适当开张角度取代以往传统短截的方法，既减少了修剪的次数和强度，又使树势普遍缓和。

（一）果树整形修剪的作用

1. 培养结构合理、骨架牢固的树形　果树如放任生长，则随树龄的增长，必然会出现树体高大、树冠抱合、枝叶过多、内膛空虚、结果部位外移、结果出现大小年等现象，致使果实品质差，达不到栽培的目的。通过修剪可以有目的地培养结构合理、骨架牢固、层次分明的树形。

2. 延长寿命，增加产量　通过修剪不仅能明确结果枝，促进开花结果，而且还能使衰弱的枝条更新复壮，提高结果能力，延长结果寿命；同时修剪后结果枝分布合理，结果部位不断增加，从而可提高单株和单位面积的产量。幼树通过修剪还可以达到提早结果的目的。

3. 有利于克服大小年现象　合理修剪能调节生长与结果的关系，以及结果枝与成长枝的比例，合理的整形修剪可以克服大小年现象或减轻小年减产的幅度，从而达到稳产、高产。

4. 达到合理密植，便于管理　修剪可以控制树体的高度，使树冠整齐一致，不仅可以减轻风害，而且有利于合理密植，提高单位面积产量，也便于施肥、灌水、中耕除草、喷药、修剪及采收等管理工作，可以节省劳力，提高工效。

（二）果树整形修剪的原则

1. 整形的基本原则　应遵循"因树修剪，随枝做形，有形不死，无形不乱"的基本原则。整形应做到"长远规划，全面安排，平衡树势，主从分明"，既要重视树形基本骨架的建造，又要根据具体情况随枝就势，诱导成形；既要重视早结果、早丰产，又要重视树体骨架的坚固性和后期丰产。①有形不死，是指一定的树冠，可以经济利用空间和光能，但在幼树树冠建造过程中，对变化多端的树体，只能因树制宜，随枝造形，而不能强求树形。在培养丰产树体结构时，切不可死抠尺寸，机械整形。②无形不乱，是指不完全符合理想的树形，根据树体的具体情况，对局部枝条进行处理时，虽不必强求树形，但也一定要使局部枝条的位置、长势等符合丰产树体结构的基本要求，尽量避免主从关系不清、枝条杂乱生长的不良状况发生。

2. 修剪的基本原则　"以轻为主，轻重结合，因树制宜"是修剪的基本原则。就是说修剪量和修剪程度总的要求要轻，尤其是在盛果期以前，修剪应做到"抑强扶弱，正确促控，合理用光，健壮枝组，控制竞争"。轻剪有利于生长、缓和树势和结果，但为了骨架的建造，又必须对部分延长枝进行适当控制；轻重结合地修剪，能有效地促进幼树向初果期以及初果期向盛果期的过渡转化，也有利于复壮树势，延长结果年限。

（三）果树整形修剪的主要措施

1. 多缓放，少动剪　轻剪缓放，连年缓放，单头延伸，使枝条始终向同一个方向生长，是果树修剪的基本方法。这种修剪方法枝组扩冠快，易促生中短枝，便于管理，可操作性强，且果实紧贴骨干枝，易生产出优质果品。具体方法是：采用放缩结合、疏放结合，使枝有序地排列在主干或中心干上，以形成良好的树体结构。对幼树，多培养两侧及下垂中小枝组；成年盛果期树，多培养背上和两侧中小型结果枝；对背上强旺枝，视具体情况采用疏剪、抬剪、扭梢、夹枝、转枝等方法控制旺长，以利花芽分化，促进开花结果。斜生枝、中短枝一般不动，进行缓放。仅剪除病虫枝、徒长枝、纤细枝及细弱枝。

2. 干直立，保优势　注意培养健壮的中心干，所有枝条均要为中心干及生长旺盛的中心干延长枝让路，使中心干及生长旺盛的中心干延长枝始终保持应有的高位和优势，充分发挥其主体领导作用。园内树高达到所需高度后，及时落干、弯干、以产压冠，可削弱枝条生长的顶端优势，促进花芽分化，进一步提高果品的产量和品质。

3. 枝摆平，枝摆匀　果树旺枝拉枝开角，使枝条呈平生下垂状，可使枝条内营养物质、水分等的流向由垂直流变平流缓和，使生长激素分配均匀，枝势缓和，光照充足，以利有机物质在枝内聚集，使中短枝早形成，从根本上改变中短枝与长枝的比例，促进花芽分化，进而为生殖生长打下良好的结构、物质基础。枝条摆匀互不妨碍，可充分利用空间，通风透光，有利于提高果品的产量和品质。

4. 疏密枝，开光路　去大枝，留小枝，使树冠上部枝稀，下部枝密；外部枝稀，中部枝密，内膛应空，以利通风透光；多留两侧枝，少留直立枝，使两侧枝大，直立枝小，大中小枝组配合好，使整个树势生长呈中庸状态。对密闭放任树，可开心落头，打开光路，控制过旺枝，疏除内膛无用徒长枝，保持好主枝延长头的生长势，处理好背上、背下枝条，要求背上枝两边分，背下枝狭长，使枝条在主枝上交替分布，相互错落。

5. 弱枝缩，壮枝势　拖地枝结果后及时回缩，以改善下部通风透光条件；近地枝影响光照，易感病，也应及时回缩，以提高枝条的生长势。缩剪时应注意甩小枝，即在剪口下留一健壮枝，这样可保持树势稳定，促进花芽分化，使整个树形呈密不显稠、稀不显空的状态。

6. 适时割剥，促结果　对生长过旺且具有一定数量的中短枝，为促进开花坐果，可适时割剥，以促进花芽形成。

六、观赏植物的整形修剪

（一）乔木的整形修剪

观赏树木的整形必须从苗期开始，即通过对苗木进行修剪，将其培养成既符合其生理特性，又具不同形状及观赏价值较高的树形。整形修剪的方法主要有剥芽、去蘖、摘心、短截、折枝和捻梢、曲枝、疏枝等。乔木类树种的整形修剪主要包括主干的培养和树冠的培养。

1. 乔木主干的培养　乔木主干的培养随树种不同而异。有明显顶芽且顶端优势强的乔木，如水杉、落羽杉、杨树、雪松、臭椿、香椿、银杏、松类等，不易出现竞争枝，养干较容易，移植后应保留主梢，修剪宜轻，主要疏去根部萌蘖和定干部位以下分枝及树冠内过密枝等即可；常绿阔叶乔木，如广玉兰、杜英、白楠等树种，多采用中央领导干形，其整形方法也大体类似。而顶端优势较弱的乔木，如槐、柳、刺槐等，移植时必须将主梢剪去20~30cm，选择饱满芽留在剪口下，促使发芽成为延长的主干。对主干出现的竞争枝（与主枝争夺养分、争夺中央主轴方向的枝）应剪短或疏除。主干高度不足时，移植后应多留枝叶，先养好根系，在第2年冬季剪截主干，加强肥水管理，以培育出直立的主干。

乔木主干的高度因其功能和树种特点而定。用作行道树的大苗要求树干通直，最后定干高度多在2.5~3.5m；中小型的花木类行道树如樱花、合欢、海棠、紫叶李等留干可略低。荫蔽用高大乔木留干宜高，如香樟、悬铃木、槐等。而用作庭荫木或景观树时乔木的留干高度可不严格，中小乔木留干1.0~1.5m，较大的乔木采用中央领导干树形，主干高1.5~2.4m。部分小乔木树种自然生长易形成多干丛生状，作单干乔木应用时则应保留中央主干，剪除其余丛生枝，如桂花、蜡梅、北美冬青、石楠等。

2. 乔木树冠的培养　高大乔木，如杨树、榉树等，其树冠一般不需人工整形，当出现较强的竞争枝时，及时剪除即可，为使树冠内膛通风透光，要疏除过密枝、病虫枝及枯枝。常绿的松科、杉科等针叶树种多不耐重修剪，主要发展其自然树形。常绿阔叶乔木，如采用中央领导干形的广玉兰、杜英、白楠等树种，在树冠自然形成后注意保持树形，适当删除过密枝条即可。

中央领导干不明显的乔木，如槐树、垂柳、榕树等，可将定干以上的主干部分剪去后，均匀选留3～5个向四面放射的主枝，把它们培养成骨干枝，第2年将这些主枝在35～40cm处短截，促使第2次分枝，即可培养成理想树冠。

园林树木在达到理想的规格后常需要控制树形进一步增大，以避免树丛密集影响景观或使树体生长不良、花果稀少，适当的剪截（回缩和短截）和疏枝是控制树体大小和形状的关键手段。

（二）灌木的整形修剪

灌木的修剪方法取决于其园林功能、花芽分化与开花特性及枝龄关系等。

1. 春花类落叶灌木 如贴梗海棠、麦李、蜡梅、金钟等，在前一年的枝条上形成花芽，应该在春季开花后立即修剪，疏除树冠内过密枝，剪截老枝、徒长枝或影响树形的枝条，以实现保持树形、利于通风透光的目标。此后，在春夏季对部分旺盛生长的嫩枝可适当摘心，以促进分枝、丰满树冠并增加开花。

2. 夏秋季开花落叶灌木 如圆锥绣球、大花绣球、海仙花、北美冬青、紫珠等在当年新梢开花结果，可在冬季休眠期修剪，方法同春季开花类树种。但部分种类有其特殊性，如大花绣球（八仙花）的花芽分化特点因品种而异，其多数品种在春夏季开花后在当年花后萌发枝条上花芽分化，而次年春季基部萌发形成的新枝多不开花，因此，需要在花后尽快短截花枝促发新芽；但无尽夏等品种则可在当年生新枝上开花，其花期可持续至秋末，故其修剪可在花后或休眠期结合进行。

3. 多次开花灌木 以半常绿、常绿种类为主，如月季、三角梅、金橘等，除休眠期适当短缩或剪除老枝外，应在花（果）后短截花枝，并注意抹除过多新芽，以改善再次开花的数量与质量。

4. 常绿灌木 如桂花、栀子、杜鹃、山茶、千头柏、龟甲冬青、黄杨、海桐、石楠等常绿灌木，多以抽梢后轻度短截为主，以促发侧芽，保持树形丰满整齐，并视情况适当疏除过密枝条。

（三）绿篱的整形修剪

绿篱根据篱体的形状和整形修剪的特点，可以分为自然式绿篱、半自然式绿篱和整形式绿篱。

1. 自然式绿篱 通常选用小乔木或大灌木，在不进行规则式修剪下，侧枝相互拥挤、相互抑制，常长成自然式绿篱。自然式绿篱多用于高篱或绿墙。栽培养护过程中多不进行专门的整形，仅作一般的修剪，剔除老、枯、病枝及过密枝条。宜选用生长较慢、萌芽力不强的树种，常见树种如蜡梅、枳、锦带花、紫荆、珊瑚树、石楠、八角金盘、荚蒾、金钟、郁李、麦李、棣棠、决明、夹竹桃、贴梗海棠、杜鹃、山茶、栀子、月桂、蚊母树、马醉木、枸骨、南天竹、洒金千头柏、醉鱼草、金丝桃、小丑火棘、李叶绣线菊、花椒、珍珠梅、北美冬青、紫珠、刺梨、凤尾竹、佛肚竹、龟甲竹、紫竹等。

2. 半自然式绿篱 不进行特殊的整形，但除作一般的修剪，剔除老、枯、病枝及过密枝条以外，还要对顶部和侧部进行修剪，以保持一定的高度和轮廓，并使基部枝叶茂密，使绿篱呈半自然生长状态。常见树种如枳、枸骨、珊瑚树、石楠、女贞、卫矛、黄杨、火棘、圆柏、龙柏、洒金桃叶珊瑚、紫叶小檗、海桐、熊掌木等。

3. 整形式绿篱 通过修剪将绿篱整形成为各种几何体或其他装饰性造型，需要多次反复修剪，以保持成型后的外形平整匀称，必要时对轮廓线打桩拉线后进行修剪操作。该类绿篱要求植物具有枝叶细密、生长慢、耐修剪等特点，多选用常绿乔木、灌木或藤本，如木麻黄、欧洲红豆杉、罗汉松、榕树、黄杨、龙柏、龟甲冬青、小叶女贞、红花檵木、珊瑚树、石楠、三角梅、假连翘、皋月杜鹃等。

整形式绿篱的形式通常有条带式（通常有方形、球形、柱形、梯形、塔形及其组合等）、拱门式、雕塑式（如动物、建筑及艺术造型等）、图案式（文字、线条、网格图案）等。

绿篱的修剪时间因树种而异，落叶树种整形或枝条更新复壮等多以休眠期为主，生长期主要进行适当的短截和摘心以促进分枝，春花类树种则多在花后进行。常绿树种主要在生长期萌芽后进行，分别在春夏季第一次新梢和秋季秋梢萌发后进行，其余时间视绿篱的要求、树种的特点、枝条的萌发状态等灵活掌握，但大枝更新宜在休眠期进行。

（四）藤本的整形修剪

藤本植物多用于垂直绿化或廊架、盆栽等制作，也有部分用于山石、地面覆盖等，常见的整形修剪方式主要有：

1. 廊架式 多用于卷须类及缠绕类藤本植物。整形时将主蔓引至棚架顶部，使侧蔓均匀分布。如有侧面格架的凉廊，则应先在格架上留好侧枝并辅养侧蔓，防止侧面空虚。

2. 篱垣式 多用于卷须类及缠绕类藤本植物。一般将顶梢打头后将萌发的侧蔓水平引缚，每年对侧枝进行短截，形成整齐的篱垣形式，其也可分为垂直式、倾斜式、水平式等，前两者适用于较高而水平距离短的篱垣，而后者适合低矮而水平距离长的篱垣。

3. 附壁式 多用于吸附类植物如爬山虎、凌霄、扶芳藤、常春藤等，多只将藤蔓引上墙面即可任其自行依靠吸盘或吸附根系爬满墙面，一般不作人为修整。庭院应用时，也常用藤本月季、铁线莲、紫藤、葡萄、炮仗花等种类引上壁前设立的格架，形成花墙。

4. 直立式 一些枝蔓粗壮的种类如紫藤、葡萄、三角梅等，可以将主干培养成为直立小乔木或多干灌木形状，树冠适当短截修整使之饱满紧凑或适度下垂，可用于草坪、通道两侧等，也可盆栽观赏。

七、蔬菜作物的植株调整

（一）植株调整的概念和作用

1. 植株调整的概念 大多数蔬菜作物为草本植物，在自然条件下，形态和生长习性各不相同。有些可直立生长，如茄果类蔬菜的番茄、辣椒、茄子；有的不能直立生长，或匍匐在地面生长，如西瓜、甜瓜，或攀缘或缠绕在其他物体上生长，如菜豆、豇豆、南瓜等。经人工栽培化的蔬菜作物，有的虽能直立生长，但进行支架、整枝，可获得更好的产量和品质。而人工对蔓生蔬菜作物给以支架和整枝，或引蔓栽培，也可提高产量和品质。不论哪一类植物，在栽培上整枝、支架，都有利于植株的健壮生长和减轻病虫害发生。

许多蔬菜作物侧芽萌发和生长能力强，如果自然生长，造成枝蔓过多，影响通风透光，进而影响到光合性能和光合产物的分配。因此，从栽培角度应疏除多余的侧芽或侧枝。有些蔬菜品种顶端生长点可以持续生长，称为无限生长类型；有些在生长到一定阶段后则停止生长或转变为花芽、花序，称为有限生长类型。对于无限生长类型，为了控制植株高度，有时需要摘除顶芽。上述作业都可以通过植株调整完成。

植株调整就是指在蔬菜栽培过程中，为了改善植物群体通风透光条件，截获更多的太阳光能，提高植株光合性能，平衡营养生长与生殖生长的关系，保护植株良好的生长状态，实现优质高产的目的，所采取的调节和控制植株生长姿态和状态的方法，是蔬菜特别是果菜类蔬菜栽培管理的重要内容之一。植株调整包括支架、整枝和引（缚）蔓等作业，具体内容有支架、定干、摘心、打杈、摘叶、疏花、疏果、引蔓、压蔓、吊蔓、缚蔓等。

2. 植株调整的作用 植株调整的生理作用在于控制光合产物的流动中心，调节光合产物的运转关系，即"库-源"关系。营养生长时期光合产物主要流向生长点，生长点不断分化茎、叶，逐渐成为以制造光合产物为主的器官。产品形成时期，二年生蔬菜的光合产物输送至根、茎、叶等贮藏器官；而一年生和部分二年生蔬菜在开花结实阶段同化产物流向花、果和种子。只有保证足够的功能叶片，才能合成充足的同化产物，不断输送给贮藏器官、花、果和种子，以形成肥大的贮藏器官和果实。但枝、叶等营养器官过多，过度消耗同化产物，则会影响果实及贮藏器官的形成，导致产量、品质下降。以上两者关系协调才能获得高产优质产品。植株调整在栽培上的意义在于避免徒长，减少物质消耗，调整生长平衡；加强通风透光，提高光合效率；减少病虫害发生及机械损伤；增加单位面积株数，提高结实率，促进早熟，获得优质高产。

（二）植株调整的主要方式

1. 支架 支架是指在栽培某些蔓生和易倒伏的蔬菜作物时，利用竹竿、木棍、塑料杆、不锈钢管等材料架杆固定植株的田间作业，目的在于使植株能直立生长，充分利用空间，改善通风透光条件。支架可分为以下几种：

（1）单柱架。在每一植株旁插一支柱，适用于分枝性弱的豆类蔬菜。

（2）人字架。在相对应的两行植株旁相向各斜插一支柱，上端分组捆紧呈人字形，可再横向用竹木等材料连接固定各人字架以加强其稳固性，适用于菜豆、豇豆、黄瓜、瓠瓜、节瓜及番茄等。

（3）圆锥架。用3或4根支柱分别斜插在各植株旁，上端捆紧使支架呈三脚或四脚的圆锥形，常用于单干整枝的冬瓜、黄瓜、菜豆、豇豆及茄果类蔬菜等。

（4）篱壁架。按栽培行向斜插支柱，编成上下交叉的篱笆。适用于分枝性强的豇豆、瓠瓜等，该类支架牢固且便于操作，但费用较高。

（5）横篱架。沿畦长或在畦四周每隔1~2m插一支柱，并在距地面1~1.5m处横向连接而成，茎蔓呈直线或圈形引蔓上架，并按同一方向牵引。多用于单干整枝的瓜类蔬菜，光照充足，适于密植，但管理较费工。

（6）棚架。在植株旁或畦两侧立对称支柱，并在柱上扎横竿，再用绳、竿编成网络状，引蔓上棚。这种方法适用于生长期长、枝叶繁茂、瓜体较长的冬瓜、长丝瓜、长苦瓜、晚瓠瓜及佛手瓜等，通风透光好，便于在架下操作，使瓜体发育正直，商品率高，还可在棚下种植耐阴叶菜。但成本较高，搭架费工。常见支架见图8-17。

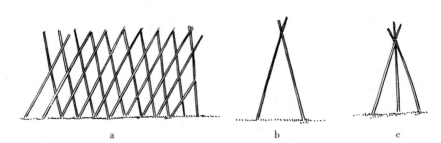

图8-17 蔬菜的主要支架类型
a. 篱壁架 b. 人字架 c. 圆锥架（三脚架）

除上述支架类型之外，目前还出现有尼龙网架，即使用强度高、耐老化的专用尼龙网，顺垄向垂直地面，利用木柱、水泥柱等固定在垄的上方，常用作豌豆的支架。

由于设施园艺的发展，特别是大型现代温室的引进，吊蔓技术也被广泛应用。尤其是空间较大的设施以及无土栽培的茄果类和瓜类蔬菜，吊蔓栽培十分广泛。方法是用有一定强度的吊绳（常用尼龙绳），下端绑缚在植株茎蔓基部，上端直接或利用挂钩固定在横向缆绳上，植株茎蔓缠绕在吊绳上，达到固定植株的作用。在大型现代温室或高效节能日光温室中的番茄、黄瓜等长季节栽培，植株高度可达 6~10m，必须采用吊蔓栽培，当植株高度超过吊蔓的横向缆绳时，应及时放下吊绳使植株下垂以降低植株高度。

支架的主要作用在于：①减少瓜类、豆类等蔓生蔬菜爬地匍匐生长的占地面积，增加单位面积定植株数，提高单位面积产量。②使植株间通风透光良好，改善群体光合性能，减少病虫害发生。③保持植株及果实的清洁，避免被泥土污染。对于长形果实，有利于保持果实外观美丽，提高产品商品性。④植株生长规律，利于栽培管理。

2. 整枝　摘除植株部分枝叶、侧芽、花、果等，以保证植株生长健壮、发育平衡，栽培上把这种植株管理技术称为整枝，包括摘心、打杈、摘叶、束叶和疏花疏果等。

（1）摘心、打杈。摘除植株的顶芽叫摘心，摘除侧芽或侧枝叫打杈。番茄、茄子、瓜类等蔬菜，如任其自然生长，可导致枝蔓繁生，营养生长旺盛而成花和结果减少。为控制植株旺长和减少枝蔓数量，摘心、打杈是非常有效的技术措施。茄果类和瓜类蔬菜大多原产于热带地区，枝叶繁茂，生长期长。但在亚热带或温带地区栽培时，生长受低温的限制，在进入低温季节的生长后期应抑制其生长，以保证果实的产量和品质。通过摘心、打杈即可达到这一目的。由于打杈费时费工，也可选用侧枝少的品种，或采用独角金内酯人工合成类似物 GR24 处理抑制侧枝生长。在生产上，通过采用摘心、打杈技术，可以有效地抑制枝蔓的生长，使植株的营养物质更好地集中到果实的生长发育上；摘心、打杈调整了植株的同化与结实器官的比例，也有效地提高单位叶面积光合效率，因此可以密植以增加单位面积株数来提高产量。

（2）摘叶、束叶。园艺植物不同成熟度（叶龄）叶片的光合效率各不相同，下部和膛内老叶片光合效率低，产生同化物质抵不上呼吸消耗，应予以摘除。黄瓜叶片生长到 45~50d 后即开始衰老，对植株和果实的生长发育有害而无益。番茄植株长到 50cm 高以后，下部叶片已变黄和衰老，及时摘除不仅减少消耗，也改善植株的通风透光条件。已感染病菌的叶片也应及时摘除，以控制病害的发生和蔓延。在植株管理技术中，为上述目的而采取的摘除黄化、衰老和发病叶片称为摘叶。还有一种叶片管理方式称为束叶，主要适用于十字花科的大白菜和花椰菜栽培。在产品器官形成后期，把叶片包扎起来能促使大白菜的叶球或花椰菜的花球软化，又可改善植株间的通风透光条件，还有利于防寒。大白菜的束叶常在砍菜前半个月左右进行；花椰菜的束叶或摘叶，一般在花球迅速生长时进行，尤其是强光曝晒情况下更应及早进行。

3. 压蔓和引蔓

（1）压蔓。对于瓜类蔬菜等爬地匍匐蔓生作物，在茎蔓的适当部位用土埋压，定向固定茎蔓的措施称压蔓。压蔓可促生不定根，使蔓叶排列有序，利于充分利用光能，扩大根系吸收面积，既便于管理，又能防止风害。压蔓有两种方法：一是埋压法（也称暗压），是在压蔓部位地面挖一弧形沟，将茎蔓放入，然后盖土；二是地面压蔓（也称明压），在压蔓部位的地面用土块或土堆埋压。前者适用于地下水位低的沙土地，后者适用于土质黏重的地块和多雨地区。压蔓时应避开雌花着生的节位，以避免损伤茎蔓和果实。对于嫁接栽培的瓜类蔬菜如嫁接西瓜，不宜进行压蔓整枝，否则在压蔓部位发生不定根，会失去嫁接换根的效果。

（2）引蔓。瓜类蔬菜在压蔓的同时还进行引蔓和理蔓。引蔓是将选定后的茎蔓按方向摆放，如西瓜的单蔓或双蔓整枝，枝蔓向栽培畦的一侧生长；若采用三蔓整枝，多是两边蔓向栽培畦的同一方向生长，中间蔓向另一侧生长。理蔓可将交叉、缠绕、重叠在一起的枝蔓理开并按适宜距离摆好，可使植株茎蔓排列整齐，有利于通风透光，能实现密植高产，也便于田间管理。

（三）主要蔬菜植株调整实例

1. 茄果类蔬菜植株调整

（1）番茄。番茄常规整枝方法有单干整枝和双干整枝（图 8-18），目前也有采用三干甚至四干整枝的方式。单干整枝只保留主干，摘除全部侧枝。其优点是适合密植，早期产量和总产量高，果型大，早熟栽培和栽培季节短的地区采用这种方法。缺点是单位面积用苗量大，早期自封顶的有限生长类型采用这种方法往往因营养面积增长慢，难以尽早形成较高的叶面积指数而降低产量。为了弥补这种方法的缺点，生产上出现了改良单干整枝法，也称为一秆半整枝法，即在单干整枝的基础上，除保留主干外，再保留第1花序下面的侧枝，让其结1~2穗果后再摘心。

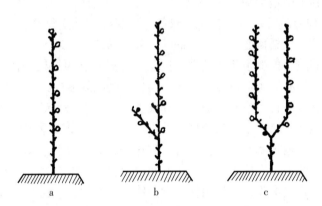

图 8-18　番茄整枝示意图
a. 单干整枝　b. 改良单干整枝　c. 双干整枝

双干整枝是除保留主枝外，还保留第1花序下的侧枝。由于顶端优势的原因，该侧枝生长势强，可与原主干形成并列双干。这种整枝方法适用于生长期长、生长势旺的中、晚熟品种和高架栽培方式。双干整枝的早期产量不如单干整枝，但根系比单干整枝发达，因而植株强健，抗逆性强，节约用苗。

三干整枝是在番茄幼苗期人工去掉生长点，只保留2片真叶及子叶，待侧枝萌发后，保留真叶腋芽处萌发的侧枝，去掉子叶腋芽位置萌发的侧枝。当番茄植株双干长出新叶后，保留顶部侧枝的第1片真叶腋芽位置萌发的侧枝，用于萌发第3干，其余侧枝去除。为防止植株倒伏，可用长竹签固定侧枝。在种苗数量不变的前提下，通过增加番茄侧枝头数可减少种苗成本，同时保持单位面积高产优质。该整枝方式还可配合嫁接技术使用效果更佳。

确定整枝方式以后，就要通过摘心、打杈、摘叶等措施，使植株保持预定的株形。根据栽培的目的和番茄品种特性的不同，当植株长到一定高度，已达到所需的果穗数时，即可进行摘心。植株摘心后，缓和了顶端优势，有利于果实的发育和成熟。

（2）甜椒。辣椒和茄子分枝较多，整枝方式因品种和栽培方式不同而异。普通品种可采用三干、四干、多干整枝和不规则整枝，也可不进行专门的整枝。植株调整主要是疏除过多过密的侧枝，摘除老叶、病叶。但对于甜椒品种及温室栽培，一般采用双干整枝。现以大型温室栽培为例介绍甜椒植株调整。

大型温室内无土栽培的甜椒均需植株调整，普遍应用"V"形整枝方式，即双干整枝（图8-19）。甜椒长到8~10片真叶时，产生3~5个分枝，分枝长出2~3片叶时开始整枝。除去主茎上所有侧芽和花芽，选择两个健壮对称分枝呈"V"形作为主枝，打掉其余分枝。将门花及第4节位以下所有侧芽及花芽疏掉，从侧枝主干的第4节位开始，除去侧枝主干上的花芽，但侧芽保留1叶1花，以后每周整枝一次，整枝方法不变。每株上坐住5~6个果实后，其上的花开始自然脱落。等第1批果实开始采收后，其后的花又开始坐果，这时除继续留主枝上的果实外，侧枝上也留1果及1~2片叶打顶。甜椒整枝不宜太勤，一般2~3周或更长时间整枝一次。

2. 瓜类蔬菜植株调整　在瓜类蔬菜中，对植株调整要求比较严格的是甜瓜和西瓜，其中厚皮甜瓜必须进行合理的留蔓、整枝才能获得优质高产，大型温室栽培的黄瓜也需要进行植株调整。

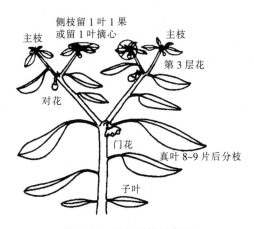

图 8-19　甜椒整枝示意图

(1) 黄瓜。黄瓜设施栽培的植株调整包括绑（吊）蔓、整枝、摘心、打杈、摘叶等作业。设施栽培，特别是无土栽培一般不采用搭架方式，而以吊蔓栽培为主要形式。因此，在吊蔓之前，首先在栽培行上方拉挂铁丝，然后将聚丙烯塑料绳的一端挂在铁丝上，另一端固定在黄瓜幼苗真叶下方的茎部，将植株向上牵引，当植株长至 3~5 片真叶时即可吊蔓，株高 20cm 左右时开始绕蔓，即将黄瓜蔓缠绕在吊绳上使之固定。

黄瓜植株高度应根据品种特性、栽培目标及设施性能来确定。一般以早熟、短季节栽培为主，只将基部侧枝、卷须、花芽去掉，当植株长到铁丝高度时进行摘心，主蔓瓜采收后，再利用侧蔓回头瓜提高产量。对于日光温室或现代温室长季节栽培，将植株 1m 以下（12~13 片叶）的卷须、侧枝、花芽全部除去，只留 1m 以上的花芽。当植株长至 2m 左右（20~21 片叶）时，应及时摘除基部老叶；植株长至 2.5m 左右（25~26 片叶）时摘除顶芽。侧芽长出后，绕过铁线垂下，利用侧蔓结瓜。一般每周整枝 2~3 次（打老叶，侧枝，除卷须，疏果等）是获得优势高产的关键措施。

黄瓜整枝方式一般有单干垂直整枝、伞形整枝、单干坐秧整枝和双干整枝（"V"形整枝）（图 8-20）等方式。长形黄瓜品种一般采用伞形单干整枝，植株长至 1m 以上高度时开始留果，早熟品种留果位可适当降低。短形黄瓜品种一般从第 4 节开始留果，侧枝生长旺的品种也可以侧枝留 1~2 果后再摘心，整枝方法可采用单干坐秧或单干伞形整枝。夏季栽培可采用双干整枝，摘除主蔓 5 节以下所有花芽和侧蔓，在第 6 节开始留一侧枝并培养成为另一主蔓，以后保持双干生长，为"V"形整枝。

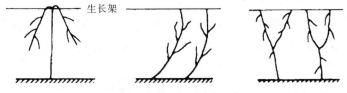

图 8-20　黄瓜整枝方式示意图

(2) 厚皮甜瓜。厚皮甜瓜植株调整是栽培能否成功的关键，主要包括留蔓、摘心、打杈、摘叶、留果等环节。按留蔓数量可分为单蔓、双蔓和多蔓整枝，按是否搭架吊蔓又分匍匐式和直立式整枝。

①匍匐式双蔓整枝法：又称孙蔓结果整枝法。幼苗 3~4 真叶时摘心，子蔓 15cm 左右时留 2 条强健子蔓，其余摘除。子蔓第 20~25 叶摘心。低温期在第 10 节左右发生的孙蔓才可结果，高温期以第 6 节以后发生的孙蔓可结果。预定结果蔓以下侧蔓及早摘除，预定结果蔓留 1~2 叶摘心，子蔓最先端 3 节以上的侧蔓摘除。其他非结果蔓的孙蔓整枝视植株生长情况决定，生育旺盛时，非结果蔓全

部留1叶摘心；反之，其非结果蔓放任生长（图8-21a）。

②匍匐式单蔓整枝法：又称子蔓结果整枝法。母蔓不摘心，具25～30片真叶时才摘心。早春栽培留第12～16节、秋季栽培留第8～12节子蔓为结果蔓，其他尽早摘除。结果蔓留1～2叶摘心，母蔓先端3节以后的侧蔓（子蔓）摘除，非结果蔓按前述双蔓整枝法处理。

③直立式单蔓整枝法：以生产高档网纹甜瓜为主的设施栽培，一般采用直立式单蔓整枝，俗称吊蔓栽培。母蔓长到22～24片叶时摘心，秋季高温季节结果蔓留在母蔓第11～13节，春季低温季节结果蔓以母蔓第14～16节为适。结果蔓留1～2叶摘心，其他子蔓全部摘除。结果后母蔓基部的老叶可摘除3～5叶，结果蔓上的侧芽（孙蔓）亦应摘除。直立式栽培一般光照不足，如遇气候不良或植株生长势弱，雌花发育不良，则可提高结果蔓节位。原则上留果蔓节位之上至少要确保10片以上的功能叶。因此在结果节位提高时，其母蔓的摘心也要增加叶数。例如留果蔓在母蔓第16节，则母蔓摘心至少应在26节以上（图8-21b）。早熟栽培时可采用乙烯利等处理，降低雌花或双性花节位，提早结果提早上市。

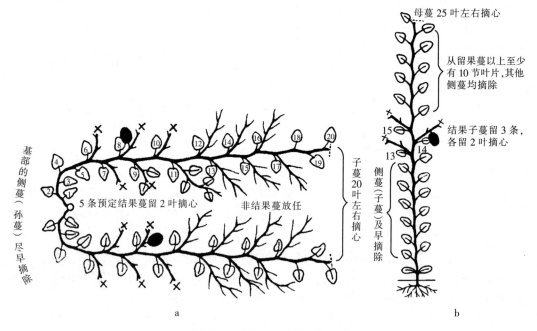

图8-21 厚皮甜瓜整枝法示意图
a. 匍匐式双蔓整枝法　b. 直立式单蔓整枝法

无论是何种整枝方式，当雌花开放并完成授粉受精之后5～10d，幼果鸡蛋大小时可定果。定果应选择果形端正、节位适中、无病虫害的幼果，并去除花痕部位花瓣以减少病菌侵入。留果数根据品种特性和植株情况而定，大果品种每蔓留1果，中小果品种每蔓最多留2果。

第二节　矮化栽培

园艺作物中矮化栽培应用最广的是果树。它是利用矮化砧木、矮生品种（短枝型品种）、特殊修剪及其他措施，促使树体矮化，增加种植密度的一种栽培方式。矮化栽培的果树具有结果早、品质优良、树体矮小、管理方便、适于密植和增加单位面积产量等优点，矮化密植栽培已成为目前果树生产发展的趋势。同时，盆栽花卉与盆景等也需要通过矮化栽培提高冠高比，改进株型，以提高观赏价值并降低物流成本。

一、矮化栽培的意义

果树矮化栽培之所以在近代兴起并成为果树生产发展的一个重要趋势，主要是它更适合于果树生产的进一步专业化、商品化，便于更好地利用现代科学技术。与乔砧稀植栽培相比，矮化密植栽培具有下列优点：

1. 树体矮小，管理方便，生产效率高 矮化果树树冠小，骨架简单，枝条级次少，小枝多，结果部位靠近中心干，结果集中。因此，树体管理简单易行，尤其是便于采用机械化的田间作业，如灌溉、施肥、修剪和病虫防治等。采收时，不需上树操作，提高劳动效率，且因工序的减少，降低了果品的损伤率，从而提高了劳动生产率和产品质量。

2. 早结果、早丰产，单位面积产量高 矮化果树的树体生长量较小，生长过程易于控制，可以避免幼树常有的营养生长过旺、影响花芽形成的现象，使幼树早结果、早丰产。矮化果树由于树体矮小适于密植，单位面积内株数增加，单株树冠缩小，冠内光照条件改善，有效结果体积增加。因此，能经济利用土地和有效利用光能，显著提高单位面积上果品的产量。

3. 果实成熟早、品质好 由于树体矮化，树冠内外光照状况均较好，加上矮化砧对营养物质运输的阻抑作用，光合产物截流在地上部，使果实营养积累多，着色好，品质优，成熟期能比相同品种的乔化砧树提早1周左右。

4. 密植果树生命周期短，便于品种更新换代 随着育种技术的提高和品种的国际化，果树生产上品种更新换代的步伐也不断加快。采用矮化密植栽培的果树，栽后进入盛果期早，在相对较短的时间内，能获得较高的产出投入比，而且便于品种更新。

二、矮化栽培的途径

使果树树体矮化的途径主要有利用矮化砧和短枝型品种固有的矮化遗传特性以及采用致矮的栽培技术。生产上要因地制宜，综合应用，以达到既使树冠矮化，又早花早果的目的。

（一）利用矮化砧木

利用矮化砧或矮化中间砧可使嫁接在其上的普通型品种树体矮小紧凑。这种矮化途径是目前世界上果树矮化栽培中采用最多、收效最显著的一种。矮化砧木不仅能限制枝梢生长、控制树体大小，又能促进果树早结果、多坐果、产量高、品质好，而且矮化效应持续期长而稳定。还可根据不同的立地条件、栽培要求选用不同矮化效应的砧木。

根据不同的栽培方式可以分为3类。第1类是矮化自根砧，是通过压条、分株、组培等方式，由自身器官的体细胞培育形成根系的砧木，称为自根砧。第2类是矮化中间砧，以实生砧作基砧，在其上嫁接一段矮化砧，然后在矮化砧上再嫁接所需的品种接穗，进行矮化栽培。第3类是双矮，即在矮化自根砧或矮化中间砧上嫁接短枝型品种，从而起到双重抑制作用进行矮化栽培。

矮化砧木因树种不同而异，如目前生产上广泛应用的苹果矮化砧木是英国东茂林试验站育成的M系和MM系矮化砧木，其利用方式有自根砧和中间砧两种。直接嫁接于矮化砧上的果树为自根砧树。由于这些矮化砧木是无性系，株间遗传差异小，果园的整齐度高，矮化效果好。但是矮化自根砧的根系分布浅，生长势弱，适应性较差，对土壤的肥水条件要求较高。因此，生产上采用自根砧的砧木多为压条生根容易、适应性较强的半矮化砧。而矮化及极矮化类型的砧木多采用中间砧的方式来利用。矮化中间砧除具有矮化自根砧相同的矮化效应外，由于基砧为实生砧木，因此还具有适应性较强、根系较发达等优点，增强了矮化果树的固地性和适应性。目前果树常用的主要矮化砧木如下：

1. 苹果矮化砧木　苹果的矮化砧木可分为下列几个类型：

(1) M系矮化砧木。为英国东茂林试验站选育的EM系（简称M系）砧木类型，目前已有$M_1 \sim M_{27}$的27个矮化砧木。生产上广泛应用的为M_2、M_4、M_7、M_8、M_9、M_{26}、M_{27}等。

(2) MM系矮化砧木。为英国约翰·英斯园艺研究所和英国东茂林试验站协作选育出的MM系矮化砧木类型，目前已推出$MM_{101} \sim MM_{115}$的15个矮化砧系列。生产上广泛应用的有MM_{106}、MM_{111}等。MM_{106}嫁接后形成矮化至半矮化树，与在M_7砧木上有相似的树体大小和产量，它最适于嫁接生长强旺的品种，扎根好，不生根蘖。

(3) B系矮化砧木。是由苏联选育出的苹果矮化砧，其主要优点是压条生根容易，繁殖系数高，抗逆性尤其是抗寒性强，特别适宜作较寒冷地区的苹果矮化砧。B系矮化砧在生产上应用较广泛的有B_9、B_{49}、B_{118}、B_{146}。

(4) P系矮化砧。为波兰斯捷尼维茨果树研究所育成，生产上应用较广泛的有P_1、P_2、P_{14}、P_{22}。

(5) G系矮化砧。为美国康奈尔大学育成，选育的矮化砧木有G_{202}、G_{210}、G_{214}、G_{222}、G_{814}、G_{890}、G_{935}和G_{969}。

(6) JM系矮化砧。由日本农林水产省果树试验场苹果分场（盛冈分场）育成，选育的矮化砧木有JM_1、JM_2、JM_5、JM_7和JM_8。

(7) SJM系矮化砧。由加拿大农业和农业食品研究中心所育成，选育的矮化砧木有SJM_{127}、SJM_{144}和SJM_{150}。

(8) 我国选育出的矮化砧资源。主要有山西省果树研究所育成的J系、S系、SH系、SDC系，西北农林科技大学育成的SX系，中国农业科学院果树研究所育成的CX系，吉林省农业科学院果树研究所育成的GM_{256}、GM_{310}，以及黑龙江农业科学院牡丹江农业科学研究所育成的MD_{001}、MD_{002}。

2. 梨矮化砧木　虽然国内外已挖掘和选育出了一系列梨矮化砧木，如法国、美国等对各个梨野生种的矮化性能进行比较研究，发现朝鲜豆梨（*Pyrus faurei*）、叙利亚梨（*P. syriaca*）、心形梨（*P. cordata*）、雪梨（*P. nivalis*）等野生种都有明显的矮化效应。美国选育出的OH×F系矮化砧有$OH \times F_{40,51,69,87,230,333}$，法国选育的Pyriam，意大利选育的Fox系矮化砧木如Fox_9、Fox_{11}、Fox_{16}。我国筛选出梨极矮化砧木PDR_{54}、矮化砧木S_5、半矮化砧木$S_{1,4,2,3}$、$R_{18,24}$、$PDR_{48,49}$、K系梨矮化砧、中矮1号~5号系列矮化砧等。在生产上应用的有极矮化砧木PDR_{54}、矮化砧木S_5和半矮化砧木S_2。但这些矮化砧木由于自身的抗逆性或与栽培品种的亲和性等原因，尚未能在生产上大面积推广应用。因此，选育梨矮化砧木是实现梨树密植栽培的重要基础性工作。

3. 柑橘矮化砧木　生产上常用的柑橘矮化砧木主要有以下几种：①枳，主要作为红橘、温州蜜柑、椪柑、油力克柠檬的矮化砧或半矮化砧。②宜昌橙，作为甜橙、柠檬的矮化砧或半矮化砧。③金豆，为椪柑、芦柑、焦柑的矮化砧。④佛手，为锦橙、伏令夏橙的矮化砧。⑤糖橙，为锦橙的半矮化砧、油力克柠檬的矮化砧。

4. 核果类的矮化砧木　据加拿大报道，圣儒利昂李上嫁接红港桃，树体明显矮化，适合于黏重土壤及冷凉地区栽培。毛樱桃砧上嫁接桃1年可以形成花芽，3年生树高仅150cm，且毛樱桃与桃多数愈合良好，嫁接定植后第2年每667m²产量可达500kg，第3年达2 000kg。此外，郁李、樱桃李、赫鲁血桃等嫁接桃后均有矮化作用。用欧李、矮扁桃、麦李、毛樱桃嫁接李，均有一定程度的矮化、早果、提早果实成熟和增进品质等作用。西伯利亚樱桃可用作甜樱桃的矮化砧，美国纽约农业试验农场已从其中选出RF_1、RF_3、RF_4、RF_5、RF_6、RF_8等6个品系，都有显著的矮化作用。近年由德国吉森（Giessen）大学育成的Gisela系列，先后选出$Gisela_5$、$Gisela_6$、$Gisela_7$、$Gisela_8$、$Gisela_{10}$等樱桃优良矮化砧，这些矮化砧木与目前生产上推广的许多甜樱桃品种如红灯、先锋等均有良好的亲和性，具有较大的推广价值。由俄罗斯育成的$Krymsk_6$，既能抗寒又能耐热，土壤适应性广。此外，法国从马哈利樱桃实生苗中选出了 SL_{64}，与甜樱桃品种的亲和性好，嫁接树丰产，对土壤适应性也较广。

(二) 利用短枝型品种

短枝型品种是指树冠矮小，树体矮化，密生短枝，且以短果枝结果为主的矮型突变品种。它主要包括两方面的含义，即生长习性方面的矮和结果方面的短果枝结果。现有的短枝型品种都是由普通型品种变异而来的，其特点是枝条节间短，易形成短果枝，树体矮小、紧凑，只有普通型树体的 1/2~3/4 大小。此外，也具有结果早、果实着色好等优点。若选择适当的砧穗组合，将其嫁接到矮化砧木或矮化中间砧上，树体更矮小，更适于高密度栽植。由于短枝型品种自身具有矮化特性，可以选用适应性好的砧木，因而有广泛的应用前景。

目前果树短枝型品种的选育和利用较为成功的是苹果，尤其是元帅系苹果品种最多。美国从红星系中选出许多优良的短枝型品种，如新红星、首红等，这些品种以色泽鲜艳、果色浓红、高桩、五棱突起为主要特征；金冠品种中也选出了一些短枝型而且果锈轻或无锈型的优系，如好矮生、金矮生等，在我国已有较大推广面积。20 余年来，我国也开展了短枝型芽变选种的工作，在苹果各产区都选出了一些短枝型品种，如山东省选出的烟红、玫瑰红、烟青、绿光、惠民短枝红富士和礼泉县园艺站选育的礼泉短富等，在生产上也有一定的推广面积。

与苹果相比，其他果树的短枝型品种较少，远不能满足生产需求。在梨树方面，具有一定短枝型倾向、可用于矮化密植的品种有晚三吉、南月、八云、垂枝鸭梨、红巴梨等。桃的短枝型品种有紧凑红港桃、南玫瑰桃、矮星油桃等。柑橘短枝型品种有早熟温州蜜柑的宫川、龟井，中熟品种的南柑 20 号、山田、米泽、本地早、早熟脐橙、金柑、梾檬金柑等。

(三) 采用矮化栽培技术

利用栽培技术致矮，主要包括以下 3 个方面。一是创造一定的环境条件，以控制树体生长，使其矮化；二是采用致矮的整形修剪技术措施；三是采用化学矮化技术。这些方法在乔砧密植树中应用较多，在短枝型品种和矮化砧栽培中也可酌情应用。

1. 环境致矮　选择或创造不利于营养生长的环境条件，如易于控制肥水的沙质土壤，利用浅土层限制垂直根生长；适当减少氮肥，增加磷、钾肥用量，控制灌水；或选择高山紫外光强烈或光照条件好的地势等，控制树体生长，使树体矮化。

2. 修剪致矮　致矮的修剪技术措施很多，如低定干、环状剥皮、环割、倒贴皮、绞缢、拉枝、拿枝、弯枝、长放、扭梢、短枝修剪和根系修剪等。短截和摘心也可有效解除顶端优势，促进侧枝抽发，有利于调整树体的枝干结构。嫁接矮化自根砧或者中间砧可限制糖分的运输和利用来降低光合效率，从而实行接穗的矮化。利用这些措施，控制枝梢和根系的生长，缓和树势，促使成花和结果，以果压冠，促使树体矮化。

3. 化学致矮　在果树上喷施植物生长延缓剂，可以通过抑制枝梢顶端分生组织的分裂和伸长，使枝条伸长受阻碍，达到树体致矮的作用。植物生长延缓剂的种类很多，如 CCC、MH、PP_{333}、B_9 和乙烯利等。近年来 PP_{333} 应用十分广泛，设施栽培的乔木果树大多用 PP_{333} 来控制树冠。PP_{333} 可以土施，也可以叶喷，但不能连年施用，以免过分削弱树势。

三、矮化的生理与分子机制

(一) 矮化树生长发育特点

矮化密植果树和同一品种乔化密植果树的生长发育规律大体一致，但由于受矮化砧木或其他矮化技术以及栽植密度、整形方式等影响,其生长、结果、养分代谢和对环境条件的要求上有其特殊之处。

1. 生长特点

(1) 根系。根系是矮化自根砧的主要器官,根系结构中的导管、筛管、射线部位限制了根系对水分、养分的吸收与运输,从而限制了地上部的生长。成年的矮化砧果树总根量小于乔砧树,根系分布较浅,在苹果矮化砧中以 M_9 根系最浅。据观察,12 年生 M_9 大部分根系分布在 90cm 以内的土层中。矮化砧根系中骨干根较少,须根较多,对土壤环境较敏感。同时,根系中由厚壁细胞或厚角细胞形成的死细胞少,活细胞(薄壁细胞)多,从而影响矮化砧的固地性和抗寒性。

但是,苹果矮化砧的根系在幼树期间生长较快,如 M_4 和 M_7 的根系在深度、广度和分布量方面均超过同龄的乔化砧。M_9 根系生长的深度、广度等方面虽小于同龄的乔化砧,但分根量却超过了同龄的乔化砧。以后随着地上部结果量的增加,根系生长逐渐减弱,而使根系生长量小于乔化砧。此外,根的分布也受嫁接品种的影响。

(2) 地上部。矮化砧果树的树体,幼树生长较旺,与乔化砧木上的树体相差不大,但分生短枝较多。进入结果期后,生长逐渐缓慢,树冠体积明显小于乔化砧树,随着结果增多,树冠体积的差距越来越大。矮化砧上的果树,在幼龄期总枝量显著高于乔化砧树,特别是形成短枝的能力很强,因而有利于花芽的形成和提早结果。随着年龄的增长,其萌发长枝的能力越来越弱,在修剪时必须注意到这一点,以促使萌发一定量的中、长枝以保证连年丰产。矮化中间砧与矮化砧相似,都有使树体矮化的作用,其矮化程度随中间砧的长度增长而增加,但矮化程度一般要小于矮化自根砧。

2. 结果特点 由于矮化砧树和短枝型品种具有树体矮小、短枝量大、易成花等特点,其结果特性二者比较相近,但均不同于乔化砧树。与乔化砧树相比,矮化砧树或短枝型树表现出结果早、丰产性强、从开始结果就以短果枝结果为主的特点。

不论是矮化砧或短枝型品种的矮化密植树,开始结果均较早,一般幼树定植后 2～3 年即可进入结果期。虽然矮化密植树单株产量低于乔砧密植树,但单位面积株树多,单位土地面积产量高。此外,矮化砧及短枝型树还具有花序坐果率高、成熟早、果实大小均匀、果面光洁、色泽较好等特点。

3. 对环境条件的要求 由于单位面积种植的矮化果树株数较多、结果早、产量高,所以对环境条件的要求也较高。矮化密植果树要求保水保肥力较好的沙壤土、壤土或黏壤土,才能保证树体的正常生长和结果,较差的土壤最好在栽植前对其进行改良。在土壤条件较好的情况下,矮化砧树或短枝型品种的根系生长也较深而广,根量较多,树体生长健壮,有利于延长盛果年限。一般地说,矮化密植果园比乔化果园的需水量大,对营养物质的要求也较高。

(二) 矮化树与乔化树的生理差异

1. 组织结构的差异 矮化砧或短枝型品种,根系的组织解剖学结构与乔化砧、乔化树的不同,前者根系皮层发达,所占比例大,而木质部细小,所占比例小,且木质部的导管少而细;而乔化砧木正相反,木质部的导管大而多,故皮层与木质部的比例(根皮率)明显小于矮化砧。同时矮化砧木质部的活组织(射线细胞和薄壁细胞)比死组织(纤维和导管)多 2～3 倍,而乔化砧则两者比例大致相等。同时,矮化砧木质部组织射线和薄壁细胞等活组织的含量较高,韧皮部中的筛管小且少。这些组织构造上的差异,一方面影响了根系吸收的水分和无机盐类向地上部的供应,限制地上部的生长;另一方面影响地上部光合产物向根系输送,限制了根系生长和吸收功能,从而起到阻滞和限制供应水分、养分的作用,使树体生长矮小,又反过来影响地上部的生长。此外,矮化砧的木质部和韧皮部中薄壁细胞较多,活细胞组织较多,因此,矮化砧消耗营养物质较多,往地上部输送的营养物质相应减少;矮化砧根系的根毛粗而短,与土壤的接触面积较小,吸收能力较低。这些都会影响地上部的生长,促使树体矮化。因此,根皮率的大小和根毛的相对长度常被作为鉴定矮化砧的一种形态指标。

2. 光能利用率的差异 矮化果树，特别是利用矮化砧的矮化树，叶片较厚，栅栏组织发达，单位叶面积内的叶绿素较多，净二氧化碳吸收率高，光合作用较强，单位面积所具有的相同质量的叶片所积累的光合产物明显高于乔化砧树，而呼吸强度和蒸腾作用低于乔化砧树，因而有利于营养物质的积累，促进花芽的形成，有利于花芽分化，并获得早产高产。

3. 树体营养分配上的差异 据研究，矮化砧苹果树生长季内树体营养水平与晚秋的贮藏营养水平显著高于乔砧稀植苹果树。矮化砧苹果树的氨态氮、糖、钾含量均高于稀植苹果树，所以有利于花芽的形成。矮化砧果树光合产物较少消耗于枝干营养生长，植株新产生的干物质总量，按单株计算，乔化砧稀植树较多，按每平方米土地面积计算，矮砧密植树稍多。按每平方米土地面积计算，矮化砧密植树的果实中干物质总量比乔砧稀植树多80.6%，而乔砧稀植树枝干木质部中的干物质总量则为矮砧密植树的2.67倍。每千克叶片所制造的果实干物质总量，矮砧密植树远远超过乔砧稀植树。

从树体内干物质分配情况来看，乔砧稀植果树果实和枝干中分配的干物质大体相等；而矮砧密植果树，果实中干物质量比枝干中干物质量多5倍以上。这说明矮砧密植果树光合作用形成的同化物质大量输送于果实生长，消耗于枝干营养生长较少，所以矮化密植树生产效率比乔化稀植树高。

4. 生长抑制物质含量的差异 矮化砧木之所以能表现出矮化特性，与其本身所合成的内源激素有关，即与其本身所合成的内源激素的数量、传递能力及代谢情况有关。不同的矮化砧木类型含有不同数量的内源激素（促进生长和抑制生长的物质），它们不仅能控制自身的生长，还能通过嫁接部位对接穗部分的生长起影响作用。嫁接在矮化砧木上的品种，其脱落酸的含量较高，而赤霉素的含量较低，并且矮化砧中脱落酸的含量与矮化程度成正相关，极矮化砧、矮化砧和半矮化砧苹果树脱落酸的含量分别为乔化砧的5倍、3倍和2倍。脱落酸是生长抑制物质，能够提高吲哚乙酸氧化酶的活性，从而减轻对树体生长的刺激作用，促进器官的停长、休眠、衰老，使树体矮化。而赤霉素则具有促进茎、叶延长以及提高生长素的活性的作用。除此之外，矮化砧还影响吲哚乙酸向根系的运输，与乔化砧相比，矮化砧根系获得的吲哚乙酸少，因而矮化砧的嫁接复合体根系的生长比乔化砧的嫁接复合体弱。

5. 相关酶含量及活性的差异 与果树矮化性状密切相关的酶是吲哚乙酸氧化酶和过氧化物酶及其同工酶。吲哚乙酸氧化酶、过氧化物酶的活性大小直接影响吲哚乙酸的代谢与分布，而吲哚乙酸含量的多少控制着植物的生长发育，吲哚乙酸氧化酶的作用是将吲哚乙酸氧化，使其失去生理功能，抑制树体的生长。有人认为，矮化砧的枝皮具有分解吲哚乙酸的能力，从而减少了地上部向下运输吲哚乙酸而导致树体矮化。过氧化物酶也是一种与生长相关的酶，高水平的过氧化物酶也可将吲哚乙酸氧化，同时加速木质化进程，使细胞停长，由此使树体表现矮化。因此，过氧化物酶的活性可以作为矮化苗木的预选指标。

（三）矮化分子机理

果树的矮化机理比较复杂，它不仅受果树本身的生物学特性、激素以及病毒的影响，还受基因的控制。在矮化基因的研究中，矮生突变体是研究植物矮化的优良试材，但由于果树高度杂合、树体大和童期长等因素，极大地限制了果树分子遗传学和生物学的研究进程，使得果树矮化砧木致矮的分子机制研究相对其他模式植物较为缓慢，但也取得了一定的突破性进展。从分子水平来讲，果树致矮来源于两类基因，一类是矮化基因，起直接作用，即矮化基因直接控制植株性状，使其矮化；另一类是植物激素合成及信号转导相关酶基因，起间接作用，即激素合成及信号转导相关酶基因差异、缺失或超量表达，或由于基因突变而导致相关酶的功能缺失或异常，相关蛋白合成减少，进而使植株矮化。

1. 赤霉素与植物矮化 赤霉素最突出的作用是加速细胞的伸长，对细胞的分裂也有促进作用，可以促进细胞的扩大，促进植株的生长。一些人工合成的植物生长延缓剂可以抑制GA合成和细胞分裂、伸长，使植物的节间缩短，达到植物体矮化的效果。编码GA合成过程中的关键基因已经被克隆出来，且在不同物种上获取了相应的突变体，多数的突变体具有矮化表型，外施活性 GA 能恢复其表型。早在 16 世纪育种家就在葡萄中成功利用 GA 信号途径阻遏蛋白 DELLA 的功能获得型突变实现矮化育种，提高产量。近年来，又在多种果树中发现了 GA 途径基因突变造成的矮化材料。

2. 油菜素类固醇与植物矮化 油菜素类固醇合成或信号转导受阻的植株表现为矮化、雄性不育的性状。在油菜素内酯合成过程中，许多合成酶的缺陷会造成矮化，甚至严重矮化的表型，且外源施加相应油菜素类固醇可以逆转突变体的表型。

3. 生长素与植物矮化 生长素参与了植物的生长代谢过程。生长素代谢、运输和信号转导过程中的关键基因突变会造成植株发育受阻，引起植物矮化。研究发现，乔化和矮化砧木中生长素运输基因表达存在差异，推测 $ABCB19$ 基因可能参与 M_9 生长素向基部运输减少而导致矮化，例如苹果 $MdABCB19$ 基因通过调控生长素转运参与砧木苗矮化性状的调控。

4. 多胺与植物矮化 多胺对植株的茎干高度也有调节作用。植物可以通过调控多胺类分子的合成来影响植株茎干伸长，而会产生植株钝化、茎分枝增多、茎节变短、叶片变小、抑制根生长等表型。

5. 基因和转录因子调控与植物矮化 一些重要的基因突变和转录因子调控也可能形成植物矮化性状。分离和克隆控制果树性状基因，是深入了解这些性状发育分子机理的重要突破口，也为果树新品种选育提供一种新方法。$KNOX$（KNOTTED1-like homeobox genes）基因是植物发育的重要调节因子，在分生组织的形成和维持中发挥重要作用，而分生组织是所有器官发生进程的控制者，决定植物的最终形态。果树 $KNOX$ 功能缺失突变体能形成较短的茎节，最终形成矮化的植株，说明 $KNOX$ 基因能够影响茎中细胞的伸长和分化，导致茎节缩短。有些转录因子的功能缺失也会造成植物矮化，这其中有一部分是与激素调控有关的。例如，RSG 属于编码 bZIP 类转录因子的基因，RSG 超量表达以后，阻止 $GA20ox$ 的表达，引发 GA 缺失型矮化突变表型；DDF（Dwarf and Delayed Flowerling）属于 APETALZ 2 类转录因子，$ddf1$ 突变体表现矮化、晚花，其表型可以被外源 GA_3 所恢复。

四、果树矮化栽培技术

（一）繁育矮化苗木

利用乔化砧木嫁接短枝型品种进行矮化栽培时，砧木可用实生种子播种繁殖。有些果树的矮化砧也可用种子繁殖，如枳、宜昌橙、金豆等，这些矮化砧木苗的培育方法与普通砧木苗相同。但目前多数矮化砧是通过无性繁殖而来，利用无性系矮化砧繁育果苗时需考虑以下特点：①建立矮化砧母本圃，可从外地引入矮化砧苗定植，或引入矮化砧接穗，低接于乔化砧上；也可以高接在大树上的方式建立矮化砧母本圃。母本圃主要提供矮化砧的接穗，也可与自根苗繁殖圃结合。低接的矮化砧母本圃，在提供矮化砧接穗的同时，可以利用压条的方法，繁殖矮化砧自根苗。②繁育自根矮化砧果苗，先采用压条、扦插、组织培养等方法繁殖矮化砧自根苗，再嫁接栽培品种，育成自根矮化砧果苗。③矮化中间砧果苗的繁育，常采取的措施是先在乔化砧上嫁接矮化砧，然后再在矮化中间砧上嫁接栽培品种。

（二）栽培方式及密度

现代化果园在一定范围内增加单位面积的栽植密度，缩小树体体积已成为主要趋向。但也不是果树越密越小就越好，树体过小会使果园结果平面化，栽植过密会影响果树对光能的利用，并产生使用苗木多、建园费用大的缺点。因此矮化密植也要合理，栽植密度主要取决于砧木、品种、土壤和树形等综合因子。

矮化密植栽培大都采用长方形栽植，宽行密植，有利于机械操作和采收。行向一般采用南北向，植株配置可分为双株丛栽、单行密植、双行密植和多行密植等方式，其中单行密植是主要的栽植方式。

栽植密度主要决定于砧木、接穗品种、立地条件和采用的树形。以我国苹果矮化密植栽培为例，半矮化砧和短枝型品种一般每 $667m^2$ 栽培 50～80 株，矮化砧 M_8、M_9 和 M_{26} 等每 $667m^2$ 栽植 110～150 株，而矮化中间砧苹果树栽植密度以每 $667m^2$ 栽 80～110 株比较适宜。

为了充分利用果园的空间和土地，有的地方在建园时采用计划密植方法，增加临时性植株，加大前期的栽植密度，以提高果园前期的单位面积产量。这种密植计划需区分永久性植株和临时性间栽树。在果园管理上，要保证永久性植株的生长发育，待永久性植株逐渐长大后，再相应地压缩、控制、移去或间伐临时性间栽树。

（三）采用矮化树形及修剪技术

1. 矮化树形　为了适应矮密栽培的要求，目前生产上常采用的矮化树形有疏层形、自由纺锤形、细长纺锤形、圆柱形以及自由篱壁形等。它们共同的特点是低干、矮冠、树体结构简单、中心干上直接着生结果枝组。这些树形冠内通风透光良好，树势缓和，容易形成花芽，故结果较早，果实着色好，品质优。由于树冠矮小，修剪技术简单，花果管理方便，容易操作。

2. 修剪技术　矮化密植果树整形修剪的原则与乔化砧稀植果树相同，但在方法上有如下特点：矮化砧密植果树需考虑砧穗组合，骨干枝分枝部位必须降低，分枝级次少，严格控制中心干及骨干枝延长部位开花结果（柑橘除外），合理控制花量，及时更新枝组，适当加重修剪量，使结果部位靠近植株中央不外移过远，重视夏季修剪。

由于矮化密植果树进入结果时间较早，所以应该较早地注意到树体生长与结果之间的平衡关系。保证矮化砧果树每年有一定的正常的生长量，以保持健壮的生长状态，掌握未衰先更新的原则，利用健壮的发育枝更新树冠，稳定骨架，维持骨干枝的生长优势。在更新树冠的同时，对枝组及时进行更新，以防止结果枝的衰弱。因此，枝组内要合理分工，留预备枝，控制花量。花芽过多的老枝应重截以促生分枝，过密时可适当疏去。矮化砧上的果树一般容易出现腋花芽，花量大，为了节约养分延迟树体衰弱，应根据具体条件，利用或控制腋花芽的数量。

矮化密植果树应重视夏季修剪，特别对那些利用乔化砧实施矮化技术的果园，更应该利用夏剪控制树势，培养枝组。通常采取调节骨干枝角度来控制树势；用环剥、环割、倒贴皮、刻伤等方法促进花芽形成；用拿枝、弯枝、扭梢等方法控制生长，缓和有关枝条的生长势；用疏剪的方法，改善树冠光照，减少消耗，促进花芽形成，提高坐果率和增进果实品质；用短截、摘心等方法，控制旺枝，促生分枝，加速培养枝组，以达到早果、丰产、优质的目的。除了上述控制树冠的修剪方式来达到矮化密植的目的，还可以利用地下水位控制垂直根系的生长以达到控制树体生长的效果，也可以采用弯曲垂直根、圈根、根系打结、撕裂垂直根、瓦片垫垂直根等方法达到矮化的效果。

（四）利用植物生长调节剂

1. 比久　比久（B_9）的主要作用是抑制枝条顶端优势，使节间变短、枝条增粗、叶片增厚，喷施能使新梢长度缩短 25%～75%，连年使用可使树体矮化。

2. 矮壮素　在晚春和初夏每 20d 用矮壮素 600mg/L 喷施苹果树 1 次，共喷 3 次，可比不喷矮壮素的苹果矮 30%；使用矮壮素 1 000mg/L 喷施苹果树，则可比不喷矮壮素的苹果树矮 50%。

3. 乙烯利　秋季使用乙烯利 1 000mg/L 喷施苹果树，次年新梢生长量仅为不喷乙烯利的苹果树的 1/3。

4. 多效唑　采用土壤施入法，在生长前期，每株苹果树施多效唑 5g，具有明显的矮化作用。

(五) 土肥水管理

1. 土壤管理 矮化密植果园由于单位面积上的株数较多，产量又高，所以对土壤要求也较高。在栽培上应该创造适宜矮化树根系生长的良好土壤条件，必须重视果园的土壤改良，保证有1m左右深度的活土层，具疏松、通气、保肥、保水特点并含较多腐殖质；且使根系有适宜而稳定的温度，分布层内温度春季上升快，秋季降低慢，夏季不过高，冬季冻土浅，昼夜温差小。同时，矮化砧果树群体根系密度大，树冠矮，栽后进行土壤深翻的操作比较困难，所以在栽植以前改良土壤、深翻熟化最好一次完成。为了防止土壤水分的大量蒸发和土壤温度的急剧变化，矮化密植果园常采用行间种植绿肥，树盘覆盖的方法。

2. 施肥 矮化密植果园根系密度大，单位面积内枝叶多，产量高，所以需肥量较多，但是又要注意土壤溶液浓度不能过高。基肥以秋施为宜，有利于肥料分解，土温下降缓慢，促使根系生长，增加吸收积累，提高养分贮备，保证花芽分化和发育。追肥可在开花前后、春梢停长、果实膨大、秋梢停长时进行。根外追肥与土壤施肥结合，力争勤施，前期以氮肥为主，中期磷、钾结合，后期氮、钾结合。施肥量要根据土壤和植株叶片分析来确定，配方施肥。

3. 灌溉 矮化密植果园蒸腾耗水量与施肥量一样，随着栽植密度的增大而增加。同时由于密植，造成树行内土壤被植株覆盖而减少蒸发，土层含水量较多，形成阴湿状态的湿土层。根系由于密植而下伸，表土层根系较少，吸水较少，而根系主要分布层内易缺水，造成土壤上湿下干现象。因此，密植果园的灌溉应以根系主要分布层内的土壤水分状况为标准，灌水量也以水分渗入根系主要分布层内为原则，必须灌透水。灌溉时期和灌溉方式与乔化稀植树相同。

(六) 其他管理

矮化果树成花容易，坐果率高，负载量大，易引起树势衰弱和出现大小年现象，所以疏花疏果是矮化密植果园管理中的重要环节。疏花疏果可以使树体合理负载，达到稳产、高产，疏除过多的花、果能显著减少营养物质的消耗，有利于养分的积累。同时因疏除了弱花、病虫果和畸形果，从而使所留果实个大、质优，不但能增加产值，也能增强树势，提高树体抗病力，减少病虫危害。

需要强调的是，果树矮化栽植一定要严防嫁接品种生根。嫁接品种一旦生根，树势就会返旺，而且只要条件合适，其生根往往很粗，不但失去矮化作用，而且树体抗逆性变差、果实品质变劣。

五、花卉矮化栽培技术

花卉的矮化栽培近年来有较大发展，为适应家庭园艺和市场流通的需要，研究开发株型矮小、紧凑，茎秆矮壮，花果繁密的中小型盆花成为花卉业发展的方向之一，同时果木类、花木类盆栽以及盆景生产等都需要矮化及促花保果栽培技术的应用。目前，矮化栽培技术在盆栽菊花、一品红、月季、大花绣球、杜鹃及盆栽观果植物等的生产上已广泛应用。花卉矮化栽培主要有以下3条途径：

1. 利用传统的矮化技术 花卉致矮的传统技术主要有3方面：一是人为地控制花卉的根系生长，如通过盆栽和阻断根系方法来限制根的伸展和吸收范围，从而限制花卉地上部的生长。二是人为地控制花卉冠径的生长，通常采用蟠扎法和短截法，尤其通过多次短截或摘心促使形成矮化丰满的株型和增加花量的方法应用最为普遍，如盆栽一品红、矮牵牛、一串红、小菊、杜鹃、月季等。三是通过控制氮肥、适当干旱法控制花卉的冠径生长和促进成花，如大花型秋菊、梅花、金橘等的盆栽栽培中经常应用。传统的矮化技术虽然行之有效，但大部分费工耗时，且多为经验式方法，在规模化、工厂化生产中需要进一步加以科学规范，通过定时定量的手段使其得以标准化应用，以提高产品的一致性。

2. 应用植物生长调节剂　用于花卉作物矮化栽培的生长延缓剂主要有多效唑（PP_{333}）、比久（B_9）、矮壮素（CCC）和缩节胺（Pix）等。合理使用这些植物生长延缓剂，不仅可以抑制花卉植株茎、叶的生长，使植株矮化，枝条粗短，株型丰满，叶色浓绿等，而且还可以增加花果数量，提高观赏性，延长观赏时期。如部分杜鹃品种应用 B_9 或多效唑促其矮化株型并促进花芽形成，前者用 1 500～2 000mg/L 溶液喷 2 次，每周喷 1 次，或用 2 500～3 000mg/L 浓度喷 1 次，后者用 300mg/L 的浓度喷 1 次，大约在喷施后 2 个月花芽即充分发育，且可控制株型；而一品红一般摘心后 2～3 周，侧枝 2～3cm 长时喷施 1 500～2 500mg/L 矮壮素（CCC），此后每隔 3～4 周分别喷施 1 次，共喷 2～3 次。使用植物生长调节剂致矮可以减少劳力投入，适合于大规模的专业化生产，然而花卉种类、品种繁多，其适合使用的生长调节剂种类、浓度、时期、方法各异，一定要注意合理使用。在实际生产中常常需要植物生长调节剂与人工栽培措施相结合，才能获得良好的矮化效果和理想的造型。

3. 利用矮化砧和矮性品种　观赏植物的部分种、变种或品种具有株型紧凑矮小、茎枝节间短、萌芽力高等矮化特性，如桃的变种寿星桃、莲花的碗莲品种群、云南山茶花品种恨天高、牡丹品种矮牡丹、梅花品种矮丛晚粉、菊花品种泉乡冲天和金陵紫袍等，其植株均较适合于矮化栽培。

第三节　花果调控

花是观赏植物栽培的目的器官之一，其数量与质量是花卉植物观赏价值的体现形式。果实是果树及瓜类、茄果类蔬菜的收获器官，也是部分观果类花木的目的器官，果实产量及品质决定了其生产的经济效益，许多栽培措施是为了获取优质、高产的商品果实。因此，加强园艺作物花果管理，采取有效的调节措施，对于提高园艺作物花果产品的商品性状和经济价值，增加经济效益具有重要意义。

一、花果数量的调控

（一）花量的调节技术

植物开花数的多少取决于花芽分化的数量与质量，花芽分化得越好，成花的数量越多，因此，与花芽分化有关的各种内外因素，如园艺作物种类、品种、植物体内营养状况及管理水平等均影响成花的数量及花发育的质量。生产上调节花数时，主要有下列几个技术措施：

1. 加强肥水管理　在幼树（苗）期应加强肥水管理，促进植株的正常生长发育，尽快扩大营养面积，促进营养的积累。因此，以观花或采果为目的的园艺作物，在生长前期应加强肥水管理，促进生长；在生长到一定时期，树体已形成一定树冠体积以后，应适时适量地限制肥水，促进植株从营养生长向生殖生长转化。比如，在施肥方面，应增加有机肥施用量，减少化肥尤其是速效氮肥的用量，调整氮、磷、钾肥的比例，以促进树体健壮生长，防止生长过旺或枝梢徒长，促进植株营养的积累。在水分管理方面，要适当减少灌溉，尤其是在花芽分化临界期，适当干旱有利于提高植物体细胞液浓度，从而有利于提高花芽分化的数量和质量，增加花数。

2. 整形修剪　整形修剪是调节果树及园林花木开花数量的重要外科手术。通过拉枝、长放等手段可以有效地控制枝梢旺长，促进营养积累和花芽分化，以增加花数。枝干的环剥、环割、扭梢、摘心也是促进成花、克服许多木本植物因旺长而不成花的有效修剪措施。果树花前复剪是对过多花量进行调节的一种方式，灵活应用春季花前复剪，对减少当年开花数量、克服大小年开花（结果）现象具有重要意义。

3. 植物生长调节剂的应用　植物生长调节剂在调节花量上具有重要作用。据报道，PBO（一种混配植物生长调节剂）、多效唑（PP_{333}）、赤霉素在果树开花调节方面有一定的作用，但有浓度效应。

随着人们对果品食用安全性要求的不断提高，一般不提倡在果树生产中大量使用。

4. 人工及机械疏花 在一些花卉植物上市之前，常需要疏除一些病虫花、畸形花及所处位置不当的花；西瓜、甜瓜在确定选留的花果以后，也应及时疏除多余的花朵，以减少养分的消耗。果树人工疏花从花前复剪到盛花期都可进行，适当疏除过多的花，使养分集中供给余下的花朵，对于提高坐果率、促进果实的生长发育及当年花芽的形成均有重要作用。疏花应尽早进行，通常在花开放以前就疏除多余的花。比如，在苹果生产上常采取开花前疏花序或疏花蕾的方法以减少花数，这样能有效地减少因开花而造成的营养损失。疏花在果园生产管理之中是最为繁重的作业环节之一，人工疏花劳动强度大、费用高。国外在选用特定的果树品种，标准化栽植方式、树形结构、修剪方法的基础上，多采用大型机械疏花。我国现阶段因地形复杂、种植户多分散，达不到标准化生产的要求，仍多采用人工疏花，部分采用便携式单人机械疏花装置，但技术仍不成熟。

（二）果量的调节技术

果实产量的形成，成花是基本前提，只有足够数量发育良好的花，完成正常的授粉受精和坐果，才能获得丰产。但许多园艺作物常因雌花比例小，坐果数少；也有的因花的发育不完全或授粉受精不良，大量的花在盛花期过后逐渐脱落（落花），而造成坐果率低下；还有一些是坐果后子房已膨大，果实已开始发育甚至发育到一定大小后，还会因授粉受精不良或营养供给不足而引起落果。虽然在植物界落花落果是普遍现象，但如果落花落果的数量过多，将严重影响产量，尤其是对西瓜、甜瓜、黄瓜等瓜类作物来说，对产量的影响更大。因此，在栽培上应采取相应的技术措施来克服。

1. 果实负载量的确定 对于果树及瓜类、茄果类蔬菜来说，瓜果的合理负载是其优质、丰产和稳产的基础和根本保障。负载量过少时，造成产量不足，使园艺作物应有的生产潜力得不到充分发挥，造成经济上的损失。过量负载同样会产生严重的不良后果：首先是结果过多易造成树体营养消耗过大，果实不能进行正常生长发育，导致瓜果偏小、着色不良、含糖量降低、风味变淡，严重影响瓜、果的商品质量。其次，在超量负载的情况下，果树易引发大小年结果现象。因为结果过多的树体营养物质积累水平低，同时，源于种子和幼果内的抑花激素物质如赤霉素含量增加，不利于当年花芽形成，导致第 2 年减产而成为小年。此外，过量结果的果树，树势明显削弱，树体内营养水平低，新梢、叶片及根系的生长受抑制，不利于同化产物的积累和营养元素的吸收，使树体容易早衰、抗逆性下降等。

果实负载量的确定因作物种类不同而异，西瓜、甜瓜作物的负载量通常是每株留 1 个瓜，对于双蔓整枝的每株可留 2 个瓜，这种方法简单易行。而果树负载量应依据树种、品种、树龄、树势、栽培水平等灵活确定。人们在长期的生产实践中，积累了许多确定果树合理负载量的经验，提出了一些合理负载的指标依据，如结果枝与发育枝的比例、干周或干截面积定量法以及叶果比或枝果比等。董建波（2010）提出优质、丰产的矮砧密植苹果园枝芽量为 9.0×10^5 个/hm^2；梁海忠等（2011）认为 9 年生纺锤形矮砧苹果树的合理总枝数量为 119.4×10^4 个/hm^2。

按叶果比、枝果比确定留果量，是我国多年应用的保证树势、防止大小年和增进果实品质的方法。温州蜜柑为 20~25 片叶留 1 果，早生温州蜜柑 30~40 片叶留 1 果，甜橙以 50 片叶留 1 果为好。日本在确定苹果负载量时多以苹果顶芽为指标，生长势强者每 4~5 个顶芽留 1 果，中庸树每 5~6 个顶芽留 1 果，弱树 6~7 个顶芽留 1 果，叶果比以（50~60）:1 为宜，果实间距 20~25cm。棚架栽培的盛果期梨树，留果量的标准是：大果型品种每平方米棚面留 8 个果，中果型品种留 10 个果，小果型品种留 12 个果，而且要求在一个结果枝上留果不超过 2 个，果间相距 20cm 以上。

总之，各地从不同的角度提出了留果方法和指标，作为指导当地生产、调节留果量的依据。在实际应用中，尚需结合当地的具体情况做必要的调整，使负载量更加符合实际，达到连年优质丰产的目的。随着优质果品需求量增加，为提高优质果品率，可适当减少果实负载量，以生产出更多风味好、外观美的果品，同时也需兼顾产量，达到优质高产的目的。

2. 保花保果 以收获果实为目的的园艺作物，提高果实产量和品质是获得经济效益的前提，在生产中应采取相应的农业技术措施。

(1) 适地适栽，选择适宜的树种、品种。园艺作物种类不同，果实产量相差很大。如在果树中，管理水平较高的板栗丰产园每 667 m^2 也仅产果数百千克，而苹果、梨等可达数千千克。品种间也有很大差距，如秦冠、金冠苹果的早实性、丰产性均比红富士好，丰水梨的产量和品质均高于幸水梨。因此，生产上应因地制宜选择适宜的主栽品种。

(2) 加强综合管理，提高树体营养水平。园地生态及肥水条件和管理水平均与果实产量关系密切。在土层深松、土质肥沃、光照充足的园地，植株根系发达，吸收能力强，植株生长健壮，树体内贮藏营养丰富，有充足的养分供于果实的生长发育及成花的需要，是连年丰产、稳产的有利条件。因此，生产上应依据植株生长发育特性，加强肥水管理、合理定植、科学整形修剪、综合防治病虫害等，以提高果实产量。

(3) 适时保花保果，提高坐果率。坐果率高低主要取决于品种自身的遗传特性（如枣、杏、李等自然授粉坐果率不到 5%，而苹果、梨、柑橘等自然授粉坐果率一般可达 10% 以上）、园地的立地条件、授粉树品种和花期的气象条件等。为了提高坐果率，通常是在果园加强综合管理、提高树体营养水平、改善花器发育状况的基础上，用促进传粉受精的方法来实现。在缺乏授粉品种或花期天气不良时，应该进行人工辅助授粉及花期放蜂。人工辅助授粉包括人工点授、机械喷粉、液体授粉等方法。

人工点授是用棉棒、铅笔橡皮头或毛笔将花粉点授到柱头上。为节省花粉用量，可加入填充剂稀释，一般比例为花粉（花粉并带花药外壳）1 份，附加填充剂（石松粉、滑石粉、淀粉或失效花粉）4 份。机械喷粉是用喷粉器把花粉喷撒于花朵上，此法比人工点授所用花粉量多，喷粉时加入 50～250 倍填充剂。液体授粉是把花粉均匀融入花粉营养液中，用喷雾器喷洒，不同的果树所用的花粉营养液配方不同，如梨树的液体授粉营养液配方：在中性水中添加 13% 蔗糖、0.05% 硝酸钙、0.02% 黄原胶、0.01% 硼酸。配好后应在 2h 内喷完，喷洒时间宜在盛花期。一般每 667 m^2 的用粉量为 5～10g 花粉。贮藏的花粉使用前要检查发芽率，并依据发芽率的高低调整用粉量。

花期放蜂对提高虫媒花果树坐果率有明显作用。如苹果、梨园放蜂，可提高坐果率 8%～20%，枣园的坐果率可提高 20% 左右。通常每 3 333 m^2 果园放 1 箱蜂（约 1 500 头）即可，放蜂期间切忌喷施农药。在密闭的保护地栽培条件下，花期放蜂尤为重要。

此外，盛花期和六月落果前喷施 0.1%～0.5% 的尿素、硼酸、磷酸二氢钾，生长季摘心、环剥和疏花，高接授粉花枝或挂罐插花枝，以及病虫害及时防治等都是保花保果的有效措施。

3. 疏花疏果 在花量过大、坐果过多时，应采取疏花疏果措施，使树体合理负担，以提高果实品质和克服大小年结果现象。对于落叶果树来说，花芽分化和果实发育常常同时进行，适宜的花果负载量，既可保证果实正常发育，获得整齐硕大的果实，又有利于花芽分化；坐果过多就会削弱树势、抑制花芽分化，导致大小年结果现象。此外，疏果时及时疏掉病虫果、畸形果和小果，可提高好果率。疏花疏果的方法主要有人工疏花疏果、化学疏花疏果和机械疏花疏果等。

(1) 人工疏花疏果。花前复剪调节花芽量；花后疏花和疏幼果，直到 6 月落果以前结束；若发现留果仍然偏多，则于 6 月落果后再定果一次。疏果应于幼果第 1 次脱落后尽早进行。科学的负载量常因品种及栽培水平不同而异，如苹果、梨果台间距多控制在 20～25cm，2/3 的果台留单果，1/3 的果台留双果，且留有部分空果台。对于大果型的品种如雪花梨、红富士和元帅系苹果等，在花量充足时，几乎全部留单果。留果时，苹果多留花序中心果。人工疏花疏果效果好，但费时费工，劳力紧缺和果园面积较大时，应早作安排。

(2) 化学疏花疏果。用化学药剂疏除花果，可大大提高劳动效率。我国在苹果、梨、桃等树种上开展了一些研究，取得了一定的成果，但目前在生产上应用尚少。在国际上常用的化学疏花疏果药剂有西维因、萘乙酸及萘乙酰胺、石硫合剂等。大面积应用前应对药剂种类、喷药时期、剂量、品种适应性进行试验，同时严禁使用高残留、高毒等有碍食用安全性的药剂。化学疏除能节省人力，但由于其疏除效果的不稳定性，只能作为人工疏除的辅助手段，不能完全代替人工疏除。

（3）机械疏花疏果。近年来，随着劳动力成本增加以及农业劳动力老龄化，农业逐渐向低成本、省力化方向发展，我国也逐渐加强了适应轻简化栽培的机械研发，如手持式电动疏花疏果器，与人工疏除相比，效率有很大提高，但还需要进一步改进。

二、花质量及性别的调控

（一）鲜花品质的调控

作为园林绿化或以生产盆花及鲜切花等为目的的花卉作物，花的质量决定了其观赏价值或经济价值。花作为商品应具有鲜艳的色彩和新颖独特的风姿，以提高市场竞争力。鲜花的品质通常包括观赏寿命、花姿、花朵大小、花序上小花发育状况、鲜重、鲜度、颜色、茎和花梗、叶色和质地等。鲜花品质的好坏主要取决于花前的管理水平，但采后处理不当，也会失去其原有品质而丧失商品价值。

1. 加强肥水管理 肥水是花卉正常生长发育和鲜花品质形成的重要保证，合理施肥和灌溉对于优质花卉的生产是极其重要的。在栽培过程中，氮肥过量会降低鲜花的品质和缩短鲜切花的瓶插寿命。试验证明，菊花及其叶片中的干物质随氮肥用量的增多而减少。因此，在花蕾现色之前停止施用氮肥，适量施用钾肥，可以增强花枝的耐折性及光合同化产物的输送能力。在鲜花栽培期间水分不宜过多，保持土壤的相对干燥往往有利于根系发育，增加鲜花体内细胞分裂素等激素的含量，从而有利于鲜花采后品质的保持。另外，低温多湿、肥分过多，或者氮、磷、钾三者不均衡，尤其是磷肥过量，都会影响香石竹着花，加重花萼破裂，影响花的品质。

2. 环境因子调控 环境条件直接影响到花卉的生长和花的质量，其中最重要的是光和温度。光通过光合作用，使植物体内的糖增加，促进色素形成，使花色鲜艳，观赏寿命延长。温度也较明显地影响鲜花的品质和寿命。如现蕾前后高温，易导致满天星出现蒜头花和黑花；高温高湿条件下栽培的菊花和香石竹，观赏寿命缩短。高温条件下呼吸消耗增加，降低了植株体内的糖含量而影响到鲜切花采后的寿命。因此，适宜的温度条件、较大的昼夜温差，以及充足的光照条件是提高花品质的主要因素。

3. 病虫害防治 花卉的病虫害很多，不及时有效地防治，会使花卉的根、茎、叶和花受到不同程度的损害，失去观赏价值，甚至造成植株的死亡。病虫害防治的原则是"预防为主，综合防治"。在综合防治中应以农业防治为基础，组成一个比较完整的防治体系。病虫害防治的方法归纳起来可分为农业防治、物理机械防治、生物防治、化学防治和植物检疫等。农业防治包括选用抗病虫品种、利用无病健康苗、轮作、肥水管理措施等；物理防治包括人工或机械捕杀、诱杀、热力处理等；生物防治是指利用生物来控制病虫害的方法，如以菌治病、以菌治虫、以虫治虫等；化学防治是利用化学药剂的毒性来防治病虫害的方法，使用的化学药剂种类很多，根据防治对象可分为杀虫剂、杀菌剂两大类。

4. 植物生长调节剂的应用 在提高鲜花品质方面，应用植物生长调节剂能有效控制花卉作物的生长，特别是增加鲜花枝的长度和硬度。如在栽植后1~3d及3周后各喷1次1.5~6mg/L的赤霉素，能增加菊花的茎长；使用三十烷醇处理可增加菊花鲜重，并使优质花的比率增加1倍以上。

关于鲜切花采前进行生长调节剂处理，缓和其采后衰老变质的例子也不少。如在菊花现蕾后3~8周内喷2.5%的B_9，可延长鲜花寿命5d；百合花在开花前1~2周，用50~100mg/L赤霉素处理，可延长鲜花寿命2~3d。

（二）花色的调控

花色是观赏植物的一个重要品质特性，近年来越来越受到花卉消费者及生产者的重视。随着经济的快速发展，人们对花卉的需求量也日益增加，那些具有新奇花色的观赏植物具有广阔的市场前景。狭义的花色是指花瓣的颜色，广义的花色还包括花萼、雄蕊甚至苞片的颜色。

1. 花的成色作用 花色是光线照射到花瓣上穿透色素层时，部分被吸收，部分被海绵组织反射折回，再度通过色素层而进入人的眼帘所产生的色彩。因此，它与花瓣细胞中的色素种类、色素含量（包括多种色素的相对含量）、花瓣内部或表面构造引起的物理性状等多种因素有关，但花色素起主要作用。与花成色有关的色素包括叶绿素、类胡萝卜素、花色苷、类黄酮、水溶性生物碱及其衍生物5大类群，其中水溶性的类黄酮可产生从浅黄到蓝紫的全部颜色范围。菊花随成熟开放，类胡萝卜素和花色苷含量增加而显色，随衰老含量下降而色泽变淡；木芙蓉早晨花为白色，到黄昏凋萎前变成红色；月季盛开时呈橘黄色，衰老时变深红色，在此期间花色苷含量增加10倍；而香豌豆、毛地黄自开花到花瓣衰老色素含量则无多大变化。

花的成色作用还受以下因素的影响：①细胞内pH。花瓣表皮细胞液泡pH发生变化时，常引起花色的改变。通常随着pH上升，颜色逐渐由红变蓝，如月季、香豌豆、飞燕草、天竺葵都有这种现象。②分子堆积作用。包括分子间堆积和分子内堆积，分子间堆积包括花色苷的自连作用和辅助着色作用，即花色苷与辅助色素结合而呈现增色效应及红移，从而产生由紫到蓝的现象，这种现象在酸性条件下都可能发生，其产物对pH的微小改变都会有敏感的变化。③螯合作用。色素常与细胞液中的镁、铁、钼等金属离子螯合，螯合后花色在一定程度上有所改变，往往偏向紫色。④花瓣表皮细胞的形状。细胞形状有利于增加细胞对入射光吸收的花，易产生较深的色泽；反之，则产生明亮的颜色。此外，也有些花瓣衰老时变褐、变黑，这是由于黄酮类、无色花色苷和酚类的氧化作用以及单宁的积聚所致。

2. 花色的调控措施 花色的调控措施主要有：

（1）选择适宜的种类及品种。花卉作物的花色是品种固有的特性，品种不同，花色也不同。因此，生产上应依据对色泽的要求选择种类或品种，但从花的成色过程也可以看出，花色虽主要取决于品种固有的遗传特性，但也在一定程度上受环境及栽培措施的调节。

（2）加强树体营养，促进糖的积累。植物体内糖的积累会促进花色苷的生成，蔗糖积累多的则着色好、花质优。

（3）改善花卉生长的生态条件。光照、温度、湿度均对花色有一定影响。光质和光强均能影响花色苷的合成，其中光质起着更为关键的作用。低温可促进花色苷的出现，尤其在短日照下，冬天枫叶变红就是低温的影响，高温则红色出现少。

（4）加强肥水管理。肥料种类对花色有一定的影响，增施钾肥和适当干旱会促进花色苷的形成，促使花色艳丽。

（5）土壤pH。部分种类，如大花绣球的花色常随土壤酸度不同而异，生产上常通过提高土壤酸度并增施硫酸铝等使花色由粉色转为蓝色。

（三）花性别的调控

植物性别表现受遗传因子及环境因子两方面的控制，基因控制性别是基本的，环境因子对性别表现也有较大的影响。当性别一旦决定，其后的分化程序即相当稳定，但在性别决定前可以进行性修饰。性修饰就是在性别决定前使用性别表达因子控制性别表达，以期改变原定表达程序而出现相反程序的表达。通过性修饰使基因型雄性的个体在表型上发生不同程度的雌性化或使基因型雌性的个体雄性化，从而实现性别转变，达到性别调控的目的。与基因决定性别类似，外源性修饰因子的性修饰也是多种多样的，各种因子均可能在某种程度上起作用，而且不同园艺作物对其反应不同，甚至完全相反。在性别决定过程中光周期、温度、营养条件或其他环境因子的暗示是必要的，植物接受这种暗示或诱导后，体内相应发生一系列联式中间生化反应过程，其中激素的作用及平衡在此过程中起决定作用，当其将植物接受的诱导信息积累到足以导致不可逆转的成花反应时，相应的特定区域的 DNA 开始复制形成性别器官，如图 8-22 所示。

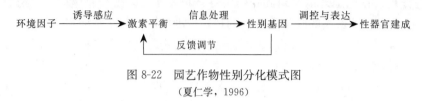

图 8-22　园艺作物性别分化模式图
(夏仁学，1996)

花性别与许多雌雄异花园艺作物果实产量及品质密切相关，生产上需要采取一些措施来调节雌雄花的比例。

1. 选择适宜的品种　两性花及雌花比例不仅因园艺作物种类不同而异，而且品种间也有很大差异，生产上应选择雌花比例高的品种。

2. 改善生态条件　光周期、温度及湿度等环境条件均能在一定程度上改变园艺作物的雌雄花比例。据报道，已发现有 50 种雌雄异株植物能因环境条件而改变性别。如黄瓜在第 1 片真叶展平后，保持 10 000～30 000lx 的连续光照 8～10h，温度白天 20～25℃、夜间 13～15℃，昼夜温差 10℃，能较大幅度提高雌花比例。环境条件对性别表现的影响是借助于体内激素平衡起作用的，如红光处理能有效地促进黄瓜、瓠瓜等雌性分化，这是由于红光处理后改变了植株体内赤霉素及生长素的平衡，从而诱导雌性分化。

3. 生长调节剂的应用　许多植物生长调节剂都会影响园艺作物的雌雄性别比例，尤其是赤霉素和乙烯效果最为明显。但它们的作用效果因作物种类不同而异，如赤霉素促进菠菜雌花形成，乙烯促进雄花形成；而在黄瓜上却与此相反，在黄瓜上用于促进雌花的生长调节剂有萘乙酸、B_9、乙烯等，这些物质都能代替低夜温和短日照处理，其中以乙烯利的使用最为广泛。在板栗上用 50～100mg/L 的赤霉素处理能显著增加雌花的比例，而雄花分化及雄花序长度均受到一定的抑制，乙烯利则具有明显的抑制雌花分化的作用，而且较低浓度（50mg/L）的乙烯有促进雄花分化的作用。因此，在应用植物生长调节剂时应加以注意。

4. 改善树体营养条件　植株碳氮比越大，越有利于雄花分化，而不利于雌花分化，尤其是氨基酸含量越高时越有利于雌花分化，雄蕊氨基酸含量仅为雌花的一半。不同营养条件及施肥时期对花性别比例有着不同的影响，如分期施氮肥有利于黄瓜雌花形成，且铵态氮的效果更明显，而分期施钾肥则有利于雄花形成。适当的水分供应有利于雌花分化，水分不足则利于雄花分化，但水分过多幼苗徒长，雌花数减少。

三、果实品质的调节

提高园艺产品品质是保证园艺业健康发展的重要措施，也是当前我国园艺工作者的重要任务之一。通常所说的瓜果品质主要是指果实外观品质（果个大小、形状、色泽、洁净度、整齐度、有无机械损伤及病虫害痕迹等）、内在品质（食用安全性、果肉质地、风味甜酸、香气浓淡、果汁丰歉等）及贮藏与加工品质（耐贮性、贮藏期生理病害发生程度及是否具备加工的特殊需要等）。由于消费习惯不同，作为以商品生产为目的的瓜果生产，其品质标准必须与市场的消费趋向结合。以下介绍几种主要果实品质的调控技术，但需要指出的是许多技术对果实品质的影响是综合的，比如改善光照条件既可以提高果实糖度，又能增加果实色泽。

（一）果实大小

加强综合管理，生产出品种应有大小的果实，应采取以下措施：

1. 适宜的环境条件 根据不同树种果实发育的特点，最大限度地满足其生长发育所需的环境条件，尤其是满足其对营养物质的需求。在果实发育前期，主要需要有机营养以促进细胞分裂活动，而这些营养物质的来源对果树来说大多为上年树体内贮藏的养分，所以，提高上年的树体贮藏营养水平，加强当年树体生长前期以氮素为主的肥料供应，对增加果实细胞分裂数目具有重要意义。果实发育的中后期，主要是增大细胞体积和细胞间隙，对营养物质的需求则以糖为主，因此，合理的冬剪、夏剪以维持良好的树体结构和光照条件增加叶片的同化能力，适时适量灌水等都有利于促进果实的膨大和提高果实品质。

2. 人工辅助授粉 人工辅助授粉除可提高坐果率外，还有利于果个增大和端正果形。因为人工授粉使雌蕊获得多量的花粉，不仅能促进受精作用，花粉含有的生长促进物质还能促进子房的发育和进一步合成生长类激素，增强幼果在树体营养分配中的竞争力；人工授粉增加了果实中种子形成的数量，使种子在各心室中分布均匀，在增大果个的同时，使果实的发育均匀端正，减少和防止果实畸形。

3. 疏花疏果 植株果实负载量过多是果个变小的主要原因之一。因此，应根据不同品种和生长势，按负载量标准进行疏花疏果，选留发育良好的果实，维持良好的营养生长与生殖生长平衡，使树体有足够的同化产物和矿质营养，满足果实发育的需求。

（二）果实色泽

果实的颜色是评价外观品质的另一重要指标。果实皮色与肉质色泽因园艺作物的种类、品种不同而异，如有绿色、黄色、红色等。果实色泽发育是复杂的生理代谢过程，除受品种遗传特性决定外，也受光照、温度、土壤水分等环境因素，树体内矿质营养水平，果实内糖分的积累和转化以及有关酶活性的影响，在生产上可以依据不同种类果实的色泽发育特点进行调控，改善果实的色泽。

1. 合理修剪，改善光照条件 番茄、茄子等蔬菜作物通过打杈、摘心的方法来控制植株高度，减少分枝，加强通风透光，从而促进着色；木本果树通过整形修剪，缓和树势，改善通风透光条件，提高光能利用率，促进光合产物积累，增强着色。如在日本红富士苹果园群体覆盖率不能超过78%，盛果期树冬剪后每667m²枝量为8万左右，树体透光度不少于30%。果实获全日照的70%以上者，可全面着色；70%～40%者，果面部分红色；40%以下果面不着色。生产上可以通过摘叶和转果来提高果实的受光面积，摘叶时期与果实着色期同步。我国北方红富士苹果的摘叶期在9月中下旬，摘叶过早或过晚都难以获得理想效果。摘叶对象是果实周围遮阴和贴果的1~3片叶片，摘叶处理可增加苹果着色面积15%左右。转果是将果实的背光面轻轻转至向阳面，转果后着色指数可增加20%左右。

2. 加强土肥水管理 提高土壤有机质含量，改善土壤团粒结构，提高土壤供肥、供水能力。矿质元素与果实色泽发育密切相关，过量施用氮肥，影响花青苷的形成，导致果实着色不良，故果实发育后期不宜追施氮素肥料。红富士苹果树7月叶片氮素含量为2%左右时，叶柄紫红色，果实上色好；含量大于2.5%或小于1.5%时果实着色均不良。在果实发育的中、后期增施钾肥，有利于提高果实内花青苷的含量，增加果实着色面积和色泽度。钙、钼、硼等元素对果实着色也有一定的促进作用。在施肥技术方面，最好利用叶片营养诊断指导果树配方施肥。果实发育的后期（采前10~20d），保持土壤适度干燥，有利于果实增糖着色，此期灌水或降雨过多，均将造成果实着色不良，品质降低。

3. 果实套袋 套袋是提高果实品质的有效措施之一，除能改善果实色泽和光洁度外，还可以减少果面污染和农药残留，提高食用安全性，预防病虫和鸟类的危害，避免枝叶擦伤果实，在苹果、梨、桃、葡萄等果实上广为推广。套袋所用的纸袋应为专用的果袋，树种、品种之间各有不同。如红富士苹果宜选用双层纸袋，外层袋的外表面为灰、绿等颜色，里表面为黑色；内层袋为蜡质红色袋，不封底筒；对于较易着色的苹果品种，如首红、新红星、新乔纳金、嘎拉等可选用单层纸袋；对于黄、绿色品种，如金冠、金矮生、王林等以及梨的一些品种，为了保持果实表皮细嫩及防止果锈等，多选用具有透光性能的蜡质黄褐色条纹纸袋，也可用蜡质白色纸袋。纸袋的质量对套袋效果有很大的影响，不要用牛皮纸、报纸等，这种纸袋不仅起不到效果，而且会加剧病虫危害或铅等的污染。套袋应在定果后尽早进行，套袋前应向果面喷一次杀虫、杀菌剂。葡萄、梨等果实在采收前不用除袋，可将果实与袋同时采下，在进一步分级、整理果实时去除袋子，这样可减少采收运输中的机械损伤。苹果一般在果实采收前30d左右除袋。去除单层袋时，可将纸袋撕成伞状，保留在果实上2～3d后去除；去除双层纸袋时，应先将外层袋连同铁丝全部除掉，内层袋保留3～5d，当果实已适应外界条件时，再将纸袋全部除掉，防止一次除袋果实发生日烧。一天中除袋时间以果面温度较高时为宜。除袋以后，容易着色的红色品种，15d左右可充分着色；较难着色的红色品种，除袋后25d左右便可着色良好。除袋以后，如能配合转果、摘叶，效果更佳。

4. 树下铺反光膜 在树下铺反光膜可以改善树冠内膛和下部的光照条件，解决树冠下部果实和果实萼洼部位的着色不良问题，达到果实全面着色的目的。此外，铺膜还可加速果实内淀粉的转化，含糖量有明显提高，果实风味浓。铺膜的时间宜在果实进入着色前期。

除上述提高果实着色的技术外，适当推迟采收期、采前果园喷水降温等方法，也有增加果实中糖分的积累和促进着色的效果。

（三）果面光洁度

在果实发育和成熟过程中，常因管理措施不当，及果实受外界不良气象因子的影响，导致果实表面粗糙，形成锈斑、微裂或损伤，影响果实的外观，降低商品价值。造成表面不洁净的因素是多方面的，提高果面光洁度的途径可从以下几个方面着手解决。

1. 果实套袋 套袋可以使果皮光洁、细嫩，色泽鲜艳，减少锈斑，且果点小而少，从而提高果实的外观品质。

2. 合理施用农药和叶面喷肥 农药及一些叶面喷施物施用时期或浓度不当，往往会刺激果面变粗糙，甚至发生药害，影响果面的光洁度和果品性状。如金冠苹果幼果期喷施波尔多液或尿素，可加重果锈的发生；梨幼果期喷施代森锰锌，也易导致果实表皮粗糙。

3. 喷施果面保护剂 苹果可喷施500～800倍高脂膜或200倍石蜡乳剂等，均可减少果面锈斑或果皮微裂，对提高果实的外观品质明显有利。

4. 洗果 果实采收后，分级包装前进行洗果，可洗去果面附着的水锈、药斑及其他污染物，保持果面洁净光亮。

（四）果实风味

果实风味是内在品质最重要的指标之一，也是一个综合指标，只有果实外观及内在品质均优良的果品，才可能有较大的市场竞争力。

果实品质的形成与生态环境有密切关系。因此只有依据作物生长发育特性及其对立地条件、气象条件的要求，适地适栽才能充分发挥品种固有的品质特性。土壤有机质含量、质地对瓜、果品质有明显的影响；温度和降水也都直接影响果实风味。据李纯忠等（1987）报道，在沙壤土上栽培的莱阳茌梨果实品质极佳，表现为果皮薄、肉质细嫩，糖度高、酸度低，香甜可口；在沙质土壤上生长的西瓜、甜瓜品质风味也明显较黏性土地上生长的好。因此，园地选择时应该注意这一点。

叶幕微气候条件对果实品质有很大影响，由于叶幕层内外光照水平不同，果实内糖、酸含量也不同，一般外层果实品质较好，因此，在果树整形修剪时，选择小冠树形，减小冠内体积，而相对增大树冠外层体积，可以提高果实品质。棚架栽培，由于改善通风透光条件，营养分配均匀，因而果实品质风味好。

合理施肥灌水可有效改善果实风味。果实发育后期轻度水分胁迫能提高果实的可溶性糖及可溶性酸含量，使果实风味变浓；但严重缺水时会降低糖、酸含量，而且肉质坚硬、缺汁，风味品质下降。水分过多会使果实风味变淡。一般地说，施用有机肥有利于提高果实风味，而化学肥料则降低果实品质，尤其是速效氮肥用量过多时，果实可溶性固形物含量下降，风味变淡，品质明显下降。因此，在果实发育成熟中应减少氮肥的用量，改为秋季增施有机肥的方法来提高土壤肥力。不同化学肥料对果实品质的影响也不同，如表8-2所示。

表8-2　苹果果实品质与矿质元素的关系

（关军锋，2001）

项目	成正相关的元素	成负相关的元素	按元素对品质影响的大小顺序
总糖量	Mg、Mn、P、Fe、K、Al	Zn、N、Ca、B	N>Zn>Mg>Mn>P>Fe>Ca>K>Al>B
总酸量	Zn、Ca、Mn、N、Mg、P	Al、Fe、B、K	Al>Zn>Fe>Ca>Mn>B>N>K>Mg>P
硬度	Zn、N、B、Al、Fe、Mg	Mn、Ca、P、K	Zn>N>Mn>B>Al>Ca>Fe>P>Mg>K
色泽	K、Zn、Mg、Al、N	P、Fe、Ca、B、Mn	K>Zn>P>Fe>Ca>Mg>B>Al>N>Mn

（五）果实裂果的控制

裂果在果实发育不同时期及采后均有可能发生，是一种生理失调现象，尤以果实发育后期多发，主要是果皮生长不能适应果肉生长引起的。裂果严重影响果实的外观品质，降低商品价值，生产上应采取有效措施防止或减少裂果现象的发生。

裂果是遗传与环境因子共同作用的结果，但裂果与遗传的相关性显著大于与环境的相关性。裂果率的高低因种类、品种不同而异，栽植抗裂果品种是防止裂果的基本措施之一。葡萄、樱桃、番茄、枣、荔枝、油桃、石榴等多种园艺作物易发生裂果，而梨、苹果的裂果较少。品种间也存在很大差异，如甜柿比涩柿的裂果率高，同为甜柿的品种，富有的裂果率较前川次郎轻。

防止果实淋雨、防止果树根际水分剧烈变化可有效避免裂果。如葡萄避雨栽培、园艺作物的设施栽培等，控制氮肥用量以及喷布一些化学物质（如钙、钾、硼等）均可防止裂果，赤霉素配合乙烯利施用，不但可防止李裂果，还可提高果实糖含量。

第四节　产期调控

随着社会进步和科技发展，人们对园艺产品消费的要求不断变化，从无到有，从少到多，从一般到优质，从单一到多样等，现在人们不仅要求优质、新鲜、多样化的园艺产品，还要求产品周年供应，冬吃夏果（菜），夏吃冬果（菜），一年四季，鲜花盛开。因此，园艺产品的产期调控应运而生。

一、产期调控的意义

园艺作物的产期调控是指园艺产品收获期的调节，即利用区域栽培、改变栽培环境、使用化学药剂和（或）采用适当的栽培技术措施，改变园艺作物的自然生育期，使其开不时之花、结不时之果，生产出比自然产期的产品供应期更长的园艺产品。其中使产期提前的栽培方式称为促成栽培，使产期延后的方式称为抑制栽培。产期调控的目的在于根据市场或应用的需求按时提供产品，丰富节日或经常的需要，达到周年供应的目标。同时，在产期调控的过程中，由于准确安排栽培程序，可缩短生产周期，加速土地利用周转率；通过产期调控以做到按需供应，可获取较高的市场价格。因此，产期调近年来，通过园艺工作者不断探索，园艺作物的产期调控取得了丰硕的成果。蔬菜和花卉的产期调控发展较早，目前基本上解决了以往冬季和早春蔬菜和鲜花供应短缺、品种单一的问题，甚至许多种类实现了周年供应，如蔬菜的黄瓜、番茄、甜椒、茄子和切花的月季、菊花、香石竹、非洲菊等，现在人们几乎每天都可以享受许多新鲜的蔬菜和鲜花。

果树（尤其多年生木本果树）的产期调节虽然起步较晚，近十年的发展也是成绩斐然。在我国的南部地区，如云南、广东、福建、台湾等地，葡萄由一年一收增加为一年二收甚至三收，其产期除原来的夏季外，增加了秋、冬两季的果实；番石榴、木瓜、柠檬、阳桃、莲雾、火龙果等热带果树，利用断根、浸水、修剪、干旱及光处理等栽培措施，几乎一年四季均可生产。而在我国的其他地区，常采用设施栽培及其他措施，提早或推迟果实的成熟期，从而拓展果实的供应期限，如桃、樱桃、葡萄、李、杏、枇杷等，而部分种类如草莓、葡萄，也可做到一年二收。

二、技术途径及依据

（一）产期调控的技术途径

植物生长发育的节奏是对原产地气候和生态环境长期适应的结果，产期调控的技术途径就是依据自然规律，根据不同园艺作物的生长发育特性，通过人工控制和调节，达到加快或延缓其生长发育进程，从而实现产期调节的目的。实现产期调控的途径主要有控制温度、光照等影响生长发育的气候环境因子，调节土壤水分、养分等栽培环境条件，对植物施用生长调节剂等化学药剂，及采用其他栽培技术措施等。

温度与光照对产期调控既有质的作用，又有量的作用。在接受特殊的温度或光周期条件下，使植株加速通过成花诱导、花芽分化、休眠等过程而达到促进开花、提早结实的目的；也可使植物保持营养生长，或保持休眠状态，延缓发育进程而实现抑制栽培，这是温度和光照对产期调控所起的质的作用，也是产期调控的主要途径。温度和光照对植物生长发育也有调节作用，在适宜的温度和光照条件下生长发育快，而在非适宜的条件下则生长发育缓慢，从而起到调节开花和果实成熟的作用。

植物生长调节剂等化学药物的应用以及其他栽培技术措施如修剪、摘心、调节播种或定植时间等的采用，对产期调控的促进和抑制均可起到重要作用。这类技术措施通常需要与适宜的环境因子相配合才能达到预期的目的。土壤水分及营养管理对产期调控的作用较小，可以作为产期调控的辅助措施。

（二）确定产期调控技术的依据

产期调控的关键是适宜技术的采用，选定适宜的途径及正确的技术措施不仅需要对栽培对象的生长发育特性有透彻的了解，对栽培地的自然环境及所需要控制的栽培环境有充分的估计，还需要掌握市场需求信息，并应具有成本核算等经济概念。因此，产期调控技术的确定应该依据以下几个方面进行综合考虑：

1. 了解物种特性　充分了解栽培对象的生长发育特性，如营养生长、成花诱导、花芽分化与发育、果实发育与成熟等的进程和所需要的环境条件，以及休眠与解除休眠的特性与要求的条件等，才能选定采用何种途径达到产期调控的目的。如需要光周期诱导的园艺作物应采用人工日长处理，对温度诱导成花的种类及花芽分化有临界温度要求的种类需要采用温度处理，对具有休眠特性的种类可采用人工破除休眠或延长休眠的技术措施。

2. 选好适宜品种　对某植物进行人工产期调控栽培时，应根据栽培类型选定适宜的栽培品种，如促成栽培宜选用花期或果实成熟期早的品种，而抑制栽培则应选用晚花或晚熟品种，可以简化栽培措施，降低生产成本。

3. 确定技术方案　调控栽培中，有时一两种措施就可以达到产期调控的目的，如月季的周年开花主要通过温度调节并结合修剪措施就可以达到。但通常许多种类的促控栽培中需要运用多种技术措施，如菊花的延迟栽培需要调节扦插育苗与定植期、摘心定头时期，采用长日照处理，以及覆盖保温甚至加温等多项措施。

4. 明确环境因子的调控范围　在利用环境的改变来促、控产期时，应充分了解各环境因子对栽培对象所起作用的有效范围和最适范围，并分清质性作用范围和量性作用范围，同时应了解各环境因子之间的相互作用，是否存在相互促进或相互抑制或相互代替的性能，以便在必要时相互弥补。例如低温可以部分代替短日照作用，高温可以部分代替长日照作用，强光可以部分代替长日照作用。

5. 测试设施设备性能　控制环境实现产期调控经常需要加光、遮光、加温、降温以及冷藏等的设施、设备，在实施栽培前应预先了解或测试设施、设备的性能是否能满足栽培要求，否则可能达不到栽培的目的。如在利用温室进行百合某品种的冬季促成栽培时，不仅应该了解温室在冬季能否达到该品种在温度方面的要求，同时也需要能满足对光照长度和光照强度要求的补光设备，否则极易出现盲花现象。

6. 利用自然条件，提高经济性　控制环境调节产期应尽量利用自然季节的环境条件，以节约能源及设施。如春季开花的一些木本作物若需要低温打破休眠，可以尽量利用自然低温。

7. 科学计划，灵活调控　促控栽培必须有明确的目标和严格的操作计划，根据需求确定产期，然后按既定目标制订促成或抑制栽培的计划及措施程序，并随时检查，根据实际进程调整措施。在控制发育进程的时间上要留有余地，以防意外。此外，促控栽培需要与土壤、肥料、水分以及病虫害防治等方面的管理相配合，甚至需要比常规自然产期栽培更严格的要求。

三、产期调控的措施

（一）光周期处理

利用光周期处理来调节花期是园艺作物尤其是对花芽分化和发育受光周期影响的短日性或长日性园艺作物的栽培中经常应用的手段。

1. 日长的周年变化及光周期处理的时期计算　在通过光周期处理来调节花期时，处理开始的时期应依据植物临界日长小时数及所在地的地理位置而定。纬度越高，夏季日照越长，冬季日照越短；离赤道越近，则日长的季节变化越小，赤道的周年日长是恒定的，都是12h50min；北纬20°的夏季最长日长约14h，冬季最短日长约11h30min，日长差为2h30min左右；北纬40°的夏季最长日长约为16h，冬季最短日长约为10h。达到14h日长时，北纬40°为4月，而北纬20°为6月。因此，不同纬度地区一年中日长小时数各不相同，从而使同一植物种类在不同纬度地区，自然开花期也有迟、早的不同。

但是植物光周期处理中计算日长小时数的方法与自然日长有所不同。每日日长的小时数应从日出前20min至日落后20min计算。如北京3月9日自日出至日落的自然日长为11h20min，加日出前和日落后各20min，共为12h，即当光周期处理时北京3月9日的日长应为12h。

2. 长日照处理

（1）长日照处理的方法。长日照处理用于长日植物的促成栽培和短日植物的抑制栽培。长日照处理的方法有多种，如彻夜照明法、延长明期法、暗中断法、间隙照明法、交互照明法等。目前较多采用的是延长明期法和暗中断法。

较早期的长日照处理是在落日之后或日出之前用灯光照明，以延长日照时间，即延长明期法。这种方法需要相当长的照明时间，才能达到效果。因为决定光周期反应的因子是黑暗的长短，而非绝对日照的长短，因此目前常采用暗中断法，即在自然长夜的中期（午夜）给以一定时间的照明，将长夜隔断，从而使连续的暗期短于该植物的临界小时数。通常暗中断法处理的照明持续时间为1~3h，视种类和品种而异，该法可以缩短照明时间，降低成本，且效果良好。暗期中断处理时，可连续照明或间隙照明。间隙照明指照明数分钟后停10~20min的多次照明方法，它同样具有长日照处理效果。例如，在荷兰切花菊抑制栽培中，晚间的照明是以30min为单位，可分别采取照明6min停24min、照明7.5min停22.5min、照明10min停20min等处理，该法大约可节省电费2/3左右。

（2）长日照处理的光源与照度。长日照处理的照明光源可采用白炽灯或荧光灯，近年来则有高压钠灯、LED灯或专用植物补光灯等，不同植物的适用光源有所差异。不同植物对有效临界光的照度要求也各不相同，如菊花为50 lx以上，长寿花为10 lx以上，一品红为100 lx以上，紫菀为10 lx以上，才有抑制成花的长日效应。此外，50~100 lx也是较多长日植物诱导成花的光照度，如宿根霞草（丝石竹）长日处理时采用夜中断法进行午夜4h的加光，随着光照度的增强也促进成花的效果，但当光照度超过100 lx时，其成花效果并没有随着光照度的增加而提高。但有效的光照度常因照明方法而异，如菊花的抑制成花采用间隙照明法时，1∶10（min）的明暗周期需要200 lx才能起到长日效应，而2∶10（min）的明暗周期仅需要50 lx就能起到长日效应。

植物最终接收到的光照度除了受光源影响外，还与光源的安置方式有关，如100W的白炽灯间隔1.8~2m，距离植株高度1~1.2m，可保证植株接受50 lx以上的光照。如果灯距过远或高度过高，易使交界处光照度不够，使长日植物在促成栽培时出现开花少、花期延迟甚至盲花现象，而在短日植物的抑制栽培中则易出现提前开花、开花不整齐等现象。

（3）长日照处理的应用。长日照处理是园艺作物产期调控的重要手段，如秋菊、长寿花、一品红、蟹爪兰等短日照花卉的延迟栽培，百合、宿根霞草、唐菖蒲、补血草等长日照花卉的促成栽培。人工补光延迟花期时，人工补光的开始及终止日期是根据市场供花期、品种光周期反应特性和当地日照长短的季节变化来确定的。开始日期通常定在当地的日照长度缩短至接近该品种花芽分化的临界短日之前，终止日期依品种特性和目的花期而异，可根据花芽分化到开花的日数来确定。如秋菊一般在夜温15℃条件下，花芽分化需10d左右，分化后至开花所需时间，早花品种只需35d左右，晚花品种需50d左右。每天补光的时数原则上以保证两段暗期的总时长数不超过8h最好，早花品种用较长的补光时数，晚花品种则相对较短。人工补光促进花期时，则应在植株达到一定的营养生长体后根据目的花期开始补光，如宿根霞草的冬季促成栽培，通常在9月开始补光，直至花蕾现色止。

日照长短不仅影响园艺植物的花芽分化，也影响其休眠特性。如草莓在短日照条件下易进入休眠状态，而长日照则可抑制休眠的发生。生产上进行草莓的促成或半促成栽培时，常使用人工补光人为抑制休眠，提早结果。

3. 短日照处理　短日照处理是指在日出之后或日落之前利用黑色遮光物如黑布或黑色塑料膜等对植物进行遮光处理，从而使日长短于该植物的临界日长，可用于短日植物的促成栽培和长日植物的抑制栽培。

短日照处理利用黑色遮光物覆盖在处理植株的上部，使整个栽培区处于完全黑暗状态，一般在16∶00—17∶00开始处理，翌日7∶00—8∶00结束。因为处理多在温度较高的春末至秋初进行，遮光材料内的温度、湿度均很高，容易影响植物正常的生理活动和病害发生。所以，在保证不漏光的前提下，一定要做好通风降温及降湿工作，视条件而定可在20∶00以后到翌日清晨5∶00以前全部或部分除去覆盖进行通风，以便降温降湿。

短日照处理每日遮光需根据植物的临界日长而定，使暗期长于临界夜长小时数。同时，应注意临界日长易受温度的影响而改变，温度高时临界日长小时数也会相应减少。但短日照处理也不宜超过临界夜长小时数过多，否则会影响植物正常的光合作用，从而影响开花质量。短日照处理的持续时间，依花卉植物的种类不同而异。例如秋菊需 3d 以上短日照处理才能开始花芽分化,连续短日处理直到花蕾着色,以后在长日照下才能正常开花。要使一品红"十一"期间开花,可从 7 月底开始进行遮光处理,每天仅给予 8~9h 光照,1 个月后便形成花蕾,单瓣品种 40 多天就能开花,重瓣品种处理时间要长一些,至 9 月下旬可逐渐开放。在开始遮光的最初阶段,花芽起始分化时期,遮光一日都不可中断,否则长日照会使植株又转向营养生长,无法正常开花。因此,在进行短日照处理时应先了解处理植物的生态习性。如草莓花芽分化要求低温短日照条件,生产上为促进提早花芽分化,常采用人工遮光育苗,用高密度遮阳网或黑色薄膜进行遮光,但遮光时应保持 10h 左右光照,以防止植株衰弱、发育不良。

(二) 温度调节

温度处理调节开花结实主要是通过延长生长期,调节休眠期、成花诱导与花芽形成期、花期以及果实成熟期等来实现对产期的调节。许多园艺植物可以通过温度调节的手段或以温度调节为主结合其他手段进行花期或果期的调节。

1. 温度调节的作用 温度在调节花期中的有关作用表现在以下几方面:

(1) 调节休眠。解除(或延长)花芽或营养芽的休眠,促进(或延迟)其开放或萌发生长,提高(或降低)休眠胚或生长点的活性。

(2) 春化作用。即通过一定时间的低温处理,使花芽分化得以进行。

(3) 花芽分化和发育。花芽分化需要通过一定范围的适宜温度,不同的园艺植物种类需要的适宜温度范围不同。花芽发育常需特定的、可能与花芽分化不同的温度条件,在花芽分化结束后,满足发育所需的适宜温度才能使花芽正常发育。

(4) 影响花茎的伸长。有些园艺植物种类(特别是需要低温春化的类型),花茎伸长要经一定时间低温的预先处理,然后在较高的温度下才能进行。

2. 温度调节的方法 大多数日中性植物对光照时间长短并不敏感,只要满足其开花适宜的温度条件,就能提前现蕾开花。如月季,在自然条件下秋末气温降低后,生长发育逐渐停止而进入休眠或半休眠状态,如在气温下降之前进行加温处理,则可连续生长,不断开花。许多春夏开花的花卉种类,如梅花、牡丹、郁金香、百合、风信子、紫罗兰、铃兰、报春花、芍药、小苍兰等,生长和开花与温度关系十分密切,尤其易受低温的影响。而且种类不同,开花所需要的温度处理方法也不同,以下按种类不同加以说明。

(1) 球根类园艺植物。球根花卉的种类不同,花芽分化的时期也不同。如郁金香、风信子和水仙等在种植前已完成花芽分化,而小苍兰、球根鸢尾等则在种植后进行花芽分化,因此低温处理的作用是不完全一样的。对于已完成花芽分化的种类,低温只对发育阶段的转变产生作用;而对未经花芽分化的种类,低温处理相当于春化作用。

① 促成栽培:秋季种植、春季开花、夏季地上部分枯萎而进入休眠的秋植球根类园艺植物,如郁金香、风信子、百合等,首先通过高温打破休眠,再给予低温处理完成春化,并通过适温促进开花。如郁金香的促成栽培通常在 6 月下旬采收后,经 30~35℃ 处理 3~5d,30℃ 干燥 2 周,可以缩短休眠时间,促使其提早开始在球根内部进行花芽分化。郁金香花芽分化的适温是 20℃,处理 20~25d 后转至 8℃ 下处理 50~69d,促进花芽发育,然后 10~15℃ 下进行发根处理后种植。在定植后的催花过程中,一般可将环境温度控制在 10~20℃,即能保证郁金香正常开花,如果环境温度过高,会出现哑蕾。而百合的促成栽培则应先在 10~15℃ 下进行发根处理,待根长出后,放于 0~3℃ 低温下春化处理 45d,然后定植,即能提早开花。百合类鳞茎在发根处理前要进行一段 30℃ 左右的高温热处理,鳞茎必须先发根再冷藏,否则会影响生根。一些秋植球根类蔬菜为了提早播种提早上市或延长生育期以提高产量,常采用将球根进行低温处理的方法,如大蒜可于 0~5℃ 低温下冷藏 30~60d,可提早发

芽。夏季收藏球根时，有皮鳞茎类可用干燥法，即将球茎直接放置箱内进行贮藏；而无皮鳞茎类则必须与湿锯木屑或水苔混合放置箱内，保持适当的湿度，以避免鳞片干缩。

②抑制栽培：为了周年生产的需要调节花期时，如球根类花卉，可以利用贮藏于不同温度的方法，以延迟栽种时间，达到推迟开花的目的。通常采用0～3℃低温或30℃高温下贮藏，以进行强迫休眠来推迟种植时间。如唐菖蒲采收后，贮藏于2℃的冷库中，可持续贮藏2年之久，在这期间，可根据预定花期确定取出栽植时间，即可应时开花。在日本，小苍兰球根采收后，立即贮藏于0～5℃的条件下，于预定栽植前13周取出，经30℃高温打破休眠之后，种植于10℃以上的环境中，3～4个月便开花。

(2) 宿根类园艺植物。大多数原产温带的宿根花卉，如满天星、紫菀、洋桔梗等，在冬季低温到来前及短日照条件下形成莲座状，经过一定时间的低温处理，在较高温度下可以抽薹开花。因此，使这类花卉提早开花必须先进行低温处理，然后加温。例如芍药，利用自然低温进行低温处理，12月移入温室，至翌年2月便可开花；也可以在9月上旬进行0～2℃的低温处理，早花品种需25～30d，晚花品种需40～50d，然后在15℃的温度下处理60～70d即可开花。宿根霞草经夏季高温后，生长势已减弱，至短日低温来临时则进入休眠状态，一旦进入休眠状态则必须经过一定低温后才能重新生长开花；其进行促成栽培时，可将开花后的老株大部分茎叶除去，于5℃低温下处理50～70d，然后定植。呈莲座状休眠的菊花，需用1～3℃低温处理30～40d后定植，才可用于促成栽培处理。

(3) 一二年生园艺植物。夏秋季开花结实的一年生园艺植物，通常有一定大小的营养体后，在适宜的生长温度下即可开花结实，如鸡冠花、一串红、百日草等，通过早春或晚秋保温或加温即可提早在春季或延长至秋冬季开花。而春夏季开花的二年生种类则通常需要一定的低温春化阶段。一般种子发芽后立即进行低温处理有春化效果的种类较少，如矢车菊。大多种类都在一定营养生长的基础上进行绿体低温春化处理，才能促进花芽分化，如紫罗兰、报春花、瓜叶菊等。紫罗兰花芽分化或春化处理有一个温度界限，只有白天温度低于15.6℃时才能开花，当温度高于15.6℃时，植株生长受抑制，并会引起叶片形态发生变化，低温处理以10片真叶时较好。而报春花在10℃低温下，不管日照长短均可进行花芽分化，若同时进行短日照处理，花芽分化则更加充分，花芽分化后保持15℃左右的温度并进行长日照处理，则可促进花芽发育，提早开花。

(4) 木本类园艺植物。许多在冬季低温休眠、春夏开花的木本类园艺植物，均需打破休眠后才可催花，其生长和开花与温度关系极为密切。打破休眠以低温处理效果最好，应用最多。通常是先经自然低温处理，然后移进温室中促进开花。如果冬季的低温不足或需大幅度提早开花，可将植物栽植在高寒地带，先经自然低温处理，再转移到圃地，或直接进行人工低温处理。所需低温的程度、处理时间的长短，依植物种类、品种及栽培地的气候条件而定。以碧桃的催花为例，应先在0℃以下放置4～8周，具体时间长短依温度高低而定，如在-15℃条件下，4周左右即完成春化；-5℃条件下，8周左右才可打破休眠。当碧桃移入室内进行催花时，应避免立即置于较高气温下，通常先在气温接近0℃的环境中放2～3d，再逐渐将环境温度提高，如果植株长时间置于过高气温下，其花蕾容易败育。杜鹃的花芽分化在很大程度上也受温度的影响，在花期控制的前期必须置于2～10℃条件下处理4～6周，以保证花芽分化顺利完成。而后只要将其移入温室内，将环境温度提高到15～20℃，植株即可正常开花。

降温处理也可用于推迟植株开花结实。处于休眠状态下的植物，如移入冷库中，可继续维持休眠状态而推迟开花。同时，在较低的温度下植物新陈代谢活动缓慢，也会因此而延后开花期。如处于10℃以下的低温，月季已形成的花蕾将推迟开花。

(三) 化学调节

在园艺植物促控栽培中，为了打破休眠，促进茎叶生长，促进花芽分化和开花结实，常应用植物生长调节剂等药剂进行处理。常用的药剂有赤霉素（GAs）、萘乙酸（NAA）、2,4-D、吲哚丁酸（IBA）、脱落酸（ABA）、比久（B_9）、乙烯利、矮壮素（CCC）、多效唑（PP_{333}）以及乙醚等。

1. 赤霉素 主要应用在如下方面：

（1）打破休眠。10~500mg/L 的 GA 溶液浸泡 24~48h，可打破许多观赏植物种子的休眠。球根类、花木类的 GA 处理浓度一般以 10~500mg/L 为宜，如 10~500mg/L 的 GA 处理牡丹的芽，4~7d 便可开始萌动。用 GA_3 处理宿根石竹、菊花等，可以代替低温打破休眠。GA 处理还可以打破球根的休眠，促进提早发芽。如马铃薯块茎具有明显的休眠特性，当作为繁殖器官时为促进发芽，可采用 GA_3 处理，一般小块茎可用 1~5mg/L 浸泡 5~10min，而整薯用 10~20mg/L 浸泡 10min 左右。

（2）促进花芽分化。赤霉素可代替低温完成春化作用。例如从 9 月下旬用 10~500mg/L 的赤霉素处理紫罗兰 2~3 次，即可促进开花。

（3）茎伸长。GA 对菊花、紫罗兰、金鱼草、报春花、仙客来等有促进花茎伸长的作用，一般于现蕾前后处理效果较好，如果处理时间太迟会引起花梗徒长。

（4）抑制成熟，推迟采收。如香蕉的货架期短，在运输过程中很快成熟，在生产上可用 $GA_{4~7}$ 来延长出口香蕉保持绿色的时间。美国加利福尼亚栽培的柠檬，一般在冬春采收，但此时需求量低，而夏季销量大，但柠檬却很少。因此，通过秋季喷布 5~40mg/L GA_3 可延迟果实的成熟，同时抑制开花，又使更多的树在夏季生产果实。在南非用 GA 处理可推迟葡萄柚的采收期达 4~6 周；用 NAA 和 2,4,5-T 处理凤梨可延缓其衰老，从而延长采后的贮藏寿命。

2. 生长素 吲哚丁酸、萘乙酸、2,4-D 等生长素类生长调节剂，一方面对开花有抑制作用，处理后可推迟一些观赏植物的花期。例如秋菊在花芽分化前，用 50mg/L NAA 每 3d 处理一次，一直延续至 50d，即可推迟花期 10~14d。另一方面，由于高浓度生长素能诱导植物体内产生大量乙烯，而乙烯又是诱导某些花卉开花的因素，因此高浓度生长素可促进某些植物开花。例如生长素类物质可以促进柠檬开花。

3. 细胞分裂素类 细胞分裂素类能促使某些长日植物在不利日照条件下开花。对某些短日植物，细胞分裂素处理也有类似效应。有人认为，短日照诱导可能使叶片产生某种信号，传递到根部并促进根尖细胞分裂素的合成，进而向上运输并诱导开花。另外，细胞分裂素还有促进侧枝生长的作用，如月季能间接增加其开花数。6-BA 是应用最多的细胞分裂素，它可以促进樱花、连翘、杜鹃等开花。但 6-BA 调节开花的处理时期很重要，如在花芽开始分化后处理促进开花，在花芽分化前的营养生长期处理可增加叶片数目，在临近花芽分化期处理则多长幼芽，现蕾后处理则无多大效果。

4. 乙烯利 乙烯利可以促进果实成熟，提早采收。例如有色葡萄品种（如 ToKay、Emperor）在成熟始期喷洒 100~200mg/L 乙烯利，可加速上色，提早采收，而不改变浆果大小和糖酸比；芒果在豌豆大小时喷布 200mg/L 的乙烯利，可使果实提前 10d 成熟。

5. 植物生长延缓剂 比久、矮壮素、多效唑、嘧啶醇等生长延缓剂可延缓植物营养生长，使叶色浓绿，增加花数，促进开花，已广泛应用于杜鹃、山茶、玫瑰、叶子花、木槿等。例如用 0.3% 矮壮素土壤浇灌盆栽茶花，可促进花芽形成；而 1 000mg/L 比久喷洒杜鹃蕾部，可延迟开花达 10d 左右。

6. 其他化学药剂 乙醚、三氯甲烷、α-氯乙醇、乙炔、碳化钙等也有促进花芽分化的作用。例如，利用 300~500mg/L 的乙醚熏气处理小苍兰的休眠球茎 24~48h，并结合温室栽培，能使花期提前数周。而凤梨科植物催花最常用的方法是用乙炔（C_2H_2）饱和溶液进行处理，将乙炔水溶液灌满凤梨已排干水的"叶杯"内，重复进行 3~5 次处理，每次间隔 2~3 d，一般处理后 3~4 个月即可开花。

在应用植物生长调节剂时，应注意使用浓度、处理时期因作物种类（品种）、地区、生育期、天气不同而不同，应先行小量试验，成功后方能大面积推广，切勿照搬照抄；还应注意其在果实中的残留和对消费者身体健康的影响应在允许的范围之内。

(四) 栽培措施调节

栽培措施的调节除了采用设施栽培之外，还应用许多栽培技术措施如调节种植期、修剪、施肥、控水等来调节园艺作物的产期。

1. 设施栽培 设施栽培是指采用各种材料建造一定的空间结构，通过调节温、光、水、气等技术措施，生产出露地常规季节无法生产的反季节园艺产品。设施栽培在花卉和蔬菜上应用较早，技术相对较成熟，而且栽培规模也在不断扩大。

设施栽培在木本果树上的应用起步较晚，从20世纪60年代末期起，国际上果树设施栽培发展加快，尤其是日本，所涉及的果树种类达到40余种，如草莓、葡萄、柑橘、枇杷、柿、梨、桃、李、杏、樱桃、无花果、苹果等，尤其草莓、葡萄等果树设施栽培发展迅速。我国也在大规模地推广果树的设施栽培，在果树设施类型选择及建造、设施内的环境控制、设施栽培的优良品种选择、设施果树的休眠机理、土肥水管理及整形修剪技术等方面积累了丰富的经验，取得了显著的经济和社会效益。

设施栽培条件下，通过环境条件的人为控制，可使一部分果树提早30～90d成熟，或延迟30～60d上市，还可使一些花卉、瓜类、茄果类及一部分果树四季开花结果，达到新鲜花卉、瓜果的周年供应。如温室生产的月季、非洲菊、菊花、香石竹等切花和花烛、凤梨、蝴蝶兰等盆花以及黄瓜、番茄、草莓等均可周年上市，设施栽培的樱桃和杏可在3—4月成熟；桃、李可在4—5月成熟；葡萄在露地栽培一般于8月中下旬成熟，而日光温室中则于2月下旬开花，果实于4月下旬采收上市。

2. 种植时期（或茬口）的安排 对于没有固定物候期或需冷量低、对低温无特殊要求的园艺作物，可根据需要适当变更种植时期来调节收获时期。如一串红需"五一"供花，可采用秋播，宜于8月下旬播种，10月上旬假植到温室，11月中下旬上盆，不断摘心，以防止开花，于翌年3月10日进行最后一次摘心，"五一"时即可繁花盛开，冠幅可达35～50cm。如果采用扦插繁殖，可在11月中旬进行，其他栽培过程同播种，也可实现"五一"用花。另如需"十一"开花，鸡冠花、百日草等可于7月上旬播种；唐菖蒲如于7月上中旬栽植，也可"十一"前后上市。

在果树方面，如香蕉没有固定的物候期，植株只要生长发育到一定程度就可开花结果，四季均可上市。但由于气候原因，香蕉有旺季、淡季之分，一般上半年气温低，产量低，下半年则相反。香蕉的产期调节主要是通过定植期和留芽期，配合定植密度、肥水管理等，达到全年生产、周年供应的目的。如在我国的珠江三角洲地区，2—8月均可定植，收获期则从12月到次年9月。

茄果类蔬菜如甜椒、番茄等，在设施栽培条件下，通过合理安排茬口，可保证全年供应。

3. 修剪处理 月季可以在生长期通过修剪来调控花期，由于温度、品种等的不同，从修剪至开花需40～60d不等，一般如需"十一"开花，大多品种可在8月上中旬修剪。此外，香石竹、矮牵牛、孔雀草、扶桑、茉莉、夹竹桃等均可利用修剪调节花期。

4. 水肥控制 对于三角梅、蔓性悬铃花等木本花卉，可人为控制减少水分和养分，使植株生长停滞或进入休眠，再于适当的时候给予水分和肥料供应，以促使发芽生长和开花。银边翠、仙客来等开花期长的花卉，于开花末期增施氮肥，可以延缓衰老和延长花期，在植株进行一定的营养生长之后，增施磷、钾肥，有促进开花的作用。

5. 品种搭配 每种园艺作物都有不同成熟期的品种，合理搭配早、中、晚熟品种，能有效地延长产品的市场供应期。如苹果早熟优良品种嘎拉、早捷、贝拉等可在6—7月采收，而优良晚熟品种红富士在10月中下旬上市，早、晚熟品种的搭配，并结合贮藏保鲜，使苹果的周年供应得以实现。荔枝品种中较稀有的特晚熟品种，如广东的马贵荔、福建的东刘1号，能延长荔枝鲜果的供应期。切花菊中则有夏菊、早秋菊和秋菊品种，如夏菊的优香、白扇，早秋菊的精兴一世，秋菊的神马等，利用品种搭配可以减少对设施的依赖，降低生产成本。而金陵系列、钟山系列等园林小菊则分别在9月中下旬至10月中下旬和10月中旬至11月下旬开花，可有效延长观赏期。

6. 种植区域的选择 同一树种甚至同一品种的物候期，因区域不同而异。在我国，一般纬度越高，物候期越迟，反之越早。如幸水梨在福建于3月上中旬萌芽，7月中旬果实成熟；在上海于3月下旬萌芽，8月上旬成熟；而在辽宁兴城，4月上中旬萌芽，8月中下旬成熟。又如广东的早熟荔枝品种三月红、妃子笑，栽种于气温高、海拔低的海南、云南等地，可提前15~20d成熟，即4月下旬至5月初可成熟；广东省广州市北部花都区，由于温度相差2~3℃，因此该地区的桂味、怀枝等荔枝品种要比广州市推迟5~7d；晚熟品种或特晚熟品种移栽到气温低、海拔高的四川、重庆等地，可推迟15d以上成熟。

在变态营养器官类蔬菜方面，为获得栽培的优质高产，通常不希望发生花芽分化和先期抽薹。因此，在生产上常采用调节播种期、控制肥水供应等调节蔬菜的生长发育进程，以达到抑制抽薹的目的。如洋葱为绿体春化植物，发生花芽分化不仅要求低温，还要植株达到一定大小，因此通过延迟播种或控制肥水，使入冬前幼苗达不到春化要求的营养体大小，则可避免先期抽薹。而萝卜、菠菜等经低温春化后易发生抽薹，使早春露地栽培常因抽薹原因而导致失败。如果根据脱春化原理，结合利用耐抽薹品种和保护地设施提供较高温度条件，则可抑制春化，达到早春栽培的目的。

思考题

1. 园艺作物整形修剪要达到预期目的，应考虑哪几个方面因素？
2. 园艺作物整形修剪的生理效应及调节作用体现在哪些方面？
3. 园艺作物整形修剪的主要方法及其特点？
4. 果树矮化密植栽培的优点有哪些？如何实现果树矮化密植栽培？
5. 矮化树与乔化树有何生理差异？
6. 蔬菜作物植株调整的作用是什么？包括哪些具体内容？
7. 番茄、甜椒、黄瓜、厚皮甜瓜常用的整枝方式分别有哪些？
8. 如何实现园艺作物的花果数量调控？
9. 园艺作物品质调控包括哪些方面？如何实现品质调控？
10. 确定园艺作物产期调控技术的依据有哪些？如何实现园艺作物的产期调控？

主要参考文献

董建波，2010. 苹果矮砧密植园个体与群体参数研究. 保定：河北农业大学.
郭学望，包满珠，2002 园林树木栽植养护学. 北京：中国林业出版社.
蒋先明，1996. 蔬菜栽培生理学. 北京：中国农业出版社.
李纯忠，万广华，王钟经，等，1987. 莱阳茌梨土宜的调查研究. 土壤通报（1）：31-34.
李光晨，范双喜，2001. 园艺植物栽培学. 北京：中国农业大学出版社.
梁海忠，范崇辉，道伟，2011. 不同树龄苹果高纺锤形树体结构及产量的研究. 西北林学院学报，26（4）：152-154.
吕柳新，林顺权，1995. 果树生殖学导论. 北京：中国农业出版社.
束怀瑞，1993. 果树栽培生理学. 北京：农业出版社.
汪景彦，隋秀奇，2018. 中外果树树形展示与塑造. 郑州：中原农民出版社.
王韬，2007. 园林树木整形修剪技术. 上海：上海科学技术出版社.
郗荣庭，2009. 果树栽培学总论. 北京：中国农业出版社.
夏仁学，1996. 园艺植物性别分化的研究进展. 植物学通报，13（增刊）：12-19.

许仁宏，吴育珍，1998. 园艺学. 台北：徐氏基金会.
张克俊，1997. 苹果树整形修剪和病虫防治技术. 北京：中国林业出版社.
张天柱，2013. 果树高效栽培技术. 北京：中国轻工业出版社.
张祖荣，2017. 园林树木栽培学. 上海：上海交通大学出版社.
Ferree D C，Schupp J R，2003. Pruning and training physiology. CABI Publishing.
Jules Janick，1986. physiological responses of fruit trees to pruning. John Wiley & Sons，Inc.
冈本五郎，1996. 果実の発育とその調節. 东京：养贤堂.
小林章，1998. 果树園藝大要. 东京：养贤堂.
新居直佑，1998. 果树の成长と発育. 东京：朝仓书店.
志村勋，等，2000. 果樹園芸. 东京：文永堂.
佐藤公一，等，1986. 果樹園芸大事典. 东京：养贤堂.

第九章 园艺产品的品质与质量控制

园艺产品是园艺作物为人类提供服务的价值体现，不仅提供了维持人体健康所必需的营养物质，还改善了人们的生存环境，为人们提供休闲娱乐和精神享受服务。我国一直是世界园艺生产大国，许多园艺产品的产量均排在世界首位，园艺产业对促进农村经济发展和增加农民收入具有重要作用。但我国园艺产品品质不高，中高端市场不足，影响农民收入和出口创汇。本章对园艺产品品质进行定义，介绍了园艺产品质量的评价标准，总结了园艺产品品质的构成要素和影响园艺产品品质的调控因素，并对园艺产品安全问题进行剖析。

第一节　园艺产品品质与质量标准

一、品质与质量的概念

品质或质量（quality）在多数语境下表示同一概念，此处将采用质量的定义来进行描述。《质量管理体系　基础和术语》（GB/T 19000—2016，ISO9000：2015）中关于质量的定义为"一个关注质量的组织倡导一种通过满足顾客和其他有关的相关方的需求和期望来实现其价值的文化，这种文化将反映在其行为、态度、活动和过程中。组织的产品和服务质量取决于满足顾客的能力及对有关的相关方预期或非预期的影响。产品和服务的质量不仅包括其预期的功能和性能，而且还涉及顾客对其价值和利益的感知。"

从上述论述可以看出，质量的载体是产品或服务，可以是物质的，也可以是非物质的。园艺产品是人类以园艺作物为对象的生产过程形成的产品。广义的园艺产品包括可食性的产品，如水果、蔬菜、茶，也包括可供观赏的产品，如花卉及观赏果树，还包括用于生产的园艺作物种子和苗木，甚至还包括园艺旅游、观光和休闲等涉及的文化产品。广义的园艺产品质量反映在行为、态度、活动和过程中，包括了产品和服务质量。狭义的园艺产品主要指可食用的果品、蔬菜、饮品及可供观赏的观赏植物，主要涉及产品质量。此处所讲的园艺产品主要指狭义的园艺产品，即水果、蔬菜和观赏植物。

根据以上论述，可以将园艺产品的质量定义为"园艺产品通过自身功能或性能来满足顾客要求的能力以及顾客对其价值的感知和反馈"。此定义包含了两部分内容，一是园艺产品自身特性，二是消费者对其价值的认可。需要注意的是，顾客的消费要求及对产品的感知程度受到社会发展背景、消费理念等因素的影响，是发展的、可变的。因此，园艺产品的质量定义也是发展的。

二、品质与质量评价

园艺产品品质和质量评价根据不同的特性有不同的划分。

根据固有的特性划分，园艺产品品质和质量可以从感官品质、营养品质和缺陷品质3个方面进行评价。其中，感官品质又可分为外观品质（大小、颜色、形状、整齐度、新鲜度等）和内在品质（质地、气味、口感以及味道等）。营养品质主要包括糖类、蛋白质和氨基酸、脂肪、矿物质、维生素，以及一些具有保健功能的成分如番茄红素、洋葱油、花青素、黏多糖等。缺陷品质则主要指在生产中产生的畸形、破损、病斑等品质缺陷。以葡萄为例，果实感官评价包括果面、大小、色泽、口感、紧密度等方面。比如，无核白葡萄分为特级、一级、二级 3 个档次，特级果的感官评价应符合以下要求：果面新鲜洁净，皮薄肉脆，酸甜适口，具有本品种特有的风味，无异味，果皮黄绿色，紧密度适中（GB/T 19970—2005）。鲜柑橘分为优等果、一等果和二等果 3 个级别，优等果对感官品质的要求如下：①有该品种的典型特征，果形端正、整齐，果面洁净，果皮光滑；②无雹伤、日灼、干疤；③允许单果有极轻微的油斑、网斑、病虫斑、药斑等缺陷，但单果斑点不超过 2 个，小果型品种每个斑点直径不大于 1.0mm，其他果型品种每个斑点直径不大于 1.5mm；④无水肿、枯水和浮皮果；⑤橙红色或橘红色，着色均匀（红皮品种），深橙黄色或橙黄色，着色均匀（黄皮品种）（GB/T 12947—2008）。

根据需求或功能特性划分，园艺产品品质和质量主要从以下 7 个方面进行评价：观赏品质、风味品质、营养品质、加工品质、贮运品质、卫生和安全品质以及保健品质。园艺植物中，花卉的作用主要在于给人以视觉上美的享受和精神上的愉悦，其美主要表现在花色、花香和花形三要素上。人们对花卉品质和质量的基本要求也是在花卉的颜色、香味和形态上。凡是在色、香、形上能给人以美的感受的花卉就是观赏品质优的花卉，反之则为次质或劣质的产品。风味品质是果实产品器官的重要评价标准之一，主要包括酸甜鲜香、清凉、苦涩臭、辛香等风味。果实可溶性固形物含量（TSS）和可滴定酸含量是目前广泛应用的风味品质评价指标，无核白葡萄特级果要求可溶性固形物含量$\geqslant 18\%$，总酸含量$\leqslant 0.6\%$。人们从园艺产品中获取多种营养物质来满足人体必需的营养需求，随着社会经济的快速发展和人民生活水平的提升，营养品质愈加重要。比如，园艺产品果实中所含的 10 多种维生素，其含量在不同物种、品种间存在较大差异。由表 9-1 列出的 9 种水果来看，果实中含量最高的维生素为维生素 C，葡萄、猕猴桃和柑橘的维生素 C 含量较高；桃中维生素 E 含量较高；杏中维生素 A 含量较高；柑橘和香蕉中叶酸含量较高。贮运品质指园艺产品经过较长时间的贮藏和运输，仍保持原有的新鲜完整状态的品质。随着园艺产品生产区域的相对集中，果品、蔬菜和观赏植物的运输距离变长，园艺产品的贮运品质越来越受到重视，优良的贮运品质可以减少巨大的贮运损耗。许多园艺产品因自身特性或人类需求需对其进行加工，因此，加工过程中减少营养物质的损失，保持其风味、质地或色泽等对加工工艺提出了更高的要求。近年来，随着人们对自身健康和生态环境的关注，园艺产品的保健品质和安全品质亦越来越受到重视。人们通过加工提取园艺产品中对人体有保健作用的生物活性物质（如降低血脂的黄酮类物质）来制作保健品。农药残留、重金属污染、亚硝酸盐超标、园艺作物自带毒素等成为园艺产品卫生和安全品质评价的重要指标。

表 9-1　园艺产品果实中的维生素含量（100g 可食部分含量，mg）

水果	维生素 C	维生素 E	维生素 A	维生素 B_1	核黄素	烟酸	维生素 B_6	叶酸
苹果	4.6	0.18	3	0.017	0.026	0.091	0.041	3
杏	10.0	0.089	96	0.030	0.040	0.600	0.054	9
葡萄	108	0.19	3	0.069	0.070	0.188	0.086	2
猕猴桃	75	—	9	0.020	0.050	0.500	—	—
桃	6.6	0.73	16	0.024	0.031	0.806	0.025	4
梨	4.2	0.12	1	0.012	0.025	0.157	0.028	7
樱桃	7.0	0.07	3	0.027	0.033	0.154	0.049	4
香蕉	8.7	0.10	3	0.031	0.073	0.665	0.367	20
柑橘	53.2	0.18	11	0.087	0.040	0.282	0.060	30

三、园艺产品的质量标准

随着我国整体社会经济的快速发展和人民生活水平的提升，我国园艺产业从之前单纯追求产量转变为现在保证产量、追求产品品质的新发展阶段，这对制定和推行园艺产品品质标准化提出了迫切要求。园艺产品品质相关标准的实施不仅是行业秩序发展的要求，更是国家进行国际贸易创汇的重要因素。园艺产品标准化领域中最重要的两个国际组织是国际标准化组织（ISO）和国际食品法典委员会（CAC）。

《中华人民共和国标准化法》根据标准的适应领域和有效范围，将标准分为4级，即国家标准、行业标准、地方标准和企业标准。目前，我国也基本形成这4个层次的果蔬产品和加工标准体系。我国"七五"期间就对一些蔬菜等级及鲜蔬菜的通用包装技术制定了国家或行业标准，如黄瓜、番茄、大白菜、花椰菜、青椒、大蒜、芹菜、菜豆和韭菜等（中国食品工业标准汇编，2003）。1999年农业部、财政部启动"农业行业标准制修订财政专项计划"，2001年农业部正式启动"无公害食品行动计划"，《有机产品认证管理方法》也于2005年发布。食品安全问题关乎民生与社会稳定，备受政府和消费者关注，国家于2006年4月29日颁布了《中华人民共和国农产品质量安全法》，为农产品质量安全、公众健康以及农业和农村经济发展的促进提供了法律保障。随后又实施和补充修订了一系列法律法规，对园艺产品的品质质量和安全生产标准有了全面的监管。

园艺产品的品质质量标准主要分为园艺产品自身特性的质量标准和园艺产品质量安全评价标准。园艺产品种类多样，包括水果、蔬菜和观赏植物。近年来，我国对重要的园艺作物陆续制定了相应的品质质量标准。

（一）水果的质量标准

水果的质量分级标准从20世纪70年代依次被制定，如苹果、柑橘、梨、龙眼、香蕉、红枣、板栗等鲜果质量国家标准。80年代以来为适应改革开放及经济发展和消费者的需求，进出口商品检验、农业及商业等陆续制定了一批适合自身需求的果品产品质量行业标准，包括苹果、梨、菠萝、草莓、玉环柚（楚门文旦）、山楂、桃、西番莲、阳桃、椰子果、荔枝、芒果、木菠萝等近20种果品的产品行业标准。同时，农业部还出台了柑橘、梨、猕猴桃、苹果、葡萄、桃等6种果品的绿色食品行业标准。《果品质量安全标准与评价指标》一书指出我国果品质量安全标准涉及66项国家标准、80项农业行业标准、7项林业行业标准、11项国内贸易行业标准和1项供销合作行业标准（聂继云，2014）。此外，地方标准也为当地果品质量标准化提供了重要依据。比如，安徽省制定的《地理标志产品 萧县葡萄》（DB34/T 3333—2019）。这些标准在指导果品生产和流通，提高果品质量，规范果品市场，维护产、销、消三方利益等方面起到重要作用。

在国际上，联合国欧洲经济委员会（UN/ECE）制定的农产品质量分级标准，特别是水果、蔬菜和肉类产品质量分级标准被CAC、欧盟、经济合作与发展组织（OECD）等国际和地区性组织采纳，其中包括水果分级标准14项。OECD是西欧国家于1961年成立的国际经济合作组织，在农产品的标准化方面主要推行《水果与蔬菜采用国际标准方案》，以促进水果和蔬菜的质量、检验、包装、标签等方面标准化。为使各国检验人员准确地理解标准，OECD在每个标准后面对果蔬标准的具体条款进行了详细解释，配有大量彩色照片或颜色的比色表、定义、描述，能够更准确地界定产品的色泽、成熟度、机械伤、虫蚀和病害程度。这是OECD农产品等级标准有别于其他标准的独特之处。欧盟自1962年建立共同市场以来，就开始强制执行新鲜蔬菜、肉类、蛋类等农产品的质量分级标准。欧盟的农产品质量分级标准特别是新鲜果蔬产品在框架结构和技术内容方面，与UN/ECE和OECD的标准非常相似，甚至完全相同。

为了便于理解我国果品质量标准及其构成要素，本书选择了苹果和柑橘为例进行详细说明。鲜苹果质量分级现行国家标准为 GB/T 10651—2008，鲜苹果质量分为 3 个等级，各质量等级要求见表 9-2。

鲜柑橘质量分级现行国家标准为 GB/T 12947—2008，对柑橘果实的基本品质要求为：果实达到适当成熟度采摘，成熟状况应与市场要求一致（采摘初期允许果实有绿色面积，甜橙类≤1/3，宽皮柑橘类≤1/2，早熟品种≤7/10），必要时允许脱绿处理；适时合理采摘，果实完整新鲜，果面洁净；风味正常。在符合基本要求的前提下，按感官要求分为优等果、一等果和二等果（表 9-3）。各等级果在理化指标上应符合表 9-4 规定的内容。

表 9-2 鲜苹果质量等级要求
(GB/T 10651—2008)

项目		等级		
		优等品	一等品	二等品
果形		具有本品种应有的特征	允许果形有轻微缺点	果形有缺点，但仍保持本品种基本特征，不得有畸形果
色泽		红色品种的果面着色比例的具体规定参照该标准附录；其他品种应具有本品种成熟时应有的色泽		
果梗		果梗完整（不包括商品化处理造成的果梗缺省）	果梗完整（不包括商品化处理造成的果梗缺省）	允许果梗轻微损失
果面缺陷		无缺陷	无缺陷	允许下列对果肉无重大伤害的果皮损伤不超过 4 项
	①刺伤（包括破皮划伤）	无	无	无
	②碰压伤	无	无	允许轻微碰压伤，总面积不超过 1.0cm²，其中最大处面积不得超过 0.3cm²，伤处不得变褐，果肉无明显伤害
	③磨伤（枝磨、叶磨）	无	无	允许不严重影响果实外观的磨伤，面积不超过 1.0cm²
	④日灼	无	无	允许浅褐色或褐色，面积不超过 1.0cm²
	⑤药害	无	无	允许果皮浅层伤害，总面积不超过 1.0cm²
	⑥雹伤	无	无	允许果皮愈伤良好的轻微雹伤，总面积不超过 1.0cm²
	⑦裂果	无	无	无
	⑧裂纹	无	允许梗洼或萼洼内有小裂纹	允许有不超出梗洼或萼洼的微小裂纹
	⑨病虫果	无	无	无
	⑩虫伤	无	允许不超过 2 处 0.1cm² 的虫伤	允许干枯虫伤，总面积不超过 1.0cm²
	⑪其他小斑点	无	允许不超过 5 个	允许不超过 10 个
果锈		各本品种果锈应符合下列限制规定		
	①褐色片锈	无	不超出梗洼的轻微锈斑	轻微超出梗洼或萼洼之外的锈斑
	②网状浅层锈斑	允许轻微而分离的平滑网状不明显锈痕，总面积不超过果面的 1/20	允许平滑网状薄层，总面积不超过果面的 1/10	允许轻度粗糙的网状果锈，面积不超过果面的 1/5
果径（最大横切面直径，mm）	大果型		≥70	≥65
	中小果型		≥60	≥55

表 9-3 柑橘鲜果等级要求
(GB/T 12947—2008)

项　目		优等果	一等果	二等果
果形		有该品种典型特征，果形端正、整齐	有该品种典型特征，果形端正、较整齐	有该品种典型特征，无明显畸形果
果面及缺陷		果面洁净，果皮光滑。无雹伤、日灼、干疤；允许单果有极轻微的油斑、网斑、病虫斑、药迹等缺陷，但单果斑点不超过2个，小果型品种每个斑点直径≤1.0mm，其他果型品种每个斑点直径≤1.5mm。无水肿、枯水和浮皮果	果面洁净，果皮较光滑。允许单果有较轻微的日灼、干疤、油斑、网斑、病虫斑、药迹等缺陷，但单果斑点不超过4个，小果型品种每个斑点直径≤1.5mm，其他果型品种每个斑点直径≤2.5mm。无水肿、枯水，允许有极轻微浮皮果	果面较光洁。允许有较轻微的雹伤、日灼、干疤、油斑、网斑、病虫斑、药迹等缺陷，但单果斑点不超过6个，小果型品种每个斑点直径≤2.0mm，其他果型品种每个斑点直径≤3.0mm。无水肿果，允许有极轻微枯水、浮皮果
色泽	红皮品种	橙红色或橘红色，着色均匀	浅橙红色或淡红色，着色均匀	淡橙黄色，着色较均匀
	黄皮品种	深橙黄色或橙黄色，着色均匀	淡橙黄色，着色均匀	淡黄色或黄绿色，着色较均匀

表 9-4 柑橘鲜果等级理化指标
(GB/T 12947—2008)

项　目		优等果		一等果		二等果	
		甜橙类	宽皮橘类	甜橙类	宽皮橘类	甜橙类	宽皮橘类
可溶性固形物（%）	≥	10.5	10.0	10.0	9.5	9.5	9.0
总酸量（%）	≤	0.9	0.95	0.9	1.0	1.0	1.0
固酸比	≥	11.6∶1	10.0∶1	11.1∶1	9.5∶1	9.5∶1	9.0∶1
可食率（%）	≤	70	75	65	70	65	70

（二）蔬菜产品的质量标准

目前，国家陆续对蔬菜产品制定了相关的质量标准，如新鲜蔬菜及加工蔬菜的分级标准，无公害蔬菜、绿色蔬菜和有机蔬菜的认定标准等。而蔬菜产品由于食用部位不一，成熟标准不同，不能实现固定统一的产品质量标准，所以各类蔬菜产品质量只能根据其构成要素进行分类制定。

蔬菜品质的构成要素根据本身固有特性和社会需求可分为商品品质、内在品质、营养品质以及卫生和安全品质。

1. 商品品质 商品品质是指产品本身的商品属性，包含产品大小、外观形状、颜色深浅、颜色均一度、表面附属物、新鲜度等。如中华人民共和国国家标准 GB/T 18518—2001《黄瓜　贮藏和冷藏运输》规定了专供鲜销或加工用黄瓜的标准，按其外观形态、色泽及其缺陷程度等指标分为特级、一级、二级；GB/T 10472—1989《大白菜》中按株重将大白菜分为特大（株重≥4.5kg）、大（株重3.5~4.5kg）、中（株重2.5~3.5kg）、小（株重1.5~2.5kg）、特小（株重0.5~1.5kg）5级。行业标准 SB/T 10332—2000《大白菜》中按商品品质将大白菜分为一、二、三等级规格，一等：①具有同一品种的特征，结球紧实，整修良好，色泽正常，新鲜，清洁；②无腐烂、老帮、黄叶、异味、烧心、焦边、胀裂、膨松、侧芽萌发、冻害、病虫害及机械伤。二等：①具有同一品种的特征，结球较紧实，整修良好，色泽正常，新鲜，清洁；②无腐烂、老帮、黄叶、异味、烧心、焦边、胀裂、膨松、侧芽萌发、冻害、病虫害及机械伤。三等：①具有相似品种的特征，结球不够紧实，整修良好，色泽正常，新鲜，清洁；②无腐烂、黄叶、烧心、异味、冻害、严重病虫害及机械伤。

2. 内在品质 内在品质是指利用味觉、嗅觉和口感进行感知所获得的品质评价，包括蔬菜产品的口感、质地、风味等。例如，山东省质量技术监督局于 2012 年 7 月发布了 DB37/T 2175—2012

《鲜食黄瓜产品质量标准》，该标准按外观、口感以及成熟度等指标将鲜食黄瓜分为两个等级（表 9-5）。

表 9-5　鲜食黄瓜的等级标准

(DB 37/T 2175—2012)

等级	品种	外观	口感	损伤率（%）	卫生	成熟度	总不合格率（%）
优等品	同一品种	洁净，果色新鲜，瓜条匀直，整齐度≥90	清香，质地脆嫩，无异味	≤5	符合 NY 5074—2002 的规定	达到该品种商品成熟标准	≤10
合格品	相似品种	洁净，果色正常，瓜条较匀直，整齐度≥80	质地较脆嫩，无异味	≤10			≤20

3. 营养品质　营养品质是指蔬菜中含有的对人体有益的营养物质，如维生素、矿物质、糖类、蛋白质和氨基酸等，以及生物活性物质如萝卜中的膳食纤维、番茄中的番茄红素和花青素、大蒜中的二烯丙基硫化物（大蒜素）、白菜和甘蓝中的异硫氰酸酯、辣椒中的辣椒素等。富硒番茄是指其硒含量在 0.05～0.1mg/kg（GB 13105—1991《食品中硒限量卫生标准》）。

4. 卫生和安全品质　卫生和安全品质主要包括果蔬表面的清洁度、组织农药残留量、重金属含量、生物污染和其他限制性物质如亚硝酸盐含量。其中，绿色黄瓜标准要求敌敌畏含量≤0.1mg/kg，常规黄瓜国家标准要求敌敌畏含量≤0.2mg/kg。而有机食品要求无化学物质残留或者低于仪器的检出限，实际上外环境的影响不可避免，如果有机食品中农药残留量低于常规食品国家标准允许残留量的 5%以下，可视为符合有机食品标准。

（三）观赏植物产品的质量标准

国外花卉产品质量标准的制定已有数十年历史，但目前还没有通用的国际花卉产品质量等级标准，不同国家和地区仍然采用不同的标准和规范。依据其应用范围分为区域性标准、国家标准和企业标准。

目前国际上区域性标准主要有欧洲经济委员会（ECE）制定的标准，主要对欧洲国家之间以及进入欧洲贸易的鲜切花产品质量进行控制，标准还对产品的包装和标识进行了规定。

我国花卉业标准制定工作起步较晚，始于 20 世纪 90 年代末。据不完全统计，至今我国共颁布花卉国家标准 22 项、行业标准 78 项。这些标准主要涉及鲜切花、盆花、盆栽观叶植物、观赏苗木、草坪、种子、种苗、种球等产品类别，以及花卉贮藏、运输、包装、保鲜等方面，规定了等级划分原则、控制指标，还规定了其质量检测方法。花卉产品质量最早的国家标准是国家质量技术监督局于 2000 年 11 月 16 日颁布的 GB/T 18247《主要花卉产品等级》。

我国花卉行业标准主要由农业农村部、国家林业和草原局两个部门负责制定，有农业行业标准和林业行业标准两大类。另外，检验检疫、城市建设等相关部门也根据需要颁布了相应的标准。目前，国家标准、行业标准和地方标准互补的格局尚未形成。标准数量少，产前、产中和产后各环节的质量标准不配套，尚未形成体系，修订速度慢。主管部门、协会和质量监管部门对花卉产品质量等级标准的宣传推广和贯彻力度不够，使标准制定后不能及时被业界了解和采用，且检测技术和设备不完善。这些因素阻碍了我国花卉产业的健康发展。

第二节　园艺产品品质的调控

一、水果品质构成要素与调控

鲜食水果的品质可分为外观品质、内在品质和贮运品质。外观品质包括大小、色泽、形状及光洁度等,内在品质包括风味、香气及其他营养成分。不同种类或品种的果品品质构成既有共同性,也有差异性。比如梨果实的内在品质,除了含有与其他水果共有的内在品质成分外,还含有由木质素构成的石细胞。水果品质形成受遗传因子和环境因子调控。温度和光照是调节果实品质的主要外在因素,水分、营养和生长调节物质是影响果实品质的主要内在因素。通过适当的农艺措施改变果实发育的内外条件,能够提高果实品质;反之则不利于果实品质形成。此外,果实品质调控基因的鉴定和基因工程技术的发展也为果实品质改良开辟了新途径。

(一) 果实大小和形状

果实大小是果品分级的重要标准之一。根据我国出口鲜苹果专业标准,出口鲜苹果划分为AAA级、AA级、A级3个标准,AAA级苹果要求大型果的果径不低于65mm,中型果的果径不低于60mm。果实形状是衡量果实外形的重要指标,一般以果形端正为基本标准。通常用果实纵径与横径的比值,即果形指数作为果实形状参数。

果实大小由细胞数量和大小决定,影响细胞分裂和膨大的因素均能调控果实大小。比如,水和肥是调控果实大小的关键环境因素。适度适时水肥供应是果实增大的保障,果实体积增加与需水量呈线性关系。缺水会严重影响果实增大,有时还会引起早期落果。水分状态还能影响果实的形状,如元帅系果形指数的大小与其盛花后30d降水量极显著相关。氮肥利于果实膨大,但过量施用会降低品质指标。光照也能通过影响光合作用来影响果实大小。积温影响果实增长速度和品质形成。苹果不同品种果实体积的增长与10℃以上有效积温呈线性相关。赤霉素 (GA$_3$)、细胞分裂素 [N-(2-氯-4-吡啶基)-N'-苯基脲,CPPU] 是调控果实大小的关键激素,被广泛用于无核葡萄果实膨大调控,在大樱桃等小果型水果上也有所应用。果实大小作为典型的数量性状,受多基因调控,如转录因子 *Aintegumenta*、*CycA2;1*、*CycA2;3* 以及 *microRNA172* 均参与调控果实大小,为果实大小的遗传调控提供了重要研究基础 (Dash et al., 2012; Yao et al., 2016)。

(二) 果实颜色

果实颜色是给予消费者的第一感官品质,具有重要意义。色素分为水溶性色素和脂溶性色素。水溶性色素包括花青素和黄酮类色素等,脂溶性色素包括叶绿素和类胡萝卜素等。上述色素物质的不同组合及含量水平使果实呈现紫、蓝、红、橙、黄、绿等颜色。花青素是使果实呈现红色的主要物质,已知天然存在的花青素有250多种,确定的有20多种。花青素是由花色素和糖苷键缩合而成。果实中存在的花色素主要有天竺葵色素 (pelargonidin)、矢车菊色素 (cyanidin)、飞燕草色素 (delphinidin)、芍药色素 (peonidin)、矮牵牛色素 (petunidin) 和锦葵色素 (malvidin)。糖苷主要有葡萄糖、鼠李糖、半乳糖、木糖和阿拉伯糖。不同果实含有的花青素不同,比如草莓富含天竺葵色素,樱桃、李、覆盆子等富含矢车菊色素和芍药色素,葡萄富含多种花青素 (Fang, 2015)。

不同温度对苹果着色的影响

果实着色受环境因子影响较大。后期控水能促进葡萄果实中黄酮类物质的合成,但严重的水分胁迫则降低其果实着色,水分过量不利于花青素积累。花青素积累对温度非常敏感,着色期高温不利于着色。研究表明,全球变暖已在世界范围内影响了酿酒葡萄花青素的积累,在日本西南地区,气候变暖已导致葡萄着色不良。富士、红玉苹果着色的最适温度范围为15~25℃,20℃着色效果最好 (Arakawa et al., 2016)。成熟季最高温超过27℃导致葡萄果皮着色不充分。日平均温度高于25℃能显著抑制红肉猕猴桃Hongyan果肉花青素的积累。通过调控环境温度来改善着色比较困难,但生产上有尝试着色期利用喷雾降低环境温度来促进果实着色的研究。

光照可以从光质、光照时间和光照强度来影响果实品质。光对果实品质最直接的影响是调控果实着色。光照是果实花青素合成的前提条件,果实完全不照光可以积累糖分但无花青素形成。光照不仅影响花青素合成的速率，而且影响其积累量。与100%透光下的草莓果实相比，在75%和25%透光率下花青素含量分别下降41.6%和92.5%。光照主要是通过两个方面来调控花青素合成：一是影响花青素合成需要的底物，包括糖基、苯丙氨酸等；二是直接调控花青素生物合成基因的表达和酶活性。蓝紫光、紫外光对果实着色最有效，而远红光效果最差，甚至抑制着色。但不同品种对光质响应也不同，有研究表明27个梨品种可以分为3种光响应模式。实际生产中，可以通过铺反光膜、套袋、转果、摘叶等措施来改善光照条件，提高苹果、葡萄等果实的着色程度。设施栽培条件下，也可通过人工补光来提高桃、葡萄、草莓等果实着色。

目前，乙烯利和（S）-ABA被商业化用于调控果实着色及果实成熟。乙烯利是乙烯的前体物质，在植物体内能快速转化为乙烯。乙烯利能有效提高果实着色，但需要相对较高的使用次数。而有些研究表明其使用效果不稳定，且对其使用的安全性目前也有争议。高浓度的ABA能够有效提高果实着色和果实成熟，但成本相对较高。ABA处理可增加跃变性和非跃变性果实花青素的含量，且能同时提高各种花青素单体的含量。目前在美国、日本，ABA广泛应用于改善葡萄果实着色和提高果实品质；国内在葡萄、桃、甜樱桃和草莓等果实着色上也有所应用。最近，两种ABA衍生物成功用于各种果实的着色调控，这两种物质是3′-methyl-（S）-abscisic acid（美国专利号Ser. No. 62/022,037）和3′-propargyl-（S）-abscisic acid（美国专利号Ser. No. 14/593,597），这两种产品比ABA价格低，但效果相似。

果皮着色分子调控途径在苹果、葡萄等果实上已比较清楚。果实花青素合成受R2R3转录因子控制，*MYBA*1和*MYBA*2共同调控葡萄花青素合成，*MYB*1或*MYB*10控制苹果果皮着色，过量表达这些基因均能提高果实着色水平（Allan et al.，2008）。*FaMYB*1调控草莓着色，其过表达能显著提高草莓果实花青素积累（Kadomura-Ishikawa et al.，2015）。此外，研究表明果实着色还受其他基因调控。比如，花青素运输载体*GST*为草莓着色所必需（Luo et al.，2018）。目前，遗传改良已成为着色调控的重要途径。如通过遗传改良获得的高花青素含量的菠萝在哥斯达黎加已初步商业化，通过基因工程获得的红肉苹果和猕猴桃在新西兰具有一定的栽培面积和消费市场。

（三）果实风味

果实风味主要由糖、酸和苦涩味物质决定，其中糖酸比是决定果实风味的主要参数。果实中糖主要包括单糖（如葡萄糖、果糖、半乳糖）、寡糖（如蔗糖、麦芽糖）、多糖（如纤维素、半纤维素、淀粉）以及糖的衍生物。多数果实成熟时以糖为主要储藏物。果实中以可溶性糖为主，不同果实中可溶性糖含量有差异。果实成熟时，苹果和梨以果糖为主，其次是葡萄糖、蔗糖和山梨醇，苹果果实中果糖含量为葡萄糖的2~3倍。葡萄和柿子则以葡萄糖为主，其次是果糖和蔗糖。樱桃中主要是果糖和葡萄糖，蔗糖含量较少。不同的糖甜度不同，果糖最甜，其次是蔗糖和葡萄糖。有机酸是决定果实酸味的化合物，特别是游离态有机酸含量决定酸味程度。根据果实有机酸种类可将果实分为3种：①苹果酸型果实，如苹果、梨、枇杷、桃、李等；②柠檬酸型果实，如草莓、柑橘、菠萝等；③酒石酸型果实，如葡萄。果实中的苦味主要来自糖基与苷配基通过糖苷键连接形成的糖苷类物质，如苦杏仁苷、柚皮苷、新橙皮苷等。对大部分果实（如葡萄、柿和石榴）而言，其果皮或果肉中的涩味主要来自鞣质，当鞣质含量高于1%时果实具有强烈的涩味。此外，儿茶素、表儿茶素等酚类物质也能产生苦涩味。

环境因子可显著影响果实风味物质的形成与积累。比如，果实发育后期适度的水分亏缺可以增加果实糖、酸含量。葡萄生产上的后期控水能增加果实糖分和黄酮类物质合成，降低酸度；但严重水分胁迫则降低果实品质；水分过量不利于糖分积累，还容易导致葡萄裂果。亏缺灌溉（实际需水量的75%、50%和25%）能提高桃果实品质，并且75%亏缺灌溉是桃树实现产量、水分利用效率和果实品质平衡的最佳灌溉量（周罕觅等，2014）。温度影响果实的糖、酸积累。苹果从落花到果实成熟的活动积温与晚熟品种果实含糖量呈显著正相关。积温与葡萄果实发育密切相关，可以利用温度参数预报葡萄的糖、酸含量。气温昼夜温差大，利于光合作用，降低呼吸消耗，从而利于果实糖分积累。在柑橘上，昼夜温差与总糖含量、糖酸比、维生素 C 含量、固酸比等成正相关。绝对温度过高不利于品质形成，当温度升高至 30℃时，桃果实非还原糖含量降低，甜味下降。光照能通过影响光合作用来提高内在果实品质，30%全光照是苹果优质生产的最低要求。

糖组分及含量高低均是数量性状遗传，且非加性效应起主要作用，由多基因控制。桃果实蔗糖积累是蔗糖降解、再合成和运输相关基因共同互作调控的结果。糖代谢途径上关键基因单一过量表达能提高糖含量，比如，液泡膜糖运输载体 *CmTST2* 过量表达能提高草莓果实蔗糖、葡萄糖和果糖积累（Chen et al.，2018）。有机酸是主效基因控制的数量性状，苹果 16 号染色体上 *Ma* 位点（编码苹果酸运输载体）为控制苹果果实苹果酸合成的主效位点（Bai et al.，2012）；液泡膜质子泵 H^+-ATPase 在调控柑橘果实柠檬酸积累上起主要作用（Hussain et al.，2017）；在葡萄上，通过 CRISPR/Cas9 技术成功编辑酒石酸合成关键基因 *IdnDH*，进而可调控酒石酸含量（Ren et al.，2016）。目前关于苦涩味物质的基因调控研究相对较少，但也鉴定了一批调控基因。

（四）果实香气

绝大部分果实产生大量的挥发性物质，香气是大量挥发性物质的复杂混合物，香气的产生也标志着果实成熟。对果实组织而言，表皮要比内部组织产生更多的挥发性物质，部分原因是因为果皮组织丰富的脂肪酸底物和高的代谢活性。水果中的香气成分大约有 2 000 种，可分为酯类、醛类、醇类、萜烯类、内酯类、酮类、醚类和一些含硫化合物等。果实的香气物质种类和含量因物种和品种的不同而有所差异，也就是说香气组成具有物种和品种特异性，通常以内酯类、酯类、醛类、醇类、萜类及挥发性酚类物质为主。挥发性物质有的气味强烈，有的气味较弱，有些甚至无味，只有当它们混为一体时，才体现出果实的香气特征。不同水果在香气种类和数量上存在较大差异（El Hadi et al.，2013）。比如，葡萄香气包含多种化合物，已检测到 380 多种，包括单萜、C_{13} 萜烯、醇、酯和醛酮类。总体上来看，自由态萜烯醇类物质沉香醇和香叶醇是红葡萄、白葡萄中主要的香气化合物。苹果中检测到 300 多种挥发性物质，酯类物质是苹果释放最多的挥发性化合物，占到总挥发性物质的 78%～92%，且以乙酸、丁酸、己酸与乙醇、丁醇、己醇形成的酯类为主。香蕉中已检测到 250 多种挥发性物质，香蕉特有的香味主要来自乙酸异戊酯和乙酸异丁酯等挥发性酯类物质。此外，异戊醇、乙酸异戊酯、乙酸丁酯和榄香素也有助于香蕉特征香味的形成。香蕉中最丰富的甘元（aglycone）为 3-甲基丁醇、3-甲基丁酸和香草乙酮。品种间也存在主要香气物质的差异，Cavendish 香蕉最主要的挥发性化合物为（E）-2-己烯醛和 3-羟基-2-丁酮，Plantain 香蕉最主要的香气物质为（E）-2-己烯醛和己醛，而 Frayssinette 香蕉最主要的物质为 2,3-丁二醇。桃果实中已检测到 190 多种挥发性化合物，主要为 C_6～C_{11} 的内酯类物质，其中 δ-葵内酯含量最多，其次为 γ-内酯、δ-内酯和具有椰子香味的 γ-十一内酯（桃醛）。乙酸己酯和（Z）-3-乙酸己酯等酯类也是影响桃果实风味的重要成分。

目前，从分子水平上鉴定了许多控制萜、苯丙素或呋喃酮等香气物质合成的关键基因和调控因子。这些基因包括：在柑橘果实上与朱栾倍半萜形成有关的倍半萜烯合酶基因；草莓果实细胞质 *TPS* 基因，该基因对应的酶能催化产生倍半萜烯橙花叔醇和单萜 S-沉香醇；草莓上与呋喃酮合成相关的基因；桃上控制类胡萝卜素和降异戊二烯（norisoprenoid）代谢的 *CCDs*；苹果上与萜烯类物质生成有关的 *TPSs*（Aragüez et al.，2013）。香气代谢关键基因的分离不仅为深入研究香气物质调控提供了可能，而且为果实香气代谢工程提供了关键工具。

二、蔬菜品质与调控

蔬菜为人体提供所必需的多种维生素和矿物质等营养物质，是人类生活中必不可缺的食物。蔬菜作物的产品器官丰富多样，根据其食用器官可分为 6 大类，分别是根菜类（如萝卜、牛蒡、大头菜等）、茎菜类（如莴笋、茭白、藕等）、叶菜类（如白菜、菠菜、生菜等）、花菜类（如花椰菜、金针菜、黄花菜等）、果菜类（如番茄、黄瓜、辣椒等）和种子类（如莲子、芡实等）。因此，不同蔬菜作物的产品器官类型不同，其产品品质要素不同，品质调控研究的侧重点也迥异，主要集中在色泽、大小和形状、风味、质地、表面附属物和营养等方面，上述品质要素的改良和调控将是蔬菜作物遗传育种的一个重要方向。

（一）色泽

色泽是人们感官评价蔬菜产品品质的重要因素之一。蔬菜的颜色主要有绿色、黄色、红色、紫色和白色，其颜色的产生取决于色素物质的含量。蔬菜中的色素主要包括叶绿素、类胡萝卜素和花青素。

蔬菜中的叶绿素主要有叶绿素 a 和叶绿素 b 两种，叶绿素 a 呈蓝绿色，而叶绿素 b 呈黄绿色。植物体内的叶绿素合成过程中从谷氨酰-tRNA 开始到叶绿素的合成结束为止一共包括 16 步，这些步骤直接受到内在基因参与的多步酶促反应的调控（Kobayashi et al.，2016）。除此之外，外界环境因素也通过改变蔬菜体内叶绿素的含量影响其色泽。光照直接影响着蔬菜幼苗体内的酶活性。在黑暗条件下，蔬菜幼苗体内的原叶绿素酸酯和血红素的含量大致相同，而在光照条件下，镁离子螯合酶的活性增强，幼苗体内的叶绿素合成速率显著增加。阳光充足下的蔬菜，其体内的叶绿素 a 含量与叶绿素 b 含量比值通常高于接受光照不足的蔬菜。另外，红光比蓝光更有利于黄瓜、莴苣和甜椒等蔬菜中叶绿素的合成（李汉生等，2014）。

类胡萝卜素是一类重要的天然色素的总称，一般由 8 个异戊二烯单位首尾相连形成，呈黄色、橙红色或红色。迄今被发现的天然类胡萝卜素已达 700 多种，可分为胡萝卜素和叶黄素两大类，其中胡萝卜素只含碳、氢两种元素，不含氧元素；叶黄素是类胡萝卜素的含氧衍生物。蔬菜中的类胡萝卜素含量直接受到多重调控。较多研究结果表明，八氢番茄红素合成酶的基因 *Phytoene synthase*（*PSY*）直接参与了多种蔬菜的类胡萝卜素合成（于菁文等，2019）。此外，环境因素如光照强度、光周期、温度和水分可作为间接影响因子通过调控类胡萝卜素的含量来决定蔬菜的色泽。例如，持续高温环境会使番茄果实中类胡萝卜素含量显著降低，红光和远红光则能够促进类胡萝卜素的合成。

花青素是花色苷水解得到的有颜色的苷元，是蔬菜的红色、紫色和蓝色的呈色物质。目前，编码花色苷的基因已在许多植物中被广泛分离。花色苷的生物合成基因的转录受 R2R3-MYB、基本螺旋-环-螺旋（bHLH）和色氨酸天冬氨酸（WD）重复蛋白，即 MBW 三元复合物等的调控（Albert et al.，2014）。另外，温度是影响蔬菜作物中花青素含量的重要影响因子，温度较高的生长环境容易导致花青素分解，而温度过低会使得花青素的合成缓慢。但是，不同蔬菜作物花青素的合成适宜温度差异较大，如番茄、叶用莴苣和多色甜椒等。总的来说，适宜的低温对花青素的合成较为有利。

（二）大小和形状

蔬菜产品的大小和形状是另一重要的外观品质性状。不同种类、不同品种的蔬菜产品的大小和形状差别较大，表现出明显的多样性。果菜类蔬菜的果实大小直接影响产量和品质，是一个重要的驯化选择性状。例如，印度的野生黄瓜果实只有 3~5cm 长，而栽培黄瓜的果实长度在 5~40cm。栽培番茄有扁形、椭圆形、长方形、牛心形、心形、长形、梨形、圆形等 8 种形状（Monforte et al.，2014；Rodriguez et al.，2011）。*FASCIATED*（*FAS*）、*OVATE*、*SUN*、*LOCULE NUMBER*（*LC*）等基因在调节番茄果实形状方面均起着关键作用：*SUN* 和 *OVATE* 控制番茄果实伸长，*FAS* 和 *LC* 控制番茄果实心室数和扁平形状（Chu et al.，2019；Munos et al.，2011；Rodriguez-Leal et al.，2017；Xu et al.，2015）。另外，番茄果实生长受

番茄的不同形状类型

到环境调控影响较大：温度和光照的增加引起番茄果径增大，钾肥追施能促进果径发育。

叶菜类蔬菜的叶形往往决定了其产品的质量和商业价值。例如大白菜和结球甘蓝，一般由绿色或黄绿色卷曲的叶组成紧密的叶球。叶球的形状可以根据叶的形状、大小和曲率而变化，可分为4种形状：圆形、长圆形、圆柱形和圆锥形。大白菜对水分和光照要求较高，增加光照时长导致叶片数与叶面积的增大。根菜是以地下根作为食用器官的蔬菜，如胡萝卜根的形状通常为锥形，而西方的胡萝卜通常是圆柱形或锥形。适宜的水肥管理和氮素施加可以使樱桃萝卜的肉质根直径变大，生长速度增加。豆科植物的果荚作为主要食用器官（如豌豆、豇豆、毛豆、蚕豆、菜豆等），相较于主要在非洲种植的短果荚型豇豆，亚洲的栽培豇豆的果荚长、种子多，施加磷钾肥能使豌豆果荚长度和宽度均增加。

（三）风味

风味是通过人的味觉和嗅觉感知的一种综合属性，风味包括口腔味觉器官感知的味道和鼻腔嗅觉器官感知的气味。不同的蔬菜产品呈现不同特色的味道，主要取决于呈味化学物质的种类、数量及比例。每一种味道均是以化学物质为基础，人的感觉器官与这种成分发生作用，就会产生相应的味觉。

苦味是基本味感中味感阈值最低、最敏感的一种味觉。具有苦味的蔬菜有苦瓜、叶用莴苣（生菜）等。植物的苦味物质主要有生物碱、萜类、糖苷类等。葫芦素（cucurbitacine）广泛存在于葫芦科植物中，是葫芦科植物产生苦味的主要物质。在驯化过程中人类选择了非苦味黄瓜，只有在胁迫条件下会形成葫芦素导致苦味的产生（Shang et al.，2014）。黄瓜中葫芦素的生物合成途径包括 *Bibitterness*（*Bi*）基因，编码细胞色素P450以及乙酰转移酶等9个基因和4个催化步骤。这一合成途径在黄瓜的叶和果实中分别受转录因子 *bitter leaf*（*Bl*）和 *bitter fruit*（*Bt*）的调控（Shang et al.，2014）。*Bt* 在驯化过程中的选择使非苦味黄瓜从苦味的祖先中被选择出来。

辣味是舌、口腔和鼻腔黏膜受到辣味物质刺激产生的辛辣、刺痛、灼热的感觉。大蒜中辣味的有效成分为二烯丙基硫代磺酸酯，又称大蒜素。在新鲜的大蒜中没有游离的大蒜素，只有它的前体物质蒜氨酸。当大蒜破碎时，蒜氨酸通过酶解作用转变成大蒜素。大蒜素是大蒜香气和风味形成的主要因子。辣椒的辣味主要由辣椒素（capsaicin）产生。辣椒素主要由来源于苯丙素途径的香兰素胺和支链脂肪酸途径的支链脂肪酸部分缩合形成（Aza-González et al.，2011），属于香草酰胺的酰胺衍生物，其化学名称为8-甲基-N-香草基-6-壬烯酰胺。辣椒素在果实不同部位的含量不同，胎座中含量最高，种子最低。通常，辣椒素的含量均小于干重的1%。

蔬菜的香气物质主要为含量极低的挥发性物质，包括酯类、醇类、酮类、醛类、挥发性酚类、萜类和烯烃类。如甜瓜的香气物质主要是乙酸乙酯，番茄果实中的香气物质主要以醇类、醛类和酮类物质为主。Wei等（2016）系统分析了黄瓜品种9930的不同组织、不同发育阶段的23个样品的挥发性化合物种类及含量，发现了多达36种挥发性萜类化合物。

（四）质地

蔬菜的质地是蔬菜品质因素中重要的属性之一，通常用脆、绵、硬、软、细嫩、粗糙、致密、疏松等属性来描述。含水量高的蔬菜，细胞膨压大、组织饱满脆嫩，如黄瓜、番茄、西瓜含水量可高达96%。蔬菜经过采摘后如处理不当，其含水量易丧失，当含水量低于92%时，则会使其细胞内的膨压降低，致使蔬菜内部组织萎蔫，丧失其商品价值。植物细胞壁成分纤维素和半纤维素的含量与存在状态，决定着细胞壁的弹性、伸缩强度和可塑性。纤维素和半纤维素在果蔬中的含量决定了果实与叶菜的粗糙和细嫩，纤维素和半纤维素含量少则质地脆嫩，食用质量高，反之则质地粗糙。蔬菜中纤维素的含量为0.3%~2.8%，其中以根菜类的辣根和芥菜等的含量较多；半纤维素的含量一般在0.2%~3.1%。细胞壁中的果胶多糖也是影响蔬菜质地的主要物质。果胶是由原果胶、果胶酸甲酯和果胶酸组成。原果胶存在于未成熟的果蔬中，它不溶于水，可以维持果肉质地和细胞结构完整，赋予未成熟果蔬较大的硬度。随着果蔬成熟度增加，原果胶被降解，细胞结构受损，使果蔬硬度下降，组织变得松弛。另外，冷冻对果蔬质地的影响主要表现在软化和细胞膜完整性丧失，其原因不仅是由于膨压的丧失，细胞壁成分也发生了变化。

（五）营养

营养是蔬菜品质性状的一个重要构成要素。人体必需的营养物质包括水、糖类、蛋白质、脂肪、维生素、矿质元素以及纤维素等均包含在蔬菜之中。尤其对于维生素、矿物质和膳食纤维，蔬菜是主要的供应源。

不同种类、不同品种的蔬菜产品所含糖的种类、数量及比例不同，其甜度也不同。这些糖类物质的合成由特定的基因决定。通过对高糖、低糖西瓜品种的 96 个重组自交系重测序以及遗传分析发现，位于液泡膜上的蔗糖转运蛋白 ClTST2 调控西瓜果肉糖的含量（Ren et al.，2018）。通过全基因组关联分析发现，编码 α-半乳糖苷酶的基因 *ClAGA2* 在驯化中被选择，它在现代栽培西瓜品种中的表达量大大提升；栽培品种的 *ClAGA2* 基因被敲除后，果肉中葡萄糖、果糖、蔗糖等可溶性糖含量显著降低（Guo et al.，2019）。蔬菜果实在成熟过程中，糖的种类和含量会发生变化。甜瓜在后熟过程中，淀粉类物质水解变成可溶性的糖，从而产生甜味。除了内在的遗传构成及分子差异等因素，来自外部的环境条件和栽培管理对蔬菜中营养物质含量也有重要影响。充足的光照、适宜的昼夜温差等增强光合同化物积累、降低呼吸消耗的外部环境和措施均有利于蔬菜中糖分的积累。在西瓜果实发育中后期，外施赤霉素和脱落酸均能有效增加果实中可溶性总糖的含量。有机肥替代尿素等氮肥的施用，可以显著提高甜瓜果实中蔗糖、葡萄糖、果糖的积累。

蔬菜中的有机酸有草酸、苹果酸、柠檬酸以及酒石酸，但一种蔬菜中的有机酸主要含有其中的 1~2 种。如番茄中主要为柠檬酸和苹果酸，而菠菜、竹笋则草酸含量较多。Cohen 等（2014）利用甜瓜高酸度和低酸度的自然遗传变异群体，从甜瓜中克隆了一个对果实酸度有重要影响的 *pH* 基因，在黄瓜和番茄两个远缘物种中沉默同源的 *pH* 基因也产生了低酸、口感平淡的果实，表明 *pH* 基因控制着蔬菜果实的酸度。

蔬菜中同样含有大量元素（Ca、K、Mg、N、P 和 S）和微量元素（B、Cl、Fe、Mn、Co、Cu、Mo、Ni 和 Zn）。不同蔬菜对矿物质的利用效率以及在库器官中的积累均存在较大差异。通过转基因技术将生菜中储铁蛋白含量提升，生菜中可积累更多的铁元素，同时生长速率和产量显著增加（Goto et al.，2000）。另外，不同的采收时间对蔬菜矿质元素的含量也具有影响。例如，在整个采收期内，随着采收时间的推移，成熟度一致的番茄果实中 K、Ca、Mg、Cu 等元素含量总体呈现下降趋势，而 Fe 含量会先上升再下降然后再上升。

（六）表面附属物

蔬菜产品的表面附属物主要包括蜡被和表皮毛等。表面附属物不仅是外观品质的组成部分，也是植物体与环境接触的一道屏障，在抵御紫外线辐射、病原菌侵袭、食草动物取食及水分过度蒸腾等方面起着不可或缺的作用。

结球甘蓝叶表面一般有一层蜡粉覆盖，叶片颜色为绿色、灰绿色或蓝绿色，而蜡粉缺失型甘蓝叶片亮绿、有光泽，商品性好。甘蓝叶表超微结构观察和蜡粉成分分析发现，叶表蜡粉晶体结构主要为柱状和线状，主要成分为烷烃、脂肪酸、醇、醛和酮；而蜡粉缺失型甘蓝的蜡粉主要为颗粒状和短棒状，主要成分为烷烃和酮。由于亮叶甘蓝品质优良，受消费者喜爱，被用于甘蓝类蔬菜育种的原始材料，先后转育出亮叶羽衣甘蓝、抱子甘蓝、紫甘蓝、皱叶甘蓝、绿菜花和芥蓝等株系。

表皮毛多存在于植物地上部分表面（如茎、叶、花、果等部位），不同蔬菜作物的表皮毛类型多样。例如，大白菜根据叶片表皮毛的有无分为有毛大白菜和无毛大白菜。虽然表皮毛可以起到多种形式的保护作用，但在实际生产消费过程中，人们更青睐于无毛大白菜。黄瓜果实表面分布着多细胞类型的表皮毛，形态丰富多样，在密度、颜色、硬度、大小、有无腺体上有很大差异。黄瓜表皮毛分为Ⅰ到Ⅷ 8种类型，其中Ⅰ型和Ⅵ型为腺体型，其余6种类型为非腺体型（Xue et al.，2019）。成熟的Ⅰ型表皮毛由3~4个细胞构成的短单列茎秆、4~5个细胞构成的具有腺体功能的头部区域组成，这种腺毛（bloom trichome）在果实商品阶段，头部分泌出的内含物与球状体共同散布于果实表面，又称为果霜，与果实表面的矿质元素和角质形成有一定的关系，影响黄瓜果实表面的亮度（松本美枝子，1980）。世界不同地区的人们对黄瓜果刺和果霜的有无有着不同的喜好，如我国北方消费者偏爱华北密刺型黄瓜，而欧洲国家消费者钟情果皮光亮无刺的欧洲温室型黄瓜。黄瓜表皮毛的形态建成及疏密程度受复杂的遗传调控。近年来，已有多个黄瓜表皮毛调控基因及其作用机制被报道。*CsGL3* 参与表皮毛的起始过程，*CsGL1* 调控形态结构（Li et al.，2015；Zhang et al.，2016）。

总之，近年来随着全基因组测序、转录组、代谢组学以及基因编辑等技术的发展，为蔬菜品质相关基因的克隆和遗传调控提供了重要的技术支撑。风味、营养及外观品质等性状将会被更多地解析，这将加速优良品质在蔬菜育种中的应用，为蔬菜性状改良奠定基础。

三、花卉品质与调控

花卉的主要作用是给人以美的享受和精神上的愉悦，其品质主要表现在花色、花香、花形和株形上。随着生活水平的提高，人们对花卉品质的要求也越来越高，同时要求周年消费，所以花期调控显得尤为重要。花卉产品品质调控除了在采后的运输和销售环节加强质量控制外，在花卉生产中，通过光照、温度和生长调节剂处理，以及其他管理技术的合理应用，以达到人们对花卉品质的要求。对上述花卉品质的形成与调控是花卉遗传改良的根本目标。

（一）花色

花色是花卉的一个主要观赏性状，是花卉改良的首要目标，也是观赏植物育种中最为热门的研究内容之一。花色的化学本质主要由类黄酮、类胡萝卜素和甜菜色素3大类群决定。花色素苷是类黄酮物质，在植物中以花葵素、花青素、花翠素以及它们的衍生物形式存在，它控制着粉红色、红色、砖红色、蓝色和紫色等花色的形成。花色与花瓣色素种类、色素含量、花瓣内部或表面构造、色素与重金属离子（Fe离子、Mo离子等）螯合作用及液泡pH等多种因素有关，其中起主要作用的是花色素。花青素生物合成也受光和温度等环境因素的影响。通常光照有利于花色苷的合成，但桂花在光照下花色变浅，黑暗下花色变深。糖作为光合作用的产物，对花色也有影响。将万寿菊培养于含糖量高的培养基上，其花色苷含量增加，花瓣颜色加深。温度同样对花色苷代谢十分重要，红叶鸡爪槭从温度较低的地区移至温度偏高的地区会发生红色褪色的现象。植物激素与花色也有关，有研究发现乙烯可以使桂花花色褪色。在花色基因调控方面，查尔酮合成酶（chalcone synthase，CHS）是花青素合成途径的关键酶，与花朵成色密切相关。在菊花花色基因工程育种中，研究人员通过抑制内源*CHS*的表达，使得植株花瓣颜色从粉色转变为浅粉色（Courtney-Gutterson et al.，1994）。类黄酮3′5′羟化酶（F3′5′H）作为花色素苷代谢途径中的一个关键酶，控制合成飞燕草素，进而形成蓝色系花朵。通过对飞燕草素苷合成途径上的多个基因进行调控，已经成功实现分支途径的重建，获得了花色偏蓝的香石竹和月季新品种（Fukui et al.，2003；Katsumoto et al.，2007）。Noda等（2017）将来自风铃草的*F3′5′H*基因和蝶豆花的*CtA3′5′GT*基因一起转入菊花，成功获得真正意义上的蓝色菊花。

（二）花形和株形

观赏植物的花形是指植物的花器官形态，包括各部分器官的形状、数量、大小和对称性等。花器官的生长发育调控是一个涉及多遗传途径和多调控因子的复杂过程，而植物激素信号通路在该调控网络中起到整合和协调的作用，特别是生长素和细胞分裂素在花瓣发育过程中起着重要的作用，但通过植物生长调节剂处理或改变环境条件调控花形在观赏植物中应用的还比较少。另外，在花器官发育过程中有许多参与花器官调控的基因。CYCLOIDEA（CYC）基因属TCP基因家族转录因子。有研究表明，非洲菊中的GhCYC2在管状花发生的部位几乎不表达，但超表达会导致非洲菊的管状花发育成舌状花的形态（Broholm et al.，2008）。重瓣花类型的向日葵，即辐射对称的管状花变成了两侧对称的舌状花，这在凡·高著名的画作《向日葵》中有展现，研究表明是由于HaCYC2c的启动子区域有一段DNA的插入，从而导致了该基因从只在舌状花中表达，变成在整个花序中表达，进而导致管状花变成舌状花类型（Chapman et al.，2012）。

株形是指植株地上部分的形态特征和空间排列方式，影响株形的主要因素包括株高、分枝数、分枝角度和叶片着生角度等。株形是由植物激素、环境因素（种植密度、光照）和遗传特性共同决定的一个复杂数量性状，如通过去除顶端优势可以促进腋芽生长和分枝形成，而通过遮阴、增加种植密度可以抑制分枝发生；生长素和独脚金内酯抑制腋芽的萌发，细胞分裂素促进腋芽萌发。目前在单头切花菊生产中，去除侧枝侧蕾需要大量人工，不仅增加了生产成本，还影响了企业的经济收益。因此，利用基因工程手段改变激素水平或响应以及其他关键基因的表达水平以调控菊花的株形，对菊花产业意义深远。Khodakovskaya等（2009）发现细胞分裂素合成路径的异戊烯基转移酶基因IPT的导入可增强菊花的侧枝发生。将分枝抑制子基因DgLsL反义导入单头切花菊品种Shuho-no-chikara，转基因植株则表现出少分枝的表型（Han et al.，2007），转入精云菊花也有类似表型（Jiang et al.，2010）。

（三）花香

花香不仅是植物吸引传粉昆虫和抵制食草动物的一种进化适应，也是观赏植物重要的观赏性状之一。植物花香物质合成和释放受光、温度等环境因素的影响。照光可以使白花三叶草的花香释放量明显增多，黑暗和红光处理能明显减少西伯利亚百合花朵香气的释放；不同光质条件下，紫背天葵叶片挥发物萜烯类物质的释放量不同。相对于花形、花色等观赏性状，花香的研究相对滞后。花香物质主要是萜类和苯环型化合物。萜类化合物中的单萜和倍半萜是观赏植物主要的花香成分。萜类合酶的种类和功能决定了萜类物质的多样性，随着大量有价值的萜类被发现，萜类合酶已成为萜类化合物生物合成及调控的研究焦点。苯环型/苯丙烷类化合物是花香成分的第二大类物质。茉莉酸（JA）和茉莉酸甲酯（MeJA）能上调一系列包括萜类、黄酮类等次生代谢途径。MeJA处理神农香菊叶片，可以提高腺毛分泌物中萜烯类、樟脑类以及醇酮类物质的相对含量；较高浓度（200μmol/L、600μmol/L）的MeJA处理西伯利亚百合，其挥发物总释放量显著升高。花香研究主要集中在金鱼草、月季和矮牵牛等几种研究花香的模式植物上。花香物质的合成和释放与日变化规律有关，即植物花香的释放具有昼夜节律性。对矮牵牛花香释放的研究发现，矮牵牛一天当中花香的合成受昼夜节律的调控，早上花香的释放最少，晚上最多，以引诱夜间传粉者。研究发现，参与芳香烃气味合成路径的基因及开关基因ODORANT1（ODO1）受昼夜节律时钟蛋白LATE ELONGATED HYPOCOTYL（LHY）的直接调控，在矮牵牛中超表达PhLHY几乎完全抑制了花朵香气的释放；而抑制PhLHY表达，则会导致气味的释放从下午晚些时候推迟到了上午，该研究不仅揭示了花香释放的时机与成分的遗传调控机理，并有助于改造香味释放的节律，使之适合传粉者的行为习惯与消费者的偏好（Fenske et al.，2015）。矮牵牛中利用RNAi技术使三磷酸腺苷结合盒转运蛋白（adenosine triphosphate-binding cassette，ABC）基因 *PhABCG1* 的表达减少，能降低约 50% 有机挥发物穿过细胞膜的能力，同时花朵细胞内挥发性化合物显著增加，以致对细胞膜产生了毒害（Adebesin et al.，2017）。玫瑰中过量表达拟南芥 R2R3-MYB 转录因子 *PAP1*，导致萜类物质的含量显著增加（Zvi et al.，2012）。随着国内外对花香的生物合成途径及其物质成分研究的逐渐深入，花香基因工程的研究已成为当前观赏植物研究的一个新热点。目前从观赏植物中已经分离出大量的花香物质合成基因，并对它们的结构、功能及表达模式进行了分析研究；同时发现一些转录因子调控萜类和苯丙烷代谢途径基因的表达，这些为了解花香释放规律和使用基因工程定向改良花香物质成分和含量提供理论基础。

（四）花期

观赏植物的开花期是构成其观赏价值的重要内容之一。植物开花过程受内部发育信号和外界环境协同调控，确保在最适宜的环境条件下进入生殖生长阶段以保证世代的繁衍。植物经过一定时期的营养生长，便可以感受外界的温度、光照（光照强度、光质、光照长度等）、养分以及水分等环境因子的变化，同时随着内源激素水平的变化而开花。在观赏植物的生产中，控制产品的开花期，适时上市可直接影响其在市场上的价格。因此，花期始终是观赏植物品种改良的重要目标性状之一。菊花的花期作为生产和观赏的重要性状，直接影响其上市时间和价格。大多数菊花品种是典型的短日植物，在生产中可通过光温调节以实现周年生产，同时菊花最适开花温度为 17～22℃，尤其是花芽分化过程通常要求不低于 15℃，否则会导致盲花现象（花芽不分化），而夏季高温常导致开花时间推迟甚至植株莲座化。利用分子生物学技术，将决定花期的基因导入菊花改变其花期，这对菊花的生产、运输、贮存及销售意义重大。*FT*（*FLOWERING LOCUS T*）是高等植物开花路径中的重要基因，被称为"成花素"。将拟南芥 *FT* 基因超表达转入菊花神马中，转化成功的组培苗可在长日照下分化出花蕾，表明 *FT* 基因能改变菊花的花期（姜丹等，2010）。Oda 等（2011）从菊属植物 *C. seticuspe* 中分离得到 3 个 *FT* 类似基因的同源基因 *CsFTL1*、*CsFTL2* 和 *CsFTL3*，其中 *CsFTL3* 被证实是光周期调控开花的关键调节子，将 *CsFTL3* 超表达转入菊花神马中，转化成功的植株在长日照下可正常开花。*CsFTL1*、*CsFTL2* 和 *CsFTL3* 基因的序列与菊花的完全一致，超表达 *CmFTL1* 可促进菊花开花（Mao et al.，2016）。除了光周期路径，菊花中开花路径还发现存在赤霉素（Yang et al.，2014）和年龄路径（Wei et al.，2017），在这些路径中 *FT* 均起着重要作用。

总之，尽管花卉品质相关基因的克隆和遗传调控已经有了长足的进展，但花卉及其近缘种属植物中仍有大量优异基因资源亟待挖掘和利用。另外，CRISPR/Cas9 系统作为近年来兴起的一种快速基因靶向敲除技术，因其具有操作简单、耗时短和工作量小等优点，该技术若能在花卉内源基因编辑方面得以成功应用，将会极大地促进花卉优良品质性状的改良。

第三节　园艺产品的检验及质量安全控制

园艺产品质量安全事件频频发生，人们对食品安全意识的增强，对水果、蔬菜、茶叶等产品质量安全的要求越来越高。环境污染和生态破坏造成生鲜果蔬污染日趋严重，首要原因是生产过程中农药、化学肥料的不合理使用造成蔬菜、茶叶、水果农药残留超标；其次是加工销售过程中来自生物方面的霉菌、细菌、病原菌超标，以及添加剂等污染因素。2014 年农业部在 31 个省（自治区、直辖市）153 个大中城市组织农产品质量安全例行检测中，蔬菜、水果和茶叶质量的检测合格率分别为 96.3%、96.8% 和 94.8%，干制食用菌、酱腌菜、蔬菜干制品的合格率分别为 97.6%、96.6%、93.7%，水果干制品、蜜饯制品和果酱制品的合格率分别为 98.3%、96.5%、91.2%。随着我国农业生态环境逐渐恶化，园艺产品生产、加工及供应环节中存在不同程度的安全隐患。种植户或企业为了短期利润，提高产量，大量施用化肥、激素类化学药物，滥用农药，甚至使用高毒和高残留的禁用农药等，最终将会造成果蔬产品质量安全问题或产品质量下降。

我国政府对农产品质量安全问题高度重视。2019年12月1日颁布实施的《中华人民共和国食品安全法实施条例》第67条第1款列举了"情节严重"的5种具体情形：①违法行为涉及的产品货值金额2万元以上或者违法行为持续时间3个月以上；②造成食源性疾病并出现死亡病例，或者造成30人以上食源性疾病但未出现死亡病例；③故意提供虚假信息或者隐瞒真实情况；④拒绝、逃避监督检查；⑤因违反食品安全法律、法规受到行政处罚后1年内又实施同一性质的食品安全违法行为，或者因违反食品安全法律、法规受到刑事处罚后又实施食品安全违法行为。

一、园艺产品的检验方法及内容

园艺产品的检验是指依据园艺产品标准，对产品质量进行科学的鉴定，以判断其质量好坏程度和使用价值大小的过程。园艺植物产前、产中和产后的全程跟踪检测，包括生长发育过程中病虫害防控措施，以保障产品适时采收；产品加工和销售期间，商家需要检测发现运输过程中的损耗问题，对园艺产品的合理分类，确保质量，提高经济效益。

（一）检验方法

在园艺产品质量检验中，确保参检产品的被抽检概率均等，依据统计学原理，将整个产品划分为几个部分进行随机抽样。检验方法通常分为两大类，即感官检验法和理化检验法。感官检验法快速、简便、易行，主要是对果蔬外观、颜色、形状、大小、病虫伤害程度等的检验。理化检验法是目前国内外园艺产品质量安全检验的常用方法，通常有化学比色分析检测、分子生物分析检测、免疫学分析检测和生物传感器、纳米技术检测等。应用分析化学原理，采用气相色谱法、气相色谱-质谱联用法、飞行时间质谱法等分析方法，所要求的技术条件高、样品处理复杂、检测成本高、破坏性大。拉曼（Raman）光谱、激光诱导击穿光谱（laser-induced breakdown spectroscopy，LIBS）等光谱技术与成像技术有机结合，推进了无损检测技术发展，快速、高效的无损检测方法广泛用于果蔬的糖度、酸度、维生素、干物质、营养成分，以及农药残留、植株生长信息等方面检测。

现行常用试纸或便携式仪器进行快速检测，主要方法有：①试纸显色法，用试纸直接显色或试纸层析显色来定性，根据显色深浅来半定量，如辣椒粉中苏丹红的检验；②比色管比色法，依据样品试剂反应后比色管颜色来定性，通过便携式光度计进行比色定量；③滴定法，用标准溶液滴定，根据酸碱、氧化还原性物质等消耗量进行定量；④胶体金检测卡法，采用试纸层析胶体金显色定性；⑤酶联免疫吸附测定（ELISA）试剂盒法，抗原抗体发生特异结合，根据显色进行定量。

（二）检测内容

园艺产品质量检验通常依赖于对其质地品质和外部特征的检验。质地品质如硬度、花瓣质地、感官质地（果蔬主要通过品尝咀嚼来感受其粗细、脆度等，花卉则通过欣赏来评价）。水果、蔬菜等还有各自的内在风味品质指标，包括一些如甜、酸、涩、苦、特殊气味物质等指标的测定，以及对人体身心健康有益的营养价值指标，如糖、有机酸、维生素、矿物质、抗氧化性酶等指标的测定。由于农药使用、环境污染问题突出，因此园艺产品生产过程的污染和卫生安全检测，以农药残留、毒素、重金属污染和转基因的检测为主要内容（吴广枫等，2007）。

1. 感官检验法 园艺产品质量检验时，通常先采用感官检验法，从果蔬外观表现直接判断园艺产品质量好坏与优劣。《中华人民共和国食品卫生法》第九条规定：禁止生产经营腐败变质、霉变、生虫、污秽不洁、混有杂物或其他感官性状异常，可能对人体健康有害的产品。感官检验通常凭借耳、目、口（唇、舌）、鼻、手等感觉器官，对园艺产品的质量状况做出客观评价。我国已颁布的感官分析方法国家标准有《感官分析方法　成对比较检验》GB/T 12310—2012、《感官分析方法　三点检验》GB/T 12311—2012、《感官分析　味觉敏感度的测定》GB/T 12312—2012 和《感官分析方法　风味剖面检验》GB/T 12313—1990 等。感官检验法虽然具有快速简便、不需复杂和特殊的仪器和试剂、不受地点限制的优点，但主要缺陷是主观性强，受检验人员的生理条件、工作经验和外界环境的影响大。

2. 理化检测法　严格的农产品质量检验，通常要求使用各种仪器设备和化学试剂来鉴定商品品质，即理化检测法，可对园艺产品的成分、结构和性能进行深入测定。检测内容主要涉及以下几类：①品质指标，包括水分、可溶性固形物、总酸、有机酸、糖、蛋白质、脂肪、纤维素、维生素、氨基酸、叶绿素等；②无机元素指标，包括钾、钠、镁、铜、铁、锌、锰、砷、铅、镉、汞、铬、锗、氟、氯、溴、碘、磷、硫、硒、硼、硅、钼、锡、铝、镍、锑和稀土元素；③农药残留检测，包括有机磷类农药、有机氯农药、菊酯类农药和氨基甲酸酯类农药等；④添加剂检测，包括漂白剂、着色剂、抗氧化剂（抗坏血酸）、防腐剂和甜味剂检测；⑤微生物与生物毒素检测；⑥亚硝酸盐检测；⑦转基因产品检测。

二、园艺产品的质量安全评估

园艺产品质量安全评估是通过研究园艺产品生产、加工、贮运、销售等环节中可能存在外源化学物质的性质、来源及其不良作用，并确定这些物质的安全限量和评价园艺产品的安全性。园艺产品质量安全不但受生产季节、地域差异和技术水平等客观因素的影响，也受社会或个体的安全认知程度等主观因素的制约，导致质量安全风险因素叠加。在园艺产品供应链全程监测视角下，质量安全风险评估样品采集主要来源于水果、蔬菜的生产、加工、贮运和销售等阶段产品，重点内容包含农药残留量、重金属、生物毒素、病原微生物、外源添加剂和转基因产品的识别、鉴定、评价（傅泽田等，2012）。

（一）生产过程中的质量安全评估

生产过程中的质量安全即源头质量保障，是园艺产品质量安全的根本，主要涉及作物种植过程中农药、化肥等使用监控，以及土壤重金属或自然环境污染风险评估。

1. 农药污染　农药污染是指使用农药防治病虫害后，一个时期内没有分解而残存于园艺产品、土壤、水源、大气中的那部分农药及其有毒衍生物。农药残留是衡量园艺产品质量的重要指标，残留量高低与农药种类性质、环境因素及农药的使用方法有关，其中有机氯农药残留最严重，其次是有机磷农药。目前，我国园艺产品出口量仅占世界园艺产品出口量的3%，农药残留量超标是重要的影响因素之一。我国农业农村部表示将全面禁止涕灭威、甲拌磷、水胺硫磷等高毒、剧毒农药在蔬菜、瓜果、茶叶、菌类和中草药材生产过程中的使用。

2. 重金属污染　果树、蔬菜和茶树等园艺作物于生产过程中摄取了土壤中的重金属，通过食物链的迁移进入人体，导致人们的健康存在风险。当前我国园艺作物土壤重金属污染以中轻度为主，且区域差异明显（冯英等，2018）。由于工业化进程催生乡镇企业快速扩张，三废超标排放，导致城镇郊区土壤污染，主要污染元素有镉（Cd）、汞（Hg）、铅（Pb）、砷（As）、铬（Cr）、铜（Cu）等，其中镉污染最为严重，其次是铅、汞和砷。摄入镉污染的瓜果蔬菜易导致致癌风险，铬和铅则易导致非致癌风险。园艺产品器官对重金属的富集受基因型、土壤理化性质和外界环境条件的影响。因此，针对中度或轻度重金属污染的果园或菜地，可通过调整种植种类，筛选重金属低富集品种，合理安排轮作、间作或套种等科学种植模式，施用土壤改良剂、有益微生物菌剂、有机肥，以及优化水肥管理技术等农艺调控措施，减缓重金属土地污染。

(二) 加工、贮运和销售过程中的质量安全评估

园艺产品加工过程质量安全风险评估，主要从包括加工技术是否存在缺陷，设备卫生安全达标情况，生产操作规范执行，尤其要关注工作人员是否存在违规使用或滥用化学添加剂等方面展开评估。贮运和销售过程中的质量安全风险主要来源于农产品在空间转移过程中的温度、湿度、气调等环境条件不合适而导致农产品品质下降，或由于劣质包装材料的使用等导致的农产品污染。因此，重点评估贮运过程中环境条件、卫生是否可能导致农产品品质劣变。

三、园艺产品质量安全市场准入

我国"十三五"规划建议，将食品安全纳入健康中国建设，提出实施食品安全战略，形成严密高效、社会共治的食品安全治理体系，让人民群众吃得放心。2015 年修订的《中华人民共和国食品安全法》（以下简称《食品安全法》）第二条对食用农产品仅简单地描述为"供食用的源于农业的初级产品"。这一概念在《食品安全法实施条例征求意见稿》第十章第一百九十五条给予了清晰的定义，即"在种植、养殖、采摘、捕捞、设施农业、生物工程等农业活动中获得的，以及通过分拣、去皮、剥壳、粉碎、清洗、切割、冷冻、打蜡、分级、包装等初加工形成的，未改变其基本自然性状和化学性质的植物、动物、微生物及其产品"。这与 2006 年出台的《中华人民共和国农产品质量安全法》（以下简称《农产品质量安全法》）中对农产品的定义一致。从定义中可知，园艺产品是从园艺作物生产过程获得的，仅经过一系列物理性状的初级加工，未改变其基本自然性状和化学性质，可供人们直接食用的蔬菜、瓜果、茶叶和花卉产品。

《食品安全法》第二条规定了供食用的源于农业的初级产品（即食用农产品）的质量安全管理，遵守《农产品质量安全法》的规定，但食用农产品的市场销售、有关质量安全标准的制定、有关信息的公布等，应当遵守《食品安全法》的规定。《农产品质量安全法》第三十三条规定有下列情形之一的农产品，不得销售：①含有国家禁止使用的农药或者其他化学物质的；②农药残留或者含有的重金属等有毒有害物质不符合农产品质量安全标准的；③含有的致病性寄生虫、微生物或者生物毒素不符合农产品质量安全标准的；④使用的保鲜剂、防腐剂、添加剂等材料不符合国家有关强制性的技术规范的；⑤其他不符合农产品质量安全标准的。《农产品质量安全法》第七十条规定食用农产品销售者进入集中交易市场销售食用农产品，应当依法提供食用农产品产地证明、购货凭证、合格证明文件。销售者无法提供上述证明文件的，集中交易市场应当进行快速检测或抽样检验，检验合格的，方可进入市场销售。

针对农产品质量安全问题，国家相关部门制定的主要标准除了通用标准如 GB 2762—2017《食品安全国家标准 食品中污染物限量》、国家食品药品监督管理总局令第 20 号《食用农产品市场销售质量安全监督管理办法》，还有常用农药标准如 GB 2763—2019《食品安全国家标准 食品中农药最大残留限量》、中华人民共和国农业部公告第 199 号国家明令禁止使用的农药。

四、园艺产品质量安全追溯制度

目前，我国果树、蔬菜等园艺作物处于分散的小农生产阶段，种植户受教育程度不高，法律意识淡薄，追求利益最大化，以及缺少监管制度，导致在生产过程中过量施用化肥、使用高毒剧毒农药和滥用植物生长调节剂，以及在临近采收期仍喷洒禁用农药等。水果、蔬菜产品的生产、加工及供应链等各个环节缺乏系统的信息记录和标记，一旦发生质量安全问题，责任主体信息无从查起，质量安全监管处于盲区。因此，我国《食品安全法》第四十二条规定"由国家建立食品安全全程追溯制度"，

指出国家鼓励食品生产经营者采用信息化手段采集、留存生产经营信息，建立食品安全追溯体系。农产品追溯体系是实现"从田间到餐桌"的全程质量控制的有效途径之一。

（一）追溯定义及其体系构建

国际标准组织（ISO）将追溯定义为"能够在特定的生产、加工和分销阶段跟踪某一产品运动的能力"。追溯体系（traceability system）是一种系统或制度安排，通过正确识别、记录、传递信息，实现产品的可追溯性。园艺产品质量安全追溯体系是指对园艺作物种植、加工、包装、仓储和销售等环节中质量安全信息的记录存储和可追溯的保证体系，包括单一生产经营者独立完成的追溯和环节生产经营者合作完成的追溯。

质量安全追溯体系由各环节节点的追溯系统、中央数据库、质量安全预警系统、数据审计系统、质量安全检测系统和产品信息查询系统构成，其追溯能力主要涉及园艺产品生产过程的种植、采收数据实时监控，包装、贮藏、运输过程品质追踪，以保证生产全过程信息可记录、可追溯、可管控、可召回、可查询。无线射频识别（radio frequency identification，RFID）是追溯体系的核心技术，以RFID技术、数据库技术、计算机网络技术为支撑，建立对农产品供应链全程信息追溯，通过网络、短信、销售商终端网络的农产品信息查询，实现全程质量安全管理（王东亭等，2014；刘一健等，2019）。追溯体系构建首先利用标签信息识别技术标记水果、蔬菜产品的标签信息，创建单独识别二维码；运用智能数据传感技术采集种植基地、加工厂到销售供应站各环节的基础数据信息，通过物联网技术传递到信息分析和整理中心；运用双向跟踪的方法，智能分配农产品对应的农场、加工厂和消费者，并提供质量安全预警系统、审计系统、质量安全监测系统，同时供消费者查阅。

质量安全追溯系统中，质量安全预警系统对农产品的基础信息进行检测，通过与案例库中数据的对比，快速发现农产品的质量安全问题，并及时查询问题源头，若农产品质量安全信息超出了国家的质量安全标准，则迅速撤离市场。数据审计系统通过对企业上传的数据与质量部门认证的信息进行对比，以此来鉴定企业上传的信息是否真实可靠。系统管理员则利用审计追溯的信息，保障数据库中存放的农产品记录信息的安全性和有效性。质量安全监测系统指执法部门对市场上销售农产品进行抽检，不达标的农产品迅速撤离市场，并对企业进行警告和处罚。数据审计系统和质量安全监测系统从两个不同的方面来保障追溯的农产品质量安全信息的真实性和安全性。产品信息查询系统中消费者通过互联网、短信、销售网点终端查询机，可查询到农产品及其流通过程相关企业的认证信息，以了解农产品质量安全信息。

（二）追溯体系现状

目前，国际上农业发达地区积极开发并采用各种技术实现农产品"从田间到餐桌"的信息集成，构建农产品质量安全追溯体系，为涉农企业和消费者提供信息查询服务。

追溯理念起源于英国，英国在1999年成立食品标准局专门负责食品安全、标准制定和对食品供应链各个环节的监控（王东亭等，2014）。2002年"推进欧洲可追溯性的优质化与研究"计划，促进欧盟农产品追溯的研究和实施。欧盟主要农产品追溯法案（Main agri-product traceability acts of European Union）较为完善，《第2200/96号法案》（1996-10-28）规定新鲜蔬果及某类水果均需标明原产地。《第834/2007号法案》（2007-06-28）对有机产品提出了追溯和标识的要求。转基因生物体追溯性和标识法案在《第1830/2003号法案》（2003-09-22）中详尽规定：规定了转基因产品以及用转基因原料生产的食物和饲料的追溯性和标识；供应链的每次交易中，供应商必须向采购商提交书面追溯信息，包括明示转基因产品、转基因成分清单和唯一标识码，相关文件至少保存5年。《第208/2013号法案》（2013-03-11）针对芽菜及其种子在生产、加工和销售各阶段的追溯性作了规定，要求记录并保存芽菜及其种子的名称、数量、批次、分销地点、分销商和次级分销商的名称、地址等信息，每天予以更新并及时提交给采购商和管理部门（王东亭等，2014）。美国、加拿大、澳大利亚和新西兰，以及日本、韩国、印度、泰国也在积极实践和推动农产品溯源体系（杨信廷等，2016）。

我国农产品追溯体系相对欧美国家起步较晚，但近几年在农产品追溯的实施、监管以及追责等方面也取得了一定进展。在2004年农产品追溯体系开始建设实施之后，《国务院关于进一步加强食品安全工作的决定》（国发［2004］23号）、《中华人民共和国农产品质量安全法》（2006年4月29日公布），《中华人民共和国食品安全实施条例》（2019年修订），"史上最严"的《中华人民共和国食品安全法》（2015年10月1日）等相关法律出台，推动了追溯体系的推广实施。农业农村部建立农产品质量安全追溯体系是创新农产品质量安全监管的重要措施，以推进国家追溯平台建设为重点，正在加快构建统一权威、职责明确、协调联动、运转高效的农产品质量安全追溯体系，追溯与合格证制度双管齐下，努力实现农产品源头可追溯、流向可追踪、信息可查询、责任可追究。

思考题

1. 简述园艺产品品质的定义。
2. 影响园艺产品品质的因素有哪些？如何通过调控提高园艺产品质量？
3. 国际上水果分级标准有哪些？
4. 水果品质包含哪些方面？哪些要素影响果实风味？
5. 果实的颜色主要受哪些因素影响和调控？
6. 蔬菜的品质由哪些方面构成？
7. 蔬菜的风味物质主要受哪些因素调控，请举例说明。
8. 花卉的品质由哪些方面构成？
9. 建立园艺产品品质与质量评价标准的目的与意义是什么？
10. 根据本章内容，以一种园艺产品为例设计一套园艺产品质量安全追溯体系。

主要参考文献

冯英，马璐瑶，王琼，等，2018. 我国土壤-蔬菜作物系统重金属污染及其安全生产综合农艺调控技术. 农业环境科学报，37（11）：2359-2370.

傅泽田，张小栓，张领先，等，2012. 生鲜农产品质量安全可追溯系统研究. 北京：中国农业大学出版社.

姜丹，梁建丽，陈晓丽，等，2010. 拟南芥花期基因FT转化切花菊'神马'. 园艺学报，37（3）：441-448.

李汉生，徐永，2014. 光照对叶绿素合成的影响. 现代农业科技（21）：161-164.

刘一健，陈业华，2019. 基于RFID的生鲜农产品追溯系统探讨. 食品工业，40（7）：175-179.

聂继云，2014. 果品质量安全标准与评价指标. 北京：中国农业出版社.

王东亭，饶秀勤，应义斌，2014. 世界主要农业发达地区农产品追溯体系发展现状. 农业工程学报，30（8）：236-250.

吴广枫，许建军，石英，2007. 农产品质量安全及其检测技术. 北京：化学工业出版社.

杨信廷，钱建平，孙传恒，2016. 农产品质量安全管理及溯源—理论、技术与实践. 北京：科学出版社.

于菁文，张奕，胡鑫，等，2019. 番茄果实中类胡萝卜素合成与调控的研究进展. 中国蔬菜（7）：23-25.

中国标准出版社第一编辑室，2003. 中国食品工业标准汇编：水果、蔬菜及其制品卷. 北京：中国标准出版社.

周罕觅，张富仓，李志军，等，2014. 桃树需水信号及产量和果实品质对水分的响应研究. 农业机械学报，45（12）：171-180.

Adebesin F, Widhalm J R, Boachon B, et al, 2017. Emission of volatile organic compounds from petunia flowers is facilitated by an ABC transporter. Science, 356 (6345): 1386-1388.

Albert N W, Davies K M, Lewis D H, et al, 2014. A conserved network of transcriptional activators and repressors regulates anthocyanin pigmentation in eudicots. Plant Cell, 26 (3): 962-980.

Allan A C, Hellens R P, Laing W A, 2008. MYB transcription factors that colour our fruit. Trends Plant Sci, 13 (3): 99-102.

Aragüez I, Valpuesta V, 2013. Metabolic engineering of aroma components in fruits. Biotechnol J, 8 (10): 1144-1158.

Arakawa O, Kikuya S, Pungpomin P, et al, 2016. Accumulation of anthocyanin in apples in response to blue light at 450 nm: recommendations for producing quality fruit color under global warming. European Journal of Horticultural Science, 81 (6): 297-302.

Aza-González C, Núñez-Palenius H G, Ochoa-Alejo N, 2011. Molecular biology of capsaicinoid biosynthesis in chili pepper (*Capsicum* spp.). Plant Cell Rep, 30: 695-706.

Bai Y, Dougherty L, Li M J, et al, 2012. A natural mutation-led truncation in one of the two aluminum-activated malate transporter-like genes at the Ma locus is associated with low fruit acidity in apple. Mol Genet Genomics, 287: 663-678.

Broholm S K, Tähtiharju S, Laitinen R A, et al, 2008. A TCP domain transcription factor controls flower type specification along the radial axis of the Gerbera (Asteraceae) inflorescence. Proc Natl Acad Sci USA., 105 (26): 9117-9122.

Chapman M A, Tang S, Draeger D, et al, 2012. Genetic analysis of floral symmetry in Van Gogh's sunflowers reveals independent recruitment of CYCLOIDEA genes in the Asteraceae. PLoS Genet, 8: e1002628.

Chen J T, Wen S Y, Xiao S, et al, 2018. Overexpression of the tonoplast sugar transporter CmTST2 in melon fruit increases sugar accumulation. J Ex Bot, 69 (3): 511-523.

Chu Y H, Jang J C, Huang Z, et al, 2019. Tomato locule number and fruit size controlled by natural alleles of *lc* and *fas*. Plant Direct, 3: e00142.

Cohen S, Itkin M, Yeselson Y, et al, 2014. The PH gene determines fruit acidity and contributes to the evolution of sweet melons. Nat Commun, 5: 4026.

Courtney-Gutterson N, Napoli C, Lemieux C, et al, 1994. Modification of flower color in florist's chrysanthemum: production of a white-flowering variety through molecular genetics. Biotechnol J, 12 (3): 268.

Dash M, Malladi A, 2012. The AINTEGUMENTA genes, MdANT1 and MdANT2, are associated with the regulation of cell production during fruit growth in apple (Malus × domestica Borkh.). BMC Plant Biol, 12: 98.

El Hadi MAM, Zhang F J, Wu F F, et al, 2013. Advances in fruit aroma volatile research. Molecules, 18: 8200-8229.

Fang J, 2015. Classification of fruits based on anthocyanin types and relevance to their health effects. Nutrition, 31: 1301-1306.

Fenske M P, Hewett Hazelton K D, Hempton A K, et al, 2015. Circadian clock gene LATE ELONGATED HYPOCOTYL directly regulates the timing of floral scent emission in Petunia. Proc Natl Acad Sci U S A, 112 (31): 9775-9780.

Fukui Y, Tanaka Y, Kusumi T, et al, 2003. A rationale for the shift in colour towards blue in transgenic carnation flowers expressing the flavonoid 3′, 5′-hydroxylase gene. Phytochemistry, 63, 15-23.

Goto F, Yoshihara T, Saiki H, 2000. Iron accumulation and enhanced growth in transgenic lettuce plants expressing the iron- binding protein ferritin. Theor Appl Genet, 100: 658-664.

Guo S, Zhao S, Sun H, et al, 2019. Resequencing of 414 cultivated and wild watermelon accessions identifies selection for fruit quality traits. Nat Genet, 51 (11): 1616-1623.

Han B H, Suh E J, Lee S Y, et al, 2007. Selection of non-branching lines induced by introducing Ls-like cDNA into Chrysanthemum [*Dendranthema grandiflorum* (Ramat.) Kitamura] "Shuho-no-chikara". Sci Hortic- Amsterdam, 115 (1): 70-75.

Hussain S B, Shi C Y, Guo L X, et al, 2017. Recent advances in the regulation of citric acid metabolism in citrus fruit. Crit Rev Plant Sci, 36: 241-256.

Jiang B, Miao H, Chen S, et al, 2010. The lateral suppressor-like gene, DgLsL, alternated the axillary branching in transgenic chrysanthemum (*Chrysanthemum morifolium*) by modulating IAA and GA content. Plant Mol Biol Rep, 28 (1): 144-151.

Kadomura-Ishikawa Y, Miyawaki K, Takahashi A, et al, 2015. RNAi-mediated silencing and overexpression of the FaMYB1 gene and its effect on anthocyanin accumulation in strawberry fruit. Biol Plantarum, 59 (4): 677-685.

Katsumoto Y, Fukuchi-Mizutani M, Fukui Y, et al, 2007. Engineering of the rose flavonoid biosynthetic pathway successfully generated blue-hued flowers accumulating delphinidin. Plant Cell Physiol,48:1589-1600.

Khodakovskaya M, Vaňková R, Malbeck J, et al, 2009. Enhancement of flowering and branching phenotype in chrysanthemum by expression of *IPT* under the control of a 0.821 kb fragment of the *LEACO*1 gene promoter. Plant cell reports, 28(9):1351-1362.

Kobayashi K, Masuda T, 2016. Transcriptional regulation of tetrapyrrole biosynthesis in Arabidopsis thaliana. Frontiers in Plant Science(7):1-17.

Li Q, Cao C, Zhang C, et al, 2015. The identification of Cucumis sativus Glabrous 1 (CsGL1) required for the formation of trichomes uncovers a novel function for the homeodomain-leucine zipper I gene. J Ex Bot, 66(9):2515-2526.

Luo H, Dai C, Li Y, et al, 2018. *Reduced Anthocyanins* in *Petioles* codes for a GST anthocyanin transporter that is essential for the foliage and fruit coloration in strawberry. J Exp Bot, 69(10):2595-2608.

Mao Y, Sun J, Cao P, et al, 2016. Functional analysis of alternative splicing of the FLOWERING LOCUS T orthologous gene in Chrysanthemum morifolium. Hortic Res, 3:16058.

Monforte A J, Diaz A, Cano-Delgado A, et al, 2014. The genetic basis of fruit morphology in horticultural crops: lessons from tomato and melon. J Exp Bot, 65:4625-4637.

Munos S, Ranc N, Botton E, et al, 2011. Increase in tomato locule number is controlled by two single-nucleotide polymorphisms located near WUSCHEL. Plant Physiol, 156:2244-2254.

Noda N, Yoshioka S, Kishimoto S, et al, 2017. Generation of blue chrysanthemums by anthocyanin B-ring hydroxylation and glucosylation and its coloration mechanism. Science Advances, 3(7):e1602785.

Oda A, Narumi T, Li T, et al, 2011. *CsFTL*3, a chrysanthemum *FLOWERING LOCUS T-like* gene, is a key regulator of photoperiodic flowering in chrysanthemums. J Exp Bot, 63(3):1461-1477.

Ren C, Liu X, Zhang Z, et al, 2016. CRISPR/Cas9-mediated efficient targeted mutagenesis in Chardonnay (*Vitis vinifera* L.). Scientific Reports, 6:32289.

Ren Y, Guo S, Zhang J, et al, 2018. A Tonoplast Sugar Transporter Underlies a Sugar Accumulation QTL in Watermelon. Plant Physiol, 176(1):836-850.

Rodriguez G R, Munos S, Anderson C, et al, 2011. Distribution of SUN, OVATE, LC, and FAS in the tomato germplasm and the relationship to fruit shape diversity. Plant Physiol, 156:275-285.

Rodriguez-Leal D, Lemmon Z H, Man J, et al, 2017. Engineering quantitative trait variation for crop improvement by genome editing. Cell, 171:470-480.

Shang Y, Ma Y, Zhou Y, et al, 2014. Biosynthesis, regulation, and domestication of bitterness in cucumber. Science, 346:1084-1088.

Van der Knaap E, Østergaard L, 2018. Shaping a fruit: Developmental pathways that impact growth patterns. Semin Cell Dev Biol, 79:27-36.

Wei G, Tian P, Zhang F, et al, 2016. Integrative analyses of non-targeted volatile profiling and transcriptome data provide molecular insight into VOC diversity in cucumber plants (*Cucumis sativus* L.). Plant Physiol, 172(1):603-618.

Wei Q, Ma C, Xu Y, et al, 2017. Control of chrysanthemum flowering through integration with an aging pathway. Nat Commun, 8(1):829.

Xu C, Liberatore K L, MacAlister C A, et al, 2015. A cascade of arabinosyltransferases controls shoot meristem size in tomato. Nat Genet, 47:784-792.

Xue S, Dong M, Liu X, et al, 2019. Classification of fruit trichomes in cucumber and effects of plant hormones on type II fruit trichome development. Planta, 249(2):407-416.

Yang Y, Ma C, Xu Y, et al, 2014. A zinc finger protein regulates flowering time and abiotic stress tolerance in chrysanthemum by modulating gibberellin biosynthesis. Plant Cell, 26(5):2038-2054.

Yao J L, Tomes S, Xu J, et al, 2016. How microRNA172 affects fruit growth in different species is dependent on fruit type. Plant Signal Behav, 11(4):e1156833.

Zhang H, Wang L, Zheng S, et al, 2016. A fragment substitution in the promoter of CsHDZIV11/CsGL3 is responsible for fruit spine density in cucumber (*Cucumis sativus* L.). Theor Appl Genet, 129(7):1289-1301.

Zvi M M, Shklarman E, Masci T, et al, 2012. PAP1 transcription factor enhances production of phenylpropanoid and terpenoid scent compounds in rose flowers. New Phytol, 195(2):335-345.

松本美枝子,1980.キユウリ果実におけるブルム発生機構の解明とその防止法.富山農試研報,11:29-35.

第十章 园艺作物现代化生产装备与应用

截至 2019 年底,我国已成为世界第一大农机生产和使用国,农业生产方式实现了从主要依靠人力畜力到机械动力的历史转变。尤其是对于劳动密集型的园艺产业,近年来智能化农业装备的应用,对于提高园艺生产效率、减少生产用工、提高经济效益具有重要作用。

第一节 园艺机械化生产的意义及应用

英文的"机械"(machine)源自希腊语 mechine 及拉丁文 mecina,原指"巧妙的设计"。作为一般性的机械概念,可以追溯到古罗马时期,主要是区别于手工工具。机械化是指在生产过程中直接运用电力或其他动力来驱动或操纵机械设备以代替手工劳动进行生产的措施或手段。机械化是提高劳动生产率、减轻体力劳动的重要途径。

一、机械化生产的意义及对生产模式的要求

(一)机械装备在园艺生产中的作用和意义

园艺生产是农业生产的重要组成部分,随着社会、经济的发展和人民生活水平的提高,人们对园艺产品数量、质量的要求和对园艺产业生产效率的要求也越来越高。近年来,城镇化、工业化快速发展,农村大量农业劳动力向第二、三产业转移,园艺生产劳动力紧缺,人工成本大幅度增加,不仅直接影响园艺产业的经济效益,还影响园艺产业的未来发展前景。大力发展园艺生产管理的机械化作业,减少用工、减轻劳动强度、节约劳动成本,提高生产效率和经济效益已成为业界共识,机械化生产成为提升园艺产业效率的必要途径。

我国的园艺机械化是从无到有,从少到多逐渐发展起来的。近年来,适合我国国情的中、小型园艺机械相继问世,并在实际生产中得到推广应用。园艺机械的使用能够促进园艺产业的高速、高质量发展,主要表现在以下几个方面:

1. 可以节省劳动力 农民从传统的管理作业中解放出来,变成机械操纵者,管理园艺生产各个环节。机械化生产可以减少人力投入,带动农民增收。

2. 提升作业质量 园艺机械能够保证作业的均一性、精准性,极大提高了作业的效率及质量,更有利于园艺产业的发展。

3. 改善园艺生产经营条件 智能温控、气调设备等的投入可以控制园艺产品的生长期、成熟期,便于进行反季节栽培,实现园艺产品的周年供应,提高园艺产业的经济效益。

4. 提高土地利用率 通过土壤改良、机械化及合理化种植,提高单产、降低成本、提升品质,进而提高土地利用率。

5. 改善园艺作物生长环境 园艺机械的应用可以改善园艺作物的生长环境,促进园艺作物的生长发育。

6. 提高园艺产品的产量和质量 随着现代科学技术的发展，为园艺作物生长及其产品保存创造适宜环境条件的各种设施及装备运用得越来越多，比如，机械化穴盘育苗在很大程度上节约了能源和资源，提高了秧苗的质量和生产效率；多用途蔬菜播种机较好地解决了多种蔬菜的播种作业；果园弥雾机可以进行大面积果园喷雾作业。

由此可见，推进园艺作物机械化生产技术的应用是现代化园艺作物生产的趋势，各个地区要根据自己区域条件来选用适合的机械及技术，以促进园艺作物生产的规模化、集约化和产业化，在提高园艺作物生产效益的基础上降低成本。同时要投入更多精力研发园艺作物机械化生产技术，以满足园艺作物机械化生产过程的高技术性，以及园艺产品生产过程中机械一体化和通用化的要求。

（二）机械化生产的特点及对生产模式的要求

1. 园艺机械化生产的特点 近年来园艺生产机械化水平不断提高，其生产方式具有十分鲜明的特点：

（1）现代技术高度集成与应用。园艺机械化综合运用了设施工程、新型材料、环境控制、生物工程、微电子技术与计算机管理等高新技术成果，为园艺作物提供了良好的生长环境及收获、加工条件，极大地提高了资源利用率和生产效率。

（2）栽培环境相对可控。园艺机械化可营造更为适宜的作物生长环境，延长生长季节，可进行反季节栽培，实现周年生产。

（3）高投入、高产出、高效益。单位土地面积产能得到大幅度提升。

（4）社会效益显著。园艺机械化不仅提高产能、效益，增产增收，还推进了工业化、城镇化、农业现代化，尤其对生态资源起到了明显的改善作用，保护了生态环境。

2. 园艺机械化生产对生产模式的要求 园艺机械化的发展有着清晰的路线。

首先，高生产率和有特色的园艺机械大量出现并投入使用。为了提高园艺作业的劳动生产率，必须提高作业机组的生产率。因此，大型机械向大功率方向发展，配套的作业机械增多，且工作幅宽相应加大，机组作业速度普遍提高，宽幅、高速及高生产率是作业机械的发展趋势。与此同时，为适应设施栽培和园圃菜地的需要，一些小动力机械不断出现，并向微型化发展。这些小型机械结构简单、使用方便、造型美观，并具有易启动、噪声低、污染小的特点。

其次，多用途机械和联合作业机械有广泛的市场需求。所谓多用途机械就是将一台机器经过简单改装就能完成多项作业，如一些耕作机械换装不同的工作部件可以进行耕地、整地，一些播种机械换装不同的排种装置和部件可播不同种类的种子，扩大机具的通用性。所谓联合作业机械就是一台机器在一次行程内，可同时完成两种或多种作业内容，如旋耕播种施肥机、旋耕起垄铺膜机等。多用途机械及联合作业机械应用于生产，可以提高机具的利用率，充分发挥机器的动力，还可节约作业时间，降低作业成本。

再次，近年来我国的工厂化设施生产发展也十分迅速。工厂化生产改善了园艺生产的环境和条件，提高了园艺生产的水平。温室大棚、冷藏库等设备的利用为园艺作物创造了十分有利的生长环境，缩短生长周期，提高产品的产量和品质，实现反季节生产、销售。先进的计算机控制温室和植物工厂，可以自动调节室内的温度、湿度、CO_2浓度、光照条件、灌溉、营养液供应等，为作物创造良好的生长环境，一年四季可向市场供应新鲜的蔬菜、水果和花卉。

最后，随着现代科学技术的发展，各种新技术、新材料、新工艺日益广泛地被应用到园艺机械和装备中。采用新材料、新工艺可以提高机器的寿命并且降低机器的成本，如用聚乙烯、聚丙烯塑料制造药箱及管道附件、阀门等，可避免零件的腐蚀，减轻质量，又简化生产工艺，降低制造成本。采用液压技术，可以提高机械的操作自动化水平。利用电子仪器、各种传感器和计算机，可以监测、控制和调整机械的工作状况和作业质量，提高工作的可靠性和自动化水平。如在药剂喷洒装置中用计算机能自动控制其行走速度，使各处喷量保持一致；在温室等设施中，可对环境进行自动调控，利于作物的生长。此外，如激光技术用于开沟及平整土地，微波、超声波、红外线用于消灭病虫害及园艺产品的干燥、保鲜等。

3. 园艺生产模式与园艺机械化的关系　　现代农业生产主要包含两项基本内容，一是农艺，二是农机。农艺是指农作物的种植、管理等技艺，农机是指为实现作物生产而设计制造的相应工具。现代农业的发展离不开农机和农艺的结合。

园艺生产模式与园艺机械化的关系就是农机和农艺的关系。一方面，园艺作物的生产一般是以小规模、人力为主要特点，这就导致了作物的株行距、株高、株形等主要适应人工管理方式，而对于机械管理所要求的空间、高度等因素并未考虑在内，影响机械作业，园艺作物相关管理部门没有为主要的园艺作物推荐适合机械作业的种植模式和后期管理模式，使得园艺作物的种植模式五花八门，加大了机械选择难度；另一方面，园艺机械生产厂家设计生产与传统种植模式相配套的小型化、动力足、可靠性高的主机和配套机具非常困难，农机部门与园艺技术人员和技术主管部门沟通不畅，往往局限于自己的专业领域考虑问题，造成园艺机械与生产实践不协调，机械难以在园艺生产上推广应用。

园艺作物种类多、差距大，导致园艺机械与作物不配套，适应性较低，性能也很不稳定，很难满足生产需求。目前使用的园艺机械，功能也比较单一，难以实现完全自动化和机械化生产。园艺作物生产环节主要包括整耕地、种植、管理、收获、环控、采后处理等环节，整耕地机械化技术比较成熟，相关机具已广泛使用，该环节机械化水平是整个园艺生产过程中最高的。但是目前在用机具中占比较大的是常规大田耕作机具，大棚设施内普遍采用小型机具，其机具类型较少。由于园艺作物种类繁多，种子形状、大小千差万别，对播种机械的适应能力有较高的要求。另外，由于部分种子质量较轻，对播种机械的稳定性、排种精度等技术要求较高，机械化播种在蔬菜等作物生产中的应用并不多。植保和灌溉环节的机械化程度相对较高，喷灌、滴灌等节水灌溉在园艺作物生产中应用较为广泛，施肥环节的水肥一体化装备也得到了广泛应用。园艺作物机械化收获处于起步阶段，尤其是果实的收获，受其品种间、种内、株间差异以及栽培模式的影响，收获机械无法广泛适用。环控主要用于设施园艺作物的种植和生长环节，如在种植花卉、蔬菜、果树的温室、大棚安装湿帘、卷帘机及增降温设备等，机械化程度较低。

4. 园艺机械化的发展前景　　园艺机械化的实现要求工程技术与栽培技术相结合，二者相辅相成，共同实现园艺生产的高效与高产。因此在未来研究中，园艺机械科研人员应从栽培技术、生产模式及生产要求的角度设计研发作业机械。同样，园艺生产应该统一植株的种植标准，以便更好地实现园艺机械化。具体来说，就包括统一生产用种，统一育苗方式，统一行距和株距，统一栽培模式等。

农机农艺融合的关键在于生产的标准化、品种的规模化及农业作业的专业化。首先，要将机械化作业纳入园区整体规划，为园艺作业机械化生产奠定基础。其次，应从机械化角度规范农艺栽培标准：适应机械化生产的种植模式，适应作业环节衔接的整地规范化技术，适应机械播种的种子前处理技术，适应机械移栽的育苗标准化技术，适应机械采收的育种栽培技术。最后，要建立机艺融合机制，农机农艺部门要在政策研究、技术研发、人才培养等方面建立会商机制，共同制定资金扶持方法，共同参与园艺作物生产机械化技术的试验、示范和推广。

园艺机械化研究离不开农机农艺基础数据的支持，但目前我国的园艺作物环境调控不理想，缺少植物生长模型等基础数据；一些国外装备不符合我国国情，其设备生产效率难以发挥；农艺模式不统一，造成设备开发困难。应尽快构建设施园艺栽培作物规范化作业流程，加强主要栽培作物生长模型研究，结合园艺种植方式、栽培管理方法，建立园艺机械化基础使用指导数据库，并行开发高水平装备技术与轻简化设备，合理调整产业结构，发挥技术优势，以构建规模化、自动化、信息化生产模式，实现智能生产与管理，提高企业的行业竞争力，实现园艺生产现代化转型。

以提升高效园艺机械化水平和发展质量为目标，结合园艺产业发展实际，坚持因地制宜、因业制宜，按照先易后难、先急后缓、梯度推进的原则，扎实推动园艺机械化全面协调发展。对园艺机械的推广应用要有针对性，对较为成熟的管理作业环节的机械应大力进行示范与推广；对技术不够成熟，但市场需求量大的机具应加大研发、试验力度，并不断升级完善。可重点支持具备现代园艺作物栽培模式的园区发展和普及，大力推广应用节水灌溉、肥水一体化技术和经济实用型管理机械。以示范基地和园区建设为切入点，以高效种植机械化技术为重点，突出重点作物和关键生产环节，加快先进适用的设施农业装备和技术的引进与试验示范。

二、园艺作物生产的机械类型与应用

园艺机械装备与其他农业机械装备一样，主要包括动力机械和作业机械两大类。动力机械顾名思义就是提供能源动力，比如拖拉机可以拖带各种农机具进行耕地、整地、播种、栽植、中耕施肥、开沟培土、喷药、收获以及田间运输等工作。作业机械则针对园艺生产中的具体操作环节，包括耕作机械、种植机械、排灌机械、植保机械、采收机械等。

（一）动力机械

1. 内燃机 将燃料燃烧所产生的热能转化为机械能的机器称为热力发动机，简称热机。燃料直接在机器气缸内部燃烧的热机称为内燃机。内燃机按燃料类型分类，可分为柴油机和汽油机；按点火方式不同，可分为压燃式和点燃式；按发动机气缸数目，可分为单缸和多缸；按气缸排列方式，可分为H型、L型、V型和W型；按发动机冷却方式，可分为水冷型和风冷型。内燃机通常按主燃料命名，分为柴油机和汽油机。

农业生产中多采用柴油机作为动力源，柴油机是一部由许多机构和系统组成的复杂机器（图10-1）。现代柴油机的结构形式很多，即使是同一类型的柴油机，其具体构造也不同。对于一般的柴油机来说，通常包括机体组、曲柄连杆机构、配气机构、供给系统、冷却系统、润滑系统和启动系统。

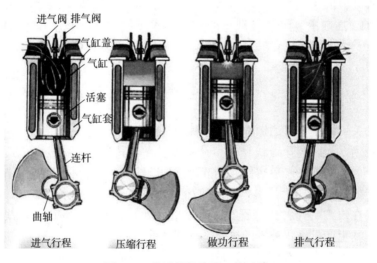

图10-1 柴油机构造及工作过程

2. 拖拉机 拖拉机是主要的农业动力机械，可以拖带各种农机具进行耕地、整地、播种、栽植、中耕施肥、开沟培土、喷药、收获和农田基本建设，还可用于田间运输和固定作业。拖拉机根据行走方式的不同，通常可分为轮式拖拉机和履带式拖拉机（图10-2）。

图 10-2 轮式及履带式拖拉机
a. 轮式拖拉机　b. 履带式拖拉机

轮式拖拉机有两轮、三轮和四轮之分。在我国，习惯将两轮拖拉机称为手扶拖拉机。三轮、四轮拖拉机通称为轮式拖拉机，轮式拖拉机运行较为灵活。相比较于轮式拖拉机，履带式拖拉机的履带与地面接触面积大，附着性能好，不易打滑，同时对单位面积土壤的压力较小，工作时不致压实土壤，在潮湿松软地上不易陷车，地面通过性好，但机体质量大，运行不灵活，综合利用程度低，目前在园艺生产中使用率较低。

3. 电动机　电动机是将电能转化为机械能的动力设备。电动机的分类有多种，如直流电动机与交流电动机；三相交流电动机和单相交流电动机；异步电动机和同步电动机；鼠笼式电动机和绕组式电动机。其中，鼠笼式三相交流异步电动机（图 10-3）结构简单、质量轻、价格低。因此，鼠笼式三相交流异步电动机是园艺生产中较为常用的动力设备，广泛地应用于喷滴灌系统、果蔬加工贮藏系统、设施环境控制系统等园艺生产过程的诸多机械设备中。

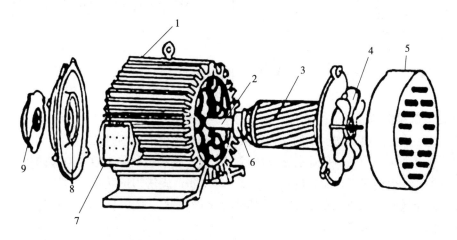

图 10-3　鼠笼式三相异步电动机结构
1. 定子　2. 转轴　3. 转子　4. 风扇　5. 罩壳　6. 轴承　7. 接线盒　8. 端盖　9. 轴承盖

（二）耕作机械

土壤是作物生长的基础，土壤耕作是农业生产中最基本的环节。在园艺生产中主要采用传统耕作法，通常是用铧式犁耕翻作业，再用圆盘耙、旋耕机等进行整地作业，在作物生长过程中再进行几次中耕作业，完成除草、松土、保墒、追肥及培土等作业。

耕地机械按工作原理分为铧式犁、旋耕机、圆盘犁及深松机等，其中铧式犁应用最广。整地机械包括耙、耱、镇压器等，常用的整地机械是圆盘耙和镇压器。

1. 铧式犁 铧式犁按动力分为畜力犁和机力犁（拖拉机等动力带动）；按其与动力挂接方式分为牵引犁、悬挂犁和半悬挂犁，以及与手扶拖拉机直接连接的犁；按犁体数分为单铧、双铧、多铧；按质量可分为轻型犁和重型犁；按其翻土方向又可分为单向犁和双向犁两种；按用途可分为旱地犁、水田犁、果园犁、山地犁和开沟犁等。

铧式犁耕地机组在作业中的行走方法对耕地质量有很大影响。对行走方法的要求是：耕后开闭垄少，地面平整，地头空行程短，工作效率高，行走方法简单明了便于记忆。单向铧式犁的行走方法最基本的是内翻法（图10-4a）、外翻法（图10-4b）和套耕法（图10-4c），双向铧式犁的行走方法是梭形走法。在实际生产中，可根据这种基本行走方法，结合具体作业条件，与其他行走方法组合形成多种灵活的行走方法。

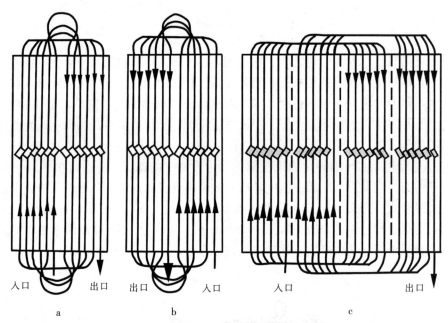

图 10-4 耕地行走方法
a. 内翻法 b. 外翻法 c. 套耕法

2. 旋耕机 旋耕机是一种由机械动力驱动的耕整地机具（图10-5），分为卧式旋耕机和立式旋耕机两种形式，能一次完成耕、耙、平的作业。其优点是对土壤的适应性强，能在潮湿、黏重土壤上工作，对杂草、残茬的切碎力强，作业后土壤松碎、平整。旋耕机的碎土效果与拖拉机的前进速度和旋耕刀的转速有关。一般情况下，旋耕的速度为2~3km/h，旋耕刀的转速为200~270r/min。旋耕机的平土拖板对碎土效果也有很大的影响。但其缺点是消耗动力大，工效低，工作深度浅，覆盖性能差，对土壤结构的破坏比较严重。

旋耕机行走方法主要包括：

（1）梭形耕法。机组从地块的一侧进入，耕至地头转弯后紧靠前一行程返回，往复梭形耕作。此法地头空行少，效率高，不易漏耕。手扶拖拉机转小弯较为灵便，因此园艺生产中多采用此法。

（2）套耕法。机组从地块的一侧进入，耕至地头后，相隔3~5个工作幅处返回，进行套耕。采用套耕法可避免地头转小弯，操作方便，机器磨损小，但地头空行多，土壤被多次压实。

（3）回形耕法。机组从地块一侧进入，转圈耕作，由四周耕到地块中央，该方法操作方便，空行程少，工效高。

3. 圆盘耙 圆盘耙主要用于耕后整地，进行表土破碎、平整地表、消除表土内的大孔隙，也可用于收获后的浅耕灭茬等作业。圆盘耙按耙组的排列有单列和双列之分，按其结构形式又有对置式和

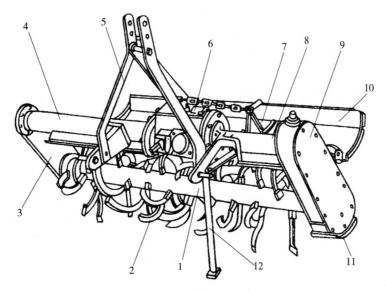

图 10-5　旋耕机构造
1. 刀轴　2. 刀片　3. 右支臂　4. 右主梁　5. 悬挂架　6. 齿轮箱
7. 挡泥罩　8. 左主梁　9. 传动箱　10. 拖板　11. 防磨板　12. 撑杆

偏置式。对置式耙组对称配置在拖拉机中心线的两侧；偏置式耙组偏置于拖拉机中心线的右侧，适用于果树下部靠近树根作业。

耙地作业应视地表情况选择合理的行走方法（图 10-6）。常用耙地方法有套耙和对角耙。

（1）套耙。将地块分为等宽的两个小区，机组从小区的一侧进入，从另一区的同一侧返回，顺时针或逆时针方向套耙。此法行走机组的工作阻力较小，不需转环形小弯，地头窄，但其平地效果较差，适用于比较疏松、平整的土壤。

（2）对角耙。耙地方向与耕地方向呈一定角度，最好是 45°，也称斜耙。该方法平地和碎土效果较好，但此法行走路线比较复杂，对于操作者的技术要求较高，容易漏耙和重耙。

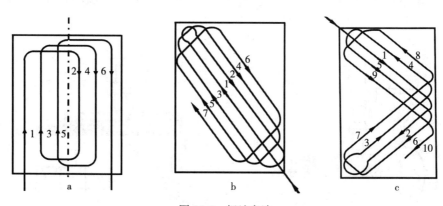

图 10-6　耙地方法
a. 套耙　b. 正方形地块对角耙　c. 长方形地块对角耙

4. 田园管理机　田园管理机是一种多功能小型农田作业机械，具有结构紧凑、体积小、操纵轻便灵活、相对功率大和机动性强等特点（图 10-7）。该机可具备耕地、开沟、培土、起垄等多种功能，在果园、菜地、温室大棚、丘陵坡地和小地块作业方面有着广泛的应用，如葱、草莓等经济作物的开沟、培土作业，蔬菜大棚的旋耕、松土作业，果园中耕除草、开沟作业，丘陵山地等复杂地形地块的旋耕作业等。

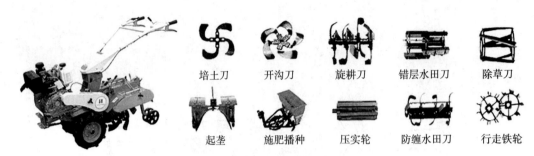

图 10-7 田园管理机

（三）种植机械

蔬菜等园艺作物种植方式基本可以分为两种，即直接播种和育苗移栽。直接播种比较简单，成本低，效率高，实现机械化效果明显，因此应用比较普遍。而育苗移栽比较复杂，成本高，效率低，实现机械化比较困难，但是由于育苗移栽可以大大缩短田间生长时间，争抢茬口，可以大大提高土地周转效率，因此成为蔬菜生产的一项重要措施。为此，本节主要介绍种子的精量播种、催芽，种苗嫁接、移栽等过程中使用的主要设备和设施。

1. 种子精量播种设备 育苗播种有两种方法：一种是撒播或窄行条播，要求种子分布均匀，利于幼苗生长和分苗，此方法多用于茄果类和叶菜类蔬菜；另一种是点播，要求不空穴，穴距合理，多用于大粒种子的播种，如瓜类、豆类等作物，该方法多用于营养钵育苗播种和育苗盘播种。

机械化育苗的主要设备是精量播种生产线，包括育苗基质的混合、装盘、压凹，种子的精量播种，以及播种后的覆土、喷水等一系列作业过程。

育苗播种机依其工作原理分为吸附式播种机和磁性播种机两类。其中吸附式播种机适用于营养钵和育苗穴盘的单粒播种，有利于机械化作业，生产效率高，但要求种子饱满、清洁和发芽率高，不能进行一穴多粒播种。

（1）吸嘴式气力播种机。该播种机由吸嘴、压板、排种板、盛种管及吸气装置等组成（图 10-8），适用于营养钵育苗点播。该播种装置与制钵机配合使用，可实现边制钵边播种联合作业，已播种的营养钵块由输送带送出机外，并装入育苗盘送至催芽室进行催芽。

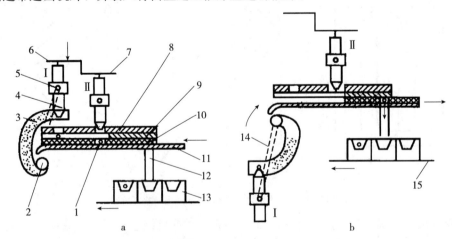

图 10-8 吸嘴式育苗播种装置工作过程示意图
a. 进种工作状态 b. 排种工作状态
Ⅰ. 吸嘴总成1 Ⅱ. 吸嘴总成2
1. 种子 2. 吸气管 3. 盛种管 4. 吸嘴 5. 吸气口 6. 压板 7. 顶针 8. 带孔铁板（10个）
9. 斜槽板 10. 电木板 11. 下挡板 12. 输种管 13. 营养钵块 14. 吸气道 15. 输送带

（2）板式育苗播种机。该播种机由带孔的吸种板、吸气装置、漏种板和输种管、育苗盘和输送机构等组成（图10-9）。工作时，种子被快速地撒在吸种板上，使板上每个孔眼都吸附1粒种子，多余的种子流回板的下面。将吸种板转动到漏种板处，此时通过控制装置去掉真空吸力，种子从吸种板孔落下，并通过漏种板孔和下方的输种管，落入对应的育苗盘营养钵块上，然后覆土和灌水，将育苗盘送入催芽室。这种类型的播种机可配置各种尺寸的吸种板，以适应各种类型的种子。

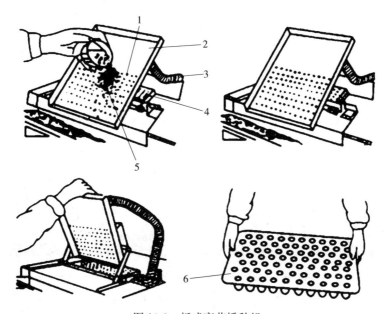

图10-9 板式育苗播种机
1.吸孔 2.吸种板 3.吸气管 4.漏种板 5.种子 6.育苗盘

（3）磁性播种机。磁性播种机是纸钵育苗配套的机具，1穴内播数粒种子，它由播种设备和电气设备两部分组成（图10-10）。

磁性播种机的工作原理是利用磁铁吸引铁的性质而制成的，在种子上附着带磁性的粉末，用磁极吸引，然后再用消磁的方法使被吸附的种子播下。播种机磁极具有与纸钵规格相同的数目和尺寸，用于装种用的盛种盘上盛种孔的配置也与播种机磁极的排列间隙和数目相一致。播种时选用发芽率高且饱满的种子，把选出的种子和磁性粉末装在小筒里，并摇晃1~2min即可，筛除未黏附的粉末。每

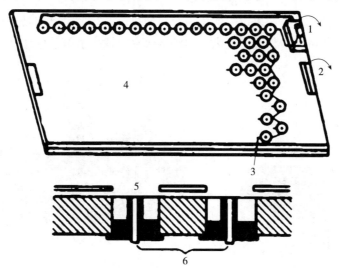

图10-10 磁性播种机示意图
1.电闸盒 2.把手 3.绕线管 4.播种机 5.线圈 6.磁极

一个纸钵的播量（即每穴播种粒数）为3~4粒种子，待幼苗长出后从中选优。磁性播种机的播量可以调节，其方法是根据输出功率来控制，输出功率越大则磁极吸附的种子粒数越多。

2. 催芽设施与设备 催芽室是常见的催芽设施，是工厂化育苗生产的关键设施之一。由于种子发芽阶段对环境的要求特殊而且严格，采用催芽室催芽可保证种子的发芽条件，而且不占用温室空间，对提高工厂化育苗效率具有重要作用。

工厂化穴盘育苗设备的作用是把经筛选处理后的基质完成装盘、刷平、压穴、播种、覆土、刮平、喷水等作业。以2XⅢ.400型精量播种生产线（图10-11）为例介绍其工作过程。

该生产线包括基质筛选→基质混拌→基质提升混装料箱→穴盘装料→基质刷平→基质压穴→精量播种→穴盘覆土→基质刷平→喷水等工艺过程，可对72孔、128孔、288孔和392孔穴盘进行精量播种，播种准确度高于95%，对丸粒种子粒径要求分为4~4.5mm的大粒种子和2mm左右的小粒种子或圆形种子，可播种除黄瓜外的各种蔬菜、花卉和一些经济作物的种子，纯工作时间生产率为8.8盘/min。

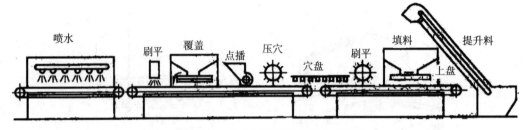

图10-11 穴盘育苗精量播种生产线

3. 自动嫁接设备 嫁接对提高作物的抗逆性、抗病性、产量和改善品质等都起着重要的作用。人类栽培史上，嫁接方法的采用已经有几百年的历史。传统的人工嫁接速度太慢，太烦琐，成活率因操作者而异。机械嫁接的突出优点是速度快、成活率较高且稳定。图10-12为一种蔬菜嫁接机器人四手爪柔性夹持搬运机构，理论嫁接速度为1 107株/h，平均嫁接成功率为96.67%。利用机构顺序间歇式旋转实现上苗、切削和对接工位同步作业，以及秧苗柔性夹持与快速搬运，减少人工上苗等待时间，提高机器嫁接效率。机构主要由切削支撑部件、气路分配器、连接座、旋转台、转盘、对接气缸和夹持手等组成。4组秧苗夹持与对接部件以垂直对称分布安装于转盘上，气路分配器安装于转盘中心和连接座之间，转盘与旋转台的转动部分固定，气路分配器用于解决气动执行器顺序旋转过程中气管缠绕问题。工作时夹持手从上苗工位中取出秧苗，通过旋转台驱动转盘顺序间歇90°快速旋转，实现上苗、切削和对接工位的同步作业，提高机器嫁接效率，解决了单手爪往复旋转持苗作业效率低和上苗等待时间长的问题。

图10-12 嫁接机器人柔性夹持搬运机构

1. 切削支撑部件 2. 气路分配器 3. 连接座 4. 秧苗 5. 旋转台 6. 转盘 7. 对接气缸 8. 夹持手

嫁接机的工作过程包括砧木取苗、砧木切削、接穗取苗、接穗切削、对接上夹和输出嫁接苗。工作时，首先将砧木和接穗夹持搬运机构进行复位，1号夹持手从上苗工位取出秧苗，旋转台驱动转盘旋转90°，将1号夹持手和秧苗输送至切削位并完成切削作业，此时2号夹持手从上苗工位取苗，旋转台继续驱动转盘旋转90°，将1号夹持手和秧苗输送至对接工位并完成对接与上夹作业，随后释放第1株嫁接苗，此时2号夹持手和秧苗被输送至切削工位并完成切削作业，3号夹持手从上苗工位完成取苗，旋转台再次驱动转盘旋转90°，2号夹持手和秧苗被输送至对接工位完成对接与上夹作业，并释放第2株嫁接苗，此时3号夹持手被输送至切削工位完成切削作业，1号夹持手在上苗工位重新取苗，依次类推完成嫁接循环作业（图10-13）。

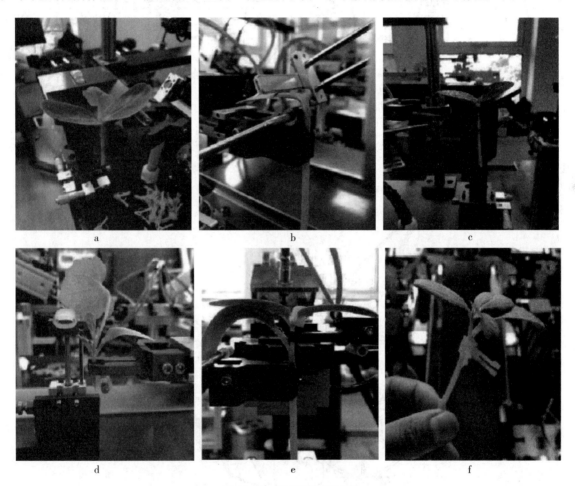

图10-13　嫁接机工作过程
a. 砧木取苗　b. 砧木切削　c. 接穗取苗　d. 接穗切削　e. 对接上夹　f. 嫁接苗

4. 幼苗移栽设备　幼苗长到一定大小后，就要往地里移栽。移栽机所移栽的秧苗种类有裸苗、钵苗及纸筒苗等，其中裸苗难以实现自动供秧，基本上是手工喂秧。而钵苗，由于采用穴盘供秧，较容易实现机械化自动喂秧。

移栽机的种类很多，按秧苗的种类可分为裸苗移栽机和钵苗移栽机；按自动化程度可以分为简易移栽机、半自动移栽机和全自动移栽机；按栽植器类型可以分为钳夹式移栽机、导苗管式移栽机、吊杯式移栽机、挠性圆盘式移栽机及带式移栽机等。

（1）钳夹式移栽机。钳夹式移栽机又可分为圆盘钳夹式（图10-14）和链条钳夹式（图10-15）两种。该移栽机的主要优点是结构简单，株距和栽植深度稳定，适合栽植裸苗和钵苗。缺点是栽植速度慢，株距调整困难，钳夹容易伤苗，栽植频率低，一般为30株/min。

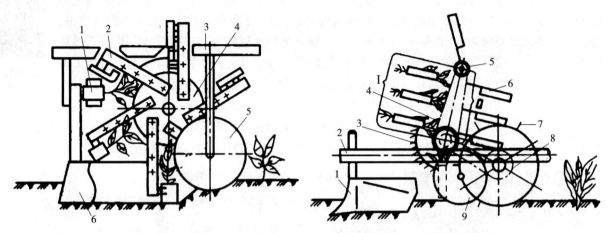

图 10-14 圆盘钳夹式移栽机
1. 横向输送链 2. 钳夹 3. 机架
4. 栽植盘 5. 覆土镇压轮 6. 开沟器

图 10-15 链条钳夹式移栽机
1. 开沟器 2. 机架 3. 滑道 4. 秧苗 5. 栽植环形链
6. 钳夹 7. 地轮 8. 传动链 9. 镇压轮

(2) 导苗管式移栽机。该机可以保证较好的秧苗直立度、株距均匀性、深度稳定性，栽植频率一般在 60 株/min。但结构相对复杂，成本较高（图 10-16）。

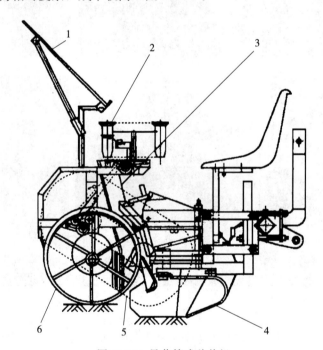

图 10-16 导苗管式移栽机
1. 苗架 2. 喂入器 3. 导苗管 4. 开沟器 5. 棚条式扶苗器 6. 镇压轮

(3) 吊杯式移栽机。该机适宜于柔嫩秧苗及大钵秧苗的移栽（图 10-17）。吊杯在投放秧苗的过程中对苗体起扶持作用，有利于秧苗直立，可进行膜上打孔移栽。

(4) 挠性圆盘式移栽机。该机在工作时，开沟器开沟，由人工将秧苗一株一株地放到输送带上，秧苗被输送到两个张开的挠性圆盘中间时，弹性滚轮将挠性圆盘压合在一起，秧苗被夹住并向下转动，当秧苗处于与地面垂直的位置时，挠性圆盘脱离弹性滚轮，自动张开，秧苗落入沟内，此时土壤正好从开沟器的尾部流回到沟内，将秧苗扶持住，镇压轮将秧苗两侧的土壤压实，完成栽植过程（图 10-18）。

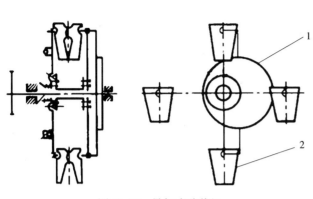

图 10-17 吊杯式移栽机
1. 偏心圆环 2. 吊杯

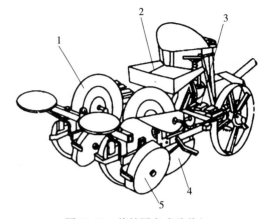

图 10-18 挠性圆盘式移栽机
1. 挠性圆盘 2. 苗箱 3. 供秧输送带
4. 开沟器 5. 镇压轮

(四)排灌机械

1. 水泵 水泵是输送液体或使液体增压的机械。它将原动机的机械能或其他外部能量传送给液体,使液体能量增加。其类型主要有离心泵、轴流泵、混流泵、潜水泵等。园艺生产中水泵主要用来进行灌溉。评价水泵性能的主要参数包括流量、扬程、功率和转速。

2. 喷灌系统 喷灌系统由水源、水泵动力机组、管道系统和喷头组成,有的还配有行走、量测和控制等辅助设备。喷灌系统有多种类型,较普遍的是按系统的主要组成部分在喷灌季节的可移动程度,分为固定式喷灌系统、移动式喷灌系统和半固定式喷灌系统(图 10-19)。

喷灌系统

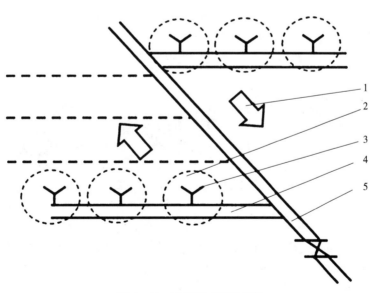

图 10-19 半固定式喷灌系统
1. 支管移动方向 2. 喷洒面积 3. 竖管与喷头 4. 支管 5. 干管

3. 滴灌系统 滴灌系统是将具有一定压力的水过滤后,经管网和出水管道或滴头以水滴的形式缓慢而均匀地滴入植物根部附近土壤的一种灌水方法。由水源、首部枢纽、输配水管网和滴头组成(图 10-20)。首部枢纽有水泵动力机组、化肥罐、过滤器和量测控制设备等;输配水管网包括干管、支管、毛管以及管道接件、控制调节设备。由于园艺生产精耕细作的特点,园艺作物一般采用滴灌方式进行灌溉。

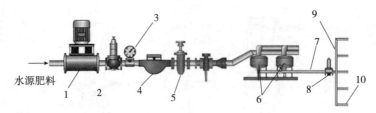

图 10-20　滴灌系统的组成示意图
1. 水泵　2. 逆止阀　3. 压力表　4. 水表　5. 主控制阀
6. 过滤器　7. 干管　8. 减压阀　9. 支管　10. 毛管

（五）株形管理机械

针对木本园艺作物来说，株形对利用和改善田间小气候、提高光能利用率和园艺作物生长发育有着重要影响，因此保持良好的株形对增产、抵御病虫害和机械管理具有重要意义。随着农业技术的发展，机械化是发展的重要趋势，而株形的保持主要依靠整形修剪。因此，对株形管理的机械化要从整形修剪开始。

机械修剪主要通过把修剪装置固定在牵引机具上，依靠可以上下移动及左右回转的作业臂，将树冠修剪出一定的几何形状，其切割装置多采用液压驱动，作业效率高，适合规模化种植的果园。目前，果树整形修剪主要采用以人工为主的单枝修剪和以机械修剪装置为主的整株几何修剪。整株几何修剪机械多用在葡萄园的修剪中。在国外，矮化密植栽培的果园也常采用整株几何修剪。通过整株几何修剪后的果园，可以为后续的机械化管理创造便利条件。

1. 以人工为主的单枝修剪设备　国内以人工为主的枝叶修剪机械包括果树电动短剪、果树气动短剪与果树气动高枝修剪（图 10-21）。使用这些产品不需要肌肉力量，动力由空气压缩机提供，最大直径达 30mm 的树枝也可切割自如。日本爱丽斯（ARS）公司开发了通过手柄转动转移剪枝力的 VS.8R 手动修枝剪；意大利 CAMPAGNOLA 公司根据树种和环境不同，开发了 Star35 气动修枝剪，作业时剪切力可达 2.12kN，可剪切 3 次/s，适合剪枝难度较高的场合。

图 10-21　单枝选择修剪工具
a. 普通修枝剪　b. 气动修枝剪　c. 电动修枝剪

2. 以机械为主的几何修剪设备　以机械修剪为主的设备主要是整株几何修剪机械，根据修剪刀具运动方式的不同又分为回转式修剪机械和往复式修剪机械等。回转式修剪机械主要包括圆盘刀式修剪机械、回转刀片式葡萄藤修剪机和龙门架式树冠修剪机。

（1）回转式修剪机械。

①圆盘刀式修剪机械：圆盘刀采用锯齿形的边缘，提高了切割稳定性，交错布置的刀片避免了果树漏剪（图 10-22）。该修剪机采用非选择性的修剪方式，仅能修剪树体的一个完整侧面，不能做到单株整形修剪。此外，修剪形式单一，适应性差。

②回转刀片式葡萄藤修剪机：回转刀片式葡萄藤修剪机（图 10-23）则是一种拖拉机前悬挂式的回转叶片葡萄藤修剪机，旋转叶片均采用液压发动机驱动。修剪机整机分为上、下两个部分：上部用

图 10-22　圆盘刀式修剪机
a. 圆盘刀式修剪机示意图　b. 圆盘刀式修剪机实物图

于修剪葡萄藤的顶部，下部用于修剪葡萄藤的侧枝。

③龙门架式树冠修剪机：龙门架式树冠修剪机（图 10-24）通过拖拉机侧向悬挂骑跨在树上进行修剪。整机分为两个立式修剪机构，每个机构上安装多组回转圆盘刀，通过液压油缸调节，控制修剪机构的张开角度，以实现不同树形的修剪。立式修剪机构可实现上下移动，完成对整个树冠的修剪。

图 10-23　回转刀片式葡萄藤修剪机

图 10-24　龙门架式树冠修剪机

（2）往复式修剪机械。

①自动乔木修剪机：修剪机的水平方向与竖直方向位置分别由两个伸缩杆来控制。竖直方向的伸缩杆在液压发动机的驱动下可以完成 180°的转动，修剪装置在两棵树中间时，可以一次完成两棵树的单侧修剪。往复式切割装置可以在竖直方向上实现 360°的回转，从而可以修剪完整的树形，在竖直平面内可以实现 90°以内的转动，实现不同锥度树形的修剪。该修剪机可实现对不同高度、锥度树形的修剪（图 10-25）。

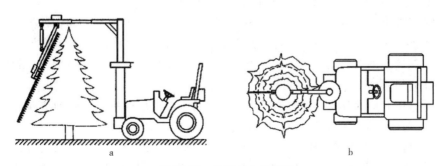

图 10-25　自动乔木修剪机
a. 侧视图　b. 俯视图

②双往复切割器式修剪机：双往复切割器式修剪机在机架顶部和侧面分别安装一个往复式切割器，可通过液压油缸调整修剪高度，实现对果树的修剪，如图 10-26 所示。该修剪机械可以通过调节顶部修剪刀的角度进行矮化密植栽培果园中的修剪作业。

③单侧往复切割器式葡萄藤修剪机：该机是一种具有手动仿形机构的葡萄藤修剪机（图 10-27），在葡萄藤侧面进行修剪。通过手动仿形机构调节行间大小，实现对小行距葡萄的修剪。该修剪机的往复式切割结构简单，功耗小，修剪效率高。但是其对葡萄藤的不同生长状态适应性差，易堵塞；由于往复式切割，惯性力较大，机架振动大，作业速度不宜过高。

图 10-26　双往复切割器式修剪机　　　　图 10-27　单侧往复切割器式葡萄藤修剪机

（六）植保机械

在作物生长过程中，病害、虫害和杂草严重影响作物的品质和产量。国内外防治病虫害的方法主要有生物防治、物理防治和药物防治 3 种，化学农药防治方法仍是当今农作物病虫害防治最有效、最主要的手段。施用化学农药的机械称为植物保护机械，简称植保机械。

1. 植保机械的功用　　在农业生产中，植保机械功用早已超出了防治病虫害的范围，它的功用表现在以下诸多方面：①喷施杀虫剂、杀菌剂用以防治植物虫害、病害；②喷施化学除草剂用以防治杂草；③喷施病原体及细菌等生物制剂用以防治植物病虫害；④喷施液体肥料进行叶面追肥；⑤喷施生长调节剂、花果减疏剂促进果实的正常生长与成熟；⑥撒布人工培养的天敌昆虫进行植物病虫害的生物防治；⑦对病、虫、草、兽、鸟等施以射线、光波、电磁波、超声波、高压电以及火焰、声响等物理能量，达到控制、驱赶或灭除的目的；⑧对植物种子进行药剂消毒及包衣处理，用以防治播种后的病虫害；⑨喷施落叶剂或将作物进行适当处理，以便于机械收获；⑩将农药施于翻整过的地面或注入地下进行土壤消毒，用以防治杂草及地下害虫等。

植保机械

2. 植保机械的种类　　植保机械的种类很多，由于农药的剂型、作物种类和防治对象的多样性，农药的施用方法各不相同，这就决定了植保机械的多样性。其分类方法主要有：

（1）按施用的农药剂型和用途分类。可分为喷雾机、喷粉机、喷烟机、撒粒机、拌种机和土壤消毒机等。

（2）按配套动力分类。可分为手动植保机具、电动植保机具、机动植保机具和航空植保机械 4 种。此外，习惯上把手动的称为喷雾器，把机动的叫喷雾机。

（3）按操作、携带和运载方式等分类。手动植保机具可分为手持式、手摇式、肩挂式、胸挂式、踏板式等；小型动力植保机具可分为担架式、背负式、手提式、手推车式等；大型动力植保机具可分为牵引式、悬挂式、自走式等。

（4）按施液量多少分类。可分为高容量喷雾（大田作物施药液量大于600L/hm²或果园施药液量大于1 000L/hm²）、中容量喷雾（大田作物施药液量200~600L/hm²或果园施药液量500~1 000L/hm²）、低容量喷雾（大田作物施药液量50~200L/hm²或果园施药液量200~500L/hm²）、很低容量喷雾（大田作物施药液量5~50L/hm²或果园施药液量50~200L/hm²）、超低容量喷雾（大田作物施药液量小于5L/hm²或果园施药液量小于50L/hm²）。

（5）按喷雾机喷洒的雾滴直径大小分类。可分为喷雾机（雾滴直径大于150μm）、弥雾机（雾滴直径为50~150μm）和烟雾机（雾滴直径为1~50μm）。

（6）按药液雾化方式分类。可分为液力喷雾机、气力喷雾机、热力喷雾机、离心喷雾机、静电喷雾机等。

（七）采收机械

园艺产品采收机械根据采摘产品器官的不同，主要分为果品采摘机械，果菜类收获机械，叶菜类收获机械，根、茎菜类收获机和采茶机等。

果品采摘机械

1. 果品采摘机械 果品采摘机械按工作方式分类，主要有人工采摘机具、机械推摇采果机、气力振摇采果机、机械撞击采果机和智能采摘机械。

（1）人工采摘机具。摘果钳是最常见的人工采果工具，一般用剪和摘两种方法。充气式摘果钳作业时，用果囊托托住果实，然后用手压紧充气胶囊，气体通过孔道进入摘果囊，使摘果囊内气压增高，抱紧果实，再扳动或扭动摘果钳将果实摘下（图10-28）。这种充气式摘果钳结构简单，操作简便，能够适应不同果实形状，不会损伤果实。

（2）机械推摇采果机。机械推摇采果机结构如图10-29所示，由推摇器、夹持器、接载装置、运载车厢等组成。采摘时先用夹持器夹住树干（或大树枝），再将接载装置推靠在树干周围，并安装好运载车厢，然后由推摇器推摇果树，果实掉落于收集面上，沿斜面滚向中央输送装置，通过输送带传送至运载车厢中，同时，在输送过程中由风扇清除轻杂物，完成初步清理。该机器作业效率高，每株果树采收只需1~2min，较多的时间用于转移作业位置和采前的准备工作。

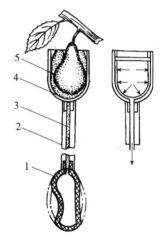

图10-28 摘果钳
1.充气胶囊 2.铝合金管
3.通气孔道 4.果囊托 5.摘果囊

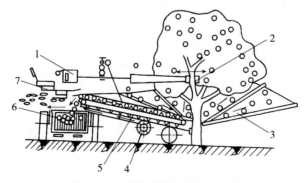

图10-29 推摇采果机结构示意图
1.推摇器 2.夹持器 3.接载装置 4.风扇 5.输送装置 6.运载车厢 7.操作手座位

（3）机械撞击采果机。机械撞击采果机的基本原理与推摇采果机类似，力度和频率不同于推摇设备，又分为擂杆式撞击机、棒杆式敲击机和门式高架采果机。擂杆式撞击机适用于树干粗大、刚硬的难以推摇的果树；棒杆式敲击机适用于篱壁式栽植的果园；门式高架采果机适用于成行密植的矮化果树。其工作部件也是敲击振动装置，敲击件采用板条、直杆、桨叶、成排指杆等形式。

（4）气力振摇采果机。气力振摇采果机（图10-30）在采果时利用高速气流（可达160km/h）的冲击作用，从两个（或多个）排气口喷向果树，同时气流由导向器以60~70次/min的频率改变气流方向，使果实振摇产生惯性力而折断果柄。这种机器可用于收获柑橘，功率消耗大，对树叶有损伤，但摘果率较高，可达90%。用于收获浆果可提高工效2~3倍。

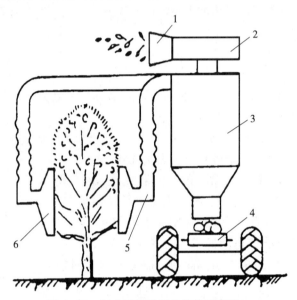

图10-30 气力振摇采果机结构示意图
1. 杂物排出口 2. 风机 3. 果实沉降室 4. 输送带 5. 吸风道 6. 采吸口

2. 果菜类收获机械　果菜类收获机根据不同果菜类别有专用采收机械，目前常见的有黄瓜收获机和番茄收获机。

（1）黄瓜收获机。黄瓜收获机分为选择性收获和一次性收获两类机型，目前多采用一次性收获方法。选择性收获机分多次将标准果实采用打击振落原理从瓜蔓上采摘下来。这类收获法的主要缺点是每次不可能摘下全部商品果实，而且重复收获会损伤瓜蔓，机器生产率也受到限制。一次性黄瓜收获机的结构如图10-31所示，被挤摘下来的黄瓜落到果实输送器，送至收集箱。一次性黄瓜收获机适合大规模种植的黄瓜，采摘效率较高，但采摘标准较难控制。

（2）番茄收获机。番茄收获机多使用一次性收获的联合收获机（图10-32）。作业时，割刀把番茄植株切下，利用拨禾轮送至捡拾输送器上，捡拾输送器再把植株送入摘果器，摘果器利用振动和撞击的原理分离、摘脱果实。摘脱了果实的植株从键式摘果器尾部落到地上，摘下的番茄落到纵向果实收集输送上，并从纵向输送器被送到横向输送器。番茄从纵向输送器送到横向输送器上时，经过风扇吹出的气流吹除轻的杂物。在剔选台上，再将土块、杂物，以及轻的、压碎的或腐烂的番茄挑出。机器的关键工作部件是果实分离器（摘果器）。该机器采收率较高，损失少，剔选率高。

（3）叶菜类收获机。叶菜类收获机目前主要有白菜收获机、菠菜收获机及芹菜收获机等，多为一次完成式收获机，其中白菜类收获机械化作业发展较快。

白菜联合收割机的结构如图10-33所示。该机为单行、半悬挂，生产率大约为0.18hm^2/h，可一次完成切割、除叶和装车等作业，实现了大白菜高效、高质量收获作业。

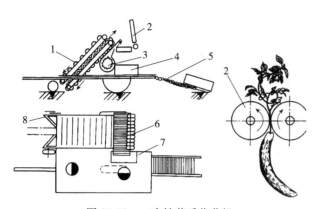

图 10-31 一次性黄瓜收获机
1. 波纹捡拾输送器 2. 摘果辊轴 3. 风扇 4. 收集箱
5. 滚道 6. 果实收集输送器 7. 装箱台 8. 割刀

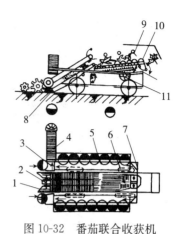

图 10-32 番茄联合收获机
1. 割刀 2. 拨禾轮 3. 横向输送器 4. 倾斜升运器
5. 剔选台 6. 纵向输送器 7. 二次横向输送器
8. 捡拾输送器 9. 梳齿 10. 键式摘果器 11. 风扇

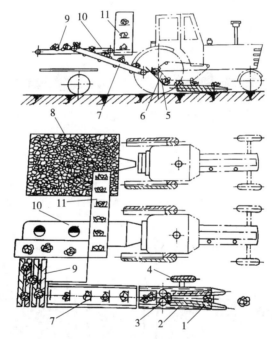

图 10-33 MCK.1 型白菜联合收割机结构示意图
1. 喂入搅龙 2. 平整搅龙 3. 圆盘刀 4. 仿形轮 5. 提升托盘 6. 吊索式传送装置
7. 接收输送装置 8. 拖车 9. 叶子分离器 10. 检查工作台 11. 卸菜输送器

3. 根、茎菜类收获机 根、茎菜类收获机目前主要有莴苣、马铃薯、胡萝卜、萝卜等块根（茎）蔬菜采收机械。

（1）莴苣收获机。莴苣收获机为选择式采收机，该机械的关键部件为选择装置，在切割器前方装有机械传感器或辐射式传感器，辐射式传感器利用 γ 射线或 X 射线照射莴苣头来综合检测其大小和密度，以便确定其成熟度，然后由切割器切割采收成熟的莴苣。这种机械的结构较为复杂，成本较高。

（2）马铃薯挖掘机。我国使用较为广泛的抖动链式马铃薯挖掘机（图 10-34）由限深轮、挖掘铲、抖动输送链、集条器、传动机构及行走轮等组成。这种收获机与 30kW 以上拖拉机配套使用，适于在平坦的大面积沙壤土地中作业，在水分适度较黏重的土壤中作业也可获得较好的效果。

4. 采茶机 茶叶的采摘不同于其他园艺作物的采收，需要收获幼嫩的茎叶。采茶机按操作方式

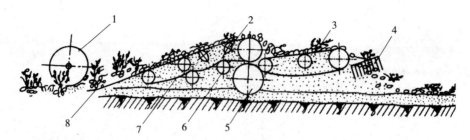

图 10-34　4WM.2 型马铃薯挖掘机工作示意图

1. 限深轮　2. 抖动轮　3. 第二输送链　4. 集条器　5. 行走轮　6. 拖链轮　7. 第一输送链　8. 挖掘铲

可分为双人式和单人背负式两种。

（1）双人采茶机。其结构如图 10-35 所示，采茶时采用双人跨行作业（图 10-36），由 3～5 人操作，远离汽油机一侧的是主机手，另一侧是副机手，辅助人员扶持集茶袋在茶蓬面滑移。行走方法为主机手在前后退走，副机手在后前进走，采茶机前进速度控制在 0.5～0.6m/s。双人采茶机适合的单次采摘宽度一般为 80～90cm，其采摘效率最高，因为属于一次性采摘，所采茶叶的质量难以保证，对茶树冠层平整度要求较高。

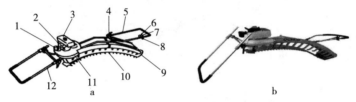

图 10-35　双人采茶机

a. 结构示意图　b. 外形图

1. 化油器　2. 启动绳　3. 油管　4. 开关　5. 主把手　6. 离合器手柄
7. 油门手柄　8. 停车按钮　9. 送风管　10. 切割器　11. 风机　12. 副把手

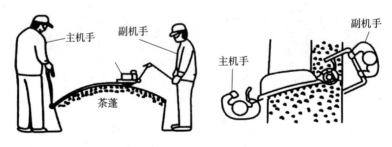

图 10-36　机采作业行走示意图

（2）单人背负式采茶机。机动式单人背负式采茶机主要由动力、传动机构、采茶机头 3 部分组成（图 10-37）。工作时将切割刀对准需要采摘的茶叶即可采摘，采下的茶叶在风管的作用下被吹入下方的集叶袋中。这种采茶机操作灵活、快捷，不受茶树种植不规范、地块小及地形复杂等因素的影响，还能适时采摘，保证茶叶品质。

5. 智能果蔬采收设备　随着科学技术的进步，越来越多的果蔬采收设备应用机器视觉、嗅觉和无损成分检测等现代传感技术，智能化程度越来越高。如葡萄采摘机器人，是一种基于 RSSI 自主导航和颜色特征提取的智能采摘设备（图 10-38）。该机器人使用 RSSI 定位技术，首先对装有无线传感器的葡萄树进行定位，然后利用机器视觉系统对葡萄的成熟度进行判断，并对满足采摘条件的葡萄使用机械手进行采摘，移动机械臂并启动末端执行器，最终完成葡萄采摘作业。该机器人对葡萄树定位和葡萄成熟度识别的精度较高，智能化程度高。

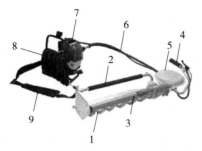

图 10-37 单人背负式采茶机
1. 刀片 2. 右手柄 3. 风管 4. 油门开关
5. 左手柄 6. 集叶风机 7. 软轴
8. 汽油机 9. 背垫

图 10-38 葡萄采收机器人

（八）加工贮藏机械

园艺产品采后的加工贮藏对保证产品质量、提升经济价值具有重要意义，主要包括果蔬根茎叶切除、清洗、分级和贮藏等，常用的机械有根茎叶切除机、果蔬清洗机、分级机和贮藏设备。

1. 根茎叶切除机 这类机器根据完成工艺过程的方法，可分为搓擦式、拉断式和切割式 3 种。

（1）搓擦式根茎叶切除机。常见的搓擦装置为滚筒式（图 10-39），依靠滚筒旋转使拨杆上下翻动，利用拨杆与滚筒的间隙挤压摩擦作用去除茎叶，并将葱头推向出口，泥土、茎叶尺寸小，从振动槽筛孔分离出，干净的葱头从出口流出。这一过程同时完成葱头与茎叶的切除与分离，生产率高，适合各种球形葱头加工，但只有在茎叶含水量不高时才能较好地发挥效能。

（2）拉断式根茎叶切除机。常见的葱头拉断式根茎叶切除机（图 10-40），通过具有不同工作表面的左右辊轴反向转动，形成的摩擦力将茎叶拉入两辊间狭小间隙，再利用葱头与茎叶大小不同，挤压拉断茎叶，完成葱头的分离。该设备可同时实现葱头的定向和茎叶分离，并由同一个工作部件完成，生产效率不受茎叶含水量的影响。

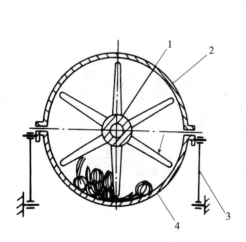

图 10-39 搓擦式滚筒工作部件
1. 转轴 2. 上固定槽 3. 支杆 4. 下振动槽

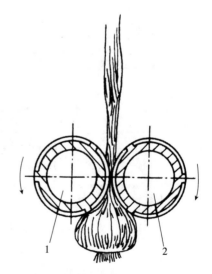

图 10-40 拉断式根茎叶切除机
1. 左辊轴 2. 右辊轴

（3）切割式茎叶切除机。切割装置是切除茎叶或根的常用部件，锯齿式双圆盘式切割器的 2 个圆盘刀片（图 10-41）在相对回转的过程中有部分重叠，利用重叠部分的切割作用，将根钳住并剪断。该设备结构简单，钳住根部能力强，切割质量好、效率高。

2. 清洗机 果蔬清洗是采后加工和提高卫生质量的重要环节，所用设备按作业方式不同分为喷淋式、鼓风式、滚刷式和超声波式清洗设备。

(1) 喷淋式清洗设备。果蔬喷淋式清洗设备一般由电控装置、高压水泵、储液箱等组成（图10-42）。机器工作时，在物料传送带上方安装喷淋装置，喷淋装置喷水作用在物料表面，利用水的喷射冲击力去除表面污物达到清洗的效果。该设备结构简单，适用于茄果类和块根、块茎类蔬菜的清洗，操作较为简单且故障较少，但对外形复杂的清洗物存在清洗盲区，效果一般。

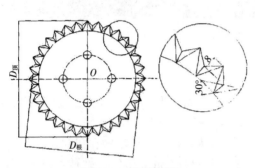

图 10-41 圆盘刀片

图 10-42 喷淋式清洗机

(2) 鼓风式清洗设备。果蔬鼓风式清洗设备一般由洗槽、喷水装置、鼓风机和电机等组成（图10-43）。工作时，先由鼓风机把空气送入洗槽中，使清洗水产生剧烈的翻动，在水和物料剧烈的搅拌下进行清洗。该设备既可加速污物清除，又能使原料的完整性不被破坏，较适合于果蔬原料的清洗。

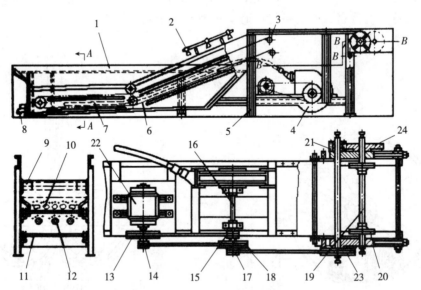

图 10-43 鼓风式果蔬清洗机

1. 洗槽 2. 喷水装置 3. 压轮 4. 鼓风机 5. 支架 6. 链条 7、12. 吹泡管
8. 排水管 9. 斜槽 10. 原料 11. 输送机 13、14、15、17、18、23. 皮带轮
16、19. 轴 20. 输送链 21、24. 齿轮副 22. 电机

(3) 滚刷式清洗设备。滚刷式清洗设备主要有平面横排式滚刷清洗机、弧面纵置式滚刷清洗机和水气浴毛刷综合清洗机等。其中水气浴毛刷综合清洗机（图10-44）的前段配置清洗水槽，由漩涡气泵产生压缩气流进入水槽，形成水气浴状态。果蔬被直接输送入水槽，遇水马上飘散，并受水气流作

用而翻滚，在浸泡过程中达到污泥脱落和污渍松软的效果。该设备前段采用水气浴清洗，后段采用毛刷清洗，适用于柑橘、荔枝、龙眼、枣、杏、李及果类蔬菜等的洁净加工。

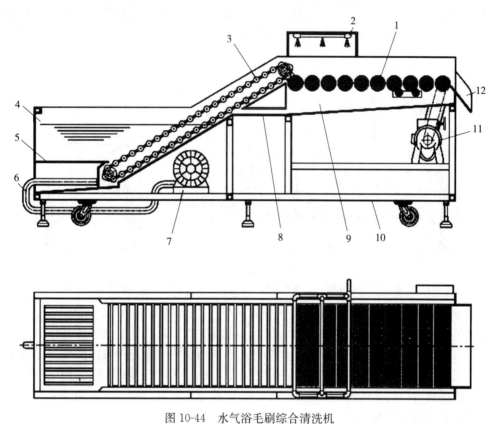

图10-44 水气浴毛刷综合清洗机
1. 毛刷辊 2. 喷淋装置 3. 提升辊 4. 清洗水槽 5. 隔板 6. 进气管 7. 漩涡气泵
8. 回流管 9. 集水槽 10. 机架 11. 减速电机 12. 出料槽

（4）超声波式清洗设备。超声波式清洗设备采用网带刮板式输送带，配置双道独立清洗槽，物料被连续输送清洗（图10-45）。工作时在第一道清洗槽中，对果蔬进行初步清洗，除去其表面大部分泥污。在第二道清洗槽中，在超声波的作用下进一步离解果蔬顽固污渍，对果蔬做深度清洗。该设备特别适用于叶菜类清洗，效率高，清洗彻底，而且不会出现叶面揉瘀熟化、茎梗折断的现象。

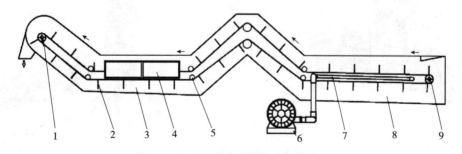

图10-45 水气浴超声波综合清洗设备
1. 主动轴 2. 网带刮板 3. 第二道清洗槽 4. 超声波换能器振板 5. 导向压轮
6. 漩涡气泵 7. 气流均布器 8. 第一道清洗槽 9. 被动轴

3. 分级机 采收或清洗后的果蔬为了提高产品质量等级，常采用分级设备按照果蔬的大小、质量、色泽、形状与成熟度等指标进行分级，提高商品的均匀一致性，提高产品等级。因此，果蔬分级机按工作原理可分为大小分级设备、质量分级设备和色泽分级设备。

(1) 大小分级设备。常用的大小分级设备有滚筒式分级机，主要由滚筒、不同尺寸的网格分级筛以及振动部件等组成（图10-46）。分级作业时，通过具有不同尺寸的网格或缝隙的分级筛，尺寸小的产品从小网格漏出，大的产品从大网格漏出，依次选出不同大小级别的果蔬。该设备结构简单，但在分级时容易产生果实之间的相互碰撞，降低优质果率。

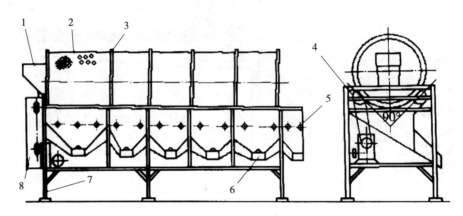

图10-46　滚筒式分级机
1. 进料斗　2. 滚筒　3. 滚圈　4. 摩擦滚轮　5. 铰链　6. 收集料斗　7. 机架　8. 传动系统

(2) 质量分级设备。质量分级装置有机械秤式和电子秤式（图10-47）。机械秤式分级机是利用杠杆平衡原理进行分级的，由传送带、可回转托盘、果秤、控制系统等组成。传送带上的果实单果移动接触到不同质量等级分口处的固定秤时，如果秤上果实质量达到固定秤设定的质量，托盘翻转，果实即落下，完成分级。这种设备适用于球形的园艺产品，缺点是产品容易损伤。而电子秤式分选的精度较高，一台电子秤可分选多种质量等级的产品，装置简化。质量分级设备适用于苹果、梨、桃、番茄、甜瓜、西瓜和马铃薯等的分级。

(3) 色泽分级设备。色泽分级机是果蔬外观品质分级的主要设备（图10-48），其原理是利用光束照射果实，通过反射率来判断果实的差色程度或伤痕等。水果在松软的传送带上跳跃前进，以便果实多角度通过电子发光点，果实表面产生的反射光被测定波长的光电管接收，反射光的波长因果实表面颜色差异而不同，光谱分析系统根据采集的波长判定取舍，并将其分为全绿果、半绿（半红）果和全红果等级别，从而实现分级。该设备能对物料进行无损检测，且较为精准。

图10-47　质量分级机

图10-48　色泽分级机

4. 贮藏设备　果蔬采收的季节性强，而消费者却是周年需求，为了提供新鲜的果蔬，对易腐坏产品则需要冷藏设备保鲜贮藏。果蔬的贮藏方式主要分为降温贮藏、调节气体成分贮藏与其他贮藏方式。

(九)设施环境控制机械

温室等园艺设施主要是指利用玻璃或塑料薄膜等透明或半透明覆盖材料将外界环境隔离,形成相对封闭的隔离空间,包括其内部配备的对各种环境因素进行有效调控的机械与设备。通过与外部的相对隔离和环境调控机械设备的作用,温室能够有效控制设施内物质与能量的转移与平衡,提供植物生产发育所需的物理环境、化学环境与生态环境。温室等园艺设施的根本目的在于为园艺作物的生长发育提供优于自然气候的环境条件,实现周年稳定和高效的园艺产品生产。因此,环境调节与控制是园艺设施工程的核心问题。温室内的环境条件是由室外气象条件、温室结构与覆盖材料、室内环境调控设施的运行状况、室内栽培的植物等复杂因素综合作用所决定的。本部分根据这些因素对温室设施内环境的作用与影响,重点讲述对温室环境进行有效调控的工程技术与设施。

1. 通风与降温机械 在夏天、春末和初秋的白天,由于太阳辐射较强,温室内的气温往往高达40℃以上,远远高于作物正常生长的最适温度。为了创造和维持适合作物需要的环境温度,就需要采用降温措施。

(1)温室通风换气设施。温室内通风换气设施包括自然通风换气设施和机械通风换气设施两种。

①自然通风系统:要求有足够通风能力的同时,室内气流应合理分布,通风系统能够方便调节。为保证热压通风具有良好的效果,通风的进风口、排风口设计的高度差较大,一般在侧墙下部设置进风窗口,而在屋面上设置排风窗口,这样可以获得较大的通风窗间的高度差(图10-49)。天窗设在屋脊处时,可获得最高的排风口位置,但在覆盖塑料薄膜的温室中,从减少屋面覆盖薄膜的接缝和方便开窗机构布置等方面考虑,也较多地将天窗设在谷间。

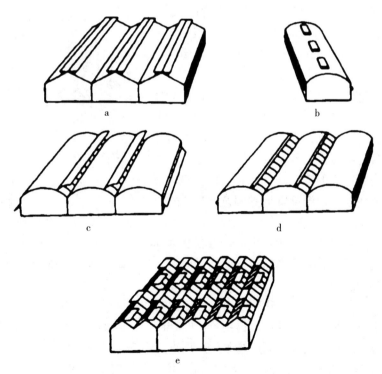

图 10-49 几种通风窗的设置形式
a. 连续式层脊天窗、推拉式侧窗 b. 上翻式天窗、卷帘侧窗
c. 连续式谷间窗、上旋式侧窗 d. 卷帘谷间窗、卷帘侧窗
e. Venlo式温室的交错式脊窗

②温室机械通风：一般有进气通风系统、排气通风系统和进排气通风系统3种基本形式。进气通风系统又称正压通风系统，是采用风机将室外新鲜空气强制送入室内，使室内空气压力形成高于室外的正压，迫使室内空气从排气口流出（图10-50a）。排气通风系统又称负压通风系统，是将风机布置在排风口，通过风机向室外排风，使室内空气压力形成低于室外压力的负压，室外空气从温室的进风口被吸入室内（图10-50b、c）。

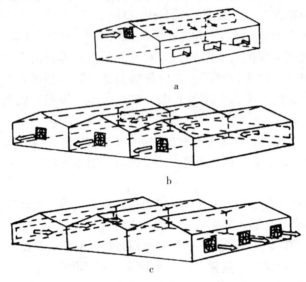

图10-50 机械通风的几种形式
a. 正压通风系统　b、c. 负压通风系统

(2) 湿帘-风机降温系统。部分园艺作物，特别是花卉，要求室温低于28℃，在这种情况下无论自然或强制通风均不能满足要求。此时应采用湿帘-风机降温设施降温（图10-51）。

当风机工作时，室内形成负压，外界压力较高、含水量较低的空气便从多孔、湿润的湿帘穿过，此时湿帘中吸水物质（如牛皮纸、杨木丝、棕绳等）表面的液态水与未饱和的空气相接触过程中蒸发为水蒸气，同时从空气中吸走大量热。因此，进入室内的空气降低了自身的温度。系统的连续运行，就能使温室内温度降低到园艺作物栽培所要求的水平。

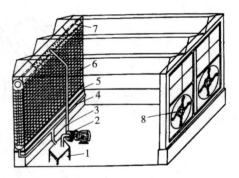

图10-51 湿帘-风机系统
1. 水池　2. 水泵　3. 输水管　4. 回水管
5. 集水槽　6. 湿墙　7. 喷水孔管　8. 风机

(3) 喷雾降温系统。喷雾系统所喷出的细雾是由水蒸气和极细小的水滴所组成的。喷雾降温按照雾化原理可以分为高压雾化系统、低压射流雾化系统和加湿降温喷雾系统等几种。

浓度适中的微雾在蒸发前弥漫于作物附近，在不影响作物生长发育的情况下大幅度降低作物对灌溉的需求。夏季温室设计采用喷雾降温，需要风机配合使用，以满足夏季降温必需的通风量，并确保作物所需的温度和湿度。但雾化设备只有少数生产厂家能够提供，应用较少。

2. 加温机械与设备 温室采暖是冬季温室内温度环境调控的最有效手段。但因燃料成本的增长，必须选择适宜的采暖方式，合理配置加温设备，在满足园艺作物生长需要的同时，应注意尽可能节省能源，避免生产成本的过多增加。

(1) 温室采暖方式。温室的采暖方式有热风、热水、蒸汽采暖，包括采用蒸汽加温热水的水采暖、蒸汽或热水加热空气的热风采暖、电热采暖、辐射采暖、太阳能蓄热采暖等多种，在我国农村还广泛采用炉灶煤火简易采暖设施。

近年来随着我国大型连栋温室的发展，集中供暖的燃煤锅炉热水采暖方式应用较多。在一些仅进行临时加温的温室，则较多采用燃煤热风炉或燃油暖风机加温。对于规模较小、阶段性使用、温度要求较高、特别是地温要求较高的育苗加温设施，则多采用灵活、易控、设备简单的电热采暖。

（2）温室热风采暖系统。热风采暖的热媒是空气，其优点是使用灵活性大，热风直接加热温室空气，热风温度一般比室温高 20~40℃，加温迅速，升温快。热风采暖系统的设备较简单，费用低，按设备折旧计算，每年的费用大约只有热水采暖系统的 1/5。热风采暖设备还具有安装方便、方便移动使用等优点。其主要缺点是空气热容量小，室温波幅较大。因此，热风采暖尤其适用于只进行短期临时加温的温室。

（3）热水循环加热系统。热水循环加热系统由钢护、输水管、主调节组、分调节组和轨道式散热管等组成。在供热调节和控制的过程中，调节组是关键的环节。主调节组和分调节组分别对主输水管道、分输水管道的供水温度进行一级和二级调节。

第二节　园艺生产机械的智能化控制

一、机械智能化控制的主要技术

（一）计算机视觉技术

计算机视觉的研究目标是根据感测到的图像对实际物体和场景做出有意义的判定，是使用计算机及相关设备模拟生物视觉的一种技术，在果树病虫害检测、果园果实估产等领域应用广泛。

1. 视觉传感器　视觉传感器是整个计算机视觉系统信息的直接来源，主要由一个或者两个图形传感器组成，有时还要配以光投射器及其他辅助设备。视觉传感器的主要功能是获取足够的机器视觉系统要处理的最原始图像。自然界的物体所反射的光线可以通过镜头进入感光元件阵列，感光元件阵列将光信号转换成能够被计算机识别的数字信号。视觉传感器根据组成感光元件的数量可以分为单目视觉传感器与双目视觉传感器。单目视觉传感器可以获取二维图形信息，而双目视觉传感器可以获取真实世界的三维信息。

（1）单目视觉传感器。单目视觉传感器由单个摄像头组成，其所获取的图像可以是彩色的或者黑白的图像。传感器根据感光芯片的不同可以分为 CCD 传感器与 CMOS 传感器。

（2）双目视觉传感器。双目视觉传感器与单目视觉传感器的不同之处在于双目视觉传感器一般由两个摄像头组成，能够获取真实世界的三维坐标。

2. 彩色图像颜色空间　颜色的差异性经常被应用在一些农业图像分析领域，比如果实识别与杂草识别。在计算机视觉应用中比较常用的颜色空间有 RGB、HSV 等颜色空间。

RGB 颜色空间是人的大脑通过眼睛接收到的自然空间的色彩，它是大自然中最常见的颜色空间，人们习惯使用 RGB 表示颜色特征，绝大多数显示器或打印机等输出设备中都使用 RGB 颜色模型。

HSV 是一种直观的颜色模型，它比 RGB 更接近人们对彩色的感知经验。H、S、V 分别代表颜色的色调、鲜艳程度和明暗程度。与 RGB 图像不同，HSV 的 3 个通道相对独立。单个通道内进行一些图像处理可以获取比较好的处理效果。RGB 彩色图像与 HSV 单通道图像如图 10-52 所示。

3. 图像边缘提取　物体的边缘检测可以完成多种图像识别任务。图像边缘检测的原理是检测出图像中所有灰度值变化较大的点，将这些点连接起来就构成了若干线条，这些线条可以称为图像的边缘（图 10-53）。

图 10-52　RGB 图像与 HSV 图像

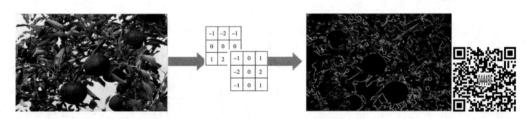

图 10-53　soble 边缘提取图像过程

4. 图像分割　图像分割就是把图像分成若干个特定的、具有独特性质的区域，并提出感兴趣目标的技术和过程。它是由图像处理到图像分析的关键步骤。现有的图像分割方法主要分为以下几类：基于阈值的分割方法、基于区域的分割方法、基于边缘的分割方法以及基于特定理论的分割方法等。其中，图像阈值化分割是一种传统的最常用的图像分割方法，因其实现简单、计算量小、性能较稳定而成为图像分割中最基本和应用最广泛的分割技术，特别适用于目标和背景占据不同灰度级范围的图像。图 10-54 为在特定颜色空间内对柿进行阈值分割的实例。

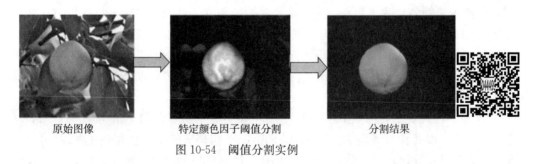

图 10-54　阈值分割实例

（二）全球导航卫星系统

全球导航卫星系统（Global Navigation Satellite System，GNSS）泛指所有的卫星导航系统，包

括美国的 GPS、俄罗斯的格洛纳斯（GLONASS）、欧洲的伽利略卫星导航系统、中国的北斗卫星导航系统。GNSS 利用轨道中的卫星以及地面的测量基站可以为用户提供全方位、全天候、全时段的三维矢量信息、速度和精确定时等导航信息，在园艺作物生产上可用于作业机械的定位、导航等，以确保作业精度。GNSS 系统如图 10-55 所示。

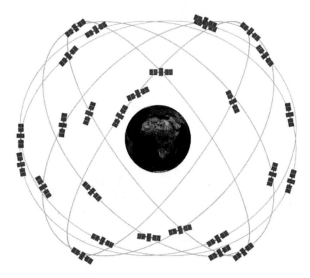

图 10-55　GNSS 系统

GPS 是美国于 1994 年全面建成，具有在海、陆、空进行全方位实时三维导航与定位功能的新一代卫星导航与定位系统。该系统由 24 颗近地卫星组成，向全世界提供定位服务。

北斗导航系统是中国自行研制的全球卫星导航系统。该系统由 27 颗中地球轨道卫星、5 颗同步轨道卫星、3 颗倾斜同步轨道卫星组成，北斗卫星导航系统可在全球范围内全天候、全天时为各类用户提供高精度、高可靠定位、导航、授时服务，并具短报文通信能力，已经初步具备全球导航、定位和授时能力。

GLONASS 卫星导航系统开发于苏联时期，后由俄罗斯继续该计划，该系统标准配置为 24 颗卫星，可以向全球提供定位服务。

伽利略卫星导航系统是由欧盟研制和建立的全球卫星导航定位系统。该系统由 30 颗卫星组成，卫星轨道高度约 2.4 万 km，位于 3 个倾角为 56°的轨道平面内，可以向全球提供准确的定位服务。

（三）计算机控制系统

计算机控制系统是在自动控制和计算机技术发展的基础上产生的。若将自动控制系统中控制器的功能用计算机来实现，就组成了典型的计算机控制系统。它用计算机参与控制并借助一些辅助部件与被控对象相联系，以获得一定的控制目的而构成的系统（图 10-56）。如园艺作物生产中通过环境传感器收集数据，反馈给计算机系统，经分析后进行温室的光补偿、温度调节、湿度调节等。

1. 计算机控制模式

（1）集中式计算机控制。集中式计算机控制系统是使用直接数字控制方法分时控制大量回路的计算机控制系统，可以实现控制的高度集中。旨在建立一个相对稳定的控制中心，由控制中心对组织内外的各种信息进行统一的加工处理，发现问题并提出问题的解决方案。集中控制适用于结构简单的系统，但集中式计算机控制系统存在一定的管理风险，比如一旦中央控制中枢发生故障，可造成整个系统崩溃，所以在大型的控制应用中分布式计算机控制系统已经代替集中式控制系统。

（2）分布式计算机控制。分布式计算机控制系统（DCS 系统）是以微处理器为基础，采用控制功能分散、显示操作集中、兼顾分而自治和综合协调的设计原则的新一代仪表控制系统。主要特征是

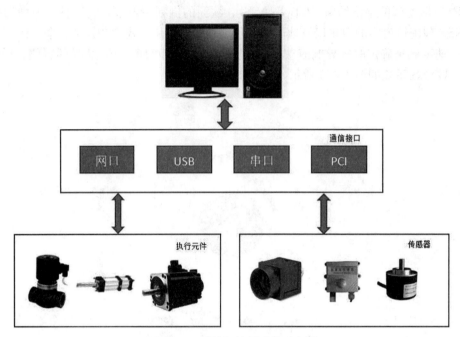

图 10-56 计算机控制系统示意图

它的集中管理和分散控制。

集中式与分布式控制系统的原理图如图 10-57 所示。

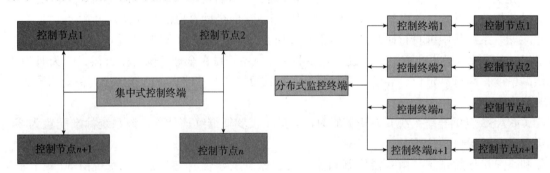

图 10-57 集中式控制系统与分布式控制系统原理图

2. 计算机控制算法 在计算机控制中，在进行任何一个具体控制系统的分析、综合或设计时，首先需要建立的该系统的数学模型，确定其控制算法。

3. 计算机控制硬件接口

(1) 串行通信接口。串行通信接口是一种采用串行通信方式的扩展接口，可以将数据一位一位地顺序传送。其特点是通信线路简单，传输距离较长。

(2) 并行通信接口。并口与串口通信方式相反，可以直接一次性发送 8 位或者更多的数据。其通信速度快，但传输距离受到限制。

(3) USB。USB 是一种新兴的并逐渐取代其他接口标准的数据通信方式。作为一种高速串行总线，其极高的传输速度可以满足高速数据传输的应用环境要求。

(4) 以太网接口。以太网接口是一种可以让设备进行基于套接字（socket）等网络交互的接口，以通过 IP 地址进行通信。具有速度快、传输距离远等特点。接口分为 RJ.45 接口、RJ.11 接口等。

(5) PCI 口。PCI 口是安装在 PC 主板的一种接口，是一种局部并行总线，可以外接运动控制卡、CAN 卡、图像采集卡等设备。

4. 应用于计算机控制的高级编程语言 计算机语言是人与计算机之间传递信息的媒介。计算机系统最大的特征是指令通过一种语言传达给机器。为了使电子计算机进行各种工作，就需要有一套用以编写计算机程序的数字、字符和语法规则，由这些字符和语法规则组成计算机的各种指令。主要语法规则包括以下几类：

（1）C语言。C语言是一门面向过程的、抽象化的通用程序设计语言，广泛应用于底层开发。其具有跨平台、运行速度快等优点。

（2）C++语言。C++语言是C语言的继承，可以进行以抽象数据类型为特点的基于对象的程序设计，还可以进行以继承和多态为特点的面向对象的程序设计。

（3）Java语言。Java是一门面向对象编程语言，不仅吸收了C++语言的各种优点，而且摒弃了C++里难以理解的多继承、指针等概念。Java语言具有功能强大和简单易用两个特征。

（4）Python语言。Python是一种面向对象的动态类型语言，最初被设计用于编写自动化脚本，现在越来越多地运用于机器学习与大数据等领域。

二、智能化技术的主要应用

随着科技的发展，计算机控制系统及智能化技术在园艺作物领域中也得到了广泛的应用，主要体现在利用计算机视觉技术、全球导航卫星系统以及计算机控制系统，对园艺作物生产中的土地平整、种子播种和果实采收等进行自动化、智能化管理。智能化技术可以通过对大数据的收集整理与分析，更加科学地减少人工成本和提高工作效率。

（一）激光平整

激光平整系统是基于激光控制技术、全球导航卫星系统、地理信息系统等对种植土地进行精细平整的最先进综合应用。激光平整系统从20世纪80年代在美国率先进行了应用，直到90年代开始引入到我国东北、新疆地区应用。相对于传统的人工、半机械平整土地的手段，激光平整系统可以显著地提高种植土地的利用率，改善土地地面的种植微地形以及提高土地的灌水效率，以此来实现节水和园艺作物的增产效果。

1. 激光平整体系的构成　激光平整体系主要由土地地形数据收集分析系统、激光平地设备、土地利用评价决策信息系统构成，涉及地形高程数据收集—制定合理的平整方案—土地平整的实施—平整后合理利用土地的过程。

（1）地形数据收集分析系统。土地地形数据收集分析系统包含了土地地面高程数据收集和决策设计制定两个部分。土地地面高程数据依靠于高精度的GPS设备进行收集；决策设计制定是利用计算机编程语言编写出土地评估软件和决策软件对收集到的高程数据进行分析，绘制出相关的分布图，估算出平地工程的土方量，设计出合理的土地平整方案，再根据辅助决策系统制定出合理的平地设备田间作业路线与工作状态，提高了土地平整的效率。

（2）激光平地设备。如图10-58所示，激光平地设备主要由5个部分构成，即激光发射装置、激光接收装置、平地铲、控制器和牵引设备。

（3）土地利用评价与决策信息系统。土地评价通常是指对土地针对特定的利用方式所表现出来的效果进行评估的过程，在激光平整体系中主要是指对已经经过激光平地设备平整过的土地进行评估，评价其土地平整精度特征、土地微地形等，再通过由计算机语言编写出的评价系统进行分析，得出其精度、地形的相关计算机数字信息，提出

图10-58　激光平地设备

适宜的土地灌溉方案,从而节水节能,提高效益回报。

2. 激光平整体系的工作方案

(1) 首先利用三维 GPS 设备进行田间地形定点测量,得到田间待平整土地平整相对高程。

(2) 将相对高程数据导入到地形数据分析与决策系统,进行数据分析决策,得到相应的平面与三维分析图,得到合理的相对平整高程图,制定出合理的平整方案路线。

(3) 在田间的合适位置安置激光发射装置,保证激光发射装置高于田地上的任何障碍物,以便激光接收装置可以接收到信号。

(4) 根据设计方案高程设置铲运机具刀口的起始位置,在铲运设备桅杆上安装激光接收装置,上下调节使得接收器控制中心位置与控制参照面同位,并固定该位置。

(5) 启动牵引设备,设定行进作业,在田间来回作业,完成土地平整工作。

(6) 对土地平整工作进行评价,再根据评价效果结合土地利用决策系统,得到合理的灌溉节水方案。

3. 激光平整体系的优势与发展展望 激光平整体系的优势主要体现在灌水效率的提升,土地平整精细度的提升,土地平整持续性的提升以及减少水土流失。随着智能化技术更加快速的发展,实现激光平地技术的适用性,激光平地设备的小型化,以及实现 3S 技术[即遥感技术(remote sensing,RS)、地理信息系统(geography information system,GIS)和全球定位系统(global positioning system,GPS)的统称]在平整土地上的充分利用更加令人期待。

(二) 精量播种

精量播种是指保证播种数量精确、株距精确以及播种深度精确的方法。在园艺领域中,我国在 20 世纪 80 年代引进了用于园艺生产的穴盘精量播种育苗技术。近年来,随着智能化技术的发展,智能化精量播种机也成了研究热点和发展趋势。3S 技术、传感器、自动化控制、处理信息化和计算机仿真技术已经开始逐步被人们应用到了精量播种技术上。智能化技术在精量播种中主要集中在排种性能检测与补种、牵引设备的自动导航、变量播种以及仿真分析的应用。智能化精量播种是集成多功能为一体的科学播种技术。

1. 智能化技术在排种性能检测上的应用 排种机的排种性能是精量播种的关键,对于排种性能的实时检测,有利于进行补种。排种性能检测主要有 4 种方法:人工布袋检测法、压电效应法、光电效应法和高速摄影检测法。其中后 3 种方法都涉及智能化技术的应用。

(1) 人工布袋检测。人工布袋检测法主要是排种器在工作检测过程中,种子落在涂有油料的帆布袋上,人们通过测量并记录种子与种子间的距离及位置,从而分析出排种器的排种性能。该方法机械设计比较简单,操作比较容易,但是需要大量的人力时间,消耗检测的种子与油料,无法做到检测大量数据,且不能对排种器实际工作的性能进行实时检测。

(2) 压电效应检测。早期压电效应检测主要是当排种机播种时与机械每次产生摩擦振动,通过压电式传感器转换成脉冲,从而通过脉冲引起的振动频率,以及脉冲的时间间隔来检测排种的数目与种子间的距离,这种方法相较于人工检测上的性能有着很大提升,将传感器技术引入到了排种性能检测上,但是主要问题是对于集排时的排种性能检测有着较大的缺陷,不能检测重复播种。

(3) 光电效应检测。光电效应检测是在排种器种子的导管中加入光电检测装置,再引入计算机信息统计技术,通过计算光电传感器的脉冲时间、脉冲频率来检测排种器的排种性能,可以实时检测排种量和排种间隔,缺点是对于种子的破碎造成的误差不能进行有效的检测。在此基础上,人们又对光电检测有了更加深入的研究,加入高速摄影技术。

(4) 高速摄影检测。高速摄影检测是利用高速摄影相机(CCD)来记录排种器的播种过程,引入计算机的视觉图像处理技术,来检测排种器的排种性能,可以全方面完成排种性能和种子破损检测。

但是由于不同品牌的相机可能存在质量上的差异，由于环境的影响，记录过程的图像不一定十分清晰，对排种质量的检测效果有着一定的影响，且设备成本相对于其他检测方法也较高。

（5）其他检测方法。近年来得益于技术的发展，在上述4种检测方法的基础上，出现多种检测技术相融合的检测方法，例如将光电效应检测与高速摄影检测相融合，计算机视觉检测，以及与无线传感网络技术相结合的方法。

2. 全球定位系统在精量播种上的应用　田间精量播种机的牵引设备主要以拖拉机为主，在拖拉机上安装厘米级的定位系统RTK-GPS可以实时提供拖拉机准确的地理位置、车行速度及精确的时间信息，为保证拖拉机能够按预定播种方案路线行驶提供了有力的保障。同时也可以收集精量播种机的作业信息以及地理位置信息，为建立作物种植数据库提供了数据。在全球定位系统的基础上，科学家们又在精量播种机上引入了转向控制系统来控制拖拉机的行驶路线，以此来适应不同地理环境下的精量播种。转向控制系统主要是基于模糊控制、人工神经网络、最优控制等计算机方法来开发。

此外，在变量播种上，全球定位系统也有着重要的作用，它的导航功能，同时配合智能控制系统（决策分析、液压和电控），实现了精量播种机面对不同需求时的变量播种。

3. 仿真系统在精量播种上的应用　计算机仿真是指应用电子计算机对系统结构、功能和行为以及参与系统控制的人的思维过程和行为进行动态性的比较逼真的模仿。通过建立某一过程或某一系统的模式来描述该过程或该系统，然后用一系列有目的、有条件的计算机仿真实验来刻画系统的特征，从而得出数量指标，为决策者提供关于这一过程或系统的定量分析结果，作为决策的理论依据。

随着计算机语言的迅速发展，计算机仿真系统也开始在精量播种机的设计模拟上起到重要的作用。科学家们主要利用了ADAMS、ANSYS、CFX、EDEM等软件对精量播种机的排种器、开沟器、播种粒距、输种管以及挂接机构进行了仿真模拟，同时也得到了不错的仿真效果。以下是几种仿真软件的简单介绍：

（1）ADAMS软件。ADAMS即机械系统动力学自动分析（Automatic Dynamic Analysis of Mechanical Systems），该软件是美国机械动力公司（现已并入美国MSC公司）开发的仿真分析软件。ADAMS软件有两种操作系统的版本：UNIX版和Windows NT/2000版。

（2）ANSYS软件。ANSYS软件是美国ANSYS公司研制的大型通用有限元分析（FEA）软件，是世界范围内增长最快的计算机辅助工程（CAE）软件，能与多数计算机辅助设计（computer aided design，CAD）软件接口，实现数据的共享和交换。

（3）CFX软件。CFX软件由英国AEA公司开发，是一种实用流体工程分析工具，用于模拟流体流动、传热、多相流、化学反应、燃烧问题。其优势在于处理流动物理现象简单而几何形状复杂的问题。

（4）EDEM软件。EDEM软件是世界上第一个用现代化离散元模型科技设计的用来模拟和分析颗粒处理和生产操作的通用CAE软件，通过模拟散状物料加工处理过程中颗粒体系的行为特征，协助设计人员对各类散料处理设备进行设计、测试和优化。

（三）无人采摘

无人采摘主要是利用无人采摘机器人对成熟的果实进行采收的方式，其工作核心是采摘机器人。采摘机器人是一种可由不同程序软件控制，以适应各种作业，能感觉并适应作物种类或环境变化，具有检测（如视觉等）和演算等人工智能的新一代无人自动采摘机械。20世纪80年代，美国研制出世界上第一台番茄采摘机器人，随着计算机技术以及各种传感器技术的发展，日本、欧洲以及我国也迅速开始进行无人采摘机器人的研究，至此，无人采摘机器人的研究达到了一个繁荣时代。其中主要的作业对象有苹果、柑橘、番茄、西瓜、食用菌、草莓、黄瓜、樱桃、葡萄、茄子、甘蓝等园艺作物。

1. 主要采摘机器人的介绍

（1）番茄采摘机器人。日本的Kondo在20世纪90年代研制出了比较完善的番茄采摘机器人，该机器人由机械手、末端执行器、行走装置、视觉系统和控制部分组成。在采摘过程中可以有效地避开障碍物,能够自动寻找和识别成熟的果实,其采摘速度大约是15s/个,成功率最高可达到70%。缺点是不能避开茂密的叶茎。在此基础上,中国学者研制出采摘率可达到90%的番茄采摘机器人。

(2) 苹果采摘机器人。韩国高校研制出的苹果采摘机器人具有3个旋转关节和1个移动关节,其工作范围能达到3m;末端执行器中有压力传感装置,可避免采摘过程中的损伤,采摘成功识别率可达80%以上。缺点是不能避开障碍物。目前我国南京农业大学学者研制出的苹果采摘机器人单果采摘只需要9s左右,成功率可达到90%。

(3) 柑橘采摘机器人。西班牙科研人员发明的柑橘采摘机器人由采摘手、视觉识别系统和超声传感定位器组成,它可以依据果实的色泽、形状来进行工作,并进行后期的分类。我国重庆大学也开发出一种柑橘采摘机器人,它可以适应多地形的需要。

(4) 西瓜采摘机器人。日本发明的西瓜采摘机器人,其机械手由4个4节连杆构成,在手指的尖端处装有滑轮,机械手还含有压力传感器,可以计算出西瓜的质量,误差只有2%。缺陷是不能准确识别西瓜的成熟度,需要借助标注手段来进行采摘。

(5) 食用菌采摘机器人。英国率先发明的食用菌采摘机器人可以自动测量食用菌的大小,其采摘成功率最高可达到80%,耗时6~7s。中国学者也将计算机视觉技术引入到食用菌采摘机器人上。

(6) 草莓采摘机器人。日本的Kondo开发的草莓采摘机器人具有5个自由度的采摘机械手,其采摘成功率可以达到75%。我国青岛农业大学在2015年开发的草莓采摘机器人可自动识别成熟草莓,采摘损伤率小。

(7) 黄瓜采摘机器人。日本的Arima在20世纪90年代开发的黄瓜采摘机器人主要根据黄瓜的光谱反射特性进行采摘,成功率可以达到60%;荷兰的Henten开发的黄瓜采摘机器人采用了三菱的机械手,其采摘成功率可以达到80%;中国农业大学的李伟团队研制出我国第一台黄瓜采摘机器人,其采摘成功率可以达到85%,单根黄瓜采摘耗时28s左右。

(8) 樱桃采摘机器人。日本的Kanae开发的樱桃采摘机器人由4个自由度的机械手、三维视觉传感器、末端执行器、计算机和移动装置组成。该机器人可以识别障碍物,避免与障碍物相接触,其樱桃采摘成功率可以达到83%左右。

(9) 葡萄采摘机器人。日本的Monta研制出的多功能葡萄采摘机器人具有5个自由度的机械手,主要利用激光扫描的方式来判定葡萄的成熟度并进行采摘,同时该机器人还具有修剪、套袋、喷药等功能。

(10) 茄子采摘机器人。日本科研机构研制的茄子采摘机器人由机器视觉系统、5个自由度的机械工作手、末端执行器以及行走装置组成,其采摘成功率可以达到60%左右,单个采摘的速度为1min左右。

(11) 甘蓝采摘机器人。日本的Murakami研制的甘蓝采摘机器人由机械手、4个手指的末端执行器、履带式行走装置和CCD机器视觉系统组成,其采摘成功率可以达到40%左右,单个采摘速度为55s。

2. 无人采摘机器人的系统结构 无人采摘机器人的种类十分丰富,大部分智能无人采摘机器人在系统结构上是由自动导航系统、采摘系统、运动系统、控制系统组成的。

(1) 自动导航系统。自动导航系统在传感器类型方面主要分为全球导航定位、机器视觉导航、无线电导航、超声波导航、激光导航、电缆导航等。其中在无人采摘机器人上应用较多的是全球定位导航、机器视觉导航以及激光导航。

基于全球定位导航系统的机器人一般适用于大面积果园的采摘;基于机器视觉导航系统的无人采摘机器人一般适用于土地平整、种植有序的情况,一般分为单目视觉和多目视觉;基于激光导航的无人采摘机器人一般可以在复杂的环境下使用,但激光雷达的成本较高。

（2）采摘系统。采摘系统主要由机器视觉识别系统和机械手组成。机器视觉识别系统一般是搭载了工业 CCD 摄像头、双目摄像头，也有根据实际情况搭载多光谱摄像头。该系统利用相机对周围环境进行拍摄与识别，通过前期计算机语言的训练来定位果实的位置、识别果实的大小、判定果实的成熟度，从而利用机械手进行采摘。有的采摘机器人机械手上会带有压力传感器，一方面可以减少对果实的损害，另一方面也可以收集果实的质量特征信息。

（3）运动系统。无人采摘机器人的运动系统一般有轮毂式移动平台和履带式移动平台。轮毂式移动平台运行平稳，驱动消耗小，适合高速作业模式；而履带式移动平台与地面接触面积大，越野机动性强，适用于果园的崎岖路面和较小的空间环境。

（4）控制系统。无人采摘机器人的控制系统相当于机器人的大脑，主要由硬件部分和软件部分组成。硬件部分主要由上位机控制器（计算机）、下位机控制器、机械手控制器、末端执行器组成，软件部分是基于不同开发工具的开发软件，如 Matlab、Python 等。

思考题

1. 园艺机械化的作用有哪些？结合当前园艺产业发展状况及相关政策，分析机械化在园艺产业中的重要性及应用前景。
2. 园艺机械化生产的特点是什么？园艺机械化对园艺作物生产模式有什么要求？
3. 园艺作物生产机械有哪些类型？
4. 园艺作物生产动力机械有哪几类？
5. 常见的园艺作物耕作机械有哪些？
6. 试述机械化修剪的新发展趋势。
7. 园艺生产中常见的采收机械有哪些？
8. 温室冬季不同采暖方式的优缺点是什么？
9. 智能化技术如何在园艺作物上进行应用？

主要参考文献

蔡象元，2000. 现代蔬菜温室设施和管理. 上海：上海科技出版社.
曹慧鹏，2013. 3QDJ-30 型园林气动剪枝机的设计与研究. 当代农机（11）：76-77.
柴立平，乔立娟，申书兴，等，2019. 机械化生产推进蔬菜规模化经营的实践与探索——以山东安丘大葱全程机械化为例. 中国蔬菜（7）：1-6.
陈建强，2015. 农机农艺融合的影响因素分析及推进策略研究. 杭州：浙江大学.
陈永生，2019. 中国蔬菜生产机械化 2018 年度发展报告. 中国农机化学报，40（4）：1-6，18.
程智慧，2003. 园艺学概论. 2 版. 北京：中国农业出版社.
丁为民，2001. 园艺机械化. 北京：中国农业出版社.
范双喜，李光晨，2007. 园艺植物栽培学. 北京：中国农业出版社.
付威，刘玉冬，坎杂，等，2017. 果园修剪机械的发展现状与趋势. 农机化研究，39（10）：7-11.
侯振全，薛平，2019. 荷兰设施园艺产业机械化智能化考察纪实（续 2）. 当代农机（3）：54-56.
胡彩旗，孙传海，纪晶，2015. 果树机械疏花机执行机构性能试验研究与分析. 中国农机化学报，36（5）：24-28.
姜凯，陈立平，张骞，等，2020. 蔬菜嫁接机器人柔性夹持搬运机构设计与试验. 农业机械学报，51（S2）：63-71.
孔令文，2005. 果树病虫草害防治机械的适应性. 果农之友（5）：37.
李传友，赵丽霞，2014. 北京市果树机械化程度调查与发展建议. 中国果树（2）：82-84.
李世葳，王述洋，王慧，等，2008. 树木整枝修剪机械现状及发展趋势. 林业机械与木工设备（1）：15-16.
李世武，陈志，杨敏丽，2011. 农机农艺结合问题研究. 中国农机化（4）：10-13，17.

李式军，郭世荣，2022. 设施园艺学. 2版. 北京：中国农业出版社.
李蜀予，张清林，2019. 果树植保机械的应用现状与发展对策. 南方农机，50（20）：27-28.
李壮，李敏，厉恩茂，2014. 介绍一种国外最新的果树机械窗式修剪机. 果树实用技术与信息（8）：43-44.
廖禹，陈立才，潘松，等，2019. 叶类蔬菜机械化收获技术装备现状与发展. 江西农业学报，31（11）：77-81.
刘俊峰，2012. 果园机械与装备. 石家庄：河北科学技术出版社.
龙魁，刘进宝，张静，等，2014. 葡萄修剪机械的发展现状和趋势. 农机化研究，36（3）：246-248.
沈美荣，罗佩珍，林素元，1983. 果园机械. 上海：上海科学技术出版社.
王超，于锡宏，2016. 黑龙江省园艺生产机械化发展现状及展望. 南方农机，47（4）：30-36.
王龙，李秀根，杨健，等，2017. 一种梨树"四臂篱架形"树形及整形方法. 中国专利，CN107371855A，2017-11-24.
王跃进，杨晓盆，2017. 果树修剪学. 北京：中国农业出版社.
徐丽明，何绍林，2015. 一种葡萄果实外部枝叶修剪机. 中国专利，CN104521687A，2015-4-22.
薛华柏，李秀根，杨健，等，2017. 一种梨树"梳状篱壁形"树形及其整形方法. 中国专利，CN107278786A，2017-10-24.
杨振，李建平，杨欣，2018. 果树枝条修剪机械装置设备研究进展. 现代农业科技（19）：226-228.
喻景权，王秀峰，2014. 蔬菜栽培学总论. 3版. 北京：中国农业出版社.
张德学，闵令强，李青江，等，2016. PJS-1型两翼式葡萄剪枝机的设计. 农业装备与车辆程（2）：77-81.
张莹，2018. 我国设施园艺机械的应用现状浅析. 时代农机，45（8）：65-67.
章镇，王秀峰，2003. 园艺学总论. 北京：中国农业出版社.
赵豫，知谷APP，2019. 果园全程机械助力果树省力化栽培. 农业机械（8）：46-47.
周长吉，2010. 现代温室工程. 北京：化学工业出版社.
朱立武，贾兵，衡伟，等，2014. 一种十字架双T形葡萄树形及其修剪方法. 中国专利，CN103843639A，2014-06-11.
Fred Spagaolo，2001. Rotary blade pruning machine：AU，US6250056B1. 2001-06-26.
Fred Spagnolo，2003. SG pruning machine：AU，US6523337B2. 2003-02-25.
MichelPaquete，2013. Robotic tree trimmer：CA，US008490372B2. 2013-07-23.
SMC（中国）有限公司，2004. 现代实用气动技术. 北京：机械工业出版社.
Spencer A，1995. Tree trimming and pruning machine：GA，US00543999A. 1995-07-11.

第十一章 园艺作物设施栽培

CHAPTER 11

园艺作物设施栽培也称设施园艺，是指在不适于园艺作物生长的季节或地区，利用特定的保护设施，人为创造适于作物生长发育的环境条件，根据人们的需要，有计划地进行蔬菜、花卉和果树等园艺作物优质高效生产的一种方式，属于环境调控农业。设施栽培是与露地栽培相对应的一种生产方式，是随着人类对自然界的不断认识和社会经济不断发展，在露地栽培的基础上形成并发展起来的。20世纪80年代以前，设施栽培普遍被称为保护地栽培；80年代后，逐渐改称为设施栽培或设施园艺；90年代中期以来，伴随着国家实施工厂化高效农业示范工程项目，也称工厂化农业。

第一节 园艺设施的主要种类及其应用

一、简易保护设施

所谓简易保护设施是指结构简单、环境调控能力较差的园艺栽培设施。但由于其具有取材容易、覆盖简单、建造成本低、效益高于露地生产等优点，目前仍在生产中广泛应用。主要有风障、阳畦、温床以及简易覆盖等。

（一）风障

风障是在冬春季节设置在栽培畦北侧用以阻挡寒风的屏障，分大风障和小风障。在风障保护下的栽培畦称为风障畦。

1. 结构 大风障由篱笆、披风和土背3部分构成，篱笆可用芦苇秆、高粱秆、细竹竿、玉米秆等夹制而成，高2～2.5m；披风由稻草、谷草、塑料薄膜围于篱笆的中下部；基部用土培成30cm高的土背。小风障的结构比较简单，高1m左右，只用谷草和玉米秆做成。风障的结构见图11-1。

2. 性能

（1）防风。风障的主要作用是防风，一般可使风速降低10%～50%，通过减弱风速达到增温保湿的作用。大风障冬季的防风范围在10m左右，小风障一般只有1m左右。

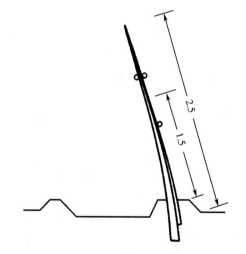

图11-1 风障的结构（单位：m）

（2）增温。由于风障减弱了空气流速，使栽培畦的气温和地温均有所提高，华北地区冬季使用风障可使气温升高2～5℃，地表温度升高8～12℃。

（3）保湿。由于风力减弱，使栽培畦水分蒸发减少，有效地保持了土壤湿度，一般可使蒸发量减少4%～6%。

3. 应用 风障在北方地区冬春季节主要用于耐寒蔬菜的越冬栽培，如菠菜、韭菜、小葱等根茬栽培。也可用于幼苗的安全越冬，早春蔬菜的提早播种和提早定植，还可用于一些宿根花卉的越冬栽培。在北方地区也被用作冬春季节大棚的挡风屏障。

（二）阳畦

阳畦也叫冷床、秧畦，是在风障畦的基础上发展起来的一种性能优于风障的简易保护设施。将风障畦的畦埂增高成畦框，在畦框上覆盖塑料薄膜，并加盖覆盖物保温，即成为阳畦。

1. 结构 阳畦由风障、畦框和覆盖物构成。覆盖物又分为透明覆盖物和不透明的保温覆盖物。透明覆盖物过去多用玻璃，在塑料薄膜发明以后则广泛使用塑料薄膜；保温覆盖物有草席、草苫、纸被等。畦框用土堆成或用砖砌成，根据畦框形式不同可分为槽子畦和抢阳畦。阳畦宽一般为1.66m，长6～7m或按6～7m的倍数设置。阳畦的结构见图11-2。

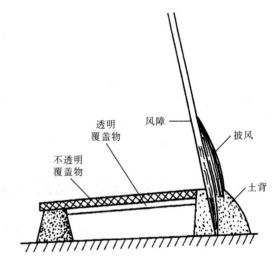

图 11-2　阳畦的结构

（1）槽子畦。阳畦的畦框四周等高，形似槽子，故名槽子畦。北框高40～60cm，宽35～40cm；南框高40～55cm，宽35～40cm。因南北畦框几乎等高，没有坡度，因此南部受光少，但内部空间较大，可栽培植株较高的蔬菜或进行假植栽培。

（2）抢阳畦。北畦框高50～80cm，底宽35～40cm，顶宽20～25cm；南畦框高20～25cm，底宽和顶宽同北畦框。由于北高南低，形成一定坡度，有利于畦面更多接受阳光照射，因此称为抢阳畦。

（3）改良阳畦。在阳畦的基础上提高北畦框高度或砌成土墙，加大覆盖面斜角，形成拱圆状小暖窖，称为改良阳畦，其性能优于阳畦。

2. 性能 阳畦除具有风障作用外，由于增加了畦框和覆盖物，保温性能大大加强，但由于热源主要来自太阳辐射，因此受季节和天气影响较大。华北地区冬季晴天时，阳畦旬平均气温只有8～12℃，并可出现-4～-8℃的低温，但春季温度较高，一般畦内昼夜温差可达10～20℃，连阴天或雪天温度低、温差小。由于阳畦高度密闭并存在较大的温度波动，因此畦内湿度变化较大，一般晴天白昼相对湿度为30%～40%，夜间可高达80%～100%。

3. 应用 阳畦的性能略好于风障，应用也较风障广泛，主要应用在：①蔬菜、花卉冬春季节育苗；②蔬菜春季提早栽培或假植栽培；③芹菜、韭菜等耐寒蔬菜越冬栽培。

（三）温床

温床是在阳畦的基础上改进的保护设施，除具有阳畦的防寒保温性能外，还增加了加温功能，性能优于阳畦，在园艺作物育苗中应用非常广泛。根据热源不同，温床分为酿热温床和电热温床。

1. 酿热温床 酿热温床是利用微生物分解有机物质所释放的热量为热源，被分解的有机物质称为酿热物。酿热原理实际就是微生物通过发酵作用分解利用酿热物中的糖分，同时释放热量。常见的酿热物有新鲜马粪、厩肥、各种饼肥，由于产热多，称为高热酿热物；另有牛粪、猪粪、稻草、麦秸等，由于产热少，称为低热酿热物。酿热物中含有多种细菌、真菌、放线菌等微生物，其中能使有机物快速分解放热的是好气性细菌。影响酿热物产热的因素除了微生物之外，还有酿热物的碳氮比、氧气含量和水分含量。在20世纪70年代以前，酿热温床曾广泛应用，70年代以后，由于我国研制开发了电热加温线，酿热温床使用逐渐减少，现在已很少使用。酿热温床的结构见图11-3。

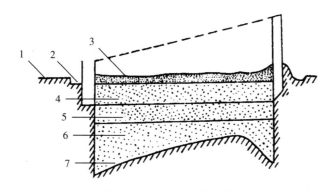

图11-3 酿热温床的结构

1. 地平面 2. 排水沟 3. 床土 4. 第三层酿热物 5. 第二层酿热物
6. 第一层酿热物 7. 干草层

2. 电热温床 电热温床是利用电热加温线（简称电热线）把电能转变成热能进行土壤加温的保护设施。电热温床可以自动调节温度，并能使温度均匀。利用空气电热加温线还可进行空气加温。电热温床结构已完全不同于冷床结构，其宽度和长度依需要和土地面积而定，小型的一般宽1.5～1.8m，大型的宽可达3～4m，长度依需要而定，床深（厚）10～20cm。

电热温床的建造分保护设施搭建、栽植床准备、布线等环节。保护设施可利用大、中、小塑

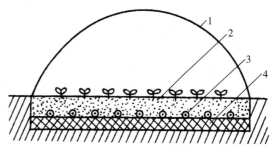

图11-4 电热温床的结构
1. 小棚 2. 床土 3. 电热加温线 4. 隔热层

料拱棚和日光温室。栽植床设置一般先在表土下15cm左右深处铺设隔热层，如麦糠、稻草等，厚5cm左右以阻止热量向下传导。在隔热层上撒一层沙子或铺一层旧塑料薄膜，上面铺电热线。布线之前应根据要求的功率密度（单位面积上的功率，一般为70～100W/m²）、电热线额定功率和地形确定布线距离、布线道数和布线长度。布线后，根据用途不同铺5～15cm厚的床土或基质进行直播育苗，也可以摆放穴盘或营养钵育苗。如果需要自动控温，还需要安装控温仪。电热温床的结构和供电接线示意图分别见图11-4、图11-5。

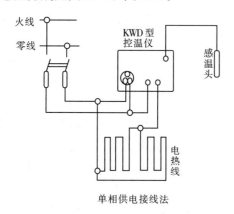
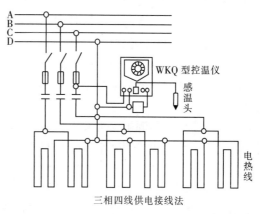

图11-5 电热温床的电热线供电接线法

电热温床广泛应用于蔬菜、花卉和果树的越冬和早春育苗，也可用于茄果类、瓜类蔬菜春季提早栽培。

(四) 简易覆盖

简易覆盖是设施栽培中的一种简单覆盖方式，是利用不同防护资材覆盖在栽培畦表面或植株上进行栽培。传统的覆盖方式有东北地区的畦面覆盖草、树叶、马粪等，保护根茬蔬菜安全越冬和促进春季提早萌发；西北地区利用粗沙或鹅卵石分层覆盖土壤表面种植白兰瓜，起到升温、保墒、防杂草的作用，称为沙田栽培。我国台湾地区夏季在蔬菜栽培畦面覆盖稻草，达到遮光、降温的目的。现代简易地面覆盖主要指地膜覆盖和无纺布浮面覆盖。

1. 地膜覆盖　地膜覆盖是一项适合我国国情，成本低、效果好、适应性广、简便易行的实用技术，广泛应用于经济作物和粮食作物的早熟、优质和高产栽培。

地膜覆盖即在地面覆盖一层极薄（0.01~0.02mm）的塑料薄膜，起到提高土壤温度或抑制土壤温度升高、保持土壤水分和土壤结构、防治杂草和病虫、提高土壤肥效、降低棚室湿度等作用。地膜覆盖在蔬菜、果树等园艺作物上广泛应用，一般增产20%~60%。地膜覆盖有平畦覆盖、高垄覆盖、沟畦覆盖等多种形式。

2. 浮面覆盖　浮面覆盖也称浮动覆盖或漂浮覆盖，是指不用任何骨架材料作支撑，将覆盖物直接覆盖在作物表面的一种保护性栽培方法。浮面覆盖的覆盖材料主要有无纺布、遮阳网，要求其有一定的透光性和透气性，同时质量要轻。

浮面覆盖具有保温、保墒和遮阳的作用，常在冬春季节露地或大棚、日光温室内覆盖保温，可使温度提高1~3℃；也可于夏秋季节覆盖用于遮光保墒，特别是在育苗阶段应用较多。

二、塑料拱棚

塑料拱棚是指不用砖石结构围护，只以竹、木、水泥或钢材等作骨架，在表面覆盖塑料薄膜的拱形保护设施。棚顶结构多为拱圆形，一般不进行加温，主要靠太阳光能增温，依靠塑料薄膜保温。为了提高保温效果，可以在塑料薄膜外覆盖草苫等保温覆盖物。根据空间大小，塑料拱棚可分为小拱棚、中拱棚和大拱棚。

(一) 小拱棚

1. 结构　小拱棚是我国目前应用最为普遍的保护设施之一，主要用于春提早和秋延迟栽培，也可用于育苗。小拱棚跨度一般为1.5~3m，高1.0~1.5m，长度根据地形而定，但一般不超过30m。主要以毛竹片、细竹竿、荆条等为支持骨架，也可用直径6~8mm的钢筋，拱杆间距30~50cm，一般设横向拉杆，也可不设横向拉杆。

小拱棚的结构简单，取材方便，成本低廉，因而生产中应用广泛。小拱棚主要在冬春季节应用，为提高保温效果，可在夜间覆盖草苫保温。

2. 性能

（1）温度。小拱棚的热源主要为太阳光能，因此其温度变化随一年中不同季节和一天中不同时段太阳辐射的变化而变化，也受阴晴雨雪的影响，还与薄膜特性、保温覆盖及拱棚方位有关。因为空间小，缓冲能力差，容易受外界温度变化的影响。在没有保温覆盖的情况下，温度变化剧烈。华北地区4月晴天时，棚内最高温度在40℃以上，最低温度在9℃左右，温差达30℃；而同期阴天时，最高温度仅15℃，最低温度8.5℃，温差6.5℃。小拱棚晴天最大增温能力为15~20℃，但阴天仅有1~3℃，遇寒流极易发生霜冻。加盖草苫保温，可提高温度2℃以上。

(2) 湿度。小拱棚覆盖后，形成一个相对密闭的环境。由于土壤蒸发、植株蒸腾，造成棚内高湿环境，棚内相对湿度一般可达70%~100%，为降低环境湿度，必须进行通风。通风时相对湿度可保持在40%~60%。为避免通风造成温度变化剧烈，应在白天温度较高时段进行扒缝放风。

棚内相对湿度受棚内温度影响，棚温升高时湿度降低，棚温下降时湿度升高，表现出白天低、夜间高、晴天低、阴天高的变化特点。

(3) 光照。小拱棚光照性能比较好，一般透光率在50%左右，但受薄膜种类、新旧、有无水滴、有无灰尘等影响会有一定的变化。覆盖初期无水滴、无污染时的透光率达76.1%，结水滴后为55.4%，被污染后为60%。透光性也与部位有关，小拱棚南北之间透光率差为7%左右。

3. 应用 由于小拱棚环境调控能力较差，空间比较低矮，生产上主要作为蔬菜、花卉春季提早栽培，早春园艺作物的育苗及耐寒蔬菜和花卉秋延后栽培。也可与大棚配合，采用多重覆盖在江淮流域进行茄果类蔬菜越冬栽培。

(二) 大、中拱棚

大、中拱棚是面积和空间比小拱棚大的拱棚类型。一般将跨度在6m以上、高度（矢高）2.5m以上的拱棚称为塑料大棚，而把跨度在3~6m、高度在1.8~2.3m的拱棚称为中棚。可见，中棚是介于小棚和大棚的中间过渡类型。此处主要介绍大棚的结构、类型、性能和应用。

1. 结构 塑料大棚的骨架结构主要有拱杆（拱架）、拉杆（纵梁）、压杆（或压膜线）、立柱等，俗称"三杆一柱"。由于建造材料和大棚类型不同，结构也会存在一定的差异。

(1) 拱架。拱架是大棚承受风、雪荷载和承重的主要构件，分单杆式和桁架式两种。单杆式拱架是指拱架只由1根材料做成，如竹木大棚的竹片、水泥大棚的增强水泥拱架、镀锌钢管装配式大棚的拱杆都属于这种类型。桁架式拱架多用于跨度大于8m的大棚，一组拱架由上弦拱杆、下弦拱杆和腹杆（拉花）构成，上弦拱杆和下弦拱杆通过腹杆连成一体。

(2) 纵梁。纵梁是纵向连接拱架、立柱，使大棚骨架连成一体，起到增加大棚骨架强度和稳定性的构件，也分为单杆式和桁架式两种。单杆式纵梁也称拉杆，与单杆式拱架配合使用；桁架式纵梁则与桁架式拱架配合使用。

(3) 立柱。立柱是支撑大棚骨架和棚膜防风、承受雪荷载及吊挂植株重量的构件。对于拱架强度较低的竹木大棚或空间大的（跨度12~15m）钢架大棚，应考虑设立柱。除棚内立柱外，大棚山墙也应设立柱，称棚头立柱。

(4) 压杆（压膜线）。压杆位于棚膜之上的两根拱架之间，起压平、压实和绷紧棚膜的作用。压杆可用光滑顺直的细竹竿为材料，也可以用8号铅丝或尼龙绳（直径3~4mm）代替，目前有专用的塑料压膜线，可取代压杆。

(5) 门窗。门窗是管理和运输的出入口，也是通风换气的通风口，一般设在棚头中央。门框高1.7~2m，宽0.8~1m，可设在南端，也可南北端各设一个。有合门式和吊轨推拉门等形式。竹木棚或水泥大棚，可在门口吊挂棉帘或草帘作门。

为提高通风换气效果，大棚顶部可设出气窗，两侧设进气窗，构成通风系统。为防止害虫进入，门窗最好覆盖20~24目的防虫纱网，隔断成虫迁飞的通道。

(6) 连接卡具。大棚骨架的不同构件之间均需要连接，除竹木大棚用线绳和铁丝连接外，装配式大棚均用专门预制的卡具连接，包括套管、卡槽、卡子、承插螺钉、接头、弹簧等。

大棚的组成除骨架结构之外，还包括大棚膜，有些地区还采用草苫保温。

2. 类型 根据使用材料和结构特点的不同，目前我国使用的大棚主要有以下几种类型：

(1) 竹木大棚。竹木大棚是由竹片、竹竿或木杆为材料建造的大棚，跨度一般为8~12m，高2.4~2.6m，长40~60m，拱间距1.0~1.1m。以直径3~4cm的竹竿或5cm宽、1cm厚的竹片为拱杆，以木杆或水泥柱为支柱。特点是建造简单、成本低，因有支柱，也比较牢固。缺点是立柱多，遮光严重，操作不方便。

（2）悬梁吊柱式大棚。悬梁吊柱式大棚也属竹木大棚，但跨度大，是在普通竹木大棚基础上改进而成。跨度12~14m，高2.6~2.7m，中柱由每个拱架（1.0~1.1m）设1排，改为每间隔2个拱架（3.0~3.3m）设1排。无立柱的拱架依靠纵向横梁（拉杆）上的小立柱支撑。因小立柱立于横梁之上，似半吊在空中，故称"吊柱"；而横梁因没有紧靠拱架而似悬在上半部空中，故称"悬梁"。悬梁吊柱式大棚由此得名。其优点是减少了立柱，显著改善了内部光照条件，也方便了操作，同时有较强的承载和抗风雪能力，成本也较低（图11-6）。

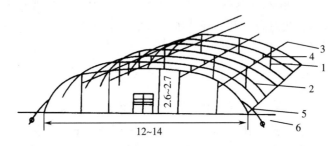

图11-6　悬梁吊柱式竹木大棚（单位：m）
1. 立柱　2. 拱杆　3. 纵向拉杆　4. 吊柱　5. 压膜线　6. 地膜

（3）无立柱钢架大棚。跨度10~12m，顶高2.5~2.7m，无立柱，拱间距1m，长度50~60m。拱架由钢筋焊制的桁架做成。桁架的上弦为16号钢筋，下弦用14号钢筋，拉花为12号钢筋。此种大棚强度高，透光性好，空间大，操作方便，可装配和拆卸；缺点是造价高（图11-7）。

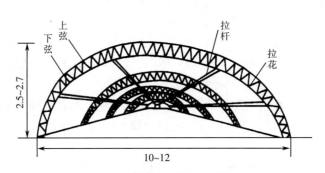

图11-7　无立柱钢架大棚（单位：m）

（4）装配式镀锌钢管大棚。装配式镀锌钢管大棚跨度一般为6~8m，矢高2.5~3.0m，长30~50m。由管径25mm、管壁厚1.2~1.5mm的薄壁钢管制成各种构件，内外热浸镀锌防锈。中国农业工程研究设计院（GP系列）、中国科学院石家庄农业现代化研究所（PGP系列）均有定型产品，实行标准化生产。优点是无立柱，光照条件好，装卸方便，有利拆卸和运输，棚内空间大，操作方便；缺点是造价较高。这种大棚在我国长江流域及以南地区广泛应用（图11-8）。

大棚除上述几种类型之外，生产上还有竹木钢筋混合大棚、增强水泥大棚等。

3. 性能

（1）温度。大棚有明显的增温作用，原因一是太阳光为短波辐射，可透过大棚塑料薄膜进入大棚内转变成长波辐射，而长波辐射不易透过塑料薄膜，因此将能量截留在棚内；二是大棚为半封闭系统，棚内空气与棚外空气交换很少，因此在晴好天气下大棚白天增温很快，晚上也有一定的保温作用，这种效应称"温室效应"。

①气温：大棚内气温受太阳辐射影响，存在季节变化、昼夜变化和阴晴变化。

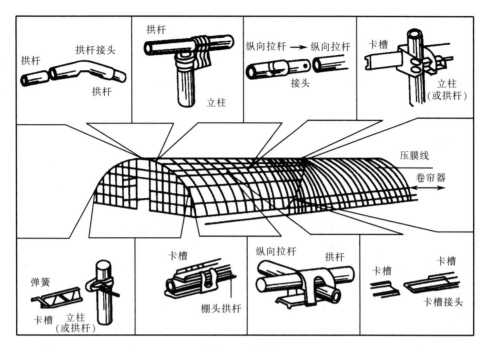

图11-8 装配式镀锌薄壁钢管大棚

根据气象学上的规定：以候平均气温≤10℃，旬平均最高气温≤17℃，旬平均最低气温≤4℃作为冬季指标；以候平均气温≥22℃，旬平均最高气温≥28℃，旬平均最低气温≥15℃作为夏季指标；冬季和夏季之间作为春、秋季指标。大棚的冬季天数可比露地缩短30～40d，春、秋季天数可比露地分别增长15～20d。因此，大棚主要适于园艺作物春提早和秋延后栽培。

北方地区一年中大棚在11月中旬至翌年2月中旬处于低温期，月均温度在5℃以下，夜间经常出现0℃以下低温，喜温蔬菜发生冻害，耐寒蔬菜也难以生长；2月下旬至4月上旬为温度回升期，月均温度在10℃上下，耐寒蔬菜可以生长，但仍有0℃低温，因此果菜类蔬菜多在3月中下旬至4月初开始定植；4月中旬至9月中旬为生育适温期，月均温在20℃以上，是喜温的花、菜、果的生育适期，但要注意7月可能出现的高温危害；9月下旬至11月上旬为逐渐降温期，月均温度在10℃上下，喜温的园艺作物可以作延后栽培，但后期最低温度常出现0℃以下低温，因此应注意避免发生冻害。

大棚内气温的日变化规律与外界基本相同，即白天气温高，夜间气温低。日出后1～2h棚温迅速升高，7：00—10：00气温回升最快，在不通风的情况下平均每小时升温5～8℃，每日最高温出现在12：00—13：00。15：00前后棚温开始下降，平均每小时下降5℃左右。夜间气温下降缓慢，平均每小时降温1℃左右。早春低温时期，通常棚温只比露地高3～6℃，阴天时的增温值仅2℃左右。

使用聚氯乙烯或聚乙烯薄膜覆盖时，在3—10月的夜间往往出现"温度逆转"现象（简称逆温），即棚内气温低于露地。这种现象多发生在晴天的夜晚，天上有薄云覆盖，薄膜外面凝聚少量的水珠时。

大棚内的不同部位间存在着一定的温差。一般白天大棚中部气温偏高，北部偏低，相差约2.5℃。夜间大棚中部略高，南北两侧偏低。在放风时，放风口附近温度较低，中部较高。在没有作物时，地面附近温度较高；在有作物时，上层温度较高，地面附近温度较低，温度相差3～4℃。

②地温：大棚地温比较稳定，变化滞后于气温。晴天上午日出后，地表温度迅速升高，14：00左右达到最高值，15：00后温度开始下降。随着土层深度的增加，日最高地温出现的时间逐渐延后。一般距地表5cm深处的日最高地温出现在15：00左右，距地表10cm深处的日最高地温出现在

17:00左右，距地表20cm以下深层土壤温度的日变化很小。阴天大棚内地温的日变化较小。从地温的分布看，大棚周边的地温低于中部地温，而且地表的温度变化大于地中温度变化。大棚内地温的季节变化特点为：4月中下旬的增温效果最大，可比露地高3~8℃，最高达10℃以上；夏、秋季因有作物遮光，棚内外地温基本相等或棚内温度稍低于露地1~3℃；秋、冬季节则棚内地温又略高于露地2~3℃。10月土壤增温效果减小，但仍可维持10~20℃的地温。11月上旬棚内浅层地温一般维持在3~5℃。

（2）光照。大棚内的光照强度与薄膜的透光率、太阳高度、天气状况、大棚方位及大棚结构有关，存在着季节变化和光照不均现象。

①光照的季节变化：由于不同季节的太阳高度角不同，大棚内的光照强度和透光率也不同。一般南北延长的大棚内，其光照强度按冬→春→夏不断增强，透光率也不断提高；按夏→秋→冬则不断减弱，透光率也降低。

②大棚方位和结构对光照的影响：东西延长的大棚透光率高，而南北延长的大棚光照分布均匀。从一天中透光率平均值来看，东侧为29.1%、中部为28%、西侧为29%，南北差异也不大。而东西栋大棚尽管东西两头的透光率相差不大，但南部透光率为50%，中北部为30%，南北相差20%。

大棚的结构不同，其骨架材料的截面积不同，形成阴影的遮光程度也不同，一般大棚骨架的遮光率可达5%~8%。单栋钢架及硬塑管材结构大棚的受光较好，其透光率仅比露地减少28%，单栋竹木结构大棚则减少37.5%。

③透明覆盖材料对大棚光照的影响：不同透明覆盖材料的透光率也不同，而且由于耐老化性、无滴性、防尘性等不同，使用以后的透光率也有很大差异。目前生产上应用的聚氯乙烯、聚乙烯、醋酸乙烯等薄膜在洁净时的透光率均在90%左右，但使用后透光率就会不断降低，尤其是聚氯乙烯薄膜更严重。一般因薄膜老化可使透光率降低20%~40%，因薄膜污染可降低15%~20%，因水滴附着而减少透光率20%，因太阳光的反射还可损失10%~20%，这样大棚的透光率一般仅有50%左右。

④大棚内的光照分布：大棚内光照存在着垂直变化和水平变化。垂直变化从上到下光照逐渐减弱。距棚顶30cm处的照度为露地的61%，中部距地面150cm处为34.7%，近地面仅为24.5%。水平方向上，南北延长的大棚两侧靠山墙处的光照较强，中部光照较弱，上午东侧光照较强，西侧光照较弱，下午则相反。

（3）空气湿度。大棚内空气的绝对湿度和相对湿度均高于露地，这是塑料薄膜大棚的重要特性。空气湿度存在着季节变化和日变化，早晨日出前大棚内相对湿度高达100%，随着日出后棚内温度的升高，空气相对湿度逐渐下降，12:00—13:00最低。在紧闭时为70%~80%，在通风条件下为50%~60%。下午随着气温逐渐降低，空气相对湿度又逐渐增加，午夜又可达到100%。

一年中大棚内空气湿度以早春和晚秋最高，夏季由于温度高和通风换气，空气相对湿度较低，阴（雨）天棚内的相对湿度大于晴天。一般来说，大棚属于高湿环境，作物容易发生各种病害，生产上应采取放风排湿、升温降湿、抑制蒸发和蒸腾（地膜覆盖、控制灌水、滴灌、渗灌、使用蒸腾抑制剂等）、采用透气性好的保温幕等措施，降低大棚内空气相对湿度。

（4）气体。大棚内部的空气组成有两个突出的特点：一是作物光合作用的重要原料CO_2浓度的变化与棚外不同；二是有害气体（NH_3、NO_2、C_2H_4、Cl_2等）的产生和积累。

①二氧化碳：通常大气中的CO_2平均浓度大约为330μl/L，而白天植物光合作用吸收量为4~5g/（m^2·h），因此，在无风或风力较小的情况下，作物群体内部的CO_2浓度常常低于平均浓度。如果不进行通风换气或增施CO_2，就会使作物处于CO_2饥饿状态，严重影响作物的光合作用，进而影响生长发育和产量品质。

据测定，栽培黄瓜的大棚内早晨日出前的CO_2浓度最高，可达600μl/L，但在植株较大的情况下,日出后 30~60min CO_2 浓度就会降至 $300\mu l/L$ 以下,通风前则降至 $200\mu l/L$ 以下。此后由于通风,棚内 CO_2 浓度可基本保持在 $300\mu l/L$ 左右。日落后,CO_2 浓度又逐渐增加,直到第二天早晨又达到最高峰。

②有害气体:由于大棚是半封闭系统,常因施肥不当或使用的农用塑料制品不合格而使有毒有害气体积累。大棚中常见的有害气体主要有 NH_3、NO_2、C_2H_4 等,NH_3 和 NO_2 产生的原因主要是一次性施用大量的有机肥、铵态氮肥或尿素造成的,尤其是在土壤表面施用大量的未腐熟的有机肥或尿素。C_2H_4、Cl_2 主要是从农用塑料制品中挥发出来的。

4. 应用 大棚在园艺作物的生产中应用非常普遍,全国各地都有很大面积,主要用途如下:

(1) 育苗。在大棚内设多层覆盖,如加保温幕、小拱棚、小拱棚上再加防寒覆盖物如草苫、保温被等,或采用大棚内安装电热线加温等办法,可在早春进行果菜类蔬菜育苗。也可利用大棚进行各种草花及草莓、葡萄、樱桃等果树作物的育苗。

(2) 栽培。

①春季早熟栽培:这种栽培方式是在早春利用温室育苗,大棚定植,一般果菜类蔬菜可比露地提早上市 20~40d。主要栽培作物有黄瓜、番茄、甜椒、茄子、辣椒、菜豆等。

②秋季延后栽培:秋延后栽培主要以果菜类蔬菜为主,一般可使采收期延后 20~30d。主要栽培的蔬菜作物有黄瓜、番茄、菜豆等。

③春夏秋长季节栽培:在气候冷凉的地区可以采取从春到秋的长季节栽培,这种栽培方式的定植及采收与春茬早熟栽培相同,采收期延续到 9 月末,可在大棚内越夏。作物种类主要有茄子、甜椒、番茄等茄果类蔬菜。

④花卉、瓜果和某些果树栽培:可利用大棚进行各种草花、盆花和切花栽培,也可进行草莓、葡萄、樱桃、猕猴桃、柑橘、桃等果树和甜瓜、西瓜等瓜果栽培。

⑤茄果类蔬菜多重覆盖越冬栽培:在长江流域,利用地膜、小拱棚、无纺布或草帘、二重幕、大棚膜共 5 层覆盖保温,番茄在 10 月中下旬育苗,11 月下旬定植,翌年 2 月中下旬即可成熟上市,称为大棚"矮密早"栽培。

三、温 室

温室是以采光覆盖材料为全部或部分围护结构材料,可以人工调控温度、光照、水分、气体等环境因子的保护设施。温室可分为不同类型:①按覆盖材料可分为硬质覆盖材料温室和软质覆盖材料温室。硬质覆盖材料温室最常见的为玻璃温室,近年出现有聚碳酸树脂(PC 板)温室;软质覆盖材料温室主要为各种塑料薄膜覆盖温室。②按屋面类型和连接方式,有单屋面、双屋面和连接屋面温室。③按主体结构材料可分为金属结构温室,包括钢结构、铝合金结构;非金属结构包括竹木结构、混凝土结构等。④按有无加温又分为加温温室和不加温温室,其中日光温室是我国特有的不加温或少加温温室。我国常见温室类型见表 11-1。

表 11-1 按照温室透明屋面形式划分的温室类型和型式

类 型	型 式	代表型	主要用途
单屋面	一面坡	鞍山日光温室	园艺作物栽培、育苗
	立窗式	瓦房店日光温室	园艺作物栽培、育苗
	二折式	北京改良温室	园艺作物栽培、育苗
	三折式	天津无柱温室	园艺作物栽培、育苗
	半拱圆式	鞍 II 型日光温室	园艺作物栽培、育苗

(续)

类型	型式	代表型	主要用途
双屋面	等屋面	大型玻璃温室	园艺作物栽培、科研
	不等屋面	3/4式温室	园艺作物栽培、育苗
	马鞍屋面	试验用温室	科研
	拱圆式	塑料加温大棚	园艺作物栽培、育苗
连接屋面	等屋面	荷兰温室	园艺作物栽培、育苗
	不等屋面	坡地温室	园艺作物栽培、育苗
	拱圆屋面	华北型温室	园艺作物栽培、育苗
多角屋面	四角形屋面	各地植物园或公园	观赏植物展示
	六角形屋面	各地植物园或公园	观赏植物展示
	八角形屋面	各地植物园或公园	观赏植物展示

（一）日光温室

日光温室大多是以塑料薄膜为采光覆盖材料，以太阳辐射为热源，靠采光屋面最大限度地采光和加厚的墙体及后坡、防寒沟、纸被、草苫等最大限度地保温，达到充分利用光热资源，创造植物生长适宜环境的一种我国特有的保护栽培设施。

1. 基本结构

（1）前屋面（前坡，采光屋面）。前屋面是由支撑拱架和透明覆盖物组成的，主要起采光作用，为了加强夜间保温效果，从傍晚到第二天早晨用保温覆盖物如草苫、保温被等覆盖。采光屋面的大小、角度、方位直接影响采光效果。

（2）后屋面（后坡，保温屋面）。后屋面位于温室后部顶端，采用不透明的保温蓄热材料做成，主要起保温和蓄热作用，同时也有一定的支撑作用。在纬度较低的温暖地区，日光温室也可不设后坡。

（3）后墙和山墙。后墙位于温室后部，起保温、蓄热和支撑作用。山墙位于温室两侧，作用与后墙相同。通常在一侧山墙的外侧连接建造一个小房间作为出入温室的缓冲间，兼作工作室和贮藏间。

上述3部分为日光温室的基本组成部分，除此之外，根据不同地区的气候特点和建筑材料的不同，日光温室还包括立柱、防寒土、防寒沟等。立柱是在温室内起支撑作用的柱子，竹木结构温室因骨架结构强度低，必须设立柱；钢架结构温室因强度高，可视情况少设或不设立柱。防寒沟是在北部寒冷地区为减少地中传热而在温室四周挖掘的土沟，内填稻壳、树叶等隔热材料以加强保温效果。防寒土是指日光温室后墙和两侧山墙外堆砌的土坡以减少散热，增强保温效果。

2. 主要类型

（1）长后坡矮后墙日光温室。这是一种早期的日光温室，后墙较矮，只有1m左右，后坡面较长，可达2m以上，保温效果较好，但栽培面积小，现已较少使用。代表类型如辽宁海城感王式日光温室。

（2）短后坡高后墙日光温室。这种温室跨度5～7m，后坡面长1～1.5m，后墙高1.5～1.7m，作业方便，光照充足，保温性能较好，由辽宁海城感王式日光温室改型发展而成。

（3）琴弦式日光温室。这种温室跨度7m，后墙高1.8～2m，后坡面长1.2～1.5m，每隔3m设一道钢管桁架，在桁架上按40cm间距横拉8号铅丝固定于东西山墙。在铅丝上每隔60cm设一道细竹竿作骨架，上面盖薄膜，在薄膜上面压细竹竿，并与骨架细竹竿用铁丝固定。该温室采光好，空间大，作业方便，起源于辽宁瓦房店市（图11-9）。

（4）钢竹混合结构日光温室。这种温室利用了以上几种温室的优点。跨度 6m 左右，每 3m 设一道钢拱杆，矢高 2.3m 左右，前屋面无支柱，设有加强桁架，结构坚固，光照充足，便于内保温（图 11-10）。

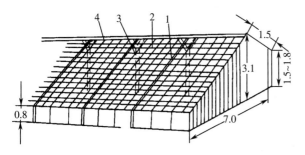

图 11-9　琴弦式日光温室（单位：m）
1. 钢管桁架　2. 8号铅丝　3. 中柱　4. 竹竿骨架

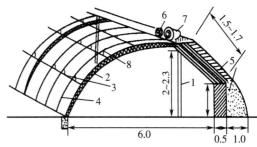

图 11-10　钢竹混合结构日光温室（单位：m）
1. 中柱　2. 钢架　3. 横向拉杆　4. 拱杆
5. 后墙后坡　6. 纸被　7. 草苫　8. 吊柱

（5）全钢架无支柱日光温室。这种温室是近年来研制开发的高效节能型日光温室，跨度 6～8m，矢高 3m 左右，后墙为空心砖墙，内填保温材料。钢筋骨架，有 3 道花梁横向接，拱架间距 80～100cm。温室结构坚固耐用，采光好，通风方便，有利于内保温和室内作业，属于高效节能日光温室，代表类型有辽沈Ⅰ型、冀优Ⅱ型日光温室（图 11-11）。

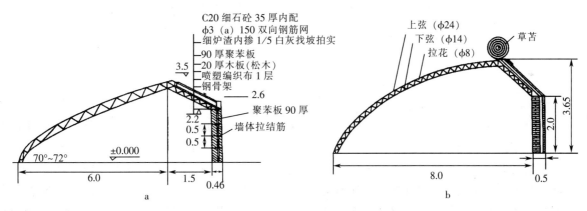

图 11-11　全钢架无支柱高效节能日光温室（单位：m）
a. 辽沈Ⅰ型日光温室　b. 冀优Ⅱ型日光温室

（6）新型节能日光温室。新型节能日光温室是以提高光能和土地利用率为特征，温室前屋面角符合冬至日 10：00—14：00 合理太阳能截获和合理透光率的要求，土地利用率在 80% 以上，并实现了在 43°N 以南（最低气温 −28℃ 以上地区）冬季不加温生产喜温果菜的基本要求。

①新型复合砖墙节能日光温室：这种日光温室是沈阳农业大学 2010 年设计并建造的复合砖墙无柱桁架拱圆钢结构日光温室，跨度为 8m，脊高 4.3～4.6m，后屋面水平投影长度 1.6m，后墙高 3.0m、厚 37cm 砖墙外贴 12cm 厚聚苯板。该温室是按照合理太阳能截获和合理透光率区段理论设计的，前屋面角符合上午 10：00—14：00 合理太阳能截获和合理透光率要求，冬季寒冷季节夜间内外温差达 35℃，空间进一步扩大，便于小型机械作业，无柱便于作物生长和人工作业。其结构如图 11-12 所示。

②新型土墙节能日光温室：这种日光温室是沈阳农业大学 2010 年设计并建造而成。它是一种土墙无柱桁架拱圆钢结构日光温室，跨度为 8m，脊高 4.5m，后屋面水平投影长度 1.5m，后墙为

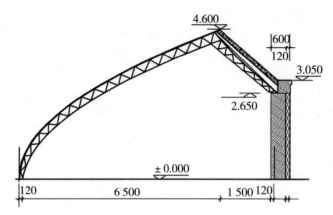

图 11-12 新型复合砖墙节能日光温室结构断面示意图（单位：mm）

3.0m 高土墙，墙底厚度 3.0m、墙顶厚度 1.5m、平均厚度 2.25m。该温室除墙体外，其他部分及温室性能与新型复合砖墙节能日光温室基本相同，是现阶段正大面积推广的日光温室类型。其结构见图 11-13。

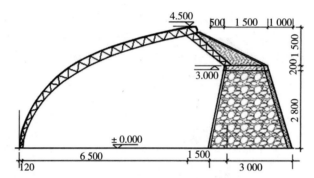

图 11-13 新型土墙节能日光温室结构断面示意图（单位：mm）

③南北双连栋节能日光温室：这种日光温室是沈阳农业大学 2010 年设计并建造而成的复合砖墙南北无柱桁架拱圆钢结构日光温室。南栋日光温室跨度为 8m，脊高 4.0～4.5m，后屋面水平投影长度 1.5m，后墙高 2.6～3.0m、厚 37cm 砖墙外贴 12cm 厚聚苯板；北栋温室跨度 6m，脊高 3.0～3.4m，无后屋面。该温室的南栋温室前屋面角符合上午 10：00—14：00 合理采光要求，冬季寒冷季节夜间内外温差达 35℃，空间扩大，便于小型机械作业，无柱便于作物生长和人工作业；北栋温室冬季寒冷季节夜间内外温差达 23℃，可在冬季生产耐寒蔬菜、低温型食用菌或进行果菜类早春生产，一般 42°N 地区生产果菜多在春分之后定植，可满足栽培床光照基本要求，土地利用率达 85%。是现阶段正在推广的日光温室类型。其结构见图 11-14。

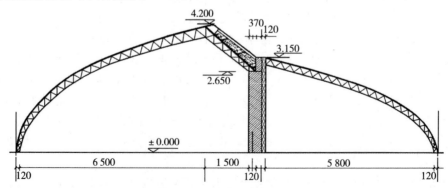

图 11-14 南北双连栋节能日光温室结构断面示意图（单位：mm）

④现代滑盖式节能日光温室：这种日光温室是沈阳农业大学与凌源市虹圆设施农业服务有限公司2010年设计并建造，目前仍在完善的一种现代节能日光温室。它是一种方钢桁架加单臂方钢混合骨架拱圆形结构日光温室，采用彩钢板加聚苯板或岩棉保温、水循环蓄放热系统保温和蓄热。跨度为10~14m，脊高5.0~6.5m，彩钢保温板分3段，温室北侧一段为固定段，中部和南侧段为滑动段，白天滑向北侧打开南侧，夜间滑向南侧覆盖保温（图11-15）。可实现放风、保温和蓄放热的自动化控制，并具有防风、防雨、防雪、防盗等功能。寒冷季节日光温室内外温差可达39℃，可作为现代节能日光温室的雏形加以进一步完善，以推动日光温室现代化。

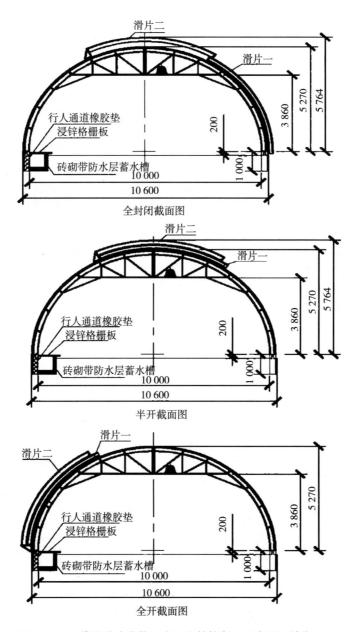

图11-15　现代滑盖式节能日光温室结构断面示意图（单位：mm）

⑤倾转屋面日光温室：这种日光温室是西北农林科技大学设计并建造而成。墙体结构为内墙37cm砖墙，外墙37cm砖墙，中间为62cm夹层，夹层由50cm厚土和10cm厚聚苯乙烯（EPS）保温板构成；外部建筑尺寸为东西长50m，跨度9.0m（图11-16）。该结构在设计上包括屋面固定骨架和屋面活动骨架，固定骨架和屋面活动骨架通过连接机构相连，连接机构包括电机支架和传动轴，电

机支架上有减速电机，减速电机连接有传动轴，传动轴上连接有齿轮齿条传动系统。在齿轮齿条传动系统的传动驱动下，其前屋面可以整体以前屋脚为轴转动，进而温室前采光面的采光角度可以根据采光需要进行连续改变自身的倾角，跟随外界的光照变化，从而达到最大限度地提高采光效率的目的。倾转屋面日光温室前屋脚部分采光面倾角为53°，机动屋面的倾角在25°~35°之间连续变化，对应的太阳入射角也逐时发生着变化，因此，可以得出倾转屋面日光温室能够保证温室前采光面在冬季的各天内都达到最佳的采光入射角，因而能获得最佳的采光效率。

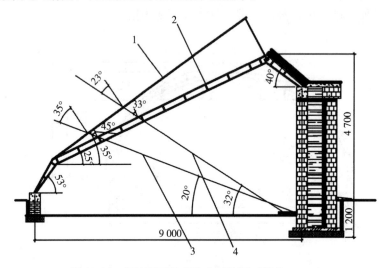

图 11-16　倾转屋面日光温室结构图（单位：mm）
1. 倾转屋面　2. 固定屋架　3. 冬至 9:00 入射光线　4. 冬至正午入射光线
（张勇等，2014）

⑥模块装配式主动蓄热墙体日光温室：这种日光温室是西北农林科技大学设计并建造而成。其跨度为 10m，长 32m，方位南偏东 5°，脊高 5.0m，后墙高 3.6m，屋面为直屋面。后墙厚度为 1.3m，结构为 100mm 聚苯板＋1 200mm 素土模块墙（从外向内），单个素土模块尺寸为 1 200mm×1 200mm×1 200mm，由当地黄土添加 2% 掺量（体积比）的麦草秸秆搅拌均匀后通过速土成型机压实而成。温室采用卡槽骨架，间距 1m，后屋面采用 100mm 聚苯板，前屋面覆盖 PO 膜（图 11-17）。

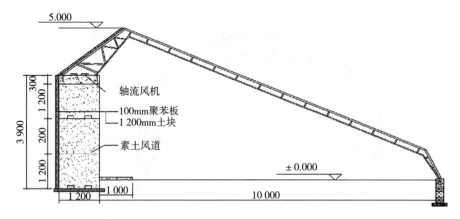

图 11-17　模块装配式主动蓄热墙体日光温室结构图（单位：mm）
（鲍恩才等，2018）

⑦山东系列型日光温室：由山东省农业科学院和山东农业大学联合开发的系列温室，包括山东 Ⅰ 型~Ⅴ型，已经获得山东省地方标准。其中山东 Ⅲ 型日光温室屋脊高 3.6~3.75m，跨度 7.9~8.0m，后屋面水平投影 1.0~1.1m，采光屋面平均角度 24.2°~25.4°，后墙高 240~260cm，后屋面仰角

47°～50°。山东Ⅳ型（寿光型）日光温室脊高 4.2～4.3m（室内地平面算起），跨度 9.2m，后屋面水平投影 0.8m，耕作地面下挖 30～40cm，采光屋面平均角度 22.4°～23.5°，后墙下宽 350～450cm、上宽 100～150cm、高 300～320cm，后屋面仰角 45°～49°。

3. 性能特点

（1）光照。日光温室光照特点与季节、时间、天气等自然因素和温室方位、结构、建材、薄膜、管理技术等自身特点有关，并随上述因素的变化而发生变化。

①光照强度：可见光通过塑料薄膜进入日光温室，其光照强度明显减弱，主要是由于光线被反射、覆盖物吸收、骨架遮挡以及覆盖材料老化、灰尘污染和水滴反射等造成的损失（参见大棚部分）。

②光照时间：由于日光温室在寒冷季节多采用草苫、纸被等覆盖保温，而这种保温覆盖物需在日出后揭开，日落前盖上。因此，日光温室光照时间较自然光照短。在辽宁南部的冬季，12 月每天光照时数约 6.5h，1 月为 6～7h，2 月 9h，3 月 10h，4 月 13.5h。

③光质：塑料薄膜对紫外线透过率比较高，有利于植株健壮生长，也促进花青素和维生素 C 合成，其中 PE 薄膜的紫外线透过率又高于 PVC 薄膜。

④光照分布：由于日光温室为单屋面温室，只有朝南一侧的前屋面可以透光，因此，光照水平分布和垂直分布都不均匀。一般光照强度由南向北逐渐减弱，至北侧中柱部分减弱明显。光线垂直分布特点是从薄膜开始自上而下光照强度不断减弱，到地面光线最弱。一天中不同时段温室内接受的光照强度也不同，其变化与外界自然变化规律相同。在黄淮地区，13：00 左右温室中部光强约占自然光照的 80%，16：00 中部光强也约占自然光强的 80%，但 9：00 则仅为自然光强的 50%，说明在黄淮地区日光温室建筑方位应适当向东偏移以充分利用上午的光照。

（2）温度。

①气温季节变化：日光温室的温度性能优于大棚，但由于仅以太阳辐射为热源，仍受外界气候条件影响，有明显的四季变化。一般情况下，日光温室冬季日数比露地缩短 3～5 个月，夏季比露地延长 2～3 个月，春、秋季比露地分别延长 20～30d。这样，在北纬 41°以南地区，保温性能好的日光温室几乎不存在冬季，可以四季进行喜温蔬菜等园艺作物生产（参照大棚部分）。

在冬季严寒季节，温室内平均气温比外界高 15～18℃，旬平均最低温度比外界高 15～19℃。当室外最低气温降到 -19.6℃时，室内仍维持 8.3℃。严冬季节的晴天正午时分，室内外温差可达 35～40℃。

②气温日变化：日光温室气温日变化规律与外界相同并受太阳辐射影响，白天气温高，夜间气温低。在冬季、早春及晚秋季节，晴天最低温度出现在揭苫后 0.5h 左右，即早晨 8：30 左右，此后开始上升，上午平均每小时上升 5～6℃，到 12：00—13：00 升至最高值；此后温度开始下降，14：00—16：00 平均每小时下降 4～5℃。盖草苫后下降变得缓慢，从盖草苫到第二天上午揭草苫，降温 5～7℃。晴天昼夜温差变化较大，阴天变化较小。

③气温分布：温室内气温分布有不均匀现象，这与光照的不均匀现象相一致。通常白天上部温度高于下部，中部温度高于四周，夜间北侧温度高于南侧。水平温差在 3～4℃，垂直温差 2～3℃，但黄淮地区温室内不同部位差异不明显，仅为 1～2℃，无明显高温区和低温区。

④地温变化：与气温相比，地温变化相对比较稳定。随土层深度加深，温度变化比气温有滞后现象。12 月下旬的黄淮地区，当室外 0～20cm 平均地温降至 1.4℃时，室内为 13.4℃。1 月下旬，室内 10cm、20cm 和 50cm 地温比室外分别高 13.2℃、12.7℃和 10.3℃。因此，日光温室内土壤耕作层温度可完全满足作物生长发育的需求。

⑤墙体温度特性：后墙不同部位温度变化不同，0cm、5cm、10cm 处的温度随温室内温度升降而升降，是主要的蓄热放热部位；外侧 90cm 处是受外界温度影响较大的部位，随外界温度变化而变化；中部 30cm、50cm、70cm 处温度变化相对较小，50cm 墙体处昼夜温度变化仅为 0.6℃，30cm 和

70cm 处昼夜温度变化分别为 0.9℃和 1℃。说明在黄淮地区 60cm 墙体已具备了保温能力，但为更多地蓄热，要达 80cm 以上。

（3）空气湿度。

①空气湿度高：为加强保温效果，日光温室常处于密闭状态，气体交换不足，加上白天土壤蒸发和植物蒸腾，使空气相对湿度过高，经常处于 100% 状态。

②日变化剧烈：与露地相比，温室内湿度日变化大。白天，室内温度高，空气相对湿度低，通常为 60%～70%；夜间温度下降，相对湿度升高，可达到 100%。

③局部差异大：日光温室空气湿度局部差异大于露地，这与温室容积有关。容积越大，湿差越小，日变化也越小；容积越小，湿差越大，日变化也越大。

④作物易沾湿：由于空气相对湿度高，温室内不同部位空气温度也不同，导致作物表面发生结露，覆盖物及骨架结构凝水，室内产生雾霭，造成作物沾湿，即结水濡湿现象，容易引发多种病害。

（4）气体条件。日光温室内气体条件变化与塑料大棚相似，表现在密闭条件下 CO_2 浓度过低造成作物 CO_2 饥饿，同时也存在 NH_3、NO_2、SO_2、C_2H_4 等有害气体积累。因此，需要经常通风换气，一方面补充 CO_2，另一方面排放积累的有毒有害气体，必要时可进行人工增施 CO_2 气肥。

（5）土壤环境。由于有覆盖物存在，加上高效栽培造成的施肥量过高，栽培季节长，连作栽培茬次多等特点，日光温室内的土壤与露地土壤有较大差别。

①土壤养分转化和有机质分解速度快：温室内温度和湿度较露地高，土壤中微生物活动旺盛，使土壤养分和有机质分解加快。

②肥料利用率高：温室土壤由于被覆盖而免受雨水淋洗和冲刷，肥料损失小，便于作物充分利用。

③土壤湿度稳定：由于日光温室土壤靠人工灌溉，不受降水影响，因此土壤湿度变化相对较小。

④连作障碍严重：连作障碍是作物栽培中出现的一种普遍现象，设施栽培加剧了连作障碍的发生和危害。日光温室、塑料大棚等设施条件下的土壤栽培均可出现连作障碍，主要表现在盐分浓度过高引起土壤理化性状变差、土壤有害微生物积累造成的病害发生严重以及栽培作物的自毒作用。

4. 应用 日光温室由于其独特的保温效果，可以在冬季寒冷季节不需加温就能进行蔬菜等园艺作物的生产。但由于仅以太阳光能为热源并强调保温性能，因此，其使用也受到地域的限制。如在光照充足、空气湿度较低、晴天多、阴雨雪天气少的北方地区应用普遍，而在长江流域及以南地区则不适宜使用，应用的地域范围在北纬 32°～43°之间。

（1）园艺作物育苗。利用日光温室为大棚、小棚和露地栽培的果菜类蔬菜育苗，还可用于培育草莓、葡萄等果树幼苗及各种花卉苗。

（2）蔬菜周年栽培。利用日光温室几乎可以进行所有蔬菜的栽培，各地根据本地区特点创造出了许多高产高效茬口，如一年一大茬（越冬茬）、一年两茬、一年多茬等形式。

（3）花卉栽培。利用日光温室进行盆花、切花的栽培，如菊花、百合、香石竹、非洲菊等。

（4）果树栽培。利用日光温室进行草莓、葡萄、桃、杏、樱桃等促成栽培和半促成栽培。

（二）现代温室

现代温室通常简称连栋温室或俗称智能温室，是园艺设施中的高级类型，主要指设施内的环境能实现计算机自动控制，基本上不受自然气候条件下灾害性天气和不良环境条件的影响，能全天候周年进行设施园艺作物生产的大型温室。

1. 主要类型

（1）芬洛型（Venlo type）玻璃温室。芬洛型温室是我国引进玻璃温室的主要形式，是荷兰研究开发后流行全世界的一种多脊连栋小屋面玻璃温室。温室单间跨度一般为 3.2m 的倍数，如 6.4m、

9.6m、12.8m，近年也有8m跨度类型；开间距3m、4m或4.5m，檐高3.5～5.0m。每跨由2个或3个双屋面的小屋脊直接支撑在桁架上，小屋脊跨度3.2m，矢高0.8m。根据桁架的支撑能力，可组合成6.4m、9.6m、12.8m的多脊连栋型大跨度温室。覆盖材料采用4mm厚的园艺专用玻璃，透光率大于92%。开窗设置以屋脊为分界线，左右交错开窗，每窗长度1.5m，一个开间（4m）设两扇窗，中间1m不设窗，屋面开窗面积与地面积比率（通风比）为19%。若窗宽从传统的0.8m加大到1.0m，可使通风比增加到23.43%，但由于窗的开启度仅0.34～0.45m，实际通风比仅为8.5%和10.5%（图11-18）。

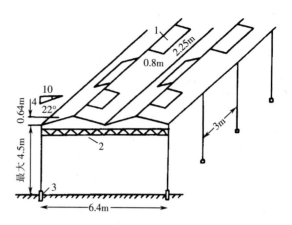

图11-18　苏洛型玻璃温室结构示意图
1. 天窗　2. 桁架　3. 基础

芬洛型温室的主要特点为：

①透光率高：由于其独特的承重结构设计减少了屋面骨架的断面尺寸，省去了屋面檩条及连接部件，减少了遮光，又由于使用了高透光率园艺专用玻璃，使透光率大幅度提高。在温室全表面积中，直射光线照射到结构骨架（框架）材料的面积与全表面积之比称构架率。构架率越大，说明框架的遮光面积越大，直射率越低。普通钢架玻璃温室构架率约为20%，芬洛型玻璃温室为12%。

②密封性好：由于采用了专用铝合金及配套的橡胶条和注塑件，温室密封性大大提高，有利于节省能源。

③屋面排水效率高：由于每一跨内有2～6个排水沟（天沟数），与相同跨度的其他类型温室相比，每个天沟汇水面积减少了50%～83%。

④使用灵活且构件通用性强：这一特性为温室工程的安装、维修和改进提供了极大的方便。

芬洛型温室在我国，尤其是我国南方应用的最大不足是通风面积过小。由于其没有侧通风，且顶通风比仅为8.5%或10.5%。在我国南方地区往往通风量不足，夏季热蓄积严重，降温困难。近年来，我国针对亚热带地区气候特点对其结构参数加以改进、优化，加大了温室高度，檐高从传统的2.5m增高到3.3m，甚至4.5m、5m，小屋面跨度从3.2m增加到4m，间柱的距离从4m增加到4.5m、5m，并加强顶侧通风，设置外遮阳和湿帘-风机降温系统，增强抗台风能力，提高了在亚热带地区的效果。

（2）里歇尔（Richel type）温室。里歇尔温室是法国瑞奇温室公司研究开发的一种流行的塑料薄膜温室，在我国引进温室中所占比重最大。一般单栋跨度为6.4m、8m，檐高3.0～4.0m，开间距3.0～4.0m。其特点是固定于屋脊部的天窗能实现半边屋面（50%屋面）开启通风换气，也可以设侧窗卷膜通风。该温室的通风效果较好，且采用双层充气膜覆盖，可节能30%～40%，构件比玻璃温室少，空间大，遮阳面少，根据不同地区风力强度大小和积雪厚度，可选择相应类型结构。但双层充气膜在南方冬季多阴雨雪的天气情况下，透光性受到影响。

（3）卷膜式全开放型塑料温室。卷膜式全开放型塑料温室是一种拱圆形连栋塑料温室，这种温室除山墙外，顶、侧屋面均可通过手动或电动卷膜机将覆盖薄膜由下而上卷起，达到通风透气的效果。可将侧墙和1/2屋面或全屋面的覆盖薄膜全部卷起成为与露地相似的状态，以利夏季高温季节栽培作物。由于通风口全部覆盖防虫网而有防虫效果。我国国产塑料温室多采用这种形式，其特点是成本低，夏季接受雨水淋溶可防止土壤盐类积聚，简易、节能，利于夏季通风降温。例如上海市农机所研制的GSW7430型连栋温室和GLZW7.5智能型温室等，均是一种顶高5m、檐高3.5m、冬夏两用、通气性能良好的开放型温室。塑料薄膜连栋温室见图 11-19。

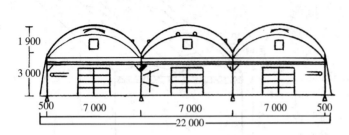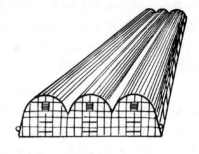

图 11-19　韩国双层薄膜覆盖三连栋温室示意图（单位：mm）

（4）屋顶全开启型温室（open-roof greenhouse）。屋顶全开启型温室最早是由意大利 Serre Italia 公司研制的一种全开放型玻璃温室，近年在亚热带地区逐渐兴起。其特点是以天沟檐部为支点，可以从屋脊部打开天窗，开启度可达到垂直程度，即整个屋面的开启度可从完全封闭直到全部开放状态。侧窗则用上下推拉方式开启，全开后达 1.5m 宽。全开时可使室内外温度保持一致，中午室内光强可超过室外，也便于夏季接受雨水淋洗，防止土壤盐类积聚。其基本结构与 Venlo 型温室相似。

此外，一种适合南方暖地、自然通风效果优于一般塑料温室的锯齿型（sawtooth type）温室正在推广应用中。

2. 配套设备　现代温室除主体骨架外，还可根据情况配置各种配套设备以满足不同要求。

（1）自然通风系统。依靠自然通风系统通风是温室通风换气、调节室温的主要方式，一般分为顶窗通风、侧窗通风和顶侧窗通风等 3 种方式。侧窗通风有转动式、卷帘式和移动式 3 种类型，玻璃温室多采用转动式和移动式，薄膜温室多采用卷帘式。屋顶通风天窗的设置有谷肩开启、半拱开启、顶部单侧开启、顶部双侧开启、顶部竖开式、顶部全开式、顶部推开式（太子楼型）等多种方式。

（2）加热系统。加热系统与通风系统结合，可为温室内作物生长创造适宜的温度和湿度条件。目前冬季加热多采用集中供热、分区控制方式，主要有热水管道加热和热风加热两种系统。

①热水管道加热系统：该系统由锅炉、锅炉房、调节组、连接附件及传感器、进水及回水主管、温室内的散热管等组成。温室散热管道有圆翼型和光滑型两种，设置方式有升降式和固定式之分，按排列位置可分垂直排列和水平排列两种方式。

②热风加热系统：热风加热是利用热风炉通过风机把热风送入温室各部分加热的方式。该系统由热风炉、送气管道（一般用 PE 膜做成）、附件及传感器等组成。

热水管道加热系统在我国通常采用燃煤加热，其优点是室温均匀，停止加热后室温下降速度慢，水平式加热管道还可兼作温室高架作业车的运行轨道；缺点是室温升高慢，设备材料多，一次性投资大，安装维修费时费工，燃煤排出的炉渣、烟尘污染环境，需要占用土地。而热风加热系统采用燃油或燃气加热，其特点是室温升高快，但停止加热后降温也快，且易导致叶面积水，加热效果不及热水加热系统。热风加热系统还有节省设备资材、安装维修方便、占地面积少、一次性投资小等优点，适于面积小、加温周期短、局部或临时加热需求大的温室选用。温室面积规模大的，应采用燃煤锅炉热水供暖方式。

此外，温室的加温还可利用工厂余热、太阳能集热加温器、地下热交换等节能技术。

（3）幕帘系统。幕帘系统包括帘幕系统和传动系统。帘幕依安装位置的不同可分为内遮阳保温幕和外遮阳幕两种。

①内遮阳保温幕：内遮阳保温幕是采用铝箔条或镀铝膜与聚酯线条相间经特殊工艺编织而成的缀铝膜。按保温和遮阳不同要求，嵌入不同比例的铝箔条，具有保温节能、遮阳降温、防水滴、减少土

壤蒸发和作物蒸腾从而节约灌溉用水的功效。著名产品为瑞典劳德维森公司 XLS 系列内遮阳保温幕。

②外遮阳系统：外遮阳系统利用遮光率为 70% 或 50% 的透气黑色网幕或镀铝膜（铝箔条比例较少）覆盖于离温室屋顶以上 30～50cm 处，比不覆盖的可降低室温 4～7℃，最多时可降 10℃，同时也可防止作物日灼伤，提高产品质量。

幕帘的传动系统有钢索轴拉幕系统和齿轮齿条拉幕系统两种。前者传动速度快，成本低；后者传动平稳，可靠性强，但造价略高。两种都可自动控制或手动控制。

（4）降温系统。

①微雾降温系统：微雾降温系统使用普通水，经过微雾系统自身配备的两级微米级的过滤系统过滤后进入高压泵，经加压后的水通过管路输送到雾嘴，高压水流以高速撞击针式雾嘴的针，从而形成微米级的雾粒。形成的微雾在温室内迅速蒸发，大量吸收空气中的热量，然后将潮湿空气排出室外达到降温目的，如配合强制通风效果更好。其降温能力在 3～10℃，是一种最新降温技术，一般适于长度超过 40m 的温室采用。该系统还具有喷农药、施叶面肥和加湿等功能。

②湿帘降温系统：温帘降温系统是利用水的蒸发降温原理来实现降温的技术设备。通过水泵将水打至温室特制的疏水湿帘上，湿帘通常安装在温室北墙上，以避免遮光影响作物生长。风扇则安装在南墙上，当需要降温时启动风扇，将温室内的空气强制抽出并形成负压。室外空气在因负压被吸入室内的过程中以一定速度从湿帘缝隙穿过，与潮湿介质表面的水汽进行热交换，导致水分蒸发和冷却，冷空气流经温室吸热后再经风扇排出达到降温的目的。在炎夏晴天，尤其是中午温度高、相对湿度低时，降温效果最好，是一种简易有效的降温系统，但在高湿季节或地区，其降温效果受影响。

除此之外，降温还可通过幕帘遮阳、顶屋面外侧喷水、强制通风等方式降温。

（5）补光系统。补光系统成本高，目前仅在效益高的工厂化育苗温室中使用，主要是弥补冬季或阴雨天光照的不足，提高育苗质量。所采用的光源灯具要求有防潮设计、使用寿命长、发光效率高，如生物效应灯、农用钠灯及 LED 灯等，悬挂的位置宜与植物行向垂直。

（6）补气系统。补气系统包括两部分：

①二氧化碳施肥系统：CO_2 气源可直接使用贮气罐或贮液罐中的工业用 CO_2，也可利用 CO_2 发生器将煤油或石油气等碳氢化合物通过充分燃烧而释放 CO_2，我国普通温室多使用强酸与碳酸盐反应释放 CO_2。

②环流风机：封闭的温室内，CO_2 通过管道分布到室内，均匀性较差，启动环流风机可提高 CO_2 分布的均匀性，此外通过风机还可以促进室内温度、相对湿度分布均匀，从而保证室内作物生长的一致性，改善品质，并能将湿热空气排出，实现降温效果。

（7）灌溉和施肥系统。灌溉和施肥系统包括水源、储水池及供给设施、水处理设施、灌溉和施肥设施、田间管道系统，以及灌水器如喷头、滴头、滴箭等。进行基质栽培时，可采用肥水回收装置，将多余的肥水收集起来，重复利用或排放到温室外面。作物栽培时，应在作物根区土层下铺设暗管，以利排水。水源与水质直接影响滴头或喷头的堵塞程度，除符合饮用水水质标准的水源外，其他水源都应经各种过滤器进行处理。现代温室采用雨水回收设施，可将降落到温室屋面的雨水全部回收，是一种理想的水源。常见的灌溉系统有适于土壤栽培的滴灌系统，适于基质袋培和盆栽的滴箭系统，适于温室矮生地栽作物的喷嘴向上的喷灌系统或向下的倒悬式喷灌系统，以及适于工厂化育苗的悬挂式可往复移动的喷灌机（行走式洒水车）。

在灌溉施肥系统中，将肥料与水均匀混合十分重要，目前多采用混合罐方式，即在灌溉水和肥料施到田间前，按系统的设定范围，首先在混合罐中将水和肥料均匀混合，同时进行检测，当 EC 值和 pH 未达设定标准值时，至田间管网的阀门关闭，水肥重新回到罐中进行混合，同时为防止不同化学成分混合时发生沉淀，设 A、B、C 罐与酸碱液罐。

（8）计算机自动控制系统。自动控制是现代温室环境控制的核心技术，可自动测量温室的气候和土壤参数,并对温室内配置的所有设备都能实现优化运行和自动控制,如开窗、加温、降温、加湿、光照和补充 CO_2、灌溉施肥和环流通气等。该系统是基于专家系统的智能控制,完整的自动控制系统包括气象监测站、主控器、温湿度传感器、控制软件、计算机、打印机等。

四、夏季保护设施

夏季保护设施是指主要在夏秋季节使用,以遮阳、降温、防虫、避雨为主要目的的一类保护设施,包括遮阳网、防虫网、防雨棚等。

(一) 遮阳网

国内遮阳网产品多以聚乙烯、聚丙烯等为原料,经编织而成的一种轻量化、高强度、耐老化、网状的新型农用塑料覆盖材料。利用它覆盖作物具有一定的遮光、降温、防台风暴雨、防旱保墒和驱避病虫等功能,用来替代芦帘、秸秆等传统覆盖材料,进行夏秋高温季节的蔬菜、花卉和果树的栽培与育苗。遮阳网覆盖已成为我国南方地区园艺作物夏秋栽培的一种简易实用、低成本、高效益的覆盖技术,在北方地区的蔬菜、花卉生产及育苗中也有广泛应用。

1. 种类 遮阳网依颜色分为黑色和银灰色,也有绿色和黑白相间等种类;依遮光率分为35%～50%、50%～65%、65%～80%、80%以上等4种规格,应用最多的是35%～65%的黑网和65%的银灰网;宽度有90cm、150cm、160cm、200cm不等,每平方米重45～49g。许多厂家生产的遮阳网的密度是以一个密区(25mm)中纬向的扁丝条数来度量产品并编号的,如SZW-8表示密区由8根扁丝编织而成,SZW-12则表示由12根扁丝编织而成,数字越大,网孔越小,遮光率越大。

国外生产有铝箔条或镀铝膜与聚酯间隔编制而成的缀铝膜,如瑞典劳德维森公司的产品。主要用于现代温室的内遮阳,兼有遮阳保温作用,也有少数用于现代温室外遮阳。

2. 性能

(1) 降低光照强度。不同类型的遮阳网遮光率为33%～70%,其中黑色遮阳网遮光率高于灰色,密度高的遮阳网遮光率高于密度低的。如同为SZW-8型遮阳网,晴天条件下黑色遮光率为57%,灰色为33%;而同为黑色遮阳网,SZW-10型遮光率为67%,SZW-12型为70%。

一般南方夏季晴热天气露地的光照度高达80～120klx,即使遮光50%～70%,也能满足作物的光合需求,对于一些喜阴作物更是必需的。

(2) 地面降温效应。大棚遮阳网覆盖降温最显著的部位是地表和地下、地上各20cm范围的土壤、空气和叶片,从而优化了栽培作物的根际环境,也改善了作物地上部的生长条件。

在南京地区夏季晴热气候条件下,当最高气温为35.1～38℃时,露地地表面最高温度平均48.6℃,覆盖不同类型遮阳网平均降温幅度在8～13℃,以遮光率为65%～70%的效果最佳。利用遮阳网覆盖遮光降温,有利于喜冷凉气候的小白菜等叶菜的各种生理代谢功能的正常进行,从而促进生长。

(3) 减少蒸散量。遮阳网覆盖能减少地面水分蒸散,其降低的程度与网的遮光率基本一致。灰色与黑色SZW-8网蒸散量比露地约减少1/3,而黑色SZW-10、SZW-12网约减少2/3。

(4) 减轻暴雨冲击。在100min内降水量达到34.6mm时,黑色遮阳网下的降水量为26.7mm,边缘降水量为30.0mm,网下比露天减少了22.8%～13.3%。

除此之外,遮阳网覆盖还有减弱台风袭击、避虫防病、防止果菜被日照灼伤的作用。

3. 利用

(1) 夏季覆盖育苗。这是遮阳网最常见的应用方式。南方夏季进行蔬菜和花卉等园艺作物育苗时,为减少强光、高温和暴雨的危害,采用遮阳网覆盖,效果好于传统的芦帘遮阳育苗。通常利用镀锌钢管塑料大棚的骨架，顶上只保留天幕薄膜，围裙膜全部拆除，在天幕上再盖遮阳网，称一网一膜法覆盖，实际上就是防雨棚上覆盖一张遮阳网，其下进行常规或穴盘育苗或移苗假植（图11-20）。

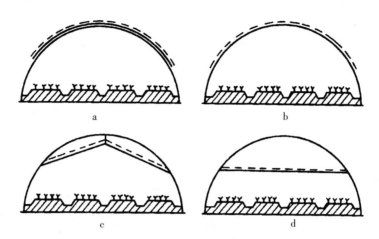

图 11-20　大棚遮阳网覆盖方式
a. 一网一膜外覆盖　b. 单层遮阳网覆盖　c. 二重幕架上覆盖
d. 大棚内利用腰杆平棚覆盖

（2）夏秋季节遮阳栽培。在南方地区夏秋季节采用遮阳网覆盖栽培喜凉怕热或喜阴的蔬菜、花卉，典型的如夏季栽培小白菜、大白菜、芫荽、伏芹菜以及非洲菊、百合等。遮阳方式有浮面覆盖、矮平棚覆盖、小拱棚或大棚覆盖。

（3）秋菜覆盖保苗。秋播蔬菜如甘蓝类、白菜类、根菜类、芹菜、菠菜和秋番茄、秋黄瓜、秋菜豆等在早秋播种和定植时，恰逢高温季节，播后不易出苗，定植后易死苗。如果播后进行浮面覆盖，可提前播种，也易齐苗、早苗、提高出苗率；而早秋定植的早甘蓝、花椰菜、莴苣、芹菜等，定植后活棵前进行浮面覆盖或矮平棚覆盖，可显著提高成苗率，促进生长，增加产量。此外，遮阳网还可用来延长辣椒杂交制种期，夏季栽培食用菌如草菇、平菇等。

（二）防雨棚

防雨棚是在多雨的夏秋季节，利用塑料薄膜等覆盖材料扣在大棚或小棚的顶部，四周通风不扣膜或扣防虫网防虫，使作物免受雨水直接淋洗和冲击的保护设施。防雨棚主要用于夏秋季节蔬菜和果树的避雨栽培或育苗。防雨棚主要有以下两种类型。

1. 大棚型防雨棚　大棚型防雨棚即大棚顶上天幕不揭除，只揭除四周裙幕以利通风，也可挂上20～22目的防虫网防虫，用于各种蔬菜的夏季栽培。大棚经改型，也可用作果树如葡萄的避雨栽培。

2. 小拱棚型防雨棚　小拱棚型防雨棚主要用作露地西瓜、甜瓜早熟栽培。小拱棚顶部扣膜，两侧通风，使西瓜、甜瓜雌花部位不受雨淋，以利授粉受精。前期两侧膜封闭，实行促成早熟栽培，后期侧膜打开防雨，是一种常见的先促成后避雨的栽培方式。

在热带、亚热带地区，年均降水量达1 500～2 000mm，而且60%～70%集中在6—9月，多数园艺作物在这种多雨、潮湿、高温、强光的条件下极易发生病虫危害，很难正常生长，采用防雨棚栽培可以有效地克服这些问题。

生产上防雨棚常用于夏秋季节瓜类、茄果类蔬菜，葡萄、油桃等果树，以及高档切花、盆花的栽培。

（三）防虫网

防虫网是以高密度聚乙烯等为主要原料加入抗老化剂等辅料，经拉丝编织而成的20～30目等不同规格的网纱,具有强度大、抗紫外线、抗热、耐水、耐腐蚀、耐老化、无毒、无味等特点。由于防虫网覆盖简易,能有效防止害虫对夏季小白菜等叶菜的危害,在南方地区作为无(少)农药蔬菜栽培的有效措施而得到广泛应用。

1. 种类 防虫网按目数分为20目、24目、30目、40目,按宽度分为100cm、120cm、150cm,按丝径分为0.14~0.18mm等数种类型。使用寿命为3~4年,色泽有白色、银灰色等,以20目、24目最为常用。

2. 覆盖方式

(1) 大棚覆盖。大棚覆盖是目前最普遍的覆盖方式,由数幅网缝合后覆盖在单栋或连栋大棚上,全封闭式覆盖,内装微喷灌水装置。

(2) 立柱式隔离网状覆盖。用高约2m的水泥柱(葡萄架用)或钢管做成隔离网室,农民俗称帐子,在里面种植小白菜等叶菜,夏天既舒适又安全,面积在500~1 000m² 范围内。

3. 主要性能

(1) 防虫。可根据害虫大小选择合适目数的防虫网,对于蚜虫、小菜蛾等害虫使用20~24目遮阳网即可阻隔其成虫进入网内。

(2) 防暴雨、冰雹冲刷土壤,以免造成高温死苗。

(3) 结合防雨棚、遮阳网进行夏、秋蔬菜的抗高温育苗或栽培,可防止病毒病发生。

(4) 冬季可作防寒材料直接覆盖作物表面或作大棚和小棚覆盖栽培,也可在春季和秋季覆盖种植蔬菜。

4. 注意事项

(1) 覆盖前土壤应翻耕、晒垡、消毒,杀死土壤害虫和土传病害,切断传播途径。

(2) 施足基肥,夏小白菜一般不再追肥,但宜喷水降温。

(3) 选用适宜网目,注意空间高度,结合遮阳网覆盖,防止网内土温、气温高于网外,造成热害死苗。

第二节 园艺作物设施栽培技术

一、蔬菜设施栽培技术

(一) 概述

1. 蔬菜设施栽培的特点 目前在我国,蔬菜的设施栽培面积约占设施园艺总面积的95%。蔬菜设施栽培是一种高效集约型农业,要求应用现代化的栽培和经营管理技术,才能实现高投入、高产出、高效益的目标。其主要特点是:①除防雨棚外,一般都能实行封闭式或半封闭式的环境调控,有利于创造蔬菜作物地上部和地下部最适的环境条件,实现栽培作物的优质高产。②由于常年避雨和冬季长期保温或加温,设施的土壤水分管理、通风换气、冬季加温保温、夏季防止热蓄积等都要求精细的管理技术。③在封闭性环境调控条件下,可利用农业、物理、生物、化学防治相结合的有害生物综合防控技术,实行无(少)农药栽培。④栽培季节长,复种指数高,对于长季节栽培的番茄、黄瓜等,保持营养生长与生殖生长的平衡,以及防止后期管理不善引起的植株早衰,成为栽培技术的关键。⑤蔬菜四季均可生产,不同季节要选用适宜的品种以适应不同的气候环境,防止生长发生障碍。⑥设施果菜低温季节授粉受精困难,为防止落花落果,应采用保花保果措施,可利用熊蜂等昆虫授粉或选用单性结实性强的品种,尽量避免应用植物生长调节物质。⑦设施蔬菜栽培的环境调控、产期调节、反季节栽培等,都需要大量的劳力,要尽量采用省工省力的技术。⑧长期设施栽培易引起病虫害严重、土壤盐分积聚等连作障碍发生。

2. 设施栽培蔬菜的主要种类　因设施栽培投资大，应优先选择高效益的蔬菜。在选择蔬菜种类时考虑的原则是：①以果菜冬春反季节栽培为主，主要包括瓜类的黄瓜、西瓜、厚皮甜瓜、西洋南瓜、瓠瓜、早丝瓜、苦瓜、早冬瓜，茄果类的番茄、辣椒、茄子，还有甜玉米、菜豆、食荚豌豆、早毛豆等；②根茎菜类的芦笋、马铃薯、芋，水生蔬菜的莲藕、茭白，还有芦蒿等野生蔬菜；③叶菜类的莴苣、芹菜、不结球白菜、小萝卜、菜心、菠菜、蕹菜、苋菜、茼蒿、芫荽、冬寒菜、落葵、紫背天葵、菊花脑、荠菜、豆瓣菜、非洲冰菜等，既可单作，也可间作套种；④芽苗菜类：利用豌豆、萝卜、苜蓿、花生、香椿、荞麦、葵花籽等种子遮光发芽培育成黄化嫩苗或在弱光条件下培育成绿色芽菜，作为蔬菜食用；⑤食用菌类：大部分的食用菌类需要设施栽培，其中大面积栽培的有双孢蘑菇、香菇、平菇、金针菇、杏鲍菇、草菇等，特种食用菌如鸡腿菇、鸡松茸、灰树花、木耳、银耳、猴头菇、茯苓、口蘑、竹荪等，近年来的设施栽培面积也在不断扩大。

3. 设施蔬菜的栽培方式

（1）促成栽培。促成栽培又称越冬栽培、深冬栽培、冬春长季节栽培，是指冬季低温季节利用温室等设施进行长期加温或保温栽培蔬菜的方式。如目前一些大型连栋温室内进行的茄果类蔬菜的长季节栽培，从8—9月定植到翌年6月采收结束，从播种到拉秧长达10~11个月，在低温期的10月下旬至翌年3月下旬进行加温或保温以维持生长势，防止早衰，促进坐果及果实发育。

在我国，除少数现代化温室外，大多数利用不加温或短期加温的节能型日光温室，通过多重覆盖增强保温性能进行栽培。在淮河以北地区采用节能型日光温室，在长江流域采用塑料大棚多重覆盖，将8—10月育苗的茄果类、瓜类等果菜，在10—12月定植到棚室内，于1月初至3月即开始上市，直到6—7月结束，也属于长季节栽培。

（2）半促成栽培。半促成栽培通常是指在设施条件下，蔬菜生育前期（早春）短期加温或加强保温，而生育后期不加温，只进行保温或改为在露地条件下继续生长，达到春季提早上市的栽培方式，又称为早熟栽培或春提早栽培。我国用于早熟栽培的设施主要有日光温室、塑料大棚和中小棚。番茄、辣椒、茄子等于冬季11月至翌年1月用电热线加温育苗，2—3月定植于日光温室或塑料棚内，采收期较常规露地栽培能提早1个月左右，是半促成栽培的典型茬口。

（3）抑制栽培（延迟栽培）。抑制栽培一般指一些喜温性蔬菜的延迟栽培，如黄瓜、番茄等，秋季前期在未覆盖的棚室或在露地生长，晚秋早霜到来之前扣薄膜防止霜冻，使之在保护设施内继续生长，延长采收时间，俗称大棚、日光温室的秋延后栽培。抑制栽培比露地栽培可延迟供应期1~2个月。如利用日光温室或塑料大棚多重覆盖栽培，可使采收期延长到元旦、春节，经济效益大幅度提高。

（4）越夏栽培。越夏栽培是长江以南广大地区夏季利用遮阳网、防虫网、防雨棚等设施栽培的方式。在大棚骨架上覆盖遮阳网或将大棚的裙膜掀掉，只保留顶膜并覆盖遮阳网，达到遮阳降温、防暴雨和台风的目的。这种设施栽培方式很好地解决了南方地区一些喜凉叶菜、茎菜的夏季安全生产问题和北方地区果菜的安全越夏问题，对缓解南方蔬菜夏淡季，保证蔬菜周年均衡供应有重要意义。防虫网覆盖栽培用20~50目的封闭式防虫网覆盖，主要应用于塑料拱棚或温室的门窗通风口，切断各种害虫成虫潜入棚室内产卵繁殖、幼虫危害和传播病毒的途径，实现夏季蔬菜的无（少）农药栽培。

4. 蔬菜设施栽培的主要茬口

（1）北方地区的主要茬口类型。东北、华北地区的设施类型以日光温室和塑料拱棚（大棚和中棚）为主，蔬菜设施栽培主要茬口也是根据它们制定的。

①早春茬：一般是12月至翌年1月播种育苗，1月至2月上中旬定植，3月始收。早春茬是该地区目前日光温室生产采用较多的种植形式，几乎所有蔬菜都可生产，如早春茬的黄瓜、番茄、茄子、辣椒、冬瓜、西葫芦及各种速生叶菜。

②秋冬茬：一般是夏末秋初播种育苗，中秋定植，秋末到初冬开始收获，直到深冬的1月结束。

如秋冬茬番茄、黄瓜、辣椒、芹菜等。

③冬春茬：冬春茬属于越冬一大茬栽培，在夏末初秋育苗，初冬定植到温室，冬季开始上市，直到第二年夏季拉秧，可连续采收上市，收获期一般可达120~160d。冬春茬栽培的主要蔬菜作物有黄瓜、番茄、茄子、辣椒、西葫芦等，是北方地区日光温室蔬菜生产应用较多、效益也较高的一种茬口类型，多利用节能型日光温室，通称长季节栽培。

④春提前栽培：一般在12月下旬到翌年1月上旬于温室内利用电热温床育苗，苗龄30~90d不等，在3月中旬定植于大棚，4月中下旬开始供应市场，比露地栽培可提早收获30d以上。喜温果菜如黄瓜、番茄、豆类及耐热的西瓜、甜瓜等都可采用这一栽培茬口。

⑤秋延迟栽培：一般是在7月上中旬至8月上旬播种，7月下旬至8月下旬定植，主要应用大棚栽培，9月上中旬开始采收供应市场，12月至翌年1月结束。同类蔬菜供应期一般可比露地延后30d左右，大部分喜温果菜和部分叶菜均可利用此栽培茬口栽培。

(2) 长江流域主要茬口类型。长江流域适宜蔬菜生长的季节很长，一年内可在露地栽培主要蔬菜有3茬，即春茬、秋茬、越冬茬。这一地区设施栽培方式在冬季多以大棚为主，夏季则以遮阳网、防虫网覆盖为主，也有一定面积是利用现代加温温室进行长季节栽培。本地区喜温性果菜设施栽培茬口主要有：

①大棚春提早栽培：一般是初冬播种育苗，翌年2月中下旬至3月上旬定植，4月中下旬始收，6月下旬至7月上旬拉秧的栽培茬口。常见的蔬菜种类有大棚黄瓜、甜瓜、西瓜、番茄、辣椒等。

②大棚秋延迟栽培：此茬口育苗期多在炎热多雨的7、8月，需采用遮阳网加防雨棚育苗，定植前期进行防雨遮阳栽培，栽培后期通过多重覆盖保温，采收期可延迟到12月至翌年1月。

③大棚多重覆盖越冬栽培：此茬口仅适用于茄果类蔬菜，也叫茄果类蔬菜的特早熟栽培。其栽培技术核心是选用早熟品种，实行"矮密早"栽培技术，运用大棚进行多层覆盖（大棚膜、二道幕、小拱棚、草帘、地膜），使茄果类蔬菜安全越冬。上市期比一般大棚早熟栽培提早30~50d，可在春节前后供应市场，故栽培效益很高，但技术难度大。该茬口一般在9月下旬至10月上旬播种育苗，12月上旬定植，翌年2月下旬至3月上旬开始上市，持续采收到4—5月结束。

④遮阳网、防虫网、防雨棚越夏栽培：此茬口为喜凉叶菜的越夏栽培茬口。大棚果菜类蔬菜早熟栽培拉秧后，将裙膜去掉以加强通风，保留顶膜，上盖黑色遮阳网（遮光率60%以上），进行喜凉叶菜的防雨降温栽培，是南方夏季主要设施栽培类型。

(3) 华南地区茬口类型。华南地区全年无霜，生长季节长，喜温的茄果类、豆类，甚至耐热的西瓜、甜瓜均可在冬季栽培。但夏季高温，多台风和暴雨的危害，形成蔬菜生产与供应上的夏淡季。这一地区设施栽培主要以防雨、防虫和降温为主，故防雨棚、防虫网和遮阳网栽培在这一地区有较大面积。

(4) 大型温室长季节栽培。利用大型连栋温室所具有的环境调控能力，可进行果菜一年一大茬生产，即长季节栽培。一般均于7月下旬至8月上旬播种育苗，8月下旬至9月上旬定植，10月上旬至12月中旬始收，翌年6月底拉秧。对于多数地区而言，此茬茄果类蔬菜采收期正值元旦、春节及早春淡季，蔬菜价格好、效益高，但也要充分考虑不同区域冬季加温和夏季降温的能耗成本，在温室选型、温室结构及栽培作物类型上均应慎重选择，以求得高投入、高产出。

(二) 蔬菜设施栽培实例

1. 黄瓜 黄瓜喜温不耐高温，对低温弱光忍耐能力较强，管理相对容易，产量高，是我国各地大棚和温室主栽类型之一。日光温室栽培的主要茬口为早春茬、秋冬茬和冬春茬（越冬一大茬、越冬长季节栽培）；大棚茬口主要为春提早和秋延迟栽培，此外还有小拱棚覆盖春早熟栽培；现代温室多采用无土栽培进行一年春、秋两茬栽培。黄瓜设施栽培技术要点如下：

(1) 品种选择。黄瓜设施栽培品种选择的原则是选用耐低温弱光、雌花节位低、节成性好、抗病虫性强、生长势强、分枝少、外观和风味品质好、产量高的品种。目前生产上常用的品种有新泰密刺、津盛103、津优385、津优625、科润99、中农16号、中农18号、中农26号、中农106、京研春秋绿2号、南水2号、川翠13号、早青4号等，以及由荷兰、以色列等国家引进的温室专用品种及"水果型"黄瓜品种。

(2) 育苗。黄瓜设施栽培多采用育苗栽培，应采用穴盘、营养钵等护根育苗技术，有条件的地区应大力提倡嫁接育苗，可以提高抗性，特别是可以克服因重茬导致的连作障碍。

(3) 定植。黄瓜根系易老化，应以小苗移栽为宜，定植时间根据不同茬口要求进行。黄瓜的推荐施肥量为 N 274.5kg/hm²，P_2O_5 103.5kg/hm²，K_2O 259.5kg/hm²。在此基础上还可适当减少化肥使用量，并重视协调 N、P_2O_5、K_2O 的比例及化肥基肥与追肥的比例。应采用有机肥部分替代化肥，蔬菜有机肥养分用量占养分总用量（化肥养分＋有机肥养分）的适宜比例一般为 50%～60%。增施有机肥可提高地温，促进根系生长，加强土壤养分供应，还可提高设施内 CO_2 浓度，保证黄瓜在低温季节生长发育正常。

定植密度一般为每公顷4.5万～6.75万株，并根据不同栽培形式和栽培季节可进行适当调整。早熟栽培可适当密些，但不能过密，否则影响通风，引起病害发生。做畦方式主要有垄作和高畦作。

(4) 环境调控。

①温度：定植初期保持较高温度，促进植株生长。开花前应提高昼夜温差，促进植株营养生长，提高前期产量。生长前期（从开花到采收前第4周）的温度控制至关重要，产量与这一时期的温度成直线相关。日平均温度在15～23℃范围内，平均温度每升高1℃，每公顷产量提高11 700kg，因此这段时间宜尽量提高温度；生长后期（采收前第4周至结束）的温度控制不严格，对产量影响不大，可降低控制要求。

②光照：设施栽培多处于秋、冬、春季，光照弱是这一季节的气候特点，也是限制黄瓜产量和品质的重要环境因子，应重视改善环境内光照条件。选用长寿无滴、防雾功能膜，并经常清扫表面灰尘；在保证室内温度的前提下，尽量早揭、晚盖草苫；在日光温室北墙和两个山墙张挂镀铝反光膜，增强室内光强，改善光照分布；采用宽窄行定植，及时去掉侧枝、病叶和老叶，改善行间和植株下部的通风透光。

③湿度：湿度的控制主要通过通风和灌溉来实现。低温季节晴天应短时放风排湿，时间一般为10～30min，浇水后中午要放风排湿，低温季节一般只放顶风，春季气温升高后，可以同时放顶风、腰风，放风量大小及时间长短主要根据黄瓜温度管理指标和室内外气温、风速及风向等的变化来决定。栽培上采用地膜覆盖和膜下灌水技术，降低温室内湿度。

(5) 肥水管理。总的原则是少量多次，采收之前适量控制肥水，防止植株徒长，促进根系发育，增强植株的抗逆性。开始采收至盛果期以勤施少施为原则，一般自采收起第3～5天浇稀液肥1次，施肥量先轻后重，以氮磷钾复合肥为主，避免偏施氮肥。结果后期及时补充肥水，防止早衰。

(6) 施二氧化碳。黄瓜生长盛期增施 CO_2 可增产 20%～25%，还可提高果实品质，增强植株抗性。通常结果初期（在定植后30d左右）进行，在日出后30min至换气前2～3h内施 CO_2 气肥，浓度为1 000～1 500μl/L；阴天施浓度低些，为500～800μl/L。

(7) 植株调整。当黄瓜植株长到15cm左右，具4～5片真叶时开始插架引蔓或吊蔓。在果实采收期及时摘除老叶和病叶、去除侧枝、摘除卷须、适当疏果，可以减少养分损失，改善通风透光条件。打老叶和摘除侧枝、卷须应在晴天上午进行，有利于伤口快速愈合，减少病菌侵染；引蔓宜在下午进行，防止绑蔓时造成断蔓。越冬长季节栽培的生长期长达9～10个月，茎蔓不断生长可长达6m以上，因此要及时落蔓、绕茎，将功能叶保持在最佳位置，以利光合作用。落蔓时要小心，不要折断茎蔓，落蔓前先要将下部老叶摘除干净。

(8) 病虫害防治。黄瓜设施栽培的主要病害有猝倒病、霜霉病、白粉病、炭疽病、枯萎病、灰霉病、菌核病、根腐病、蔓枯病、黑斑病、根结线虫病、病毒病等。主要虫害有蚜虫、茶黄螨、红蜘蛛、白粉虱等，美洲斑潜蝇及鳞翅目害虫有严重发生之势。病虫害以综合防治为主，做好种子和育苗基质消毒、增施有机肥、采用高垄高畦、膜下滴灌、夏季土壤进行高温密封消毒、选用嫁接苗、防止重茬、注意控制温室和大棚的温湿度。化学防治选用高效低毒农药，注意用药浓度、时间及方法，提倡使用粉尘剂和烟雾剂。

(9) 采收。黄瓜以嫩果为产品器官，采收期的掌握对产量和品质影响很大。从播种至采收一般为50～60d。黄瓜必须适时采收，采摘太早，果实保水能力弱，货架寿命短；采摘太迟，则果实老化，品质差，而且大量消耗植株养分，造成植株生长失去平衡，后期易果实畸形或化瓜。一般根瓜应及早采收，结瓜初期2～3d采收一次，结瓜盛期1～2d采收一次。

2. 番茄 番茄在果菜类蔬菜中较耐低温，适应性较强，是重要的设施蔬菜之一，栽培面积居我国设施栽培播种面积第一位。我国番茄设施栽培以日光温室和塑料大棚为主要形式，小拱棚覆盖早熟栽培也有较大面积。此外，利用现代温室进行长季节无土栽培也有一定面积。主要茬口有：日光温室和现代温室冬春茬（也称长季节栽培），生长期可持续10个月左右；日光温室早春茬和秋冬茬，生长期一般为6～7个月；大棚多重覆盖特早熟栽培，也称"矮密早"促成栽培，是长江流域一种高效栽培模式；大棚春提早和秋延后栽培，是南方地区常见的茬口类型，生长期一般6个月左右。番茄设施栽培的技术要点如下：

(1) 品种选择。冬春及春季栽培时宜选择耐低温弱光、抗病、早熟、植株开展度小、丰产的品种；秋冬季栽培时宜选择抗病性强、耐热、根系发达、生长势强的无限生长类型的中晚熟品种。我国近年来设施栽培的番茄品种较多，其中中国育成的鲜食大果品种有中杂、京番系列、苏粉14、东农727、中粉19、浙杂503、华番12、金棚8号、天赐595、瑞星系列等，樱桃番茄品种有沪樱9号、千禧、金陵黛玉、浙樱粉1号、粉霸、圣桃T6等；国外引进的大果品种有罗拉、齐达利等，樱桃番茄品种有粉娘、夏日阳光等。

(2) 播种育苗。番茄的设施栽培以育苗移栽为主。番茄壮苗的标准是株高15～25cm，茎粗0.5～0.6cm，子叶完整，具7～9片真叶，带大花蕾，叶大而厚，色浓绿，侧根多而白，无病无损伤。苗龄一般早熟品种55～65d，中熟品种60～70d，晚熟品种80d。有条件的地区应提倡穴盘育苗，省工省时，成本低，效率高，种苗质量好。连作障碍严重地区建议采用嫁接育苗。

(3) 整地做畦。要求耕作层深20～25cm，做成（连沟）宽1.2～1.5m、高15～20cm的畦，畦面铺设地膜并使地膜紧贴畦面。

番茄生育期长，需肥量大，尤其对钾肥需求量大。施肥原则是前期重施氮肥、稳磷肥，中后期增施钾肥和微量元素，三要素的配合比例应为1：(0.3～0.5)：(1.0～1.9)。推荐施肥量为N 261.0kg/hm^2，P$_2$O$_5$ 85.5kg/hm^2，K$_2$O 373.5kg/hm^2，应与有机肥配合施用。

(4) 定植。定植密度应根据品种特性、整枝方式、肥力条件和施肥数量来决定。一般（连沟）畦宽1.4～1.5m，每畦两行，株距30～40cm，每公顷定植4.5万株左右。大棚秋延后栽培苗龄可短些，5～6片真叶即可定植。为防夏秋高温，定植后可在畦面覆稻草或在棚顶覆盖遮阳网。

(5) 定植后管理。

①温度管理：日温可控制在25℃左右，上限温度为30℃；夜温在10℃以上，以14～17℃为最适。利用揭盖农膜及覆盖物、调节通风口大小和通风时间长短进行调控。当棚内最低气温稳定在15℃以上时，白天温室大棚顶侧通风口可全部揭开，这样既可通风，又能增加光照。

②湿度（水分）管理：在栽培前期要注意降低设施内湿度。在番茄整个生育期内，要求土壤水分供应均衡。进入结果期后，土壤更不能忽干忽湿，以防番茄裂果，最好能使设施内土壤含水量维持在70%～80%。可以采用膜下滴灌，降低设施内湿度。秋季栽培切忌在土温高时灌水，否则将引起落花

落果。在日光温室栽培中要注意保温,超过 25℃ 才开始通风,下午温度降到 20℃ 左右时停止通风。

③光照管理:冬春季节设施番茄栽培,白天应该尽量揭开室内外覆盖物,即使是阴、雨、雪天,也要把不透明的覆盖物揭开,但要晚揭早盖。在后墙张挂反光膜,经常清除透明覆盖物上的污染等,有利于增加光照。

④施肥管理:设施番茄施肥的原则是重施基肥,及时追肥。坐果前要控制施肥,在第一花序坐果后,果实至核桃大时开始追肥。追肥应分次进行,第一次每公顷施 120~150kg 复合肥,第二次在第一穗果采收后追肥,一般每公顷施 225~300kg 复合肥,或 120kg 左右尿素加 120kg 硫酸钾,以后根据植株的生长情况再行追肥。

设施内的 CO_2 追肥具有显著的增产效果。可在第一果穗开花至采收期间,在日出或揭除不透明覆盖物后 0.5~1.0h 开始,持续施用 2~3h。施用浓度为 800~1 000μl/L,阴天施用量减半。

⑤植株调整:当番茄植株长到 30cm 时,需要搭架或吊蔓,一般在距根部 15cm 处插一根竹竿或用吊绳支撑植株。竹竿垂直插入时为直立架,可在其上方绑一根横竹形成篱壁式联架,每两根竹竿相对时为人字架。在每一果穗下绑一道绳,不使番茄倒伏。

设施栽培一般采用单杆整枝。在番茄的整个生育期,尤其在中后期要注意摘除老叶、病叶,以利通风透光,同时还要对萌生的侧枝进行打杈。打杈的时间不能过早,尤其对生长势弱的早熟品种,过早打杈会抑制营养生长;过迟会使营养生长过旺,影响坐果。长季节栽培当植株高度到达生长架横向缆绳时,要及时放下挂钩上的绳子使植株下垂,进行坐秧整枝。

⑥保果疏果:设施栽培常因棚温偏低、光照不足、湿度偏大而发生落花落果现象。除了要加强栽培管理外,可适时应用植物生长调节剂,如防落素,使用时注意温度低时用较高浓度,温度高时用较低浓度,并避免溅到生长点或嫩茎叶上产生药害。

现代温室多采用放置熊蜂授粉或在 10:00—15:00 用电动授粉器授粉,这种方法较使用生长调节剂省工省力又安全卫生。

如果花序的结果数过多,导致果实偏小,应适当疏果,大果型品种每个花序保留 2~3 个果实,中果型品种可保留 3~4 个果实。

(6)病虫害防治。番茄栽培上的主要病害有猝倒病、立枯病、早疫病、晚疫病、灰叶斑病、灰霉病、菌核病、叶霉病、病毒病、青枯病、根结线虫病等,主要虫害有蚜虫、粉虱、蓟马、茶黄螨、棉铃虫等,应及时采取措施加以防治。病虫害防治应以预防为主,综合防治,禁止使用高毒高残留农药。

(7)采收。设施栽培的番茄,果实转色受温度影响,一般在开花后 45~50d 方能采收。短途外运可在转色期采收,长途外运或贮藏则在绿熟期采收。

二、花卉设施栽培技术

(一)概述

1. 花卉设施栽培的意义 与其他园艺作物不同的是,花卉以观赏为主,它主要是为了满足人们崇尚自然、追求美好的精神需求,因此生产高品质的花卉产品是花卉商品生产的最终目的。而为保证花卉产品的质量,做到四季供应,温室设施栽培是最可靠的保障。在花卉大国荷兰,2019 年花卉栽培面积 27 000hm^2,其中温室面积 19 810hm^2,占总面积的 73.4%,除繁殖种球在露地进行外,切花和盆栽观赏植物几乎全部在温室生产。设施栽培在花卉生产中的作用主要表现在以下几个方面:

(1)加快花卉种苗的繁殖速度,提早定植。在园艺设施内进行三色堇、矮牵牛等草花的播种育苗,可以提高种子发芽率和成苗率,使花期提前。在设施条件下,菊花、香石竹可以周年扦插,其繁殖速度是露地扦插的 10~15 倍,扦插的成活率提高 40%~50%。

(2) 进行花期调控。通过设施环境调控可以满足植株生长发育不同阶段对温度和光照的需求，达到调控花期，实现周年供应的目的。如菊花采用光照结合温度处理可解决周年供花问题。

(3) 提高花卉品质。在长江流域普通塑料大棚内栽培蝴蝶兰，虽可以开花，但开花迟、花径小、叶色暗、叶片无光泽。如果采用现代园艺设施栽培，进行温度、湿度和光照的人工控制，则可生产高质量的蝴蝶兰。

(4) 提高花卉对不良环境的抵抗能力，提高经济效益。花卉生产的不良环境条件如夏季高温、暴雨、台风和冬季霜冻、寒流等，都会给花卉生产带来严重的经济损失。如广东地区1999年的霜冻，使陈村花卉世界种植在露地的白兰、米兰及观叶植物损失超过60%，而大汉园艺公司利用有加温设备的温室，各种花卉几乎没有损失。

(5) 打破花卉生产和流通的地域限制。花卉与其他园艺作物的不同在于观赏上人们追求新、奇、特。各种花卉栽培设施在生产和销售各个环节中的运用，使原产南方的花卉如蝴蝶兰、花烛、山茶等顺利进入北方市场，也使原产北方的牡丹等花开南国。

(6) 大规模集约化生产，提高劳动生产率。设施栽培的发展，尤其是现代化温室环境工程的发展，使花卉生产的专业化、集约化程度大大提高，提高了单位面积的产量和产值，劳动生产率也提高了。

2. 设施花卉的主要种类 设施栽培的花卉按照其生物学特性可以分为一二年生花卉、宿根花卉、球根花卉、木本花卉等。按照观赏用途以及对环境条件的要求不同，可以分为切花花卉、盆栽花卉、花坛花卉等。

(1) 切花花卉。切花花卉是指用于生产鲜切花的花卉，它是世界花卉生产中最重要的组成部分。可分为切花类，如菊花、非洲菊、香石竹、月季、唐菖蒲、百合、小苍兰、安祖花、鹤望兰等；切叶类，如文竹、肾蕨、天门冬、散尾葵等；切枝类，如松枝、银牙柳等。

(2) 盆栽花卉。盆栽花卉是世界花卉生产的另一重要组成部分，多为半耐寒和不耐寒花卉。半耐寒性花卉具有一定的耐寒性，在北方冬季一般可在温室中越冬，如金盏菊、紫罗兰、桂竹香等。不耐寒性花卉大多原产于热带和亚热带，在生长期间要求较高的温度，不能忍受0℃以下的低温，必须在加温温室越冬，也称温室花卉，如一品红、蝴蝶兰、小苍兰、花烛、球根秋海棠、仙客来、大岩桐、马蹄莲等。盆栽花卉的商品生产仅次于切花，除观花植物外，还包括大量的观叶、观茎及肉质多浆花卉。

(3) 花坛花卉。花坛花卉主要为一二年生草本花卉，如三色堇、旱金莲、矮牵牛、五色苋、银边翠、万寿菊、金盏菊、雏菊、凤仙花、羽衣甘蓝等。许多多年生宿根和球根花卉也可进行一年生栽培用于布置花坛，如四季秋海棠、地被菊、芍药、一品红、美人蕉、大丽花、郁金香、风信子、喇叭水仙等。花坛花卉一般抗性和适应性强，对设施条件要求不高。进行设施栽培，可以培育壮苗，实现人为控制花期。

（二）花卉设施栽培实例

1. 非洲菊 非洲菊又名扶郎花，原产南非。由于非洲菊风韵秀美，花色艳丽，周年开花，又耐长途运输，瓶插寿命较长，为理想的切花花卉，目前已成为温室切花生产的主要种类之一。除切花类型外，也有矮化品种用于盆栽。

非洲菊喜温暖，但不耐炎热，生长适温20～25℃；根系为肉质根，不耐湿涝；要求通风条件良好，否则易发生立枯病、白粉病和茎腐病；喜光但不耐强光，夏季应适当遮阴；要求土壤肥沃疏松，排水良好，土壤微酸性；不宜连作，否则易发生病害，可采用无土栽培避免连作障碍。

(1) 设施要求。我国的云南、广州、海南多采用防雨棚、竹架塑料大棚，辽宁、山东、河北、陕西、甘肃等地利用日光温室、塑料大棚，上海、江苏等地非洲菊生产主要采用塑料大棚或连栋温室。

（2）品种选择。非洲菊有单瓣品种，也有重瓣品种；有切花品种，也有适于盆栽的品种；从花色上划分为橙色系、粉红色系、大红色系和黄色系品种。在品种的选择上应根据市场要求，同时注意到产量和抗性。

（3）繁殖方式。非洲菊繁殖可以采用播种繁殖、分株繁殖和组培快繁，组培快繁为非洲菊现代化生产的主要繁殖方式。采用茎尖、嫩叶、花托、花茎等作为外植体，均可进行组培快繁。

（4）栽培管理。

①定植：非洲菊根系发达，栽培床应有 25cm 以上疏松肥沃的沙质壤土层。定植前应多施有机肥，如果是基质栽培，肥料应与基质充分混匀。定植的株距 25cm，一般 9 株/m^2，不能定植过密，否则通风不良，容易引起病害。定植深度不可过深，须将根颈露于土表之上，避免发生根腐病和茎腐病。

②定植后管理：当非洲菊进入迅速生长期以后，基部叶片开始老化，要注意将外层老叶、黄叶、重叠叶去除，改善光照和通风条件，以利于新叶和花芽的产生，促使植株不断开花，并减少病虫害的发生。

在温室中非洲菊可以周年开花，因而需在整个生长期不断施肥以补充养分。肥料可以氮、磷、钾复合肥为主，注意增施钾肥，比例为 15∶8∶25。为保证切花的质量，要根据植株的长势和肥水供应条件对植株的花蕾数进行调整，一般每株着蕾数不宜同时超过 3 个。冬季应加强光照管理，夏季强光季节应适当遮阴。

③病虫害防治：非洲菊设施栽培的主要病害有褐斑病、疫病、白粉病和病毒病。病害的防治主要以预防为主，保证光照充足，通风良好，加强苗期检疫，提高植株的抗病性。还可以用茎尖培养的方法生产脱毒苗，结合基质消毒，减少发病概率。非洲菊设施栽培的主要虫害有红蜘蛛、棉铃虫、地老虎。发生病虫害时，可采用相应的杀菌剂、杀虫剂进行防治。

（5）采收、包装、保鲜。单瓣非洲菊品种，当二三轮管状花开放时即可采收；重瓣非洲菊品种，当中心轮的花瓣开放展平且花茎顶部长硬时即可采收。国产的非洲菊一般 10 支/扎用纸包扎，干贮于保温包装箱中，进行冷链运输，在 2℃下可以保存 2d。

2. 一品红 一品红自然花期在圣诞节前几天，因此又称圣诞红。一品红极易进行花期调节，因此，可实现周年供应。由于花期和摆放寿命长、苞片大、颜色鲜艳，深受人们的喜爱。特别是红色品种，苞叶鲜艳，极具观赏价值，是世界最重要的盆花品种之一。一品红必须在设施下栽培，不能露天淋雨及全光照，否则品质不能得到保证，甚至无法成功生产。

一品红不耐寒，栽培设施必须有加温条件，栽培适温 20~30℃，花芽分化适温 15~19℃。一品红为典型的短日性植物，临界日长为 12h，夏季高温季节应适当遮阴。生产上可通过遮光进行花期调节，处理时要连续遮光，不能中断，也不能漏光。一品红喜湿怕涝，浇水要见干见湿。栽培上最好采用基质栽培，可用泥炭、珍珠岩混合，最适 pH 为 5.5~6.5。

（1）栽培设施。由于一品红喜光照充足、温暖湿润的环境，不耐阴，也不耐寒，12℃ 以下或 30℃ 以上的温度便会落叶休眠。因此专业化的一品红生产应选择环境调控能力强的玻璃温室或塑料连栋温室进行，以保证质量和按期上市。

（2）品种选择。一品红品种主要根据苞片颜色进行分类。目前栽培的主要园艺变种有一品白、一品粉和重瓣一品红。观赏价值最高、在市场上最受欢迎的是重瓣一品红，主要品种有自由（Freeedom）、彼得之星（Peterstar）、成功（Success）、倍利（Pepride）、圣诞之星（Winter Rose）、旗帜（Royal Red）、阳光（Bravo Red）、亨里埃塔·埃克（Henrietta Ecke）等。

（3）繁殖方式。以扦插繁殖为主，分硬枝扦插和嫩枝扦插。硬枝扦插在春季进行，选取一年生木质化枝条剪成 10cm 小段，剪口蘸草木灰稍阴干后扦插于河沙或蛭石内，扦插深度为 4~5cm，遮阴保湿，保持环境温度在 18~25℃，约 1 个月可生根。嫩枝扦插时间为 5—6 月，剪取长约 10cm 的半木质化嫩枝,剪掉下面3~4片叶,浸入清水,阻止汁液外流,其他操作与硬枝扦插相同。为促使扦插生根,可以用0.3%~0.5%的高锰酸钾溶液或100~500mg/L的NAA或IBA溶液处理插穗。一品红也可采用组织培养方式繁殖,以茎尖为外植体可收到较好的效果。

(4) 栽培管理。

①定植:扦插成活后,应及时上盆。先移栽到口径5~6cm的小盆,随着植株长大,可定植于15~20cm的盆中。为了增大盆径,可以2~3株苗定植在较大的盆中,当年就能形成大规格的盆花。盆土用酸性混合基质较好,上盆后浇足水置于遮阴处,10d后再给以充足的光照。

②肥水管理:一品红定植初期叶片较少,应定时少量浇水。随着叶片增多和气温增高,需水逐渐增多,不能使盆土干燥,否则叶片枯焦脱落,影响生长并降低观赏价值。

一品红的生长周期短,但生长量大,从购买种苗到成品出货只需100~120d,因此肥水管理对一品红的生长是非常重要的,稍有施肥不当或肥料供应不足,就会影响花的品质。生长季节每10~15d施一次稀薄的腐熟液肥,当叶色淡绿、叶片较薄时更应及时补充营养。但肥水也不宜过多,以免引起徒长,影响植株的形态。氮素化肥前期用铵态氮,花芽分化和开花期以硝态氮为主。苞片转色期增施钾肥可促进彩色苞片转色。

③高度控制:现在使用的一品红盆栽品种多是矮生品种,其高度控制主要是根据品种的特性和花期的要求采用生长抑制剂处理。常用的生长抑制剂有CCC、B_9和PP_{333}。当植株嫩枝长2.5~5cm时,可以用2 000~3 000mg/L的B_9进行叶面喷洒,但应注意在花芽分化后使用B_9喷洒叶面会引起花期延后或叶片变小。在降低植株高度方面,用CCC和B_9混合液叶面喷施比单独使用效果更加显著,可以用1 000~2 000mg/L的CCC和B_9混合液在花芽分化前喷施。利用PPP_{333}控制植株高度效果也十分显著,叶面喷施的适宜浓度为5~15mg/L。在生长前期或高温潮湿的环境下,应使用较高浓度,而在生长后期和低温下,一般使用较低浓度处理,否则会出现植株太矮或花期推迟现象。

④病虫害防治:一品红盆花设施栽培的主要病害有根腐病、茎腐病、灰霉病和细菌性叶斑病。虫害主要有介壳虫、红蜘蛛、粉虱、蓟马等。应注意基质消毒,通过精细管理控制病害发生,可用粘贴黄板诱杀害虫,必要时利用化学药剂防病杀虫。

(5) 盆花上市和贮运。当一品红株形丰满,苞片开始显色时即可上市。盆花在贮运过程中出现的主要问题是叶片和苞片向上弯曲,为减少这种现象的发生,在启运前3~4h内应将植株包装在打孔纸套或玻璃纸套中。到达目的地后,立即解开包装,防止乙烯在内部积累发生伤害。在10℃下,植株在纸套中的时间不要超过48h。

三、果树设施栽培技术

(一) 概述

1. 果树设施栽培的管理特点 果树设施栽培可以根据生长发育的需要,调节光照、温度、湿度和CO_2浓度等环境条件,人为调控果树成熟期,提早或延迟采收期,可使一些果树四季结果,实现周年供应,显著提高果树生产的经济效益。通过设施栽培可提高果树抵御自然灾害的能力,防止果树花期晚霜危害和幼果发育期间的低温冻害,还可以极大地减少病虫鸟等的危害。通过设施栽培还可使一些果树在次适宜或不适宜区域成功栽培,扩大果树的种植范围。如番木瓜等热带果树,在温带地区山东的日光温室条件下栽培成功;欧亚种葡萄在高温多雨的南方地区栽培获得成功。目前,果树设施栽培的理论与技术已成为果树栽培学的一个重要分支,并形成促成、延后、避雨等技术体系,成为果树生产最具活力的组成部分。

果树设施栽培目前有塑料薄膜拱棚和塑料薄膜温室两种主要类型,其中塑料薄膜拱棚在设施栽培中应用比较广泛。与露地栽培相比,果树设施栽培有以下技术管理要点:

(1) 增加光照。设施栽培因覆盖而导致设施内部光照减弱，影响叶片光合效能，引起果树树势衰弱，落花落果，影响品质和产量。可通过光照管理进行调节，必要时可进行人工补光。

(2) 施用二氧化碳。设施栽培由于环境密闭，白天空气中的 CO_2 浓度因果树光合作用消耗而下降，需要人工施入 CO_2 以补充不足。

(3) 调节土壤及空气湿度。土壤水分对果实的发育膨大及品质构成影响很大。设施覆盖挡住自然降水，土壤水分可以完全人为控制，能准确制定不同树种、品种在不同生育期土壤水分含量的上下限阈值，对优质丰产极为重要。由于密闭条件，设施内空气湿度较高，不利于果树的授粉受精，还可引起裂果和病虫危害，可通过覆盖地膜和及时通风进行调节。

(4) 控制温度。果树设施栽培的管理有两个关键时期：一是花期，要求白天最适温度为20℃左右，夜间最低温度不低于5℃。因此，花期夜间加温或保温至关重要。二是果实生育期，最适温度在25℃左右，最高不超过30℃，温度太高，造成果皮粗糙、颜色浅、糖酸度下降、品质低劣。因此，设施果树后期管理应注意通风降温。

(5) 人工授粉。设施内尽管配植授粉树，但由于冬季和早春温度较低，昆虫活动受限，影响果树的授粉受精。即使有昆虫活动，其传粉效果不佳，不仅影响坐果，对于桃和葡萄等容易出现单性结实的果树，还会因单性结实而导致果实大小不一致。因此，需要人工辅助授粉。整个花期可人工辅助授粉2~3次，能确保果树授粉受精和坐果。

(6) 应用生长调节剂。设施栽培时，由于冬春低温，果树生长较弱，后期又由于高温多湿，生长较旺，需要应用生长调节剂加以调控。促进果树生长通常应用适当浓度的 GA_3 处理；防止枝叶徒长多用 250mg/L 的 PP_{333} 溶液。为抑制葡萄新梢生长，提高坐果率，通常在花期喷洒 PBD200 倍液。

(7) 整形修剪。果树设施栽培密度较高，需要通过修剪控制枝叶量，简化树体结构。整形修剪方式以改善光照为基本原则，群体的枝叶量应小于露地栽培，同时注意防止刺激过重导致枝梢徒长。

(8) 土肥水管理。经连续几年设施栽培后，土壤常出现盐渍化。因此，加强土壤管理尤其是增施有机肥尤为重要。另外，从调节设施内空气湿度的角度考虑，地面一般采用清耕法或全部覆盖地膜。

由于设施内肥料自然淋失少、肥效高，因此追肥量应少于露地，并严格掌握施肥时期与次数。应适当减少灌水数量与次数，一般仅在扣棚前后、果实膨大期依需要浇水保墒。

(9) 病虫害防治。果树设施栽培减轻或隔绝了病虫传播途径，可相应减少喷药次数与数量，为生产无公害果品开辟了新途径。但设施内较高湿度也为病虫滋生创造便利条件，要注意调控空气湿度，减少病虫危害。

2. 果树设施栽培的主要树种和品种　目前，世界各国进行设施栽培的果树有落叶果树，也有常绿果树，涉及树种达35种之多。落叶果树中，以草莓栽培面积最大，葡萄次之。果树设施栽培的树种或品种选择原则是：需冷量低，早熟，品质优，季节差价大，通过设施栽培可提高品质、增加产量。常见落叶果树及主要品种见表11-2。

表 11-2　设施促成栽培中常见落叶果树及主要品种

树　种	主　要　品　种
葡萄	玫瑰香、巨峰、玫瑰露、蓓蕾、新玫瑰、先锋、龙宝、蜜汁、康拜尔早生、底拉洼、乍娜、凤凰51、里扎马特、京亚、紫珍香、京秀、夏黑、阳光玫瑰等
桃	京早生、武井白凤、布目早生、砂子早生、八幡白凤、仓方早生、Flor dagold、Mararilla、春花、庆丰、雨花露、早花露、春丰、春艳等
油桃	五月火、早红宝石、瑞光3号、早红2号、曙光、艳光、华光、早红珠、早红霞、伊尔二号等

(续)

树　种	主　要　品　种
樱桃	佐藤锦、高砂、那翁、香夏锦、大紫、红灯、短枝先锋、短枝斯坦勒、拉宾斯、斯坦勒、莱阳矮樱桃、芝罘红、雷尼尔、红丰、斯得拉、日之出、黄玉、红蜜、美早、砂蜜豆等
李	大石早生、大石中生、圣诞、苏鲁达、美思蕾、早美丽、红美丽、蜜思李等
杏	信州大石、和平、红荷包、骆驼黄、玛瑙杏、凯特杏、金太阳、新世纪、红丰等
梨	新水、幸水、翠玉、苏翠一号、夏露、新玉等
柿	西村早生、刀根早生、前川次郎、伊豆、平核无等
无花果	玛斯义·陶芬等
枣	金丝小枣等

（二）果树设施栽培实例

1. 桃促成栽培　桃是人们喜食的果品，也是中国传统果品之一。桃（含油桃）以鲜食为主，不耐贮藏，季节差价大；树体相对较小，易于栽培管理；生长期短，结果早，产量高，是最具设施栽培价值的树种之一。桃作为落叶果树中成熟较早的果树，通过设施促早栽培，采收期可提前20～60d；通过设施延后，又可推迟10～30d，同时提高产量40%～50%。因此，在我国的辽宁、山东、河北、河南、宁夏等地，桃树的设施栽培发展迅速。

（1）设施要求。桃设施栽培可利用日光温室、塑料大棚、防雨棚等进行，生产上多进行促成栽培。防雨棚是在树冠上搭建防护设施，用塑料薄膜和各种遮雨物覆盖，达到避雨、增温或降温、防病、提早或延迟果实成熟等目的。日光温室和塑料大棚是桃树设施栽培的主要设施类型，有加温和不加温两种栽培方式。一般冬季促成栽培主要采用高效节能日光温室，通过覆盖草苫、纸被或保温被等覆盖材料，实现果品提前采收、提早上市的目的。春季提早栽培主要采用塑料大棚进行，扣棚升温时间一般在2月以后，大部分采用一棚双膜覆盖，不再加盖草帘或纸被。秋季延迟采收，一般采用塑料大棚设施。

（2）品种选择。桃树促成栽培的主要目的是为了提早成熟，能在露地桃上市之前成熟，应具备如下条件：成熟期明显早于露地极早熟桃，果实发育期以50～70d为宜，最多不超过80d；低温需冷量最好在850h以下；果实品质最好优于露地优良极早熟和早熟品种；花粉量大，自花结实能力强，坐果率高；果大，形美，色艳，易成花，不易裂果，早丰产。

适于设施栽培的水蜜桃品种主要有京春、霞晖1号、布目早生、雨花露、砂子早生、庆丰等，油桃品种主要有五月火、早红珠、曙光、早红宝石、艳光、瑞光2号。除水蜜桃和油桃外，硬肉桃和蟠桃也可进行设施栽培，硬肉桃品种如五月鲜，蟠桃品种如早硕蜜。

（3）栽培技术要点。

①定植建园：设施栽培桃园应选择背风向阳、排灌便利、土层较厚的沙壤土地。目前，生产中桃设施栽培大都采用行株距为（2.0～2.5）m×（1.0～1.5）m的永久性定植。在定植时，每个温室或大棚均需配植授粉品种或选用能相互授粉的两个以上品种，以提高结实率。定植前，要对土壤进行改良，结合土壤深翻，每公顷施入充分腐熟的鸡粪7.5万kg或土杂肥10.5万kg、全元复合肥300kg，并将土肥混匀置于定植穴中。

②整形修剪：

a. 定干：苗木定植后，要及时定干，定干高度30～40cm，如采用一面坡温室要注意掌握南低北高。

b. 树形：目前设施栽培中采用较多的树形主要有两大主枝开心形、多主枝自然形、纺锤形和自然开心形等。两大主枝开心形也称"Y"形,即在30cm左右的主干上反向着生两大主枝,主枝上着生结果枝组;多主枝自然形树体无中心干,在主干上留4~6个大枝,在大枝上着生中小型结果枝组;纺锤形类似于苹果的纺锤形,中央领导干强壮直立,其上自然着生8~12个小主枝或大中型结果枝组。

c. 修剪原则:桃树设施栽培的修剪以生长季节为主,冬季为辅。当新梢长到20cm左右时反复摘心,促进二三次发枝,及时疏除直立枝和过密枝,改善光照条件,促进花芽形成。冬季修剪以更新、回缩、疏枝、短截相结合,疏除无花枝、过密枝、细弱枝,尽量多留结果枝,并适度轻截,多留花芽,适当回缩更新,控制树势,稳定结果部位。

③温湿度调控:

a. 温度调控:桃树的自然休眠期比其他果树相对较短,大多数品种为30~40d,需低温时间850h以下,一般12月底至翌年1月中旬便可通过自然休眠期,此时可扣膜升温。温度管理有3个关键时期必须严格加以控制:一是扣棚初期,扣棚后1~5d,打开通风口,使温度缓慢升高,防止气温升高过快,地温与室温相差太大,造成根系尚未生长而枝条已经萌芽,一般室内温度应控制在20℃以下;二是开花期,要求白天温度为20~25℃,夜间不低于5℃;三是果实膨大期,要求白天控制在18~22℃,不超过28℃,夜间不低于10℃。温度可通过通风和揭盖外覆盖材料来调控。果实采收后,可揭去棚膜。

b. 湿度调节:从扣膜到开花前,相对湿度要求保持在70%~80%,花期保持在50%~60%,花后到果实采收期控制在60%以下。湿度过高可通过放风或地膜覆盖来调节,湿度过低可进行地面洒水、喷雾或浇水。

④花果管理:桃花虽属于自花结实的虫媒花,但在设施栽培条件下缺乏传粉条件,并且有的品种本身无花粉或少花粉,必须进行异花授粉。除配植好授粉树外,还应进行人工辅助授粉,以提高坐果率,增加产量。辅助授粉主要采用温室内放蜂进行授粉,也可采用人工点授法和鸡毛掸滚授法。

疏花疏果也是提高坐果率和果品质量的重要措施。应本着"轻疏花重疏果"的原则进行疏花疏果。疏花最好在蕾期,只摘除过密的小花小蕾。疏果应在生理落果后能辨出大小果时进行,具体可根据桃树的树龄、树势、品种、果形、大小等疏去并生果、畸形果、小果、发黄萎缩果等,保留适宜的果量。

⑤土壤管理:土壤管理主要是松土、除草,每次灌水后应适时划锄,松土保墒。施肥时应注意基肥和追肥配合施用。基肥一般在9—10月秋季落叶前施用,以优质有机肥为主,以树龄、树势、负载量作为施肥依据。追肥可根据桃树各物候期的需肥特点和生长结果情况灵活掌握,一般在开花前、果实膨大期、采收后追施硫酸钾等速效肥。灌水的时期和次数与追肥基本一致,即根据土壤湿度结合追肥,在萌芽前、开花后、果实膨大期、采果后等重要物候期进行。因桃树较抗旱而不耐涝,所以要防止土壤过湿,雨季要注意排水。

⑥病虫害防治:设施栽培桃树的病虫害主要有蚜虫、红蜘蛛、潜叶蛾、细菌性穿孔病、炭疽病、根癌病和根腐病等,应注意及时防治。

温室内湿度大,通风差,药液干燥慢,吸收多。因此,不能按露地的常规浓度使用,一般宜稀不宜浓,最好用较安全的低残留农药,以免产生药害,引起落花落果,造成经济损失。

(4)采收、包装和保鲜。桃果实的风味、品质和色泽主要是在树上发育过程中形成的,不会因后熟而改进。因此,采摘过早导致果实品质差,产量低。但桃不耐贮运,采摘过迟易发生机械损伤,品质迅速变差。因此,本地销售一般8~9成熟采收,外销宜7~8成熟采收。日光温室内桃树中部果着色好、成熟早,其他部位果实着色略差,成熟略晚。

采收后进行分级包装,可采用特制的透明塑料盒或泡沫塑料制成的硬质包装盒为外包装,果实上套软质发泡网套，每盒1.0~2.0kg为宜。宜先将果实预冷至5~7℃后再进行贮运，贮藏适温为−0.5~1℃。

2. 葡萄避雨栽培 避雨栽培是以减少葡萄叶部病害和减轻裂果，提高果实外观品质为目的，将薄膜覆盖在树冠顶部设施骨架上以躲避雨水、防病健树、提高葡萄品质和扩展栽培区域的一种技术措施，主要是我国长江流域及南方栽培欧亚种高品质葡萄的一项有效措施。可以减少病害侵染，提高坐果率和产量，减轻裂果，改善果品质量，提高劳动生产率，扩大欧亚种葡萄的种植区域。

避雨栽培一般在开花前覆盖，落叶后揭膜，全年覆盖约7个月。避雨覆盖最好采用抗高温的高强度膜，可连续使用两年，不宜采用普通膜。棚架、篱架葡萄均可进行避雨覆盖，在充分避雨前提下，覆盖面积越小越好，有利增强光照。

（1）栽培设施。

①塑料大棚：结构与普通塑料大棚相同，适于小棚架栽培。大棚两侧裙膜可随意开启，最好顶膜能卷膜开启。根据覆膜时间的早迟和覆盖程序，分为促成加避雨和单纯避雨栽培等模式。

②遮雨小拱棚：适用于双十字"V"形架和单壁架，一行葡萄搭建一个避雨棚。葡萄架立柱地面以上高2.3m，入土深0.7m。如原架立柱较低，可用竹竿或木料加高至距地面2.3m，使每根柱的高度一致。在每根柱柱顶下方40cm处架1.8m长的横梁。为了加固避雨棚，每行葡萄的两头及中间每隔一个立柱，横向用长毛竹将各行的立柱连在一起，在此立柱上不需另架横梁。柱顶和横梁两端拉3条铁丝，两端并在一起用锚石埋在土中深约40cm。用2.2m长、3cm宽的竹片作拱杆，每隔70cm一片，中心点固定在中间顶铁丝上，两边固定在边丝上，形成拱架。用2.2m宽、0.03mm厚的塑料薄膜盖在遮雨棚的拱架上，两边每隔35cm用竹（木）夹将膜边夹在两边铁丝上，然后用压膜线或塑料绳按在拱杆间距离从上面往返压住塑料薄膜，压膜线固定在竹片两端。

③促成加避雨小拱棚：主要在浙江一带应用，在双十字"V"形架基础上建小拱棚。在立柱距地面1.4m处拉1道铅丝，用3.6m长竹片上部靠在铅丝上，两端插入地下做成保温棚拱架，拱架跨度1.3m左右，竹片间距1m，形成保温拱棚。顶部利用葡萄架立柱用竹竿加高至2.4m，柱顶拉1道铁丝，在低于柱顶60cm的横梁两侧75cm处各拉较粗的铅丝，两条铅丝的距离为1.5m，用2m长的弓形竹片固定在3道铁丝上做成避雨棚拱架，竹片间距0.7m，形成避雨棚。

2月底保温拱棚盖膜，两边各盖2m宽的薄膜，两膜中间连接处用竹（木）夹夹在中间铅丝上，两边的膜压入土内或用泥块压实，膜内畦面同时铺地膜。盖膜前结果母枝涂5%~20%的石灰氮浸出液用以打破休眠，使萌芽整齐。4月下旬左右（开花前）揭除保温拱膜，同时在上部盖2m宽的避雨膜。

④连栋大棚：适于小棚架栽培葡萄，2连栋至5连栋均可。连栋大棚跨度5~6m，顶高3m左右，肩高1.8~2m，每个单棚两头、中间均应设棚门。每一跨种2行葡萄，一座连栋大棚面积控制在1 500m²以内，面积过大不利于温、湿、气的调控。

（2）品种选择。南方葡萄避雨栽培主要选择品质好、坐果多、需冷量低及耐贮运的欧亚种葡萄品种。供选的适宜品种及特性见表11-3。

表11-3 葡萄避雨设施栽培的主要品种（欧亚种）

品 种	平均粒重(g)	平均果穗重(g)	果粒颜色	品 质	萌芽到果成熟期天数(d)
京 玉	6.5	680	黄绿	上	130
绯 红	8	380	玫瑰红	上	120
森田尼无核	5.4	450	浅 黄	上	140

(续)

品　　种	平均粒重(g)	平均果穗重(g)	果粒颜色	品　质	萌芽到果成熟期天数(d)
里扎马特	8	450	紫红	上	140
甲斐路	7	350	紫红	上	170
秋　红	7.5	880	深紫红	上	180
秋　黑	8	520	蓝黑	上	160
红地球	13	800	暗紫红	上	160
意大利	8	330	黄绿	上	155

（3）管理要点。

①露地期管理：萌芽后至开花前为露地栽培期，适当的雨水淋洗对防止土壤盐渍化有益，此时须注意防止黑痘病对葡萄幼嫩组织的危害。

②盖膜期管理：欧亚种宜在开花前盖膜，如萌芽后阴天多雨，则宜提早盖膜，起到防治黑痘病的作用。覆膜后白粉病危害加重，虫害也有增加趋势。白粉病防治主要抓好架面合理留梢量和及时喷药两个环节，可在芽眼萌动期和落花后各喷1次石硫合剂。

③揭膜期管理：早、中熟品种，尤其是易裂果品种宜在葡萄采果后揭膜，晚熟品种在南方梅雨期过后可揭膜，果穗必须预先套袋，进入秋雨期再行盖膜，直至采果后揭膜。

④水分管理：覆盖后土壤易干燥，要注意及时灌水，滴灌是避雨栽培最好的灌水方法。

⑤温度管理：夏季设施内出现35℃以上的高温，应打开顶部和侧面通风降温，其他管理基本与露地葡萄相同。

⑥畦面管理：坐果后畦面应覆黑色地膜，一则有利保持土壤湿润，二则可以防除杂草。

3. 草莓　草莓是植株矮小、果实柔软多汁的一类小浆果。其对环境的适应性强，较耐低温弱光，对土壤条件要求不严格，非常适宜设施栽培。

我国从20世纪80年代中后期开始发展草莓的设施栽培并且面积不断扩大，形成了日光温室、大中小棚等多种设施栽培形式。我国草莓鲜果供应可从11月开始到翌年6月，不仅延长了市场供应期，更增加了生产者和经营者的经济效益。

（1）设施栽培类型。

①半促成栽培：草莓植株在秋冬季节自然低温条件下进入休眠后，通过满足植株低温需求量并结合其他方法打破休眠，同时采用保温增温的方法，使植株提前恢复生长，提早开花结果，果实可在2—4月成熟上市。

②促成栽培：草莓植株在秋季完成花芽分化，冬季不进入休眠状态，利用设施加强增温保温，人工创造适合草莓生长发育、开花结果的温度、光照等环境条件，使草莓鲜果能提早到11月中下旬成熟上市，并持续采收到翌年6月。

③冷藏抑制栽培：为了满足7—10月草莓鲜果供应，利用草莓植株及花芽耐低温能力强的特点，对已经完成花芽分化的草莓植株在较低温度（-2~-3℃）下冷藏，促使植株进入强制休眠，根据预计收获的日期解除休眠，提供植株生长发育及开花结果所要求的条件使之开花结果，称冷藏抑制栽培。

（2）主要品种。草莓设施栽培对品种的要求是休眠期短，坐果容易，适应性强，品质好，耐贮运。生产上采用的主要为引自日本的品种，少部分为欧美品种。目前生产上栽培面积较大的有红颜、丰香、枥木少女（枥乙女）、章姬、幸香、甜查理、达赛莱克等，常见品种见表11-4。

表 11-4 草莓主要设施栽培品种

品种	来源	主要特点	应用
红颜	日本	植株较直立,新茎分枝多,连续结果能力强。果实圆锥形,颜色鲜红,果肉浅红色,口味香甜,品质极优。平均单果重28g,优良栽培平均每公顷产37 500kg左右。休眠期短,极早熟	促成栽培
丰香	日本	果形为短圆锥形,果面鲜红色,富有光泽,果肉淡红色,较耐贮运。风味甜酸适度,汁多肉细,富有香气,品质极优。平均单果重16g左右,优良栽培平均每公顷产30 000kg左右	促成栽培
章姬	日本	果实红色,圆锥形,果肉细腻,味甜,品质优。平均单果重38g,最大单果重115g,优良栽培平均每公顷产30 000kg。休眠期短,极早熟	促成栽培
枥木少女	日本	果实鲜红,圆锥形,酸甜适口,品质优。果肉硬度高,耐贮运。平均单果重35g,最大单果重85g,优良栽培平均每公顷产45 000kg	促成栽培
幸香	日本	果实红到深红色,圆锥形,酸甜适口,品质优。果实硬度高,耐贮运。平均单果重32g,最大单果重75g,优质栽培平均每公顷产37 500~45 000kg	促成栽培
鬼怒甘	日本	果实鲜红色,圆锥形,果肉鲜红色。硬度高,耐贮运。平均单果重30g,最大单果重65g,优质栽培平均每公顷产45 000kg	促成栽培、半促成栽培
甜查理	美国	植株生长健壮,株态半开张。果实圆锥形或长圆锥形,果色全红,果肉橙红色,果味酸甜有香味。平均单果重30g,优良栽培平均每公顷产42 000kg左右。休眠期短,早熟	促成栽培
达赛莱克	法国	果实长圆锥形,果面深红色,有光泽,果肉全红;果味酸甜,香气浓郁,品质极佳。平均单果重28g,最大单果重80g,优质栽培平均每公顷产37 500kg。硬度大,耐贮运性强,抗病和抗寒性强	半促成栽培

(3)育苗。培育优质壮苗是草莓设施栽培获得优质高产的关键。草莓壮苗的标准为:根系发达,一级侧根25条以上;叶柄粗短,长15cm左右,宽3cm左右,成龄叶5~7片;新茎粗1.5cm以上,苗重40g;花芽分化早,发育好,无病虫害。

为促进花芽分化,培育优质壮苗,可采用假植育苗、营养钵育苗、高山育苗、无土育苗以及遮光育苗等技术方法。提倡利用脱毒组织培养为母株繁育子苗。

(4)促成栽培技术要点。

①土壤要求及整地:选择光照良好、地势平坦、土质疏松、有机质含量丰富、排灌方便的壤土或沙质壤土,黏质壤土中也能获得很好的栽培效果。要求pH5.5~7.0,土壤盐分积累不能过高。将上茬作物残根清除干净,平整土地备用。

②施肥、做垄:草莓基肥以有机肥为主,每公顷施入腐熟的有机肥30~37.5t,同时加入过磷酸钙600kg、氮磷钾复合肥450~600kg。草莓设施栽培采用高垄双行定植,垄面要平,每垄连沟宽100cm。为了提高土温,降低土壤湿度,应提高垄的高度,以30~40cm为宜。

③定植:应以80%草莓植株完成花芽分化为定植适期,长江流域一般9月中旬左右,最迟不晚于10月上旬。苗木实行定向栽植,即在定植时应将草莓根茎基部弯曲的凸面朝向垄外侧,这样可使花序伸向垄的两侧、果实受光充足、空气流通、减少病虫害、增加着色度、提高品质,同时便于采收。

植株采用双行三角形定植,行距25~28cm,株距15~18cm,每公顷定植12万株左右。草莓植株栽植不能过深或过浅,定植深度应以叶鞘基部与土面相平为宜。定植后随即浇透水,使土壤与植株根系紧密接触,否则苗容易萎蔫。

④定植后的管理:定植后首先应促进叶面积大量增加和根系迅速扩大,以便在低温到来前使植株生长良好,为早熟高产奠定营养基础。及时摘除腋芽、匍匐茎及枯叶、黄叶,保留5~6片健壮叶。于10月下旬覆盖地膜,可起到提高土温、促进肥料分解、防止肥水流失及防止病虫害发生的作用,

以黑色地膜或黑白双色地膜为好。在铺设地膜之前,应装好地膜下的滴灌装置,可将带孔的塑料滴灌带置于垄面中央,孔口朝上,紧贴地膜,使喷出的水顺地膜内膜面向土中渗透。铺膜后立即破膜提苗,使植株舒展生长。

⑤扣棚膜:决定草莓扣膜盖棚时期的因素主要有两个:休眠和侧花序花芽分化。如果盖棚过早,植株生育旺盛,侧花序不能正常花芽分化,着果数减少,产量降低;如果扣棚过晚,则植株易进入休眠状态,生育缓慢,导致晚熟低产。保温适期应该是第一级侧花序进入花芽分化,而植株尚未进入休眠之前,一般在10月中下旬。

扣膜后的7~10d内,白天应尽量保持在30℃以上的温度,以防止植株进入休眠。同时增加棚内湿度,避免植株在高温下出现生理障碍。植株现蕾后,温度逐步下降至25℃。当外界气温降到0℃以下时,应在大棚内覆盖中棚或小棚,也可挂二重膜。开花期白天温度保持在23~25℃,果实转白后温度保持在20~22℃,收获期保持18~20℃。夜间草莓植株附近温度应保持在5℃以上,否则花蕾因低温受冻坏死而影响坐果。

⑥肥水管理:保温开始后,应在现蕾前灌水,提高土壤水分,保持大棚内的湿度,避免高温造成叶片伤害。可结合灌水进行追肥,一般在铺地膜前施肥1次,以后在果实膨大期、采收初期各施1次,果实收获高峰过后的发叶期施1次,早春果实膨大期再施2~3次,共追肥6~8次。

⑦赤霉素处理:赤霉素处理植株可打破休眠,促进花序梗伸长和地上部的生长。赤霉素在高温条件下处理的效果较好,一般在盖棚保温后3~5d内进行。方法是:在植株上面10cm处用手持喷雾器,对准生长点喷雾,按休眠深浅采用5~10μl/L的浓度。

⑧植株管理:及时摘除新发生的弱小侧枝、匍匐茎以及基部的老叶、病叶,否则不仅会影响开花结果,而且易成为病菌滋生场所。摘除基部叶片和侧芽的适宜时期是始花期,每个植株保留6~7片叶为宜。

⑨辅助授粉:草莓植株处于始花期,温室内温度低、湿度大,易造成植株授粉不良,坐果不好,形成畸形果。为此,最好采用蜜蜂辅助授粉技术,蜜蜂在开花前5~6d放入大棚,持续到3月下旬。放蜂量以每330m^2左右放置1只蜂箱为宜。

⑩电灯照明和增施二氧化碳气肥:电灯照明的目的是通过增强和延长光照并结合日光温室保温,抑制草莓进入休眠状态,促进植株生长发育,提早进入结果期。CO_2施肥可以增加设施内CO_2浓度,提高叶片的光合速率,达到提高产量和品质的目的。

(5)采收与贮运 设施草莓一般从定植当年的11月至翌年6月均可陆续采收上市。草莓在成熟过程中果皮颜色由浅变深,着色范围由小变大,生产上可以此作为确定采收成熟度的标准。根据需要贮运的时间,可分别在果面着色达80%~90%时采收。

设施草莓以供应鲜食为主,对果实品质要求高,采收应尽可能在上午或傍晚温度较低时进行,最好在早晨气温刚升高时结合揭开内层覆盖进行,此时气温较低,果实不易碰破,果梗也脆而易断。

盛装果实的容器要浅,底要平,采收时为防挤压,可选用高度10cm左右、宽度和长度在30~50cm的长方形周转箱,装果后各箱可叠放。采收后应按不同品种、大小、颜色对果实进行分级包装。小盒包装的每盒装果约200g,每个果实用软材质发泡网套包裹。这样不仅可避免装运过程中草莓的挤压碰撞,而且美观,便于携带。草莓采收后,有条件可进行快速预冷,然后在温度0℃、相对湿度90%~95%条件下贮藏,也可进行气调贮藏,气体条件为1%O_2和10%~20%CO_2,降温最好采用机械制冷进行。

3. 樱桃促生栽培 樱桃是北方落叶果树中果实成熟期最早的树种之一,其果实色泽鲜艳、柔嫩多汁、营养价值高,深受消费者喜爱。20世纪90年代,在山东省首先利用塑料大棚进行尝试性栽培,随后日光温室栽培在辽宁省大连市获得成功。经过20余年探索,设施樱桃栽培的温度、湿度、水分、光照及土壤因子调控技术日趋成熟,栽培管理水平不断提升。截至2019年,仅大连市设施甜樱桃栽培面积达 5 000hm^2，产量 4.3 万 t，产值超过 20 亿元。

（1）设施要求。日光温室及塑料大棚是设施樱桃栽培的主要设施类型。黄河以北地区冬季促成栽培选择保温条件好的温室，墙体内夹聚苯板、珍珠岩或炉渣。拱架采用镀锌钢管，覆盖聚乙烯或聚氯乙烯薄膜，配套有卷帘机、卷膜机和地下热交换等设备。冬季防寒的外覆盖保温材料多采用厚约 5cm 的草帘或轻便且保温效果较好的保温被。为了进一步提高保温效果，常在温室前挖宽 30～40cm 的防寒沟，沟内填充草或保温材料。其他地区采用独栋或联栋塑料大棚进行促成栽培或避雨栽培。

（2）品种选择。设施樱桃优良品种对周围环境有特定的适应性，只有满足其生长发育的最适条件，品种优良性状才能得以发挥，获得最大的经济效益。目前，设施樱桃生产多采用促早上市的栽培模式，需要选择低温需冷量少的早熟或极早熟品种，并要求果实大、外观艳丽、含糖量高和风味好。受设施类型和场地环境条件所限，还要考虑选择树型矮小、树冠紧凑、成花容易的品种。生产中适合设施樱桃栽培的优良品种包括美早、红灯、拉宾斯、意大利早红、佳红、红艳、早红宝石、萨米脱、雷尼、先锋、乌克兰系列等。

（3）栽培技术要点。

①定植建园：设施樱桃园地应选择在生态条件良好、远离污染源、背风向阳、土质肥沃、土层深厚、便于排灌、交通方便的农业生产区域。

大部分樱桃属于异花授粉品种，生产中要注重主栽品种与授粉品种的合理配置。可根据樱桃主栽品种的树势、树龄和花期，确定授粉树的定植位置，确保授粉品种与主栽品种花期一致。授粉品种还应具有花期长、花量大、花粉好、与主栽品种亲和性好等特点。生产中，设施内常栽植 3 个以上品种，主栽品种与授粉品种的栽植比例约为 8∶1。

设施樱桃生产中，采用高垄或高台进行根系限制栽植，垄或台高度 40～50cm，宽度 1.2～1.5m，这种栽培模式既有利于增加地温，又有利于降低湿度。由于樱桃根系对水分条件较为敏感，要注意樱桃根围土壤的通透性，常在垄或台内添加腐叶土、草炭等通透材料，并施足腐熟的有机肥。樱桃定植的株距为 1.5～2.0m，行距为 2～2.5m。按苗木根系大小挖坑，剪掉苗木的病伤根，并将根系剪出新茬，利于发生新根。樱桃苗木移入栽植坑后，用土回填至苗木根颈处，修好灌水盘，浇足水。通常樱桃幼树栽植 3～5 年后才能进入结果期，为了提早获得经济效益，通常于早春将 4～5 年生具有大量花芽的初结果树栽入设施内，经过一年的精心管理，次年即可加温进行樱桃生产。

②施肥、浇水管理：樱桃植株定植前，每 667m^2 施入有机肥 3 000kg，复合肥 80kg。定植后平整树盘，及时灌透水，在樱桃苗木单侧铺设滴灌带进行小水灌溉，覆盖黑色地膜封闭垄或台面，有利于土壤保墒，又可降低设施内湿度，防止病害发生。

每年 6 月底，每 667 m^2 施氮、磷、钾复合肥料 60 kg，叶面喷施 0.3% 磷酸二氢钾，每 7～10d 喷 1 次，连续喷 3 次，可促进植株的花芽发育水平。升温前全园灌透水一次，花前和果实硬核后补灌少量水，采收后及时灌一次透水。揭除温室棚膜以后，灌水量与灌水时间依降水状况而定，土壤水分保持田间最大持水量的 60% 左右，并注意积水排涝。

③促花措施：

a. 刻芽：叶芽萌发前刻芽处理。用果树刻芽刀或钢锯条在芽上方 0.5cm 处进行刻伤，要求深达木质部，利于发出枝条补充空间或促发中、短果枝和花束状结果枝。

b. 摘心：樱桃枝条半木质化前进行摘心处理。当主枝延长头长到 30cm 时，将新梢保留 20cm 摘心，摘心处理进行 1～2 次，促发二次枝扩大树冠。结果枝组上新梢长到 20～25cm 时，新梢保留 10cm 进行摘心处理，以利形成各类结果枝。

c. 扭梢：樱桃枝条半木质化前进行扭梢处理。当主枝竞争新梢和背上直立新梢长 20cm 左右时，将枝条扭转 90°左右，改变枝条角度来缓和生长势，处理时注意不要折断枝条。

d. 拉枝：为了改变枝梢角度，缓和枝梢生长势，促发中、短枝梢数量，于当年9月或次年4月拉枝处理，拉枝角度80°～90°。

④树体休眠调控：樱桃自落叶开始进入休眠期，必须满足低温冷量才能打破休眠，顺利萌芽、开花和结果。可于11月初在设施上覆盖塑料薄膜及外保温材料，通过开闭通风口调节设施内温度在0～7.2℃，以便顺利通过休眠期。在山东等樱桃产区，于秋季将樱桃叶片人工去掉，提前覆盖塑料薄膜和草苫，设施内放置冰块调控温室内温度，以便实现提早打破休眠。

⑤设施环境管理：

a. 温度管理：樱桃开花期对温度较敏感，必须保持设施内温度在适宜的范围。自升温到萌芽期，设施内温度保持在20～25℃，最高不超过28℃，夜间温度控制在5℃以上，最低温度不得低于3℃。需要注意控制设施内温度变化，升温幅度不宜过急，温度不宜过高，否则容易出现先展叶后开花和雌蕊先出等生长倒序现象。开花期，温度应保持在16～20℃，最高温度不得超过22℃，最低温度不得低于5℃，以防受精不良或发生冻害；落花到果实膨大期，设施内温度保持在20～22℃，最高温度不超过25℃，最低温度不低于10℃；果实着色到果实成熟期，白天温度应控制在18～20℃，最高温度不超过25℃，夜间温度保持在15℃左右，昼夜温差10℃以上，减少夜间呼吸消耗，增加干物质积累，促进果实发育。

b. 湿度管理：设施内湿度过高或过低都会影响果实的正常发育。开花期设施内保持空气相对湿度50%～60%，若室内相对湿度太低，可通过适量喷水增加空气湿度，防止柱头失去黏性，影响花粉萌发。若空气湿度太高，花粉粒吸水过多而膨胀破裂，造成授粉受精不良，可通过开闭通风口调节空气湿度。在果实膨大期及果面转色期，剧烈的湿度变化易产生裂果。应使空气相对湿度维持在适宜范围内，能有效降低裂果率。

c. 光照调控：在樱桃生长季，采用新的无滴棚膜可增加透光率；要及时清除棚膜外表面的灰尘，早揭晚放外覆盖防寒材料，尽量减少支柱等附属物遮光。同时加强树体的夏季修剪管理，减少无效梢叶量。连续阴雪天，可采用高压钠灯等人工光源进行补光。

d. 气体管理：设施内CO_2浓度的日变化较大，单靠空气中的CO_2浓度无法满足樱桃树生长发育的需求。因此，每天9:00—11:00通过揭开放风口实现设施内外气体交换，也可采用温室气肥增施装置补充CO_2，适宜CO_2浓度为800～1 000μl/L。

⑥花果管理：

a. 蜜蜂授粉：樱桃是较为典型的异花授粉树种，棚室内放熊蜂、壁蜂和蜜蜂等都能提高授粉效率，提高樱桃坐果率。蜂媒种类和数量决定了授粉的好坏。蜂媒对光和温度反应敏感，当外界阴天或棚内温度低于15℃时蜂的活动能力差，应选择适应环境能力强的种类。在盛花期释放适应性较强的蜂媒，每667m²放5 000只左右，可增加果实整齐度，减少畸形果比例。

b. 人工授粉：樱桃树花量大，采取人工授粉困难大，生产上利用简易授粉器进行人工授粉，也可用鸡毛掸子来代替。设施内樱桃授粉要多次进行，一般从初花至盛花末期要进行3～5次，以保证开花时间不同花朵均能及时授粉。

c. 花期喷硼：硼元素对雌蕊柱头萌发有重要的促进作用。生产中可在樱桃盛花期喷0.3%硼砂液1～2次，提高坐果率和果实品质。

d. 生长调节剂处理：植物生长调节剂可刺激果实发育，能代替种子产生植物激素的持续性作用。在开花期及果实发育前期施用外源植物生长调节剂，起到类似自然授粉受精作用，可大大提高樱桃的坐果率。

e. 疏花疏果：樱桃花芽膨大未露花朵之前，将花束状果枝上的瘦小花芽疏除，每个花束状果枝保留3～4个花芽。花朵露出时，疏除花苞中瘦小的花朵，每个花苞中保留2～3朵花，果实硬核后疏除小果和畸形果。

⑦肥水管理:

a. 秋施基肥：樱桃是喜肥的树种，对养分需求量很大，秋施基肥是满足植株养分需求的保障。秋施基肥通常在8—9月进行，以腐熟的优质农家肥为主，加入少量磷肥。幼树每株5kg，结果树每株20 kg左右。

b. 萌芽前追肥：为了补充樱桃树体养分，可在萌芽前对植株进行"打干枝"处理。即以浓度为0.5%的磷酸二氢钾喷布樱桃树体，促进养分的吸收，利于花器官发育。

c. 花前追肥：此期施用以氮肥为主、磷钾肥为辅的复合肥料，确保樱桃正常开花的养分需求，每667m²施用量为80kg。

d. 花后追肥：花后至樱桃幼果膨大期，叶面喷布浓度0.3%尿素，间隔10d左右喷1次，共喷2~3次。地下结合灌水追施腐熟豆饼水等液体肥料，间隔15d施1次，以利于果实膨大。

e. 水分管理：设施樱桃的土壤水分管理采用地膜覆盖、膜下滴灌给水方式，根据植株发育状况及需求补充水分。需要注意在开花前、果实膨大期、果实采收后等关键物候期补充土壤水分。

⑧整形修剪管理：设施内樱桃植株的生长量大，整形修剪可有效控制树体高度和树冠宽度，调整枝条密度，减小无效枝条的比例，创造良好的通透条件，使樱桃植株在有限空间内正常生长与结果。

a. 开心形：树高1.5~1.8m，干高30~40cm，全树有主枝3~4个，无中心领导干，每个主枝上有分枝6~7个，主枝与主干成30°~45°倾斜延伸，在各级骨干枝上培养结果枝组。此树形主要分布在设施内前部。

b. 主干形：树高2~2.5m，干高30~50cm，有中心领导干，在中心领导干上培养10~15个单轴延伸的主枝，下部主枝长1.2~1.8m，向上逐渐变短，主枝从下而上呈螺旋状分布，主枝基角80°~85°，结果枝组直接着生在主枝上。此树形主要分布在设施中部和后部。

c. 生长期修剪：生长期修剪主要在樱桃花后15d至落叶前。新梢半木质化前，对主枝和侧枝的背上直立新梢留10 cm摘心或拿枝。旺长的延长枝新梢摘去先端幼嫩部分，延长枝多次拿枝和拉枝。过密枝拉向缺枝方向或疏除，剪锯口处过多萌蘖及时摘除。

d. 休眠期修剪：休眠期修剪主要在落叶后到枝条萌芽前。对骨干枝的延长枝适度短截或甩放，疏除竞争枝，回缩细弱枝，背上直立枝留1~2 cm短截。对结果枝组及时进行回缩更新。萌芽前发育枝进行拉枝和刻芽处理，可有效缓和树势，形成花芽。

⑨病虫害防治：设施樱桃生产中侵染性病害包括樱桃叶片穿孔病、樱桃流胶病、樱桃根癌病、樱桃褐腐病等，非侵染性病害主要包括缺氮、缺钾、缺锌、缺硼、缺镁等缺素症，主要虫害包括螨类、金龟子类、毛虫类、桑白蚧等。

设施内环境湿度大、光线弱、温度低，容易滋生病虫害，影响樱桃植株的正常发育。为了增加樱桃植株的抗性，除进行必要的保温、通风排湿、增加CO_2浓度等物理措施外，还要及时采取药剂防控措施，减少病虫害造成的经济损失。

⑩采摘包装：樱桃果实采摘顺序由外到内、由下到上，尽量减少无效损耗。采摘时要明确果实等级，分类采摘，杜绝残次果，以减轻分选负担。果实外运用泡沫箱，套保鲜袋，内覆吸水纸，增强果实的耐运能力。

第三节 无土栽培

一、无土栽培的概念和意义

无土栽培（soilless culture, hydroponics, solution culture）是指用营养液或固体基质代替天然土壤进行作物栽培的方法。固体基质或营养液代替天然土壤，不仅为作物提供水、肥、气、热等生长发育所必需的环境条件,而且可以人工创造比土壤更优越的根际环境;利用无土栽培技术可有效防止土传病害及盐分积累,从而有效防止栽培作物的连作障碍;无土栽培用的基质和营养液可以循环利用,因此具有省水、省肥、省工、减少污染和高产优质等特点;无土栽培不受区域、土壤、地形等条件限制,可在空闲荒地、河滩地、盐碱地、沙漠以及房前屋后、楼顶阳台等栽培应用,这对于我国这样一个人多地少、农用耕地日益减少的农业大国尤为重要。

无土栽培通过多学科、多种技术的融合,现代化仪器、仪表、操作机械的使用,可以按照人的意志进行作物生产,是一种可控环境的现代农业生产形式,有利于实现农业机械化、自动化,从而逐步走向工业化、现代化。世界上众多的"植物工厂"是现代化农业的标志。我国近十几年来引进和兴建的现代化温室及配套的无土栽培技术,有力地推动了我国农业现代化的进程。目前,无土栽培已在世界各地广泛应用,并已成为设施农业和太空农业的主要组成部分。

二、营养液

营养液是无土栽培的核心,只有掌握了营养液应用的基本原理及配制和管理技术,才能使无土栽培获得成功。营养液是将含有园艺作物生长发育所需要的各种营养元素的化合物和少量能使某些营养元素的有效性更为长久的辅助材料,按一定的数量和比例溶解于水中所配制而成的溶液。无土栽培的成功与否,在很大程度上取决于营养液配方和浓度是否合适、营养液管理是否能满足植物各个不同生长阶段的需求。不同地区的气候条件、水质,作物种类、品种等都将对营养液的使用效果产生很大的影响。因此,要正确、灵活地使用好营养液,只有通过认真实践、深入了解营养液的组成和变化规律及其调控技术,才能够真正掌握无土栽培生产技术的精髓。

(一)营养液的组成

1. 营养液的组成原则

(1)营养液必须含有植物生长所必需的全部营养元素,除C、H、O外,还应含有大量元素N、P、K、Ca、Mg和微量元素Fe、Cu、Mn、Zn、B、Cl、S、Mo。

(2)含各种营养元素的化合物必须是根部可以吸收的状态,也就是可以溶于水并呈离子状态的化合物。通常都是无机盐类,也有一些是有机螯合物。

(3)营养液中各营养元素的数量、比例应符合植物生长发育的要求,而且是均衡的。

(4)营养液中各营养元素的无机盐类构成的总盐分浓度及其酸碱反应,应适合植物生长要求。

(5)组成营养液的各种化合物,在栽培植物的过程中,应在较长时间内保持其有效状态。

(6)组成营养液的各种化合物的总体,在被根吸收过程中造成的生理酸碱反应比较平衡。

2. 对水质的要求 自然界中存在的水,因来源和存在的区域、形式的不同,内含物的种类及多少亦有很大的差异(不包括人为的污染)。营养液对水质有以下要求:水的硬度在10°以下;pH为6.5~8.5;NaCl含量要小于2mmol/L;无有害微生物(病原菌)、重金属等,有害元素不许超标。

3. 营养液的浓度和酸碱度 营养液的浓度和酸碱度是其重要指标,它直接影响到作物的生长发育状况。营养液浓度的直接表示法有每升水含溶质的毫克数(mg/L)和每升水含溶质的摩尔数或毫摩尔数(mol/L或mmol/L);间接表示法有溶液的电导率(EC,单位为毫西门子/厘米,即mS/cm)和溶液的渗透压(单位为帕,即Pa)。在无土栽培中,植物对营养液的浓度要求范围见表11-5。

浓度范围是对大多数作物来讲的,根据作物耐盐特性的强弱和作物的不同生育期可在一定程度内变动。

表 11-5　营养液总浓度范围

浓　度	最低	适中	最高
正负离子合计数（mmol/L，20℃理论值）	12	37	62
电导率（mS/cm）	0.83	2.5	4.2
总盐分含量（g/L）	0.4	0.6	0.8
渗透压（kPa）	30.4	91.2	152.0

大多数植物的根系在 pH5.5～6.5 的弱酸性范围内生长最好，因此无土栽培的营养液酸碱度也应在这个范围内。氢离子浓度过低，会导致 Fe、Mn、Cu、Zn 等微量元素沉淀，腐蚀循环系统中的金属元件，而且使植株过量吸收某些元素而中毒，植株的反应是根尖发黄和坏死、叶片失绿。

（二）营养液的配制

1. 营养液配制的原则　总的原则是避免难溶性物质沉淀的产生。根据合格的平衡营养液配方配制成的营养液是不会产生难溶性物质沉淀的。生产上配制营养液一般分为浓缩贮备液（母液）和工作营养液（栽培营养液，即直接用来种植作物的）两种。

（1）浓缩贮备液。配制浓缩贮备液时，不能将所有化合物都溶解在一起，因为浓缩后有些离子会发生沉淀。所以一般将浓缩贮备液分成 A、B、C 3 种，称为 A 母液、B 母液、C 母液。

A 母液以钙盐为中心，凡不会与钙作用而产生沉淀的盐都可溶在一起。

B 母液以磷酸盐为中心，凡不会与磷酸根形成沉淀的盐都可溶在一起。

C 母液是由铁和微量元素混合在一起配制而成，因其用量小，可以配成浓缩倍数很高的母液。

以日本园试配方为例：A 母液包括 $Ca(NO_3)_2$ 和 KNO_3，浓缩 200 倍；B 母液包括 $NH_4H_2PO_4$ 和 $MgSO_4$，浓缩 200 倍；C 母液包括 $Na_2Fe-EDTA$ 和各微量元素，浓缩 1 000 倍。

母液的贮存时间较长时，应将其酸化，以防沉淀的产生。一般可用 HNO_3 酸化至 pH3～4。母液应贮存于黑暗容器中。

（2）工作营养液。一般用浓缩贮备液配制，配制过程中也要防止沉淀的出现。配制步骤为：在大贮液池内先放入相当于要配制的营养液体积 40% 的水量，将 A 母液应加入量倒入其中，开动水泵使其流动扩散均匀。然后再将应加入的 B 母液慢慢注入水渠口的水源中，让水稀释 B 母液后带入贮液池中参与流动扩散，此过程所加的水量以达到总液量的 80% 为度。最后，应加入的 C 母液也随水冲稀带入贮液池中参与流动扩散，加足水量后，继续流动一段时间使达到均匀。

2. 经典配方示例　目前世界上已发表了很多营养液配方，其中以美国植物营养学家霍格兰氏（Hoagland D R）研究的营养液配方最为有名，被世界各地广泛使用，世界各地的许多配方都是参照霍格兰的配方因地制宜地调整演变而来的。日本兴津园艺试验场研制的一种称为园试配方的均衡营养液也被广泛使用。两种配方见表 11-6。

表 11-6　营养液配方实例

		霍格兰配方（Hoagland 和 Arnon，1938）				日本园试配方（掘，1966）			
	化合物名称	化合物用量		元素含量（mg/L）	大量元素总计（mg/L）	化合物用量		元素含量（mg/L）	大量元素总计（mg/L）
		mg/L	mmol/L			mg/L	mmol/L		
大量元素	$Ca(NO_3)_2 \cdot 4H_2O$	945	4	N 112　Ca 160	N 210　P 31　K 234　Ca 160　Mg 48　S 64	945	4	N 112　Ca 160	N 234　P 41　K 312　Ca 160　Mg 48　S 64
	KNO_3	601	6	N 84　K 234		809	8	N 84　K 234	
	$NH_4H_2PO_4$	115	1	N 14　P 31		153	4/3	N 14　P 31	
	$MgSO_4 \cdot 7H_2O$	493	2	Mg 48　S 64		493	2	Mg 48　S 64	

（续）

化合物名称		霍格兰配方（Hoagland 和 Arnon，1938）				日本园试配方（掘，1966）			
		化合物用量		元素含量 (mg/L)	大量元素总计 (mg/L)	化合物用量		元素含量 (mg/L)	大量元素总计 (mg/L)
		mg/L	mmol/L			mg/L	mmol/L		
微量元素	Na₂Fe-EDTA					20		Fe 2.8	
	H₃BO₃	2.86		B 0.5		2.86		B 0.5	
	MnSO₄·4H₂O					2.13		Mn 0.5	
	MnCl₂·4H₂O	1.81		Mn 0.5					
	ZnSO₄·7H₂O	0.22		Zn 0.05		0.22		Zn 0.05	
	CuSO₄·5H₂O	0.08		Cu 0.02		0.08		Cu 0.02	
	(NH₄)₆Mo₇O₂₄·4H₂O	0.02		Mo 0.01		0.02		Mo 0.01	

（三）营养液的管理

营养液管理是无土栽培的一项重要技术，尤其对于水培，是栽培成败的关键。营养液配成后到供给作物的流程如图11-21所示，全过程每一步都要精心管理。

1. 营养液配方管理 作物的种类不同，营养液配方也不同。即使同一种作物，不同生育期、不同栽培季节，营养液配方也应略有不同。作物对无机元素的吸收量因作物种类和生育阶段不同而不同，应根据作物的种类、品种、生育阶段、栽培季节进行营养液配方调整。

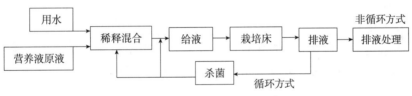

图 11-21 营养液供应流程示意图

2. 营养液浓度管理 营养液浓度的管理直接影响作物的产量和品质，不同作物、同一作物的不同生育期、不同季节营养液浓度管理均有差别。一般夏季用的营养液浓度比冬季略低些为好。营养液浓度的管理不仅影响作物的产量，还会影响作物的品质。无土栽培网纹甜瓜，收获前提高营养液管理浓度，可以增加果实的糖度；番茄无土栽培时高浓度管理比低浓度管理的果实糖度高。

应经常用电导率仪检测营养液浓度的变化，但是电导率仪仅能测量出营养液中各种离子的总和，无法测出各种元素的各自含量。因此，有条件的地方，每隔一定时间要进行一次营养液的全面分析。没有条件的地方，也要经常细心地观察作物生长情况，有无缺素症状发生，若出现缺素或过剩的生理病害，要立即采取补救措施。

3. 营养液的酸碱度（pH）管理 营养液的 pH 一般要维持在最适范围，尤其水培，对 pH 的要求更为严格。这是因为各种肥料成分均以离子状态溶解于营养液中，pH 的高低会直接影响它们的溶解度，从而影响作物的吸收。特别是碱性情况下，会直接影响金属离子的吸收而发生缺素的生理病害。

4. 供液方法与供液次数 无土栽培的供液方法有连续供液和间歇供液两种。基质栽培包括岩棉培，通常采用间歇供液方式。每天供液1～3次，每次5～10min，根据一定时间的供液量而定。供液次数多少应根据季节、天气、苗龄大小、生育期来决定。例如，甜瓜苗期需要控水蹲苗，防止茎叶长势过旺，加之早春温度较低，每天只供1次液即可。授粉期和果实膨大期需水量大，又值夏季高温，每天需供液2~3次。阴雨天温度低、湿度大，蒸发量小，供液次数也应减少。

水培有间歇供液的，也有连续供液的。间歇供液一般每隔2h一次，每次15~30min；连续供液一般是白天供液，夜晚停止。但无论哪种供液方式，其目的都在于增加营养液中的溶氧量，以满足作物根系对氧气的需要。

5. 营养液的补充与更新 对于非循环供液的基质栽培如岩棉培，由于所配营养液一次性使用，所以不存在营养液的补充与更新，循环式供液方式存在营养液的补充与更新问题。因在循环供液过程中，每循环一周，营养液被作物吸收、消耗，液量会不断减少，就需补充添加。营养液不仅要及时补充，还要更新。所谓营养液更新，就是把使用一段时间以后的营养液全部排除，重新配制。因为使用时间长了，营养液组成浓度会发生变化，为了避免植株生育缓慢或发生生理病害，一般在营养液连续使用2个月以后，进行一次全量或半量的更新。

三、固体基质

(一) 固体基质的分类和基本要求

无土栽培基质主要起固定和缓冲作用，给作物根系提供水分和空气，但有些基质也含有营养成分，可供作物生长之需要。由于无土栽培的设置形式不同，所采用的基质及基质在栽培中的作用也不尽相同。

1. 基质的分类 依据基质的性质和使用组合分为无机基质、有机基质和混合基质3大类。无机基质如沙砾、陶粒、珍珠岩、岩棉、蛭石等。有机基质如草炭（泥炭）、芦苇末、锯木屑、炭化稻壳、腐化秸秆、棉籽壳、树皮等。混合基质是由两种以上基质混合配制而成，如草炭和蛭石、草炭和沙、有机肥及农作物废弃物混合制成。

2. 基质的理化性状要求

(1) 颗粒大小适当，它与容重、孔隙度、空气和水分含量有直接关系，按照粒径大小可分为0.5~1mm、1~5mm、5~10mm、10~20mm，可以根据栽培作物种类、根系生长特点、当地资源状况加以选择。

(2) 具有良好的物理性状，必须疏松、保水、保肥又透气。对于蔬菜作物，比较理想的基质的物理性状为：粒径0.5~10mm，总孔隙度大于55%，容重为0.1~0.8g/cm^3，空气容积为25%~30%，基质的水气比为1:(2~4)。

(3) 具有稳定的化学性状，本身不含有害成分，不使营养液发生变化。

① pH：反映基质的酸碱度，它会影响营养液的pH及成分变化，pH以6~7为好。

② 电导率：反映已经电离的盐类溶液浓度，直接影响营养液的成分和作物根系对各种元素的吸收。

③ 缓冲能力：能体现基质对肥料迅速改变pH的缓冲能力，要求缓冲能力越强越好。

④ 盐基代换量：指在pH为7时测定的可替换的阳离子含量。一般有机基质如树皮、锯木屑、草炭等可代换的物质多；无机基质中蛭石可代换的物质较多，而其他惰性基质可代换物质就很少。

(二) 常用的固体基质及主要特性

1. 无机基质

(1) 沙。在河流、湖的岸边以及沙漠等地均有分布，来源广泛，价格便宜。由于沙的来源不同，其组成成分差异很大，一般含二氧化硅在50%以上。用作无土栽培的沙应确保不含有毒物质。沙的粒径大小应配合适当，如沙粒太粗易产生持水不良，植株易缺水；太细则易在沙中滞水，造成通气困难。沙的容重以 1.5~1.8g/cm³ 为宜。

(2) 岩棉。无土栽培用的岩棉是由 60% 辉绿石、20% 石灰石和 20% 焦炭混合，在 1 500~2 000℃ 的高温炉中熔化后，将熔融物喷成直径为 0.005mm 的细丝，再将其压成容重为 80~100kg/m³ 的片块状，然后在冷却至 200℃ 左右时加入一种酚醛树脂以减小表面张力，使其能够吸持水分。因岩棉的制造过程是在高温条件下进行的，因此，它是经过完全消毒的，不含病菌和其他有机物。经压制成形的岩棉块在种植作物的整个生长过程中不会产生形态的变化。岩棉具有良好的物理性、质地轻、孔隙度大、通气良好，但持水能力较差，pH 一般在 7.0 以上，是广泛使用的栽培基质。

(4) 蛭石。蛭石是由许多平行的片状结构组成的云母类硅质矿物，片层之间含有少量水分，当蛭石在 1 000℃ 的炉中加热时，片层中的水分变为蒸汽，把片层爆裂开，形成多层的海绵状体。经高温膨胀后的蛭石，其体积约是原来矿物的 16 倍，孔隙度变大，容重变小，具有良好的通透性和保水性，还含有钙、钾、镁、铁等矿质元素，是无土栽培的良好基质。

(5) 珍珠岩。珍珠岩是由一种含铝硅酸盐的火山岩颗粒加热至 760~1 000℃ 时膨胀而形成的直径为 1.5~3.0mm 的疏松颗粒体。它是一种封闭的轻质团聚体，容重小，孔隙度大。珍珠岩质量轻、易破碎，在使用前最好先用水喷湿，以免粉尘纷飞。珍珠岩单纯使用或与其他基质混合使用，淋水较多时会浮起，应多加注意。

2. 有机基质

(1) 草炭（泥炭）。草炭是迄今为止被世界各国普遍认为最好的一种无土栽培基质。草炭几乎在世界各国都有分布，但分布得极不均匀，主要以北方的分布为多，而且质量好，南方只在一些山谷的低洼地表土下有零星分布。草炭可分为低位、中位和高位 3 大类。

①低位草炭：分布于低洼积水的沼泽地带，以苔草、芦苇等植物为主。其分解程度高，氮和灰分元素含量较多，酸性不强，但容重较大，吸水、通气性较差。

②高位草炭：分布于草炭形成地形的高处，以水藓植物为主。分解程度低，氮和灰分元素含量较少，酸性较强（pH4~5），不宜作肥料直接施用。容重较小，吸水、通气性较好。

③中位草炭：中位草炭是介于高位与低位之间的过渡性草炭，其性状介于二者之间。

草炭不宜直接作无土栽培基质，一般与碱性的蛭石、煤渣、珍珠岩等按不同比例混合使用，以增加容重，改善结构。

(2) 炭化稻壳。稻壳是稻米加工时的副产品，在无土栽培上使用的稻壳通常需经过炭化，称为炭化稻壳或炭化砻糠。炭化稻壳容重为 0.15g/cm³，总孔隙度为 82.5%，含氮 0.54%、速效磷 66mg/kg、速效钾 0.66%，pH 为 6.5。炭化稻壳因经高温炭化，如不受外来污染，则不带病菌。炭化稻壳含营养元素丰富，价格低廉，通透性良好，但持水孔隙度小，持水能力差，使用时需经常浇水。

(3) 芦苇末。利用造纸厂的下脚料芦苇末，添加一定比例的鸡粪等辅料，经微生物发酵而成，已广泛应用于无土栽培和育苗。容重 0.20~0.40g/cm³，总孔隙度 80%~90%，大小空隙比 0.5~1.0，电导率 1.20~1.70mS/cm，pH7.0~8.0，有较强的酸碱缓冲能力，含有较多的矿质元素，基本性状接近泥炭。

(4) 锯木屑。锯木屑是木材加工的下脚料，各种树木的锯木屑成分差异很大。适于无土栽培的锯木屑以阔叶树、黄杉等树种原料为好，有些树种的锯木屑中树脂、鞣质和松节油等含量较高，不宜作无土栽培基质。锯木屑作为无土栽培基质，在使用过程中结构良好，一般可连续使用 2~6 茬，每茬使用后应消毒。作基质的锯木屑不应太细，小于 3mm 的锯木屑所占比例不应超过 10%，一般 3.0~7.0mm 大小的锯木屑应占 80% 左右。

3. 复合基质 由两种或两种以上的基质混合而成的栽培基质称复合基质。我国现在作为商品出售的无土栽培复合基质还不多见，生产上多数是根据栽培作物的要求以及可利用基质的特性，以经济实用为原则，自己动手配制的复合基质。配制复合基质时应根据基质的物理化学特性，以 2~3 种无机或有机基质为原料，按某种作物的生长发育要求配制成酸碱度、盐分含量、容重、透气性等均适宜的栽培基质。

四、无土栽培的主要形式

无土栽培的形式很多，分类方法也不相同，但基本上可分为两类：一类是需要用固体基质来固定根部的有基质栽培，又称固体基质栽培，简称基培；另一类是不用固体基质固定根部的无基质栽培，又称营养液栽培。每一类栽培形式又有不同的类型，图 11-22 列出了目前无土栽培的主要形式。

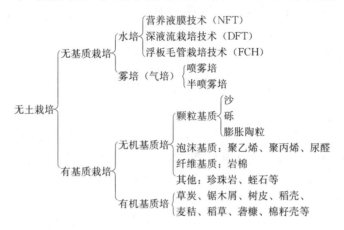

图 11-22 无土栽培方式的分类

（一）营养液栽培（水培）

营养液栽培作物的根系直接生长于营养液之中。营养液栽培的设施必须具备 4 项基本条件：①能装住营养液而不致漏掉；②能锚定植株并使根系浸润到营养液之中；③使根系和营养液处于黑暗之中；④使根系获得足够的氧。由这些条件出发，人们经过长期实践，创造出了许多形式的营养液栽培设施。

1. 深液流栽培技术（DFT） 深液流栽培技术是采用营养液循环流动且营养液层较深的水培方法。这种设施形式的营养液总盐分浓度、各种离子浓度、溶存氧、酸碱度、温度以及水分存有量等都不易发生急剧变化，为根系提供了一个比较稳定的环境条件。深液流水培设施由栽培槽、固定植株的定植板块、地下贮液池、营养液循环流动的供液回液系统等 4 部分组成。栽培槽可用水泥预制板或砖结构加塑料薄膜构成，定植板用聚苯乙烯泡沫板制成，厚 2~3cm，宽度与栽培槽外沿宽度一致，以便架在栽培槽壁上。定植板面开若干定植孔，孔内嵌一只定植杯，杯的下半部及底部开有许多孔，这样就构成了悬杯定植板。幼苗定植初期，根系未伸展出杯外，提高液面使其浸住杯底 1~2cm，但与定植板底面仍有 3~4cm 的空间，既可保证根系吸水吸肥，又有良好的通气环境。当根系扩展伸出杯底进入营养液后，应降低液面，使植株根颈露出液面，以便解决通气问题。另外，也可采用海绵条包住幼苗插入定植孔的方法固定幼苗。深液流栽培营养液层较厚，一般 3~10cm，因此需要的营养液的量比较大，一般 1 000m^2 的温室需设 20~30m^3 的地下贮液池。营养液循环供液回液系统由管道、水泵及定时控制器等组成，所有管道均应用硬质塑料管制成（图 11-23）。

2. 营养液膜技术（NFT） 营养液膜技术是一种将植物种植在浅层流动的营养液中的水培方法。该技术的一次性投资少，施工简单，因液层浅，可较好地解决根系需氧问题，但要求管理精细。目前，营养液膜水培系统除广泛应用于叶用莴苣、菠菜、蕹菜等速生性蔬菜作物生产，在番茄等果菜栽培上也大量采用。

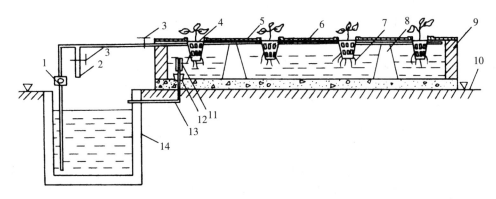

图 11-23　深液流水培设施组成示意图纵切面
1. 水泵　2. 充氧支管　3. 流量控制阀　4. 定植杯　5. 定植板　6. 供液管　7. 营养液　8. 支承墩
9. 种植槽　10. 地面　11. 液层控制管　12. 橡皮塞　13. 回流管　14. 贮液池

营养液膜水培设施主要由种植槽、贮液池、营养液循环流动装置3个主要部分组成（图11-24）。此外，还可根据生产实际和资金的可能性，选择配置其他辅助设施，如浓缩营养液罐及自动控制装置，营养液加温、冷却、消毒装置等。

（1）种植槽。大株型作物如黄瓜、番茄的种植槽要有一定的坡降，一般为1∶75左右，营养液从高端流向低端比较顺畅，槽底要平滑，不能有坑洼，以免积液。株型小的作物种植密度应增加，才能保证单位面积产量，坡降为1∶75或1∶100。坡降比例高低不同，营养液流速不同，应根据作物种类加以调节。

（2）贮液池。一般设在地平面以下，容量足够供应全部种植面积。大株型作物以每株3~5L计，小株型以每株1~1.5L计。

（3）供液系统。主要由水泵、管道、滴头及流量调节阀门等组成。

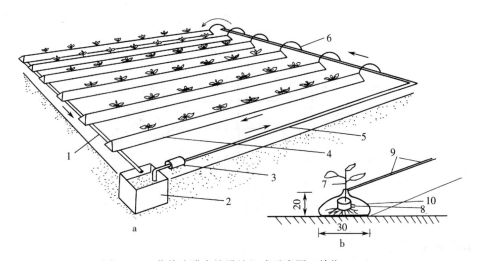

图 11-24　营养液膜水培设施组成示意图（单位：cm）
a. 全系统示意图　b. 种植槽剖视图
1. 回流管　2. 贮液池　3. 泵　4. 种植槽　5. 供液主管　6. 供液支管　7. 苗
8. 育苗钵　9. 夹子　10. 聚乙烯薄膜

3. 浮板毛管栽培技术（FCH）　浮板毛管栽培技术系浙江省农业科学院和南京农业大学研究开发的，该栽培装置有效地克服了营养液膜水培的缺点，作物根际环境条件稳定，液温变化小，根际供氧充分，不怕因临时停电而影响营养液的供给。该系统已在番茄、辣椒、芹菜、生菜等蔬菜作物上应用。

浮板毛管水培装置由栽培槽、贮液池、循环系统和控制系统 4 部分组成。栽培槽由聚苯板连接成长槽，一般长 15～20m，宽 40～50cm，高 10cm，安装在地面同一水平线上（图 11-25），内铺 0.8mm 厚的聚乙烯薄膜。营养液深度为 3～6cm，液面漂浮 1.25cm 厚的聚苯板，宽度为 12cm，板上覆盖亲水性无纺布（密度为 50g/m²），两侧延伸入营养液内，通过毛细管作用，使浮板始终保持湿润，作物的气生根生长在无纺布的

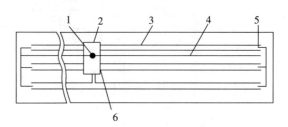

图 11-25　浮板毛管水培装置平面结构示意图
1. 水泵　2. 水池　3. 栽培槽　4. 管道　5. 空气混合器　6. 排水口

上下两面，在湿气中吸收氧。植株定植在有孔的定植钵中，然后悬挂在栽培床上定植板的孔内，正好将行间的浮板夹在中间，根系从育苗孔中伸出时，一部分根就伸到浮板上，产生气生根吸收氧。栽培床一端安装进水管，另一端安装排水管。进水管处顶端安装空气混合器，增加营养液的溶氧量，这对刚定植的秧苗很重要。贮液池与排水管相通，营养液的深度通过排水口的垫板来调节。一般在幼苗刚定植时，栽培床营养液深度为 6cm，育苗钵下半部浸在营养液内，以后随着植株生长，逐渐下降到 3cm 左右。这种设施使吸氧与供液的矛盾得到协调，设施造价便宜，成本相当于营养液膜系统的 1/3。

4. 雾培　雾培是利用喷雾装置将营养液雾化喷到在黑暗条件下生长的作物根系上，使作物正常生长的一种栽培方法。一般将先打好定植孔的聚苯乙烯泡沫塑料板斜竖成"A"状，即形成了三角体形栽培定植槽，将喷雾装置设置在栽培定植槽内，按一定间隔设喷头，喷头由定时器调控，定时喷雾，整个栽培系统呈封闭式（图 11-26）。

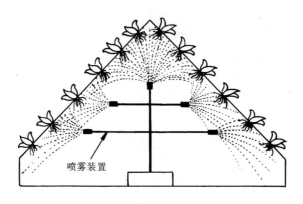

图 11-26　喷雾栽培装置示意图

（二）固体基质栽培

固体基质栽培简称基质培，是指作物通过基质固定根系，通过基质吸收营养液和氧气的栽培方法。基质培具有性能稳定、设备简单、投资较少、管理容易的优点，具有较好的经济效益。

1. 槽培技术　将基质装入一定容积的栽培槽中来种植作物。可用混凝土和砖建成永久性的水泥槽，也可用木板、泡沫板或者砖垒成半永久性的栽培槽，还可以用泡沫或硬质塑料做成移动式槽。为了防止渗漏并使基质与土壤隔离，应在槽的底部铺 1～2 层塑料薄膜。栽培槽的大小因栽培作物种类

而异，番茄、黄瓜等大株型作物，一般槽内径宽 48cm，每槽种植 2 行，槽深 15~20cm；叶用莴苣、芹菜等矮生的小株型作物，可设置较宽的栽培槽，进行多行种植，槽深 15cm，槽的长度可视灌溉条件、温室结构及所需走道等因素来决定。槽的坡降应不小于 1：250，如有条件，还可以在槽的底部铺设粗炉渣或一根多孔的排水管，以利排水。

2. 袋培技术 在尼龙袋或专用塑料袋内填充泥炭、珍珠岩、树皮、锯木屑或混合基质，按一定的距离在袋上打孔，作物栽在孔内，用开放式滴灌法供液，这种方法称为有机基质袋培。

袋培分为立式袋培和枕状卧式袋培（图 11-27）。立式袋培即每袋填入基质 15L 左右，每袋种 1 株番茄或瓜类作物；枕状卧式袋培即每袋装基质 25L 左右，每袋栽 2 株番茄或瓜类作物。不论是立式袋培还是枕状卧式袋培，均应在袋的下部或两侧打上直径为 1cm 的小孔，以便排除多余的营养液。

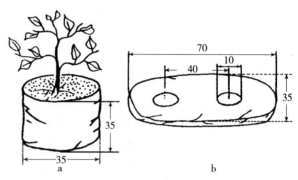

图 11-27 地面袋培（单位：cm）
a. 立式袋培 b. 枕状卧式袋培

3. 立体栽培 立体栽培又称垂直栽培，包括柱状栽培和长袋状栽培两种形式（图 11-28）。柱状栽培的栽培容器采用杯状石棉水泥管、硬质塑料管、陶瓷管或瓦管等，在栽培容器四周开孔并做成耳状突出，以便种植作物，栽培容器中装入基质，重叠在一起形成栽培柱；长袋状栽培是柱状栽培的简化形式，这种装置除了用聚乙烯袋代替硬管外，其他与柱状栽培相同。栽培袋采用直径 15cm、厚 0.15mm 的聚乙烯筒膜，长度一般为 2m，内装基质，底端扎紧以防基质落下，从上端装入基质成为香肠的形状，上端结扎，然后悬挂在温室中，袋的周围开一些直径 2.5~5.0cm 的孔，用以种植植物。

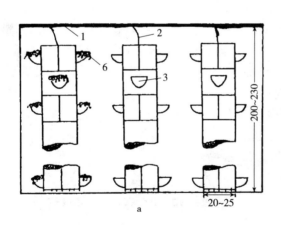 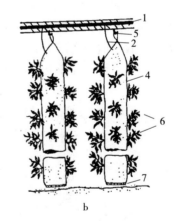

图 11-28 立体栽培（单位：cm）
a. 柱状栽培 b. 长袋状栽培
1. 供液管 2. 滴灌管 3. 种植孔 4. 薄膜袋 5. 挂钩 6. 作物 7. 排水孔
（Howard 和 Resh，1978）

无论是柱状栽培还是长袋状栽培，栽培柱或栽培袋均是挂在温室的上部结构上，在行内彼此间的距离约为 80cm，行间的距离为 1.2m。水和养分的供应是用安装在每一个柱或袋顶部的滴灌系统进行，营养液从顶部灌入，通过整个栽培袋向下渗透，多余的营养液从排水孔排出。

4. 岩棉培技术 岩棉栽培是将用一定体积的岩棉块培育的作物幼苗定植于定型的岩棉垫块上，采用滴灌或营养液循环方式进行栽培。岩棉种植垫一般制成长 70~100cm、宽 15~30cm、高 7~10cm 的长块状，用塑料薄膜包装。种植时，开放式栽培将岩棉种植垫的上面薄膜割一小穴，放入带岩棉育苗块的幼苗，将滴灌管的滴头插入育苗块附近，然后把岩棉种植垫的底部或一侧划几个洞，以便多余的营养液流出。这种方式结构简单，施工容易，造价低廉，营养液灌溉均匀。但也存在营养液消耗较多，废弃液会造成环境污染等问题。循环式岩棉栽培，其滴入岩棉块的多余营养液会通过回流管道流回地下贮液池中循环使用，不会造成营养液浪费及环境污染（图 11-29）。

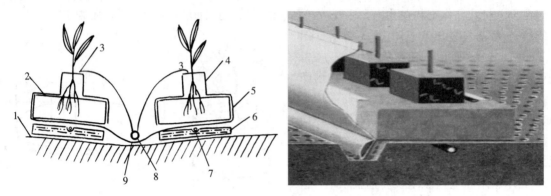

图 11-29　开放式岩棉培种植畦及岩棉种植垫横切面
1. 畦面塑料膜　2. 岩棉种植垫　3. 滴灌管　4. 岩棉育苗块　5. 黑白塑料膜　6. 泡沫塑料块
7. 加温管　8. 滴灌毛管　9. 塑料膜沟

5. 有机基质培技术　利用容易获得的农业有机废弃物如锯末、食用菌料、向日葵秆、造纸厂下脚料等经处理作为主要的栽培基质，因其本身富含大量的微量元素，可以简化营养液的配方，降低成本。另外，这些有机基质大多具有保肥性能，可像土壤一样直接干施固态肥料，这样可降低施肥成本，并且可以生产出无污染的安全食品。这种栽培方式设施简单，投资少，且方便管理，极具发展潜力。

设施由栽培槽（床）、贮液池、供液管、泵和定时器等组成。栽培槽可用红砖直接砌成，也可用混凝土或木板条制成永久或半永久性槽。通常在槽基部铺 1~2 层塑料薄膜，以防止液体渗漏，并使基质与土壤隔离。栽培槽深度以 15cm（3 层砖厚）为宜，长度和宽度因栽培作物、灌溉能力、设施结构等确定。栽培槽的坡度一般至少应为 0.4%。将基质混匀后立即装入槽中，铺设滴液管，供栽培使用（图 11-30）。

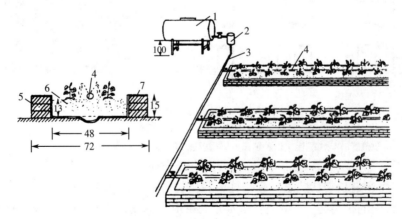

图 11-30　槽式有机基质培（单位：cm）
1. 贮液罐　2. 过滤器　3. 供液管　4. 滴灌带　5. 砖　6. 有机基质　7. 塑料薄膜

五、园艺作物无土栽培技术

(一) 番茄

番茄是国内外无土栽培面积最大,且最具代表性的无土栽培作物,其根际环境要求不像黄瓜等其他果菜那样严格,易于栽培,同时通过营养液浓度和成分的改变,更易于提高品质。随着人们生活水平的提高和消费观念的改变,对蔬菜品质的要求越来越高,而无土栽培更利于实现这一目标。因此,最近几年国内番茄无土栽培面积呈逐年递增的趋势。

1. 栽培季节与品种 利用温室或大棚进行番茄无土栽培,一般分为两种茬口类型。一种为一年两茬,第一茬春番茄多在11—12月播种育苗,翌年1—2月定植,4—7月采收,共采收7~10穗果;第二茬秋番茄在7月播种育苗,8月定植,10月至翌年1月采收,共采收7~10穗果。另一种茬口类型是一年一茬的越冬长季节栽培,多在8月播种,9月定植,11月至翌年7月连续采收17~20穗果。此种茬口类型适于在温光条件好的节能型日光温室和大型现代化加温温室内进行,为减少冬季加温能耗,又以冬季较温暖、光照充足的地区更适宜。

无土栽培的番茄品种,因茬口类型不同而异。早春茬番茄苗期及生长前期处于低温寡照季节,故宜选择耐低温弱光品种,同时还应选用抗烟草花叶病毒、叶霉病、青枯病的品种;秋茬番茄应选用生长势不过旺、耐病性强、低温着色均匀、品质好的品种;长季节栽培品种应具有生长势强、耐低温弱光、抗病、坐果率高、畸形果率低的品种。适宜温室长季节栽培的品种有红冠98、中杂11、佳粉15、卡鲁索和中杂9号;适于秋季栽培的品种有中杂11、佳粉15及卡鲁索;适于早春栽培的品种以中杂9号、佳粉15、中杂11、卡鲁索和L-402为宜。此外,最近几年随国外温室同步引进的一些温室专用番茄品种如荷兰的百利、Roman、Tuast、Apollo,以色列的144、Daniela,以及一些品质好、糖分高的小番茄品种也有一定的栽培面积。

2. 育苗与定植 基质栽培可采取穴盘育苗或营养钵盛装基质的方法来育苗。每穴或每杯放置1粒种子,用少量基质覆盖种子约0.5cm厚,待种子出苗后浇灌营养液。若采用水培或岩棉培方式,可直接用岩棉育苗块或聚氨酯泡沫育苗块育苗,将种子播于孔内,出苗前浇清水,一般在播种后第7天开始浇灌营养液。苗期的营养液,不论何种栽培方式、季节或品种,都可用山崎番茄配方或1/2园试配方稀释液。岩棉栽培移栽时,可将岩棉育苗块直接放在岩棉种植垫上;水培番茄移苗时,将幼苗连同育苗基质一起从育苗穴盘或育苗杯中取出,放入定植杯中,用少量小石砾固定即可立刻定植到种植槽中;基质栽培番茄移栽时,直接将小苗从育苗穴盘或育苗杯中取出后定植到种植槽或种植袋中。

水培定植时要注意育苗床的营养液与种植槽中营养液的温差不能超过5℃,否则易引起伤根。通常越冬长季节栽培,每1 000m² 栽2 400株,而秋延后栽培则为2 700株。

3. 营养液管理 番茄营养液配方很多,其基本成分都很相似,但浓度差异较大,山崎配方广泛应用于番茄无土栽培的不同方式、不同栽培季节和品种。山崎番茄营养液配方的EC值为1.2mS/cm,pH6.6左右,在营养液管理时,可以此作为1个单位标准浓度来对待。在适温条件下,以1~1.5个单位浓度范围(EC值为1.2~1.8mS/cm)作为管理目标。在11月至翌年2月低温季节,养分吸收浓度高于施入的营养液浓度,营养液浓度管理目标可提高到1.5~2个单位浓度,即EC值提高到1.6~2.4mS/cm范围。高温期为防止脐腐病的发生,可将山崎配方控制为1.5个单位浓度,即EC值为1.6mS/cm进行管理。生产上应根据以上管理原则对营养液进行浓度管理,尽量防止浓度的急剧变化,及时补水和补液,以保持营养液成分的均衡。

番茄生长适宜的营养液pH范围为5.5~6.5。一般在栽培过程中pH呈升高趋势,当pH<7.5时,番茄仍正常生长,但如果pH>8,就会破坏营养成分的平衡,引起Fe、Mn、B、P等的沉淀,造成缺素症，必须及时调整。

4. 植株管理及授粉 当植株长到30cm高时，从根部吊绳固定植株，在每一果穗下绑一道绳，不使番茄倒伏。一般实行单杆整枝，在番茄的整个生育期中，尤其在中后期，要注意摘除老叶、病叶，以利通风透光。同时，还要对萌生的其他侧枝进行打杈，打杈的时间不能过早，尤其对长势弱的早熟品种，过早打杈会抑制营养生长；过迟会使营养生长过旺，影响坐果。长季节栽培的植株长高到生长架横向缆绳时，要及时放下挂钩上的绳子使植株下垂，进行"坐秧整枝"。

冬春季设施常因棚温偏低、光照不足、湿度偏大而发生落花落果现象。除了要加强栽培管理外，可适时地应用植物生长调节剂2,4-D和防落素。现代温室则采用熊蜂授粉或在10：00—15：00用电动授粉器授粉，较使用生长调节剂省工省力又卫生安全。每个花序的结果数过多时应适当疏果，大果型品种每个花序保留2～3个果实，中果型品种可保留3～4个果实。

5. 采收 无土栽培的番茄在温度较低时果实转色较慢，一般在开花后45～50d方能采收。一般短途外运可在变色期采收，长途外运或贮藏则在白果期采收。

（二）甜椒

1. 栽培季节与品种选择 甜椒在我国南方的7—9月高温季节生长不良，常造成落花落果，产量低、品质差，因此，在种植茬口安排上应尽量避免结果期处在高温季节。甜椒一般采取两种茬口安排：一种是第一茬在7月底8月初播种，8月底至9月初定植，收获至次年的1—2月；第二茬在1月播种，2—3月定植，收获至6—7月。另一种茬口安排是一年只种一茬，即长季节栽培，在9月播种，10月定植，一直延续收获至次年的5月。后一种种植方式要求冬季温室有加温条件或较强的保温能力，否则会冻坏植株，造成减产或失收。

品种选择上一般选用抗性强的品种，通常采用荷兰、法国、以色列等国的彩色品种，产量高，品质好，经济效益显著，但种子价格较高，风险较大。此外，国内的品种如柿子椒等也可选用。

2. 育苗与定植 根据甜椒无土栽培方式采用合适的育苗方法。基质栽培可采用穴盘育苗或营养钵育苗，每穴或每钵播1粒种子，用少量育苗基质盖种约0.5cm厚，在幼苗长出第1片真叶后应适当浇淋浓度为0.5剂量的甜椒专用营养液，以培育壮苗。待幼苗具有4～6片真叶时即可定植。由于甜椒不易发新根，移苗时应注意尽量少伤根，以利缓苗及根系生长。若采用水培或岩棉培方式，亦可在定植杯或岩棉块上直接育苗，小苗移入定植杯后可直接定植在种植槽中。栽培方式可采用岩棉培或有机基质槽培和盆栽，定植的密度为每667m² 1 800～2 000株。

3. 营养液管理

（1）营养液配方选择。适于甜椒生长的营养液配方很多，如日本山崎甜椒配方、园试通用配方、美国的霍格兰和阿农通用配方、荷兰温室作物研究所的岩棉滴灌配方以及我国华南农业大学的果菜配方。

（2）营养液管理。甜椒在生长前期需肥量少，苗期适当浇施EC值为0.8～1.0mS/cm的完全营养液，在定植前后营养液EC值以2.0mS/cm左右为宜，营养生长期为2.2mS/cm，坐果后至采收结束为2.4～2.8 mS/cm。营养液浓度应每2d测定一次，同时注意补充所消耗的水分。营养液pH控制在6.0～7.5。甜椒对氧较敏感，需氧量较大，缺氧时易烂根而造成减产，甚至失收。因此，必须加强营养液的循环补氧。如采用基质培或岩棉培，则通过控制灌溉量调整根际的水、气矛盾，既保证作物生育对水、肥的需求，又能使根系得到充分的氧气供应。基质培和岩棉培，营养液供应必须遵守以下原则：

①回收液量以占总供应量的15%～30%为宜，若采用开放供液，则允许8%～10%的多余液流出。

②供液和回收液EC值相差不超过0.4～0.5mS/cm。

③回收液的 NO_3^- 浓度应为 250～500mg/L。
④回收液的 pH 应在 5.0～6.0 范围内。
⑤灌溉应少量多次。

4. 植株调整 大型温室内无土栽培的甜椒均需进行植株调整,生产上普遍应用的是"V"形整枝方式,即双杆整枝。

5. 采收 甜椒是一种营养生长与生殖生长重叠明显的作物,在开花之后即进入长达数月的收获期,应适时采收以利于提高产量和品质。当果实已充分膨大,颜色变为其品种特有的颜色如黄色、紫色、红色等,果实光洁发亮即可采收。

(三) 叶用莴苣 (生菜)

1. 栽培季节与品种 生菜喜冷凉,不耐高温,除炎热夏季外,生菜可周年栽培。品种选择应根据栽培季节和栽培方式而定,近年也采用耐热品种加遮阳网降温等措施种植夏生菜,但株型变小,产量低,不过售价较高也值得种植。生菜因株型小、生长期短,适合水培,是国内外水培蔬菜面积最大的作物。一般露地栽培中表现较好的品种并不适合水培,水培生菜应选用早熟、耐热、抽薹晚的品种,如北山 3 号、恺撒、大湖 366 等。

2. 育苗与定植

(1) 播种育苗。由于生菜种子发芽时需要光,所以在播种时将浸泡后的种子用手直接播于岩棉块或海绵块的表面,每块 2～3 粒。然后育苗盘中加足水,至岩棉块或海绵块表面浸透。播种后的种子保湿非常重要,每天喷雾 1～2 次,保持种子表面湿润,必要时盖遮阳网和薄膜,正常情况 2～3d 即可齐苗。播后第 10 天真叶展开后,开始浇营养液。真叶顶心后间苗,每个岩棉块、海绵块上只留 1 株,生菜的苗龄一般为 20～30d。

(2) 定植。当生菜幼苗达到苗龄要求,3～4 片真叶时即可定植。水培方式栽培,先把生菜苗移入定植杯,随即放入定植板的定植孔中。栽培床定植槽的水位调至营养液能浸没定植杯底端 1～2cm 为好,防止生长不均。

3. 营养液管理 水培生菜对营养液配方要求不太严格,使用园试营养液配方生长良好,最适 pH 为 6.0～6.9。生菜进入结球期后对 P、K 的需求大量增加,尤其是对 K 的需求量,到收获期比结球初期增加 45%,必须保证其供应。进入结球期,营养液 EC 值以 2.0～2.5mS/cm 为宜。生菜从定植到采收,营养液不需更新,只需每周补充 1～2 次消耗的液量。

4. 采收 生菜生长周期短,从定植到收获为 30～60d,冬季生长期长一些。生菜要及时采收,采收晚易抽薹,采收早因结球不实会降低产量。

(四) 菊花

1. 品种选择 作为优良的切花菊品种,必须具备花色鲜艳、光泽好,花和叶协调,头状花序大小适当、健壮,花茎挺直,吸水性好,不易脱水萎蔫,花期长,抗病性强等条件。种植切花菊时,还应注意进行不同品种的配套,目前我国切花菊品种多引自日本、荷兰等国,常见栽培品种有秀芳系列、天家原系列、乙女樱、辉世界、早雪、秋之山、秋之华、黄云仙、金御园等。

2. 繁殖方法 切花生产多以扦插繁殖,一般多在 4～8 月进行,剪取健壮嫩枝顶梢 7～10cm,去除下部叶片,插条宜随采随用,如采后不能及时扦插,可放入保湿透气的塑料袋中,于 0～4℃ 低温下贮藏。扦插基质多用蛭石、泥炭、珍珠岩、砻糠灰、河沙等,其中蛭石、泥炭、珍珠岩、砻糠灰等基质温度上升较快,宜用于春季扦插,而河沙则宜于夏季扦插。插后 2～3 周即可生根,成活后应尽快定植,留床时间过长会导致苗瘦弱、黄化甚至腐烂死亡。

3. 栽培方式与定植 切花菊的无土栽培多采用基质栽培,栽培基质通常采用陶粒、泥炭、蛭石、砻糠、珍珠岩、河沙、锯木屑、炉渣等,多采用混合基质。栽培床一般宽100~120cm、高20~25cm,用砖块铺砌。

菊花的定植时间视栽培季节的不同而异。春菊(4月下旬至6月中旬开花)宜在12月至翌年3月定植,夏菊(6月下旬至9月上旬开花)宜在3—5月定植,早秋菊(9月上旬至10月上旬开花)宜在5月下旬至7月初定植,秋菊(10月中下旬至11月下旬开花)和寒菊(12月上旬至翌年1月开花)宜在6月下旬至8月下旬定植。定植的密度视栽培方式、品种特性等的不同而异。多本菊栽培密度一般为40~60株/m²,株行距多在(12~15)cm×(12~15)cm,一般分枝性强的品种行距宜大,反之宜小;而独本菊栽培密度一般为80~100/m²,株行距为10cm×(10~12)cm。

4. 营养液及其管理 营养液供应可用滴灌方式,并利用浇灌和喷灌方式进行水分的补充,尤其在夏季高温时,喷灌可有效增加空气湿度、降低气温。营养液的配方见表11-7。

表11-7 菊花无土栽培营养液配方

化合物名称	用量(mg/L)
硝酸钙 [$Ca(NO_3)_2 \cdot 4H_2O$]	700
硝酸钾(KNO_3)	400
磷酸二氢钾(KH_2PO_4)	135
硝酸铵(NH_4NO_3)	40
硫酸镁($MgSO_4 \cdot 7H_2O$)	245
螯合铁(Na_2Fe-EDTA)	22
硫酸锰($MnSO_4 \cdot 4H_2O$)	4.5
硫酸铜($CuSO_4 \cdot 5H_2O$)	0.12
硫酸锌($ZnSO_4 \cdot 7H_2O$)	0.8
硼酸(H_3BO_3)	1.2
钼酸铵 [$(NH_4)_6Mo_7O_{24} \cdot 4H_2O$]	0.10
EC值	2.0mS/cm

根据菊花生育阶段和天气情况,每天通过滴灌系统供液3~4次,每次每株300~500ml。晴天多灌,阴雨天适当减少。对岩棉培系统要多灌10%~15%的营养液,任其排出到排液沟里,可防止盐类的异常积累。

为了促进菊花缓苗,在菊花定植初期,营养液起始可溶性盐浓度较低,EC值约为0.8mS/cm。随着植株的生长,可逐渐增加营养液浓度,EC值可提高到1.6~1.8mS/cm。在夏季高温时,水分蒸发量大,营养液浓度适当调低,EC值为1.2~1.4mS/cm。pH控制在5.5~6.0。

5. 植株调整

(1)摘心、整枝。多本菊栽培方式,应在苗定植后1~2周摘心,只需摘去顶芽即可。摘心后2周左右需行整枝,视栽植密度和品种特性,每株保留2~4个侧芽,其余剥除。

(2)张网。切花菊要求茎秆挺直,但由于植株较高,极易倒伏。因此,当植株长到一定高度时,应及时张网支撑,防止因植株倒伏使茎秆弯曲而影响质量。支撑网的网孔大小可因栽植密度或品种差异而定,通常为(10~15)cm×(10~15)cm。一般需要用2~3层网支撑,网要用支撑杆绷紧、拉平。

(3)抹侧芽、侧蕾。菊花开始花芽分化后,其侧芽就开始萌动,需要及时抹除(多头型小菊品种除外)。由于上部侧芽抹去后,会刺激中下部侧芽的萌发,因此,抹侧芽需要分几次进行。随着花蕾的发育，在中间主蕾四周会形成数个侧蕾，应及时抹除，以保证主蕾的正常生长。抹蕾宜早不宜迟，只要便于操作即可进行，如过迟，茎部木质化程度提高，反而不便于操作。

6. 采收　在低温时期，花开七八成时采收；高温时期，当花开五六成时及时采收。

（五）杜鹃花

1. 品种选择与繁殖方法　杜鹃花分布广泛，遍布于北半球寒、温两带。全世界杜鹃花有900余种，我国有650多种，适合无土栽培的品种主要有西洋鹃、夏鹃、映山红、王冠、马银花等。杜鹃花常见的繁殖方法有扦插法、压条法、嫁接法3种。

2. 无土栽培基质的制备　杜鹃花栽培基质以混合基质为好，有多种基质配方可供选用。

①腐叶土4份，腐殖酸肥3份，黑山土2份，过磷酸钙1份。
②泥炭3份，锯木屑2份，腐叶土3份，甘蔗渣1份，过磷酸钙1份。
③枯叶堆积物5份，蛭石2份，锯木屑1份，过磷酸钙1份。
④地衣4份，砾石2份，塑料泡沫颗粒2份，山黄土2份。

配方基质须混合均匀，消毒后装盆备用。

3. 上盆　上盆宜在秋季进温室前后或春季出温室时进行。上盆的方法是：用几片碎盆片或瓦片交叉覆盖住排水孔，先在底层填一薄层砾石颗粒，再填入炉渣，然后填粗土粒，最上层放一层细土，将苗置于中央，根系要充分舒展，深浅适当。然后用一只手扶住苗木，另一只手向盆内加入混合均匀的基质，至根颈为止，将盆内基质振实，再加入适量基质至离盆口2~3cm。然后用喷壶浇灌，第1次浇水要充分，到盆底淌出水为止。杜鹃上盆之后，需经7~10d伏盆阶段，放入温室半阴处。出房室时应放于室外荫棚下，避免阳光直射而导致植株萎蔫。

4. 换盆　上盆后的植株通过旺盛生长成为大苗，枝叶茂密，根系发达，应将植株移到较大的盆钵中。换盆时用叉子或片刀沿盆的内边扦割，使附着在盆钵内缘的根须剥离，然后提起植株，使之从盆中脱出，去掉根盘底部黏着的碎盆片或瓦片，扦松根盘周围基质，剥去边沿宿土，使周围根须散开，但顶面中心部位的基质不能拆散。剪去过长的根和发黑的病根、老根，以促发新根。换新盆的操作与上盆时相同，换盆的季节与上盆时相似，但已进入盛花期的植株宜在花后进行。通常每5年左右换1次。

5. 浇水　杜鹃花根系细弱，即不耐旱又不耐涝。若浇水过多，通气受阻，则会造成烂根，轻者叶黄、叶落，生长停顿，重者死亡。因此，杜鹃花浇水不能疏忽，气候干燥时要充分浇水，正常生长期间盆土干燥时才适当浇水。若生长不良，叶片灰绿或黄绿，可在施肥水时加用或单用1/1 000硫酸亚铁溶液浇灌2~3次。

杜鹃花浇水时需要注意水质，必须使用洁净的水源，浇水时注意水温最好与空气温度接近。城市自来水中有漂白粉，对植物有害，须经数天贮存后使用。而含碱的水不宜使用，北方水质偏碱性，可加硫酸，调整好pH再用。

6. 营养液管理　杜鹃花营养液要求为强酸性，pH以4.5~5.5适宜。营养液的各种成分要求全面且比例适当，以满足杜鹃花生长开花的需要。可选用杜鹃花专用营养液或通用营养液。定植后第1次营养液（稀释3~5倍）要浇透，置半阴处缓苗半个月左右，然后进入正常管理。平日每隔10d补液1次，每次中型盆100~150ml，大型盆200~250ml，在此期间补水保持湿润。杜鹃花不耐碱，为调节营养液的酸碱度，可用醋精或食用醋调节水的pH，用pH试纸测定营养液的酸碱性。

杜鹃花无土栽培中，始终要求半阴环境，春、夏、秋3季均要遮阳。夏季高温闷热常导致杜鹃花叶片黄化脱落，甚至死亡，因此要注意通风降温或喷水降温；冬季室温以10℃左右为宜。

第四节 植物工厂

2016年国务院发布的《"十三五"国家科技创新规划》将"智能高效设施农业"列入现代农业核心技术体系，要求实现环境调控智能化。植物工厂，即为顺应农业发展潮流衍生出的高新技术体系。它是一种通过设施内高精度的环境控制实现作物周年连续生产的高效农业系统，由计算机对作物生育过程所必需的温度、湿度、光照、CO_2浓度、营养液等环境要素进行自动控制，不受或很少受自然条件制约的省力型生产方式，达到有效提高作物产量和品质的目的。近年来，植物工厂在国内外呈现出蓬勃发展态势，虽然我国起步较晚，但是近年来飞速发展，爆发式增长，已成为植物工厂最大规模生产国之一。本节主要讨论植物工厂的工厂化生产技术、环境控制以及植物工厂未来的发展方向。

一、工厂化生产技术

全球工业化程度的不断提高，城镇规模扩大，建筑用地大量增加，世界人口增长速度居高不下，导致人均可耕土地面积大量减少。与此同时，农作物种植期间，化肥、农药的滥用现象依旧存在，这不仅会导致残留化学物质沿着食物链进入动物和人体内，危害生命健康与安全，还会造成严重的环境污染。总而言之，人均耕地面积减少、环境破坏、资源短缺、农药残留等问题的层出不穷，严重影响了农作物的生产，制约农业发展。植物工厂这一现代栽培模式的出现，大幅度提高了空间、能源、材料和资源的利用效率，减少了化肥、农药的使用，解决了目前农作物生产的多重困境，缓解了农业生产的压力。

植物工厂的生产技术，致力于保障植物在各个发育时期都处于最佳环境条件，进而实现农作物产量最大化。其最大的优势就是通过人为控制环境条件，不受或很少受外界环境条件的约束，全年生产人们需要的农作物产品，同时缩短耕作年限，大幅度减少化肥、农药的使用，不会造成环境污染，保障食品安全。

现代植物工厂配备有自动化的生产设备、高效的生产流水线、自动化机械化的生产车间。植物工厂内的植物栽培常以多层立体的形式展现，设备的每组层架系统由植物光源系统和栽培板及营养液供给系统两部分组成，它们分别提供了植物生长所需的"阳光"和"土壤"。同时，越来越多的农业机器人被发明创造出来，应用于农作物生产的全过程，减少了劳动力需求，从而实现植物工厂自动化管理。多种精密的传感仪器和各司其职的生产操作机器人都统一连接在计算机"大脑"上，植物工厂的管理者通过计算机精准地管理着植物的生长环境。日本松下公司开发出的番茄采摘机器人，通过图像传感器检测出红色的成熟番茄，对形状和位置进行精准定位，从果蒂部位采摘，不会损伤果实。采摘篮装满后，还可以通过无线通信技术通知机器人自动更换空篮。通过机器人进行采收的生产模式，可以实现对产品的收获量和品质更加规范化的数据管理。

二、工厂化生产的环境控制

人工模拟环境与控制技术，是支撑植物工厂发展的重要技术推动力，加之以传感器和远程计算机为中心的控制系统的出现，使人工控制植物生长环境成为可能。利用计算机和多种传感器对温度、湿度、光照和CO_2浓度等环境因素进行自动化或半自动化调控，应用制冷与加热双向调温控湿系统、均匀送风系统、光环境调节系统、二氧化碳增施系统、环境数据采集与自动监控系统，实现植物工厂内作物生长最适环境条件的长期维持。

（一）光照

植物工厂依据光源种类可分为太阳光利用型、完全控制型和综合型。太阳光利用型植物工厂的光源为自然光光源，虽然配备各种环境因子控制设备，但这类工厂仍然受到自然条件的影响，作物栽培也会受到季节的限制。完全控制型植物工厂中，采用的人工光源一般为高压卤素灯、荧光灯或LED灯等，各类环境因子较为容易控制，并且很少受到自然条件的制约，但运行成本较高。综合型植物工厂在外界光照环境可以满足植物生长时，直接利用自然光作为光源，同时可以将部分太阳光蓄积起来，作为环境监测控制系统所需的能源；当外界条件不利于植物生长时，通过人工补光为栽培作物提供光源。与前两者相比，这种植物工厂较为节省电能，且不易受气候影响。

人工光环境的调控要对光照强度、光质和光周期等多方面综合考虑，主要应对弱光寡照、短日照危害问题，调控植物的光合作用和光周期，促进植物生长发育和开花结果，提高植物工厂设施作物的产量和品质。随着各种人工光源的不断优化，人工光环境调控技术也不断成熟。按照植物的光照需求，按需供光，分段管理，智能化管控，最大限度地提高由光环境参与调控的生物效益。

（二）温度

为了实现高效环保的环境调控，通常利用室外空气协同空调进行植物工厂降温。此项技术是在植物工厂原有设备的基础上，利用室内外的温差条件，通过风机引进外界空气与内部空调协同调控，将内部环境的空气温度控制在目标值，使用低能耗的风机以减少使用高功率空调，达到减少耗电量的目的。除此之外，湿帘降温系统也是有效的植物工厂降温手段。湿帘降温系统使用浸湿且多孔的通风物质，水和空气能够进行充分接触，同时进行能量的转换，达到降低室内空气温度的效果。为减少空调能耗，一些植物工厂还会采用热泵调温、光温耦合节能调温等技术来共同帮助温度调节。

（三）通风

植物工厂通风包括自然和强制两种通风方式。自然通风是利用开窗设备将天窗打开，依靠空气自然流动进行通风，一般效率较低，且一些建于室内的植物工厂未设天窗，无法采用该方法通风。强制通风是在自然通风的基础上，使用风机进行强制空气流通。天窗的开窗设备和风机都是根据计算机指令进行动作。

植物工厂通风直接和间接对植物发挥作用。首先，风的缺失将直接导致一些植物的生理性障碍，如生菜叶烧病，调整室内风速就可以降低发病率。此外，植物工厂通风时，常常联动改变湿度和气体条件。设施的密闭，容易造成高湿环境，并且设施内CO_2浓度的日变化遵循夜间高、白天低的基本规律，CO_2浓度不能满足植物需求。通风换气不仅可以降低湿度，还可以补充白天工厂内的CO_2含量，有利于促进植物光合作用。

（四）营养液循环

营养液循环再利用装备主要由4部分组成，即供液系统、紫外线消毒系统、营养液自动检测系统及控制系统。其主要的工作原理是：营养液经过紫外线消毒系统杀菌后运输到供液系统进行循环利用，当营养液缺失或所需营养物质不足时，自动检测系统能够检测后及时补充，通过控制系统进行灌溉，同时控制营养液的灌液量、营养液的成分、EC值和pH等，满足植株生长发育所需的营养需求。

（五）CO_2施肥

目前，设施农业增施CO_2的方法主要有CO_2钢瓶法、有机堆肥法、化学反应法、吊袋法等。在20世纪，荷兰、日本等设施园艺发达国家已普遍使用钢瓶法直接增施CO_2。该方法具有安全、洁净、浓度可控的特点，但因 CO_2 汽化时吸收热量，冬季使用时易降低温室内的温度，而且钢瓶笨重，不便搬运，来源有限，在我国的推广受到限制。

基于我国植物工厂的发展现状，在化学法增施 CO_2 的基础上，开发出温室蔬菜肥水气一体化施用技术，能够更加方便有效地实现 CO_2 施肥。该技术通过碳铵与磷酸化学反应产生 CO_2 对蔬菜增施气肥，同时将化学法产生的废液直接配制成速溶液肥，然后将反应液配合其他植物生长所需要的肥料后，通过肥水一体化装置对根系补充肥水。温室蔬菜肥水气一体化施用技术不仅解决了日光温室低成本供气问题，还降低了肥料使用带来的生产成本，实现了资源的高效利用。

三、植物工厂未来发展方向

以自动化代替劳动力，实现全自动化生产，形成资源节约型生产模式，加入人工智能等高端技术将成为植物工厂未来发展的主要方向。

随着时代发展，我国人口老龄化问题加重，劳动力短缺将成为生产的一大问题。而园艺产品的生产需要大量的劳动力这一现状，必定将通过引入自动化生产设备得以解决。

植物工厂耗电量大，导致运行成本高是植物工厂生产过程中无法回避的问题。更多地使用综合光源，开发应用高光效植物生产系统必将成为大势所趋。减少能源损耗，使用清洁能源，才能与建设可持续发展社会相匹配。

在人工智能被普遍应用在生活方方面面的今天，农业将与人工智能碰撞出怎样的火花是大家所期待的。利用人工智能、大数据，摆脱凭经验的传统模式，根据植物不同时期的状态，智能调控植物工厂内的环境条件，创造适宜植物生产的最佳条件，是未来植物工厂发展的终极目标。植物工厂势必在农业生产中占据一席之地。

思考题

1. 园艺设施外保温覆盖材料的种类及特性有哪些？
2. 现代温室的特点是什么？主要包括哪几种类型？
3. 影响设施樱桃坐果率的原因有哪些？如何调控？
4. 花卉设施栽培的意义是什么？
5. 非洲菊设施栽培的主要技术要点有哪些？
6. 设施蔬菜栽培的主要茬口有哪些？不同地区有何不同？
7. 设施蔬菜栽培过程中可通过哪些途径进行病虫害综合防治？
8. 试述无土栽培的优缺点及其应用前景。
9. 深液流栽培技术（DFT）和营养液膜技术（NFT）的主要优缺点有哪些？
10. 植物工厂中的主要环境调控技术有哪些？

主要参考文献

包满珠，2013. 花卉学. 北京：中国农业出版社.
鲍恩财，申婷婷，张勇，等，2018. 装配式主动蓄热墙体日光温室热性能分析. 农业工程学报，34（10）：178-186.
边卫东，2018. 设施果树栽培. 北京：科学出版社.
陈发棣，房伟民，2016. 花卉栽培学. 北京：中国农业出版社.
郭世荣，2003. 无土栽培学. 北京：中国农业出版社.
黄绍文，唐继伟，李春花，等，2017. 我国蔬菜化肥减施潜力与科学施用对策. 植物营养与肥料学报，23（6）：

1480-1493.
李式军,郭世荣,2002. 设施园艺学. 北京:中国农业出版社.
李天来,2013. 日光温室蔬菜栽培理论与实践. 北京:中国农业出版社.
吕德国,2011. 樱桃根系生物学. 北京:科学出版社.
孙漫莹,宋杰,胡启相,等,2018. 植物工厂关键技术发展. 农业工程,8(6):62-66.
孙玉刚,2015. 甜樱桃现代栽培关键技术. 北京:化学工业出版社.
喻景权,周杰,2016. "十二五"我国设施蔬菜生产和科技进展及其展望. 中国蔬菜(9):18-30.
张福墁,2001. 设施园艺学. 北京:中国农业大学出版社.
张开春,潘凤荣,2015. 甜樱桃优新品种及配套栽培技术彩色图说. 北京:中国农业出版社.
张勇,邹志荣,李建明,2014. 倾转屋面日光温室的采光及蓄热性能试验. 农业工程学报,30(1):129-137.
章镇,王秀峰,2003. 园艺学总论. 北京:中国农业出版社.
章镇,2004. 园艺学各论 南方本. 北京:中国农业出版社.

第十二章 园艺产品采后商品化处理及市场营销

园艺产品商品化处理是将产品转化为商品的过程，并经市场营销，实现从田间到消费者。采收是生产的最后一个环节，也是商品化处理的起始。第一节重点介绍了采收成熟度的确定和采收方法。预冷是去除田间热以适应贮藏物流环境的重要一步。第二节介绍了不同的预冷方式。第三节为采收后商品化处理主要流程，包括挑选、清洗、分级、打蜡、干燥、包装以及脱绿、脱涩和催熟等。物流和市场营销是园艺产品实现产业价值的通路。第四节介绍了园艺产品物流方式，装备，微环境监控，冷链物流信息化，终端的电子商务和配送环节。第五节介绍了园艺产品目标市场选择的基本策略，园艺产品市场营销组合与营销模式。

第一节 采　　收

采收是园艺产品生产上的最后一个环节，也是贮藏、物流、营销的开始。合理细致的采收是采后产品质量和销售环节商品性的基本保障。适时采收和采收规范直接影响了园艺产品的贮运性、商品性和采后消耗。这个过程应注意采收成熟度的确定和采收的方法。

采收是一项时间性和技术性很强的工作。由于采收方法不当而造成的机械损伤会破坏园艺产品的表面结构，使水分丧失增加，并易感染病原菌，同时呼吸速率和乙烯产生率提升，衰老、腐烂加速，商品性降低，贮藏期和货架期缩短。一般来说，机械采收比人工采收更容易造成机械损伤。

一、采收成熟度的确定

园艺产品的采收期取决于产品的成熟度、产量、品质、商品性和销售策略。对于果实来说，采收过早，不仅因未充分发育而不能达到应有的大小和最大产量，而且内含物不足，色、香、味欠佳，不能充分显现其固有的优良性状和品质，达不到适于鲜食、贮藏物流、加工和销售的要求；采收过迟，产品已经过熟并接近衰老，不耐贮藏物流。同时，过早或过迟采收也有增加罹患生理病害的可能。因此，确定产品的采收成熟度时，应该考虑其本身的生物学特性、采后用途、贮藏物流条件、市场远近等。一般而言，就地销售的产品，可以适当晚采收，以达到最大产量和最佳食用品质；而用于长期贮藏和远距离物流的产品应该适当早些采收，一些有呼吸高峰的种类、品种应该在达到生理成熟和呼吸跃变以前采收，以利于提高产品的贮藏物流性状。

蔬菜的食用器官可分为营养器官和繁殖器官两类。营养器官并没有所谓的成熟过程，一般须充分成长或达到特有的成长度，则可以获得更好的风味和更大的价值。繁殖器官则依不同种类有很大的差异。

果蔬的采收成熟度一般可分为可采成熟度、商品成熟度、食用成熟度、生理成熟度。

可采成熟度是指产品的大小已定型，但其应有的品质、风味和香气尚未充分表现出来质地较硬。适于贮运和罐藏、蜜饯加工。

商品成熟度是指园艺产品生长发育到一定程度，达到适宜食用和销售的标准。商品成熟度是以其用途作为标准来划分的,可能出现在发育期和衰老期的任何阶段。

食用成熟度是指果实已经成熟并表现出该品种固有的色、香、味,内部化学成分和营养价值已达到最佳食用品质。这一成熟度产品适于就地销售,或制作果汁、果酱、果酒。

生理成熟度因不同产品类型而异。如水果类果实,在生理上已达充分成熟阶段,肉质松绵,种子充分成熟,但此时风味淡薄,不耐贮运,多作采种之用。

采收成熟度的判断主要根据产品种类和品种的特性及其生长发育规律,结合形态学和生理学相关指标确定。用于判断适宜采收期的方法较多,但迄今的研究与实践显示,没有一个绝对的指标。为了能较为准确地判断适宜采收期,一般采用多个指标的综合应用。目前,表面色泽、生长期、主要内含物(可溶性固形物和淀粉等)含量等是用于确定采收成熟度的重要指标。

判断园艺产品采收成熟度的方法通常有以下几种。

(一) 表面色泽的显现和变化

果蔬产品在生长发育与成熟过程中,表面色泽都会显示出其特有的颜色。以果实为例,其成熟着色过程是底色(叶绿素)降解和面色(类胡萝卜素和花青苷等)合成的结果,果皮色泽可作为判断果实成熟度的重要标志之一。该方法易于掌握,是最直接、简单的判断依据。未成熟果实的果皮中有大量的叶绿素,随着果实成熟,叶绿素逐渐分解,面色便呈现出来。这一过程涉及一系列生理生化和分子生物学机制(图12-1)。

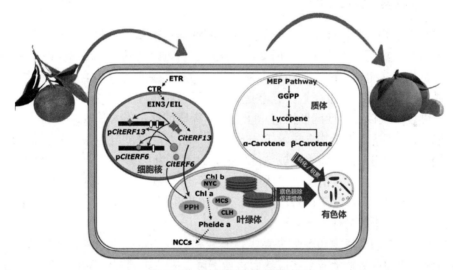

图12-1 柑橘果实脱绿着色模型

如甜橙成熟果实含有类胡萝卜素,红橘果皮中含有红橘素和黄酮,柠檬果皮中含有鞣酐,成熟后表现出橙红色、橙黄色等颜色。苹果、荔枝和草莓等果皮的红色为花青素,伴随果实成熟,果皮着色转红。番茄果实的红色为类胡萝卜素,以番茄红素为主。

一些果菜类蔬菜也常用色泽变化来判断成熟度。如长途物流的番茄果实宜在绿熟期采收,就地上市的宜在粉红期或全红期时采收,加工的应在全红期采收;青椒一般在果实深绿色时采收;豌豆荚从暗绿色变为亮绿色时采收;茄子在表皮黑紫色时采收。

由于面色如花青苷等易受外界环境如光照的影响,一般以底色叶绿素褪去时作为适宜采收期为好。

(二) 生长期

不同种类、品种的果蔬,从盛花期到果实成熟都有一定的生长期,可根据当地的气候条件和多年的经验确定不同果蔬适宜采收的平均生长期。如山东济南的元帅苹果从盛花至成熟所需天数为140d左右；北京露地春栽番茄，4月20日左右定植，6月下旬采收；大白菜立秋前播种，立冬前采收。表12-1是部分果树品种果实成熟所需生长期天数。

表 12-1 不同果实成熟所需生长期天数

树种	品种	盛花至成熟所需天数（d）
苹果	富士	180（山东）
	元帅	140（山东）
梨	鸭梨	150（河北）
	脆冠	113（浙江）
柑橘	宫川温州蜜柑	180（浙江）
	纽荷儿脐橙	230（江西）
葡萄	巨峰	100（浙江、江苏）
	醉金香	100（浙江、江苏）
荔枝	妃子笑	90（广东）
桃	湖景蜜露	115（江苏）

（三）主要化学物质的含量变化

园艺产品器官内某些化学物质如糖、酸及其他可溶性固形物和淀粉的含量，以及糖酸比的变化与成熟度有关。如豌豆、豆薯、菜豆等以食用幼嫩组织为主，可溶性糖多、淀粉少时，则质地柔嫩，风味良好；如果纤维增多，组织粗硬，则品质下降。而马铃薯、芋头等淀粉含量的多少是采收的标准，一般应变为粉质时采收，此时产量高，营养丰富，耐贮藏。在生产上和科研中常用可溶性固形物的含量高低来判定成熟度，或以可溶性固形物与总酸之比（即固酸比）作为采收果实的依据。苹果适宜采收成熟度的可溶性固形物含量为11%～13%；新西兰将可溶性固形物含量为6.2%的海沃特猕猴桃作为出口的适宜采收成熟度标准，日本认为6.0%～7.0%为猕猴桃的适宜采收成熟度，我国秦美猕猴桃的适宜采收成熟度为6.5%～7.0%。四川甜橙以固酸比10：1左右作为适宜采收成熟度，美国将固酸比8：1作为甜橙采收成熟度的底线标准；苹果的固酸比为30：1时采收为佳。

香蕉成熟阶段
淀粉呈色反应
（Dwivany等，2014）

生长发育的猕猴桃和香蕉等果实含有较多的淀粉，随着果实的生长发育和体积增大，淀粉含量增加，后期随着果实成熟而含量下降。因此，碘与淀粉的呈色反应也可用作判断其成熟度的有效方法之一。

（四）硬度和饱满程度

硬度又称为坚实度，是指果肉或营养组织抗压力的强弱，抗压力越强，硬度越大，反之，抗压力越弱，则硬度越小。硬度可用硬度计或质构仪等测定。果实的硬度通常可体现其成熟衰老进程，因而硬度可以作为果蔬采收的参考依据。随着果实的生长发育和成熟，不溶性原果胶逐渐分解为可溶解果胶或果胶酸，果实硬度也随之下降；有些果实如红肉枇杷，成熟衰老过程中果肉组织发生木质化，使果实硬度增加（图12-2）。不同种类果实成熟时硬度差别较大，如福建的油木奈果实采收时硬度为7～8kg/cm²，耐贮运；而辽宁的国光苹果采收时硬度一般可达17kg/cm²左右。蔬菜通常用坚实度来表示其发育状况，在适宜的坚实度时采收，产品才耐贮藏物流。有一些蔬菜的坚实度大，表示其发育良好、充分成熟，如结球甘蓝和花椰菜的花球在充实坚硬、致密紧实时采收具有较好的品质和耐贮性。但是也有一些蔬菜在衰老过程中发生纤维化，坚实度升高，品质下降，如莴笋、芥菜等应该在其变得坚硬以前采收，黄瓜、茄子等则应该在幼嫩时采收。

部分果蔬须长到一定的大小、质量和充实饱满的程度才能达到成熟，因此饱满程度亦可指征果蔬的发育状态，用以确定果蔬的采收期。不同种类、品种的果蔬都具有固定的形状或大小，如未成熟的香蕉棱角明显，果实横切面呈多边形；充分成熟时，果实饱满，棱角不明显，横切面为近圆形。

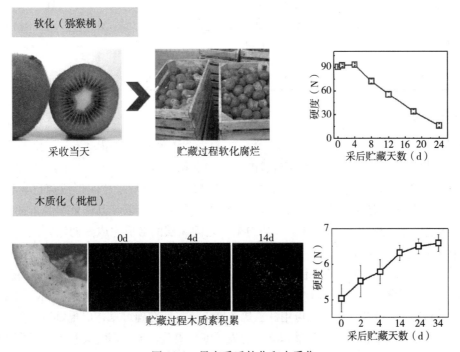

图 12-2　果实采后软化和木质化

（五）花卉的采收成熟度

切花的适宜采收成熟度因花卉种类、采收季节而定。不同切花因种类及品种不同，适宜采收成熟度也不同。大多数切花多在蕾期采收，可缩减当季的种植时间，降低切花对乙烯的敏感性，延长采后寿命，减少采后机械损伤，便于采后处理及节省贮藏物流空间。部分花卉蕾期采收难以开放，则需在成熟度较高时采收。如香石竹、百合、郁金香等切花通常在花蕾显色时采收，月季在花瓣伸出萼片时采收，菊花（切花大菊）则以舌状花初展时采收为佳。对于花序类花卉而言，不同花卉种类采收时花序小花开放的适宜比例不同，如金鱼草宜在花序 1/3 小花开放时采收，紫罗兰、风铃草、勿忘草、一枝黄花等在花序 1/2 小花开放时采收适宜。非洲菊、花烛、蝴蝶兰、文心兰等宜于花朵或花序小花充分开放但不过熟时采切。月季、非洲菊等切花若过早采收，不仅花朵难以开放，且易发生弯颈或萎蔫。盆花通常于蕾期或初绽期上市；盆栽观叶植物上市时间则据市场需求灵活掌握，不同发育阶段均可出售。

主要大宗鲜切花的采收标准参见表 12-2。

表 12-2　大宗鲜切花采收标准

（NY/T 321~325—1997）

花卉名称	不同用途			
	远距离物流	中距离物流	就近批发出售	尽快出售
月季	花萼略有松动	花瓣伸出萼片	外层花瓣开始松散	内层花瓣开始松散
菊花	舌状花紧抱，其中 1~2 个外轮花瓣开始伸出	舌状花外层开始松散	舌状花最外两层均已开展	舌状花大部分开展

(续)

花卉名称	不同用途			
	远距离物流	中距离物流	就近批发出售	尽快出售
香石竹	花瓣伸出花萼不足1cm，呈直立状	花瓣伸出花萼1cm以上，且略有松散	花瓣松散，小于水平线	花瓣全面松散，接近水平线
唐菖蒲	花序最下部1~2朵小花显色，但花瓣仍紧卷	花序最下部1~5朵小花显色，小花花瓣未开放	花序最下部1~5朵小花均显色，其中基部小花呈展开状态	花序下部7朵以上小花露出苞片并显色，其中基部小花呈展开状态
满天星	小花盛开率10%~15%	小花盛开率16%~25%	小花盛开率26%~35%	小花盛开率35%~45%

（六）其他指标

1. 生长状态 以鳞茎、块茎为产品的蔬菜，如大蒜、洋葱、马铃薯、芋头、山药和鲜姜等，应在地上部开始枯黄时采收；莴笋可在茎顶与最高叶片尖端相平时采收。

2. 果实脱落的难易程度 核果类和仁果类果实成熟时，果柄与果枝间形成离层，稍加震动果实就会脱落，如出现此种情况后不及时采果，就会造成大量落果，所以可以将果实脱落的难易程度作为成熟度的一个标准。但有些果实如柑橘，萼片与果实之间离层的形成比成熟期迟，也有一些果实因受环境因素的影响而提早形成离层，对于这些种类，不宜将果实脱落难易作为成熟度的标志。

3. 其他 判断成熟度还可有其他指标。固定采收期，由于产品的成熟度受气候条件影响较大，不宜采用这一指标。呼吸跃变期，这一指标较为可靠，呼吸跃变型果蔬宜在呼吸跃变高峰出现之前几天采收，但该指标不易判定，在生产上无法应用。乙烯浓度，该指标准确可靠，但也难以在生产上应用。此外，还可以观察种子的褐变情况来决定梨和苹果的成熟度。南瓜、冬瓜等蔬菜若进行长期贮藏则应使其充分成熟，南瓜在果皮发生白粉并硬化时采收，冬瓜在果皮上茸毛消失，出现蜡质的白粉时采收。

二、采收方法

园艺产品采收除了要掌握适宜的采收成熟度外，还要注意气候条件。一般而言，园艺产品如果实的采收宜在晨露消失、天气晴朗的午前进行，采后产品要及时进入预冷间预冷或置于阴凉处散热。阴雨天或露水未干或浓雾时采收，会导致产品含水量过高，细胞膨压过大，易造成机械伤，同时因表面湿度大，易被微生物侵染。田间园艺产品会吸收太阳辐射，携带大量的田间热，暴露于太阳下的产品表面温度会比大气温度高4~6℃。因此，晴天中午或午后采收会使产品温度过高，采后田间热不易散发，呼吸消耗大且易造成腐烂。

园艺产品采收主要分人工采收和机械采收。

（一）人工采收

采收的目的是田间采集处于适宜采收期的园艺产品，并以最快的速度和最低的成本将损耗降至最低。人工采收是广泛应用于水果、蔬菜和鲜切花的一种采收方法。由于园艺产品如果实的成熟度往往不均匀，人工采收既可以有效掌握适宜的成熟度，又可以最大限度地减少机械伤。人工采收方法依园艺产品的种类和品种特性不同而异，可用手摘、采、拔，或用采果剪剪，用刀割、切，用锹、镢挖等进行采收。成熟期长，且用作鲜销和贮藏物流的园艺产品以人工采收为佳，如大多数鲜切花，长蔓的豆类、瓜类及无限生长型番茄，以及苹果带梗、柑橘带果蒂、黄瓜带花、草莓带萼等。

相比较于机械采收，人工采收具有两个优点。首先，园艺产品可以在更适宜的成熟阶段采收；其次，人工采收可分期分批采收，成熟一批采收一批，并将机械损伤降至最低。比如，鲜食草莓采用人工采收，在采收的同时，还可以进行摘除病叶、枯黄叶及病果，摘除新生的匍匐茎，并翻转背阳面果实等农事作业。但采收工人需经过必要的培训，使之能够确认适宜的采收成熟度，以减少不必要的损失和浪费。同时，人工采收的劳动强度大，效率低，成本高。

人工采收通常需要采收工具辅助采收，如梯子、采果剪等。柑橘类果实可用特制的圆头专用采果剪；采收葡萄时，一手持采果剪，一手紧握果穗梗，于贴近果枝处带果穗梗剪下；板栗、核桃等干果，可用竹竿由内向外顺枝打落，然后拾捡；地下根茎类蔬菜的采收可用锹或锄挖，有时也用犁深翻，如胡萝卜、萝卜、马铃薯、芋头、山药等；有些蔬菜用刀割，如芦笋、甘蓝、大白菜等；切花多用剪刀剪取。采收过程所使用的容器如采果箱、采果袋等应具有平滑的内表面，并保持清洁。

果实采收时一般按先下后上、先外后内的顺序采收，以免碰落其他果实。采收过程中一定要尽量使产品完整无损，轻拿轻放，尽量减少转换筐的次数，防止指甲伤、碰伤、擦伤和压伤等，以减少人为的机械损伤。果实采收时，还要防止折断果枝、碰掉花芽和叶芽，以免影响次年产量。

蔬菜采收宜在早晨至上午露水散尽时进行，如芦笋采收在早晨进行才能保证品质，可依其品质，每1~3d收割一次。瓜类通常在清早采收，采收时可保留一段瓜柄以保护果实。菜豆、豌豆、黄瓜和番茄等用手采摘。甘蓝、大白菜收割时留2~3片叶片作为衬垫，收芹菜时要注意叶柄应当连在基部。马铃薯采收时若希望块茎的水分含量低些，应在挖掘前将枝叶割去或在挖后堆晾块茎。

花卉采收剪切时应避免挤压剪口，以防堵塞导管或因切口破损而受病菌感染，从而影响花枝吸水和采后品质。花枝剪口宜剪成斜面，以扩大吸水面，促进花枝吸水。切取的花枝长度应根据不同切花种类的花枝长度要求而定。对一些易在切口处流出汁液并在切口凝固，影响茎端水分吸收的种类，如一品红等，采收后应立即将茎端插入85~90℃热水中浸渍数秒钟，以消除这种不利影响。盆栽植物上市前宜作驯化处理，以便提高盆栽植物对售后环境变化的适应性。通常在出圃前2~4周（大植株可长至几个月）进行驯化处理，如依据不同需光特性适当减少光照、降低温度及控制水肥，避免售后新梢过度生长、叶片黄化、花蕾不开或花叶脱落等现象。

（二）机械采收

机械采收可以节省劳动力，且效率高，但其缺点是机械损伤较严重，通常只适合于一次性采收，主要适用于在成熟时果梗与果枝形成离层的或用于加工的产品，如短蔓的豆类、瓜类及矮生的瓜类等，其结果部位集中，成熟期相对一致，果皮较厚而硬。能一次性采收的各种果蔬及部分花卉种类也适合机械化采收，如用于鲜食的萝卜、马铃薯、蒜、胡萝卜、板栗等果蔬；用于加工的番茄、酿酒葡萄、酸樱桃、桃以及叶菜类蔬菜；切花大菊、郁金香种球等花卉。

果实的机械采收通常通过机械摇晃树干、树枝、树冠，或者使用能产生强风的机械，使离层分离脱落，有时候也会结合使用化学辅助药剂促使离层形成，提高采收效率。为减少机械伤，可在树下设置柔软的传送带或承接盘以承接果实，并自动将果实送至分级包装机内。虽然国外机械采收已有所应用，但仍有许多问题亟待解决，如选果和采摘的方法、产品的收集、树叶或其他杂物的分离、装卸和运输以及质量的保持等。机械采收的主要方法有以下几种。

1. 振动法 用拖拉机附带一个器械夹住树干或树枝，用振动器将果实振落，树下的收集架将振落的果实接住，并用滚筒集中到箱内。不同类型的振动器和收集架用于不同的果品，不同树种所需振幅与频率也不一样。采收苹果的振幅为3.89cm，频率为400r/s；采收酸樱桃的振幅为3.81cm，频率为1 200r/s。振动法容易造成果实伤害，适用于加工果品使用。

2. 风吹法 该方法利用振动鼓风机产生强风吹落成熟果实，采收效率受到树体结构和大小、果实质量和坐果量的影响。

3. 辅助机械采收 采果者站在可升降的操作平台上进行果实采收作业，是一种机械辅助人工采收的方法。采收机器人已开始应用于园艺产品的采收，但仍处于研发阶段，尚未广泛应用。

4. 化学辅助采收 为了便于机械采收，应用化学药剂（如乙烯利、放线菌酮、萘乙酸等）促使果柄产生离层，然后通过振动使果实脱落。如在一些枣和橄榄产区，用乙烯利催落采收，效果良好。在采收前5~7d枣树喷布一次200~300mg/L乙烯利水溶液，橄榄喷布一次800~1 000mg/L乙烯利水溶液，喷药后3~7d，果柄离层细胞逐渐解体，因而轻轻摇晃树枝，果实即能全部脱落，可大大提高采收工效，减轻劳动强度。

第二节 采后预冷

预冷是采收后迅速除去产品田间热的过程。预冷是创造良好贮运温度环境的第一步，也可减轻贮藏或运输过程中制冷设备的压力，未经预冷的产品因为高温而呼吸强度大，消耗多，果实成熟快，贮藏性差，易腐烂。园艺产品采后尽快预冷和保存在适宜的温度条件下，是保持其品质的重要保障。

一、预冷的作用

预冷是指园艺产品采后贮藏物流前，预先进行降温处理，使产品快速冷却到用于冷藏或者冷链物流的适宜温度，以降低果实、蔬菜、花卉的呼吸代谢速率，减少水分损失和病原生物侵染，减轻贮藏或物流设备的热负荷，最大限度地利用冷藏车、船或冷藏库的冷却功能。这一预先冷却的过程，称为预冷。预冷的目的是在产品采收之后与贮运之前，尽可能迅速排除其田间热和呼吸热。预冷可以延缓园艺产品成熟和品质劣变的进程，同时可节省运输和贮藏中的制冷负荷，是保证产品质量、节约能源的一项重要措施。

1. 田间热 自然环境条件使产品在采前维持有一定的温度，致使其在采后仍保持相对较高的热量，这种由采前田间携带而来的热量称为田间热。田间热与采收时的气温密切相关。较高的田间热不利于采后果实的品质维护，因此采后果实需及时进行预冷，尽快散发果实的田间热，既可减轻冷藏设备的热负荷，又可使果实的品质得到较好的维持。

2. 呼吸热 采后园艺产品进行呼吸作用的过程中消耗呼吸底物，一部分用于合成能量供组织生命活动所用，另一部分则以热量的形式释放出来，这一部分的热量称为呼吸热。呼吸热会提高贮藏环境的温度。

易腐产品如叶菜类、食用菌、豌豆、芦笋、花椰菜、甜瓜、杨梅、草莓等贮藏期短，如果不经过预冷处理，直接进入冷库或运输，需较长时间降温，将加速品质劣变（表12-3）。对切花而言，预冷可避免花蕾提早开放，减缓呼吸基质的消耗，保持切花开放所需的养分。因此，为了保持园艺产品的新鲜度，延长货架期，预冷最好在产地进行，而且越快越好。

表12-3 不同预冷处理对杨梅果实腐烂率（%）的影响

预冷技术	0℃贮藏				货架20℃
	0d	3d	6d	9d	1d
周转箱+预冷*	0	0	1.94	5.83	8.33
周转箱+不预冷	0	0	1.67	8.61	16.67
泡沫箱+不预冷	0	0.28	2.50	8.75	28.33

* 3~5℃冷库预冷2h。

二、预冷方式

预冷方式主要有自然预冷和人工预冷。人工预冷包括水预冷、冷库空气预冷、强制通风预冷、差压预冷、包装加冰预冷、真空预冷、物流过程预冷等。

（一）自然预冷

自然预冷是一种简便易行的预冷方法，尤其在没有其他预冷装备的条件下，自然预冷不失为一种良好的补救方法。将采收的园艺产品放在阴凉通风处，通过空气流通达到预冷作用。如在我国北方地区，采后的苹果、梨等可在阴凉处放置一晚，利用夜间低温达到自然降温，然后再入库。

（二）水预冷

将果蔬浸泡在冷水（通常为预冷水或加冰水）中或者喷淋使之直接预冷的方法称为水预冷。水预冷降温快且能有效地防止蔬菜萎蔫，但循环使用容易导致病菌通过水传播，因此生产中应加入适量消毒剂或防腐剂，防止交叉感染。也可结合水预冷进行产品清洗和杀菌处理。

（三）冷库空气预冷

冷库空气预冷简称冷库预冷，将产品放置于冷库中，按"三离一隙"，即离墙、离天花板、离地坪、垛间留空隙进行堆码，利用库内冷空气自然对流进行预冷，预冷完成后，原库贮藏。此方法不需要特殊设备，易于进行，但预冷速度慢，如26～27℃下采收的花椰菜在1～2℃冷库中1d后降到15℃，2d后降到9℃，3d才降到4～6℃。生产上可以采用分批分库预冷，以加快预冷速度。

（四）强制通风预冷

强制通风预冷是在冷库预冷的基础上发展起来的，是在冷库中用高度强制流动的空气进行冷热空气交换，通过容器的气眼或堆码间的空隙，以迅速带走热量的方法，与冷库预冷相比明显加快了预冷速度。一般强制高速空气的速度以5m/s为好。

（五）差压预冷

差压预冷比强制通风预冷多设置一个静压箱和一台差压风机，能够产生压力使冷空气有效流通，预冷速度快。但强大的气流容易使产品失水，必要时需加湿或喷雾，所以不适用于叶菜类预冷。

（六）包装加冰预冷

欧美的一些国家在20世纪初开始使用天然冰预冷法，也称为冰触法，即将碎冰放在包装的里面或外面，可与运输同时进行。此方法适用于与冰接触不会产生伤害的果蔬，如莴苣以冰触法预冷时，冰铺在上面顶触预冷，一个包装箱25kg莴苣需要12kg的冰。这种方法预冷速度快，设备及操作简单，但需要大量的冰，且占用大量贮藏物流空间，同时冰融化后包装内或贮藏物流微环境中存有大量水，不利于园艺产品贮藏物流，因而适用对象范围有限。

（七）真空预冷

真空预冷是利用水在减压下的快速蒸发，将园艺产品置于真空环境，组织内的水分在蒸发的同时带走热量，使之迅速降温的方法。此方法适用于表面积与体积比大的蔬菜，如莴苣、菠菜等叶菜。但在预冷过程中产品水分损失严重，需要加喷雾装备防止失水造成的品质降低。真空预冷效率高，但设备成本较高，适用于高档果蔬。花卉真空预冷前或预冷过程中需要喷雾或加湿补充水分；也可以真空减压过程结合预处液脉冲处理进行补水；或者采用真空预冷将花卉温度降至高于贮藏物流适宜温度3～5℃，然后再在较低温的冷库中结合预处理液吸收使其逐渐降至适宜的贮藏物流温度。

(八)物流过程预冷

园艺产品采收后,马上装入冷藏车,使产品在物流运输途中得到预冷,称为物流过程预冷。这种方法的好处是节省时间,但由于码垛紧密,使预冷速度慢,冷藏车负荷大,可以结合冰预冷等方式进行预冷。

分析比较上述预冷法,各有优缺点(表12-4)。在选择预冷方式时,要综合考虑园艺产品的特性、设备成本、运输距离等因素。

表12-4 几种预冷方式的优缺点比较

预冷方式	优点	缺点
自然预冷	简便易行	预冷速度慢
水预冷	预冷速度较快	容易导致病菌通过水传播
冷库空气预冷	操作简单,成本低,适用性强	预冷速度慢
强制通风预冷	预冷速度较快	需要机械设备
差压预冷	预冷速度较快	需机械设备,产品水分蒸发量大
包装加冰预冷	预冷速度较快	适用范围小
真空预冷	预冷速度快,效率高	成本高
物流过程预冷	节省时间	预冷速度慢,冷藏车负荷大

第三节 采后商品化处理

园艺产品采收后商品化处理包括挑选、清洗、分级、打蜡、干燥、包装以及脱绿、脱涩和催熟等(图12-3)。由于采收后的园艺产品表面附着大量的灰尘和病菌,为了减少贮运环节因病害造成的损失,维持较好的商品价值和食用价值,需要对果蔬进行清洗处理;柑橘、苹果等果实通常还需对其表面进行打蜡和干燥处理;合适的包装,有利于在流通过程中保护产品,方便贮运,促进销售;一些果实如柑橘、涩柿和香蕉等,还需进行脱绿、脱涩和催熟处理;切花则需要进行保鲜处理,以改善其商品性。

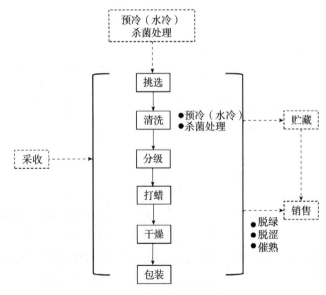

图12-3 商品化处理流程图

一、挑　　选

园艺产品采收后首先要进行挑选，剔除有机械伤和病虫害等缺陷的产品。该过程多为人工挑选。

二、清　　洗

（一）清洗

田间采收的园艺产品表面附着大量的灰尘和病菌甚至污染物，清洗表面的灰尘及病菌等有利于延缓产品腐烂，维持较好的商品性。通常采用浸泡、喷淋等方式水洗果蔬产品，对于块根、块茎类蔬菜产品以及球根花卉种球还可以通过清洗除去产品上附着的污泥，减少病原菌和农药残留，使其清洁卫生，提高商品价值。清洗多采用机械进行，分为干洗和湿洗两种。干洗是采用压缩空气或直接摩擦，湿洗一般是用水作为介质，在水中进行清洗。用于清洗的水必须卫生干净，可在水中加入杀菌剂如次氯酸钠等，清洗的同时可结合预冷和防腐处理。

用于清洗的机械，按照其结构特点，可分为滚筒式清洗机、喷射式清洗机、超声波清洗机等几类。清洗机的结构一般由传送装置、清洗滚筒、喷淋系统以及箱体组成。

（二）结合清洗的防腐处理

果蔬产品清洗过程可以结合防腐处理，有利于抑制或延缓贮藏物流及销售环节的病害发生，从而延长产品贮藏期及货架期。用于防腐处理的化学防腐剂应符合高效、低毒及低残留等要求，并且不能超过我国和主要贸易国规定的最大残留量。

目前市场上常用的防腐剂包括仲丁胺类、苯并咪唑类、咪鲜胺类、抑霉唑以及山梨醇，氯气和漂白粉，SO_2及其盐类等。不同产品适宜的防腐剂使用浓度及浸泡时间有所不同。表 12-5 列出了部分防腐保鲜剂的使用方法及其防腐效应。表 12-6 为部分果蔬产品防腐剂的最大残留限量。

表 12-5　部分防腐保鲜剂使用方法及其防腐效应

防腐剂名称	使用方法	作用
噻菌灵	45%悬浮液 500~700mg/kg 浸果 3min	防治香蕉等果实的炭疽病、冠腐病
	45%悬浮液 1 000~5 000mg/kg 浸果 3~5min	防治柑橘等果实的青霉病、绿霉病
咪鲜胺	45%水乳剂 450~900 倍液浸果 2min	防治香蕉等果实的炭疽病、冠腐病
	25%乳剂 500~1 000 倍液浸果 2min	防治柑橘等果实的蒂腐病、青霉病、绿霉病
抑霉唑	50%乳油 100 倍液浸果 30s	防治苹果、梨等果实的青霉病、绿霉病
	50%乳油 1 000~1 500 倍液浸果 1min	防治香蕉等果实的轴腐病

表 12-6　我国部分果蔬产品防腐剂的最大残留限量（mg/kg）
(GB 2763—2019)

防腐剂种类	葡萄	香蕉	梨	橙	黄瓜	马铃薯
抑霉唑	4	0.1	1	7	2	0.05
咪鲜胺	2	5	0.2	5	1	—
噻菌灵	5	5	—	10	—	15

三、分　级

园艺产品分级是指依其外观品质和内在品质两个方面，按照一定标准分为不同等级的操作过程。外观品质主要包括产品的大小规格、形状、颜色、表面机械伤与病虫缺陷等，内在品质主要包括糖、酸、涩、芳香、质地及内部生理病害等。对园艺产品进行分级，是产品采后商品化、标准化的一个重要手段，是提升市场竞争力的基础。

（一）分级方法

目前，我国部分园艺产品分级依旧采用传统的采后分选模式，即将采收后的园艺产品直接进行人工分级。人工分级只能进行外观品质分级，速度慢，费劳力，同时受人为因素影响较大；随着工业化进程的加快，机械分级，尤其是无损机械分级在园艺产品中的应用，可以兼顾外观与内在品质进行综合分级，并可获得均一的商品化产品。

1. 人工分级　人工分级主要有两种，一种是仅通过人的视觉，对产品的颜色、大小等外在品质进行分级，鲜切花多采用人工分级；另一种方法是采用选果板和色卡分级，即利用选果板上一系列直径大小不同的孔和色卡上的色阶，根据产品横径和着色进行分级，该方法可以做到同一级别的果实大小和色泽基本一致。人工分级的优点是可以减轻产品的机械伤害，其最大的缺点是工作效率低，分级不够严格，只能按产品外观品质分级，无法按内在品质分级。

2. 机械分级　常用的机械分级检测方法有按质量、形状、颜色等不同等级进行分选，同时机械分级方法还可以在线检测产品的内在品质。机械分级的优点有分级速度快，采用机械分级樱桃果实，每小时可分选1t左右；分级标准严格，如同一规格的樱桃大小一致。机械分级主要适用于不易受损伤的果蔬产品。

（1）质量分级装置。质量分级装置是根据果蔬产品的质量进行单指标判断，精度可靠。质量分级装置适用于各种形状的果品，在部分切花种类上也有应用。主要有机械秤式和电子秤式两种类型。

（2）形状分级装置。形状分级装置是按照果蔬产品的形状大小分选，如直径、长度等参数，主要有机械式和光电式两类分选装置。机械式形状分选装置多以大小不同的缝隙和筛孔分级，当产品通过由小逐渐变大的缝隙或筛孔时，小的先分选出来，大的最后出来。光电式形状分选装置不仅可以对果蔬的大小进行分级，还可以对产品品质进行检测，实现了大小分级与品质筛选（弯曲、畸形等）同时进行。光电式形状分选装置克服了机械式分选装置易损伤产品的缺点，精度也远远优于机械式分级，适用于黄瓜、茄子、番茄及菜豆等。

（3）色泽分级装置。色泽分选装置是根据果蔬产品的颜色进行分选。颜色及着色度是果蔬重要的外观品质之一，与成熟度和内在品质有密切关系。其主要原理是利用彩色摄像机和电子计算机处理红绿色型装置或红绿蓝复杂色型装置，根据测定装置所测出的产品表面反射的红（橙）色光与绿色光的相对强度判断果实的成熟度。

（4）计算机视觉分级系统　计算机视觉技术具有信息量大、速度高、功能多的特点，主要根据果蔬大小、形状、颜色、表面损伤等参数进行分级。近年来，我国企业自主开发的三维视觉成像技术，采用超高分辨率工业数字摄像头及独特的LED光源系统进行全息数据采集，并对果蔬视觉综合特征进行检测和分析，获取高质量大数据图像信息，可对果蔬表面颜色、大小、形状、体积、密度、瑕疵及表皮褶皱、腐烂等指标进行精准分选，同时还可在线无损检测糖等内在品质指标。该技术在柑橘、苹果、猕猴桃等水果分级中效果良好。

（二）分级标准

园艺产品的分级标准有国际标准、区域标准、国家标准、行业标准、地方标准、协会标准及企业标准等。《中华人民共和国标准化法》根据标准的适应领域和范围,把标准分为4级,包括国家标准、行业标准、地方标准及企业标准等。国家标准是由国家标准化主管机构批准发布,在全国范围内统一使用的标准;行业标准是由主管机构或专业标准化组织批准发布,并在某个行业范围内统一使用的标准;地方标准是由地方制定、批准发布,并在本行政区域范围内统一使用的标准;企业标准是由企业制定并发布,并在企业内统一使用的标准。园艺产品的分级标准应综合考虑产业问题、科技发展、生产者及消费者的需求,有利于园艺产品可持续健康发展等。因此,园艺产品标准指标不能过高,过高的标准影响生产者的投入及积极性;也不能过低,过低的标准会损伤消费者的权益及利益,不利于市场竞争力的提升。

1. 水果分级标准 水果的国际标准是1954年在日内瓦由欧共体制定的,目的是促进经济合作与发展。目前已经有不少于37种水果有了国际标准,如柑橘国际标准(UNECE STANDARD FFV-14,表12-7),由联合国欧洲经济委员会(Economic Commission for Europe,ECE)在1963年制定,2017年修订。这些标准和要求对于欧盟国家进出口水果是强制性的。国际标准一般标龄较长,标准的制定受西方各国国家标准的影响。

表12-7 国际柑橘果实分级标准
(UNECE STANDARD FFV-14)

项目	特级	一级	二级
品质	极优	优	满足品质基本要求
品种	必须具有固有的品种性状或商品特征	必须具有固有的品种性状或商品特征	—
缺陷	外观完美,在不影响果实外观和品质,以及外包装标明品质的前提下,允许有极轻微瑕疵	在不影响果实外观和品质,以及外包装标明品质的前提下,允许小瑕疵: ·果型轻微瑕疵; ·轻微日灼等果色小瑕疵; ·果皮小瑕疵; ·雹伤、磨伤或采后处置等导致的愈伤小瑕疵; ·宽皮橘类果实有轻微或局部浮皮	保证基本品质的前提下,允许有缺陷: ·果型有缺陷; ·有日灼斑等果色瑕疵; ·果皮瑕疵; ·果实生长过程形成的果皮缺陷,包括银屑、褐皮、虫斑; ·雹伤、磨伤或采后处置导致的愈伤瑕疵; ·愈合的表面疤痕; ·粗皮; ·橙类允许轻微或局部浮皮,宽皮橘类允许局部浮皮

水果分级标准因种类、品种的不同而不同,通常在果形、新鲜度、颜色、品质、病虫害及机械伤等符合条件的基础上,再按照果实的大小进行分级。我国现有果品质量标准16个,其中苹果、梨、香蕉、鲜龙眼等都制定了国家标准。近年来,我国制定了绝大多数水果的质量等级、采后处理规程的国家标准、行业标准和地方标准等,如中华人民共和国农业行业标准NY/T 1792—2009《桃等级规格》,规定了桃果实等级(表12-8)、规格、检验、包装和标签等。

表12-8 桃果实等级
(NY/T 1792—2009)

项目	特级	一级	二级
果形	具有本品种的固有特征	具有本品种的固有特征	可稍有不正,但不得有畸形果
果皮着色	红色、粉红面积不低于3/4	红色、粉红面积不低于2/4	红色、粉红面积不低于1/4
果面缺陷 1)碰压伤	无	无	无

(续)

项目		特级	一级	二级
果面缺陷	2) 蟠桃梗洼处果皮损伤	无	总面积≤0.5cm²	总面积≤1.0cm²
	3) 磨伤	无	允许轻微磨伤一处，总面积≤0.5cm²	允许轻微不褐变的磨伤，总面积≤1.0cm²
	4) 雹伤	无	无	允许轻微雹伤，总面积≤0.5cm²
	5) 裂果	无	允许风干裂口一处，总长度≤0.5cm	允许风干裂口两处，总长度≤1.0cm
	6) 虫伤	无	允许轻微虫伤一处，总面积≤0.03cm²	允许轻微虫伤，总面积≤0.3cm²

另如中华人民共和国农业行业标准NY/T 961—2006《宽皮柑橘》，规定了宽皮柑橘鲜果的术语和定义、要求、容许度、检验方法、包装与运输条件，该标准适用于温州蜜柑、椪柑（芦柑）、红橘、蕉柑、本地早、南丰蜜等柑橘类果实。

2. 蔬菜分级标准 蔬菜产品收获后，将产品按不同大小及品质分成不同等级，以满足不同市场及消费者的需求，经过分级后的蔬菜产品大小及品质基本一致，规格统一，便于快捷包装，降低了贮藏运输过程中的损耗，提高了商品价值及产品经济效益。蔬菜分级标准依产品种类及品种不同而存在差异。由于蔬菜的食用部位不同，成熟标准也不一致，因此没有一个固定、统一的标准，只能按照各种蔬菜品质的要求制定各自的标准。我国目前已制定了部分蔬菜的国家和行业标准，如蒜薹、大白菜、青椒、黄瓜、番茄、花椰菜、菜豆、芹菜、韭菜等。花椰菜的分级标准见表12-9。

与果实分级相类似，我国蔬菜分级标准依据较多的也是形状、新鲜度、颜色、品质、病虫害和机械伤等综合品质，基本按大小或质量分级，有些标准则兼顾品质标准和大小、质量标准提出。番茄、马铃薯、花椰菜、莴苣、芦笋、胡萝卜等多是按最大直径进行分级，西芹、莴苣、甘蓝、青花菜等形状不规则的按质量分级，蒜薹、豇豆、甜脆豌豆和荷兰豆等按长度分级，辣椒按最大截面积直径和长度分级，胡萝卜按最大直径或质量分级。

表12-9 花椰菜分级标准
(NY/T 962—2006)

项目	等级		
	特级	一级	二级
品种	同一品种	同一品种	同一品种或相似品种
紧实度	各小花球肉质花茎短缩，花球紧实	各小花球肉质花茎较短，花球尚紧实	各小花球肉质花茎略伸长，花球紧实度稍差
色泽	洁白色	乳白色	黄白色
形状	具有本品种应有的形状	具有本品种应有的形状	基本具有本品种应有的形状
清洁	花球表面无污物	花球表面无污物	花球表面有少许污物
机械伤	无	伤害不明显	伤害不严重
散花	无	无	可有轻度散花
绒毛	无	有轻微绒毛	有轻微绒毛

分级多采用目测和手测，也可采用简单的器械或机器，最简单的工具是分级板和色卡。在发达国家，蔬菜的大小分级均是通过包装线上的大小分级机自动进行，设备有大、中、小3种类型，自动化程度较高的机器可以自动清洗、吹干、分级、称重、装箱，并可以用信息技术鉴别产品的颜色、成熟

度，剔除受伤和有病虫害的蔬菜。难以采用机械分级的产品可利用传送带，在产品传输过程中人工分级。使用分级机械要配套修建蔬菜采后处理车间。

3. 观赏植物产品分级标准　分级标准是进行观赏植物产品合理分级的重要依据，目前国际上尚无统一的花卉质量分级标准，但欧美国家及日本等早在20世纪80年代就制定了各自的花卉分级标准，如联合国欧洲经济委员会标准、荷兰标准、美国花商协会标准和日本标准。切花通常依据花枝长度、花朵直径、花序和小花数量、花枝质量、损伤程度、叶片品质等进行量化分级。目前在国际市场上广泛使用的标准有荷兰拍卖市场标准、日本国家鲜切花标准、欧盟鲜切花标准等。2000年我国颁布了主要花卉产品等级国家标准，详细规定了鲜切花、盆花、盆栽观叶植物、花卉种子、花卉种苗、花卉种球和草坪草种子的分级国家标准。如鲜切花分级标准包括整体效果、花、花茎、叶、包装容量、病虫害等质量指标，每个指标再分为3个等级。农业行业标准NY/T 953—2006《芍药切花》，从整体效果、花型、花色、花枝、叶等方面规定了芍药切花的质量等级要求（表12-10）。

表12-10　芍药切花产品分级标准
（NY/T 953—2006）

	项目	级别		
		一级	二级	三级
1	整体效果	具有该品种特性；整体感、新鲜程度很好；无分泌物污染；成熟度高	具有该品种特性；整体感、新鲜程度好；无分泌物污染；成熟度一般	具有该品种特性；整体感一般，新鲜程度好；允许有少量分泌物，不影响观赏；成熟度一般
2	花型	花型具备该品种特征，花朵饱满；花型完整，外层花瓣整齐	花型具备该品种特征，花朵饱满；花型较完整，外层花瓣较整齐	花型具备该品种特征，花朵饱满；花型一般，外层花瓣较整齐
3	花色	花色鲜艳润泽，无褪色，无焦边	花色良好，无褪色失水，略有焦边	花色良好，无褪色失水，有焦边
4	花枝	茎均匀挺直；花枝长度60cm以上	茎均匀挺直；花枝长度60～55cm以上	茎均匀挺直；花枝长度55～50cm
5	叶	叶片分布均匀，叶面清洁、平整，叶色鲜绿有光泽	叶片分布均匀，叶面清洁、平整，叶色鲜绿有光泽	叶片分布均匀，无褪绿叶片，叶面较清洁，稍有污点
6	病虫害	无病虫害	无病虫害	有轻微病虫害痕迹
7	损伤	无机械损伤	无机械损伤	有轻度机械损伤
8	整齐度	切花长短差异不超过1cm；花朵大小形状及开放状况完全一致	切花长短差异不超过3cm；花朵大小形状及开放状况不一致率≤5%	切花长短差异不超过5cm；花朵大小形状及开放状况不一致率≤10%

国内外尚无统一的盆栽植物分级标准，一些国家制定了作为原产国的推荐标准，对容器大小、植株大小与容器比例，地上部直径、株型、花蕾数量、叶片及花朵色泽等外观状况，以及损伤、衰老及病虫害等进行规定。1986年美国Conover提出了盆花及盆栽观叶植物的质量分级标准，其中盆花评分标准包括植株状况、品种特性、外形、花色及茎和叶丛；盆栽观叶植物评分标准则包括植株状况、品种特性、外形、茎和叶丛。2006年我国河南省公布了洛阳盆花的地方标准，从叶、花、花色、品种纯度、整体感、容器、病虫害7个方面规定了盆花的质量等级要求。

四、打蜡与干燥

打蜡是果品商品化处理的重要环节，也是提高果品竞争力的重要手段。水果打蜡是国际上允许和经常使用的果品保鲜方法，多用于苹果和柑橘等果实。通常把蜡涂覆于果实表面，增加表面的光泽度，改善外观，提高商品价值，延长贮藏期和货架期。

（一）打蜡方法

水果打蜡大体分为人工涂蜡和机械打蜡两种方式。人工涂蜡适于果量小的工作，即将果实浸蘸到配制好的果蜡涂液里，取出后晾干即可；也可用软刷或棉布等蘸取蜡液，均匀涂抹于果面上，晾干。机械打蜡多采用喷洒式，采用高压喷雾打蜡，极少量的蜡液就能均匀覆盖整个果实表面，并烘干。与机械打蜡相比，人工涂蜡的蜡液用量难以控制。蜡液用量的增加会导致果面蜡层厚度增大，从而影响果实内部呼吸方式的变化，当果实内部氧气含量低于有氧呼吸极限需氧量时，果实就会发生无氧呼吸，导致乙醇和乙醛等无氧呼吸中间产物含量增加，影响果实食用品质。

（二）影响打蜡效果的因素

打蜡的效果与蜡液成分、打蜡工艺、贮藏物流条件和果实品种特性等因素有关。目前，国内外普遍使用的商业蜡的主要成分为虫胶、木松香、氧化聚乙烯蜡、小烛树蜡或巴西棕榈蜡等可与脂肪酸和氨结合的水溶性蜡液。以虫胶为主的蜡液中，虫胶是提高果实亮度的主要成分。贮藏环境的温度和湿度会影响打蜡后果皮的透气性，如虫胶蜡在高湿度的贮藏环境下，O_2和CO_2的透过率升高。贮藏物流温度也会影响果实的呼吸作用，温度的升高使果实对氧气的需求增加。

市场上常用商业蜡浓度范围为 $8.9\% \sim 30.7\%$，蜡液多为碱性，其浓度会影响打蜡后果实的商品性。不同蜡液的透气性差异很大，透气性好的蜡液应该是O_2、CO_2和乙烯的透过率高而水蒸气的透过率低，以尽量降低蒸腾作用并且不限制呼吸作用。在选择透气性好的蜡液的同时，也需考虑蜡液的使用浓度和使用量。浓度太高导致打蜡过厚影响果实气体交换，当果实内部O_2含量低于果实呼吸所需要的阈值，CO_2含量高于果实忍耐极限值时，果实就会发生无氧呼吸，导致品质劣变。浓度太低打蜡太薄，不能覆盖果实表面，达不到提高光泽的效果，影响商品性。

蜡液的应用改善了果实的外观，降低了果实的失水率，提高了商品性，在柑橘、苹果果实保鲜上得到了广泛应用。但是蜡液的使用有时也会带来不利影响，打蜡在提高果实的光泽度的同时也影响着果实的风味品质，对果实风味的影响主要体现在果实内部因缺氧代谢导致的乙醇和乙醛的积累。当果实内部乙醇和乙醛富集后，果实就会产生"发酵"异味，严重影响果品品质，并且有研究表明，蜡液浓度与果品乙醛、乙醇含量之间存在着正相关关系。通常在果实打蜡过程中加入一定的防腐剂，以延长果实货架寿命。特别要注意的是，果实打蜡多是在销售前数周内进行，不宜作为长期贮藏保鲜的技术措施。

五、包　装

根据国家标准《包装术语　第1部分：基础》（GB 4122.1—2008），包装是指为在流通过程中保护产品，方便贮运，促进销售，按一定技术方法而采用的容器、材料及辅助物品的总称，也指为了达到上述目的而采用的容器、材料和辅助物的过程中施加一定技术方法等的操作活动，包装也是产品商品性的重要组成。包装具有保护商品、方便物流、促进销售、提高商品价值等作用。包装包括销售包装（内包装）及运输包装（外包装）等。包装材料包括纸与纸板、塑料、复合材料及其他材料等。

（一）内包装的保鲜基本原理

对于园艺产品内包装而言，如塑料复合材料等兼具气调保鲜及抑制蒸发等作用，即自发气调包装（MA）。MA可进行包装内外气体成分的选择性交换，使包装内微环境气体成分在保证果蔬正常呼吸代谢的基础上，减少呼吸消耗；同时MA还可以抑制产品的水分蒸发，维持适宜的相对湿度，保持产品饱满鲜嫩的外观。

(二)园艺产品外包装的基本要求

对园艺产品保鲜外包装的基本要求为耐压、美观、清洁、无异味、不含有害化学物质,并且内壁光滑、干净卫生、质量轻、成本低、易于获得及回收处理等,同时要标明商品名称、产地、商标、包装日期等,其中耐压、美观是外包装的基本特征。为了在销售及运输过程中最大限度地保护产品,园艺产品包装还应满足以下要求:具有足够的机械强度,能够在运输、装卸及堆码过程中保护产品;具有较好的通透性,能够使产品在贮藏或运输过程中进行气体交换及热量交换;具有较好的防潮性,能够避免容器吸水导致变形并进一步导致产品受伤腐烂;同时,要根据不同产品种类和市场需求设计包装容积。

(三)包装的类型与包装材料

1. 外包装 适用于园艺产品外包装的容器很多,主要有条筐、木箱、瓦楞纸箱、塑料箱、泡沫箱、钙塑箱等,各种包装容器的优缺点各异(表12-11)。瓦楞纸箱是目前园艺产品最主要的外包装,其性能基本可满足园艺产品包装的要求,具有较好的缓冲能力,隔热耐压,内壁光滑;可工业化批量生产,规格统一;质量轻,可折叠存放,占用空间小;可回收利用,符合环保要求。泡沫箱是近年园艺产品流通中常用的一种外包装,具有良好的隔热性和缓冲性,质量轻,尤其适于预冷后的产品中短途运输,在菜心、荔枝、龙眼及四季豆的运输中应用较多,然而泡沫箱包装最大的缺点是泡沫塑料难以降解,对环境存在污染。

表12-11 几种园艺产品外包装种类的优缺点比较
(李莉等,2016)

种类	优缺点
条筐	水果的传统外包装;但不便于码垛,空间利用率低,难以提高机械化作业水平,温度及湿度不易控制
木箱	形状比较规则,尺寸可以按客户要求生产,结实耐用;但大多做工较粗糙,标识较简单
瓦楞纸箱	绿色包装材料,具有轻便、牢固的特点和保护商品的作用;但种类繁多,需根据包装产品要求,选择适宜的材料
塑料箱	强度大,可重复利用,易堆码搬运,易清洗;但其缓冲效果较差,对果蔬的保护性不如瓦楞纸箱
泡沫箱	保温保湿功能良好,有一定的缓冲效果,对产品有保护作用;但易造成环境污染,难以降解或重新回收

2. 内包装 内包装是直接接触园艺产品的包装,主要有以下几种:

(1)塑料薄膜袋包装。园艺产品最常见的内包装,主要采用聚乙烯、聚氯乙烯及聚丙烯等材料制作,还可以使用一些添加剂,如乙烯吸收剂、防雾剂及 SO_2 缓释剂等,可用于葡萄、蒜薹、切花等园艺产品包装。

(2)单果包装。一些园艺产品如苹果、梨和柑橘等可采用包裹纸、塑料薄膜或泡沫网套等单果包装后,再装入包装容器中。单果包装的最大优点是能够减少流通中产品间的相互挤压、摩擦等造成的机械伤,也可防止病原菌在产品间的相互传播与蔓延等。单果包装在园艺产品的内包装中越来越受欢迎,已经成为一种常规的包装方式。

(3)托盘包装。托盘包装主要为了方便销售,减少产品在销售时的损耗,部分小型易腐的园艺产品,如草莓、樱桃等常采用小托盘包装。

3. 衬垫物 为防止园艺产品在包装容器内挤压、摩擦及滚动等引起机械损伤,往往还需要在包装容器内添加衬垫物,将产品与外包装分隔。常用的衬垫物有蒲包、塑料薄膜、碎纸片、牛皮纸、瓦楞纸板、海绵纸等。衬垫物应该清洁、干燥、柔软、无毒、无异味、不易撕裂。

(四)包装方法

包装方法依园艺产品的特点不同而有所不同。包装方法一般有定位包装、散装和捆扎后包装。无论采用哪种包装方法，都要求园艺产品在包装容器内按照一定的形式进行排列，避免园艺产品相互碰撞，保证包装内通风换气。

批发或零售环节销售的果蔬小包装，通常选择薄膜袋或带孔塑料袋包装。也可放在塑料托盘上，再采用透明薄膜包装。内销筐装果实，要求筐底垫草后再垫蒲包。用于长途运输的果实，还需要用纸将果实包起来，并将果实由内向外一圈一圈排列好，装满筐后，再盖两层毛边纸及足够的填充物，用筐盖盖好，并用铁丝捆绑结实。用于外销的果实包装要求更高一些，一般用纸箱、钙塑箱或木箱包装。

观赏植物尤其是鲜切花的花枝往往比较长，花朵与花蕾均需保护，因此在包装时与果蔬产品有所不同。切花包装包括捆扎、保护、装箱、通气等工序。鲜切花的包装首先是捆扎成束，花束捆扎的数量和质量依花卉种类、品种以及消费者的要求与习惯而有所不同，通常10、12、15支/束。在我国，一级切花如香石竹、唐菖蒲各10支/束，菊花、月季各12支/束，二级切花每束数量适当增加。在美国，月季、香石竹25支/束，标准菊、金鱼草、郁金香、鸢尾及大多数切花10支/束。花束捆扎不宜过紧，以免挤压受伤和滋生病菌。

切花捆扎成束后，通常用塑料网套、软纸或超薄聚乙烯膜包裹保护娇嫩花蕾及花头。分层交替放置于包装箱内，根据需要可在各层间放纸衬垫。通常花头朝向包装箱两侧，离开包装箱两端侧壁6～10cm，以防搬运或运输过程中振动导致机械损伤。每箱数量由切花质量级别、包装箱大小确定。部分对向地性敏感的花卉如唐菖蒲、金鱼草、飞燕草、银莲花、桔梗等在包装和贮运过程中须垂直放置，以防止重力引起花茎弯曲。部分切花须垂直放置于装有保鲜液的容器中，称为湿包装，仅适于陆路运输。包装箱侧壁需预留通气孔，其面积占每侧壁面积的4%～5%，以供通气及预冷时冷空气流通。

小型盆栽植物常用牛皮纸或塑料膜、套包好，置入编织聚酯袋，或有抗湿底盘的纤维板箱、木箱，或紧密嵌入聚苯乙烯泡沫特制的模子，并标明种或品种、产地及目的地。乙烯敏感型盆花不宜用较厚的塑料膜套袋，宜用打孔膜、纸或编织袋，植株顶部应有开口。大型盆栽植物（盆径大于43cm）可直接用塑料膜或牛皮纸包裹，更大型的盆栽植物应直接套在塑料膜或网罩下运输，短途运输不需任何保护。

目前，国内大多包装都是以人工包装为主，为了提高包装效率，有必要开发适应不同果蔬及鲜切花等园艺产品的包装机械，包括半自动及全自动包装机等。此外，随着电子商务的兴起，有必要研究出台适应电商物流的包装标准及包装方法等。

六、脱绿、脱涩、催熟

柑橘、涩柿、香蕉和猕猴桃等果实销售前，为了赋予果实消费者更喜好的固有色泽和风味，常用乙烯及其他代谢诱导剂进行脱绿、脱涩、催熟等商品化处理，以增进产品的商品性。

（一）柑橘等果实脱绿

柑橘脱绿可降解果皮叶绿素，促使类胡萝卜素积累，增强果实的外观色泽，提高商品价值。柑橘脱绿处理可在温度20～25℃、相对湿度90%～95%的环境下，用20～200mg/L乙烯处理；商业上多用500～1 000mg/L乙烯利浸果处理1～3min。

椪柑果实乙烯脱绿处理

（二）涩柿果实脱涩

柿通常分为甜柿和涩柿，我国栽培品种多为涩柿，成熟时可溶性鞣质含量仍较高，采后须经人工脱涩处理后方适宜鲜食。柿果实采后脱涩技术比较成熟，常用方法如下。

1. 温水处理 40℃温水处理12h。脱涩后果实较脆，但不耐贮藏。

2. 石灰水处理 用3%石灰水浸泡2～3d，常温下即可脱涩。

3. 乙烯处理 250～500mg/L乙烯利喷洒，脱涩过程果实快速软化。如用100mg/L乙烯处理2d后转货架，磨盘柿果实硬度降低70%，从初始点50.31N降至14.19N。

4. CO_2处理 该方法是目前商业上最常用的处理方法，40℃下60%～80% CO_2处理8～10h，也可常温下95% CO_2处理24h，脱涩效果好，但保脆效果不好。

5. CO_2＋1-MCP处理 95% CO_2＋1μl/L 1-MCP处理24h，可同时达到脱涩和保脆效果（图12-4）。

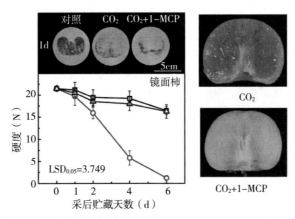

图12-4 CO_2＋1-MCP处理镜面柿果实的鞣质印迹（左上图）和硬度（左下图）变化以及脱涩果实（右图）
（Wang等，2017）

（三）果实催熟

一些园艺产品在采收时不宜马上食用，可以采用催熟的方法。催熟多采用乙烯或乙烯利处理。目前应用较多的是乙烯气体，在催熟库中对产品进行催熟。催熟在香蕉、芒果、猕猴桃、番木瓜以及番茄等果实中应用较多。

1. 影响催熟效果的因素 催熟效果与催熟剂浓度及温度、湿度等环境条件密切相关。

温度和湿度是影响园艺产品催熟效果的关键性因素。催熟需要在一定的温度下进行，还需保持一定的湿度，不同种类的产品要求的最适宜温湿度不尽相同。一般最适宜的催熟温度为20～25℃，在一定的温度范围内，催熟温度越高，果实成熟越快。催熟温度低，则产品成熟进程延缓，如在17℃下催熟的香蕉果实，其成熟进程较在22℃下慢。催熟温度过高，如高于25℃时，果实容易产生生理失调，如香蕉果实催熟温度高于30℃时容易产生青皮熟。保持催熟环境的高湿度，有利于获得优质高档的催熟香蕉果实。香蕉催熟的适宜温湿度条件为温度17～21℃，相对湿度85%～90%。

乙烯利是果蔬产品最常使用的催熟剂。乙烯利的化学名称为2-氯乙基磷酸，商品名为乙烯利，一般市售的乙烯利浓度为40%。乙烯利在酸性条件下比较稳定，在中性或微碱性条件下产生乙烯利气体，使用时，通常加入适量的洗涤剂，使其成为微碱性。香蕉催熟的乙烯利浓度为0.5～1g/m³，这个浓度更有利于香蕉果实积累总可溶性糖。

2. 催熟库设计及催熟流程 商业化大规模催熟通常在催熟库中进行。催熟库的整体布局包括收发货暂存区、保鲜库及催熟库等。

以香蕉为例，香蕉催熟库整体布局由香蕉收发货暂存区、鲜果保鲜库和香蕉催熟库3个功能区组成。香蕉收发货暂存区靠近月台，宽度为8～10m，用于对运输来的香蕉进行分级整理；鲜果保鲜库用于对鲜果进行预冷及贮藏，设计温度为12～15℃，冷库面积和数量可根据项目规模和每日进货量灵活确定，库高、墙体、顶板及地面铺设可参考一般高温库的设计；香蕉催熟库用于对鲜果进行人工催熟处理，单间面积范围主要依据市场行情和销售能力确定，可从几十平方米到几百平方米不等，同时为了保证每日都可以出货，催熟库的数量至少为催熟周期的2~3倍。

催熟库催熟香蕉的基本流程：香蕉入催熟库后，打开包装的香蕉按照错位法整齐地堆放在催熟库两边，堆码高度一般为6~9层。启动催熟，包括库房升温，根据果实成熟度及催熟时间要求，一般控制在20℃左右，通入乙烯气体（可将500ml 95%医用酒精和乙烯颗粒加入乙烯气体发生器中），乙烯气体发生器开启时间3~4h，之后密封催熟库，然后通风换气20~30min，之后在17~21℃下维持2~3d。催熟过程结束后停止催熟，根据果皮颜色及市场行情，在果皮黄色面积达到全果面积的50%左右时，可以出库。

影响香蕉的催熟因素：与乙烯利催熟果实相同，香蕉的催熟效果与催熟库的环境状况密切相关，取决于温度、湿度、催熟剂浓度、氧气浓度、二氧化碳浓度及气体组合等因素。香蕉的包装方式和摆放方式也会影响催熟效果，尽可能选择透气性好的包装材料，一方面可以减少水分损失，同时也能防止过分密封造成腐烂。可采用品字形错位摆放方法，留出足够的通风换气空间。堆放高度不能阻挡送风气流，距风口下侧0.2~0.3m。

七、切花保鲜预处理

切花采后保鲜预处理是减少采后损失，提高商品性的关键。保鲜预处理剂具有调节鲜切花开花、减缓衰老进程、减少采后流通损耗、提高流通质量或观赏质量等作用。保鲜预处理剂通过花枝吸收。预处液处理通常在贮藏和运输前进行，由栽培者或中间批发商完成。预处液多含糖、杀菌剂、有机酸、植物生长调节剂、金属离子等，可为切花提供糖源，抑制微生物发生，同时使切花复水。预处液一般处理时间较短，糖浓度较高。如唐菖蒲、非洲菊预处液中蔗糖浓度可高达20%，鹤望兰、香石竹为10%，月季、菊花多为2%~3%。

第四节 物 流

物流的概念最早是在美国形成的，起源于20世纪30年代，原意为"实物分配"或"货物配送"。1963年被引入日本。中国的"物流"一词是从日文资料引进来的外来词，源于日文资料中对"logistics"一词的翻译"物流"。物流是指为了满足客户的需求，以最低的成本，通过运输、保管、配送等方式，实现原材料、半成品、成品或相关信息由商品的产地到商品的消费地的计划、实施和管理的全过程。这里的物流主要是管理层面的广义物流。

农产品（含园艺产品）物流是一个相对狭义的物流，是为实现产品增值而进行的产品实体及相关信息从生产者到消费者之间（从田间到餐桌）的经济活动。物流涵盖农学（生物学）、工程学、信息学、管理学等学科知识和技术，是一个典型的学科交叉案例。物流新业态正不断呈现，如电子商务等。

园艺产品物流具有其特殊性，因园艺产品具有易腐烂、易变质、不抗压、不耐震等特性，并受物流微环境的影响，物流过程需要根据其品质变化进行实时监测与决策，以确保产品质量安全和货架品质。因此，园艺产品物流不仅仅是物流管理，还要根据不同园艺产品的生物学特性规划物流路径（图12-5）。

园艺产品物流是引导园艺产业发展、提升商品价值、促进消费升级的先导产业，也是促使产业与市场衔接的重要桥梁。随着我国居民生活水平和消费能力的不断提高，对园艺产品的多样、新鲜、营养、安全等提出了新要求，同时也对园艺产品大规模、长距离、反季节物流服务的规模和效率提出了

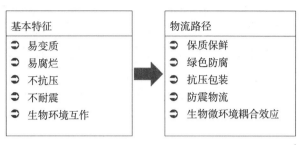

图 12-5 园艺产品的基本特性和物流路径

更高的要求。在"互联网+"和人工智能等快速发展的背景下，园艺产品加快了从"静态"贮藏向"动态"物流的转变。但与发达国家相比，我国的园艺产品物流仍存在基础设施落后、过程监管粗放、产品损耗较大等问题。

一、物流方式与装备

园艺产品物流方式主要包括公路、铁路、航空和水路物流等。

（一）公路物流

公路物流方式虽然物流量小，但灵活性强，速度快，对不同的自然条件适应性较强，是目前国内园艺产品物流最常用的方式，也是园艺产品在集散地流转的主要方式。主要物流工具包括普通货车、冷藏车、气调车、新能源汽车等。物流过程要考虑振动损伤等问题。

用于公路物流的冷藏车包括以下几种：

1. 普通冷藏车 冷藏车主要由汽车底盘、制冷设备、冷藏车厢等构成，其中制冷设备和冷藏车厢是冷藏车两大专用设备。冷藏车根据制冷装置的制冷方式可分为机械冷藏汽车、液氮冷藏汽车、冷冻板冷藏汽车、干冰冷藏车等。

2. 多温区冷藏车 多温区冷藏车是针对园艺产品运输过程存在不同温度的需求发展起来的冷藏车。多温区冷藏车单次运输可同时装载多种不同温度要求的果蔬，且各自均保持在适宜的运输温度条件下。

3. 新能源冷藏车 新能源冷藏车可在繁华市区关停内燃机，由电池单独驱动，实现"零"排放，适合城市配送。

（二）铁路物流

铁路物流主要承担长距离、大数量的货物物流。铁路物流运载量大，可靠性高，但受运行时刻、配车等影响，灵活性差。铁路物流工具包括棚车、通风隔热车、冷藏车。

1. 棚车 棚车是一种封闭的火车车厢，在侧墙上开有滑门或通风窗，是我国园艺产品物流的重要工具。但车厢无隔热保温设施，车厢微环境受外界环境影响大，物流损耗大。

2. 通风隔热车 车内无制冷和加温设备，利用车体良好的隔热性减少车内外热交换，完成货物的保温物流。与棚车相比可大大减少腐烂损耗，适合易腐园艺产品的中短途物流。

3. 冷藏车 车内有冷却装备，可分为加冰冷藏车、冻板冷藏车和机械冷藏车。

（1）加冰冷藏车。以冰或冰盐作为冷源。根据冷却器在车上的安装位置可分为车端式和车顶式。车顶式加冰冷藏车，如 B6 型，顶部有 7 个冰箱。加冰冷藏车的缺点是物流过程需要加冰或冰盐补充冰源，另外盐溶液容易腐蚀管道和车体。

（2）冻板冷藏车。冷冻板中含有共晶溶液，充冷可使共晶溶液冻结，使用时共晶溶液溶解，吸收热量达到低温效果。冻板冷藏车具有稳定的恒温性能，耗能低，但必须有充冷设施，有一定的局限性。

（3）机械冷藏车。机械冷藏车配有机械控温设备、冷却装置、加温装置、测温装置和通风装置等，可以精准控制车厢温度，但设备复杂，造价高，导致货品运费贵，适合高值的易腐产品。

4. 高铁 随着高铁覆盖率的提高，高值园艺产品也搭上了高铁，拓宽了物流线路，缩短了物流时间。如山东的樱桃高铁专车，当日或次日即可将新鲜樱桃送至北京、上海、广州等14个主要消费城市。

（三）航空物流

航空物流是通过飞机进行货物运输的方式，速度快，但装载量小，运价高，适合高档果蔬和鲜切花物流，如云南花卉很大一部分是采用航空物流。近年来，美国、智利等地的甜樱桃已经开始采用空运方式，智利甜樱桃从装机起飞到运抵长沙，只需耗时30多h。

（四）水路物流

水路物流的优点是物流过程行驶平稳，振幅小，产品机械损伤小，但只适用于水网发达或沿海地区。目前园艺产品的国际贸易主要靠海上冷藏货船物流。与陆上制冷设备相比，水路制冷设备应具有更高的可靠性、抗倾性能和抗腐蚀性能。海运与空运相比价格便宜，缺点是耗时长。如香石竹、微型月季、非洲菊、鸢尾、郁金香等许多切花和蕨类等切叶，海运时间可长达14d，长时间海运会导致部分月季品种花托变黑，菊花叶片出现坏死。

另外，在园艺产品的物流过程中，装卸、搬运是必不可少的，多发生在仓库、码头、集散地、货物终点站等物流节点，是物流运作中的一个环节。在这个过程中会用到多种机械设备，如起重机、装卸机、升降台、叉车、推车和输送机等。此外，仓储设备包括货架和仓库等。

二、物流微环境监控

采后的园艺产品仍是一个活体，有新陈代谢。物流相当于一个动态的贮藏，在此过程中物流工具、物流距离、物流微环境温湿度、气体成分、微生物等对产品品质和物流效益有很大影响。

（一）物流振动

振动会引起产品之间摩擦、碰撞和挤压，导致产品受到机械伤，刺激呼吸强度上升，影响品质和贮藏性，因此物流过程中要避免和减少振动。不同的物流方式、不同的物流工具、不同的物流速度产生的振动强度不一样，如铁路物流的振动强度低于公路物流。此外，不同产品吸收振动产生的冲击能量的能力和对振动损伤的耐受力也不同，数字越大，耐受力越强（表12-12）。

表12-12 各种果蔬对振动损伤的抵抗性

（中村，1997）

类型	种类	能够忍受物流振动强度临界点
耐碰撞和摩擦	柿、柑橘类、青番茄、根菜类、甜椒	3.0级
不耐碰撞	苹果、红熟番茄	2.5级
不耐摩擦	梨、茄子、黄瓜、结球蔬菜	2.0级
不耐碰撞和摩擦	桃、草莓、西瓜、香蕉、绿叶菜类	1.5级
脱粒	葡萄	1.0级

(二) 温度

温度是物流过程的重要微环境指标,直接影响产品品质。常温物流过程中,由于产品堆码紧密,产生的呼吸热不易散发,尤其是夏季北果南运时,温度不断升高,常导致大量腐烂。

冷藏物流时,产品堆码紧密,冷气循环不好,不同部位产品温差大,如果未经预冷,物流过程中冷却速度慢,难以达到预设温度。实际物流过程要根据产品本身特性,考虑物流时长,确定最适的物流温度。一般按适宜的物流温度可将果蔬分为以下4类:①0~5℃物流,如苹果、梨、葡萄、桃、荔枝、杨梅、脐橙、莴苣、芦笋等;②5~10℃物流,如宽皮柑橘、枇杷(红肉)、石榴等;③10~18℃物流,如香蕉、芒果、黄瓜、青番茄、菜豆等;④常温物流,如马铃薯、洋葱、大蒜、胡萝卜等。对于花卉而言,适宜的物流温度分为以下4类:①温带起源花卉物流适温在5℃以下;②热带起源的花卉通常在14℃左右;③介于温带和热带起源的花卉在5~8℃;④其他:露地栽培花卉的适宜物流温度要比温室栽培的花卉高,远距离物流的花卉温度要比近距离物流的低。

(三) 湿度

一般而言,物流时间相对较短,与温度相比,湿度属于次要因素。物流微环境湿度过低会加速果蔬水分蒸腾,新鲜度不佳;湿度过高易造成微生物的侵染,引起产品腐烂。一般而言,水果物流微环境的相对湿度以90%~95%为好,蔬菜90%~100%,鲜切花85%~90%。但不同种类、品种园艺产品物流过程的微环境相对湿度有较大差别,如杨梅以80%~90%为宜,洋葱65%~70%,生姜65%。

(四) 气体成分

空气中,氧气和二氧化碳是主要组成成分,适当提高二氧化碳浓度、降低氧气浓度可以减缓园艺产品呼吸代谢,但过高的二氧化碳浓度和过低的氧气浓度,均容易导致产品无氧呼吸,产生乙醇等影响食用品质。在物流过程中的振动易造成机械伤,累积二氧化碳和伤乙烯,因此物流过程要注意通风。为减少物流微环境的乙烯积累,也可在包装箱内加放乙烯吸收剂,如$KMnO_4$或溴化活性炭等。

三、冷链物流信息化

冷链物流信息化是增强物流信息透明度,提高物流效率的基础。

(一) 产品标记技术

1. 条码技术 条码技术是应用最广泛的产品标记技术。条码技术的优点包括标准化程度高、技术成熟、技术可靠性高、技术使用成本低。二维码是最常用的条码技术,优点包括高密度编码、信息容量大、编码范围广、容错能力强、具有纠错功能、译码可靠性高、可引入加密措施等。

2. 射频识别技术 射频识别技术(Radio Frequency Identification,RFID)也称电子标签技术,是一种非接触式的自动识别技术。RFID通过射频信号来识别目标对象并获取相关数据,具有条码所不具备的防水、防磁、耐高温、使用寿命长、读取距离大、标签数据可加密、存储数据容量大、存储信息可更改、多物体同时识读、信号穿透力强等优点。RFID的缺点是成本较条码技术高,主动RFID需要电池,应用场景受限。

(二) 物流信息获取技术

1. 定位技术 定位系统可实现物流过程中车辆等物流工具的定位。定位技术主要基于卫星导航在物流过程中对车辆、货物进行空间定位。常见的卫星定位系统包括美国的 GPS 系统、我国的北斗卫星导航系统、俄罗斯的 GLONASS 系统和欧洲的伽利略系统。卫星定位主要基于三球定位原理，综合多颗卫星的数据就可以确定接收机的空间方位。

2. 环境监测技术　温度是冷链物流过程中的关键参数，温度监测能够让用户知道易腐园艺产品在冷链物流过程中所处的环境条件。除了测量物流过程的环境温度信息，园艺产品自身的温度信息也受到关注。对温度信息的监测有助于避免物流过程中由温度偏差导致的园艺产品品质劣变，并有助于及时发现温度超出异常发生的时间和地点。温度检测设备主要利用热电偶感知温度，然后通过机械、模拟或者电子手段与控制系统连接，进行存储和数据显示。

（三）物流信息传输技术

物流信息实时传输方式比较多。由于物流自身制冷系统及空间的局限，多采用无线实时传输方式。物流信息无线传输技术包括无线传感网络技术（ZigBee、蓝牙）和无线网络（GSM 与 GPRS、4G/5G、WiFi 等）。

1. 无线传感网络技术　无线传感网络技术（WSN）是综合应用传感、嵌入式计算技术的分布式信息处理技术。无线传感网络能够为用户提供实时的冷藏车厢或冷库内的环境信息，比如温度、湿度、气体浓度等，帮助用户及时发现问题，调整管理策略。

2. ZigBee 网络技术　ZigBee 网络技术也称紫蜂，是 IEEE 802.15.4 协议的代名词，是一种低复杂度、短距离（一般几十米，最大能扩展几千米）、低功耗、低成本的无线通信技术。在整个网络范围内，每一个 ZigBee 网络的节点不仅本身可以作为监控对象，还可以自动中转别的网络节点传过来的数据资料。

3. 蓝牙　蓝牙是一种小范围无线连接技术，可实现短距离（10m 左右）、快捷方便、灵活安全、低成本、低功耗的数据和语音通信。蓝牙实质是在设备之间建立通用的无线电空中接口。蓝牙工作在全球通用的 2.4GHz ISM（即工业、科学、医学）频段，使用 IEEE 802.11 协议。蓝牙技术和产品的优点包括适用设备多、工作频段全球通用、安全性/抗干扰能力强等。

4. GSM 与 GPRS　全球移动通信系统（Global System for Mobile Communications，GSM）只能用短信的形式传送数据，无法做到实时在线、按量计费。通用分组无线业务（General Packet Radio Service，GPRS）在数据业务的承载和支持上具有明显的优势，可以利用无线网络信息资源传送数据，具有传输速率高、资源利用率高、接入时间短、支持 IP 协议和 X.25 协议等优点。

5. 4G/5G　4G 是第四代移动通信及其技术的简称。4G 技术包括 TD-LTE 和 FDD-LTE 两种制式。与支持高速数据传输的蜂窝移动通信技术（3G）相比，4G 带宽更高，能够传输更高质量的视频和图像信息。近年来快速发展的 5G 技术（第五代移动通信技术）是最新一代蜂窝移动通信技术。5G 技术的发展为物流信息发展带来了有利的信息传送支撑，有望在云化机器人与智能仓储、物流优化与追踪、无人配送设备、自动驾驶货车等方面助力物流业智能水平的提升。

（四）物流信息管理

对接单、拣选、发货、配送等进行统一管理的信息系统是提升物流运行效率、降低物流成本的重要支撑。

1. 仓储管理系统　仓储管理系统是一种用于仓储管理的计算机软件系统。仓储管理系统具有出入库业务、仓库调拨、库存调拨、虚仓管理等功能，能够按照运作的业务规则和运算法则实现综合批次管理、物料对应库存盘点、质检管理、虚仓管理和即时库存管理等作业，具有管理单独订单处理及库存控制、基本信息管理、货物流管理、信息报表、收货管理、拣选管理、盘点管理、移库管理、打印管理和后台服务等功能。

2. EDI 系统　联合国 EDIFACT 培训指南认为，"电子数据交换（Electronic Data Interchange，EDI）是指在最少的人工干预下，在贸易伙伴的计算机应用系统之间的标准格式数据的交换"。物流过程中，供货方、需求方、物流公司等通过 EDI 系统进行物流过程的数据交换，进而实施物流作业。EDI 的优点是减少纸张消耗、减少劳动力、提高工作效率、加速多方数据交换等。

3. ERP 系统　企业资源规划（Enterprise Resource Planning，ERP）系统将信息技术和先进管理思想相结合，系统化地为企业员工和决策层提供决策手段，其核心思想是供应链管理。ERP 系统将物资资源管理、人力资源管理、财务资源管理、信息资源管理等集成进行企业管理，实现资源优化和共享，比单一的系统更具有功能性。物流公司将 ERP 引入到企业的采购、库存、运输和销售等物流管理中，有助于提升物流管理效率，降低物流成本。

4. GIS 技术　地理信息系统（Geographic Information Systems，GIS）以地理空间为基础，通过地理模型分析，实现多种空间和动态地理信息的实时提供，是一种以地理研究、地理决策、地理服务等为主的技术。在物流决策中，80% 以上与地理空间有关。GIS 在物流中可利用其地理数据功能来完善物流过程分析，包括物流路线选择、仓库位置选择、仓库容量设置、合理装卸策略、物流车辆调度、投递路线选择等。

（五）信息化新技术

1. 物联网　物联网（The Internet of Things，IOT）是指通过将各种设备与互联网相连接形成一个巨大的网络，实现物与物、物与人之间的泛在连接。物联网在互联网的基础上将用户端延伸和扩展到了任何物物之间，进行信息交换和通信，最终实现对物品的智能化识别、定位、追踪、监测、控制和管理。物联网在园艺产品物流中的应用主要包括仓储智能管理、物流智能监控、产品智能溯源、智能配送中心等。

2. 云计算　云计算是一种分布式计算，主要是通过网络云将巨大的数据处理分解成无数个小程序，然后通过多部服务器组成的系统进行分布式处理，并将结果返回给用户。现阶段，云计算已经提升到云服务，包括分布式计算、效用计算、负载均衡、并行计算、网络存储、热备份冗杂和虚拟化等。针对现有物流企业服务种类单一、信息集成度较低、无法全面满足用户个性化需求等问题，利用云计算资源集中、按需使用、安全性高、成本低等特点，构建基于云计算的物流信息平台，可以提供个性化、综合性的物流解决方案，加快物流企业的信息化进程，整合物流资源，降低物流运作成本，提高物流运作效率。

3. 大数据分析　物流数据是指在运输、仓储、配送等物流环节生成的数据，全国园艺产品每天的物流操作都会产生大量的数据。物流大数据是大数据时代的一个非常重要的领域，大数据分析在物流决策、物流企业行政管理、物流客户管理及物流智能预警等过程中都将发挥重要的作用。例如，利用大数据技术优化配送路线、合理选择物流中心地址、优化仓库储位，从而大大降低物流成本，提高物流效率。大数据分析还可以实现物流车辆运营管理、车货匹配、物流定价、库存预测、供应链协同管理等。

4. 区块链　区块链是一个分布式的共享账本和数据库，具有去中心化、不可篡改、全程留痕、可追溯、集体维护、交易透明等特点。区块链可以为物流行业的规范化、数字化提供支撑，实现物流平台集体上链、物流协作即时匹配、产品完整跟踪与溯源、物流过程优化、仓库车辆调度、物流安全保障、物流保险业务、物流征信、供应链金融等。

5. 人工智能　人工智能是通过了解智能的本质，形成一种能以与人类智能相似的方式做出反应和思考的人工系统。人工智能主要在运输、仓储、配送、管理等物流场景进行应用，包括货物智能拣选、车货匹配、无人驾驶、图像/视频/语音识别、智能化仓储管理、物流运营管理、智慧客服等。

(六) 应用案例：追踪溯源

园艺产品物流溯源是指让物流参与者和消费者掌握产品种植信息和物流全程的方位、时间、微环境等信息，并在出现问题时能够通过溯源进行有效控制和召回的技术。追踪溯源技术主要有条码技术、GIS/GPS 技术、RFID 技术等，区块链技术也可在产品的追踪溯源过程中发挥更为精准和可靠的作用。

图 12-6 展示了 RFID 技术在园艺产品物流过程中实现全程追踪溯源的示意。RFID 标签如同园艺产品的"身份证"，从田间到餐桌的所有履历都记录在 RFID 标签内。在产品供应链的各关键节点，如生产环节、加工环节、物流环节、批发市场、销售等，使用 RFID 标签记录追溯所需的信息，全程严格控制，以提高源头和供应链追溯的透明度。2008 年北京奥运会期间，就采用了 RFID 技术对奥运食品进行了全程跟踪监控。目前园艺产品的追踪溯源系统在产业上的应用还不普遍。

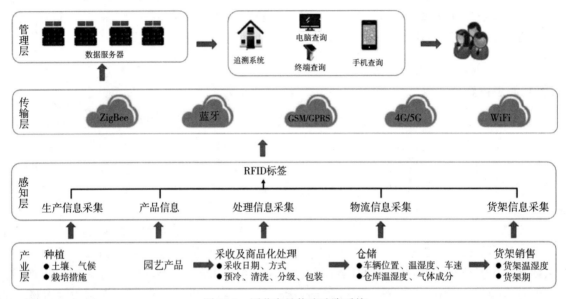

图 12-6 园艺产品物流追溯系统

四、电子商务

园艺产品电子商务指利用计算机信息和网络通信技术进行产品交易的商务活动。园艺产品传统物流模式下，需要经过四五个流通环节才能从生产者到消费者手中。近年来随着网上购物的兴起，园艺产品电子商务等新业态也得到发展壮大，各种电商模式在实践中不断出现。

(一) 园艺产品电子商务模式

根据电子商务活动参加的主题或交易对象的不同，分为 B2B (Business to Business，企业与企业)、B2C (Business to Consumer，企业与消费者)、F2C (Farm to Consumer，农场直供)、C2B (Consumer to Business，消费者与企业)、O2O (Online to Offline，线上到线下) 等模式。

1. B2B 模式　B2B 模式指园艺产品电商平台为中小农产品批发商或零售商提供便利，让产品更快更直接到达真正采购需求的商户手中。利用 B2B 电子商务平台进行花卉网络营销是花卉产业销售的新发展，如中国鲜花交易网是国内最大的线上鲜花 B2B 交易平台，整合全国各地的鲜花供求信息及鲜花配送商信息，为全国花店和零售商寻找就近、价格最低的鲜花配送商，一站式完成用户的所有目标需求，有效解决鲜花流通的地域局限性问题，实现实体店与网络的完美结合。

2. B2C 模式　B2C 模式是当前的主流模式，由经纪人、批发商、零售商通过网上平台将园艺产品售卖给消费者，或专业的垂直电商直接向农户采购，然后卖给消费者的行为。如天猫、京东等都属于 B2C 模式。

3. F2C 模式　园艺产品生产者直接通过网上平台将园艺产品售卖给消费者，在这种模式中对生产者的要求很高，要从源头上把握园艺产品的质量，才能建立起消费者对其的信任。对消费者而言，可以直接享受从田园到餐桌的美食。这种电商模式可通过园艺产品实现出村进城、城乡互动。

4. C2B 模式　C2B 模式指由消费者发起需求，引导生产者进行生产或电商平台反向采购的交易模式。该模式解决了传统电商模式中生产者和消费者信息不对称、仓储费用高等问题。

5. O2O 模式　O2O 模式是线上线下相结合的模式，即消费者线上买单，线下体验并提货的模式。商店把消息推送给互联网用户，转而将他们转换为线下的客户。受到传统消费模式的影响，消费者注重用户体验，偏向于亲眼看到、亲手挑选园艺产品。O2O 模式提供给了消费者一个放心的交易平台，消费者容易产生信任感和忠诚度，进而提升重复购买率。如"爱尚鲜花"打造的实体花店一站式采购平台，平台对接了鲜花种植基地和全国 12 000 家实体花店，同时在社区建立实体花店"鲜花拐角"，消费者从网上订货后，直接从社区实体花店提货，实现花卉线上交易与线下交易的有机结合。

(二) 园艺产品电子商务存在的问题

我国电子商务取得了长足发展，电商平台不断增多，但仍存在一些问题阻碍园艺产品电子商务的发展。如西部地区互联网基础建设相对落后；掌握园艺产品知识、电子商务营销的复合型人才不足；物流体系不健全；园艺产品电子商务物流的种类繁多，且易腐败，保鲜期短等，需要专业的冷藏技术和配套设备，但专业设施成本高。

五、配　　送

(一) 配送的概念

配送被称为"二次运输"，是"配"和"送"的有机结合体，负责近距离少量配送。"配"指在配送中心或其他物流节点进行集货、分货、配货，"送"指业务员将配置货物交送给消费者的过程。配送是以消费者的要求为出发点，按要求进行的一种活动。园艺产品在配送过程中容易损耗，被认为是最难配送的品类。

(二) 配送的模式

随着 B2C、F2C 等电子商务的快速发展，配送对象多为个体消费者，园艺产品的最大消费群体是工作繁忙、没有时间线下购买的上班族，他们的生活节奏往往错开配送公司常规的配送时间，导致配送环节面临巨大挑战。除了送货上门这种直接配送模式外，新型的配送模式应运而生，配送的主要模式如下。

1. 直接配送模式　直接配送模式即送货上门，由物流公司或电商送货人员送达指定地点。但由于送货时间和客户接货时间交集存在不确定性，导致投递成功率低，配送成本高。直接配送包括自建物流模式和第三方物流模式。

(1) 自建配套物流。国内大的生鲜电商企业有自建物流配送系统，在网购密集地区建立仓库中心和配送点，根据订单地址就近配送。但经营管理整个物流运作过程成本高，加上园艺产品的冷链配送需要大量资金投入，耗费大量的人力、物力，且需要强大的业务量作为保证。

(2) 第三方物流模式。第三方物流模式是指由第三方物流企业承担配送，优势是专业化程度更高，配送网络更加健全，是园艺产品配送的主要方式。但目前拥有冷链物流设备的物流企业较少，并且电商无法监控配送过程。

2. 自主提货模式 该模式通过集中投递，消费者自主提货的方式完成配送。自主提货是一种间接配送模式，投递难度低，降低了配送的成本；同时提货点一般设立在生活地点附近，提货时间灵活性高，方便消费者取货。自主提货主要分为专门的自提点和便民门店。

（1）自提点。自提点指线下建立的收取包裹的网点，目前我国设置自提点的公司有天猫、京东等电子商务行业巨头，这种模式下还可根据客户要求将商品配送到家或者自提柜，增强配送的灵活性。

（2）便民门店自提。即将例如社区物业、便利店、药店等作为收取货物的代办点，由便利店提供取货服务。便利店＋O2O模式是一种典型的自主提货模式，线上与线下相结合，线上购买，线下便利店供货，便利店成了电商的仓储中心和配送点，解决了物流配送的"最后一公里"问题。

第五节 园艺产品市场营销

园艺产品供应链保障能力表现为园艺产品品种多样、数量充足、供应均衡、质量安全水平稳定等。伴随着社会经济发展和消费结构升级，我国大中城市，尤其是超大型城市、沿海相对发达地区的园艺产品消费市场已经满足了"数量型"消费的需求，正逐步向"质量型"消费转变。与此同时，园艺产品区域性、阶段性的价跌货滞、卖难买贵、产能结构性过剩和不足等时有出现。了解园艺产品目标市场选择的基本策略，明确市场营销组合核心要素，学习借鉴发达国家的营销模式及成功经验，对于保障园艺产品供应链有着积极的作用。

一、市场与目标市场选择

（一）市场的概念

市场是商品经济的产物。伴随着社会分工、商品生产和商品交换的发展，与之相适应的市场也随之产生和发展，即哪里有商品生产和商品交换，哪里就有市场。作为联系生产与消费的纽带，市场的概念随着市场经济的发展而发展，其内涵也不断地丰富和充实。现概括如下：

1. 市场是园艺产品交换的场所 市场是买卖双方购买和出售园艺产品，进行交易活动的地点或地区，如农贸市场、集市、连锁商店、自采园圃和网店等。生产经营者必须要了解自己的园艺产品销往哪里，哪里是自身产品的市场。

2. 市场是园艺产品实际购买者和潜在购买者的集合 将消费者作为市场是从园艺产品生产经营者的角度提出的，明确所经营园艺产品的市场有多大，由哪些消费者构成，是生产经营者制定营销战略和各项具体决策的基本出发点。

3. 市场是园艺产品供求双方力量相互作用的总和 这是从园艺产品供求关系的角度提出的，买方市场、卖方市场反映了供求力的相对强度及交易力量的不同状况。随着生产力与科学技术的迅速发展，园艺产品更新换代的周期缩短，供给量显著增加，大宗园艺产品通常供大于求，卖方市场和买方市场随时会发生变化。

4. 市场是一定时间、地点条件下园艺产品交换关系的总和 这是一个"社会整体市场"的概念，即任何园艺产品生产经营者的买卖活动必然会与其他生产经营者的买卖活动发生联系。以互联网、大数据等信息技术为代表的科技进步和以全球化为特征的经济发展，使得园艺产品的销售行为和方式发生了根本性的变化，由地区性销售发展到全国，乃至国际行销，从线下实体销售发展到线上网络销售。园艺产品销售必须面对整体市场，通观全局。

(二) 目标市场选择

所谓目标市场是生产者为满足现实或潜在需求而开拓和准备进入的细分市场。园艺产品的消费人数众多,分布广泛,而他们的需求、购买态度和购买行为等方面又各不相同。同时,一个决定在某一大市场上开展业务的生产经营者,通常情况下不可能为这一市场的全体消费者服务,至少不能用一种方法为所有消费者服务。为了能与无处不在的竞争者竞争,生产经营者需要确定能为之最有效服务并获取最佳经济效益的目标市场,而市场细分是目标市场选择的前提。

1. 市场细分　市场细分是20世纪50年代中期由美国学者温德尔·斯密提出的一个内涵丰富的概念,指根据消费者的不同需求、特征和行为,将一个整体市场划分为两个及以上消费者群体有明显区别的市场,每一个需求特点相似的消费者群体就构成一个细分市场。生产经营者可以运用影响消费者需求和欲望的相关因素,如消费者特征因素和消费者行为因素等作为对园艺产品市场进行有效细分的依据。

(1) 地理因素。按消费者居住地区和居住条件进行划分。由于客观环境和生活条件的不同,消费者对园艺产品会有不同的需求和爱好,并对市场营销手段产生不同的反应。地理因素是一个相对静态因素,主要包括地区、气候、人口密度和城镇规模等,比较容易辨别和分析,对研究不同地区消费者的需求特点、需求总量及其发展变化趋势有一定意义,也有助于生产经营者开拓区域市场。

(2) 人文因素。在相同地理环境中的消费者对园艺产品的需求会因年龄、性别、收入、受教育程度、职业、家庭规模、家庭生命周期、宗教信仰和民族等人文因素而存在很大差异。由于人文因素与消费者对园艺产品的需求偏好和消费行为有密切关系,而人口统计变量资料容易获得与衡量。因此,人文因素是园艺产品市场细分中较常用于区分消费群体的标准。

(3) 心理因素。由于各个消费群体的社会阶层、生活方式、性格和购买动机等不同,对园艺产品的消费需求和爱好会表现出较大差异。生产经营者需要以心理因素进一步深入分析消费者,更有利于发现新的市场机会,并可为不同的细分市场制定有针对性的市场营销策略。

(4) 购买行为因素。根据消费者不同的购买行为进行园艺产品市场细分,包括运用购买时机、追求利益、用户地位、使用率和购买周期、品牌和渠道忠诚度、价格和服务敏感度等因素划分消费群体,推出适合细分市场所需要的园艺产品和营销战略。由于消费者购买行为影响购买园艺产品的决策过程,并具有时代特征和发展性,因此购买行为是未来园艺产品市场细分时必须考量的因素。

2. 市场细分的方法　任何生产经营者都可以应用上述标准进行园艺产品市场细分,具体细分可以采用以下方法:

(1) 单一因素法。即选用一个因素进行园艺产品市场细分,而这个因素必须是对需求产生影响最大的。例如基于地理因素的年宵花市场细分。

(2) 综合因素法。一般采用两个以上因素多维度进行市场细分。例如依据消费者的收入、性别、年龄等将苹果市场进行细分,可以得到24($3\times2\times4$)个细分市场(图12-7)。这种方法适用于需求情况较为复杂,需要多方分析、认识市场和需求的场合。

(3) 系列因素法。依据两个以上的因素,但通常按照一定的顺序逐次细分市场,下一阶段的细分是在上一阶段选定的细分市场中进行。一些商业信息服务组织,例如全球著名的市场监测和数据分析公司尼尔森开发出的结合地理、人口、生活方式和行为数据的多变量细分系统,帮助生产经营者细分市场,甄别其独有的发展机遇。

3. 目标市场选择策略　所谓目标市场是生产经营者为满足现实或潜在需求而开拓和准备进入的细分市场。园艺产品生产经营者可以根据细分市场的规模、成长性以及细分市场的结构和吸引力,结合园艺产品特性,自身的生产、技术和资金等实力,经营目标及竞争能力,选择一个或多个细分市场作为目标市场。确定目标市场是生产者最重要的营销活动之一。目标市场的选择通常有4种基本策略。

(1) 无差异营销策略。生产经营者将细分市场之间的差别忽略不计，将整个市场作为目标市场。生产经营者为整个市场设计生产单一园艺产品，实行单一的市场营销方案和策略，以迎合最广泛消费者的兴趣。

无差异营销策略的依据是成本的经济性，核心是针对需求的共同点，舍弃其中的差异。这种策略的优点是可以减少不必要的种类和品种，实现规模经济带来的效益。单一园艺产品可降低生产和物流成本；无差异的广告宣传可以降低促销费用；不需要市场营销调研和规划工作，可降低营销和管理成本。缺点则是随着消费者收入水平提高和消费升级，

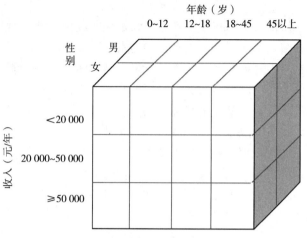

图 12-7　综合因素法细分苹果市场

消费者对园艺产品需求的差异性和多元化随之扩大；并且当众多竞争者都采取该策略时，整体市场竞争将十分激烈，而小的细分市场需求却得不到满足。如目前大宗果品、单一品种的大规模种植，导致某种果品、单一品种的集中上市，从而造成某一种果品的供过于求，进而导致该目标市场的利润减少，甚至造成果农的经营失败。因此，选择园艺产品目标市场时，须走出"多数谬误"的误区。

(2) 差异化营销策略。生产经营者将整体市场进行细分后，选择两个或两个以上，乃至全部细分市场作为目标市场，并根据不同细分市场的需求特点，分别设计不同的园艺产品，制定不同的营销组合方案，针对性地满足不同细分市场消费者对园艺产品的需求。与无差异营销相比，在数个细分市场中建立优势地位可以创造更高的销售量，增强竞争力，提高知名度；同时使生产经营者不依赖于一个市场、一种园艺产品，提高了适应性和抵抗风险的能力。在当前园艺产品总量相对过剩，特别是低质园艺产品供给过剩、优质园艺产品供给不足的背景下，实施差异化市场营销策略具有重要意义。但生产经营者应认真评估销量增加与成本增加之间的关系，以慎重决定是否采用差异化营销策略。

(3) 集中性营销策略。由于受到资源等条件的限制，生产经营者只选取一个细分市场作为目标市场，以某种营销组合策略，实行高度专业化的生产和营销管理，以实现在一个有限的市场上占有较高的市场份额。这种策略比较适用于资源有限的小企业或个体生产经营者，由于目标集中，园艺产品生产、流通渠道和促销的专业化可以大大地降低研发和生产成本，节省营销费用，增加盈利，也能够更好地满足特定消费者的需求。这一策略的不足在于对单一或狭小的目标市场的依赖性过大，一旦目标市场的需求突然变化，目标消费者兴趣发生转移，或者市场上出现了强有力的竞争者，则回旋余地小，风险大，有可能陷入经营困境。

(4) 微观营销策略。这是指根据特定个人和特定地区的偏好而调整园艺产品、服务和营销的策略。微观营销不是在人群中寻找消费者，而是在探寻每一位消费者身上的个性，包括当地营销和个人营销。

①当地营销策略　根据当地消费者群体（如城市、街区甚至专卖店）的需求，调整园艺产品生产和促销计划。在信息技术发展支撑的新零售模式中，零售商可以与消费者进行线上线下交易，且区域市场营销越来越多地向移动终端发展，因而能够获取消费者在当地市场的实时位置信息，从而进行有效的营销活动。

②个人营销策略　根据个体消费者的需要和偏好调整产品和营销策略，也称为一对一营销、大规模定制营销或单人市场营销。大数据、云计算和互联网技术可以帮助企业建立包含个人私密信息的详细顾客档案，利用这些档案设计园艺产品和服务，以实现对每一个消费者的精准营销。例如葡萄酒和

鲜花等的私人订制。

4. 目标市场选择应注意的其他因素 以上每种目标市场选择策略各有利弊，生产经营者在进行决策时除了考虑目标市场应具备的一些条件外，尚需慎重考虑以下因素：

（1）公司的资源状况。如果生产经营者在生产、技术、资源和渠道等方面实力很强，有能力覆盖全部市场，则可以采用无差异营销策略、差异化营销策略或微观营销策略；如果资源有限，则采用集中性营销策略效果最好。

（2）园艺产品的同质性。对于同质性园艺产品，如同一品牌的初级园艺产品，比较适宜采用无差异营销策略；而对于差异性较大的园艺产品，如不同种类品种、不同质量等级、不同加工工艺或不同品牌的园艺产品，则更适于差异化营销策略、集中性营销策略或微观营销策略。

（3）所处的生命周期阶段。当某种新的园艺产品处于导入期时，为了使其快速进入目标市场，采取无差异营销策略或集中性营销策略，仅强调新产品的一种最主要的特征效果是最明显的；而当此种园艺产品进入生命周期的成长阶段或成熟阶段时，采用差异化营销策略或微观营销策略，可建立有别于竞争对手的优势，或开拓新市场，刺激新需求，以更有效延长产品生命周期。

（4）市场的类似性。如果市场上消费者的需求、偏好、购买行为大致相似，不同时期内采购园艺产品的数量变化不大，对营销刺激的反应也相同，即市场需求的相似程度很高时，宜采用无差异营销策略或当地营销策略；反之，则采取差异化营销策略或集中性营销策略。

（5）竞争对手的营销战略。生产经营者在其竞争对手纷纷积极进入市场细分的情况下，采取无差别营销策略往往会导致经营失败，此时应通过更为有效的市场细分，寻找新的市场机会与突破口，采用差异化营销、集中性营销或微观营销策略。反之，当各竞争者均采取无差别的市场营销时，借此机会推行差别市场营销策略会取得更好的利润。面对强大的竞争者，也可以考虑集中性营销策略或微观营销策略。

二、园艺产品市场营销组合与营销模式

（一）市场营销组合

市场营销组合是现代市场营销的重要概念，在 20 世纪 60 年代由美国市场营销学家杰罗姆·麦肯锡提出，是生产经营者为了满足目标市场，综合考虑环境、能力和竞争状况等，对其可控的各种营销要素进行优化整合与系统运用，发挥优势，以取得更好的整体效应。目前，园艺产品市场营销中生产经营者可以控制的因素归纳为产品（product）、价格（price）、地点（place）和促销（promotion），即著名的"4P"组合。针对"4P"组合，可以考虑以下几个策略。

1. 产品策略 产品策略是指生产经营者向市场提供的能够满足消费者食用、健康和观赏等方面需求的园艺产品和服务的组合。在制定产品策略时，应针对拟生产和经营的园艺产品的种类及品种组合、数量、质量等级、规格、商标、品牌、包装、质量保证、售后服务等因素进行合理规划。产品策略是其他策略的基础。产品策略主要包括：

（1）核心产品策略。人们通过有目的、有效的劳动投入，如市场调查、产业规划、栽培生产、贮藏加工等而生产出来的，满足消费者的最基本的利益。以果品为例，按照商业惯例可以分为鲜果类，如苹果、梨、桃、杏、李、葡萄、柑橘、香蕉、芒果、菠萝、龙眼和荔枝等；干果类，如核桃、板栗、榛子和扁桃等；瓜类，如西瓜、甜瓜和哈密瓜等。

（2）实体产品策略。即产品的形式，主要包括园艺产品的质量水平、产品特色、产品设计、品牌名称及包装等。由于消费者的爱好和习惯已经形成一种需求观念，实体产品可以从消费心理上满足消费者的需求。

（3）扩展产品策略。顾客购买园艺产品时所获得的全部服务和附加利益的总和。主要包括园艺产

品质量保证、售后服务、免费送货、技术培训和一定时期内的折扣优惠等。扩展产品不仅有利于充分满足消费者的综合需要,而且有利于生产者在激烈的竞争中突出自己产品的附加服务和利益优势,提高其市场竞争力。

2. 价格策略 价格策略是市场营销组合中为生产经营者带来收益的主要因素。园艺产品不仅因流通渠道不同而具有收购价、批发价、零售价等价格形式;同时由于受生产地域性、季节性、市场供应的不稳定与不均衡性、种类和品种多样性及品质差异等影响,形成了地区差价、季节差价、购销差价、品种差价和质量差价等,因此价格决策比较复杂。

(1)分级定价策略。同一品种产品按外观和内在品质等划分不同档次或等级等,针对不同档次等级分别定价,以保障优质优价。如"百果园"按"四度"(糖酸度、细嫩度、脆度和鲜度)、"一味"(香味)、"一安全"(安全性)等6大指标制定企业的果品分级定价标准,为全国4 500万家庭提供来自全球的以质论价的商品。

(2)品牌定价策略。利用生产企业或产品品牌在市场上获得的声望制定售价,以满足消费者的购买心理,如高于市场平均价格2~3倍的"褚橙""柳桃""潘苹果"依然热销。此策略多用于名特优高档产品。

(3)捆绑定价策略。利用价格锚点心理,将一组相关产品组合在一起进行销售,其定价低于各个产品的价格总和,以提高整体产品的销售量。如"花包月"鲜花定制中每周为顾客送一束鲜花,此套餐中的单花束平均价格低于单买一束鲜花的价格。

(4)节日定价策略。园艺产品在人们精神文化消费中的需求越来越高,某些花卉种类的花语花意与特定节日意义相符,特定节日时这类花卉的价格可适当提高,如情人节的玫瑰花、母亲节的康乃馨(香石竹)价格均高于平时。

(5)动态定价策略。随着电子商务的兴起,园艺产品网上销售价格不再是一成不变。根据市场需求,特别是消费者对不同产品或服务的偏好、价格心理,结合自身供应能力,以不同的价格将同一种园艺产品适时地销售给不同的消费者,以实现收益最大化。如今大多数零售商会通过线上和线下相结合的方式监控竞争对手的价格并迅速做出调整,动态定价已经成为网络驱动的新经济特征之一。

3. 渠道策略 渠道策略是指为实现企业的营销目标,园艺产品从生产者流向最后消费者或用户的过程中所实施的分销渠道的选择、物流方式、物流路线、物流设备和库存控制等的市场营销活动。渠道策略直接影响生产经营者的营销决策,如目标市场的确定,价格策略和促销策略。根据中间商的类型和长度,园艺产品的流通渠道模式主要分为以下5类:

(1)以批发市场为核心的渠道策略。以批发市场为核心的流通方式是目前我国园艺产品流通的主渠道,约70%的园艺产品是通过各类批发市场流通的。各地区根据实际情况衍生出"生产者—产地批发市场—零售市场—消费者""生产者—产地批发市场—销地批发市场—零售市场—消费者""生产者—销地批发市场—零售市场—消费者"和"生产者—集散地批发市场—销地批发市场—零售市场—消费者"等模式。

(2)以农贸市场为核心的渠道策略。伴随着农业农村经济的多元化发展,使个体运销户、农村经纪人、农民合作经济组织和农业产业化龙头企业等逐渐成为园艺产品市场流通的主力。主要有"生产者—产地农贸市场—消费者""生产者—企业—销地农贸市场—消费者""合作社—销地农贸市场—消费者"等模式。

(3)以连锁超市为核心的渠道策略。连锁超市凭借自身的资金调度、供应链组货、物流配送、门店网络等优势,能更好地保持供应并稳定价格。主要有"生产者—基地—连锁超市—消费者""基地—加工企业(供应商)—连锁超市—消费者""龙头企业(基地)—连锁超市—消费者""生产者—农民协会—物流配送中心—社区超市—消费者"等模式,"连锁超市直采"模式为该策略的一种特例。

(4) 生鲜电商模式。我国生鲜电商模式发展迅速，2018年生鲜电商市场交易规模达到2 103.2亿元。生鲜电商具有向上游整合优化供应链的动力，可充分利用网络的聚集效应，汇聚分散需求进行产地直采和物流配送，向供应链上游和下游双向渗透。对比传统的批发市场和农贸市场渠道，生鲜电商模式能实现"众多农户—生鲜电商—众多消费者"的"从田间到餐桌"的直线模式。通过供应链再造，生鲜电商从批发环节可节约成本，让利给前端生产者和后端消费者。综合电商平台为生鲜网购最常用的渠道，超过80%的网购用户经常在综合电商平台购买生鲜食品。分析生鲜网购用户的消费行为，水果是最受欢迎的品类，约32%的生鲜网购用户经常购买水果，蔬菜是排位第三受欢迎的品类，园艺产品高频刚需引流作用明显。

(5) 其他渠道策略。除上述4种模式外，还存在以物流企业为核心、以农业合作社为核心、以龙头企业为核心的渠道模式。此外，众筹模式、社群模式、"农餐对接"、"采摘体验"等也在快速发展。

在确定渠道类型后，还面临着渠道宽度的选择，即依据各层中使用同种类型中间商数目的多少，可分为密集型分销、选择性分销和专业性分销策略。

4. 促销策略 促销策略是指利用各种信息媒介与目标顾客进行沟通和传播，以说服或影响顾客购买行为的市场营销活动，包括广告、人员推销、营业推广、公共关系和直复与数字营销等。

(1) 广告。园艺产品广告宣传主要采用的媒体包括报纸、杂志、广播、电视、广告牌、广告函件、互联网及POP (point of purchase) 广告等。伴随着营销环境的变化，网络广告已经成为一种主要的宣传媒体，它的选择性好、成本低、互动性强，主要形式包括展示广告和搜索广告。

(2) 人员推销。我国大量存在的园艺产品经纪人的行为是园艺产品人员推销的主要形式之一。人员推销常用于竞争激烈的时候，也适用于促销价格较为昂贵或性能复杂的园艺产品，如葡萄酒、名贵花卉等。

(3) 营业推广。根据园艺产品的特点，营业推广适合采用特价、价格折扣与优惠券、免费品尝、加量不加价、买一送一、送红包、会员制、专业展销会和产品陈列等方式。如生鲜超市对某一种蔬菜进行特价限量购买，以树立一种物美价廉的形象，并带动其他商品销售；或者花卉下市特价等。

(4) 公共关系。通过新闻报道、专题讲座、参与社会活动和组织宣传展览等树立良好的企业形象，并及时处理和阻止不利谣言、报道和事件发生。美国新奇士果农公司为树立良好的品牌形象，积极参与各种社会活动，如每年参加当地的玫瑰花车游行，把水果放在花车上展示；赞助美国著名的橄榄球冠军锦标赛，向青少年球队捐赠水果等。

(5) 直复与数字营销。通过直邮、邮购目录、网络营销、社交媒体营销和移动营销等方式直接与精心定位的目标消费者和顾客社群互动，以获得消费者的即时响应并建立持久的顾客关系的一种营销方式。伴随着移动互联网的快速发展和5G技术的全面应用，以微信、抖音、快手等为代表的线上资源，利用社交裂变、短视频、直播等方式，大大降低了优质园艺产品的传播门槛，为园艺产品的销售带来了新机遇。

(二) 园艺产品的主要营销模式

世界范围内由于社会经济制度差异，园艺产品生产经营主体组织化程度的不同，受产业集约化程度、交易方式、渠道类型、信息服务体系、物流基础设施、市场准入和政策法规等多因素影响，形成了不同区域具有代表性的营销模式。

1. 北美营销模式 美国和加拿大是这种模式的主要代表。以美国为例，园艺产品的交易方式遵循"订单交易原则"，以供应链龙头企业为核心，基于规模化种植与工业化生产，采用"规模化交易，社会化服务"的模式。产地与大型超市、连锁经销网络间的直销比例约占80%，经由批发市场流通销售的仅占20%左右。这种模式契约性强，现货交易与期货交易并举，流通渠道短、环节少、效率高。

(1) 规模化产品供给能力。美国规模化的农场经营模式,以及小规模生产者联合起来组建的农民合作社组织,社会化程度高,使得生产者具备直接为零售终端提供多品种、大批量园艺产品的能力。

(2) 信息化服务水平高。美国约有 300 个信息服务系统可为农户提供信息,各种信息咨询公司、农业网站也成为农民了解园艺产品市场信息的重要途径。

(3) 流通基础设施完备先进。美国拥有完备的交通运输网络,公路、铁路、航空和水运等物流渠道四通八达,冷链物流系统运作稳定。园艺产品采摘以后,经过预冷→冷库→冷藏车→批发站冷库→超市冷柜的冷链物流,到达消费者手中,产品物流环节损耗率仅为 1%~2%。

(4) 政府积极扶持。美国政府不直接干涉农民的生产经营活动,主要通过制定相应的法律法规,加快企业改革,完善市场体系,规范市场秩序,为园艺产品市场营销创造良好的外部环境。

2. 西欧营销模式　荷兰、法国和德国是这种营销模式的主要代表。以荷兰为例,园艺产品生产标准化程度高;鼓励发展生产、加工和销售一体化,并将产前、产后相关企业建立在农村;建立有现代化大型公益性园艺产品批发市场。园艺产品营销呈现"小规模,大协作"的特征。

(1) 发达的农民合作组织。西欧各国均设立了各种形式的合作组织(如农业合作社、农产品专业协会以及农业工会),提高了生产者的组织化程度。中介组织调节生产者与股份制公司之间的利益关系,形成了"公司+合作社+农户"的利益调节机制和营销体系。

(2) 高效运行的管理机制。荷兰建有全国统一联网的各大批发市场的"荷兰钟"拍卖系统。该系统一方面保证了拍卖价格形成机制的高度透明,另一方面保证买方在一个市场内就可以竞价购买全球的园艺产品,能有效地节约交易费用和交易时间,从而有效地保证了园艺产品的供求平衡。

(3) 批发市场服务功能齐全,运作效率高。批发市场的拍卖大厅内,设有装卸中心、冷藏中心、包装车间、运输公司、航空公司货运站、植物防疫站、海关、会计师事务所、银行及各种咨询公司,保证园艺产品在采摘后 24h 内经过严格的分选和包装,实现从拍卖到转账支付、包装、货运等各个交易环节无缝对接、高效运作。

(4) 政府推动。批发市场通常由生产者经营,具有合作社性质,政府不直接参与经营,但给予政策支持补贴。市场中心管理局代表生产者利益,提供支持与服务。

3. 东亚营销模式　日本、韩国是这种模式的主要代表。以日本为例,园艺产品营销具有"小生产,大流通"的特点,以批发市场作为主要的流通渠道,以拍卖作为重要的交易手段,营销渠道环节多,流通过程为生产者→上市团体→批发商→中间批发商→零售店→消费者,营销成本较高。由于地域特征和历史原因,日本和我国园艺产品生产者规模均普遍较小,其成功经验值得我国学习和借鉴。

(1) 组织化程度极高的农民协会。农民协会是组织日本农民进入流通领域的关键组织,拥有强大的经济力量,是遍及全国的民办官助农民经济团体。园艺产品生产者多为中小农户,其收获园艺产品后送至农协,由农协进行预冷和商品化处理后,通过冷藏物流设备送至中央批发市场,销往各地。

(2) 严格的园艺产品市场准入制度。日本对于进入市场的园艺产品有严格的要求,主要包括:从分级包装入手,建立园艺产品产地追溯制度;推行园艺产品质量认证,建立园艺产品品牌和信誉保障;通过加强生产过程管理,实施快速检测与化学分析相结合的一系列检测手段,确保食品安全。

(3) 高效的竞争机制。日本对园艺产品交易的参与者有具体的规定和要求,特别是作为交易主体的生产者、批发商、零售商等均需进行严格的资格审查才能进场交易。为了保证竞争适度,每个批发市场对进场的代理批发商、中间批发商的数量均有严格限制。

(4) 多样化的渠道策略。农协和中央批发市场是日本园艺产品流通的主要渠道,约占流通总量的 60%。此外,零售店与签约农户间的产销直送模式,约占流通总量的 20%;还有网上直销邮购等店铺直销模式,约占流通总量的 15%,以特产类产品为主。

(5) 健全的法律法规。以法律来规范市场建设和管理,培育出公开、公平、公正的市场环境,是日本园艺产品营销模式取得成功的保障。

三、园艺产品市场营销新趋向

(一) 绿色营销

随着对环境保护、可持续发展及人类健康生存的急切需求和人们对美好生活需要的日益增长要求,产生了一种适应21世纪消费需求的新型营销理念,即绿色营销。所谓绿色营销,是指园艺产品的生产经营者在追求经济效益、生态效益和社会效益的有机统一过程中,以促进园艺产业可持续发展为目标,在园艺产品生产、加工、包装、定价、促销和渠道选择等方面采取的一套营销策略和行为组合。

【绿色营销策略案例】以云南褚橙果品有限公司为例。该公司由褚时健于2003年成立。褚橙在生产过程中严格执行绿色产品生产标准,从园区选择,到整形修剪、疏花疏果、水肥管理、采收、分级、包装、运输和销售等环节实施全程质量控制。2004年11月,注册商品"褚橙"获得中国绿色食品发展中心颁发的绿色食品A级产品证书;2005年10月通过ISO质量体系认证。依据消费者对绿色产品的价值定位,制定"褚橙"的绿色产品价格,当季价格为7.5~9.0元/kg,而同类产品价格为2.5~4.0元/kg。选择绿色营销渠道,大力开展绿色促销,在"褚橙"首次大规模进入北京市场时选择与本来生活网合作,借助中间商良好的信誉及互联网平台,使产品信息迅速进入目标顾客群体的视线;通过各种媒介和名人效应宣传其绿色种植和企业的绿色营销宗旨,提高公众的绿色意识,引导绿色消费需求,树立企业和产品的绿色品牌形象,提高企业知名度。云南褚橙果品有限公司在经营过程中全面贯彻绿色营销观念,在产品研发、生产、销售和售后服务全过程中实施有效的绿色营销组合策略,引导和满足消费者对绿色果品的需求,提高绿色产品的市场竞争力,很好地实现了企业绿色经营目标。

(二) 网络营销

网络营销是指在互联网上利用公司网站、网络广告和促销、电子邮件营销、在线视频、博客和APP等进行的营销。社交媒体营销和移动营销也发生在网上,且必须与数字营销的其他形式密切协调。

【网络营销策略案例】以北京天安农业发展有限公司为例。公司于2013年建立了网上购物平台——"蔬菜网上商城",开展网络营销。该公司以安全、美味、高品质为核心,为消费者提供健康新鲜的产品和专业优质的服务。通过自建蔬菜基地和模式化的农业合作社基地联合打造,统一货源,为消费者提供品类丰富、安全放心的蔬菜产品。利用互联网交易平台,迅速捕捉顾客的消费需求;通过开发家庭式蔬菜配送"私人订制",推出不同产品组合套餐,个性化地满足家庭吃菜需求;通过网上论坛、软文推广、主题活动策划等,形成顾客黏性。伴随着新零售的兴起,以O2O模式引流,使线上营销带动线下经营和线下消费,实现线上线下融合;与京东商城、中粮我买网、当当网等电子商务平台达成合作,不断拓展销售渠道,在北京地区蔬菜供应中形成了自己的品牌和特色。

(三) 体验营销

体验营销是指企业根据消费者情感需求的特点,策划有特定氛围的营销活动,让消费者参与并获得美好而深刻的体验,从而扩大产品和服务销售的一种新的营销活动。体验营销将强调产品功能与利益的传统营销观念,转化为重视消费者内心渴望,满足其心理需求,创造属于消费者个人美好的体验。

【体验营销策略案例】以浙江虹越花卉股份有限公司为例。随着"互联网+"时代的兴起,虹越花卉立足于家庭园艺产业,着手打造以用户为核心,以互联网为工具,贯穿线上线下,整合全产业链资源并服务于全产业的综合性服务平台——"花彩商城",开启"线下花园中心+线上花彩商城"双引擎驱动,并逐步构建以花彩商城为核心,第三方平台(天猫、淘宝、京东等)与虹越花卉APP相互补充的集购物、分享、互动、问答、知识等功能为一体的综合性园艺线上集群,树立品牌形象,让生产经营者与消费者有更多的信息交流与共享，培养了忠实的客户群体，建立了更为广泛的口碑。随着产业文化的日渐兴起，虹越逐步推出一系列让大众认识园艺、爱上园艺，把园艺与生活结合成习惯的文化渗透项目，目前已成功推进了全球花文化之旅、园丁学院课程培训、园艺文化系列书籍出版等，使消费者能够更好地学习和感知园林花卉内在的文化价值，满足其多方位的消费体验和需求，从而提高顾客的忠诚度和美誉度。

思考题

1. 判断园艺产品采收成熟度有哪几种方法？各有什么局限性？
2. 园艺产品采后预冷的目的是什么？主要预冷方式有哪些？各种预冷方式的优缺点是什么？
3. 园艺产品的采后商品化处理主要包括哪些流程？各有何意义？
4. 举例设计一个果实催熟方案。
5. 简述我国园艺产品物流现状及存在的主要问题。
6. 简述园艺产品的主要物流方式及其优缺点。
7. 冷链物流信息化应用的主要技术包括哪些？
8. 试分析园艺产品在电子商务模式下的物流与传统物流的差异。
9. 结合发达国家园艺产品营销模式的成功经验，分析我国目前园艺产品营销中存在的主要问题，并提出解决策略。
10. 结合案例分析，论述园艺产品市场营销有哪些新趋势。

主要参考文献

陈瑶，廖圆圆，何艳坤，等，2019. 花卉行业营销策略探究. 营销界，170-174.
程冉，赵燕燕，2015. 鲜切花生产与保鲜技术. 北京：中国农业出版社.
程运江，2011. 园艺产品贮藏运销学. 2版. 北京：中国农业出版社
邓桑梓，2018. A花卉企业跨境电商业务发展策略研究. 昆明：云南大学.
菲利普·科特勒，加里·阿姆斯特朗著，2018. 市场营销理论与实践. 16版. 楼尊译，北京：中国人民大学出版社.
冯贺平，吴梅梅，杨敬娜，2017. 基于ZigBee技术的果蔬冷链物流实时监测系统. 江苏农业科学（45）：219-221.
高海生，1989. 柿果脱涩的方法. 中国农学通报，4：41-41.
高俊平，2002. 观赏植物采后生理与技术. 北京：中国农业大学出版社.
国家林业局植树造林司，2000. 主要花卉产品等级：GB/T 18247—2000.
国家市场监督管理总局，农业农村部，国家卫生健康委员会，2019. 食品安全国家标准 食品中农药最大残留限量：GB 2763—2019.
加里·阿姆斯特朗，菲利普·科特勒，王永贵，著，2017. 市场营销学. 12版. 王永贵，等译，北京：中国人民大学出版社.
蓝炎阳，王少峰，陈毅勇，2017. 盆栽花卉出口保鲜贮运技术. 北京：中国农业大学出版社.
李莉，刘超超，李蕾，等，2016. 我国水果包装现状及问题启示. 保鲜与加工，16：105-107.
李美羽，王成敏，2019. "互联网＋"背景下鲜活农产品流通渠道模式优化研究. 北京交通大学学报（社会科学版），18：102-114.
李小爽，杜诗咏，孔鑫越，等，2018. 花卉冷链溯源探析. 中国自动识别技术，6：73-76.
联合国欧洲经济委员会，1963. 柑橘：UNECE STANDARD FFV-14.
刘成华，贺盛瑜，2010. 基于RFID技术的农产品物流体系研究. 农训经济，10：91-94.
刘建鑫，王可山，张春林，2016. 生鲜农产品电子商务发展面临的主要问题及对策. 中国流通经济，12：57-64.
刘兴华，陈维信，2002. 果品蔬菜贮藏运销学. 北京：中国农业出版社.

刘洋, 郭利, 陈丽, 2016. 农产品流通国际经验及我国农产品流通体系发展对策研究. 经济研究导刊, 292: 190-191.

罗云波, 生吉萍, 2010. 园艺产品贮藏加工学（贮藏篇）. 2版. 北京: 中国农业大学出版.

洛阳农林科学院, 2011. 洛阳牡丹盆花质量标准: DB 41/299—2011.

吕生鹏, 2017. 新兴营销方式在农产品营销中的应用. 兰州: 兰州交通大学.

孟祥春, 毕方铖, 丁心, 等, 2014. 柑桔采后规范化乙烯脱绿技术介绍. 中国南方果树, 6: 123-125.

饶景萍, 2009. 园艺产品贮运学. 北京: 科学出版社.

王仁才, 2017. 园艺产品学. 2版. 北京: 中国农业出版社.

韦三立. 2001. 花卉贮藏保鲜. 北京: 中国林业出版社.

许子明, 田杨锋, 2018. 云计算的发展历史及其应用. 信息记录材料, 19（8）: 66-67.

杨聚平, 2014. 以客户为中心_最后一公里配送模式研究. 北京: 对外经济贸易大学.

尹强国, 孟令芹, 2016. 青州花卉业电子商务现状及发展策略研究. 潍坊工程职业学院学报, 29（5）: 68-69.

张蓓, 刘凯明, 2020. 新电商时代花卉电商平台顾客体验及营销模式研究. 世界农业, 1: 4-10.

章镇, 王秀峰, 2003. 园艺学总论. 北京: 中国农业出版社.

钟定业, 罗福来, 2015. 基于扫描法的花卉冷链物流配送路径优化. 技术与方法, 12: 167-170.

钟海, 2015. 基于物联网的生鲜果蔬产品溯源系统的设计与实现. 株洲: 湖南工业大学.

周丹, 李爽, 2017. 香蕉催熟冷库设计探讨. 冷藏技术, 40: 41-45.

Adel A. Kader, 2002. Postharvest Technology of Horticultural Crops. 3rd ed. University of California Agriculture and Natural Resources Publication.

Cheng P, Yun X Y, Xu Ch, et al, 2019. Use of poly (ε-caprolactone) -based films for equilibriumodified atmosphere packaging to extend the postharvest shelf life of garland chrysanthemum. Food Science & Nutrition, 7: 1946-1956.

Dwivany F, Esyanti R R, Robertlee J, et al, 2014. Environment Effect on Fruit Ripening Related Gene to Develop a New Post Harvest Technology. AIP Conference Proceedings, 1589: 285-287.

Elhadi M, Yahia, 2019. Postharvest Technology of Perishable Horticultural Commodities. Mustafa Erkan, Adem Dogan. Harvesting of Horticultural Commodities. Woodhead Publishing: 129-159.

Fernando I, Fei J, Stanley R, et al, 2018. Measurement and evaluation of the effect of vibration on fruits in transit. Packag. Technol. Science, 31: 723-738.

Gong B, Huang S, Ye N, et al, 2018. Pre-harvest ethylene control affects vase life of cut rose 'Carola' by regulating energy metabolism and antioxidant enzyme activity. Horticulture, Environment, and Biotechnology, 59: 835-845.

Li S J, Xie X L, Liu S C, et al, 2019. Auto- and Matual- regulation between Two CitERFs Contribute to Ethylene-induced Citrus Fruit Degreening. Food Chemistry, 299: 125163.

Likhith R, Siddappa, Varalakshmi S, et al, 2016. Effect of pre-harvest application of boron and zinc on postharvest quality and vase life of carnation. Journal of Applied and Natural Science, 8 (1): 232-235.

Morteza S A, Abbasali J, Morteza S A, et al, 2016. Alleviation of postharvest chilling injury in anthurium cut flowers by salicylic acid treatment. Scientia Horticulturae, 202: 70-76.

Sagar J, Puja S, Dhiman S R, 2019. Effect of pre harvest spray of BA on shelf life of chrysanthemum (*Dendranthema grandiflora* Tzvelev). International Journal of Chemical Studies, 7 (4): 56-62.

Wang M M, Zhu Q G, Deng C L, et al, 2017. Hypoxia-responsive ERFs involved in post-deastringency softening of persimmon fruit. Plant Biotechnology Journal, 15 (11): 1409-1419.

Yin X R, Xie X L, Xia X J, et al, 2016. Involvement of an ethylene response factor in chlorophyll degradation during citrus fruit degreening. The Plant Journal, 86 (5): 403-412.

Yin X R, Xie X L, Xia X J, et al, 2016. Involvement of an ethylene response factor in chlorophyll degradation during citrus fruit degreening. The Plant Journal, 86 (5): 403-412.

Zhang P Y, Zhou Z Q, 2019. Postharvest Ethephon Degreening Improves Fruit Color, Flavor Quality and Increases Antioxidant Capacity in 'Eureka' lemon [*Citrus limon* (L.) Burm. F.]. Scientia Horticulturae, 248: 70-80.

Zhu N, Wu D, Chen K S, 2018. Label-free Visualization of Fruit Lignification: Raman Molecular Imaging of Loquat Lignified Cells. Plant Methods, 14: 58.

图书在版编目（CIP）数据

园艺学总论/张绍铃，郝玉金主编．—2版．—北京：中国农业出版社，2021.10（2024.6重印）
面向21世纪课程教材　普通高等教育农业农村部"十三五"规划教材
ISBN 978-7-109-28483-8

Ⅰ.①园… Ⅱ.①张…②郝… Ⅲ.①园艺—高等学校—教材　Ⅳ.①S6

中国版本图书馆CIP数据核字（2021）第132961号

中国农业出版社出版
地址：北京市朝阳区麦子店街18号楼
邮编：100125
责任编辑：田彬彬　文字编辑：田彬彬
版式设计：王　晨　责任校对：吴丽婷
印刷：中农印务有限公司
版次：2003年8月第1版　2021年10月第2版
印次：2024年6月第2版北京第2次印刷
发行：新华书店北京发行所
开本：889mm×1194mm　1/16
印张：28
字数：795千字
定价：68.00元

版权所有·侵权必究
凡购买本社图书，如有印装质量问题，我社负责调换。
服务电话：010-59195115　010-59194918